基于51系列单片机的
LED显示屏开发技术(第2版)

靳桅 邬芝权 李骐 刘全 编著

北京航空航天大学出版社

内 容 简 介

本书以当今广告媒体中较为流行的单色、双色、彩色和条形(门头)LED显示屏控制系统为背景,结合基于51系列单片机的硬件控制系统,对LED显示屏数据组织方式和灰度、亮度控制作深度剖析,详细讲解如何根据LED单元板驱动控制方式高效率地排列存储器中的数据。并且在相应章节中附有经过实际应用项目验证的完整开发实例,以供读者参考。在简要讲述普通51单片机和C51编程的基础上,本书还对具有40 MHz工作频率、单指令周期的增强型51单片机——VRS51L3074及其在LED显示屏控制系统中的应用做了详细介绍。该书也是国内第一本铁电单片机相关的中文书籍,为初学铁电单片机或是希望了解该单片机的读者提供了较为全面的中文资料和开发例程。另外还对通用LED显示屏上位机控制软件设计、LED显示屏控制系统常用时钟芯片DS1302、温度传感器DS18B20等模块控制程序和硬件电路进行分析和讲解。这些内容是作者近几年来部分开发工作的实践总结,有些是根据实际生产产品的提炼和推广。

本书内容丰富实用,图文并茂,适用于广大从事单片机开发和应用以及从事LED控制系统的研发人员和工程技术人员使用,也可以作为单片机爱好者、铁电单片机初学者,以及C51编程研究生、本科生、专科生毕业设计的参考用书。

图书在版编目(CIP)数据

基于51系列单片机的LED显示屏开发技术 / 靳桅等编著. --2版. --北京:北京航空航天大学出版社,2011.4
ISBN 978-7-5124-0395-6

Ⅰ. ①基… Ⅱ. ①靳… Ⅲ. ①单片微型计算机—LED显示器 Ⅳ. ①TP368.141

中国版本图书馆CIP数据核字(2011)第055207号

版权所有,侵权必究。

基于51系列单片机的LED显示屏开发技术(第2版)
靳 桅 邬芝权 李 骐 刘 全 编著
责任编辑 董立娟

*

北京航空航天大学出版社出版发行

北京市海淀区学院路37号(邮编100191) http://www.buaapress.com.cn
发行部电话:(010)82317024 传真:(010)82328026
读者信箱:emsbook@gmail.com 邮购电话:(010)82316936
涿州市新华印刷有限公司印装 各地书店经销

*

开本:787×1092 1/16 印张:30.5 字数:781千字
2011年4月第2版 2011年4月第1次印刷 印数:4 000册
ISBN 978-7-5124-0395-6 定价:56.00元

第 2 版前言

第 1 版于 2009 年 2 月出版，由于近年来全彩和条形（门头）LED 显示屏广泛使用，第 1 版中的部分内容已不能满足读者需求，故在第 2 版中增加对全彩 LED 单元板的分析和说明，新增第 11 章对市面上大量使用的 LED 条形显示屏俗称门头屏的单元板电路结构到控制系统进行详细说明，本章内容相对前面章节较为独立，读者可以选择性阅读。在附录中增加部分常用 LED 单元板原理图，以供读者分析、参考。

作者
2011 年 3 月

有兴趣的读者可以发送邮件到：xdhyclcd5@sina.com，与本书策划编辑进一步沟通。

前 言

我国开始使用单片机是在1982年,20世纪90年代中期单片机技术和市场发展非常迅速。近年来,单片机已经成为科技领域的有力工具,人类社会生活的得力助手。它的广泛应用,不仅仅体现在工业控制、机电应用、智能仪表、实时控制、航空航天、尖端武器等行业和领域的智能化、高精度化,而且在人类日常生活中也随处可见它的身影。洗衣机、电冰箱、电子玩具、收录机等家用电器配上单片机后,不仅提高了智能化程度,增强了功能,也使人类生活更加方便、舒适、丰富多彩。

20世纪90年代后,嵌入式系统设计由以嵌入式微处理器为核心的"集成电路"级设计,逐渐转向"集成系统"级设计,在MCU(Micro Controller Unit)提出了系统芯片SoC(System on a Chip)的基本概念,例如,ARM公司的ARM、HP公司的PA-RISC及Sun公司的Sparc等等,它们为高性能嵌入式系统开发提供了功能丰富的硬件平台,也为实时嵌入式操作系统的广泛应用奠定了基础。这些高性能微处理器的推广应用是否就意味着单片机即将退出嵌入式微处理器的舞台呢?目前,单片机正朝着高性能和多品种方向发展,其趋势将进一步向着CMOS化、低功耗、小体积、大容量、高性能、低价格和外围电路内装化等几个方面发展,其功能也将越来越丰富,速度也越来越快,甚至有些方面并不逊于ARM或DSP。还有最为重要的是生产成本问题,普通ARM或DSP的价格是一般单片机的几倍甚至数10倍,因此在大批量工业生产时,这也成为了厂商选择的重要因素。据相关部门统计,我国的单片机年容量已达1亿~3亿片,且每年以大约16%的速度增长,所以综合单片机技术和市场需求等多方面情况来看,它仍然有自己广阔的应用前景。例如,本书所讲的铁电单片机——VRS51L3074,它内部自带精确的40 MHz振荡器,拥有ISP、IAP功能的JTAG及FPI等众多外围接口,32 KB外部数据总线访问接口等等,具有许多普通51单片机所无法比拟的功能。与PIC高端单片机18系列比较,它在定时/计数器、PWC、PWM等方面都有较大优势,甚至和ARM7相比较很多技术指标也是不分伯仲,例如铁电的32位滚桶计数器、16位乘除法和32位加法运算单元、铁电存储器等。而且铁电公司预计在2008年底还将推出100 MHz铁电单片机,所以就目前单片机技术来看,其发展步伐没有减缓,反而在大幅度推进,原因不仅仅在于电子制造工艺的提高和电子科技的发展,最重要的还是因为市场对于它的大量需求。

随着LED显示屏在广告传媒领域逐渐崭露头角,其控制系统也如雨后春笋,层出不穷。由于它的控制系统均是基于嵌入式微处理器开发,所以单片机在其中也占有一席之地。但是,由于LED显示屏控制较复杂,特别是对于显示特殊效果,如循环移动、覆盖、霓虹灯效果,要求处理器运算速度快、执行效率高,所以很多控制卡生产厂家采用高端嵌入式系统进行设计。这样做虽然能在一定程度上提高数据处理速度,但是并不能完全满足所有显示效果要求,而且开发和产品成本也会随之成倍增加,甚至由于其设计不当可能在显示时出现抖动、闪烁、重影等现象。归根结底,LED显示屏控制卡的设计中硬件是一方面因素,同时还要考虑到显示数据组织方式，通过软硬结合的方法才能设计出一款性价比较高的控制卡。本书就如何高效率组织 LED 显示屏数据做了深度剖析，从显示基本原理到实际应用实现，都有详尽分析，并且在此基础上提出基于普通 51 系列单片机实现 LED 显示屏控制的原理及方法。通过单片机在 LED 显示屏控制卡中的应用，同时也印证 MCU 和 SoC 是嵌入式系统当今发展的两大分支，它们之间相互渗透、交叉，在硬件系统设计选择时，应根据实际需要，综合考虑开发、生产成本和技术难度等多方面因素。

本书共 10 章，每章内容概括如下：

第 1 章：简要介绍 51 单片机结构体系和主要功能部件，以及指令系统和汇编语言设计的要点。

第 2 章：分析当前比较流行的 C51 编程要点、技巧，并列举常用实例辅助说明。

第 3 章：详细讲解铁电单片机——VRS51L3074，对其功能部件进行深度探讨和解析，弥补这一新器件中文资料不足的缺陷。

第 4 章：以市面上普遍使用的双基色单元板为平台，分析 LED 单元板驱动方式，并对 LED 显示屏亮度和灰度控制深入探讨、总结。

第 5 章：通过对 LED 显示屏数据组织方式的讨论，归纳总结出静态显示和动态显示的规律，以及对应显示效果和存储器大小之间的关系。

第 6 章：基于第 5 章中所提出的算法，以 51 系列单片机为例，通过具体应用实例说明该算法的可行性，并详细介绍如何利用单片机 SPI 接口驱动 LED 显示屏的方法。

第 7 章：采用实例讲解如何利用单片机扩展外部地址计数器驱动大型 LED 显示屏。

第 8 章：介绍 LED 显示屏的系统软件编程。

第 9 章：介绍 LED 显示屏单片机控制系统编程，包括常用串行口驱动、温度传感器(DS18B20)驱动、时钟芯片(DS1302)驱动等。

第 10 章：介绍 VRS51L3074 在 LED 显示屏控制系统中的应用。

此外，为方便读者查询资料，在附录中添加了常用指令表、芯片引脚图、功能表、简明 LED 维修表等实用资料。

本书的编写宗旨是：以增强型 51 单片机为平台，结合当前比较流行的 LED 控制卡设计，通过软件算法优化、程序设计优化和硬件配合的方式，通过实例设计，向读者展示单片机的优势和特点，也从另一个方面说明，硬件设计最重要的是一种思想和理念，即：器件的选择并不是唯一决定硬件设计思路的因素。

本书中所有源代码和电路图均通过实际应用验证，并已经有部分长期在科研项目中使用，如果读者在验证过程中有疑问，欢迎来电或通过电子邮件的方式联系。

本书由西南交通大学峨眉校区计算机与通信工程系的部分教师编写。靳桅编写第 5、6、7、10 章，邬芝权编写第 1、8、9 章，李骐编写第 2、4 章和附录，刘全编写第 3 章。还有赵煜、杨莉、肖波、杨德友、朱云芳、张占军、陈诗伟、王飞、白海峰、翟旭、江桦等承担了本书部分章节资料整理工作，全书由靳桅统稿、主编。

本书编写过程中，得到了北京航空航天大学出版社的大力支持和关心，西南交通大学各级领导的帮助，以及许多专家的指导，特别是铁电公司西南区销售经理李丹同志、北天星公司和南安市佳彩光电电子有限公司在资料收集、整理上的鼎力支持，在此一并表示感谢！

由于作者水平有限，时间仓促，书中难免有错误和不妥之处，恳请广大读者批评指正。

作　者

2008 年 12 月

目 录

第1章 51系列单片机系统结构概述
1.1 51单片机概述 ·· 1
1.1.1 单片机的分类 ·· 1
1.1.2 8051单片机的应用 ·· 3
1.1.3 8051单片机的开发 ·· 3
1.1.4 8051单片机型号的选择 ··· 4
1.1.5 单片机学习的要点 ··· 4
1.2 51单片机基本系统结构 ··· 4
1.2.1 51单片机的结构框图及引脚 ·· 4
1.2.2 MCS-51系列单片机主要功能部件 ·· 6
1.2.3 典型时钟电路和复位电路 ··· 7
1.2.4 8051单片机I/O结构 ·· 7
1.3 51单片机存储器结构 ·· 8
1.3.1 程序存储器 ··· 9
1.3.2 外部数据存储器 ··· 10
1.3.3 内部数据存储器空间 ··· 11
1.3.4 MCS-51单片机特殊功能寄存器 ··· 13
1.3.5 常用特殊功能寄存器 ··· 14
1.4 51单片机的指令系统及汇编语言设计要点 ·· 16
1.4.1 指令格式 ··· 16
1.4.2 伪指令 ·· 17
1.4.3 寻址方式 ··· 19
1.4.4 指令类型 ··· 21
1.5 汇编程序设计 ·· 34
1.5.1 三种基本的程序结构 ··· 34
1.5.2 汇编程序设计的要点 ··· 35
1.6 51单片机主要扩展功能部件 ··· 39
1.6.1 MCS-51单片机定时/计数器 ·· 39
1.6.2 中断系统 ··· 47
1.6.3 串行口 ·· 54

第2章 C51应用基础
2.1 Keil C51简介 ·· 62

2.2 C51程序设计基础知识 · · · · · · 63
2.2.1 C语言的特点 · · · · · · 63
2.2.2 一个简单的C51例子 · · · · · · 63
2.2.3 C51的基础知识 · · · · · · 64
2.2.4 存储空间定义 · · · · · · 64
2.2.5 C51数据类型 · · · · · · 65
2.2.6 C51存储空间的定义 · · · · · · 67
2.2.7 C51的常量 · · · · · · 67
2.2.8 C51常用运算符 · · · · · · 68
2.2.9 C51表达式 · · · · · · 73
2.2.10 C51的基本语句 · · · · · · 74
2.3 C51的函数与数组 · · · · · · 80
2.3.1 函数的定义 · · · · · · 81
2.3.2 数　组 · · · · · · 83
2.3.3 结构(struct) · · · · · · 86
2.3.4 联合(union) · · · · · · 87

第3章 铁电单片机 VRS51L3074
3.1 VRS51L3074概述 · · · · · · 91
3.1.1 功能说明 · · · · · · 91
3.1.2 引脚说明 · · · · · · 93
3.1.3 指令系统 · · · · · · 96
3.2 VRS51L3074的存储器结构 · · · · · · 100
3.2.1 内部数据存储区 · · · · · · 101
3.2.2 特殊功能寄存器区 · · · · · · 101
3.2.3 外部数据存储器组织 · · · · · · 107
3.2.4 外部数据总线访问 · · · · · · 110
3.2.5 FRAM铁电存储器的使用 · · · · · · 114
3.3 VRS51L3074芯片配置 · · · · · · 120
3.3.1 系统时钟配置 · · · · · · 120
3.3.2 处理器工作模式控制 · · · · · · 122
3.3.3 功能模块使能控制 · · · · · · 123
3.3.4 功能模块I/O映射与优先级 · · · · · · 124
3.4 通用I/O口 · · · · · · 125
3.4.1 I/O口结构 · · · · · · 126
3.4.2 I/O口方向配置 · · · · · · 126
3.4.3 I/O口输入使能控制 · · · · · · 127
3.4.4 I/O口锁存器 · · · · · · 127
3.4.5 I/O口驱动能力 · · · · · · 128
3.4.6 I/O口状态变化监控 · · · · · · 128
3.5 定时/计数器 · · · · · · 129

- 3.5.1 定时/计数器 T0、T1 ······ 130
- 3.5.2 定时/计数器 T2 ······ 134
- 3.5.3 定时器级联 ······ 137
- 3.5.4 定时器应用例程 ······ 138
- 3.6 脉冲宽度计数器(PWC) ······ 138
  - 3.6.1 PWC 模块配置寄存器 ······ 140
  - 3.6.2 PWC 模块配置操作 ······ 142
  - 3.6.3 PWC 模块例程 ······ 142
- 3.7 串行口 ······ 143
  - 3.7.1 串行口 UART0 ······ 144
  - 3.7.2 串行口 UART1 ······ 146
  - 3.7.3 串行通信波特率计算 ······ 148
  - 3.7.4 UART0 和 UART1 引脚映射 ······ 149
  - 3.7.5 串行口例程 ······ 150
- 3.8 SPI 接口 ······ 153
  - 3.8.1 SPI 运行控制 ······ 154
  - 3.8.2 SPI 配置和状态监控 ······ 155
  - 3.8.3 SPI 传输字长 ······ 158
  - 3.8.4 SPI 数据寄存器 ······ 159
  - 3.8.5 SPI 数据输入/输出 ······ 160
  - 3.8.6 可变位数据传输 ······ 161
- 3.9 I^2C 接口 ······ 162
  - 3.9.1 I^2C 运行控制 ······ 162
  - 3.9.2 I^2C 从机在线状态检查 ······ 165
  - 3.9.3 从机 ID 设置与 I^2C 高级配置 ······ 167
  - 3.9.4 I^2C 例程 ······ 168
- 3.10 脉冲宽度调制器(PWM) ······ 171
  - 3.10.1 PWM 输出波形控制 ······ 172
  - 3.10.2 PWM 模块时钟配置 ······ 175
  - 3.10.3 PWM 模块例程 ······ 175
  - 3.10.4 PWM 模块的定时器工作模式 ······ 178
- 3.11 增强型算术单元(AU) ······ 181
  - 3.11.1 算术单元控制寄存器 ······ 182
  - 3.11.2 算术单元数据寄存器 ······ 185
  - 3.11.3 桶式移位器 ······ 187
  - 3.11.4 增强型算术单元整体结构 ······ 188
  - 3.11.5 算术单元基本运算例程 ······ 188
- 3.12 看门狗定时器(WDT) ······ 189
  - 3.12.1 看门狗定时器的控制 ······ 190
  - 3.12.2 采用外部时钟的情况下 WDT 的复位控制 ······ 191

3.12.3 WDT 基本配置例程 191
3.13 中断系统 192
　3.13.1 中断系统概述 192
　3.13.2 中断允许控制 194
　3.13.3 中断源选择 195
　3.13.4 中断优先级 196
　3.13.5 引脚变化中断 196
3.14 VRS51L3074 JTAG 接口 198
　3.14.1 激活 JTAG 接口对系统的影响 198
　3.14.2 板级 JTAG 接口的实现 199
　3.14.3 VRS51L3074 调试器 199
3.15 Flash 编程接口（FPI） 199
　3.15.1 与 FPI 模块相关的特殊功能寄存器 199
　3.15.2 Flash 存储器读操作 202
　3.15.3 Flash 存储器擦除 204
　3.15.4 Flash 存储器写操作 205

第 4 章　LED 显示屏工作原理

4.1 LED 发光原理及其发展状况、趋势 211
　4.1.1 LED 发光原理 211
　4.1.2 LED 发展历史及趋势 212
　4.1.3 LED 器件主要参数 213
　4.1.4 光学和人眼视觉知识 214
4.2 LED 显示屏单元板介绍 215
　4.2.1 LED 单元板类型介绍 215
　4.2.2 LED 单元板基本组成模块简介 217
　4.2.3 常用 LED 单元板驱动方式和驱动芯片介绍 220
4.3 双基色 LED 单元板介绍 223
　4.3.1 室内双基色 LED 单元板结构介绍 223
　4.3.2 室内双基色单元板电路分析 224
4.4 LED 单元板数据绕行方式介绍 228
4.5 LED 显示屏分类及亮度、灰度控制 229
4.6 LED 显示屏工程应用及维护概述 233
　4.6.1 LED 显示屏的方案设计 233
　4.6.2 LED 显示屏的安装 236
　4.6.3 LED 显示屏的维修 236

第 5 章　LED 显示屏显示数据的组织

5.1 LED 显示屏控制系统对单片机的基本要求 238
　5.1.1 LED 显示屏对单片机控制系统的基本要求 238
　5.1.2 LED 显示屏对单片机数据处理方式的基本要求 240
　5.1.3 指令优化对字节处理时间的影响 241

5.2 LED 显示屏静态显示数据的组织 …… 244
 5.2.1 静态显示的 LED 显示屏数据组织 …… 244
 5.2.2 静态屏的滚动显示 …… 248
5.3 LED 显示屏动态显示数据的组织 …… 251
 5.3.1 动态显示的 LED 显示屏数据组织 …… 251
 5.3.2 显示区域中 X、Y 坐标与存储单元字节地址 i、位地址 j 之间的关系 …… 254
5.4 显示效果与占用显示数据存储器大小的关系 …… 256
 5.4.1 显示效果与占用显示数据存储器大小的关系 …… 256
 5.4.2 采用双 RAM 并行输出降低显示数据存储器的占用 …… 260
 5.4.3 多 RAM 并行输出时双 RAM 并行输出方式的扩展 …… 263

第 6 章 基于 51 系列单片机的小型 LED 显示屏控制系统

6.1 单片机直接驱动 LED 显示屏 …… 265
 6.1.1 显示数据存储在程序存储器中 …… 265
 6.1.2 显示数据存储在扩展的外部并行数据存储器中 …… 271
6.2 利用单片机外部读写信号驱动 LED 显示屏 …… 272
 6.2.1 单片机外部数据存储器扩展 …… 272
 6.2.2 多个外部数据存储器扩展 …… 273
6.3 利用单片机 SPI 接口驱动 LED 显示屏 …… 280
 6.3.1 SPI 接口的特点 …… 280
 6.3.2 利用 SPI 接口驱动 LED 显示屏 …… 281
6.4 单片机直接驱动 LED 显示屏应用实例 …… 284

第 7 章 单片机扩展外部地址计数器驱动大型 LED 显示屏

7.1 单片机访问外部数据存储器时间上的限制 …… 290
7.2 利用单片机多 RAM 技术驱动大型 LED 显示屏 …… 294
 7.2.1 并行 RAM 方式 …… 294
 7.2.2 串行存储器方式 …… 300
7.3 利用 LED 显示屏单元板排列方式驱动超长 LED 显示屏 …… 301
 7.3.1 超长 LED 显示屏面临的问题 …… 301
 7.3.2 LED 显示屏的双向排列方式 …… 301
 7.3.3 超长 LED 显示屏的数据组织与硬件实现 …… 302
7.4 利用多单片机系统驱动超大型 LED 显示屏 …… 306
7.5 基于 DSP 与 FPGA 的 LED 显示屏控制系统的设计 …… 308
 7.5.1 DSP 的特点及在 LED 显示屏控制系统中的应用 …… 308
 7.5.2 基于 FPGA 的系统时序电路设计 …… 309
 7.5.3 显示存储器模块设计 …… 310
 7.5.4 LED 显示屏分区 …… 310
 7.5.5 显示存储器扫描时序控制电路 …… 311

第 8 章 LED 显示屏的系统软件编程

8.1 汉字字库的生成与使用 …… 313
 8.1.1 汉字编码简介 …… 314

8.1.2 点阵汉字字库 ………………………………………………………………………… 314
8.1.3 在 Windows 环境下提取字模的工作原理 …………………………………………… 315
8.1.4 提取字模的程序设计 …………………………………………………………………… 315
8.2 控制卡与 PC 的协议制定 …………………………………………………………………… 317
8.2.1 控制命令字约定 ………………………………………………………………………… 318
8.2.2 配置文本编辑 …………………………………………………………………………… 319
8.2.3 直接数据格式定义 ……………………………………………………………………… 322
8.2.4 存储器地址位置 ………………………………………………………………………… 324
8.2.5 PC 端串行口通信模块 …………………………………………………………………… 324
8.3 汉字字形的提取及图片的嵌入 …………………………………………………………… 326
8.3.1 汉字字形提取 …………………………………………………………………………… 327
8.3.2 图片的嵌入 ……………………………………………………………………………… 332
8.4 PC 对下载数据的预处理 ………………………………………………………………… 332
8.4.1 LED 屏显示信息编辑及提取 …………………………………………………………… 333
8.4.2 LED 显示数据生成 ……………………………………………………………………… 333
8.4.3 INTER 格式数据转换 …………………………………………………………………… 335

第 9 章 LED 显示屏单片机控制系统编程

9.1 基于 SPI 的 Flash 存储器读写 …………………………………………………………… 339
9.1.1 SST25 系列串行 Flash 存储器 ………………………………………………………… 339
9.1.2 基于 51 单片机 SPI 接口的串行 Flash 驱动程序 ……………………………………… 343
9.2 字符控制及处理程序设计 ………………………………………………………………… 352
9.2.1 字符控制处理程序设计 ………………………………………………………………… 353
9.2.2 字符点阵字模提取程序设计 …………………………………………………………… 360
9.3 显示程序 …………………………………………………………………………………… 365
9.3.1 显示程序指令表 ………………………………………………………………………… 365
9.3.2 读显示程序指令表 ……………………………………………………………………… 371
9.3.3 执行显示程序指令表 …………………………………………………………………… 374
9.3.4 单场显示程序设计 ……………………………………………………………………… 377
9.4 串行口通信模块设计 ……………………………………………………………………… 378
9.4.1 51 单片机端串行口收发模块 …………………………………………………………… 378
9.4.2 51 单片机端串行口扩展程序模块 ……………………………………………………… 381
9.5 基于 DS1302 时钟模块程序设计 ………………………………………………………… 384
9.5.1 DS1302 的结构及工作原理 ……………………………………………………………… 384
9.5.2 DS1302 的控制字节说明 ………………………………………………………………… 384
9.5.3 复 位 …………………………………………………………………………………… 385
9.5.4 数据输入/输出 …………………………………………………………………………… 385
9.5.5 DS1302 的寄存器 ………………………………………………………………………… 385
9.5.6 DS1302 在 LED 控制卡上的硬件电路及软件设计 ……………………………………… 386
9.6 基于 DS18B20 温度传感器的模块设计 …………………………………………………… 388
9.6.1 DS18B20 的工作时序 …………………………………………………………………… 389

9.6.2　DS18B20 的程序设计 …………………………………………………… 390

第 10 章　VRS51L3074 在 LED 显示屏控制系统中的应用

10.1　VRS51L3074 与标准 51 单片机的比较 ……………………………………… 394
　　10.1.1　VRS51L3074 运行速度 ………………………………………………… 394
　　10.1.2　VRS51L3074 的高速增强型 SPI 接口 ………………………………… 395
　　10.1.3　VRS51L3074 的定时/计数器 …………………………………………… 395
　　10.1.4　VRS51L3074 的增强型算术运算单元 ………………………………… 395
　　10.1.5　VRS51L3074 的其他部件 ……………………………………………… 396
10.2　VRS51L3074 的基本应用 …………………………………………………… 396
10.3　VRS51L3074 的 RAM 扩展应用 …………………………………………… 400
10.4　VRS51L3074 扩展硬件地址计数器 ………………………………………… 402
10.5　VRS51L3074 的扩展"双端口"串行 FRAM ………………………………… 405

第 11 章　LED 条形显示屏(门头屏)

11.1　门头屏单元板电路结构 ……………………………………………………… 409
　　11.1.1　单元电路 ………………………………………………………………… 409
　　11.1.2　总体结构及电路工作原理 ……………………………………………… 411
　　11.1.3　单元板电路的简化表示方法 …………………………………………… 412
　　11.1.4　几种常用的门头屏 LED 单元板电路 ………………………………… 412
11.2　门头条形 LED 显示屏的数据组织 …………………………………………… 414
　　11.2.1　直通连接方式的数据组织 ……………………………………………… 414
　　11.2.2　绕行连接方式的数据组织 ……………………………………………… 417
11.3　门头条形 LED 显示屏的显示控制系统 ……………………………………… 425
　　11.3.1　门头屏的接口电路特点 ………………………………………………… 425
　　11.3.2　单片机直接驱动门头条形 LED 显示屏 ……………………………… 425
　　11.3.3　单片机外部扩展 SPI 接口 Flash 存储器 ……………………………… 427
　　11.3.4　基于串行 Flash 存储器的超长门头屏控制系统 ……………………… 429

附录 A　ASCII 码表 ………………………………………………………………… 432
附录 B　MCS-51 单片机常用资料 ………………………………………………… 433
附录 C　C51 中的关键字和常用函数 ……………………………………………… 442
附录 D　Keil μVision3 中高性能铁电单片机(VRS51L2xxx/3xxx)的相关配置简介 … 452
附录 E　常用芯片引脚图 …………………………………………………………… 457
附录 F　异步室内双基色 LED 显示屏故障排查简明手册 ……………………… 465
附录 G　LED 双基色单元板原理图 ……………………………………………… 467
附录 H　P16-全彩 LED 屏单元板原理图 ………………………………………… 468
附录 I　PH16-单色条屏(门头屏)单元板原理图 ………………………………… 469
附录 J　PH10 单色条屏(门头屏)单元板原理图 ………………………………… 470
参考文献 ……………………………………………………………………………… 471

第 1 章

51 系列单片机系统结构概述

1.1 51 单片机概述

21世纪,以计算机为代表的 IT 产业迅速发展,各类计算机的应用在工业、农业、国防、科研及日常生活等领域发挥着越来越重要的作用,成为当今世界各国工业发展水平的重要标志之一。从世界上第一台电子计算机问世以来,计算机的发展日新月异,在短短的几十年间,已由电子管数字计算机发展到今天的超大规模集成电路计算机,运算速度由 5 000 次每秒提高到今天的上百亿次每秒。计算机的发展一方面向着高速、智能化的超级巨型机方向发展,另一方面向着微型机方向发展。作为微型机的一个分支单片机,由于其具有体积小、功耗低这两个特点,使单片机在工业控制、智能仪表、通信系统、家用电器、智能玩具以及 LED 显示屏控制等方面得到越来越广泛的应用。

51 系列单片机起源于 Intel 公司 20 世纪 80 年代初推出的 MCS-51 系列单片机,MCS-8051 是其中最基础的单片机型号。经过近三十年的发展,现在 NXP、Dallas、Siemens、Atmel、华邦、LG 和 RAMTRON 等公司都以 MCS-51 中的 8051 内核为基本结构,并推出了许多各具特色、用途不同的单片机。习惯上把这些以 8051 为内核推出的各种型号的兼容型单片机统称为 51 系列单片机。

1.1.1 单片机的分类

单片机可从以下几方面分类:
(1) 按应用领域可分为:家电类、工控类、通信类和个人信息终端类等。
(2) 按通用性可分为:通用型和专用型。

通用型单片机的主要特点是:内部资源比较丰富、性能全面、通用性强、可覆盖多种应用需求。所谓内部资源丰富是指将多种外设接口集成在芯片内部,使得芯片功能得以增强;性能全面、通用性强是指可以应用在非常广泛的领域。通用型单片机的用途很广泛,外加简单的接口电路及编制不同的应用程序就可实现不同的功能,因而小到家用电器、电子仪器仪表,大到机器设备和整套生产线都可用单片机来实现自动化控制。本书中 LED 单元板中的保护电路就是使用了一片 8 引脚的单片机,而 LED 显示屏的控制电路使用了一片 64 引脚的 51 单片机。

图 1-1 为常见的 51 系列单片机的基本框架。从图中可以看出,现在的 8051 单片机可集成的外设功能部件可谓是"万紫千红"。可以说是"不怕你想不到,就怕你没见到",但也没有哪一个单片机将图中所有的外设功能部件都集成在一个芯片上。因为这不符合单片机体积小、

造价低的基本特点。

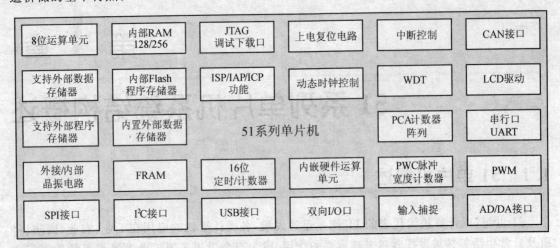

图 1-1 常见的 51 系列单片机的基本框架

专用型单片机的主要特点是：针对某一种产品或控制应用而专门设计的特定型号的单片机，设计时已使其结构最简、软硬件应用最优、可靠性及应用成本最佳。专用型单片机由于用途专一，出厂时程序已经一次性固化好，除预留升级接口外，程序一般不能修改。例如电子电度表里的单片机就是将模拟信号测量电路和 CPU 集成在一起，成为电度表专用单片机。在本书中除了介绍传统的 8051 系列单片机外，还为读者介绍了一款 VRS51L3074 高性能 51 单片机。

(3) 按总线结构可分为总线型和非总线型

标准的 8051 单片机允许扩展外部程序和数据存储器，它采用的是总线结构，将存储器、I/O 口、串行口等各种功能部件都挂接在内部总线上。而非总线型单片机为了减小体积、降低功耗在简化掉外部总线控制器的同时，封装也从双列直插向表贴形式发展，如 NXP 的 LPC900 系列单片机。

(4) 按指令运行的振荡周期可分为标准型和改进型

51 系列单片机的生产厂家众多，型号可以说是数不胜数。表 1-1 对 51 系列单片机按指令运行的振荡周期进行了分类简述。

表 1-1 单片机按指令运行振荡周期的分类

型号	程序存储器/KB	数据存储器/字节	ROM寻址范围/KB	RAM寻址范围/KB	并行I/O/条	串行UART/个	中断源/个	定时器/计数器	最大工作频率/MHz	指令振荡周期/T	生产厂家
AT89C52	8	256	64	64	32	1	6	3×16位	0~24	12	ATMEL
SST89E516	72	768+256	64	64	32	1	10	3×16位	0~40	6	SST
W77E516	64	1 024+256	64	64	32	2	12	3×16位	0~40	4	Winbond
P89LPC913	1	128	0	0	12	1	10	2×16位	0~18	2	NXP
VRS51L3074	64	4K+256	64	36	56	2	49	3×16位	0~40	1	RAMTRON

标准的 8051 单片机每 12 个振荡周期为一个机器周期。而机器周期是执行一条指令最小的时间单位,任何指令的执行时间都是机器周期的整数倍。标准的 8051 单片机又通常称为 12T 单片机,表 1-1 中 5 个型号的单片机分别为 12T、6T、4T、2T 和 1T 单片机。在同样的工作频率下,T 数越小的单片机运行速度越快。对于 4T 以下的单片机,即使 T 数相同,由于厂家对 8051 内核改进情况不同,执行相同一条汇编指令所需的振荡周期数也不同。例如 1T 的 STC5410 执行"INC DPTR"指令只需 1 个振荡周期,而 VRS51L3074 执行该指令却需 3 个振荡周期。这个比较是不是就说明 VRS51L3074 比 STC5410 慢呢?当 VRS51L3074 通过特有硬件执行 16 除法时仅需 5 个振荡周期,STC5410 通过软件编程至少要上百个振荡周期才能完成。同样各厂家在单片机中集成外设的工作频率和单片机工作频率之间的关系也是如此,SPI 作为一般单片机它的工作频率为 $fosc/4$,而 VRS51L3074 可达 $fosc/2$。因此对单片机的评估应该是综合的,而不是只看指令运行的振荡周期。

1.1.2　8051 单片机的应用

在如今的单片机领域中,单片机的种类层出不穷,16 位、32 位以及 64 位单片机的出现,使单片机的功能越来越强,速度也越来越快。与此同时,DSP、ARM 以及 FPGA、CPLD 技术的飞速发展,起源于 20 世纪 80 年代初期的 8051 单片机,似乎已不符合现代科技的发展需要。然而实际情况并非如此,在大多数控制系统中,一个运算速度可达上百万次每秒的 8 位 51 单片机已经可以满足绝大多数控制系统的要求。加之 51 单片机的价格优势和自身的发展,使 8 位的 51 单片机在今后很长的一段时间内还有巨大的生存空间,甚至可以说 8 位单片机仍然是单片机应用的一个主流趋势。特别是 8051 单片机在近三十年的开发中积累了丰富的资料、经验和教训,为新产品的快速开发提供了可靠的保证。

1.1.3　8051 单片机的开发

8051 单片机的开发主要分硬件开发和软件开发两方面。

单片机的硬件开发技术随着计算机技术的发展,已经逐渐从专用的仿真开发器向 IAP、ISP、ICP 及 JTAG 这样的可在应用系统中编程、下载和调试的方向发展。51 单片机产品的多样化,使越来越多的专用功能部件被集成在芯片内部。早期专用标准 8051 仿真开发器不可能适应众多单片机产品的需求,因此生产厂家在生产 51 单片机产品的同时,提供了向 IAP、ISP、ICP 及 JTAG 等的接口,以供不同需求的开发者使用。现在比较流行的开发方式为:软件仿真+在线下载+在线调试。单片机应用系统的开发者在设计控制系统时应考虑预留"在线下载"或"在线调试"的接口,以保证控制系统的调试及以后的软件系统升级。

单片机软件开发的最基本原则是模块化,即按功能分块编写软件模块,然后分模块调试,最后进行总体调试。如果在速度上有严格要求,则还须进行程序的优化。优化过程中可合并功能模块,以减少功能模块调用时所耗费的程序运行时间。对于使用高级语言编程的软件系统,可查看功能模块汇编后的汇编代码是否可以进一步按所用单片机的指令系统进行优化,这一点对于像 LED 显示屏这样对运行时间有极高要求的控制系统来说是起决定性作用的。合并功能模块所指的不仅仅是减少功能模块调用,有时甚至是取消循环语句而用简单的重复语句,这样做虽然程序并不"漂亮",但执行速度快、效率高,能满足控制系统的要求。

1.1.4 8051单片机型号的选择

在确定被开发控制系统的要求后,应以尽可能减少外部扩展硬件为原则,努力做到真正的"单片机"系统而不是"多片机"系统。因为器件数量越少则连线越少,系统整体的可靠性也就越高。当然,这样做的另一个重要原因是可以控制整个系统的成本。但"适当地有选择地扩展硬件"有时也能很好地满足控制成本的要求。例如本书介绍的LED显示屏控制系统就是采用多个小规模集成电路芯片构成计数器,取代用CPLD构成计数器从而很好地满足了控制成本的要求。

1.1.5 单片机学习的要点

单片机开发技术是一门实践性极强的技术,它对基础知识如数字电路、模拟电路和计算机软件编程都有所要求,但最重要的还是实践。作者从开始使用单片机至今已有20多年,对单片机的学习和应用有所体会,归纳为以下几个阶段:

(1) 了解阶段

首先看几本有关单片机的书籍,对单片机有一个初步的了解,这种了解仅限于单片机的基本结构和一些专用的名词。

(2) 模仿阶段

自制或购买一个单片机实验板,从书上找一个最简单的程序例子在单片机实验板上进行调试和验证。在验证通过的基础上对程序例子按自己希望的结果进行修改,但修改的幅度一定要小,而且最好不要脱离源程序例子的框架。

(3) 自主学习阶段

在验证书上几个例程后,再按自己的想法编程并在单片机实验板上实现。通过大量的有目的编程学习和调试,掌握单片机的基本使用方法。

(4) 开发学习阶段

首先为自己设定一个最简单的单片机控制系统作为开发目标。最简单的单片机控制系统可以简单到只控制一个发光二极管和一个按键,所实现的功能也可以简单到通过判断按键状态,控制发光二极管点亮或熄灭。在完成控制开发目标后,自己要对这个简单控制系统进行改进,达到更多硬件和软件上的目标。

(5) 应用阶段

需要开发和学习同步进行,不断收集和整理各种单片机应用系统开发的硬件模块和软件模块。例如与PC机通信的RS232接口电路模块和通信软件模块。这样做的目的是将单片机应用系统开发变成硬件模块、软件模块的选用和堆叠,不需要考虑模块的正确性,而只考虑模块间的硬/软件接口问题。同时在系统的设计上不仅仅基于器件的选择,更重要的是侧重于设计理念。例如串行和并行方式的选择、DMA数据直传、多CPU数据共享等。

1.2 51单片机基本系统结构

1.2.1 51单片机的结构框图及引脚

MCS-51是Intel公司最早推出的51系列单片机,其代表产品主要有8051和8052系

51系列单片机系统结构概述

列,其中以8051系列单片机最为经典。因此,以后所有兼容8051的单片机一般简称为"51系列单片机"。8051单片机主要由多个基本部件组成,即微处理器(CPU)、数据存储器(RAM)、程序存储器(ROM/EPROM)、I/O口(P0~P3口)、串行口、定时/计数器、中断系统及特殊功能寄存器(SFR)。它们之间都是通过内部总线进行连接,如图1-2所示。

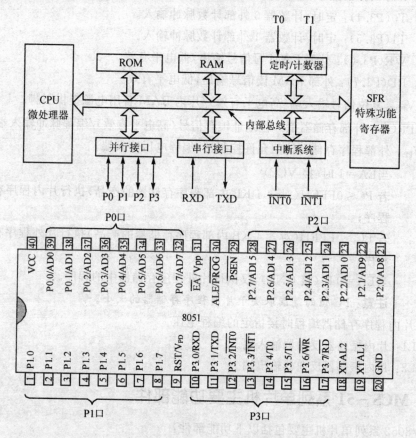

图1-2 MCS-51系列单片机的基本结构框图和外部引脚

由于生产厂家和型号的不同,单片机内部数据存储器的大小、程序存储器的类型、串行口及定时/计数器的数量与功能、特殊功能寄存器的数量都会有一些差异,但51系列单片机的基本结构是一致的。51系列单片机的基本结构和外部引脚如图1-2所示。

MCS-51系列单片机各引脚功能如下:

GND:接参考地。

VCC:接+5V工作电源(单片机型号不同其工作电压不同)。

P0口:8位标准双向I/O口,当寻址外部存储器时,为8位数据总线和外部存储器低8位地址线,在ALE脉冲的作用下采用分时使用方式,有8个TTL负载门的驱动能力。

P1口:8位准双向I/O口,4个TTL负载的驱动能力。

P2口:8位双向I/O口,访问外部存储器时作高8位地址线,具有4个TTL门负载的驱动能力。

P3口:8位准双向I/O口,有4个TTL负载门的驱动能力,同时具有典型的第二功能。

RXD(P3.0)：串行接收输入脚。
TXD(P3.1)：串行发送输出脚。
$\overline{\text{INT0}}$(P3.2)：外部中断 0 请求信号输入，低电平或下降沿有效。
$\overline{\text{INT1}}$(P3.3)：外部中断 1 请求信号输入，低电平或下降沿有效。
T0(P3.4)：定时/计数器 0 外部计数脉冲输入。
T1(P3.5)：定时/计数器 1 外部计数脉冲输入。
$\overline{\text{WR}}$(P3.6)：外部 RAM 写信号输出，低电平有效。
$\overline{\text{RD}}$(P3.7)：外部 RAM 读信号输出，低电平有效。

RST/V_{PD}：复位信号输入端(高电平有效)/片内 RAM 备用电源提供引脚。

ALE/$\overline{\text{PROG}}$：外部存储器低 8 位地址锁存信号(高电平有效)/编程脉冲输入端。

$\overline{\text{EA}}$/V_{PP}：外部程序存储器访问允许控制端/编程电压输入端，

当 $\overline{\text{EA}}$＝1 时(接 VCC)

若 PC≤0FFFH(对含 4 KB 内部程序存储器的产品)执行片内程序存储器中的程序；

若 PC＞0FFFH(对含 4 KB 内部程序存储器的产品)执行片外程序存储器中的程序。

当 $\overline{\text{EA}}$＝0 时(接 GND)，仅执行片外程序存储器中的程序。

注意：PC 值的范围取决于片内程序存储器的大小。

V_{PP}：片内程序存储器编程时接指定的编程电压。

XTAL1：片内振荡器反向器输入端。

XTAL2：片内振荡器反向器输出端。

1.2.2 MCS-51 系列单片机主要功能部件

8051/8052 系列单片机主要包括以下功能部件：

- 8 位的 CPU；
- 4 KB/8 KB 片内程序存储器(ROM/EPROM)；
- 128/256 字节的片内数据存储器(RAM)；
- 32 条双向 I/O 线(4 个 8 位双向 I/O 口)；
- 可寻址外部程序存储器和数据存储器，最大范围均为 64 KB；
- 2 或 3 个 16 位定时/计数器；
- 1 个全双工异步串行口；
- 5 或 6 个中断源，2 个中断优先级；
- 具有位寻址能力；
- 片内振荡器和时钟电路。

以上的功能部件为标准的 8051 单片机配置，现在的 51 系列单片机与标准的 8051 单片机相比较功能部件向单一化和多样化两个方向发展。例如有些型号 51 单片机仅有 6 条 I/O 线，另一些却有多达 56 条 I/O 线。具体功能部件的配置如存储器的大小和类型、I/O 口的多少、定时器的长度以及最高工作频率等要参考有关产品的说明书。

1.2.3 典型时钟电路和复位电路

现在的 51 系列单片机时钟一般可以从全静态至 12 MHz 及以上,通常情况下使用内部时钟电路,有特殊要求时也可以采用外接时钟源。还有一部分单片机将时钟电路全部集成在芯片内部。图 1-3 为 8051 单片机使用内部时钟电路和外接时钟电路的两种典型接法。

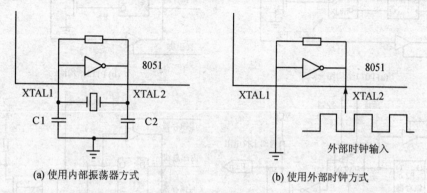

图 1-3 8051 单片机使用内部时钟电路和外接时钟电路的两种典型接法

简单复位电路的好处在于不受工作电压范围的限制,而专用复位集成电路,必须注意复位电压和工作电压是否匹配。复位电路可采用简单的电阻、电容及按键开关构成上电自动复位和手动复位,也可以选择专用的复位集成芯片。这类专用的复位集成芯片除集成复位电路外,有些还集成看门狗、EEPROM 存储器等其他功能模块。图 1-4 为两种典型的简单复位电路连接示意图。

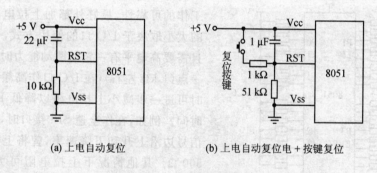

图 1-4 单片机复位电路

1.2.4 8051 单片机 I/O 结构

8051 有 4 个双向 I/O 口 P0～P3,其中 P1、P2 和 P3 三个端口内部有上拉电阻,称为准双向口,在读这些端口之前应先写 1,否则读入的数据不能保证正确。P0 口为开漏极输出,内部没有上拉电阻,为三态双向 I/O 口,是标准的双向口,可自由读写。P0、P1、P2 和 P3 口的结构如图 1-5 所示。

实际应用要点:当 P0～P3 作为一般输入/输出口时,应外接 1～10 kΩ 的上拉电阻。特别是当 P0 口用于外部扩展时,因为输出驱动级的漏极开路,所以必须外接上拉电阻,否则不能正常工作。对于 P1、P2、P3 来说,上拉电阻可以增加端口的高电平驱动能力,虽然 P1、P2、P3

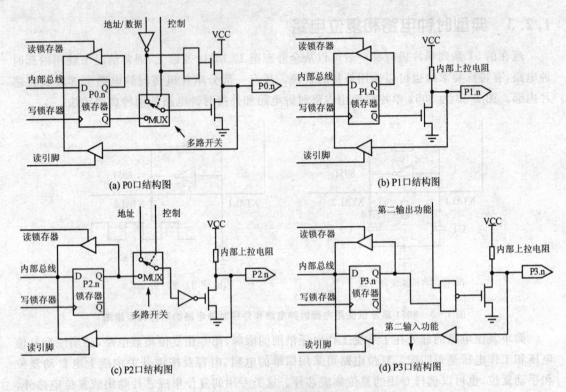

图1-5 I/O口结构图

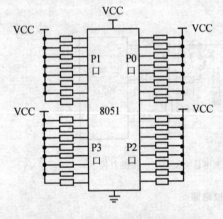

图1-6 外接上拉电阻示意图

口内部有弱上拉电阻,但上拉不够,为了保证系统工作的可靠性,最好外部加上拉电阻。上拉电阻的大小取决于I/O口的使用方式,作输出口使用且需要高电平有一定的驱动能力时上拉电阻可小一点(1 kΩ左右),在I/O口作高频脉冲信号输出时可进一步减小上拉电阻以降低I/O口充/放电时间。例如,在作全速SPI接口时,笔者为了保证信号边沿上升和下降速率,曾将上拉电阻减小到500 Ω。其他情况下上拉电阻可大一点(5~10 kΩ),这样既保证I/O口可靠工作,又适当降低功耗。上拉电阻的接法如图1-6所示。

1.3 51单片机存储器结构

标准8051单片机存储器的配置可分为5个部分:
- 64 KB程序存储器空间:0000H~0FFFFH,用于存放程序代码。
- 内部RAM空间:00H~0FFH,用于存放数据和堆栈。
  8051系列:00H~07FH (128字节);
  8052系列:00H~0FFH (256字节)。

➢ 128 字节内部特殊功能寄存器空间：80H～0FFH,用于特殊功能操作,如算数运算、逻辑运算、I/O 口读写以及外设操作等。
➢ 64 KB 外部数据存储器空间：0000H～0FFFFH,用于扩展数据存储器。
➢ 位寻址空间：00H～0FFH。
  00H～7FH 共 128 位,在内部 RAM 的 20H～2FH 中。
  80H～0FFH 共 128 位,在内部特殊功能寄存器空间 80H～0FFH 并可以被 8 整除的单元之中。

图 1-7 为 8051(8052)存储器分配示意图。

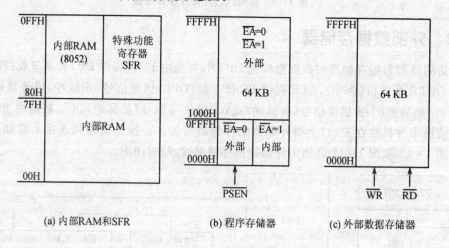

图 1-7　8051(8052)存储器分配示意图

1.3.1　程序存储器

从图 1-7 可以看出,引脚 $\overline{EA}=1$ 时执行单片机内部的程序存储器;引脚 $\overline{EA}=0$ 时执行单片机外接的程序存储器。此时程序地址指针为 PC(16 位),当访问外部程序存储器时,首先由 P2 口提供 PC 高 8 位(PCH),P0 口提供 PC 低 8 位(PCL),然后 ALE 提供 PC 低 8 位(PCL)锁存信号(正脉冲,供外接锁存器锁存 PCL)。$\overline{PSEN}$ 提供读信号(负脉冲),8 位程序代码由 P0 口读入单片机。操作流程和连接示意,如图 1-8 所示。图 1-9 所示为访问外部程序存储器时序图。

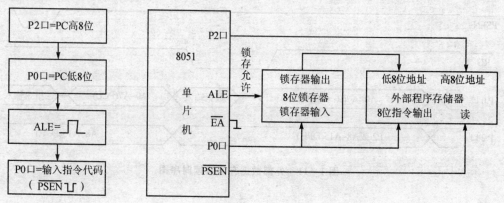

图 1-8　程序存储器操作流程和连接示意图

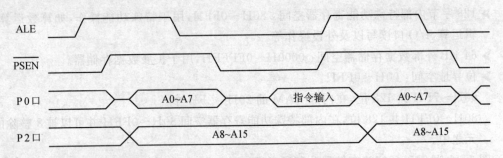

图1-9 访问(读)外部程序存储器

1.3.2 外部数据存储器

当访问外部数据存储器时数据指针为DPTR，首先由P2口提供DPTR高8位(DPH)，P0口提供DPTR低8位(DPL)，ALE提供PC低8位(DPL)锁存信号(正脉冲，供外接锁存器锁存DPL)。然后由$\overline{RD}$提供读信号(负脉冲)或$\overline{WR}$提供写信号(负脉冲)，8位数据由P0口读入单片机或由单片机放在P0口上供外部数据存储器写操作。操作流程和连接示意如图1-10所示。图1-11和图1-12分别为外部数据存储器读、写时序图。

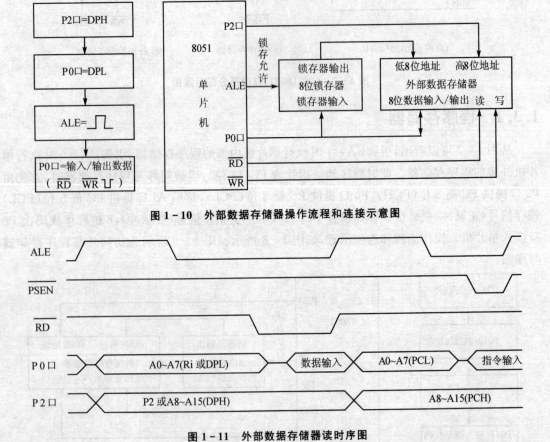

图1-10 外部数据存储器操作流程和连接示意图

图1-11 外部数据存储器读时序图

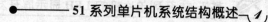

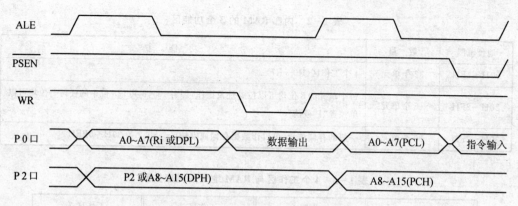

图 1-12 外部数据存储器写时序图

1.3.3 内部数据存储器空间

8051 单片机内部 RAM 的地址为 00H~7FH，8052 单片机内部 RAM 的地址为 00H~FFH。从图 1-7 中可以看出，内部 RAM 与内部特殊功能寄存器 SFR 都有 80H~FFH 相同的地址。内部 RAM 的访问（读写）与内部特殊功能寄存器 SFR 的访问（读写）是通过不同的寻址方式来实现的。直接寻址为内部 RAM，间接寻址为内部特殊功能寄存器 SFR。以直接寻址和间接寻址方式访问 00H~7FH 都是访问内部 RAM。内部 RAM 的访问方式如图 1-13 所示。

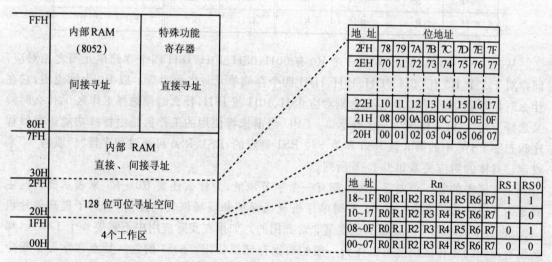

图 1-13 内部 RAM 的访问方式

内部 RAM 可以分为 00H~1FH、20H~2FH 和 30H~7FH(8052 为 0FFH)3 个功能各异的数据存储器空间。单片机的内部 RAM 空间为 256 个 8 位存储单元，但内部 RAM 的实际大小与单片机的型号和生产厂家有关。3 个数据存储器空间的基本功能如表 1-2 所列。

1. 00H~1FH(4 个工作区)

这 32 个存储单元以 8 个存储单元为一组分成 4 个工作区。每个区有 8 个寄存器 R0~R7，与 8 个存储单元一一对应。寄存器与 RAM 地址的对应关系如表 1-3 所列。

表1-2 内部RAM的3个功能区

地址范围	数量	功能
00H~1FH	32个单元	4个工作区(R0~R7)
20H~2FH	16个单元	每个单元的8位均可以位寻址及操作,即对16×8共128位中的任何一位均可以单独置"1"或清"0"
30H~7FH	80个单元	一般的存储单元,可以作数据存储或堆栈区。8052为30H~0FFH

表1-3 4个工作区与RAM地址的对应关系

工作区0		工作区1		工作区2		工作区3	
地址	寄存器	地址	寄存器	地址	寄存器	地址	寄存器
00H	R0	08H	R0	10H	R0	18H	R0
01H	R1	09H	R1	11H	R1	19H	R1
02H	R2	0AH	R2	12H	R2	1AH	R2
03H	R3	0BH	R3	13H	R3	1BH	R3
04H	R4	0CH	R4	14H	R4	1CH	R4
05H	R5	0DH	R5	15H	R5	1DH	R5
06H	R6	0EH	R6	16H	R6	1EH	R6
07H	R7	0FH	R7	17H	R7	1FH	R7

从表1-3中可以看出,对于1个R0有00H、08H、10H、18H四个存储单元与之相对应,同样对于1个R5有05H、0DH、15H、1DH四个存储单元与之相对应。以R0为例说明,它在什么时候对应00H,什么时候又分别对应08H、10H或18H,什么时候选择工作区0,什么时候又选择工作区1、工作区2或工作区3。CPU当前选择使用的工作区是由特殊功能寄存器程序状态字PSW中的第3位RS0和第4位RS1确定的,RS1、RS0可通过程序置"1"或清"0"来设定。具体的对应关系如表1-6所列。

工作区中的每一个内部RAM都有一个字节地址,为什么还要R0~R7来表示呢?这主要是为了进一步提高MCS-51系列单片机现场保护和现场恢复的速度,这对于提高单片机CPU的工作效率和响应中断的速度是非常有用的。如果在实际应用中不需要4个工作区,那么没有用到的工作区仍然可以作为一般的数据存储器使用。8051的这一特点在学习了指令系统和中断系统后就会进一步理解。

2. 20H~2FH(可以位寻址)

内部RAM的20H~2FH这16个单元字节是可以位寻址和位操作的。16字节共128位(16×8),每一位有一个位地址,这128位对应于位地址空间00H~7FH(0~127),内部RAM中20H~2FH字节地址与位地址的对应关系如表1-4所列。对内部RAM的20H~2FH这16字节,既可以与一般的存储器一样按字节操作,也可以对16个单元中的某一位进行独立的位操作,这样极大地方便了面向控制的开关量处理。

表 1-4 20H~2FH 的字节地址与位地址的对应关系

字节地址	位地址							
	D7	D6	D5	D4	D3	D2	D1	D0
20H	07H	06H	05H	04H	03H	02H	01H	00H
21H	0FH	0EH	0DH	0CH	0BH	0AH	09H	08H
22H	17H	16H	15H	14H	13H	12H	11H	10H
23H	1FH	1EH	1DH	1CH	1BH	1AH	19H	18H
24H	27H	26H	25H	24H	23H	22H	21H	20H
25H	2FH	2EH	2DH	2CH	2BH	2AH	29H	28H
26H	37H	36H	35H	34H	33H	32H	31H	30H
27H	3FH	3EH	3DH	3CH	3BH	3AH	39H	38H
28H	47H	46H	45H	44H	43H	42H	41H	40H
29H	4FH	4EH	4DH	4CH	4BH	4AH	49H	48H
2AH	57H	56H	55H	54H	53H	52H	51H	50H
2BH	5FH	5EH	5DH	5CH	5BH	5AH	59H	58H
2CH	67H	66H	65H	64H	63H	62H	61H	60H
2DH	6FH	6EH	6DH	6CH	6BH	6AH	69H	68H
2EH	77H	76H	75H	74H	73H	72H	71H	70H
2FH	7FH	7EH	7DH	7CH	7BH	7AH	79H	78H

3. 30H~7FH（一般存储器）

30H~7FH 为一般的数据存储单元。MCS-51 单片机的堆栈区一般设在这个范围内，堆栈的作用是子程序调用或保护中断现场的特殊数据存储区。它存放数据的原则是先进后出（后进先出），存放数据的位置由一个称为堆栈指针的 SP 寄存器来确定。MCS-51 单片机在每进行一次压堆栈操作后 SP 自动加 1，每进行一次弹堆栈操作后 SP 自动减 1，因此 MCS-51 单片机的堆栈是一个顶部固定向下延伸的数据区。通常情况下将堆栈区设在 30H~7FH 范围内。复位后 SP 的初值为 07H，可在初始化程序时设定 SP 来具体确定堆栈区的范围。有关堆栈的操作可详见指令系统和中断系统的相关内容。

1.3.4 MCS-51 单片机特殊功能寄存器

8051 把 CPU 中的专用寄存器、并行端口锁存器、串行口与定时/计数器内的控制寄存器集中安排到一个区域，离散地分布在地址 80H~FFH 范围内，这个区域称为特殊功能寄存器（SFR）区。特殊功能寄存器区的 SFR 只能通过直接寻址的方式进行访问，特殊功能寄存器字节地址分配情况如表 1-5 所列。

表 1-5　特殊功能寄存器一览表

符号	地址	名称	符号	地址	名称
P0	80H	P0 口锁存器	SBUF	99H	串行口锁存器
SP	81H	堆栈指针	P2	A0H	P2 口锁存器
DPL	82H	数据地址指针(低 8 位)	IE	A8H	中断允许控制寄存器
DPH	83H	数据地址指针(高 8 位)	P3	B0H	P3 口锁存器
PCON	87H	电源控制寄存器	IP	B8H	中断优先级控制寄存器
TCON	88H	定时/计数器控制寄存器	T2CON*	C8H	定时器 2 状态控制寄存器
TMOD	89A	定时/计数器方式控制寄存器	RCAP2L*	CAH	定时/计数器 2 低 8 位缓冲器
TL0	8AH	定时/计数器 0(低 8 位)	RCAP2H*	CBH	定时/计数器 2 高 8 位缓冲器
TL1	8BH	定时/计数器 0(高 8 位)	TL2*	CCH	定时/计数器 2(低 8 位)
TH0	8CH	定时/计数器 1(低 8 位)	TH2*	CDH	定时/计数器 2(高 8 位)
TH1	8DH	定时/计数器 1(高 8 位)	PSW	D0H	程序状态字
P1	90H	P1 口锁存器	ACC	E0H	累加器
SCON	98H	串行口控制寄存器	B	F0H	B 寄存器

注：* 为 8052 所增加的特殊功能寄存器。

1.3.5　常用特殊功能寄存器

1. ACC

累加器，通常用 A 表示。它是一个实现各种寻址及运算的寄存器，而不是一个仅做加法的寄存器，在 MCS-51 指令系统中所有算术运算、逻辑运算几乎都要使用它。而对程序存储器和外部数据存储器的访问只能通过它进行。

2. PSW

程序状态标志寄存器 PSW 是程序运行及反映 ALU 运算结果的标志寄存器。如计算加法时的进位、计算减法时的借位及 ACC 寄存器中数据的奇偶标志，同时它还具有一些其他的标志。它是单片机编程时特别需要关注的寄存器。程序状态标志寄存器 PSW 的具体结构如图 1-14 所示。

PSW7	PSW6	PSW 5	PSW4	PSW 2	PSW2	PSW1	PSW0
CY	AC	F0	RS1	RS0	OV	—	P

高位 ———————————————————————————— 低位

图 1-14　程序状态标志寄存器 PSW 的具体结构

PSW7：CY——进位/借位标志；
PSW6：AC——辅助进位标志；
PSW5：F0——用户标志；
PSW4：RS1——工作寄存器区选择位 1；

PSW3：RS0——工作寄存器区选择位 0；
PSW2：OV——溢出标志(主要用于补码运算和符号位溢出)；
PSW1：保留位；
PSW0：P——累加器 ACC 的奇偶标志，ACC 中"1"的个数为奇数时 P=1；偶数时 P=0。

寄存器工作区选择位 RS1、RS0 与工作区的对应关系如表 1-6 所列。

表 1-6 RS1、RS0 与工作区的对应关系

RS1	RS0	功　能
0	0	选择工作区 0
0	1	选择工作区 1
1	0	选择工作区 2
1	1	选择工作区 3

当作加法运算时，CY 为 ACC.7 向上的进位；当作减法运算时，CY 为 ACC.7 向高位的借位。OV 为 ACC.6 向 ACC.7 的进位与 ACC.7 向上进位的异或。AC 为 ACC.3 向 ACC.4 的进位(低 4 位向高 4 位)。CY、AC、OV 与 ACC 寄存器各位的关系如图 1-15 所示。

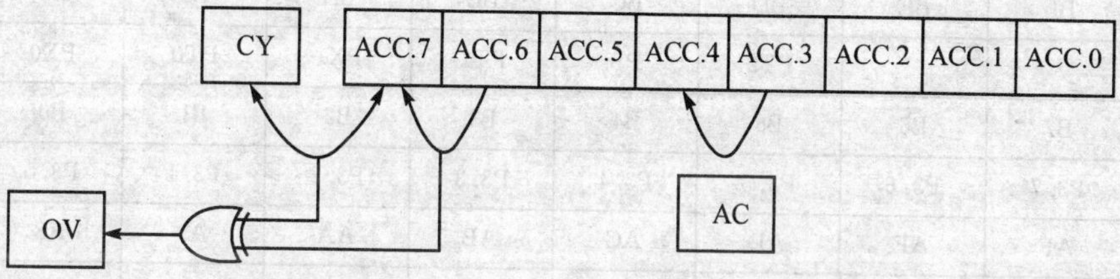

图 1-15 CY、AC、OV 与 ACC 寄存器各位的关系

3. B

特殊功能寄存器，主要用于乘、除法运算。

4. DPTR (DPL 和 DPH)

数据指针，DPH 为 DPTR 的高 8 位，DPL 为 DPTR 的低 8 位。访问外部数据存储器和程序存储器时，必须以 DPTR 为数据指针通过 ACC 进行访问。

5. SP

堆栈指针，进栈时 SP 加 1，出栈时 SP 减 1，复位时 SP 指向 07H。

6. P0～P3

端口锁存器。前面已经介绍了 MCS-51 单片机的 4 个双向 I/O 口 P0～P3。如果需要从指定端口输出一个数据，只需将数据写入指定端口锁存器即可；如果需要从指定端口输入一个数据，需先将数据 0FFH(全部为 1)写入指定端口锁存器，然后再读指定端口即可。如果不先写入 0FFH(全部为 1)，读入的数据有可能不正确。

对于某些 SFR 寄存器还具有位寻址功能，即可以对这些 SFR 寄存器 8 位中的任何一位进行单独的位操作，此功能与 20H～2FH 中的位操作是完全相同的。特殊功能寄存器中地址为 8 的倍数的特殊功能寄存器可以位寻址，特殊功能寄存器最低位的位地址与特殊功能寄存器的字节地址相同，次低位的位地址等于特殊功能寄存器的字节地址加 1，依此类推。最高位的位地址等于特殊功能寄存器的字节地址加 7。特殊功能寄存器位地址分配情况如表 1-7 所列。

表 1-7 特殊功能寄存器位地址分配

特殊功能寄存器	位地址(D7←→D0)								字节地址
B	F7	F6	F5	F4	F3	F2	F1	F0	F0H
ACC	E7	E6	E5	E4	E3	E2	E1	E0	E0H
	ACC.7	ACC.6	ACC.5	ACC.4	ACC.3	ACC.2	ACC.1	ACC.0	
PSW	D7	D6	D5	D4	D3	D2	D1	D0	D0H
	CY	AC	F0	RS1	RS0	OV	F1	P	
T2CON	CF	CE	CD	CC	CB	CA	C9	C8	C8H
	TF2	EXF2	RCLK	TCLK	EXEN2	TR2	C/$\overline{T2}$	CP/$\overline{RL2}$	
IP	BF	BE	BD	BC	BB	BA	B9	B8	B8H
		PT2	PS	PT1	PX1	PT0	PX0		
P3	B7	B6	B5	B4	B3	B2	B1	B0	B0H
	P3.7	P3.6	P3.5	P3.4	P3.3	P3.2	P3.1	P3.0	
IE	AF	AE	AD	AC	AB	AA	A9	A8	A8H
	EA		ET2	ES	ET1	EX1	ET0	EX0	
P2	A7	A6	A5	A4	A3	A2	A1	A0	A0H
	P2.7	P2.6	P2.5	P2.4	P2.3	P2.2	P2.1	P2.0	
SCON	9F	9E	9D	9C	9B	9A	99	98	98H
	SM0	SM1	SM2	REN	TB8	RB8	TI	RI	
P1	97	96	95	94	93	92	91	90	90H
	P1.7	P1.6	P1.5	P1.4	P1.3	P1.2	P1.1	P1.0	
TCON	8F	8E	8D	8C	8B	8A	89	88	88H
	TF1	TR1	TF0	TR0	IE1	IT1	IE0	IT0	
P0	87	86	85	84	83	82	81	80	80H
	P0.7	P0.6	P0.5	P0.4	P0.3	P0.2	P0.1	P0.0	

1.4 51 单片机的指令系统及汇编语言设计要点

1.4.1 指令格式

指令是指计算机执行某种操作的命令,而指令系统是某种计算机系统全部指令的集合,不同的单片机有不同的指令系统。MCS-51 指令系统包含有 111 条指令,其中单字节指令有 49 条,双字节指令有 48 条,三字节指令有 17 条。从指令的执行时间上来分,可以分为单周期指令 57 条、2 个周期指令有 52 条和 4 个周期指令 2 条。当主频为 12 MHz 时,单周期指令的执行时间为 1 μs，2 个周期指令的执行时间为 2 μs，4 个周期指令（即乘、除法指令）执行时间为 4 μs。

计算机语言可以分为以下 3 种：

① 机器语言：计算机操作的直接代码（可以运行的代码）。一般用十六进制数直接表示，如 75H、90FH、0D5H 等。

② 汇编语言：机器语言的助记符。在 MCS-51 指令系统中 75H、90FH、0D5H 表示为 "MOV P1,#0D5H"。一般是用编译软件将汇编语言编译成机器语言。

③ 高级语言：如 C 语言、BASIC 等。在运行前需要将高级语言先编译成汇编语言后，再编译成机器语言运行。

MCS-51 单片机汇编语言格式为：

[标号：]操作码助记符　　[操作数1,][操作数2,][操作数3][;注释]

标号：是语句的符号地址。编译将语句的符号地址还原成该指令所在的实际地址。使用标号主要便于编程和查询。标号一般由 1～6 个字符组成，第一个字符必须以字母开头（即 A、B、C、…、Z 或 a、b、c、…、z），其余的可以是其他符号或数字。某个语句一旦使用了某个标号，则在其他相应的语句中就可引用该标号。标号与操作码助记符之间用冒号"："分开。

操作码助记符：操作码助记符是用来表示指令完成的操作；为了便于记忆，通常用所执行操作相应的英文缩写表示，如加法用 ADD、减法用 SUBB、传送用 MOV 等。

操作数1：通常是执行操作的目的单元，如寄存器、标号等。

操作数2：通常是执行操作目的单元的来源，有时也称源操作数，可以是寄存器、常量、标号等。

操作数3：通常是执行操作的目的地址或相对偏移量，在汇编程序中经常用标号来表示。

注释：注释是对该语句作用或程序的简要说明，可有可无，不是必备的，主要是帮助阅读、理解和使用源程序，以";"开始，其后为注释部分。

操作码助记符与操作数1之间用空格分隔，操作数与操作数之间用","分隔。

1.4.2　伪指令

伪指令又称为伪操作，它不像机器指令那样是在程序运行期间由计算机来执行的，它是在汇编程序对源程序汇编时，由汇编程序处理的操作。它们可以完成如数据定义、分配存储器、指示程序结束等功能。常用的伪指令有以下几条：

1. 定位伪指令 ORG

格式：ORG M

M 为十进制或十六进制数。M 指出在该伪指令后的指令的汇编地址，即生成的机器指令起始存储器地址。在一个汇编语言源程序中允许使用多条定位伪指令，但其值应从小至大并与前面生成的机器指令存放地址不重叠。例如：

```
ORG    0000H
LJMP   0030H
ORG    0030H
MOV    SP,#50H
```

2. 汇编结束伪指令 END

格式：END

该伪指令指出结束汇编，即使后面还有指令，汇编程序也不处理。

3. 定义字节伪指令 DB

格式：DB X1,X2,…,Xn

在程序存储器空间定义 8 位单字节数据，通常用于定义一个常数表。Xi 为单字节数据，它可以为十进制或十六进制数，也可以为一个表达式。Xi 也可以为由两个单引号所括起来的一个字符串，这时 Xi 定义的字节长度等于字符串的长度，每个字符为一个 ASCII 码。例如：

```
data_BYTE: DB 14,2,15H,'a','book'
```

4. 字定义伪指令 DW

格式：DW Y1,Y2,…,Yn

在程序存储器空间定义双字节数据，经常用于定义一个地址表。Yi 为双字节数据，它可以为十进制或十六进制的数，也可以为一个表达式。例如：

```
data_WORD: DW 150,150H,9
```

5. 标号和注释

标号和注释在前面 MCS-51 单片机汇编语言格式中已经有了详细介绍，在此不赘述。

6. 赋值伪指令 EQU

格式：标号名称   EQU   数值或汇编符号

告诉汇编程序，将汇编语句操作数的值赋予本语句的标号。"标号名称"在源程序中可以作数值使用，也可以作数据地址、位地址使用，先定义后使用，放在程序开头。简单地说就是汇编程序在程序中出现"标号名称"时使用"EQU"后的"数值或汇编符号"进行替代。例如：

```
X     EQU  20H
MOV   X,#10    (等同于 MOV 20H,#10)
```

7. 数据地址赋值伪指令 DATA

格式：字符名称 DATA 表达式

将表达式指定的数据地址赋予规定的字符名称。该指令与 EQU 指令相似，但可先使用后定义，放在程序开头、结尾均可。

8. 位地址赋值伪指令 BIT

格式：字符名称   BIT   位地址

将位地址赋予规定的字符名称。例如：

SCLK BIT 97H

相当于

SCLK EQU 97H

1.4.3 寻址方式

寻址方式通俗一点说就是寻找"东西"的方式，这里的"东西"就是操作数，如何找"东西"就是寻址方式。读者可以先从日常生活中理解一下其含义。

直接寻址：某先生对张三说："你到404去借本资料！"这里的"404"是一个确定的房间，是直接地址，直接到404房间就可以拿到需要的东西。

寄存器寻址：如果该先生对李四说："你到资料室去借本资料！"这里的"资料室"是有名字的，相当于某个特定的寄存器，而当资料室的实际地址就是"404"时。你也可以到404借本资料（直接寻址）。

间接寻址：如果该先生对王五说："你去拿一本资料，不过你要先到刘老师那儿。她会告诉你取资料的地址，然后你去拿资料！"王五最初得到的并不是需要拿到资料的确切地址，而是得到这个确切地址的存放地方是刘老师，这就是间接寻址。

相对寻址：如果该先生说："你到楼下第二个房间借本资料！"这给出的是一个相对于你现在所处位置的偏移量，现在所在位置就为源地址，而"楼下第二个房间"就是偏移量（rel），组合在一起就形成了确切的地址，这就是相对寻址。

下面详细介绍一下各种寻址方式：

1. 寄存器寻址

寄存器寻址就是以通用寄存器为操作对象，在指令的助记符中直接以寄存器的名字来表示。寄存器寻址对所选的工作寄存器区中R0~R7进行操作，累加器A、数据指针DPTR等也可以用寄存器寻址方式访问。例如：

```
MOV   A,R0      ;R0 内容放入 A 中
MUL   AB        ;A 与 B 的内容相乘
INC   DPTR      ;DPTR 内容加 1
```

2. 直接寻址

在指令中直接给出操作对象的地址，该地址直接指出了参与运算或传送数据所在的字节单元或位的地址。直接寻址方式访问内部数据RAM区的128个单元以及所有的特殊功能寄存器，它也是特殊功能寄存器唯一的寻址方式。例如：

```
MOV   A,3AH      ;3AH 单元内容放入 A 中
MOV   20H,P1     ;P1 锁存器内容读入 20H 单元
MOV   24H,5FH    ;5FH 单元内容存入 24H 单元
```

3. 立即寻址

如果操作数是一个8位二进制数或16位二进制数，就称为立即寻址，指令中的操作数就

是立即数,而不是操作对象的直接地址或名称。51系列单片机中采用"♯"来表示后面的是立即数而不是直接地址。例如:

```
MOV   A,♯30H        ;把数据30H放入A中
MOV   DPTR,♯12FAH   ;数据12FAH放入数据指针DPTR中
MOV   P1,♯0FFH      ;立即数FFH写入P1口
```

4. 寄存器间接寻址

如果以指定寄存器间接给出操作对象的地址(指定寄存器中存有操作对象的地址),则称为寄存器间接寻址。在这种寻址方式下,指令中工作寄存器的内容不是操作数,而是操作对象的地址。指令执行时,先通过工作寄存器的内容取得操作对象的地址,再到该地址所指定的存储单元中取得操作数。

51系列单片机可采用寄存器间接寻址方式访问内部RAM中的128个存取单元(8052则可访问内部RAM的256个存取单元),此时,用R0和R1两个工作寄存器作为间接寻址的数据指针。若是用数据指针寄存器DPTR来间接寻址,也可访问64KB的外部RAM。但是这种寻址方式不能访问特殊功能寄存器。为了对寄存器寻址和寄存器间接寻址加以区别,在寄存器名称前面加一个符号@来表示寄存器间接寻址。例如:

```
MOV    A,@R0         ;把R0指定单元的内容(不是R0的内容)放入A中
MOVX   @DPTR,A       ;把A的内容写入DPTR指定的外部RAM单元中
MOVX   A,@R1         ;把R1指定的外部RAM单元的内容读入A中
```

5. 变址寻址

变址寻址方式以16位的程序计数器PC或数据指针DPTR的内容作为基地址,而地址偏移量则是累加器A中的内容,最后基地址与偏移量相加,即DPTR或PC的内容与A的内容之和作为实际的操作数地址。例如:

```
MOVC   A,@A+DPTR     ;把A+DPTR指定的ROM单元内容读入A中
```

注意:虽然在变址寻址时采用数据指针DPTR作为基址寄存器,但变址寻址的区域是程序存储器ROM而不是数据存储器RAM。

6. 相对寻址

51系列单片机中设有转移指令,其中的相对转移指令采用的就是相对寻址方式。此时指令的操作数部分给出的是地址的相对偏移量,以"rel"表示,rel为一个带符号的常数。一般将相对转移指令所在的地址称为源地址,转移后的地址称为目的地址,则

$$目的地址 = 源地址 + 转移指令字节数 + rel$$

例如:

```
SJMP   65H
```

假设这条指令存放在2000H,而这条指令的机器码共有两个字节,所以转移后的目的地址为:2000H+02H+65H=2067H

注意:由于rel是有符号数,在计算时应注意偏移量是否是补码表示。

7. 位寻址

位寻址方式的操作数是 8 位二进制数的某一位,在指令中用 bit 表示。51 系列单片机的内部 RAM 有两个可直接位寻址的区域:

① 20H～2FH 共 16 个内部 RAM 单元,其中的每一位都可单独作为操作数,共 128 位。

② 某些特殊功能寄存器,这些特殊功能寄存器的单元地址应能被 8 整除。

位地址的表示方式有以下几种:

① 直接用位地址 00H～FFH 来表示,如 20H 单元的 0～7 位可表示为 20H～27H。

② 采用第 n 单元第 n 位的表示方法,如 27H 单元的第 6 位可表示为 27H.6。

③ 对于特殊功能寄存器可直接用寄存器名加位数的方法表示,如:PSW.7。

用汇编语言中的伪指令定义,如:USER_FLAG bit F0。

1.4.4 指令类型

8051 单片机的指令按功能可分为数据传送指令、算术运算指令、逻辑运算指令、位操作指令和控制转移指令。介绍指令时为了说明方便,故采用以下缩写符号进行说明。

8051 指令系统常用的缩写符号如下:

A　　　　累加器 ACC。

Rn　　　 工作寄存器 Rn(n=0～7 共 8 个:R0～R7)。

direct　　直接地址单元(内部 RAM:00H～7FH;SFR:80H～0FFH)。

@Ri　　　以 R0 或 R1 内容为地址指针所指向单元的内容(8051 内部 RAM:00H～7FH。
　　　　 对 8052 内部 RAM:00H～0FFH;有两个寄存器间接寻址:@R0、@R1)。

#data　　 立即数(十进制:#89;十六进制:#0EDH;二进制:#00011010B)。

bit　　　 位地址(8051 内部 RAM 20H～2FH 中具有 16 字节可位寻址的寄存器,其余在特殊功能寄存器中)。

rel　　　　相对偏移量(8 位,−127～+128,编程时通常用标号表示)。

addr11　 11 位地址(0～2 KB 范围内,编程时通常用标号表示)。

addr16　 16 位地址(0～64 KB 范围内,编程时通常用标号表示)。

特殊符号:

$　　　　代表指令当前指令地址。

#　　　　立即数(常数)。

@　　　　间址寻址符号。

1. 数据传送类指令

51 系列单片机具有 4 个存储器区域,即程序存储器、内部数据存储器、特殊功能寄存器和位寻址区。

指令对哪一个存储器区域进行操作是由指令的操作码和寻址方式确定的。程序存储器只能采用变址寻址方式;特殊功能寄存器只能采用直接寻址和位寻址方式,不能采用间接寻址方式;8052 单片机内部 RAM 的高 128 字节则只能采用寄存器的间接寻址方式,不能采用直接寻址方式;位操作指令只能对位寻址区操作。外部数据存储器 RAM 只能用 MOVX 指令访问;内部 RAM 的低 128 字节既能用直接寻址,也能用间接寻址。图 1-16 为数据传送类可寻址的框图。箭头表示数据可以移动的方向。

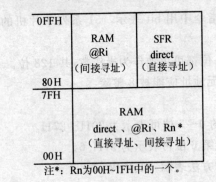
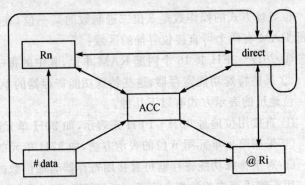

图 1-16 数据传送类可寻址的框图

(1) 内部数据传送指令

① 以累加器 A 为目的单元的指令

指令	说明
MOV A,Rn	A=Rn
MOV A,direct	A=direct
MOV A,@Ri	A=@Ri
MOV A,#data	A=#data

这组指令的功能是以累加器 A 为目的单元,将 Rn、direct、@Ri 和 #data 所访问的数据送入累加器 A 中。

② 以 Rn 为目的操作数的指令

指令	说明
MOV Rn,A	Rn=A
MOV Rn,direct	Rn=direct
MOV Rn,#data	Rn=#data

这组指令的功能是以累加器 Rn 为目的单元,将 A、direct 和 #data 送入 Rn。

③ 以直接寻址单元为目的操作数的指令

指令	说明
MOV direct,A	direct=A
MOV direct,Rn	direct=Rn
MOV direct1,direct2	direct1=direct2
MOV direct,@Ri	direct=@Ri
MOV direct,#data	direct=#data

这组指令的功能是以直接字节 direct 为目的单元,将 A、Rn、direct2、@Ri 和 #data 送入 direct。

④ 以间接寻址单元为目的操作数的指令

指　令	说　明
MOV　@Ri, A	@Ri=A
MOV　@Ri, direct	@Ri=direct
MOV　@Ri, #data	@Ri=#data

这组指令的功能是以寄存器间接寻址@Ri为目的单元,将A、direct和#data送入@Ri。

⑤ 16位数据传送指令

指　令	说　明
MOV　DPTR, #addr16	DPH=#addr16的高8位 DPL=#addr16的低8位

这条指令是将16位的立即数送入DPTR。16位的数据指针DPTR由DPH和DPL组成。这条指令的执行结果可分为两步:先把立即数的高8位(地址)送入DPH;再把立即数的低8位(地址)送入DPL。

⑥ 栈操作指令

指　令	说　明	备　注
PUSH　direct	压进堆栈	SP=SP+1 (SP)=direct
POP　direct	弹出堆栈	direct=(SP) SP=SP-1

51系列单片机的特殊功能寄存器中有一个堆栈指针SP,SP的内容为栈顶的位置。

进栈指令执行过程为:首先将堆栈指针SP的内容加1;然后将直接地址所指出的内容送入SP指向的内部RAM单元。

出栈指令执行过程为:首先将SP所指出的内部RAM单元的内容送入由直接地址所指出的字节单元;然后将栈指针SP的内容减1。

进栈指令用于保护CPU现场,出栈指令用于恢复CPU现场。

⑦ 字节交换指令

指　令	说　明
XCH　A,Rn	TEMP=A A=Rn Rn=TEMP
XCH　A,@Ri	TEMP=A A=@Ri @Ri=TEMP

这组指令是将累加器A的内容和源操作数的内容相互交换。说明中的TEMP为虚拟的中间变量,实际中不存在。

⑧ 半字节交换指令

指　令	说　明
XCHD　A,@Ri	A(低4位)=@Ri(低4位) @Ri(低4位)=A(低4位)
SWAP　A	累加器A的高半字节(A.7~A.4) 与低半字节(A.3~A.0)交换

这条指令是将累加器A的低4位和R0或R1指出的RAM单元的低4位互换,各自的高4位不变。

(2) 累加器A与外部数据存储器传送指令

指　令	说　明
MOVX　A,@DPTR	A=@DPTR
MOVX　A,@Ri	A=@Ri
MOVX　@DPTR,A	@DPTR=A
MOVX　@Ri,A	@Ri=A

这组指令是利用累加器A和外部扩展的RAM进行数据交换的传送指令。外部RAM和I/O(I/O口可看成是一个可读、可写或可读写的RAM)是统一编址的,共占64 KB的空间,所以指令本身看不出是对RAM还是对I/O口操作,而是由硬件的地址分配确定的。

(3) 查表指令

指　令	说　明
MOVC　A,@A+PC	A=@(A+PC)
MOVC　A,@A+DPTR	A=@(A+DPTR)

这2条查表指令可用来查找存放在外部程序存储器中的常数表格。

第一条指令是以程序计数器PC作为基址寄存器,累加器A的内容作为无符号数与PC的内容(下一条指令的起始地址)相加,得到一个16位的地址,并将该地址指出的程序存储器单元的内容送入累加器A。这条指令不改变特殊功能寄存器和PC的状态,只要根据A中的内容就可以取出表格中的常数,但表格只能放在该查表指令后的256个单元中,表格的大小受到限制,而且表格只能被一段程序使用。

第二条指令以数据指针DPTR作为基址寄存器,累加器A的内容作为无符号数与DPTR的内容相加,得到一个16位的地址,并将该地址所指出的程序存储器单元的内容送入累加器A。这条查表指令的执行结果只与DPTR和累加器A的内容有关,而与该条指令存放的地址以及常数表格存放的地址无关,因此表格的大小和位置可以在64 KB程序存储器中任意安排,并且一个表格可以被多个程序块使用。当A为0时表格的位置只与DPTR有关。

2. 算术运算类指令

(1) 加法指令

① 不带进位的加法指令

指 令	说 明
ADD A,Rn	A=A+Rn
ADD A,direct	A=A+direct
ADD A,@Ri	A=A+@Ri
ADD A,#data	A=A+#data

这组加法指令是将累加器 A 的内容与第二操作数的内容相加,结果送到累加器 A。在执行加法的过程中:如果位 7 有进位,则置"1"进位标志 CY,否则清"0"CY;如果位 3 有进位,则置"1"辅助进位标志 AC,否则清"0"AC;如果位 6 有进位而位 7 没有进位,或者位 7 有进位而位 6 没有进位,则置"1"溢出标志 OV,否则清"0"OV。

② 带进位的加法指令

指 令	说 明
ADDC A,Rn	A=A+Rn+CY
ADDC A,direct	A=A+direct+CY
ADDC A,@Ri	A=A+@Ri+CY
ADDC A,#data	A=A+#data+CY

这组指令与不带进位的加法指令类似,唯一不同的是在执行加法时,还要将上一次进位标志 CY 的内容也一起加进去。对于标志位的影响与不带进位的加法指令一样。

③ 加 1 指令

指 令	说 明
INC A	A=A+1
INC Rn	Rn=Rn+1
INC direct	direct=direct+1
INC @Ri	@Ri=@Ri+1
INC DPTR	DPTR=DPTR+1

这组指令是将所指出的操作数的内容加 1。如果原来的内容为 0FFH,则加 1 后将产生上溢出,使操作数的内容变成 00H,但不影响任何标志。指令"INC DPTR"是对 16 位的数据指针 DPTR 执行加 1 操作,不影响任何标志。

④ 十进制调整指令

指 令	说 明
DA A	对 A 进行十进制调整

这条指令是对累加器中由上一条加法指令(加数和被加数均为压缩的 BCD 码)所得的 8 位结果进行调整,使它压缩成 BCD 码。需要注意的是,这条指令只能对 ADD、ADDC 指令的结果进行调整,不能对加 1 指令以及减法指令进行调整。

(2) 减法指令

① 带借位减法指令

指　令	说　明
SUBB　A,Rn	A=A－Rn－CY
SUBB　A,direct	A=A－direct－CY
SUBB　A,@Ri	A=A－@Ri－CY
SUBB　A,#data	A=A－#data－CY

这组指令是将累加器 A 的内容与第二操作数的内容相减后再减去 CY,结果送到累加器 A 中。在执行减法的过程中:如果位 7 有借位,则置"1"进位标志 CY,否则清"0"CY;如果位 3 有借位,则置"1"辅助进位标志 AC,否则清"0"AC;如果位 6 有借位而位 7 没有借位,或者位 7 有借位而位 6 没有借位,则置"1"溢出标志 OV,否则清"0"OV。

② 减 1 指令

指　令	说　明
DEC　A	A=A－1
DEC　Rn	Rn=Rn－1
DEC　direct	direct=direct－1
DEC　@Ri	@Ri=@Ri－1

这组指令是将所指出的操作数的内容减 1。如果原来的内容为 00H,则减 1 后将产生溢出,使操作数的内容变成 0FFH,但不影响任何标志。

(3) 乘法指令

指　令	说　明
MUL　AB	B=A*B的高8位 A=A*B的低8位

这条指令是将累加器 A 中的内容与寄存器 B 中的 8 位无符号整数相乘,乘积为 16 位数。乘积的低 8 位存放在累加器 A 中,高 8 位存放在寄存器 B 中。如果乘积大于 255(0FFH),则置"1"溢出标志 OV,否则清"0"OV。进位标志 CY 总是被清"0"。

(4) 单字节除法指令

指　令	说　明
DIV　AB	A=A/B的商 B=A/B的余数

这条指令的功能是将累加器 A 中的内容除以寄存器 B 中的 8 位无符号整数,所得商的整数部分存放在累加器 A 中,余数部分存放在寄存器 B 中,清"0"进位标志 CY 和溢出标志 OV。如果原来 B 中的内容为 0(被 0 除),则执行除法后 A 和 B 中的内容不定,并置"1"溢出标志

OV。在任何情况下,进位标志 CY 总是被清"0"。

3. 逻辑运算类指令

逻辑运算指令分为简单逻辑操作指令、逻辑与指令、逻辑或指令和逻辑异或指令。

(1) 简单逻辑操作指令

指令	说明
CLR A	A=0
CPL A	A=NOT(A),对累加器 A 取反
RL A	对累加器 A 左循环一位
RLC A	对累加器 A 左循环一位,带 CY 循环
RR A	对累加器 A 右循环一位
RRC A	对累加器 A 右循环一位,带 CY 循环
SWAP A	累加器 A 高低 4 位相互交换

图 1-17 为带进位左循环(RLC),图 1-18 为带进位右循环(RRC),图 1-19 为字节左循环(RL),图 1-20 为字节右循环(RR)。图 1-21 为累加器 A 高低 4 位交换(SWAP)。

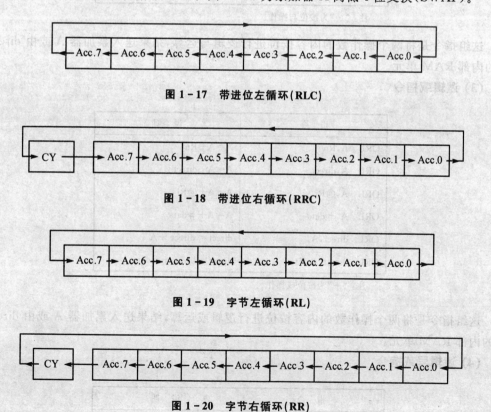

图 1-17 带进位左循环(RLC)

图 1-18 带进位右循环(RRC)

图 1-19 字节左循环(RL)

图 1-20 字节右循环(RR)

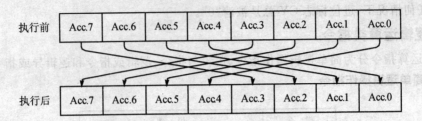

图 1-21 累加器 A 高低 4 位交换(SWAP)

(2) 逻辑与指令

指 令	说 明
ANL A,Rn	A=A·Rn
ANL A,direct	A=A·direct
ANL A,@Ri	A=A·@Ri
ANL A,#data	A=A·#data
ANL direct,A	direct=direct·A
ANL direct,#data	direct=direct·#data

注:"·"为按位与操作。

这组指令是将两个操作数的内容按位进行逻辑与运算,结果送入累加器 A 或由 direct 所指的内部 RAM 单元。

(3) 逻辑或指令

指 令	说 明
ORL A,Rn	A=A+Rn
ORL A,direct	A=A+direct
ORL A,@Ri	A=A+@Ri
ORL A,#data	A=A+#data
ORL direct,A	direct=direct+A
ORL direct,#data	direct=direct+#data

注:"+"为按位或操作。

这组指令是将两个操作数的内容按位进行逻辑或运算,结果送入累加器 A 或由 direct 所指的内部 RAM 单元。

(4) 逻辑异或指令

指 令	说 明
XRL A,Rn	A=A⊕Rn
XRL A,direct	A=A⊕direct

续表

指令	说明
XRL A,@Ri	A=A⊕@Ri
XRL A,#data	A=A⊕#data
XRL direct,A	direct=direct⊕A
XRL direct,#data	direct=direct⊕#data

注："⊕"为按位异或操作。

这组指令是将两个操作数的内容按位进行逻辑异或运算,结果送入累加器 A 或由 direct 所指的内部 RAM 单元。

4. 位操作类指令

51 系列单片机内部有一个布尔处理机,它以进位位 CY(程序状态字 PSW.7)作为累加器 C,以 RAM 和 SFR 内的位寻址区的单元作为操作数,进行位变量的传送、修改和逻辑运算等操作。

(1) 位数据传送指令

指令	说明
MOV C,bit	CY= bit 传送 bit 位至 CY 位
MOV bit,C	bit= CY 传送 CY 位至 bit 位

这组指令的功能是把由源操作数所指出的布尔变量(位)送到目的操作数指定的位单元去。其中一个操作数必须为进位标志位,另一个操作数可以是任何直接寻址位。

(2) 位变量修改指令

指令	说明
CLR C	CY=0 将 CY 清"0"
CLR bit	bit=0 将 bit 清"0"
CPL C	CY=!CY 对 CY 位取反
CPL bit	bit=!bit 对 bit 位取反
SETB C	CY=1 将 CY 置"1"
SETB bit	bit=1 将 bit 置"1"

注："!"为对位取反操作。

这组指令对操作数所指出的位进行清"0"、取反、置"1"的操作,不影响其他标志。

(3) 位变量逻辑与指令

指令	说明
ANL C,bit	C=C·bit C 与 bit 相与,结果送入 C
ANL C,/bit	C=C·(!bit) bit 取反后与 C 相与,结果送入 C

注："!"为对位取反操作,"·"为与操作。

这组指令的功能是：如果源位的布尔值是逻辑0，则将进位标志清"0"，否则进位标志保持不变，不影响其他标志。

(4) 位变量逻辑或指令

指　　令	说　　明
ORL　C,bit	C=C+bit　　C与bit相或，结果送入C
ORL　C,/bit	C=C+(！bit)　bit取反后与C相或，结果送入C

注："！"为对位取反操作，"+"为或操作。

这组指令的功能是：如果源位的布尔值是逻辑1，则将进位标志置"1"，否则进位标志保持不变，不影响其他标志。

5. 控制转移类指令
(1) 无条件转移指令

指　　令	说　　明
AJMP　addr11	短跳转指令
SJMP　rel	相对转移指令
LJMP　addr16	长跳转指令
JMP　@A+DPTR	散转指令

① 短跳转指令

AJMP　addr11

这是0～2 KB字节范围内的无条件跳转指令。它把程序存储器划分为32个区，每个区为2 KB字节范围，转移的目标地址必须与AJMP后面一条指令的第一个字节在同一个2 KB字节范围之内（即转移目标地址必须与AJMP下一条指令的地址A15～A11相同），否则将引起混乱。

该指令执行时先将PC的内容加2，然后将addr11送入PC.0～PC.10，而PC.11～PC.15保持不变。

② 相对转移指令

SJMP　rel

这是一条无条件跳转指令。执行时在PC+2后，把指令中的有符号偏移量rel加到PC上，并计算出偏移地址。因此，转移的目标地址可以在这条指令的前128个字节到后127个字节之间。

③ 长跳转指令

LJMP　addr16

这条指令执行时把指令的第2和第3字节分别装入PC的高位字节和低位字节中，无条件地转向指定的地址。转移的目标地址可以在64 KB程序存储器地址空间的任何地方。

④ 散转指令

散转指令是基址寄存器加变址寄存器间接转移的指令,它是以 A 为变址寄存器,DPTR 为基址寄存器,图 1-22 为散转指令执行程序流程。

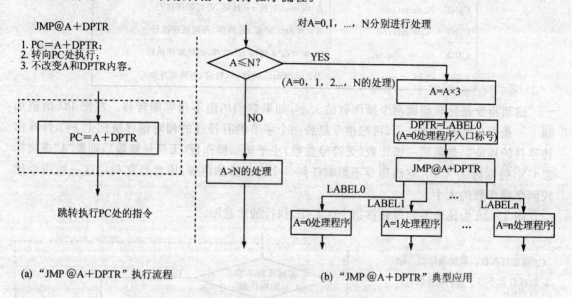

图 1-22 散转指令执行程序流程

"JMP·A+DPTR"这条指令又称散转指令,是把累加器 A 中的 8 位无符号数与数据指针 DPTR 中的 16 位数相加,结果作为下一条指令的地址送入 PC,不改变累加器 A 和数据指针 DPTR 的内容,也不影响标志。

(2) 条件转移指令

① 测试条件是否符合转移指令

指令		说 明
JZ	rel	A=0 时按 rel 转移,否则顺序执行
JNZ	rel	A≠0 时按 rel 转移,否则顺序执行
JC	rel	CY=1 时按 rel 转移,否则顺序执行
JNC	rel	CY=0 时按 rel 转移,否则顺序执行
JB	bit,rel	bit=1 时按 rel 转移,否则顺序执行
JNB	bit,rel	bit=0 时按 rel 转移,否则顺序执行
JBC	bit,rel	bit=1 时先清"0"bit 位后按 rel 转移,否则顺序执行

这组条件转移指令是当某一特定的条件满足时,执行转移操作指令。条件满足时转移(相当于一条相对转移指令),条件不满足时则顺序执行下面的一条指令。转移的目的地址在以下一条指令的起始地址为中心的 256 个字节范围之内(−127~128)。当条件满足时,把 PC 的值加到下一条指令的第一个字节地址,再把有符号的相对偏移量 rel 加到 PC 上,计算出转移地址。

② 比较不相等转移指令

指令	说明
CJNE A,direct,rel	A≠direct 时按 rel 转移,否则顺序执行
CJNE A,#data,rel	A≠#data 时按 rel 转移,否则顺序执行
CJNE Rn,#data,rel	Rn≠#data 时按 rel 转移,否则顺序执行
CJNE @Ri,#data,rel	@Ri≠#data 时按 rel 转移,否则顺序执行

这组指令是比较前面两个操作数的大小,如果它们的值不相等则转移。在把 PC 的值加到下一条指令的起始地址后,再把指令最后一个字节的有符号的相对偏移量加上 PC,计算出转移目的地址。如果第一操作数(无符号整数)小于第二操作数(无符号整数),则置"1"进位标志 CY,否则清"0"CY。这组指令不影响任何一个操作数的内容,因此经常利用这一组指令比较两个操作数的大小。

图 1-23 为比较不相等转移指令(CJNE)执行的示意图。

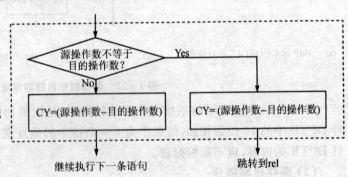

图 1-23 比较不相等转移指令(CJNE)

③ 减 1 不为 0 转移指令

指令	说明
DJNZ Rn,rel	(Rn)=(Rn)-1,(Rn)≠0 转移,否则顺序执行
DJNZ direct,rel	(direct)=(direct)-1,(direct)≠0 转移,否则顺序执行

这组指令把源操作数(Rn、direct)的内容减 1,结果送到源操作数中去。如果相减不为 0 则转移,本指令通常用来控制循环程序。

图 1-24 为减 1 不为 0 转移指令(DJNZ)执行示意图。

(3) 子程序调用指令

指令	说明
ACALL addr11	短调用
LCALL addr16	长调用
RET	子程序返回指令
RETI	中断返回指令
NOP	空操作指令

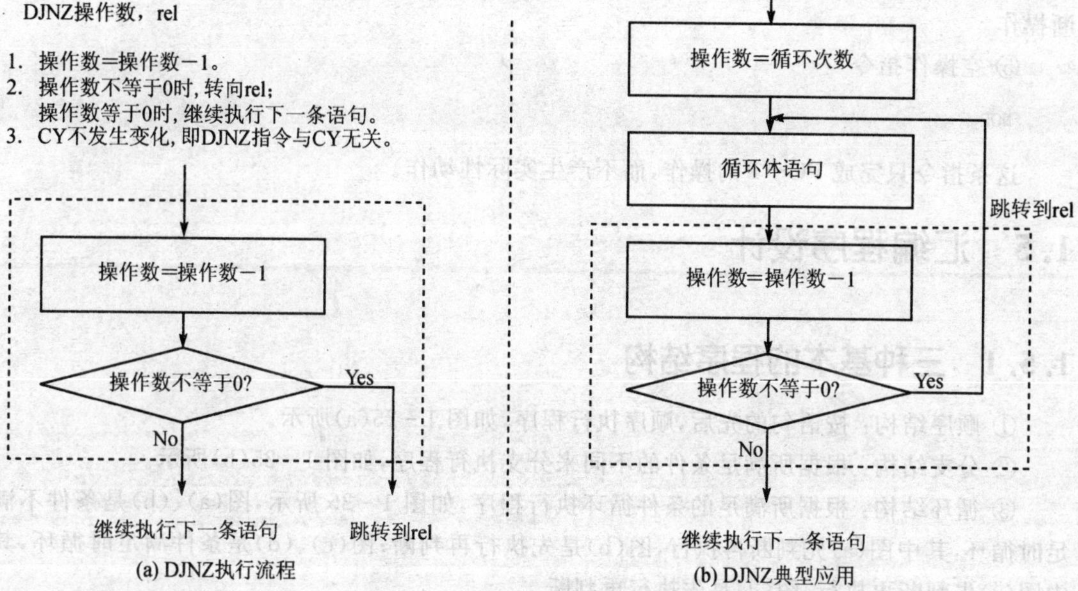
DJNZ操作数，rel
1. 操作数=操作数－1。
2. 操作数不等于0时，转向rel；
操作数等于0时，继续执行下一条语句。
3. CY不发生变化，即DJNZ指令与CY无关。
操作数=操作数－1
操作数不等于0?
Yes
No
继续执行下一条语句
跳转到rel
(a) DJNZ执行流程
操作数=循环次数
循环体语句
跳转到rel
操作数=操作数－1
操作数不等于0?
Yes
No
继续执行下一条语句
(b) DJNZ典型应用

图 1－24　减 1 不为 0 转移指令(DJNZ)

① 短调用

```
ACALL  addr11
```

这是一条 0～2 KB 字节范围内的子程序调用指令。执行时先把 PC 的值加 2 以获得下一条指令的地址；然后把得到的 16 位地址压进堆栈(PCL 先进栈，PCH 后进栈)，堆栈指针加 2；最后把 PC 的高 5 位与指令提供的 11 位地址 addr11 相连接(PC15～PC11，a10～a0)，形成子程序的入口地址并送入 PC，使程序转向执行子程序。所调用的子程序的起始地址必须与 ACALL 指令后面一条指令的第一个字节在同一个 2 KB 区域的程序存储器中。

② 长调用

```
LCALL  addr16
```

这条指令无条件地调用位于 16 位地址 addr16 的子程序。它把 PC 的值加 3 以获得下条指令的地址并将其压入堆栈(先低位字节后高位字节)，同时每压栈一字节 SP 加 1；然后把指令的第 2 和第 3 字节(A15～A8，A7～A0)分别装入 PC 的高位和低位字节中；最后从 PC 所指出的地址开始执行程序。LCALL 指令可以调用 64 KB 字节范围内程序存储器中的任何一个子程序，不影响任何标志。

③ 子程序返回指令

```
RET
```

这条指令是从堆栈中退出 PC 的高位和低位字节，同时 SP＝SP－2，并从 PC 值开始继续执行程序，不影响任何标志。

④ 中断返回指令

```
RETI
```

这条指令与 RET 指令类似,不同之处是它还清"0"单片机内部的中断状态标志,退出中断操作。

⑤ 空操作指令

```
NOP
```

这条指令只完成 PC+1 的操作,而不产生实际性动作。

1.5 汇编程序设计

1.5.1 三种基本的程序结构

① 顺序结构:按语句的先后,顺序执行程序,如图 1-25(a)所示。
② 分支结构:根据所满足条件的不同来分支执行程序,如图 1-25(b)所示。
③ 循环结构:根据所满足的条件循环执行程序,如图 1-26 所示,图(a)、(b)是条件不满足时循环,其中图(a)先判断再执行,图(b)是先执行再判断;图(c)、(d)是条件满足时循环,其中图(c)先判断再执行,图(d)是先执行再判断。

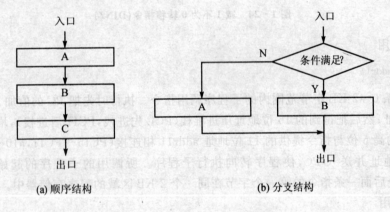

图 1-25 顺序和分支结构流程图

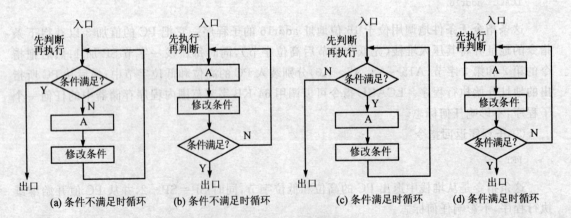

图 1-26 循环结构

1.5.2 汇编程序设计的要点

1. 51 单片机指令特点

- 外部数据存储器的读写只能通过 A 寄存器进行访问,而数据指针只能是@DPTR、@R0 或@R1 中的一个;
- 任何加、减、乘、除运算必须通过 A 寄存器;
- 字节的逻辑运算一般通过 A 寄存器进行操作,也可将 direct 与常数直接运算;
- 条件转移指令一般为不满足条件则转移。如 DJNZ、CJNE、JNZ、JNB、JNC 等。满足条件转移只有 JZ、JC、JB 三种。编程时首先考虑使用不满足条件转移的指令;
- 一般不要使用 AJMP 和 ACALL 指令,而应使用对应的 LJMP 和 LCALL 指令。

2. 51 单片机编程的基本技巧

(1) I/O 口(存储单元)指定位的清"0"、置"1"和取反

【例】:

```
ANL  P1,#0FDH    ;本条指令将 P1.1 清"0"而不影响其他位
ORL  P1,#02H     ;本条指令将 P1.1 置"1"而不影响其他位
XRL  P1,#02H     ;本条指令将 P1.1 取反而不影响其他位
```

要点:

- 与运算　　任何位和"1"相"与"保持不变,任何位和"0"相"与"结果为 0;
- 或运算　　任何位和"0"相"或"保持不变,任何位和"1"相"或"结果为 1;
- 异或运算　任何位和"0"相"异或"保持不变,任何位和"0"相"异或"结果为该位的非。

(2) I/O 口(存储单元)指定位的测试(是 0 还是 1)

【例】:测试 30H 的第 5 位如果为"1"置位 P3.6 清 P3.7,如果为"0"清 P3.6 置位 P3.7。

程序 1

```
TEST_BIT:
    MOV A,30H
    ANL A,#40H      ;用与指令屏蔽无关的位
    JNZ L1          ;判断 30H 的第 5 位是否为 0
    CLR P3.6        ;清 P3.6
    SETB P3.7       ;置 P3.7
L1:
    SETB P3.6       ;置 P3.6
    CLR P3.7        ;清 P3.7
L2:
    RET
```

程序 2

```
TEST_BIT:
    MOV A,30H
    ANL A,#40H          ;用与指令屏蔽无关的位
    CJNE A,#40H,L1      ;判断 30H 的第 5 位是否为 0
```

```
        CLR P3.6          ;清 P3.6
        SETB P3.7         ;清 P3.7
        LJMP L2
L1:
        SETB P3.6         ;置 P3.6
        CLR P3.7          ;清 P3.7
L2:
        RET
```

程序 1 和程序 2 在测试一位的情况下功能完全一样，但程序 2 可测试多位。该算法的核心是给定常数用与指令屏蔽无关的位。可以是一位或多位，再用 CJNE 和预期的值相比较。

(3) 延时子程序

延时子程序框图见图 1-27。

延时子程序是经常使用的一个模块。本例为一个双重循环的延时子程序，一般以 Rn 或直接字节为循环变量。图 1-27(a)为程序流程图，为了编程方便和减少错误，在流程图各部分交界处标明标号；图 1-27(b)为按流程图和标号编写的延时子程序；图 1-27(c)为有效标号延时子程序；图 1-27(d)为使用伪指令 $ 的延时子程序，这种形式非常简捷但容易出错；图 1-27(e)为延时时间的计算过程，"$"代表当前指令所在的地址。

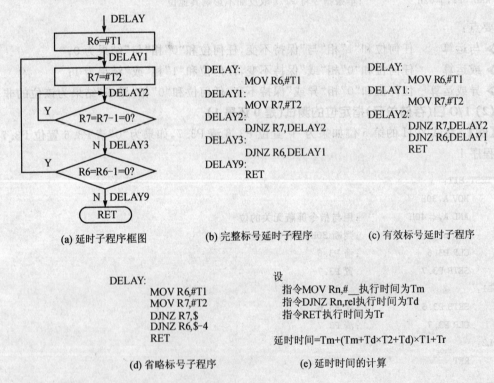

图 1-27 延时子程序框图

(4) 二进制、BCD 码及 ASCII 码间的相互转换

【例】：设两位十进制数 BCD 码压缩存于 R0 中，其中 R0 高 4 位存十位，低 4 位存个位，将其转换为二进制码并存入 30H 单元。

【分析】：把其转换为二进制码的算法为：30H＝十位×10＋个位。实现该算法编写的流程图及子程序如图 1-28 所示。

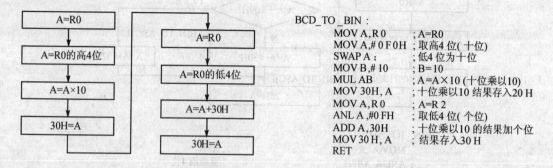

```
BCD_TO_BIN:
    MOV A,R0        ;A=R0
    MOV A,#0F0H     ;取高4位(十位)
    SWAP A;         ;低4位为十位
    MOV B,#10       ;B=10
    MUL AB          ;A=A×10 (十位乘以10)
    MOV 30H,A       ;十位乘以10 结果存入20H
    MOV A,R0        ;A=R2
    ANL A,#0FH      ;取低4位(个位)
    ADD A,30H       ;十位乘以10的结果加个位
    MOV 30H,A       ;结果存入30H
    RET
```

图 1-28 十进制数转二进制程序流程图

【例】：将 R0 中的二进制数转化为压缩 BCD 码并放入 30H、31H 两个单元。其中 30H 高 4 位为 0,低 4 位为百位。31H 高 4 位为十位低 4 位为个位。

【分析】：把其转换为十进制码的算法为：30H＝R0 除以 100 的商,31H 的高低 4 位分别为"R0 除 100 余数"再除以 10 的商和余数。实现该算法编写的流程图及子程序如图 1-29 所示。

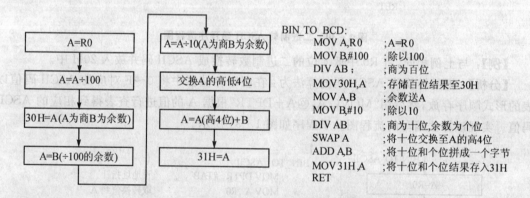

```
BIN_TO_BCD:
    MOV A,R0        ;A=R0
    MOV B,#100      ;除以100
    DIV AB;         ;商为百位
    MOV 30H,A       ;存储百位结果至30H
    MOV A,B         ;余数送A
    MOV B,#10       ;除以10
    DIV AB          ;商为十位,余数为个位
    SWAP A          ;将十位交换至A的高4位
    ADD A,B         ;将十位和个位拼成一个字节
    MOV 31H,A       ;将十位和个位结果存入31H
    RET
```

图 1-29 二进制转十进制 BCD 码的程序流程图

【例】：将 R0 中低 4 位的二进制数转换成 ASCII 码并放入 20H 中。0～9 转换成 ASCII 码 30H～39H,A～F 转化 ASCII 码 41H～46H。

【分析】：把其转换为 ASCII 码的算法为：R0 小于或等于 9 时加 30H；R0 大于 9 时加 37H。实现该算法编写的流程图及子程序如图 1-30 所示。

在上面的程序中没有用减法指令去比较大小,而是用 CJNE 指令进行比较。从本例中可以看出：CJNE 另外一个重要的用途就是通过执行该指令,利用其 CY 标志位等于两个操作数相减来比较两个操作数的大小。

(5) 查表程序

查表就是根据变量 x,在表格中查找 $y=f(x)$,当 $y=f(x)$ 无明显规律可循或计算复杂时可用查表的方式得到 $y=f(x)$。单片机应用系统中,查表程序是一种常用程序,它被广泛应用于 LED 显示控制、数据补偿、计算、转换等功能程序中。

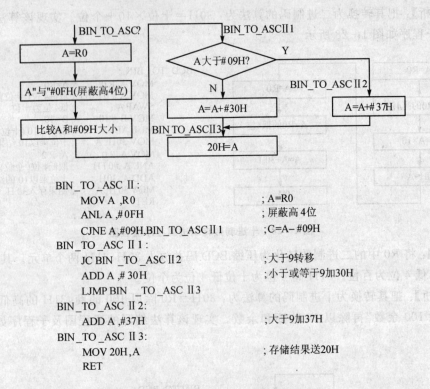

```
BIN_TO_ASCⅡ:
    MOV A,R0                    ;A=R0
    ANL A,#0FH                  ;屏蔽高4位
    CJNE A,#09H,BIN_TO_ASCⅡ1    ;C=A-#09H
BIN_TO_ASCⅡ1:
    JC BIN_TO_ASCⅡ2             ;大于9转移
    ADD A,#30H                  ;小于或等于9加30H
    LJMP BIN_TO_ASCⅡ3
BIN_TO_ASCⅡ2:
    ADD A,#37H                  ;大于9加37H
BIN_TO_ASCⅡ3:
    MOV 20H,A                   ;存储结果送20H
    RET
```

图1-30 二进制转 ASCII 码程序流程图

【例】：与上例相同，将 R0 中低 4 位的二进制数转换成 ASCII 码并放入 20H 中。

【分析】：把其转换为 ASCII 码的算法为：在程序存储器中将 0~F 对应的 ASCII 码值以表的形式顺序存放，然后用"MOVC A,@A+DPTR"根据 A 的值进行查表得到相应的 ASCII 码值。实现该算法编写的流程图及子程序如图1-31所示。

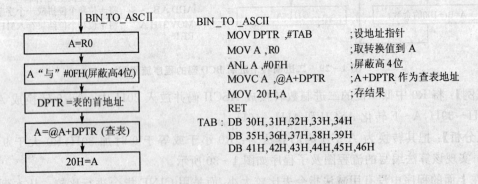

```
BIN_TO_ASCII
    MOV DPTR,#TAB          ;设地址指针
    MOV A,R0               ;取转换值到A
    ANL A,#0FH             ;屏蔽高4位
    MOVC A,@A+DPTR         ;A+DPTR 作为查表地址
    MOV 20H,A              ;存结果
    RET
TAB: DB 30H,31H,32H,33H,34H
     DB 35H,36H,37H,38H,39H
     DB 41H,42H,43H,44H,45H,46H
```

图1-31 查表程序流程图

在程序中指令"MOV DPTR,#TAB"中的 TAB 无定义。而后面又使用了 TAB 作为标号，这种形式汇编程序会自动将 TAB 的实际地址转换成 16 位地址作为指令"MOV DPTR,#add16"中的 16 位地址。

1.6 51 单片机主要扩展功能部件

1.6.1 MCS-51 单片机定时/计数器

1. 定时/计数器的结构

定时/计数器是单片机极为重要的一个部件。定时器是对已知脉冲周期的脉冲进行计数,可根据计数值确定从计数开始所用的时间。而计数器是对未知脉冲周期的脉冲进行计数。计数器的长度决定了可计数脉冲个数的多少,其长度越长,则计数脉冲个数就越多。

根据上面的定义已经知道了定时器和计数器的作用。在实际应用中经常是定时器和计数器同时使用。这样既可以定时,如延时或对两个脉冲的间隔进行测量;也可以在设定的时间内对脉冲进行计数,如测量频率等。因此几乎所有的单片机中都有定时/计数器。不同的单片机定时/计数器的数量不同,如 8051 有 2 个定时/计数器,8052 有 3 个定时/计数器,定时器的结构也不一定相同。图 1-32 为 8051 单片机定时/计数器的总体结构图。

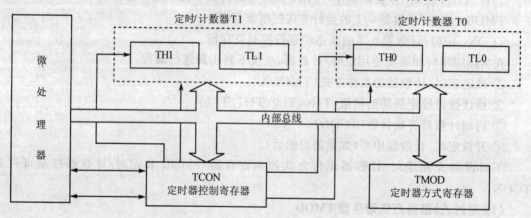

图 1-32 8051 单片机定时/计数器的总体结构图

2. 定时/计数器的基本模型

8051 具有 T0、T1 两个 16 位定时/计数器,8052 具有 T0、T1、T2 三个 16 位定时/计数器。定时/计数器的结构如图 1-33 所示,其功能说明如下:

Tx 是 T0 的外部计数脉冲输入引脚(P3.4)或 T1 的外部计数脉冲输入引脚(P3.5)。

当 $C/\overline{T}=0$ 时,定时/计数器实现定时功能,计数脉冲由内部振荡器 12 分频后提供;当 $C/\overline{T}=1$ 时,定时/计数器实现计数功能,对由 T0 的引脚(P3.4)或 T1 的引脚(P3.5)输入的外部脉冲进行计数,计数的最高频率为内部振荡器的 1/24。

定时/计数器的工作原理如下:

① 对计数脉冲可以选择来自单片机内部振荡器或是由单片机引脚输入的外部脉冲。

② 计数器的主体是一个加 1 计数器,它对进入脉冲进行加 1 计数(其计数长度由程序设定,但不能超过 16 位)。

③ 计数器是否计数由控制信号确定。

④ 计数器溢出时(进位),置一个溢出标志 TFx,并触发中断系统产生中断请求。TFx 可

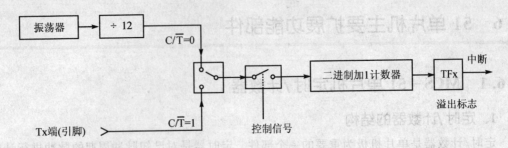

图 1-33 定时/计数器的结构

以由程序或是中断服务程序复位（清"0"）。

3. 与定时/计数器有关的特殊功能寄存器

在 MCS-51 单片机中与 2 个 16 位定时/计数器有关的特殊功能寄存器是 TH0、TL0、TH1、TL1、TMOD、TCON，下面分别加以介绍。

TH0、TL0：定时/计数器 0(T0) 的 16 位计数器的高 8 位和低 8 位。

TH1、TL1：定时/计数器 1(T1) 的 16 位计数器的高 8 位和低 8 位。

TMOD：定时/计数器 0/1 的运行方式控制寄存器。

TCON：定时/计数器 0/1 的状态和运行控制寄存器。

在实际应用时如果要使用定时/计数器，应按下列步骤进行编程：

① 设定定时/计数器的工作方式（TMOD）。

② 给计数器设定所需的初值（TH0、TL0、TH1、TL1）。

③ 启动计数器开始计数（TCON）。

④ 开放定时/计数器中断（如果需要的话）。

下面详细介绍定时/计数器运行方式控制寄存器 TMOD 和定时/计数器控制寄存器 TCON。

(1) 定时/计数器方式寄存器 TMOD

定时/计数器方式寄存器 TMOD 的地址为 89H，其高 4 位设置 T1 的工作方式，低 4 位设置 T0 的工作方式，各位的意义如图 1-34 所示。

定时器方式控制寄存器TMOD，地址：89H							
D7	D6	D5	D4	D3	D2	D1	D0
GATE	C/$\overline{T}$	M1	M0	GATE	C/$\overline{T}$	M1	M0
←—— 定时器1 ——→				←—— 定时器0 ——→			

图 1-34 定时/计数器方式寄存器

M1、M0：定时/计数器工作方式选择，具体如表 1-8 所列。

定时器 T0 有 0、1、2、3 共四种工作方式，定时器 T1 只有 0、1、2 共三种工作方式。

C/$\overline{T}$：定时/计数选择。1 为定时，定时脉冲由内部振荡器 12 分频后提供；0 为计数，对由 T0 的引脚（P3.4）或 T1 的引脚（P3.5）输入的外部脉冲进行计数，计数的最高频率为内部振荡器的 1/24。

51系列单片机系统结构概述

表 1-8 定时/计数器的工作方式

M1	M0	工作方式	说明
0	0	方式 0	13 位计数器
0	1	方式 1	16 位计数器
1	0	方式 2	可自动重新装入初值的 8 位计数器
1	1	方式 3	将定时器 0 分为两个 8 位计数器。定时器 T1 在此方式下工作时相当于关闭 T1。T0 工作于方式 3 时 T1 可以工作于其他方式,此时常用做串行口时钟

GATE:门控位。确定控制信号由 TRx 位还是由 $\overline{INTX}$ 引脚控制。

(2) 定时/计数器控制寄存器 TCON

定时/计数器控制寄存器 TCON 的地址为 88H(可位寻址),其各位的意义如图 1-35 所示。

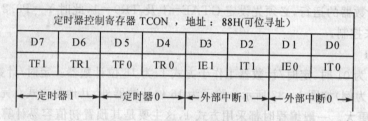

图 1-35 定时/计数器控制寄存器

TF1/TF0:定时器 1/0 溢出中断标志位。由硬件置位,当转向中断服务程序时由硬件清"0",也可以由软件清"0"。

TR1/TR0:定时器 1/0 运行控制位。置"1"为启动计数,置"0"为停止计数。

IE1/IE0:外部中断 1/0 请求标志位。中断时由硬件置位,当转向中断服务程序时由硬件清"0"(具体用法详见中断系统)。

IT1/IT0:外部中断触发方式控制位。置"1"时为下降沿触发中断;置"0"时为低电平触发中断(具体用法详见中断系统)。

4. 定时/计数器的工作方式

通过对定时/计数器方式控制寄存器 TMOD 的介绍,已经知道定时/计数器 T0 有 0、1、2、3 共 4 种工作方式,定时/计数器 T1 有 0、1、2 共 3 种工作方式。下面以 T0 为例,对定时/计数器的 4 种工作方式的结构及控制进行详细说明。

(1) 方式 0

当 M1M0 为 00 时,定时/计数器工作于方式 0,为 13 位计数器。定时/计数器方式 0 的结构框图(以 T0 为例)如图 1-36 所示。

从 1-36 可看出,计数器是长度为 13 位的二进制加法计数器,是由 TL0 的低 5 位与 TH0 的高 8 位组成的,进位信号由 TL0 的第 5 位向 TH0 的最低位进位。计数脉冲由 $C/\overline{T}$ 位确定,当 $C/\overline{T}=0$ 对振荡器 12 分频后的脉冲进行计数,此时为定时方式;当 $C/\overline{T}=1$ 时对来自 P3.4 引脚的脉冲进行计数,此时为计数方式。计数的控制由一个简单的逻辑电路来完成,可

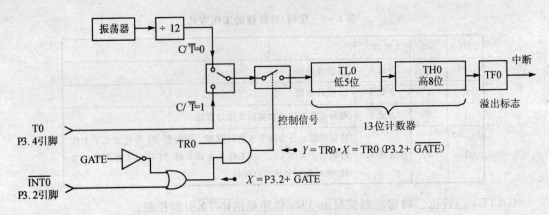

图1-36 定时/计数器方式0的结构框图

以由软件或是硬件来控制。当 X 点为 1 时计数器的运行由 TR0 来控制,此时要求 GATE 必须为 0,才可以保证 X 点恒为 1,GATE 的设置在初始化 TMOD 时完成。如果需要由引脚 P3.2 来控制计数器的运行,必须先设定 GTAE＝1 及 TR0＝1,此时 Y＝P3.2,计数器的运行完全由 P3.2 来控制。

(2) 方式1

当 M1M0 为 01 时,定时/计数器工作于方式 1,为 16 位计数器。定时/计数器方式 1 的结构框图(以 T0 为例)如图 1-37 所示。除了为 16 位计数器外,其他与方式 0 完全一致,但可定时计数的范围更大。一般编程时都采用方式 1,这主要是其预置初值容易计算,直接将十进制数转换成 4 位十六进制数即可。

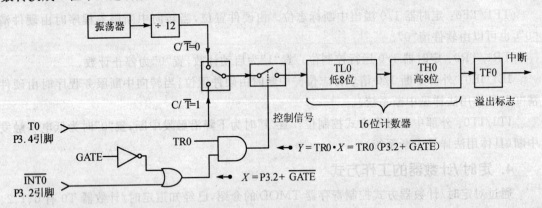

图1-37 定时/计数器方式1的结构框图

(3) 方式2

当 M1M0 为 10 时,定时/计数器工作在方式 2。定时/计数器方式 2 的结构框图(以 T0 为例)如图 1-38 所示。方式 2 是当计数器溢出时可以自动重新赋初值的 8 位定时/计数器。从图 1-38 可以看出,将 TL0 作为计数器,而将 TH0 作为存放初值的寄存器,这样当计数器溢出使 TF0 置"1",由硬件将保存在 TH0 中的初值自动赋给 TL0,这样大大减少了让程序查询计数器的溢出所等待的时间。其控制信号及计数脉冲的选择与方式 0、方式 1 完全相同,只是计数器只有 8 位,而不是 16 位。如果在实际应用中需要更长的定时,解决办法有两个:

➢ 采用方式 2 的 8 位自动重新装入初值并利用软件进行溢出计数;

▶ 选用 8052 单片机，因为它的定时/计数器 2 有 16 位自动重新装入初值的工作方式。

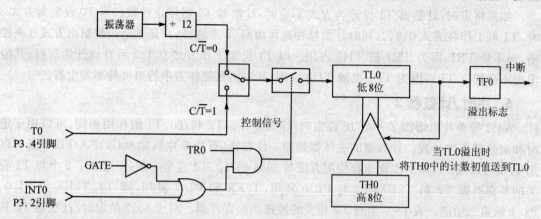

图 1-38 定时/计数器方式 2 的结构框图

方式 2 常用于定时控制。例如希望每隔 500 μs 产生一个定时控制脉冲，若采用 6 MHz 的振荡器，使 TL0＝06H，TH0＝06H，C/$\overline{T}$＝0 就能实现。方式 2 还经常用作串行口波特率发生器。所以当单片机用于控制和通信时，常将 T1 设定为方式 2 作串行口波特率发生器，而 T0 工作在其他方式，用于定时或计数。

(4) 方式 3

当 M1M0 为 11 时定时/计数器工作于方式 3。只有定时/计数器 T0 有此工作方式，当 T0 工作在方式 3 时，TH0 和 TL0 成为两个独立的 8 位计数器，使 8051 具有 3 个定时/计数器（增加了一个附加的 8 位定时/计数器），定时/计数器方式 3 的结构框图如图 1-39 所示。可以看出 T0 使用 TL0 作为 8 位计数器，使用了 T0 本身的控制信号 TR0、T0 的溢出标志 TF0 及 T0 自己的中断请求。TH0 作为另一个 8 位计数器，其计数脉冲只能是振荡器的 12 分频脉冲，控制信号为 T1 的控制位 TR1，溢出标志及中断请求用的也是 T1 的。通常，当 T1 用作串行口

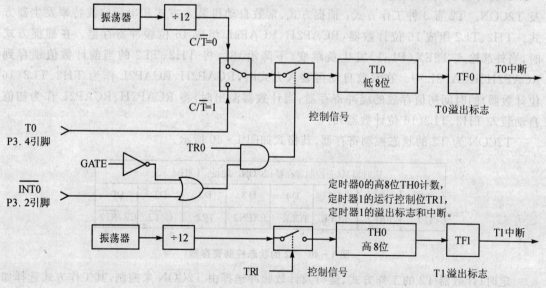

图 1-39 定时/计数器 0 方式 3 的结构框图

波特率发生器时，T0 才定义为方式 3，以增加一个 8 位计数器。

如果将定时/计数器 T1 设定为方式 3，定时/计数器 T1 将停止计数。当 T0 设定为方式 3 时，T1 可工作在方式 0、1、2，同时计数脉冲也可由 C/$\overline{T}$ 来选择，只是其运行控制由方式 3 来控制，而不是 TR1，因为 TR1 被 TH0 占用。即 T1 设定工作方式 0、1、2 后自动开始运行，其溢出也不会置位 TF1，因为 TF1 也被 TH0 占用，其溢出只能作为串行口波特率发生器。

5. 定时/计数器 2

8052 等单片机增加了一个 16 位定时/计数器 T2，T2 和 T0、T1 的作用相同，可以用于定时和对外部事件计数。计数器的主体都是加 1 计数器（有些单片机如 80C51FA/FB 等既可以加 1，也可以减 1），其工作原理和使用方法与 8051 的 T0、T1 完全一致，但增加了 2 个与 T2 有关的外部引脚 T2 和 T2EX，T2 与 P1.0 复用，T2EX 和 P1.1 复用，即 T2、T2EX 为 P1.0、P1.1 的第二功能。表 1-9 为与 T2 相关的特殊功能寄存器。对于 8052 的定时/计数器 T2 只介绍一下工作原理和基本使用方法。

表 1-9　T2 相关的特殊功能寄存器

符 号	地 址	名 称
T2CON*	C8H	定时器 2 状态控制寄存器
RCAP2L*	CAH	定时/计数器 2 低 8 位缓冲器
RCAP2H*	CBH	定时/计数器 2 高 8 位缓冲器
TL2*	CCH	定时/计数器 2(低 8 位)
TH2*	CDH	定时/计数器 2(高 8 位)

注：* 8052 单片机特有。

(1) T2 的特殊功能寄存器

8052 单片机与 T2 有关的特殊功能寄存器有以下 5 个：TH2、TL2、RCAP2H、RCAP2L 及 T2CON。T2 有 3 种工作方式：捕捉方式、常数自动再装入方式和串行口波特率发生器方式。TH2、TL2 组成 16 位计数器，RCAP2H、RCAP2L 组成 16 位缓冲寄存器。在捕捉方式时，当外部输入 T2EX(P1.1) 发生负跳变（下降沿）时，将 TH2、TL2 的当前计数值锁存到 RCAP2H、RCAP2L 中。在常数自动再装入方式时，RCAP2H、RCAP2L 作为 TH2、TL2(16 位计数器) 的时间初值存放的缓冲寄存器，当计数器溢出时，将 RCAP2H、RCAP2L 作为初值自动装入 TH2、TL2(16 位计数器)。

T2CON 为 T2 的状态控制寄存器，其格式如图 1-40 所示。

定时器2状态控制寄存器T2CON，地址：C8H							
D7	D6	D5	D4	D3	D2	D1	D0
TF2	EXF2	RCLK	TCLK	EXEN2	TR2	C/$\overline{T2}$	CR/$\overline{RT2}$

图 1-40　T2 的状态控制寄存器

定时/计数器 T2 的工作方式、运行及计数脉冲选择由 T2CON 来控制，其工作方式选择如表 1-10 所列。

表 1-10 定时/计数器 T2 的工作方式

RCLK+TCLK	C/$\overline{RL2}$	TR2	模　式
0	0	1	16位自动重装载
0	1	1	16位捕获
1	X	1	波特率发生器
X	X	0	关闭

TF2：定时器2溢出标志。T2工作于捕捉方式及常数自动再装入方式，T2溢出时置位TF2，必须由软件清"0"，当RCLK或TCLK为1即T2作为串行口波特率发生器时，TF2将不会置"1"。

EXF2：定时器2外部中断标志。当EXEN2=1时，T2EX(P1.1)发生负跳变，硬件自动将EXF2置1。CPU响应中断，转向T2中断入口(中断入口地址:002BH)时，此时硬件并不自动清"0"EXF2，必须用软件清"0"。

RCLK：串行口的接收时钟选择标志。当RCLK=1时，定时器2的溢出脉冲作为串行口模式1和模式3的接收时钟；当RCLK=0时，将定时器1的溢出脉冲作为串行口模式1和模式3的接收时钟。

TCLK：串行口的发送时钟选择标志。当TCLK=1时，将定时器2的溢出脉冲作为串行口模式1和模式3的发送时钟；当TCLK=0时，将定时器1的溢出脉冲作为串行口模式1和模式3的发送时钟。

EXEN2：定时器2外部使能标志。当其置位且定时器2未作为串行口波特率发生器时，允许T2EX(P1.1)的负跳变产生捕捉，将TH2、TL2的当前计数值锁存到RCAP2H、RCAP2L中，或者是重新自动装入，将RCAP2H、RCAP2L作为初值自动装入TH2、TL2(16位计数器)。EXEN2=0时T2EX(P1.1)的跳变对定时器2无效。

TR2：T2的计数控制位。当TR2=1时，允许计数；当TR2=0时，停止计数。

C/$\overline{T2}$：定时/计数器选择位。置"0"时，对内部振荡器$f_{osc}/12$脉冲进行计数；置"1"时，对来自引脚P1.0(T2)的脉冲进行计数。

CP/$\overline{RL2}$：捕获/重新自动装入选择位。置"1"时，工作于捕捉方式；置"0"时，工作于重新自动装入方式。当RCLK或TCLK为1时，该位无效且T2总是工作于常数自动再装入方式。

(2) 常数自动再装入方式

T2的16位常数自动再装入方式的工作原理图如图1-41所示，这种方式下可以由C/$\overline{T2}$位来选择是振荡器12分频后的脉冲进行计数，还是对来自外部引脚T2(P1.0)的脉冲进行计数(负跳变时T2加1)。

TR2置"1"后T2从初值开始计数，计数器溢出时，将RCAP2H、RCAP2L作为初值自动装入TH2、TL2，使T2从该初值开始重新加1，同时置位TF2，向CPU申请中断。若T2中断开放，则转入中断服务程序。不开T2中断时也可以由软件来查询TF2，确定T2是否溢出。

当EXEN2为1时从原理图中可以看出，当T2EX(P1.1)有负跳变时，一方面将RCAP2H、RCAP2L作为初值自动装入TH2、TL2，同时置位EXF2向CPU申请中断，EXF2和TF2都使用T2的中断。至于是TF2中断还是EXF2中断，需由软件来判断。

T2的16位常数自动再装入方式是一种精度非常高的定时/计数工作方式。计数器由程

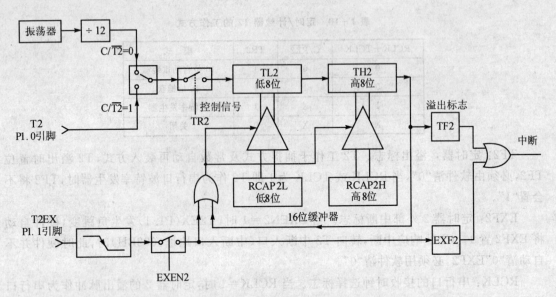

图1-41 T2的16位常数自动再装入方式的工作原理图

序初始化后其时间常数初值存入 RCAP2H、RCAP2L，每当计数器溢出时自动重新装入初值，而不需人工干预，减轻了由程序软件查询的额外负担。

(3) 16位捕捉方式

T2的16位捕捉方式工作原理图如图1-42所示，其在计数脉冲的选择上与16位常数自动再装入方式相同，由 C/$\overline{T2}$ 位来选择是对振荡器12分频后的脉冲进行计数，还是对来自外部引脚 T2(P1.0) 的脉冲进行计数（负跳变时T2加1）。TR2置"1"后T2从初值开始计数，当计数器溢出时置位TF2。

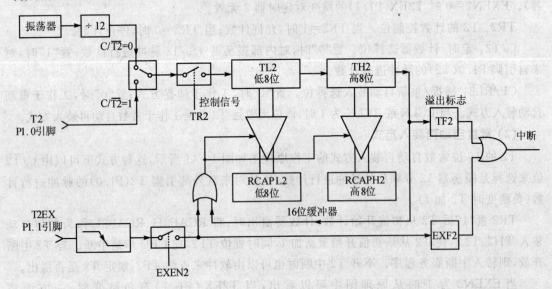

图1-42 T2的16位捕捉方式工作原理图

当 EXEN2＝1 且 T2EX(P1.1) 有负跳变时，将 TH2、TL2 中的计数值锁存到 RCAP2H、RCAP2L 中，同时置位 EXF2，向 CPU 申请中断。如果 TH2、TL2 中的计数值溢出也会置位

TF2 产生中断。至于是计数器溢出还是 T2EX 引脚负跳变中断需由软件来判断。

这种工作方式主要用于测量外部事件发生的时间,如两个脉冲的时间间隔、信号的周期等。如果没有捕捉工作方式,也可以用软件先检测端口上信号是否发生变化,如变化再查询当前的时间,软件查询方法占用的时间是非常多的。

(4) 串行口波特率发生器方式

当 RCLK 或 TCLK 为 1 时,T2 为串行口波特率发生器,由 RCLK、TCLK 位确定是接收时钟或发送时钟。TR2 控制波特率发生器的运行,当 T2 为串行口波特率发生器时工作于常数自动再装入方式,即 RCAP2H、RCAP2L 作为时间常数缓冲器。详细应用见有关串行口部分。

6. 定时/计数器的应用

定时/计数器的核心是加 1 计数器。其工作特点如下:
- 根据工作方式的不同长度有 8 位、13 位及 16 位;
- 有些工作方式当计数溢出时可自动重新赋时间初值;
- 计数脉冲可以选择由内部振荡器或外部引脚提供;
- 计数器的长度为 N,其计数的最大值为 2^N;
- 计数器长度为 N,时间初值为 a,则定时最长时间为 $(12 \div f_{osc}) \times (2^N - a)$。

在实际应用中可以根据需要将某个定时/计数器设为定时方式;某个定时/计数器设为计数方式;如有通信需要,还可以将某个定时/计数器设为串行口波特率发生器。例如在测量频率时,可将 T0 设为 1 ms 的定时器,将 T1 设为对被测脉冲的计数器,测量 1 ms 内在 T1 中的计数值。并按:被测频率 = T1 中的计数值 × 1 000 ÷ 1 ms 进行计算。

总之,在理解其工作原理的基础上,定时/计数器在单片机设计和编程中的应用是非常方便和有效的。

1.6.2 中断系统

中断系统又叫中断管理系统或中断服务系统,其功能是使 CPU 对外界随机突发事件具有应急处理能力。中断是一个过程,当 CPU 在处理正常程序时,发生了一个突发事件,请求 CPU 暂停当前的正常程序而去迅速处理该突发事件,处理突发事件结束后,再回到原来被中断的正常程序处继续运行。引起突发事件的来源,称为中断源。

单片机可以有多个中断源,当几个中断源同时向 CPU 请求中断时,就存在 CPU 优先响应哪一个中断请求的问题(优先级问题)。一般根据中断源的轻重缓急进行排队,优先处理最紧急的事件,然后再处理其他中断。CPU 可以设定每一个中断源的中断优先级别,CPU 总是根据中断优先级的高低依次处理同时发生的中断请求。下面到生活中通过图 1-43 来看一下 2 个中断源及 2 个中断优先级的问题,并与单片机系统中 2 个中断源及 2 个中断优先级的问题进行对比。

在生活中读者会根据各种(中断)事件的重要性依次办理。同样 CPU 在设置下也会按中断源的优先级高低顺序依次处理各中断源的中断请求,运行相应的中断服务程序。当 CPU 正在处理一个中断源请求的时候,又发生了另一个优先级比它高的中断源请求,如果 CPU 能够暂时中止对原来中断处理程序的执行,转而去处理优先级更高的中断源请求,等处理完以后,再继续执行原来的低级中断处理程序,这样的过程称为中断嵌套。具有这种功能的中断系

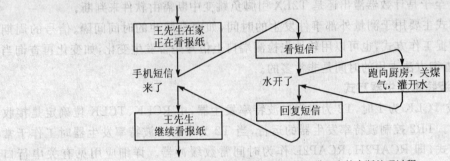

(a) 生活中看报纸、回短信和关煤气灌开水的中断处理过程

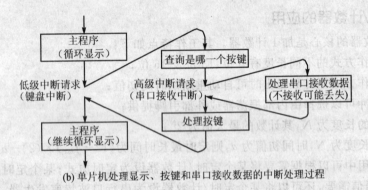

(b) 单片机处理显示、按键和串口接收数据的中断处理过程

图 1-43　生活中的"中断优先级"和单片机系统中的"中断优先级"

统称为多级中断系统。没有中断嵌套功能的中断系统称为单级中断系统，一般通过查询确定中断源来进行相应的处理。

标准 8051 系列单片机中断系统可以提供 5 个中断源，具有 2 个中断优先级，可实现二级中断嵌套。用户可以对中断寄存器编程来禁止所有的中断请求或允许所有中断请求，每一个中断源可以用软件独立地设置为禁止或开放中断状态，每一个中断源的中断级别均可用软件设置为低优先级中断或高优先级中断。

1．中断源和中断标志

在 MCS-51 系列单片机中，不同类型的单片机，其中断源个数和中断标志位的定义也有所不同，下面以 8051 为例子来加以说明。8051 共有 5 个中断源：2 个外部中断（引脚上检测到低电平或下降沿）、2 个定时器中断（计数器溢出）、1 个串行口中断（发送完毕或接收到 1 个字节）。引起中断的原因如表 1-11 所列。

表 1-11　中断源

中断源名称	申请中断的原因	中断申请标志	允许中断的控制位
外部中断 0 $\overline{INT0}$	$\overline{INT0}$ 引脚有低电平或下降沿	IE0(TCON)	EX0(IE)
定时器 0 中断 T0	定时/计数器 0 溢出	TF0(TCON)	ET0(IE)
外部中断 1 $\overline{INT1}$	$\overline{INT1}$ 引脚有低电平，或下降沿	IE1(TCON)	EX1(IE)
定时器 1 中断 T1	定时/计数器 1 溢出	TF1(TCON)	ET1(IE)
串行口中断 RXD、TXD	接收或发送一个字节完成	RI、TI(SCON)	ES(IE)

注：()中为该位所属对应的特殊功能寄存器。

51系列单片机系统结构概述

(1) 定时器控制寄存器 TCON

TCON 的字节地址为 N88H,其各位定义如表 1-12 所列。

表 1-12 TCON 各位定义

位	D7	D6	D5	D4	D3	D2	D1	D0
位地址	8FH	8EH	8DH	8CH	8BH	8AH	89H	88H
TCON	TF1	TR1	TF0	TR0	IE1	IT1	IE0	IT0

定时器控制寄存器 TCON 各位的含义如图 1-44 所示。

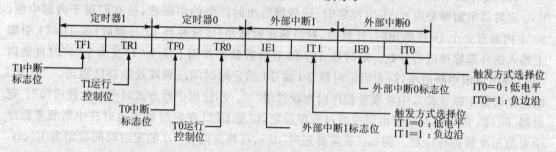

图 1-44 定时器控制寄存器 TCON

(2) 中断允许寄存器 IE

IE 字节地址为 A8H,其各位定义如表 1-13 所列。

表 1-13 IE 各位定义

位	D7	D6	D5	D4	D3	D2	D1	D0
位地址	AFH		ADH	ACH	ABH	AAH	A9H	A8H
IE	EA		ET2	ES	ET1	EX1	ET0	EX0

中断允许寄存器 IE 各位的含义如图 1-45 所示。

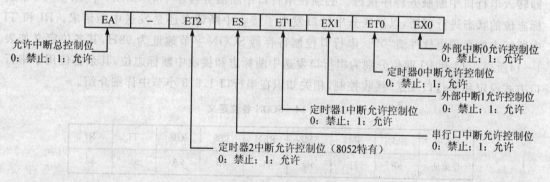

图 1-45 中断允许寄存器 IE

2. 中断源中断请求

(1) 外部中断

8051 有 $\overline{INT0}/\overline{INT1}$ 两条外部中断请求输入线(引脚),用于输入 2 个外部中断源的中断请求信号,并允许外部中断源以低电平或负边沿 2 种中断触发方式来输入中断请求信号。8051

单片机在每个机器周期中对有$\overline{INT0}/\overline{INT1}$线上中断请求的信号进行一次检测,检测方式和中断触发方式的选取有关。若8051设定为电平触发方式(IT0=0或IT1=0),则CPU检测到有$\overline{INT0}/\overline{INT1}$线上低电平时就可认定其上中断请求有效;若设定为边沿触发方式(IT0=1或IT1=1),则CPU需要检测两次有$\overline{INT0}/\overline{INT1}$线上电平方能确定其中断请求是否有效,即前一次检测为高电平而后一次检测为低电平时,$\overline{INT0}/\overline{INT1}$上中断请求才有效。因此,8051检测有$\overline{INT0}/\overline{INT1}$线上负边沿中断请求时刻不一定恰好是其中断请求信号发生负跳变时刻,但两者之间最多不会相差1个机器周期时间。

(2) 定时器中断

定时器中断源是由8051内部定时/计数器溢出时产生的中断源,故它们属于内部中断,8051内部有2个16位的定时/计数器,对内部定时脉冲(主脉冲经12分频后)或T0/T1引脚上输入的外部脉冲进行计数。定时器T0/T1在计数脉冲作用下从全"1"变为全"0"时自动向CPU提出溢出中断请求,以表明定时器T0或T1的定时时间已到或计数器已溢出。当CPU响应定时器中断并转入中断服务程序时由硬件清"0"。不使用中断方式时可由软件清"0"。定时器T0/T1的定时时间可由用户通过程序设定,以便CPU在定时器溢出时在中断服务程序中对溢出次数进行计数。例如:若需要定时10 s,可将定时器T0的定时时间设定为10 ms,则CPU每响应一次T0溢出中断请求就可在中断服务程序中对中断次数进行计数,100次中断后1/100 s单元清"0"的同时使秒单元加1,在主程序中判断秒单元是否等于10。当秒单元等于10时,将秒单元清"0"并执行相应的控制程序。定时器溢出中断通常用于需要进行定时控制的场合。

(3) 串行口中断

串行口中断是由8051内部串行口产生的中断,故也是一种内部中断。串行口中断分为串行口发送中断和串行口接收中断两种。在串行口进行发送/接收数据时,每当串行口发送或接收完一个字节时,串行口电路自动使串行口控制寄存器SCON中的RI或TI中断标志位置"1",并自动向CPU发出串行口中断申请,若允许串行口中断时,CPU响应串行口中断后便立即转入串行口中断服务程序执行。必须在串行口中断服务程序中对SCON中RI和TI中断标志位的状态进行判断,以便区分串行口发生了接收中断请求还是发送中断请求。RI和TI中断标志位必须由软件清"0"。串行口控制寄存器SCON字节地址为98H,其各位定义如表1-14所列。TI和RI两位分别为串行口发送中断标志和接收中断标志位,其余各位用于串行口方式设定和串行口发送/接收控制,相关知识在串行口1.6.3小节中详细介绍。

表1-14 SCON各位定义

SCON	SM0	SM1	SM2	REN	TB8	RB8	TI	RI
位地址	9F	9E	9D	9C	9B	9A	99	98

(4) 中断申请标志

8051在检测到中断源发出的中断请求信号后,先使相应中断标志位置位,然后在下个机器周期检测这些中断标志位状态,并根据中断允许寄存器IE的状态决定是否响应该中断。8051中断标志位在定时器控制寄存器TCON(IE0、IE1、TF0、TF1)和串行口控制寄存器SCON(RI、TI)中,8051复位时所有中断标志均为0。

CPU 对中断源的开放和屏蔽以及每个中断源是否被允许中断,都受中断允许寄存器 IE 控制。每个中断源优先级的设定,则由中断优先级寄存器 IP 控制。寄存器状态可通过程序由软件设定。

3. 中断的管理与中断响应

(1) 中断的开放和屏蔽

8051 没有专门的开中断和关中断指令,中断的开放和关闭是通过设置中断允许寄存器 IE 进行两级控制的。所谓两级控制是指有一个中断允许总控制位 EA,配合各中断源的中断允许控制位共同实现对中断请求的控制。这些中断允许控制位集成在中断允许寄存器 IE 中,在 8051 复位时,IE 各位被复位成"0"状态,CPU 因此处于关闭所有中断状态。中断允许寄存器 IE 的字节地址为 A8H,其各位的含义及中断的开放和屏蔽见表 1-15 及图 1-46。

表 1-15 IE 各位的定义

	D7	D6	D5	D4	D3	D2	D1	D0
位地址	AFH		ADH*	ACH	ABH	AAH	A9H	A8H
IE	EA		ET2*	ES	ET1	EX1	ET0	EX0

注:*表示仅 8052 系列。

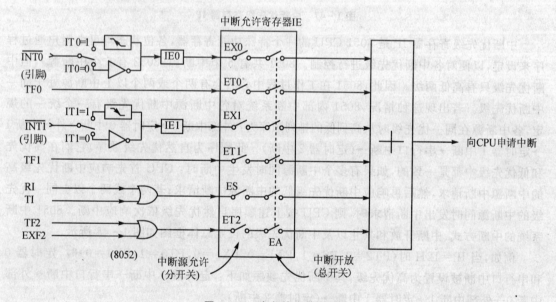

图 1-46 中断的开放和屏蔽

(2) 中断优先级的设定

8051 系列单片机具有两个中断优先级。对于所有的中断源,均可由软件设置为高优先级中断或低优先级中断,并可实现两级中断嵌套。一个正在执行的低优先级中断服务程序,能被高优先级中断源所中断;同级或低优先级中断源不能中断正在执行的中断服务程序。每个中断源的中断优先级都可以通过程序来设定,由中断优先级寄存器 IP 统一管理。中断优先级寄存器 IP 的字节地址为 B8H,其各位的定义及含义见表 1-16 及图 1-47。

表 1-16 IP 各位的定义

位	D7	D6	D5	D4	D3	D2	D1	D0
IP			PT2*	PS	PT1	PX1	PT0	PX0

注：* 表示仅 8052 系列。

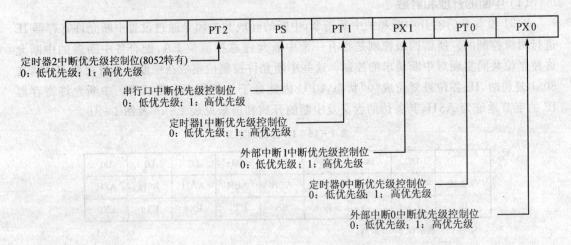

图 1-47 中断优先级寄存器 IP

中断优先级寄存器 IP 是 8051 CPU 的一个特殊功能寄存器，各位状态均可由用户通过程序来设定，以便对各中断优先级进行控制。8051 共有 5 个中断源(8052 有 6 个中断源)，但中断优先级只有高低两级。因此，8051 在工作过程中必然会有两个或两个以上中断源处于同一中断优先级。若出现这种情况，8051 内部中断系统对各中断源中断优先级有一个统一的规定，各中断源在同一优先级时从高到低的排列顺序为：外部中断 0→定时器 0 中断→外部中断 1→定时器 1 中断→串行口中断→(定时器 2 中断)。此顺序为自然优先级顺序，它们在高优先和低优先级中都是一致的，如果有多个中断源同时发生中断时：CPU 首先响应中断优先级高的中断源中断请求，然后再响应中断优先级低的中断源中断请求；若两个或两个以上同一优先级的中断源同时发出中断请求时，则 CPU 按上述顺序自然优先级依次响应中断。8051 中断系统的中断方式、中断开放和禁止以及中断优先级的设定总体框图如图 1-48 所示。

例如，当 IP=12H 时(PT2=0，PS=1，PT1=0，PX1=0，PT0=1，PX0=0)时，定时器 0 和串行口中断被设置为高优先级，其中断优先顺序如下：定时器 0 中断→串行口中断→外部中断 0→外部中断 1→定时器 1 中断→(定时器 2 中断)。

(3) 中断响应

CPU 在每个机器周期中采样中断标志，在下一个机器周期中按先后顺序查询中断标志。在查询到某一中断标志为 1 时，则在下一个机器周期 S1 期间按优先级别进行中断处理。中断系统通过硬件产生长调用指令 LCALL，将程序转移到中断入口地址单元，执行相应的中断服务程序。但在下述 3 种情况，硬件产生的长调用指令将不能执行：

➢ CPU 正在执行同级或高优先级的中断服务程序；

➢ 现在的机器周期不是执行当前指令的最后一个机器周期(此条确保当前指令的完整执行)；

51系列单片机系统结构概述

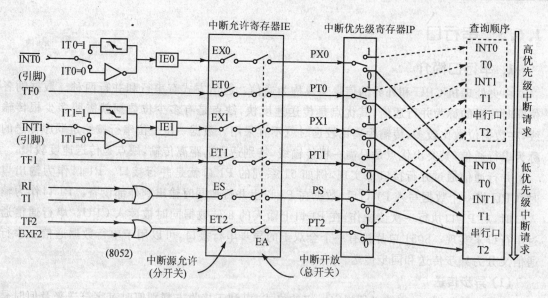

图 1-48 中断开放和禁止以及中断优先级

➤ 正在执行中断返回指令 RETI 或正在进行对寄存器 IE、IP 的读写指令（这些指令执行后，至少还要执行完一条其他指令，才能响应中断）。

中断查询在每个机器周期都要重复执行，查询结果是前一个机器周期中所采样的中断标志。如果存在上述中断响应封锁条件之一，虽然中断标志置位，CPU 也会置之不理，不响应中断。待封锁中断响应的条件撤消后，若中断标志也已消失，该中断也不会再被响应。响应中断时，CPU 先置位优先级状态触发器，接着再执行由硬件产生的长调用指令 LCALL。该指令将程序计数器 PC 的内容压入堆栈保护起来。但对诸如 PSW、累加器 A 等寄存器并不保护（需要时可由软件保护）。然后将对应的中断入口地址装入程序计数器 PC，使程序转移到该中断入口地址单元，去执行中断服务程序。与各中断源相对应的中断入口地址如表 1-17 所列。

表 1-17 中断入口地址表

中断源	中断入口地址	中断源	中断入口地址
外部中断 0	0003H	定时器 T1 中断	001BH
定时器 T0 中断	000BH	串行口中断	0023H
外部中断 1	0013H	定时器 T2 中断*	002BH*

注：* 表示仅 8052 系列有。

通常在中断入口地址单元存放一条长转移指令，使中断服务程序可在程序存储器 64 KB 空间内任意安排。中断服务程序是从入口地址开始到返回指令 RETI 结束。RETI 指令的执行标志着中断服务程序的终结，所以该指令自动将断点地址从栈顶弹出，装入程序计数器 PC 中，使程序转向断口处继续执行。当考虑到某些中断的重要性，需要禁止更高级别的中断时，可用软件使 CPU 关闭中断，或者禁止高优先级中断源的中断，但在中断返回前必须再用软件开放中断。

1.6.3 串行口

1. 串行口简介

中央处理机 CPU 和外界的信息交换称为通信。通信方式有串行和并行两种。数据的各位同时传送的称为并行通信,其优点是传送速度快,缺点是有多少位数据就需要多少根传输线,在数据位数比较多、传输距离比较远时就不宜采用。数据一位一位串行按约定顺序传送的称为串行通信,其突出优点是只需一根传输线,特别适宜远距离传输,缺点是传送速度较慢。

并行通信通过并行接口来实现,例如 51 系列的 P1 口就是并行接口。P1 口作为输出口时,CPU 将一个数据写入 P1 口后,数据在 P1 口上并行地同时输出到外部设备。P1 口作为输入口时,对 P1 口执行一次读操作,在 P1 口上输入的 8 位数据同时被读入 CPU。串行通信通过串行口来实现。8051 单片机有一个全双工的异步串行接口,可以用于串行数据通信。串行通信又分为异步传送和同步传送。

(1) 异步传送

在异步传送时,对字符必须规定一定的格式,以利于接收方判别何时有字符送来及何时是一个新的字符的开始。异步传送字符格式如图 1-49 所示。

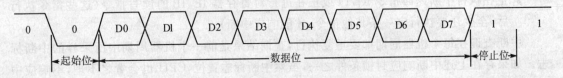

图 1-49 典型的异步通信数据帧格式

一个字符由 4 部分组成:起始位、数据位、奇偶校验位和停止位。一个字符由起始位低电平"0"开始,高电平"1"停止位结束,中间传输数据。起始位用来通知接收设备一个新的字符开始来到。线路在不传送数据时应保持为 1,接收端不断检测线路的状态,若连续为 1 后又检测到一个 0,就知道又发来一个新的字符。起始位后面为 5~8 个信息位,数据发送时总是低位在前,高位在后。即第一位为字符的最低位,在同一个传输系统中,数据位的数目是固定的。信息位后面为校验位,校验位可以按奇校验设置,也可以按偶校验设置,也可以不设置。最后的位数为"1",它作为停止位,停止位可为 1 位、1.5 位或者 2 位。如果传输 1 个字符以后,立即传输下一个字符,那么,后一个字符的起始位便紧接着前一个字符的最后一个停止位。

在串行通信中,用"波特率"来描述数据的传输速率。所谓波特率,即每秒钟传送的二进制位数,其单位为 bps(bits per second)。它是衡量串行数据传输速度快慢的重要指标。有时也用"位周期"来表示传输速率,位周期是波特率的倒数。国际上规定了一个标准波特率系列:110 bps、300 bps、600 bps、1 200 bps、1 800 bps、2 400 bps、4 800 bps、9 600 bps、14.4 kbps、19.2 kbps、28.8 kbps、33.6 kbps、56 kbps。例如:9 600 bps,指每秒传送 9 600 位,包含字符的数位和其他必须的数位,如奇偶校验位等。大多数串行接口电路的接收波特率和发送波特率可以分别设置,但接收方的接收波特率必须与发送方的发送波特率相同。通信线上所传输的字符数据(代码)是逐位传送的,1 个字符由若干位组成,因此每秒钟所传输的字符数(字符速率)和波特率是两种概念。在串行通信中,所说的传输速率是指波特率,而不是指字符速率,它们两者的关系是:假如在异步串行通信中,传送一个字符,包括 12 位(其中有一个起始位,8

个数据位,1个奇偶校验位,2个停止位),其传输速率是 1 200 bps,每秒所能传送的字符数是
$1\,200/(1+8+1+2)=100$ 个。

(2) 同步传送

同步传送时是按数据块传送的,把传送的字符顺序地连接起来,组成数据块。在数据块前面加上特殊的同步字符,作为数据块的起始符号,在数据块的后面加上校验字符用于校验通信中的错误。在同步通信中字符之间没有空闲位,通信效率比较高。图1-50为典型的同步通信数据帧格式。

同步字符1	同步字符2	n个数据字节	校验字节1	校验字节2

图1-50 典型的同步通信数据帧格式

2. 8051 串行接口的组成和特性

8051串行口的内部有数据接收缓冲器和数据发送缓冲器。数据接收缓冲器只能读出不能写入,数据发送缓冲器只能写入不能读出,这两个数据缓冲器都用符号SBUF来表示,地址都是99H。CPU对特殊功能寄存器SBUF执行写操作时,就是将数据写入发送缓冲器,同时立刻启动发送;对SBUF执行读操作时,就是读出接收缓冲器的内容。

(1) 串行口控制寄存器SCON

特殊功能寄存器SCON存放串行口的控制和状态信息,地址为98H,具有位寻址功能。串行口用定时器1作为波特率发生器。SCON包括串行口的工作方式选择位SM0、SM1,多机通信标志SM2,接收允许位REN,发送接收的第9位数据TB8、RB8以及发送和接收中断标志TI、RI。SCON特殊功能寄存器各位的定义如图1-51所示。

D7	D6	D5	D4	D3	D2	D1	D0
SM0	SM1	SM2	REN	TB8	RB8	TI	RI

图1-51 特殊功能寄存器SCON

SM0、SM1:为串行口工作方式选择位。8051串行口共有4种工作方式。通过对SM0、SM1的设置可以选择串行口的工作方式。具体工作方式如表1-18所列。

表1-18 串行口工作方式选择

SM0	SM1	方式	功能说明
0	0	0	移位寄存器方式(波特率为$f_{osc}/12$)
0	1	1	8位UART,波特率可变(T1溢出率/n)
1	0	2	9位UART,波特率为$f_{osc}/64$或$f_{osc}/32$
1	1	3	9位UART,波特率可变(T1溢出率/n)

注:其中f_{osc}为晶振频率。

SM2:多机通信控制位。主要用于工作方式2和工作方式3。在方式2和方式3中,如SM2=1,且接收到第9位数据(RB8)为0时,不启动接收中断标志RI(即RI=0),并将接收到的前8位数据丢弃;RB8=1时,才将接收的前8位数据送入SBUF,并置位RI产生中断请求。

当 SM2=0 时,则不论第 9 位数据为 1 或是为 0,都将前 8 位数据装入 SBUF 中,并产生中断请求。在方式 0 时,SM2 必须为 0。

REN:允许接收控制位。REN=0,禁止串行口接收;REN=1,允许串行口接收。

TB8:待发送数据第 9 位,用于在方式 2 和方式 3 时存放发送数据第 9 位。TB8 由软件置位或复位。

RB8:接收到的数据第 9 位,多机通信控制位。主要用于工作方式 2 和工作方式 3。在方式 2 和方式 3 中,如 SM2=1,且接收到第 9 位数据(RB8)为 0 时,不启动接收中断标志 RI(即 RI=0),并且将接收到的前 8 位数据丢弃;RB8=1 时,才将接收的前 8 位数据送入 SBUF,并置位 RI 产生中断请求。当 SM2=0 时,则不论第 9 位数据为 1 或为 0,都将前 8 位数据装入 SBUF 中,并产生中断请求。在方式 0 时,SM2 必须为 0;方式 1 下一般 SM2 也为 0,此时 RB8 用于存放接收到的停止位,方式 0 下不用 RB8。

在 SM2=1(多机通信)时,第 9 位数据(RB8)通常作为数据、地址标志位。RB8=0,则表示接收的 8 位数据为数据;RB8=1,表示接收的 8 位数据为地址。

TI:发送中断标志位。用于指示一帧数据发送完否。在方式 0 下,发送电路发送完第 8 位数据时,TI 由硬件置位;在其他方式下,TI 在发送电路开始发送停止位时置位,也就是说,TI 在发送前必须由软件复位,发送完一帧后由硬件置位。

RI:接收中断标志位。用于指示一帧数据是否接收完。在方式 1 下,RI 在接收电路接收到第 8 位数据时由硬件置位;在其他方式下,RI 是在接收电路接收到停止位的中间位置时置位的,RI 也可供 CPU 查询,以决定 CPU 是否需要从接收 SBUF 中提取接收到的字符或数据。RI 也必须由软件复位。

(2) 特殊功能寄存器 PCON

PCON 主要是为 CHMOS 型单片机的电源控制设置的专用寄存器,单元地址为 87H,不能位寻址。其格式如图 1-52 所示。

PCON	SMOD				GF1	GF2	PD	IDL

图 1-52 特殊功能寄存器 PCON

SMOD 为波特率选择位。在方式 1、方式 2 和方式 3 时,串行通信的波特率和 SMOD 有关。当 SMOD=1 时,通信波特率乘以 2;否则波特率不变。PCON 的其他位为掉电方式控制位,详见有关 CHMOS 工艺单片机的介绍。

(3) 串行通信波特率的计算

1) 方式 0:移位寄存器方式

$$波特率 = \frac{f_{osc}}{12}$$

2) 方式 2:9 位 UART

$$波特率 = 2^{SMOD} \times \frac{f_{osc}}{64}$$

如 SMOD 的取值只有 0 和 1 时,上式可写为:

$$波特率 = (1+SMOD) \times \frac{f_{osc}}{64}$$

3) 方式 1 和 3：8、9 位 UART

① 使用定时器 1 作为串行口波特率发生器时

$$波特率 = 2^{SMOD}/32 \times (定时器1溢出率)$$

当定时器 1 工作于方式 2 时

$$波特率 = \frac{2^{SMOD}}{32} \times \frac{f_{osc}}{12} \times \frac{1}{(256-TH1)} \quad (1-1)$$

如 SMOD 的取值只有 0 和 1 时，式(1-1)可改写为：

$$波特率 = \frac{(1+SMOD)}{32} \times \frac{f_{osc}}{12} \times \frac{1}{(256-TH1)}$$

即：

$$TH1 = 256 - \frac{(1+SMOD)}{32} \times \frac{f_{osc}}{12} \times \frac{1}{波特率} \quad (1-2)$$

表 1-19 为使用定时器 1 方式 2 作为串行口波特率发生器时，常用的波特率及相应的 TH1、晶振的值。

表 1-19 常用波特率相应的 TH1、晶振的值

波特率	晶振/MHz	SMOD	TH1	波特率	晶振/MHz	SMOD	TH1
2 400	16	1	DD	56 800	11.059 2	1	FF
1 200	16	1	BB	19 200	11.059 2	1	FD
600	16	1	75	9 600	11.059 2	1	FA
1 200	16	0	DD	4 800	11.059 2	1	F4
600	16	0	BB	2 400	11.059 2	1	E8
300	16	0	75	1 200	11.059 2	1	D0
56 800	12	1	FF	600	11.059 2	1	A0
38 400	12	1	FE	300	11.059 2	1	40
19 200	12	1	FD	9 600	11.059 2	0	FD
9 600	12	1	F9	4 800	11.059 2	0	FA
4 800	12	1	F3	2 400	11.059 2	0	F4
2 400	12	1	E6	1 200	11.059 2	0	E8
1 200	12	1	CC	600	11.059 2	0	D0
600	12	1	98	300	11.059 2	0	A0
300	12	1	30	1 200	6	0	F3
2 400	12	0	F3	600	6	0	E6
1 200	12	0	E6	300	6	0	CC
600	12	0	CC	110	6	0	72
300	12	0	98				

② 当定时器 2 作为串行口波特率发生器时（仅 8052 系列）

用定时器 2 波特率可表示为：

$$波特率 = \frac{f_{osc}}{32} \times \frac{1}{[65\,536 - (RCAP2H, RCAP2L)]} \quad (1-3)$$

定时器 2 初值 RCAP2H 和 RCAP2L 可表示为：

$$(RCAP2H, RCAP2L) = 65\,536 - \frac{f_{osc}}{32} \times \frac{1}{波特率}$$

在上式中如考虑定时器 2 计数脉冲为 $f_{osc}/12$，上式可改写为：

$$(RCAP2H, RCAP2L) = 65\,536 - \frac{12}{32} \times \frac{f_{osc}}{12} \times \frac{1}{波特率} = 65\,536 - \frac{3}{8} \times \frac{f_{osc}}{12} \times \frac{1}{波特率}$$

$$(1-4)$$

表 1-20 为使用定时器 2 工作于波特率发生器方式时，常用的波特率及相应的 RCAP2L、RCAP2H 及晶振的值。关于定时器 2 作为波特率发生器时的相关设置请参阅本书有关定时器 2 的介绍。

表 1-20 定时器 2 作为波特率发生器时的相关设置

波特率	晶振/MHz	RCAP2H	RCAP2L	波特率	晶振/MHz	RCAP2H	RCAP2L
38 400	16	FF	F3	56 800	11.059 2	FF	FA
19 200	16	FF	E6	38 400	11.059 2	FF	F7
9 600	16	FF	CC	19 200	11.059 2	FF	EE
4 800	16	FF	98	9 600	11.059 2	FF	DC
2 400	16	FF	30	4 800	11.059 2	FF	B8
1 200	16	FE	5F	2 400	11.059 2	FF	70
600	16	FC	BF	1 200	11.059 2	FE	E0
300	16	F9	7D	600	11.059 2	FD	C0
110	16	EE	3F	300	11.059 2	FB	80
38 400	12	FF	FF	4 800	6	FF	D9
9 600	12	FF	D9	2 400	6	FF	B2
4 800	12	FF	B2	1 200	6	FF	64
2 400	12	FF	64	600	6	FE	C8
1 200	12	FE	C8	300	6	FD	8F
600	12	FD	8F	110	6	F9	57
300	12	FB	1E				

③ 可用的波特率

由于式(1-2)和式(1-4)中有除法运算，而 T1 和 T2 的预置值为整数，用式(1-2)和式(1-4)计算的预置值代回式(1-1)和式(1-3)后得到的实际的波特率和计算时使用的预期波特率之间会有误差，这个误差小于 4% 时可保证正常通信。因此，如果系统需要串行通信时，特别要考虑实际的波特率和预期波特率之间的误差。解决误差的方法有两个途径：选用合适的晶振；尽可能使用 T2 作为波特率发生器。

3. 串行接口的工作方式

MCS-51 串行接口有 4 种工作方式,由 SCON 中的 SM0、SM1 定义。串行通信只使用方式 1、2、3。方式 0 是外接移位寄存器的工作方式,这种方式常用于扩展 I/O 口。

(1) 方式 0

方式 0 为同步移位寄存器方式,其波特率固定为振荡频率 $f_{osc}/12$,数据由 RXD(P3.0 脚)端输出,同步移位脉冲由 TXD(P3.1 脚)端输出,发送、接收的是 8 位数据,发送时低位在前高位在后。

1) 发 送

执行任何一条将 SBUF 作为目的寄存器的指令时,数据都从 RXD 端开始(低位在前)以 $f_{osc}/12$ 的波特率串行发送,发送完成置位中断标志 TI 为 1 并请求中断。再次发送数据之前,必须由软件清 TI 为 0。方式 0 发送时的时序及典型应用如图 1-53 所示,其中 74LS164 为串入并出移位寄存器。

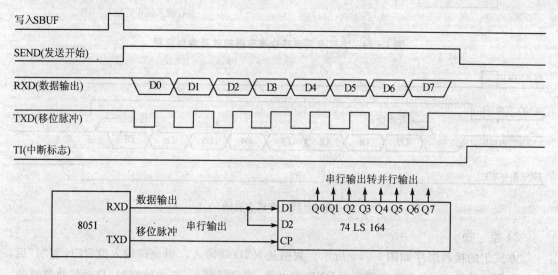

图 1-53 方式 0 同步移位寄存器发送及典型应用

2) 接 收

在写 SCON 且满足 REN=1 和 RI=0 的条件下,串行口即开始从 RXD 端以 $f_{osc}/12$ 的波特率输入数据(低位在前),当接收完 8 位数据后,置中断标志 RI 为 1 并请求中断。在再次接收数据之前,必须由软件清 RI 为 0(清"0"的同时启动下一次接收)。其发送时的时序及典型应用如图 1-54 所示。其中 74LS165 为并入串出移位寄存器。

(2) 方式 1

在方式 1 状态下,串行口为 8 位异步通信接口。一帧信息为 10 位,包括 1 位起始位(0)、8 位数据位(低位在前)和 1 位停止位(1)。TXD 为发送端,RXD 为接收端。波特率可由 T1 或 T2 的溢出率确定。方式 1 是单片机与 PC 机串行通信最常用的方式。

1) 发 送

串行口以方式 1 发送时,数据由 TXD 端输出,CPU 执行一条写入 SBUF 的指令后,便启动串行口发送,发送完一帧信息时,发送中断标志置"1",其时序如图 1-55 所示。

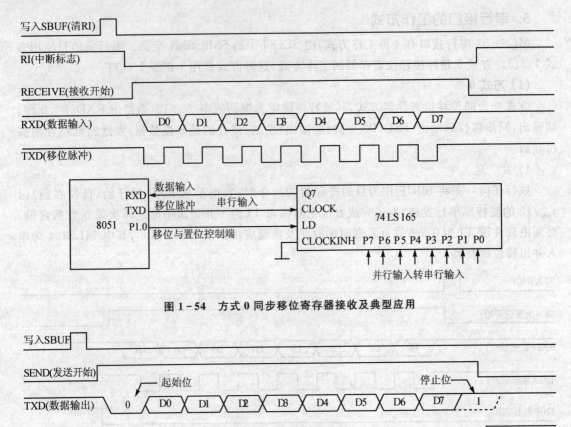

图1-54 方式0同步移位寄存器接收及典型应用

图1-55 方式1发送

2) 接 收

方式1的接收时序如图1-56所示。数据从RXD端输入。当允许输入位REN置"1"后，接收器便以波特率的16倍速率采样RXD端电平，当采样到1~0的跳变时，启动接收器接收，并复位内部的16分频计数器，以实现同步。计数器的16个状态把1位时间等分成16份，并在第7、8、9个计数状态时，采样RXD电平。因此，每一位的数值采样3次，至少有两次相同的值时才被确认。在起始位，如果接收到的值不是0，则起始位无效，复位接收电路。在检测到一个1~0的跳变时，再重新启动接收器，如果接收值为0，起始位有效，则开始接收本帧的其余信息。在RI=0的情况下，只有接收到停止位为1或SM2=0时，接收数据才有效且将停止位送入RB8，8位数据进入接收缓冲器SBUF，并置RI=1中断标志，否则数据丢失。

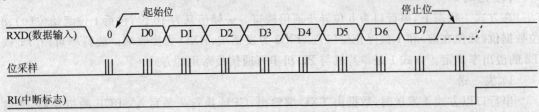

图1-56 方式1接收

(3) 方式2和方式3

串行口工作在方式2、3时,为11位异步通信口,传送波特率与SMOD有关。发送、接收一帧信息由11位组成,即起始位1位(0)、数据8位(低位在先)、1位可编程位(第9位)和1位停止位(1)。

1) 发 送

方式2、3发送时,数据由TXD端输出,附加的第9位数据为SCON中的可编程位TB8。CPU执行一条写入SBUF的指令后,便立即启动发送器发送,送完一帧信息时,置中断标志TI=1。其时序如图1-57所示。

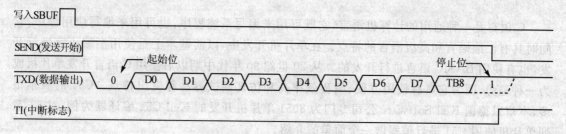

图1-57 方式2、3发送

2) 接 收

与方式1类似,当REN=1时,CPU开始不断地对RXD采样,采样速率为波特率的16倍,当检测到负跳变后启动接收器,位检测器对每位采集3个值,用采3取2的方法来确定每位状态。当采至最后一位时,将8位数据装入SBUF,第9位数据装入RB8并置RI=1。其时序如图1-58所示。

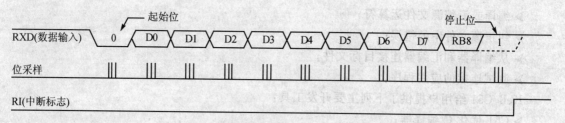

图1-58 方式2、3接收

第 2 章

C51 应用基础

C 语言是一种通用的计算机语言,它既可用来编写系统程序,也可用来编写应用程序,它同时具有汇编语言和高级语言的特点。在单片机开发中,以前基本上是使用汇编语言进行开发,也有使用 BASIC 语言进行开发的。从 20 世纪 90 年代中期以后使用 C 语言开发单片机成为一种趋势,因为它具有使用方便、编程效率高和仿真调试容易等突出特点。C51 的版本很多,本章以德国 Keil Software 公司专门为 8051 单片机开发的 Keil C51 编译器为例,对 51 系列单片机使用 C51 进行编程做一个简单的介绍。

2.1 Keil C51 简介

使用 Keil C51 的开发工具,其项目开发周期和其他软件开发项目都大致一样,要按下列步骤编程:
- 创建 C 或汇编语言的源程序;
- 编译或汇编源文件运算符;
- 纠正源文件中的错误;
- 从编译器和汇编器连接目标文件;
- 测试连接的应用程序。

Keil C51 给用户提供了下列主要开发工具:
- C51 优化 C 编译器;
- 8051 工具连接器;
- 目标文件转换器库管理器;
- Windows 版 dScope 源程序级调试/模拟器;
- Windows 版 μVision 集成开发环境。

Keil C51 既可以编辑、编译和调试汇编语言程序,也可以编辑、编译和调试 C51 程序,是一个基于 Windows 平台的集成开发环境。它不但可以仿真模拟一般的程序运行,同时还可以仿真模拟 I/O 口、定时/计数器、串行口及中断等单片机特有的功能部件,甚至可以模拟在某个 I/O 引脚上输入一个方波或正弦波。其功能非常强大。鉴于本书篇幅有限,只就 C51 编程的一些基本方法做简要的介绍,如需深入了解,可参阅有关专门介绍 Keil C51 的书籍。

2.2 C51 程序设计基础知识

2.2.1 C 语言的特点

C 语言有以下特点：
- 语言简洁、紧凑，使用方便、灵活；
- 运算符极其丰富；
- 生成的目标代码质量高，程序执行效率较高(与汇编语言相比)；
- 可移植性好(与汇编语言相比)；
- 可以直接操纵硬件。

2.2.2 一个简单的 C51 例子

一个完整的 C51 程序是由一个 main()函数(又称主函数)和若干个其他函数结合而成的，或仅由一个 main()函数构成。

【例】：仅由 main()函数构成的 C 语言程序。

```
# include <reg51.h>
# include <stdio.h>
# include <intrins.h>

void main (void)
{
    P0 = 0x00;
    P1 = 0x01;
    P2 = 0x02;
    P3 = 0x03;
}
```

运行结果：将 P0、P1、P2 及 P3 口依次置为 0x00、0x01、0x02 及 0x03(0x00、0x01、0x02 及 0x03 为 C 语言中十六进制 0、1、2 及 3 的表示方法)，在 Keil C51 中运行结果如图 2-1 所示。

【程序说明】：

```
# include <reg51.h>
# include <stdio.h>
# include <intrins.h>
```

reg51.h 为寄存器说明头文件；stdio.h 为输入/输出说明头文件；intrins.h 为部分特殊指令说明头文件。可根据对 8051 编程的需要选择头文件，在一般情况下，若只用于简单控制，这 3 个头文件就够了，头文件包含的具体内容参见相关附录。一般编程时应先写上这 3 个头文件，如果编译出错，再根据错误信息加其他的头文件。

```
void main (void)
{
```

```
    P0 = 0x00;
    P1 = 0x01;
    P2 = 0x02;
    P3 = 0x03;
}
```

为 C51 的主函数。由于 P0、P1、P2 及 P3 在 reg51.h 中已有说明,故直接赋值即可。

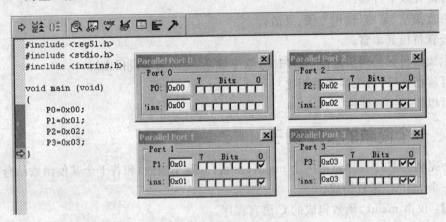

图 2-1 Keil 并行口仿真运行图

2.2.3 C51 的基础知识

1. 标识符

标识符为程序中某个对象的名字。这些对象可以是变量、常量、函数、数据类型及语句等。

标识符的命名规则:

① 有效字符:只能由字母、数字和下划线组成,且以字母或下划线开头。

② 有效长度:因系统而异,但至少前 8 个字符有效。如果超长,则超长部分被舍弃。

2. 关键字

是 C51 用于说明类型、语句功能等专门用途的标识符,又称保留字,如 int、printf 等。标准 C 语言的关键字共有 32 个,根据关键字的作用,可分为数据类型关键字、控制语句关键字、存储类型关键字和其他关键字 4 类。C51 结合单片机的特点,在此基础上又扩展了一部分关键字,如 data、sfr 及 bit 等。

2.2.4 存储空间定义

单片机由于体积小,不可能有像微型计算机那样大的存储器,如 8051 内部只有 128 字节的 RAM,因此必须根据需要指定各种变量的存放位置。C51 定义的存储器类型关键字及对应存储变量的存储空间如表 2-1 所列。

表 2-1 存储器类型关键字和对应存储空间表

存储器类型关键字	存储器空间	说明
DATA	内部 RAM(00H～7FH)	128 字节,可直接寻址
BDATA	内部 RAM (20H～2FH)	16 字节,可位寻址
IDATA	内部 RAM(00H～FFH)	256 字节,间接寻址全部内部 RAM
PDATA	外部 RAM(00H～FFH)	256 字节,用"MOVX @Ri"指令访问
XDATA	外部 RAM(0000H～0FFFFH)	64 KB,用"MOVX @DPPTR"指令访问
CODE	程序存储器(0000H～0FFFFH)	64 KB,用"MOVC @A+DPTR"指令访问

2.2.5　C51 数据类型

1. char：字符型(8 位整数)

长度为 1 个字节,可分为以下 2 种：

① unsigned char　字符或无符号 8 位整数,数据范围：0～256。

② signed char　有符号 8 位整数,其最高位为符号位,数据范围：-128～+127。

默认值：signed char。

2. int：整型 (16 位整数)

长度为 2 个字节,可分为以下 2 种：

① unsigned int　无符号 16 位整数,数据范围：0～65 536。

② signed int　有符号 16 位整数,其最高位为符号位,数据范围：-32 768～+32 767。

默认值：signed int。

3. long：长整型(32 位整数)

长度为 4 个字节,可分为以下 2 种：

① unsigned long　无符号 16 位整数,数据范围：0～4 294 967 295。

② signed long　有符号 16 位整数,其最高位为符号位,数据范围：-2 147 483 648～+2 147 483 647。

默认值：signed long 。

4. float：单精度浮点型

长度为 4 个字节。

5. *：指针型

存放数据地址的变量,它存放的是需要寻址数据的地址。定义和使用指针型变量可以很方便地对 8051 单片机各部分物理地址直接进行操作。其实际应用参考后面的应用实例。

6. bit：位型

C51 编译器提供的一种扩展数据类型。使用它可定义一个位变量,但不能定义位指针,也不能定义位数组。

【例】：

```
int bdata ibase;              /* Bit-addressable int */
char bdata bary[4];           /* Bit-addressable array */
sbit mybit0 = ibase^0;        /* bit 0 of ibase */
sbit mybit15 = ibase^15;      /* bit 15 of ibase */
sbit Ary07 = bary[0]^7;       /* bit 7 of bary[0] */
sbit Ary37 = bary[3]^7;       /* bit 7 of bary[3] */
```

7. sfr：特殊功能寄存器

C51 编译器提供的一种扩展数据类型，用于访问 8051 单片机特殊功能寄存器，sfr 型数据为 1 字节，是一个仅用于特殊功能寄存器空间的 8 位无符号的整型变量。

【例】：

```
sfr P0 = 0x80;    /* Port-0, address 80h */
sfr P1 = 0x90;    /* Port-1, address 90h */
sfr P2 = 0xA0;    /* Port-2, address 0A0h */
sfr P3 = 0xB0;    /* Port-3, address 0B0h */
```

8. sfr16：16 位特殊功能寄存器

C51 编译器提供的一种扩展数据类型。用于以 16 位方式访问 8051 单片机特殊功能寄存器，sfr16 型数据为 2 个字节，也是一个仅用于特殊功能寄存器空间的 16 位无符号的整型变量。

【例】：

```
sfr16 T2 = 0xCC;        /* Timer 2: T2L 0CCh, T2H 0CDh */
sfr16 RCAP2 = 0xCA;     /* RCAP2L 0CAh, RCAP2H 0CBh */
```

9. sbit：可寻址位型

C51 编译器提供的一种扩展数据类型。用于定义和访问 8051 内部 RAM 及特殊功能寄存器中可位寻址的空间。

【例】：

```
sfr PSW = 0xD0;
sfr IE = 0xA8;
sbit OV = PSW^2;
sbit CY = PSW^7;
sbit EA = IE^7;
```

表 2-2 为 C51 支持数据类型一览表。

表 2-2 C51 支持数据类型一览表

数据类型	位数	字节数	数值范围	说明
bit		1	0~1	位型
signed char	8	1	−128~+127	有符号字符型

续表 2-2

数据类型	位 数	字节数	数值范围	说 明
unsigned char	8	1	0～255	无符号字符型
enum	16	2	−32 768～+32 767	枚举型
signed short	16	2	−32 768～+32 767	有符号短整型
unsigned short	16	2	0～65 535	无符号短整型
signed int	16	2	−32 768～+32 767	有符号整型
unsigned int	16	2	0～65 535	无符号整型
signed long	32	4	−2 147 483 648～2 147 483 647	有符号长整型
unsigned long	32	4	0～4 294 967 295	无符号长整型
float	32	4	±1.175 494E−38～±3.402 823E+38	单精度浮点型
sbit	1		0～1	可寻址位型
sfr	8	1	0～255	8位特殊功能寄存器型
sfr16	16	2	0～65 535	16位特殊功能寄存器型

2.2.6　C51存储空间的定义

变量存储空间可按下列两种方式定义：

方式1：[数据类型][存储器类型] 变量名
方式2：[存储器类型][数据类型] 变量名

【例】：

```
unsigned char data i,num;
unsigned char data display_data_buff[8];        //数据显示缓冲区
unsigned char data display_code_buff[8];        //显示字形缓冲区
unsigned char code display_code[16] =
{
    0x0C0,0xF9,0x0A4,0x0B0, 0x99, 0x92, 0x82,0x0F8,  //0,1,2,3,4,5,6,7
    0x80 , 0x90, 0x88, 0x83, 0x0C6,0x0A1, 0x86, 0x8E  //8,9,A,B,C,D,E,F
};
```

display_data_buff[8]、display_code_buff[8]、i、num 被定义在内部 RAM 中。而 display_code[16]是常数，因此被定义在代码区中。

2.2.7　C51的常量

1. 整型常量

在C语言中，8位整型和16位常整型量以下列方式表示：

① 十进制整型常量：如 250，−12 等，其每个数字位可以是 0～9。

② 十六进制整型常量：如果整型常量以 0x 或 0X 开头，那么这就是用十六进制形式表示的整型常量。如十进制的 128，用十六进制表示则为 0x80，其每个数字位可以是 0～9，a～f。

2. 浮点型常量

十进制数表示：它是由数字和小数点组成的，如3.141 59，-7.2，9.9等都是用十进制数的形式表示的浮点数。

指数法形式：指数法又称为科学记数法，它是为方便计算机对浮点数的处理而提出的。如十进制数 180 000.0，用指数法可表示为 1.8e5，其中 1.8 称为尾数，5 称为指数，字母 e 也可以用 E 表示。又如 0.001 23 可表示为 1.23E-3。需要注意的是，用指数形式表示浮点数时，字母 e 或 E 之前（即尾数部分）必须有数字，且 e 后面的指数部分必须是整数，如 e-3,9.8e2.1，e5 等都是不合法的指数表示形式。

3. 字符型常量

字符型常量是由一对单引号括起来的一个字符，如'A'，'*'和'8'等都是合法的字符型常量。除此之外，C51 还允许使用一些特殊的字符常量，这些字符常量都是以反斜杠字符'\\'开头的字符序列，称为"转义字符"。表 2-3 给出了 C51 语言中由转义字符构成的控制符。

表 2-3 转义字符构成的控制符

字符形式	功　能	字符形式	功　能
\n	换行	\f	走纸换页
\t	横向跳格（即跳到下一个输出区）	\\	反斜杠字符'\\'
\v	竖向跳格	\'	单撇号字符
\b	退格	\"	双撇号字符
\r	回车		

4. 字符串常量

字符常量是由单引号括起来的单个字符。C51 语言除了允许使用字符常量外，还允许使用字符串常量。字符串常量是由一对双引号括起来的字符序列，如"string"就是一个字符串常量。

5. 字符串常量与字符常量的区别

C 语言规定，在每一个字符串的结尾，系统都会自动加一个字符串结束标志'\\0'，以便系统据此判断字符串是否结束。'\\0'代表空操作字符，它不引起任何操作，也不会显示到屏幕上。例如字符串"I am a student"在内存中存储的形式如下：

| I | | a | m | | a | | s | t | u | d | e | n | t | \0 |

它的长度不是 14 个，而是 15 个，最后一个字符为'\\0'。注意，在写字符串时不能加上'\\0'。所以，字符串"a"与字符'a'是不同的两个常量。前者是由字符'a'和'\\0'构成，而后者仅由字符'a'构成。需要注意的是，不能将字符串常量赋给一个字符变量。在 C51 语言中没有专门的字符串变量，如果要保存字符串常量，则要用一个字符数组来存放，本书会在 2.3.2 小节中学习字符数组。

2.2.8 C51 常用运算符

C51 的运算符与 C 语言的运算符基本一致。它把除了控制语句和输入/输出以外的几乎

所有的基本操作都作为运算符处理,例如,将赋值符"="作为赋值运算符,方括号作为下标运算符。C51 的运算符有以下几类:

➢ 算术运算符　　　　　（＋　－　＊　/　％　++　--）
➢ 关系运算符　　　　　（＜　＞　==　＜=　＞=　!=）
➢ 逻辑运算符　　　　　（!　&&　||）
➢ 位运算符　　　　　　（≪　≫　~　&　|　^）
➢ 赋值运算符　　　　　（=）
➢ 条件运算符　　　　　（? :）
➢ 逗号运算符　　　　　（,）
➢ 指针运算符　　　　　（＊　&）
➢ 求字节运算符　　　　（sizeof）
➢ 强制类型转换运算符　（类型）
➢ 下标运算符　　　　　（[ ]）
➢ 分量运算符　　　　　（·　→）
➢ 其他　　　　　　　　（如函数调用运算符()）

1. 算术运算符

＋　　加法运算符,或正值运算符。如 2+9=11,+6
－　　减法运算符,或负值运算符。如 9-5=4,-5
＊　　乘法运算符。如 4＊8=32
/　　除法运算符。如 7/2=3,两个整数相除结果为整数,舍去小数
％　　求模运算符,或称求余运算符,要求两侧均为整型数。如 9％2=1,9％5=4

2. 自增自减运算符

++n　　表示在用该表达式的值之前先使 n 的值增 1
n++　　表示在用该表达式的值之后再使 n 的值增 1
--n　　表示在用该表达式的值之前先使 n 的值减 1
n--　　表示在用该表达式的值之后再使 n 的值减 1

3. 关系运算符

＞　　大于
＜　　小于
＞=　　大于或等于(不小于)
＜=　　小于或等于(不大于)
==　　等于
!=　　不等于

4. 逻辑运算符

C51 提供了 3 种逻辑运算符:
&&　　逻辑与
||　　逻辑或
!　　逻辑非

5. 位运算符

位运算本来属于汇编语言功能，C语言最初是为了编写系统程序而设计的，所以它提供了很多类似于汇编语言的处理能力，在C51中位运算结合8051单片机的具体特点得到了进一步加强，并专门定义了sbit可寻址位型（数据类型）。位操作对单片机的编程非常重要，故对位操作符进行详细介绍。表2-4为位运算符的定义。

表2-4 位运算符定义表

位运算符	操 作	位运算符	操 作
&	按位与	~	按位取反
|	按位或	<<	左移位
^	按位异或	>>	右移位

6. & "按位与"运算符

"按位与"的运算规则是：如果两个运算对象的对应二进制位都是1，则结果的对应位是1，否则为0。

"按位与"运算有如下一些用途：

① 将数据中的某些位清零。

例如，假如 x 是字符型变量（占8个二进制位），要将 x 的第2位置"0"，可进行如下运算：

  x = x & 0xfb;

或写成：

  x & = 0xfb;

② 可取出数据中的某些位。

例如，为了判断 x 的第4位是否为0，可进行如下运算：

  if((x & 0x10)! = 0) ……

若条件表达式为真（即不为0），则 x 的第4位为1，否则为0。

7. | "按位或"运算符

"按位或"的运算规则是：只要两个运算对象的对应位有一个是1，则结果的对应位为1，否则为0。

"按位或"运算有如下用途：

"按位与"运算通常用于对一个数据（变量）中的某些位置"1"，而其余位不发生变化。如将 x 中的第6位置"1"可进行如下运算：

  x = x | 0x40;

或写成：

  x | = 0x40;

8. ^ "按位异或"运算符

"按位异或"的运算规则是：如果两个运算对象的对应位不同，则结果的对应位为1，否则为0。"按位异或"运算符用"^"表示。"按位异或"可能的运算组合及其结果如下：

0^0 = 0
0^1 = 1
1^0 = 1
1^1 = 0

"按位异或"运算有如下一些应用：

① 使数据中的某些位取反，其余位保持不变。即0变1,1变0。

【例】：要将 x 中的第5位取反，可进行如下的运算。

x = x^0x20;

或写成：

x^ = 0x20;

② 同一个数据进行"异或"运算后，结果为0。

【例】：要将 x 变量清0，可进行如下运算。

x^ = x;

"异或"运算具有如下的性质：

即(x ^ y)^ y = x

【例】：若 x＝0x17,y＝0x06,则 x ^y = 0x11,0x11 ^ y = 0x17。

9. ~ "按位取反"运算符

"按位取反"的运算规则是：将运算对象中各位的值取反，即将1变0，将0变1。

10. << "左移"运算符
>> "右移"运算符

"左移"的运算规则是：将运算对象中的每个二进制位向左移动若干位，从左边移出去的高位部分被丢失，右边空出的低位部分补0。

"右移"的运算规则是：将运算对象中的每个二进制位向右移动若干位，从右边移出去的低位部分被丢失。对无符号数来讲，左边空出的高位部分补0。

【例】：若 x＝0x17,则语句

x = x << 2;

表示将 x 中的每个二进制位左移2位后存入 x 中。由于 0x17 的二进制表示为 00010111，所以，左移2位后，将变为 01011100，即 x = x << 2 的结果为0x5c，其中，语句

x = x << 2;

可写成：

x<< = 2;

【例】：x = 0x08,则语句

x = x >> 2;

表示将 x 中的每个二进制位右移2位后存入 x 中。由于 0x08 的二进制表示为

00001000,所以,右移2位后,将变为00000010,即 x = x >> 2 的结果为 0x02,其中,语句

  x = x >> 2;

可写成:

  x >> = 2;

在进行"左移"运算时,如果移出去的高位部分不包含1,则左移1位相当于乘以2,左移2位相当于乘以4,左移3位相当于乘以8,依此类推。因此,在实际应用中,经常利用"左移"运算进行乘以2倍的操作。

在进行"右移"运算时,如果移出去的低位部分不包含1,则右移1位相当于除以2,右移2位相当于除以4,右移3位相当于除以8,依此类推。因此,在实际应用中,经常利用"右移"运算进行除以2的操作。

【经典应用】:用"左移"8位分离出16位数的高8位。用"与"0x00ff 分离出16位数的低8位。

```
# include <reg51.h>
# include <stdio.h>
# include <intrins.h>

void main (void)
{
unsigned int data x;          //定义在内部 RAM 中的无符号16位整数
unsigned char data h,l;       //定义在内部 RAM 中的无符号8位字符(整数)
h = x>>8;                     //取 x 的高8位
l = x&0x00ff;                 //取 x 的低8位
}
```

11. = 赋值运算符

C51语言的赋值运算符是"=",它的作用是将赋值运算符右边的表达式的值赋给其左边的变量。如:

  x = 12;   执行一次赋值操作(运算),将12赋给变量 x
  a = 5 + x;   将表达式 5 + x 的值赋给变量 a

赋值号"="的左边只能是变量,而不能是常量或表达式,如不能写成:

  2 = x; 或 x + y = a + b;

12. 复合的赋值运算符

C语言规定,凡是双目运算符都可以与赋值符"="一起组成复合的赋值运算符。共有10种,即: += 、 -= 、 *= 、/= 、%= 、<<= 、>>= 、&= 、|= 、^= 。

例如:

  a += 5   等价于 a = a + 5
  x *= y + 8   等价于 x = x * (y + 8)
  a %= 2   等价于 a = a % 2

x%=y+8	等价于 x=x%(y+8)
x<<=8	等价于 x=x<<8
y^=0x55	等价于 y=y^0x55
x&=y+8	等价于 x=x&(y+8)

使用这种复合的赋值运算符有两个优点：一是可以简化程序，使程序精炼；二是可提高编译效果，产生质量较高的目标代码。

2.2.9 C51 表达式

1. 算术表达式

由算术运算符和圆括号将运算对象连接起来的有意义的式子称为算术表达式。

【例】：

a*(b+c);

(7+6)%5/2;

2. 关系表达式

用关系运算符将两个表达式（可以是算术表达式或关系表达式、逻辑表达式、赋值表达式、字符表达式）连接起来构成关系表达式。

【例】：若 a=4,b=3,c=5,
则

a+b>c	等价于(a+b)>c,结果为"真",表达式的值为1。
b>=c+a	等价于 b>=(c+a),结果为"假",表达式的值为0。
c+a==b-c	等价于(c+a)==(b-c),结果为"假",表达式的值为0。
d=a<b<c	等价于 d=(a<b<c),d 的值为1(在计算"a<b<c"时,因为"<"运算符是自左至右的结合方向,所以先执行"a<b"得值为0,再执行运算"0<c"得值1,赋给 d)。
f=a!=b<c	等价于 f=(a!=(b<c)),f 的值为1。

3. 逻辑表达式

用逻辑运算符将若干关系表达式或任意数据类型（除 void 外）的数据连接起来的有意义的式子称为逻辑表达式

【例】：a=5,b=0,则：

(1) !a 的值为0。因为 a 的值为非0,被认为是"真",对它进行"非"运算,得"假",所以!a 值为0。

(2) a&&b 值为0。因为 a 被认为是"真",b 的值为0,被认为是"假",所以 a&&b 的值为"假",即为0。

(3) !b<2‖5&&5<=5 对表达式自左至右求解,得到表达式的值为1。执行顺序如下：

```
!b<2 ‖ 5 && 5 <= 5
 ①    ②⑤    ④    ③
```

【具体分析】：第①步"!b"的值为1。第②步"1<2"的值为1。第③步"5<=5"的值为1。此时,要运行的表达式变成"1‖5&&1"(&& 的优先级比‖高)。所以,第④步"5&&1"的值为1。第⑤步"1‖1"的值为1。

另外,编译程序在处理含有"&&"或"‖"的表达式时,往往采用优化的算法,即在从左到右的运算中,只要结果一确定,就不再继续运算下去。如：

<表达式1>&&<表达式2>&&<表达式3>&&…… 在所有运算分量中,只要一个为假,整个表达式的结果就为假。

<表达式1>‖<表达式2>‖<表达式3>‖…… 在所有运算分量中,只要一个为真,整个表达式的结果就为真。

【例】：((y=7)<6)&&((y=5)<6)

在自左至右计算过程中,表达式"(y=7)<6"的值为假,即可确定整个表达式的值为假。(在进行 && 运算时,只要其中一个为假,则结果就为假,所以右边的表达式"(y=5)<6"就不再计算了。)

4. 赋值表达式

由赋值运算符将一个变量和一个表达式连接起来的式子称为赋值表达式。赋值表达式的一般形式为：

变量　赋值运算符　表达式

【例】：

x=5

x=7%2+y

a=(b=6)或a=b=6　赋值表达式的值为6,a、b 的值均为6

a+=a*(若a=5,相当于a=5+5*5)

表达式中运算符优先级：运算符的优先级规定很多,无法一一列举。实际编程时只需用多重括号()表明所需要的运算顺序即可。

2.2.10　C51 的基本语句

1. 表达式语句

在表达式后加上一个";"就构成表达式语句。

【例】：

a=b+c;

u=3;v=4;

y=(m+n)*10/u;

j++;

2. 复合语句

复合语句是由若干条语句组合在一起形成的语句。以"{"开始"}"结束,中间是若干条语句,语句间用";"分隔。复合语句的一般形式为：

{

```
    语句 1;
    语句 2;
    ...
    语句 N;
}
```

下面为一个复合语句的例子:

```
if (rxd_newdata = = rxd_buf[3])
   {
       rxd_newaddr = rxd_buf[1];
       rxd_newdata = rxd_buf[2];
       rxd_end = 1;
   }
```

其中:

```
{
    rxd_newaddr = rxd_buf[1];
    rxd_newdata = rxd_buf[2];
    rxd_end = 1;
}
```

为复合语句。当条件 rxd_newdata==rxd_buf[3]成立时,执行该复合语句。

3. if 条件选择语句

if 条件选择语句是通过给定条件的判断,来决定所要执行的操作。if 条件选择语句的一般形式如下:

if(条件表达式)
语句 1
[else
语句 2]

其中,"["和"]"括起来的部分表示可选项。

if 语句用于两路选择,当(条件表达式)成立时执行语句 1;不成立时执行语句 2。else 语句 2 为可选项。语句 1 和语句 2 可以是任何语句,当然也包括 if 语句本身。其流程如图 2-2 所示。

【例】:

```
if (txd_point >= 4)
{
    txd_end = 1;
    txd_data_full_flag = 0;
    txd_point = 0;
}
else
```

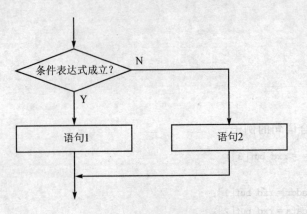

图2-2 if条件选择语句流程图

```
{
    SBUF = txd_buf[txd_point];
}
```

4. switch 多分支选择语句

if…else 语句一般适用于两路选择,即在两个分支中选择一个执行。尽管可以通过 if 条件选择语句的嵌套形式来实现多路选择的目的,但这样做的结果使得 if 条件选择语句的嵌套层次太多,降低了程序的可读性。C 语言中的 switch 多分支选择语句,提供了更方便的多路分支选择功能。switch 多分支选择语句的一般形式如下:

```
switch(表达式)
{
    case 常量表达式1:[语句1;][break;]
    case 常量表达式2:[语句2;][break;]
    ...
    case 常量表达式n:[语句n;][break;]
    [default:语句n+1;]
}
```

switch 的执行过程:先计算表达式的值,然后将表达式的值与所有的常量表达式进行比较,若与某个常量表达式的值相同,则运行相应的语句,如该语句后有 break 语句,则退出,没有 break 语句时则执行下一条 case 语句;如果将表达式的值与所有的常量表达式进行比较后均不相等,则执行 default 后的语句 n+1(如果有 default 语句)。switch 语句的执行流程如图 2-3 所示。

【例】:

```
void execute_cmd(unsigned char recv_cmd)
{
    switch (recv_cmd)
    {
        case 0 :                    //编程操作
```

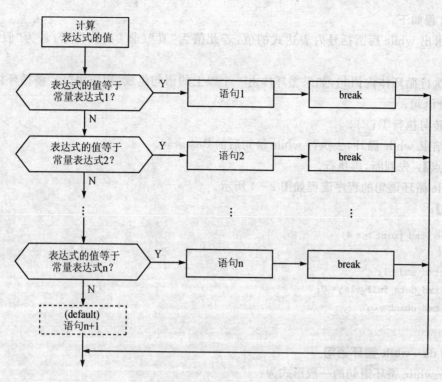

图 2-3 Switch 语句流程图

```
        pgm_operation();
        break;
    case 1:
        read_operation();      //读数据操作
        break;
    case 2:
        pgm_lock_bit1();       //写加密位 1 操作
        serial_out(CMD_2);
        break;
    case 3:                    //数据校验操作
        verify_data();
        break;
    default:                   //复位
        break;
    }
}
```

5. 循环语句

(1) while 循环语句

while 循环语句的一般形式如下:

while(表达式)
    循环体语句

其执行过程如下:

① 求出 while 后圆括号内表达式的值,若此值为"真"(非 0),执行②;若为"假"(0),执行④;

② 执行循环体内语句,如果循环体由一个以上的语句组成,则应用"{}"将循环体括起来形成复合语句;

③ 转向执行①;

④ 结束 while 循环,去执行 while 语句后的其他语句。

【要点】:先判断,再执行。

while 循环语句的程序流程如图 2-4 所示。

【例】:

```
while (txd_point> = 4)
{
    txd_end = 1;
    txd_data_full_flag = 0;
    txd_point = 0;
}
```

(2) do - while 循环语句

do - while 循环语句的一般形式为:

do

　　{循环体语句

}while(表达式);

do - while 语句的执行过程如下:

① 先执行 do - while 之间的循环体语句;

② 计算 while 后圆括号内表达式的值,若为"真"(非 0),则重复执行①;

③ 若值为"假"(0),则执行③;结束循环,去执行 do-while 循环语句后的其他语句。

【要点】:先执行,再判断。

do-while 循环语句的执行流程如图 2-5 所示。

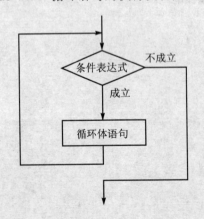

图 2-4　while 循环语句的程序流程图

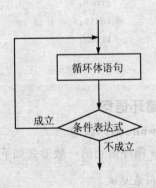

图 2-5　do-while 循环语句执行流程图

【例】:
```
do
{
    txd_end = 0;
    txd_data_full_flag = 0;
    txd_point + + ;
}(txd_point<4);
```

(3) for 循环语句

在 C 语言中,for 循环语句使用最为灵活,它的功能也很强,凡是用 while 能够完成的循环,用 for 循环语句都能实现。for 循环语句的一般形式如下:

for(循环初值设定表达式;[循环终止条件表达式];[循环变量更新表达式])
　　循环体

其中,for 循环语句中的 3 个表达式之间用分号";"隔开,一般通俗地理解为:
- 循环初值设定表达式通常是循环变量赋初值;
- 循环终止条件表达式判断循环什么时候结束;
- 循环变量更新表达式用于控制循环变量的修改;
- "语句"即 for 循环语句的"循环体"部分。

for 循环语句的执行过程如下:
① 计算循环初值设定表达式 1 的值;
② 计算循环终止条件表达式的值,若值为"真"(非 0),执行③;若值为"假"(0),则执行⑥;
③ 执行循环体中的语句;
④ 计算循环变量更新表达式的值;
⑤ 转回②继续执行;
⑥ 结束循环,执行 for 循环语句后的其他语句。

for 循环语句的执行流程如图 2-6 所示。

【例】:
```
s = 0;
for (i = 1;i<5;i + +)
{
    s = s + i;
}
```

(4) goto 语句

和其他语言一样,C 语言也提供了无条件转移的 goto 语句。goto 语句的一般形式如下:

goto 标号;

goto 语句的执行过程是:将程序的执行流程转到以该标号为前缀的语句去执行。

在 C 语言中,标号可以是任意合法的标识符,可以和变量同名,但不允许和关键字同名。C 语言允许在任何语句前添加标号,以作为 goto 语句的转向目标。标号的一般形式如下:

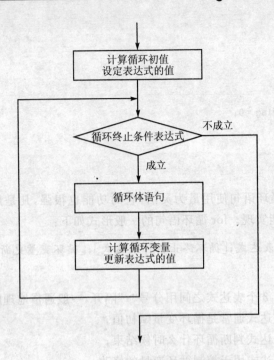

图 2-6 for 循环语句的执行流程图

标号：语句；

goto 语句作为一种语言成分不是必需的,没有它照样能编写程序。按结构化程序设计的原则,应该有限制地使用 goto 语句,否则,将影响程序的可读性和模块化。

2.3 C51 的函数与数组

函数是 C 语言程序的基本组成部分。在 C 语言中,一个程序可由一个主函数 main() 和若干个其他函数构成。由主函数调用其他函数,其他函数之间也可以互相调用,程序最后在 main() 函数中结束。

在 C 语言中可从不同的角度对函数分类。

1. 库函数和用户定义函数

从函数定义的角度看,函数可分为库函数和用户定义函数两种。

(1) 库函数

库函数由 C 系统提供,用户无须定义,也不必在程序中作类型说明,只需在程序前包含有该函数原型的头文件即可在程序中直接调用。如 printf、scanf、getchar、putchar、gets、puts 等函数均属此类。不过 C51 与标准 C 语言对上述函数的处理不一样。在标准 C 语言中上述函数的输入来自键盘,输出是显示器,而 C51 的输入,输出均是串行口。同时 C51 除具有与标准 C 语言相同的库函数外,还有一些与单片机硬件有关的特殊库函数。

(2) 用户定义函数

用户定义函数是由用户按需要写的函数。对于用户自定义函数,不仅要在程序中定义函数本身,而且在主调函数模块中还必须对该被调函数进行类型说明,然后才能使用。

2. 有返回值函数和无返回值函数

C语言函数兼有其他语言中的函数和过程两种功能，从这个角度看，又可把函数分为有返回值函数和无返回值函数两种。

(1) 有返回值函数

有返回值函数被调用执行完后将向调用者返回一个执行结果，称为函数返回值。如数学函数即属于此类函数。由用户定义的这种要返回函数值的函数，必须在函数定义和函数说明中明确返回值的类型。

(2) 无返回值函数

无返回值函数用于完成某项特定的处理任务，执行完成后不向调用者返回函数值，这类函数类似于其他语言的过程。由于函数无需返回值，用户在定义此类函数时可指定它的返回为"空类型"，空类型的说明符为"void"。

3. 无参函数和有参函数

从主调函数和被调函数之间数据传送的角度看又可分为无参函数和有参函数两种。

(1) 无参函数

无参函数指函数定义、函数说明及函数调用中均不带参数。主调函数和被调函数之间不进行参数传送。此类函数通常用来完成一组指定的功能，可以返回或不返回函数值。

(2) 有参函数

有参函数也称为带参函数。在函数定义及函数说明时都有参数，称为形式参数（简称为形参）。在函数调用时也必须给出参数，称为实际参数（简称为实参）。进行函数调用时，主调函数将把实参的值传送给形参，供被调函数使用。

4. 库函数

C语言提供了极为丰富的库函数，这些库函数又可从功能角度作以下分类：

(1) 字符类型分类函数

用于对字符按 ASCII 码分类：字母、数字、控制字符、分隔符、大小写字母等。

(2) 转换函数

用于字符或字符串的转换；在字符量和各类数字量（整型，实型等）之间进行转换；在大、小写之间进行转换。

(3) 输入/输出函数

用于完成输入/输出功能。

(4) 数学函数

用于数学函数计算。

(5) 其他函数

用于其他各种功能。

2.3.1 函数的定义

函数定义的一般形式为：

类型标识符　　函数名(形式参数表)
形式参数说明

{

　　说明部分

　　函数体

}

1. 无参函数的一般形式

类型说明符 函数名()

{

类型说明

语句

}

其中类型说明符和函数名称为函数头。类型说明符指明了本函数的类型,函数的类型实际上是函数返回值的类型。函数名是由用户定义的标识符,函数名后有一个空括号,其中无参数,但括号不可少。"{}"中的内容称为函数体。在函数体中也有类型说明,这是对函数体内部所用到的变量的类型说明。在很多情况下都不要求无参函数有返回值,此时函数类型符可以写为"void"。

```
void Hello()
{
    printf ("Hello, world \n");
}
```

这里,只把 main 改为 Hello 作为函数名,其余不变。Hello 函数是一个无参函数,当被其他函数调用时,输出 Hello world 字符串。

2. 有参函数的一般形式

类型说明符 函数名(形式参数表)

形式参数类型说明

{

类型说明

语句

}

有参函数比无参函数多了两个内容:其一是形式参数表;其二是形式参数类型说明。在形参表中给出的参数称为形式参数,它们可以是各种类型的变量,各参数之间用逗号间隔。在进行函数调用时,主调函数将赋予这些形式参数实际的值。形参既然是变量,当然必须给类型说明。

【例】 定义一个函数,用于求两个数中的大数。

```
int max(int a,int b)
{
    if(a>b) return a;
    else return b;
}
```

2.3.2 数　组

数组在程序设计中,为了处理方便,把具有相同类型的若干变量按有序的形式组织起来。这些按序排列的同类数据元素的集合称为数组。在 C 语言中,数组属于构造数据类型。一个数组可以分解为多个数组元素,这些数组元素可以是基本数据类型或是构造类型。因此按数组元素的类型不同,数组又可分为数值数组、字符数组、指针数组、结构数组等各种类别。

1. 一维数组

(1) 一维数组的一般形式

类型说明符 数组名 [常量表达式],…;

其中,类型说明符是任意一种基本数据类型;数组名是用户定义的数组标识符;方括号中的常量表达式表示数据元素的个数,也称为数组的长度。

【例】:

```
int a[10];              说明整型数组 a,有 10 个元素。
float b[10],c[20];      说明实型数组 b,有 10 个元素,实型数组 c,有 20 个元素。
char ch[20];            说明字符数组 ch,有 20 个元素。
```

对于数组类型说明应注意以下几点:

① 数组的类型实际上是指数组元素的取值类型。对于同一个数组,其所有元素的数据类型都是相同的。
② 数组名的书写规则应符合标识符的书写规定。
③ 数组名不能与其他变量名相同。

【例】:

```
void main()
{
    int a;
    float a[10];
    ⋮
}
```

是错误的。

④ 方括号中常量表达式表示数组元素的个数,如 a[5] 表示数组 a 有 5 个元素。但是其下标从 0 开始计算。因此 5 个元素分别为 a[0],a[1],a[2],a[3],a[4]。
⑤ 不能在方括号中用变量来表示元素的个数,但是可以是符号常数或常量表达式。

【例】:

```
#define FD 5
void main()
{
    int a[3+2],b[7+FD];
    ⋮
}
```

是合法的,但是下述说明方式是错误的。

```
void main()
{
    int n = 5;
    int a[n];
    ⋮
}
```

⑥ 允许在同一个类型说明中,说明多个数组和多个变量。

【例】:

```
int a,b,c,d,k1[10],k2[20];
```

(2) 数组元素的表示方法

数组元素是组成数组的基本单元。数组元素也是一种变量,其表示方法为数组名后跟一个下标,下标表示了元素在数组中的顺序号。数组元素的一般形式为:

数组名[下标]

其中的下标只能为整型常量或整型表达式。如为小数时,C 编译将自动取整。例如,a[5],a[i+j],a[i++]都是合法的数组元素。数组元素通常也称为下标变量。必须先定义数组,才能使用下标变量。在 C 语言中只能逐个地使用下标变量,而不能一次引用整个数组。

【例】:将显示数据缓冲区 display_data_buff 中的数字 0~15 转换成 7 段字形码送显示字形缓冲区 display_code_buff。

```
#include <reg51.h>
#include <stdio.h>
#include <intrins.h>

void main(void)
{
unsigned char data i,num;
unsigned char data display_data_buff[8];            //数据显示缓冲区
unsigned char data display_code_buff[8];            //显示字形缓冲区
unsigned char code display_code[16] =
    {
    0x0C0,0x0F9,0x0A4,0x0B0, 0x99, 0x92, 0x82,0x0F8, //0,1,2,3,4,5,6,7
    0x80 , 0x90, 0x88, 0x83, 0x0C6,0x0A1, 0x86, 0x8E, //8,9,A,B,C,D,E,F
    };                                                //
    for (i = 0;i <= 7;i++)
        {
        num = display_data_buff[i];
        display_code_buff[i] = display_code[num];
        }
}
```

其中,display_data_buff[8]、display_code_buff[8]、I、num 被定义在内部 RAM 中,而 display_ code[16]是常数因此被定义在代码区中。

2. 二维数组

前面介绍的数组只有一个下标,称为一维数组,其数组元素也称为单下标变量。在实际问题中有很多量是二维的或多维的,因此 C 语言允许构造多维数组。多维数组元素有多个下标,以标识它在数组中的位置,所以也称为多下标变量。多维数组可由二维数组类推而得到。

(1) 二维数组的一般形式

类型说明符 数组名[常量表达式1][常量表达式2]…;

其中,常量表达式1表示第一维下标的长度,常量表达式2 表示第二维下标的长度。例如:

int a[3][4];

说明了一个3行4列的数组,数组名为 a,其下标变量的类型为整型。该数组的下标变量共有 3×4 个,即:

a[0][0],a[0][1],a[0][2],a[0][3]
a[1][0],a[1][1],a[1][2],a[1][3]
a[2][0],a[2][1],a[2][2],a[2][3]

二维数组在概念上是二维的,即其下标在两个方向上变化,下标变量在数组中的位置也处于一个平面之中,而不是像一维数组只是一个向量。但是,实际的硬件存储器却是连续编址的,也就是说存储器单元是按一维线性排列的。如何在一维存储器中存放二维数组,有两种方式:一种是按行排列,即放完一行之后顺次放入第二行;另一种是按列排列,即放完一列之后再顺次放入第二列。在 C 语言中,二维数组是按行排列的。在上面数组中,按行顺次存放,先存放 a[0]行,再存放 a[1]行,最后存放 a[2]行,每行中有 4 个元素也是依次存放。由于数组 a 说明为 int 类型,该类型占 2 个字节的内存空间,所以每个元素均占有 2 个字节。

(2) 二维数组元素的表示方法

二维数组的元素也称为双下标变量,其表示的形式为:

数组名[下标][下标]

其中,下标应为整型常量或整型表达式。例如:a[3][4]表示 a 数组 3 行 4 列的元素。下标变量和数组说明在形式中有些相似,但这两者具有完全不同的含义。数组说明的方括号中给出的是某一维的长度,即可取下标的最大值;而数组元素中的下标是该元素在数组中的位置标识。前者只能是常量,后者可以是常量,变量或表达式。

(3) 二维数组的初始化

```
unsigned char data output[2][3] =
{
    1, 2, 3,
    4, 5, 6,
};
```

初始化后 output[0][0]=1,output[0][1]=2,output[0][2]=3,output[1][0]=4,output[1][1]=5,output[1][2]=6。output[2][3]被定义在内部 RAM 中。

2.3.3 结构(struct)

结构是由基本数据类型构成的、并用一个标识符来命名的各种变量的组合。结构中可以使用不同的数据类型。

1. 结构说明和结构变量定义

在 C 语言中,结构也是一种数据类型,可以使用结构变量,因此,像其他类型的变量一样,在使用结构变量时要先对其定义。定义结构变量的一般格式为:

```
struct   结构名
{
    类型   变量名;
    类型   变量名;
    …
} 结构变量;
```

结构名是结构的标识符不是变量名。

构成结构的每一个类型变量称为结构成员,它和数组的元素一样,但数组中元素是以下标来访问的,而结构是按变量名字来访问成员的。下面举一个例子来说明怎样定义结构变量。

【例】:

```
struct string
    {
        char name[8];
        int age;
        char sex[2];
        char depart[20];
        float wage1, wage2, wage3, wage4, wage5;
    } person;
```

这个例子定义了一个结构名为 string 的结构变量 person,如果省略变量名 person,则变成对结构的说明。用已说明的结构名也可定义结构变量。这样定义时上例变成:

```
struct string
    {
        char name[8];
        int age;
        char sex[2];
        char depart[20];
        float wage1, wage2, wage3, wage4, wage5;
    };
struct string person;
```

如果需要定义多个具有相同形式的结构变量时用这种方法比较方便,它先作结构说明,再用结构名来定义变量。

【例】：

struct string Tianyr, Liuqi, ...;

如果省略结构名,则称之为无名结构,这种情况常常出现在函数内部,用这种结构时前面的例子变成：

```
struct
    {
        char name[8];
        int age;
        char sex[2];
        char depart[20];
        float wage1, wage2, wage3, wage4, wage5;
    } Tianyr, Liuqi;
```

2. 结构变量的使用

结构是一个新的数据类型,因此结构变量也可以像其他类型的变量一样赋值、运算,不同的是结构变量以成员作为基本变量。结构成员的表示方式为：

结构变量.成员名

如果将"结构变量.成员名"看成一个整体,则这个整体的数据类型与结构中该成员的数据类型相同,这样就可像前面所讲的变量那样使用。

【例】 定义信号灯的形状。

```
unsigned char code yellow_light[5][5] =
{
    {0,3,3,3,0},
    {3,3,3,3,3},
    {3,3,3,3,3},
    {3,3,3,3,3},
    {0,3,3,3,0},
};
```

在程序调用时显示信号灯的形状。

```
for(x = 0;x<5;x + +)
for(y = 0;y<5;y + +)          Set_Point(X + x,Y + y,yellow_light[y][x]);
```

2.3.4 联合(union)

1. 联合说明和联合变量定义

联合也是一种新的数据类型,它是一种特殊形式的变量。
联合说明和联合变量定义与结构十分相似。其形式为：

union 联合名{
    数据类型 成员名;

```
        数据类型 成员名；
        ⋮
} 联合变量名；
```

联合表示几个变量共用一个内存位置，在同一时间保存不同的数据类型和不同长度的变量。下例表示说明一个联合 a_bc：

```
union a_bc
{
    int i;
    char mm[2];
};
```

再用已说明的联合可定义联合变量。例如用上面说明的联合定义一个名为 lgc 的联合变量，可写成：

```
union a_bc lgc;
```

在联合变量 lgc 中，整型量 i 和字符 mm 共用同一内存位置。整型变量 lgc.i 可以看成是由 2 个字符型变量 lgc.mm[0] 和 lgc.mm[1] 构成的。当一个联合被说明时，编译程序自动地产生一个变量，其长度为联合中最大的变量长度。联合访问其成员的方法与结构相同。同样联合变量也可以定义成数组或指针，但定义为指针时，也要用"→"符号，此时联合访问成员可表示成：

联合名 -> 成员名

2. 联合变量的使用

联合的表示方式与结构类似，其表示方式为：

联合变量.成员名

但要注意的是，在任何同一时刻，联合中所有成员叠放在一起，同时存在，而结构的所有成员都独立存在。同时，在对联合的不同成员赋值，将会对其他成员重写，原来成员的值有可能发生改变，而对于结构的不同成员赋值是互不影响的。下面通过一个实例加以说明。

【例】 联合体变量 L 的定义。

```
data union  long_data_type
{
    unsigned long   long_4byte;
    unsigned int    int_2byte[2];
    unsigned char   char_1byte[4];
}L;
```

在 Keil C51 编译环境下定义后变量 L 中的各个成员位置如图 2-7 所示。如果使用的编译系统不同，则字节对应于存储单元的顺序可能不同。即 L.char_1byte[3] 有可能对应于存储单元 N，具体编译系统使用的是哪一种格式可编一个小程序测试一下。

此时联合体变量 L.long_4byte 为 32 位长整型变量；L.int_2byte[0]、L.int_2byte[1] 为 2

图 2-7 变量 L 中的各个成员位置

个 16 位整型变量；L.char_1byte[0]、L.char_1byte[1]、L.char_1byte[2]、L.char_1byte[3]为 4 个 8 位字符型变量。从图 2-7 中可以看出，32 位长整型变量是由 2 个 16 位整型变量或 4 个 8 位字符型变量组成的。如果对某一个 8 位字符型变量进行单独操作，将影响 32 位长整型变量，但只会影响 2 个 16 位整型变量之一。同样，如果对某一个 16 位整型变量进行单独操作，将影响 32 位长整型变量，而此时只会影响 2 个 8 位字符型变量。当然对 32 位长整型变量操作会影响 2 个 16 位整型变量和 4 个 8 位字符型变量。

联合体的这种特性可以对 4 个字节变量进行整体操作后按双字节或单字节变量分别读取，也可以对双字节或单字节变量分别操作后按 4 个字节变量整体读取。当然也可以把双字节按 2 个单字节变量分别操作。联合体最重要和最有用的特性是：对变量整体操作后分别读取；对变量分别操作后整体读取。

下面为传统长整型字节拆分和利用联合体长整型字节拆分运行时间的对比程序。很显然，采用联合体方式对程序执行速度提高的程度是非常巨大的。

```c
#include <reg51.h>
void main()
{
    unsigned char temp_char[4];
    union long_data_type
    {
        unsigned long long_4byte;
        unsigned int int_2byte[2];
        char char_1byte[4];
    }L;
    L.long_4byte = 0x01234567;
    temp_char[3] = L.long_4byte&0x000000ff;
    temp_char[2] = (L.long_4byte >> 8)&0x000000ff;
    temp_char[1] = (L.long_4byte >> 16)&0x000000ff;
    temp_char[0] = (L.long_4byte >> 24)&0x000000ff;    //以上 4 条语句用时 781 机器周期
    L.long_4byte = 0x76543210;
    temp_char[3] = L.char_1byte[3];
    temp_char[2] = L.char_1byte[2];
    temp_char[1] = L.char_1byte[1];
    temp_char[0] = L.char_1byte[0];                    //以上 4 条语句用时 8 机器周期
    while(1){};
}
```

下面这个例子说明在访问串行 Flash 时如何输出它的 32 位地址,地址保存在变量 Dst 中。

方法一,在输出时可以采用移位方式来实现,指令如下:

```
Spi_Read_Write (((Dst & 0xFFFFFF) >> 16));    /*输出地址的高 8 位*/
Spi_Read_Write (((Dst & 0xFFFF) >> 8));       /*输出地址的中 8 位*/
Spi_Read_Write (Dst & 0xFF);                  /*输出地址的低 8 位*/
```

大家可以发现,采用用移位方式输出地址,非常耗费 CPU 的时间。

方法二,采用联合体的方式;将地址变量 Dst 分为 4 个字符变量,输出地址时,分别取出其高、中、低 3 个字节,不需要移位,这样使用可以大大减少单片机处理数据的指令,节省时间,指令如下:

```
L.long_4byte = Dst;
    Spi_Read_Write(L.char_1byte[1]);    /*输出地址的高 8 位*/
    Spi_Read_Write(L.char_1byte[2]);    /*输出地址的中 8 位*/
    Spi_Read_Write(L.char_1byte[3]);    /*输出地址的低 8 位*/
```

第 3 章

铁电单片机 VRS51L3074

本章介绍市场上首款内嵌 8 KB FRAM 铁电存储器的高性能单片机——VRS51L3074，以了解 8051 系列增强型单片机系统结构及扩展功能。

3.1 VRS51L3074 概述

VRS51L3074 是 RAMTRON 公司于 2006 年 5 月推出的嵌入了 8 KB FRAM 存储器的高性能 8051 单片机。它将 8 KB FRAM 存储器、高性能外围功能模块和 40 MIPS 单周期 8051 内核集成在一起，广泛适用于嵌入式系统的应用。

由于 VRS51L3074 内部自带精确的 40 MHz 振荡器，无需外部晶振电路提供系统时钟；具有基于硬件的增强型算术单元，可完成复杂数学运算；带有具备 ISP、IAP 功能的 JTAG 及 FPI 接口；其存储器系统包括 4 352 字节(4 KB+256 字节)SRAM、8 KB 铁电存储器 FRAM 和 64 KB Flash 程序存储器，并提供 32 KB 外部数据总线访问接口；通过可灵活配置的 SPI 及 I^2C 总线接口、自带专用波特率发生器的双向串行口、8 个带独立定时器的 PWM 控制器、3 个 16 位定时器和 2 个脉冲宽度计数器模块等，可方便地实现与外设的通信及控制。

3.1.1 功能说明

VRS51L3074 的功能结构如图 3-1 所示。
VRS51L3074 的主要特性如下：
- 高性能单周期 8051 内核(吞吐量高达 40 MIPS)；
- 64 KB Flash 程序存储器(具有 ISP/IAP 功能)；
- 4 352 字节的 SRAM(4 KB+256 字节)(其中外部 4 KB 可作为程序或数据存储器)；
- 8 192 字节的片内 FRAM 存储器；
- 用于 Flash 编程和非入侵式调试/在线仿真的 JTAG 接口；
- 包含桶式移位器的 MULT/DIV/ACCU 算术运算单元；
- 56 个通用 I/O 引脚(QFP-44 封装的 VRS51L3174 与标准 8051 引脚兼容)；
- 2 个 UART 串行口，专用 2×16 位波特率发生器；
- 增强型 SPI 接口(可配置传输字长大小)；
- 可配置的 I^2C 接口(主/从机模式)；
- 16 个外部中断输入，并具有引脚状态变化监测(中断)功能；
- 3 个可级连的 16 位通用定时/计数器；

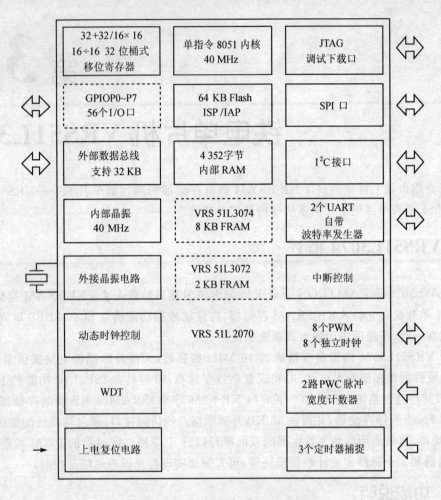

图 3-1　VRS51L3074 功能结构图

➢ 2 个脉冲宽度计数器模块（PWC0/1）；
➢ 8 个带独立定时器的脉冲宽度调制器（PWM0～PWM7），并可作为通用定时器；
➢ 精确的内部振荡器；
➢ 动态系统时钟调节功能；
➢ 低功耗；
➢ 上电复位/低电压检测；
➢ 看门狗定时器；
➢ 工作电压：3.0～3.6 V；
➢ 工作温度：−40～+85 ℃。

VRS51L3074 是 Versa 8051 系列 4 个型号之一，其他 3 个型号除 FRAM 容量和 I/O 口数量略有不同外，功能与 VRS51L3074 几乎完全一致。具体配置如表 3-1 所列。

表 3-1　Versa 8051 系列单片机基本配置

型　号	速度/MHz	电源/V	Flash 存储器	RAM/字节	I/O 口	封　装
VRS51L3074	40	3.3	64KB & 8KB FRAM	256＋4 096	56	QFP-64
VRS51L3174	40	3.3	64KB & 8KB FRAM	256＋4 096	40	QFP-44
VRS51L3072	40	3.3	64KB & 2KB FRAM	256＋4 096	56	QFP-64
VRS51L2070	40	3.3	64KB	256＋4 096	56	QFP-64

3.1.2　引脚说明

Versa 8051 系列单片机采用 QFP-64 封装和 QFP-44 两种，除 VDD、VSS、RESET 引脚外，其他引脚均具有第二或多种复用功能，部分功能模块 I/O 引脚提供重定向，以便根据应用要求灵活配置。QFP-64 封装的引脚分配如图 3-2 所示。QFP-64 封装各引脚功能汇总如表 3-2 所列，VRS51L3174 的 QFP-44 封装各引脚功能与 VRS51L3074 的 QFP-64 封装的相应引脚功能相同。

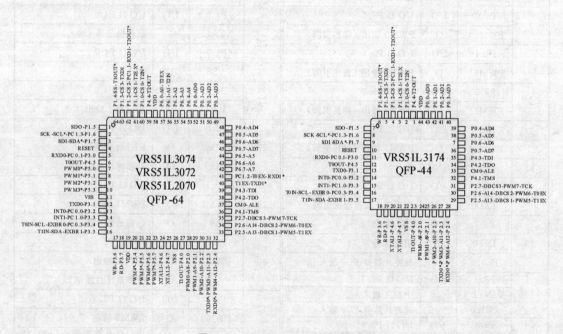

图 3-2　VRS51L3074 引脚分配图

表 3-2 QFP-64 封装 VRS51L3074、VRS51L3072 及 VRS51L2070 各引脚功能汇总表

QFP64	名 称	I/O	功 能	QFP64	名 称	I/O	功 能
1	P1.5	I/O	I/O 口 P1.5	17	P3.6	I/O	I/O 口 P3.6
	SDO	O	SPI 数据输出		WR	O	外部数据写信号(低电平有效)
2	P1.6	I/O	I/O 口 P1.6	18	P3.7	I/O	I/O 口 P3.7
	SCK	O	SPI 时钟		RD	O	外部数据写读信号(低电平有效)
	SCL*	I/O	I²C 时钟(替换引脚)				
	PC1.3	I	脉冲计数器 PC1 输入 3	19	VDD	VDD	正电源
3	P1.7	I/O	I/O 口 P1.7	20	P5.4	I/O	I/O 口 P5.4
	SDI	I	SPI 数据输入		PWM4*	O	PWM4 输出(替换引脚)
	SDA*	I/O	I²C 数据(替换引脚)	21	P5.5	I/O	I/O 口 P5.5
4	RESET	I/O	Reset		PWM5*	O	PWM5 输出(替换引脚)
5	P3.0	I/O	I/O 口 P3.0	22	P5.6	I/O	I/O 口 P5.6
	RXD0	I	串行口 0 数据输入引脚		PWM6*	O	PWM6 输出(替换引脚)
	PC0.1	I	脉冲计数器 PC0 输入 1	23	P5.7	I/O	I/O 口 P5.7
6	P4.5	I/O	I/O 口 P4.5		PWM7*	O	PWM7 输出(替换引脚)
	T0OUT	O	定时器 0 输出	24	XTAL1	O	晶体振荡器(输出)
7	P5.0	I/O	I/O 口 P5.0		P4.6	I/O	I/O 口 P4.6
	PWM0*	O	PWM0 输出(替换引脚)	25	XTAL2	I	晶体振荡器(输入)
8	P5.1	I/O	I/O 口 P5.1		P4.7	I/O	I/O 口 P4.7
	PWM1*	O	PWM1 输出(替换引脚)	26	VSS	GND	地
9	P5.2	I/O	I/O 口 P5.2	27	P4.0	I/O	I/O 口 P4.0
	PWM2*	O	PWM2 输出(替换引脚)		T1OUT	O	定时器 1 输出
10	P5.3	I/O	I/O 口 P5.3	28	P2.0	I/O	I/O 口 P2.0
	PWM3*	O	PWM3 输出(替换引脚)		PWM0	O	PWM0 输出
11	VSS	GND	地		A8	O	外部地址总线 A8
12	P3.1	I/O	I/O 口 P3.1	29	P2.1	I/O	I/O 口 P2.1
	TXD0	O	串行口 0 数据输出引脚		PWM1	O	PWM1 输出
13	P3.2	I/O	I/O 口 P3.2		A9	O	外部地址总线 A9
	INT0	I	中断 0 输入	30	P2.2	I/O	I/O 口 P2.2
	PC0.0		脉冲计数器 PC0 输入 0		PWM2	O	PWM2 输出
14	P3.3	I/O	I/O 口 P3.3		A10	O	外部地址总线 A10
	INT1	I	中断 1 输入		P2.3	I/O	I/O 口 P2.3
	PC1.0		脉冲计数器 PC1 输入 0		PWM3	O	PWM3 输出
15	P3.4	I/O	I/O 口 P3.4	31	TXD0*	O	串行口 0 数据输出引脚(替换引脚)
	SCL	I/O	I²C 时钟				
	T0IN	I	定时器 0 输入		A11	O	外部地址总线 A11
	PC0.3		脉冲计数器 PC0 输入 3		P2.4	I/O	I/O 口 P2.4
	EXBR0		串行口 0 外部波特率发生器输入		PWM4	O	PWM4 输出
16	P3.5	I/O	I/O 口 P3.5	32	RXD0*	I	串行口 0 数据输入引脚(替换引脚)
	SDA	I/O	I²C 数据				
	T1IN	I	定时器 1 输入		PC0.2	I	脉冲计数器 PC0 输入 2
	EXBR1		串行口 1 外部波特率发生器输入		A12	O	外部地址总线 A12
					DBCS0	O	外部数据总线片选 0

续表 3-2

QFP64	名称	I/O	功能	QFP64	名称	I/O	功能
33	P2.5	I/O	I/O口 P2.5	48	P0.4	I/O	I/O口 P0.4
	PWM5	O	PWM5 输出		AD4	I/O	外部地址/数据总线 AD4
	T1EX	I	定时器 1 外部信号输入	49	P0.3	I/O	I/O口 P0.3
	A13	O	外部地址总线 A13		AD3	I/O	外部地址/数据总线 AD3
	DBCS1	O	外部数据总线片选 1	50	P0.2	I/O	I/O口 P0.2
34	P2.6	I/O	I/O口 P2.6		AD2	I/O	外部地址/数据总线 AD2
	PWM6	O	PWM6 输出	51	P0.1	I/O	I/O口 P0.1
	T0EX	I	定时器 0 外部信号输入		AD1	I/O	外部地址/数据总线 AD1
	A14	O	外部地址总线 A14	52	P0.0	I/O	I/O口 P0.0
	DBCS2	O	外部数据总线片选 2		AD0	I/O	外部地址/数据总线 AD0
35	P2.7	I/O	I/O口 P2.7	53	P6.4	I/O	I/O口 P6.4
	PWM7	O	PWM7 输出		A4	O	外部地址 4（非复用模式）
	TCK	I	JTAG口 TCK 输入	54	P6.3	I/O	I/O口 P6.3
	DBCS3	O	外部数据总线片选 3		A3	O	外部地址 3（非复用模式）
36	P4.1	I/O	I/O口 P4.1	55	P6.2	I/O	I/O口 P6.2
	TMS	I	JTAG口 TMS 输入		A2	O	外部地址 2（非复用模式）
37	CM0	I	JTAG口 编程模式		P6.1	I/O	I/O口 P6.1
	ALE	O	外部地址锁存信号	56	A1	O	外部地址 1（非复用模式）
38	P4.2	I/O	I/O口 P4.2		T2IN*	I	定时器 2 输入（替换引脚）
	TDO	O	JTAG口 TDO Line		P6.0	I/O	I/O口 P6.0
39	P4.3	I/O	I/O口 P4.3	57	A0	O	外部地址 0（非复用模式）
	TDI	I	JTAG口 TDI 引脚		T2EX*	I	定时器 2 外部信号输入（替换引脚）
40	TXD1*	O	串行口 1 数据输出引脚（替换引脚）	58	VDD		正电源
	T1EX	I	定时器 1 外部信号输入	59	P4.4	I/O	I/O口 P4.4
41	RXD1*	I	串行口 1 数据输入引脚（替换引脚）		T2OUT	O	定时器 2 输出
	T0EX	I	定时器 0 外部信号输入	60	P1.0	I/O	I/O口 P1.0
	PC1.2	I	脉冲计数器 PC1 输入 2		CS0	O	SPI 片选 0
42	P6.7	I/O	I/O口 P6.7		T2IN	I	定时器 2 输入
	A7	O	外部地址 7（非复用模式）	61	P1.1	I/O	I/O口 P1.1
43	P6.6	I/O	I/O口 P6.6		CS1	O	SPI 片选 1
	A6	O	外部地址 6（非复用模式）		T2EX	I	定时器 2 外部信号输入
44	P6.5	I/O	I/O口 P6.5		P1.2	I/O	I/O口 P1.2
	A5	O	外部地址 5（非复用模式）		CS2	O	SPI 片选 2
45	P0.7	I/O	I/O口 P0.7	62	RXD1	I	串行口 1 数据输入 line
	AD7	I/O	外部地址/数据总线 AD7		PC1.1	I	脉冲计数器 PC1 输入 1
46	P0.6	I/O	I/O口 P0.6		T2OUT*	O	定时器 2 输出引脚（替换引脚）
	AD6	I/O	外部地址/数据总线 AD6	63	P1.3	I/O	I/O口 P1.3
47	P0.5	I/O	I/O口 P0.5		CS3	O	SPI 片选 3
	AD5	I/O	外部地址/数据总线 AD5		TXD1	O	串行口 1 数据输出 line
				64	P1.4	I/O	I/O口 P1.4
					SS	I	SPI 从机选择输入
					T1OUT*	O	定时器 1 输出（替换引脚）

3.1.3 指令系统

VRS51L3074 指令系统与标准 8051 兼容,表 3-3 为 VRS51L3074 指令系统表。表中特别对 VRS51L3074 指令执行的振荡周期数与标准 8051 指令执行的振荡周期数进行了对比。表 3-3 中的符号说明如下:

  A   累加器 ACC
  Rn   通用寄存器 R0～R7
  @Ri   R0 或 R1 间接寻址单元
  #data   8 位立即数
  #data16 16 位立即数
  Bit   位地址
  Rel   相对偏移量(−128～+127)
  Addr11 11 位地址
  Addr16 16 位地址

表 3-3   VRS51L3074 指令集

指令代码	助记符		功能说明	8051 振荡周期	3074 振荡周期
数据传送类指令					
E8～EF	MOV	A,Rn	寄存器内容送入累加器	12	2
E5 direct	MOV	A,direct	直接字节中的数据送入累加器	12	3
E6～E7	MOV	A,@Ri	间接 RAM 中的数据送入累加器	12	3
74 data	MOV	A,#data8	8 位立即数送入累加器	12	2
F8～FF	MOV	Rn,A	累加器内容送入寄存器	12	1
A8～AF direct	MOV	Rn,direct	直接字节中的数据送入寄存器	24	3
78～7F data	MOV	Rn,#data8	8 位立即数送入寄存器	12	2
F5 direct	MOV	direct,A	累加器内容送入直接字节	12	3
88～8F direct	MOV	direct,Rn	寄存器内容送入直接字节	24	3
85 direct1 direct2	MOV	direct2,direct1	直接字节 1 数据送入直接字节 2	24	3
86～87 direct	MOV	direct,@Ri	间接 RAM 中的数据送入直接字节	24	3
75 direct data	MOV	direct,#data8	8 位立即数送入直接字节	24	3
F6～F7	MOV	@Ri,A	累加器内容送入间接 RAM 单元	12	2
A6～A7 direct	MOV	@Ri,direct	直接字节数据送入间接 RAM 单元	24	3
76～77 data	MOV	@Ri,#data8	8 位立即数送入间接 RAM 单元	12	2
90 dataH dataL	MOV	DPTR,#data16	16 位立即数地址送入地址寄存器	24	3
93	MOVC	A,@A+DPTR	以 DPTR+A 为地址寻址数据送入累加器	24	3+1
83	MOVC	A,@A+PC	以 PC+A 为地址寻址数据送入累加器	24	3+1

续表 3-3

指令代码	助记符		功能说明	8051振荡周期	3074振荡周期
E2~E3	MOVX	A,@Ri	外部 RAM(8 位地址)送入累加器	24	3*
E0	MOVX	A,@DPTR	外部 RAM(16 位地址)送入累加器	24	2*
F2~F3	MOVX	@Ri,A	累加器送入外部 RAM(8 位地址)	24	2*
F0	MOVX	@DPTR,A	累加器送入外部 RAM(16 位地址)	24	1*
C0 direct	PUSH	direct	直接字节中的数据压入堆栈	24	3
D0 direct	POP	direct	堆栈中的数据弹出到直接字节	24	2
C8~CF	XCH	A,Rn	寄存器与累加器交换	12	3
C5 direct	XCH	A,direct	直接字节与累加器交换	12	4
C6~C7	XCH	A,@Ri	间接 RAM 与累加器交换	12	4
D6~D7	XCHD	A,@Ri	间接 RAM 与累加器进行低半字节交换	12	4
C4	SWAP	A	累加器内高低半字节交换	12	1
算术操作类指令					
28~2F	ADD	A,Rn	寄存器内容加到累加器	12	2
25 direct	ADD	A,direct	直接字节加到累加器	12	3
26~27	ADD	A,@Ri	间接 RAM 内容加到累加器	12	3
24 data	ADD	A,#data8	8 位立即数加到累加器	12	2
38~3F	ADDC	A,Rn	寄存器内容带进位加到累加器	12	2
35 direct	ADDC	A,dirct	直接字节带进位加到累加器	12	3
36~37	ADDC	A,@Ri	间接 RAM 内容带进位加到累加器	12	3
34 data	ADDC	A,#data8	8 位立即数带进位加到累加器	12	2
98~9F	SUBB	A,Rn	累加器带借位减寄存器内容	12	2
95 direct	SUBB	A,dirct	累加器带借位减直接字节	12	3
96~97	SUBB	A,@Ri	累加器带借位减间接 RAM 内容	12	3
94 data	SUBB	A,#data8	累加器带借位减 8 位立即数	12	2
4	INC	A	累加器加 1	12	2
08~0F	INC	Rn	寄存器加 1	12	2
05 direct	INC	direct	直接字节内容加 1	12	3
06~07	INC	@Ri	间接 RAM 内容加 1	12	3
A3	INC	DPTR	DPTR 加 1	24	2
14	DEC	A	累加器减 1	12	2
18~1F	DEC	Rn	寄存器减 1	12	2
15 direct	DEC	direct	直接字节内容减 1	12	3

续表 3-3

指令代码	助记符		功能说明	8051振荡周期	3074振荡周期
16~17	DEC	@Ri	间接 RAM 内容减 1	12	3
A4	MUL	A,B	A 乘以 B	48	2
84	DIV	A,B	A 除以 B	48	2
D4	DA	A	累加器进行十进制转换	12	4
逻辑操作类指令					
58~5F	ANL	A,Rn	累加器与寄存器相"与"	12	2
55 direct	ANL	A,direct	累加器与直接字节相"与"	12	3
56~57	ANL	A,@Ri	累加器与间接 RAM 内容相"与"	12	3
54 data	ANL	A,#data8	累加器与 8 位立即数相"与"	12	2
52 direct	ANL	direct,A	直接字节与累加器相"与"	12	3
53 direct data	ANL	direct,#data8	直接字节与 8 位立即数相"与"	24	3
48~4F	ORL	A,Rn	累加器与寄存器相"或"	12	2
45 direct	ORL	A,direct	累加器与直接字节相"或"	12	3
46~47	ORL	A,@Ri	累加器与间接 RAM 内容相"或"	12	3
44 data	ORL	A,#data8	累加器与 8 位立即数相"或"	12	2
42 direct	ORL	direct,A	直接字节与累加器相"或"	12	3
43 direct data	ORL	direct,#data8	直接字节与 8 位立即数相"或"	24	3
68~6F	XRL	A,Rn	累加器与寄存器相"异或"	12	2
65 direct	XRL	A,direct	累加器与直接字节相"异或"	12	3
66~67	XRL	A,@Ri	累加器与间接 RAM 内容相"异或"	12	3
64 data	XRL	A,#data8	累加器与 8 位立即数相"异或"	12	2
62 direct	XRL	direct,A	直接字节与累加器相"异或"	12	3
63 direct data	XRL	direct,#data8	直接字节与 8 位立即数相"异或"	24	3
E4	CLR	A	累加器清零	12	1
F4	CPL	A	累加器求反	12	1
23	RL	A	累加器循环左移	12	1
33	RLC	A	累加器带进位循环左移	12	1
3	RR	A	累加器循环右移	12	1
13	RRC	A	累加器带进位循环右移	12	1
C4	SWAP	A	累加器内高低半字节交换	12	1
控制转移类指令					
*0 a7~a0	ACALL	addr11	绝对短调用子程序	24	4*
12 a15~8 a7~a0	LACLL	addr16	长调用子程序	24	5*
22	RET		子程序返回	24	3*

续表 3-3

指令代码	助记符		功能说明	8051振荡周期	3074振荡周期
32	RETI		中断返回	24	3*
*1 a7~a0	AJMP	addr11	绝对短转移	24	2*
02 a15~8 a7~a0	LJMP	addr16	长转移	24	3*
80 rel	SJMP	rel	相对转移	24	3*
73	JMP	@A+DPTR	相对于 A+DPTR 的间接转移	24	2*
60 rel	JZ	rel	累加器为零转移	24	3*
70 rel	JNZ	rel	累加器非零转移	24	3*
B5 direct rel	CJNE	A,direct,rel	累加器与直接字节比较,不等则转移	24	4*/5*
B4 data rel	CJNE	A,#data8,rel	累加器与8位立即数比较,不等则转移	24	3*/4*
B8~BF data rel	CJNE	Rn,#data8,rel	寄存器与8位立即数比较,不等则转移	24	3*/4*
B6~B7 data rel	CJNE	@Ri,#data8,rel	间接 RAM 单元,不等则转移	24	4*/5*
D8~DF rel	DJNZ	Rn,rel	寄存器减1,非零转移	24	3*/4*
D5 direct rel	DJNZ	direct,rel	直接字节减1,非零转移	24	3*/4*
0	NOP		空操作	12	1
布尔变量操作类指令					
C3	CLR	C	清进位位	12	1
C2 bit	CLR	bit	清直接地址位	12	4
D3	SETB	C	置进位位	12	1
D2 bit	SETB	bit	置直接地址位	12	4
B3	CPL	C	进位位求反	12	1
B2 bit	CPL	bit	直接地址位求反	12	4
82 bit	ANL	C,bit	进位位和直接地址位相"与"	24	4
B0 bit	ANL	C,bit	进位位和直接地址位的反码相"与"	24	4
72 bit	ORL	C,bit	进位位和直接地址位相"或"	24	4
A0 bit	ORL	C,bit	进位位和直接地址位的反码相"或"	24	4
A2 bit	MOV	C,bit	直接地址位送入进位位	12	4
92 bit	MOV	bit,C	进位位送入直接地址位	24	3
40 rel	JC	rel	进位位为1则转移	24	3*
50 rel	JNC	rel	进位位为0则转移	24	3*
20 bit rel	JB	bit,rel	直接地址位为1则转移	24	3*/4*
30 bit rel	JNB	bit,rel	直接地址位为0则转移	24	3*/4*
10 bit rel	JBC	bit,rel	直接地址位为1则转移,该位清零	24	3*/4*

注:* 由于 Flash 读操作的原因可能增加一个周期。

Versa 8051 系列单片机增加了 2 条对 SFR 间接寻址访问的指令,当特殊功能寄存器 PCON 的第 4 位为 1 时,"A5"指令代码执行 SFR 间接寻址访问;PCON 的第 4 位为 0 时,"A5"指令代码为空操作(NOP)。指令形式如表 3-4 所列。

表 3-4 VRS51L3074 增加的指令

指令代码	助记符	功能说明	振荡周期 8051	振荡周期 3074
A5	MOV @RamPtr,A	当 PCON.4=1 和 RamPtr 的最高位=0 时,将 A 的内容以(0x80+RamPtr)为指针送 SFR	无	3
A5	MOV A,@RamPtr	当 PCON.4=1 和 RamPtr 最高位=1 时,以 RamPtr 为指针指向的 SFR 内容送 A	无	4

注:RamPtr 为内部 RAM 中 00H~1FH 四个工作区地址中的一个直接字节。

3.2 VRS51L3074 的存储器结构

VRS51L3074 存储器系统包括 4 352 字节(4 KB+256 字节)SRAM、8 KB 铁电存储器 FRAM 和 64 KB Flash 存储器,并提供 32 KB 外部数据总线访问接口。存储器结构如图 3-3 所示。

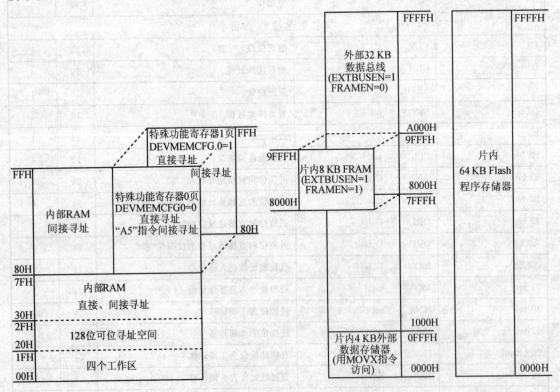

图 3-3 VRS51L3074 存储结构

VRS51L3074 存储器系统总体可以分为如图 3-3 所示的 4 个大的部分：1）内部 RAM；2）特殊功能寄存器；3）外部数据存储器；4）片内 64 KB Flash 程序存储器。

3.2.1 内部数据存储区

VRS51L3074 内部有 256 字节 RAM 与标准的 8051 完全一致，结构如图 3-4 所示。内部 RAM 分为两部分：第一部分 00H~7FH；第二部分 80H~FFH。其中 00H~7FH 用直接寻址和间接寻址的方式进行访问。具体可分为 00H~1FH 4 个通用寄存器区、20H~2FH 128 位可位寻址区和 30H~7FH 一般存储单元。四个通用寄存器区的选择由 PSW 寄存器中的两位 RS1,RS0 确定。80H~FFH 共 128 字节为一般存储单元，只能通过间接寻址方式访问。详细说明参见本书第 1 章。

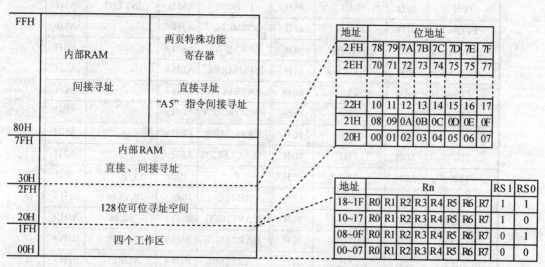

图 3-4　VRS51L3074 内部 256 字节 RAM 组织结构

3.2.2 特殊功能寄存器区

由于 VRS51L3074 扩展了较多功能模块，其特殊功能寄存器被映射为两页：SFR Page0 和 SFR Page1，地址与标准的 8051 相同为 80H~FFH，其结构如图 3-3 所示。通过特殊功能寄存器 DEVMEMCFG 中的第 0 位 SFRPAGE 选择需要访问的 SFR 页。DEVMEMCFG 的地址在 SFR Page0 和 SFR Page1 中都是 F6H，当置 SFRPAGE=0 时，访问的是 SFR Page0；当置 SFRPAGE=1 时，访问的是 SFR Page1。一些功能模块只能通过其中一页来访问。VRS51L3074 的特殊功能寄存器 SFR 除了与标准 8051 相同以直接寻址方式访问外，还可以通过特有的"A5"指令以间接寻址方式访问。

1. 特殊功能寄存器地址空间分配

VRS51L3074 的特殊功能寄存器区如表 3-5 所列。

2. 可位寻址的特殊功能寄存器

与标准 51 系列相同，字节地址为 8 的整数倍的 SFR 均可位寻址。具体地址及相应的 SFR 如表 3-6 所列。

表 3-5　VRS51L3074 的特殊功能寄存器汇总表

Page 0		Page 1		Page 0		Page 1	
名称	地址	名称	地址	名称	地址	名称	地址
P0	80H	P0	80H	UART0CFG	A2H *	AUA0	A2H *
SP	81H	SP	81H	UART0BUF	A3H *	AUA1	A3H *
DPL0	82H	DPL0	82H	UART0BRL	A4H *	AUC0	A4H *
DPH0	83H	DPH0	83H	UART0BRH	A5H *	AUC1	A5H *
DPL1	84H	DPL1	84H	UART0EXT	A6H *	AUC2	A6H *
DPH1	85H	DPH1	85H	Reserved	A7H	AUC3	A7H *
DPS	86H	DPS	86H	INTEN2	A8H	INTEN2	A8H
PCON	87H	PCON	87H	PWMCFG	A9H *		A9H
INTEN1	88H	INTEN1	88H	PWMEN	AAH *		AAH
T0T1CFG	89H	T0T1CFG	89H	PWMLDPOL	ABH *		ABH
TL0	8AH	TL0	8AH	PWMDATA	ACH *		ACH
TH0	8BH	TH0	8BH	PWMTMREN	ADH *		ADH
TL1	8CH	TL1	8CH	PWMTMRF	AEH *		AEH
TH1	8DH	TH1	8DH	PWMCLKCFG	AFH *		AFH
TL2	8EH	TL2	8EH	P3	B0H	P3	B0H
TH2	8FH	TH2	8FH	UART1INT	B1H *	AUB0DIV	B1H *
P1	90H	P1	90H	UART1CFG	B2H *	AUB0	B2H *
WDTCFG	91H	WDTCFG	91H	UART1BUF	B3H *	AUB1	B3H *
RCAP0L	92H	RCAP0L	92H	UART1BRL	B4H *	AURES0	B4H *
RCAP0H	93H	RCAP0H	93H	UART1BRH	B5H *	AURES1	B5H *
RCAP1L	94H	RCAP1L	94H	UART1EXT	B6H *	AURES2	B6H *
RCAP1H	95H	RCAP1H	95H	IPINFLAG1	B8H	IPINFLAG1	B8H
RCAP2L	96H	RCAP2L	96H	Not used	B7H	AURES3	B7H *
RCAP2H	97H	RCAP2H	97H	PORTCHG	B9H	PORTCHG	B9H
P5	98H	P5	98H	P4	C0H	P4	C0H
T0T1CLKCFG	99H	T0T1CLKCFG	99H	SPICTRL	C1H *	AUSHIFTCFG	C1H *
T0CON	9AH	T0CON	9AH	SPICONFIG	C2H *	AUCONFIG1	C2H *
T1CON	9BH	T1CON	9BH	SPISIZE	C3H *	AUCONFIG2	C3H *
T2CON	9CH	T2CON	9CH	SPIRXTX0	C4H *	AUPREV0	C4H *
T2CLKCFG	9DH	T2CLKCFG	9DH	SPIRXTX1	C5H *	AUPREV1	C5H *
PWC0CFG	9EH *	Reserved	9EH	SPIRXTX2	C6H *	AUPREV2	C6H *
PWC1CFG	9FH *	Reserved	9FH	SPIRXTX3	C7H *	AUPREV3	C7H *
P2	A0H	P2	A0H	P6	C8H	P6	C8H
UART0INT	A1H *	Reserved	A1H	SPISTATUS	C9H *	Reserved	C9H

续表 3-5

Page 0		Page 1		Page 0		Page 1	
名称	地址	名称	地址	名称	地址	名称	地址
PSW	D0H	PSW	D0H	FPIADDRL	EAH	FPIADDRL	EAH
I2CCONFIG	D1H*	Reserved	D1H	FPIADDRH	EBH	FPIADDRH	EBH
I2CTIMING	D2H*	Reserved	D2H	FPIDATAL	ECH	FPIDATAL	ECH
I2CIDCFG	D3H*	Reserved	D3H	FPIDATAH	EDH	FPIDATAH	EDH
I2CSTATUS	D4H*	Reserved	D4H	FPICLKSPD	EEH	FPICLKSPD	EEH
I2CRXTX	D5H*	Reserved	D5H	B	F0H	B	F0H
IPININV1	D6H	IPININV1	D6H	MPAGE	F1H	MPAGE	F1H
IPININV2	D7H	IPININV2	D7H	DEVCLKCFG1	F2H	DEVCLKCFG1	F2H
IPINFLAG2	D8H	IPINFLAG2	D8H	DEVCLKCGF2	F3H	DEVCLKCGF2	F3H
XMEMCTRL	D9H	XMEMCTRL	D9H	PERIPHEN1	F4H	PERIPHEN1	F4H
FRAMCFG1	DCH*	Reserved	DCH	PERIPHEN2	F5H	PERIPHEN2	F5H
FRAMCFG2	DDH*	Reserved	DDH	DEVMEMCFG	F6H	DEVMEMCFG	F6H
ACC	E0H	ACC	E0H	PORTINEN	F7H	PORTINEN	F7H
DEVIOMAP	E1H	DEVIOMAP	E1H	USERFLAGS	F8H	USERFLAGS	F8H
INTPRI1	E2H	INTPRI1	E2H	P0PINCFG	F9H	P0PINCFG	F9H
INTPRI2	E3H	INTPRI2	E3H	P1PINCFG	FAH	P1PINCFG	FAH
INTSRC1	E4H	INTSRC1	E4H	P2PINCFG	FBH	P2PINCFG	FBH
INTSRC2	E5H	INTSRC2	E5H	P3PINCFG	FCH	P3PINCFG	FCH
IPINSENS1	E6H	IPINSENS1	E6H	P4PINCFG	FDH	P4PINCFG	FDH
IPINSENS2	E7H	IPINSENS2	E7H	P5PINCFG	FEH	P5PINCFG	FEH
GENINTEN	E8H	GENINTEN	E8H	P6PINCFG	FFH	P6PINCFG	FFH
FPICONFIG	E9H	FPICONFIG	E9H				

注：* 表示只能从指定页中访问。

表 3-6 可位寻址的特殊功能寄存器

名称	地址	Bit7	Bit6	Bit5	Bit4	Bit3	Bit2	Bit1	Bit0
P0	80H	—	—	—	—	—	—	—	—
INTEN1	88H	T1IEN	U1IEN	U0IEN	PCHGIEN0	T0IEN	SPIRXOVIEN	SPITXEIEN	
P1	90H								
P5	98H								
P2	A0H								
INTEN2	A8H	PCHGIEN1	AUWDTIEN	PWMT47IEN	PWMT03IEN	PWCIEN	I2CUARTCI	I2CIEN	T2IEN
P3	B0H	—	—	—	—	—			
IPINFLAG1	B8H	P37IF	P36IF	P35IF	P34IF	P31IF	P30IF	INT1IF	INT0IF

续表 3-6

名称	地址	Bit7	Bit6	Bit5	Bit4	Bit3	Bit2	Bit1	Bit0
P6	C8H								
PSW	D0H	CY	AC	F0	RS1	RS0	OV	—	P
IPINFLAG2	D8H	P07IF	P06IF	P05IF	P04IF	P03IF	P02IF	P01IF	P00IF
ACC	E0H	—	—	—	—	—	—	—	—
GENINTEN	E8H	—	—	—	—	—	—	—	GENINTEN
B	F0H								
USERFLAGS	F8H								

注：第 0 页和第 1 页相同。

3. 常用特殊功能寄存器

以下就一些常用的特殊功能寄存器功能进行简要的介绍。

① ACC：累加器，通常用 A 表示。与标准 8051 相同，参见第 1 章。

② PSW：程序状态标志寄存器。与标准 8051 相同，参见第 1 章。

③ B：通用寄存器。与标准 8051 相同，参见第 1 章。

④ SP：堆栈指针。与标准 8051 相同，参见第 1 章。

⑤ P0～P3：与标准 8051 相同，参见第 1 章。

⑥ DPTR0(DPL0 和 DPH0)：数据指针。DPH0 为 DPTR0 的高 8 位，DPL0 为 DPTR0 的低 8 位。当特殊功能寄存器 DPS 的最低位 DPSEL=0 时，访问外部数据存储器和程序存储器的数据指针 DPTR 为 DPTR0；当 DPSEL=1 时，DPTR 为 DPTR1。

⑦ DPTR1(DPL1 和 DPH1)：数据指针。DPH1 为 DPTR1 的高 8 位，DPL1 为 DPTR1 的低 8 位。当特殊功能寄存器 DPS 的最低位 DPSEL=1 时，访问外部数据存储器和程序存储器的数据指针 DPTR 为 DPTR1；当 DPSEL=0 时，DPTR 为 DPTR0。

⑧ DPS：数据指针选择控制寄存器。DPS 中的最低位为 DPSEL，当 DPSEL=0 时，DPTR 为 DPTR0；DPSEL=1 时，DPTR 为 DPTR1。上电时 DPS=00000000B。

【例】

```
MOV DPS, #01H        ;选择 DPTR1 为数据指针
MOVX A,@DPTR
MOV DPS, #00H        ;选择 DPTR0 为数据指针
MOVX @DPTR,A
```

⑨ USERFLAGS：用户标志寄存器。是一个可位寻址寄存器，可作为位测试或作为通用寄存器使用。

4. 特殊功能寄存器的页选择

特殊功能寄存器的选择由存储配置寄存器 DEVMEMCFG 的第 0 位 SFRPAGE 位控制。DEVMEMCFG 寄存器的结构和各控制位如表 3-7 所列。

访问 SFR Page1 中的寄存器，须置位 DEVMEMCFG 寄存器的 SFRPAGE 位。将 DEVMEMCFG 寄存器的 SFRPAGE 位清零，则返回 SFR Page 0。

表 3-7 存储配置寄存器 DEVMEMCFG (SFR　Page：0/1　地址：F6H)

位	7	6	5	4	3	2	1	0
读/写	R/W	R/W	R/W	R/W	R/W	R/W	R/W	R/W
复位值	0	0	0	0	0	0	0	0
符号	EXTBUSEN	FRAMEN	—	—	—	—	—	SFRPAGE

大多数功能模块都可以通过 SFR 的 Page0 和 Page1 进行访问，这些模块在两页中具有相同的地址。下面这些功能模块只能通过 SFR 的 Page0 进行访问。

- I^2C 接口；
- SPI 接口；
- PWC 接口；
- FRAM 内存配置。

增强型算术单元只能通过 SFR 的 Page1 进行访问。切换 SFR Page0 和 Page1 代码如下所示：

代码示例：SFR 的页选择

```
...
ORL DEVMEMCFG,0x01        ;选择 SFR Page 1
ANL DEVMEMCFG,0xFEH       ;选择 SFR Page 0
...
```

5. 以间接寻址方式访问 SFR 寄存器

以间接寻址方式访问 SFR 寄存器时，需先将寄存器 PCON 中的第 4 位 SFRINDADR 置为"1"后，再按规定的步骤用 VRS51L3074 特有的"A5"指令实现 SFR 寄存器的间接寻址方式访问。PCON 中的 SFRINDADR 位置为"0"时，SFR 寄存器与标准的 8051 一样只能通过直接寻址方式访问，此时的"A5"指令等同于"NOP"指令。PCON 寄存器中的结构和控制位如表 3-8 所列。

表 3-8　处理器工作模式控制寄存器 PCON (SFR Page：0/1　地址：87H)

位	D7	D6	D5	D4	D3	D2	D1	D0
读/写	R/W	R/W	R/W	R/W	R/W	R/W	R/W	R/W
复位值	0	1	1	0	0	0	0	0
符号	OSCSTOP	INTMODEN	DEVCFGEN	SFRINDADR	GF1	GF0	PDOWN	IDLE

间接寻址方式访问 SFR 寄存器是以 Rn 的直接字节单元作为间接寻址方式访问的数据指针，数据指针用 RamPtr 表示，RamPtr 字节地址为 00H～1FH。由于 SFR 寄存器区的字节地址为 80H～FFH，用"A5"指令不可能同时实现间接寻址写操作和间接寻址读操作。VRS51L3074 用 RamPtr 的最高位为 0 或为 1 区分间接寻址写操作和间接寻址读操作，也就是当 RamPtr 的最高位=0 时，用 RamPtr 的低 7 位 00000000B～01111111B 对应于 SFR 寄存器 80H～FFH，用"MOV @RamPtr,A"指令完成 SFR 的间接寻址写操作。同样，当 RamPtr

的最高位=1时,用 RamPtr 的低 7 位 10000000B～11111111B 对应于 SFR 寄存器 80H～FFH,用"MOV A,@RamPtr"指令完成 SFR 的间接寻址读操作。VRS51L3074 增加的采用间接寻址方式访问 SFR 寄存器的指令如表 3-9 所列。

表 3-9 VRS51L3074 增加的指令

指令代码	助记符	功能说明	P	OV	AC	CY	字节数	振荡周期
A5	NOP	当 PCON.4=0 时为空操作	×	×	×	×	1	1
A5	MOV @RamPtr,A	当 PCON.4=1 和 RamPtr 的最高位=0 时,将 A 的内容以(0x80+RamPtr)为指针送 SFR	×	×	×	×	2	3
A5	MOV A,@RamPtr	当 PCON.4=1 和 RamPtr 最高位=1 时,以 RamPtr 为指针指向的 SFR 内容送 A	√	×	×	×	3	4

注：RamPtr 为内部 RAM 中 00H～1FH 四个工作区地址中的一个直接字节。

图 3-5 为以间接寻址方式对 SFR 进行读写操作的流程。下面通过一个实例说明间接寻址方式对 SFR 的读写操作。

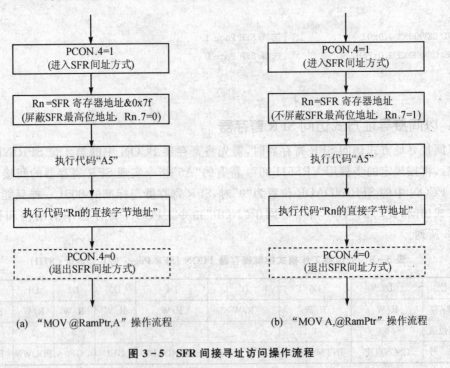

(a) "MOV @RamPtr,A" 操作流程　　　　(b) "MOV A,@RamPtr" 操作流程

图 3-5 SFR 间接寻址访问操作流程

【例】 对 SFR 进行间接寻址方式写操作。

```
$ INCLUDE (VRS51L3074_Keil.inc)
    ORG 0000H
    ORL PCON,#10H    ;置 PCON 的第 4 位 SFRINDADR 进入 SFR 间接寻址方式
    CLR RS0          ;选择工作区 0,将 A 以间址方式写入 SFR 地址为 82H 的单元
    CLR RS1
    MOV A,#12H
```

```
            MOV R0,#0x02       ;R0(bank0),SFR 地址为 82H(DPL0),屏蔽 SFR 地址最高位
            db 0A5H            ;执行 SFR 间接寻址方式写操作
            db 00H             ;工作区 0 间接寻址寄存器指针 R0 的直接字节地址

            SETB RS0           ;选择工作区 1,将 A 以间址方式写入 SFR 地址为 83H 的单元
            CLR RS1
            MOV A,#34H
            MOV R1,#0x03       ;R1(bank1),SFR 地址为 83H(DPH0),屏蔽 SFR 地址最高位
            db 0A5H            ;执行 SFR 间接寻址方式写操作
            db 09H             ;工作区 1 间接寻址寄存器指针 R1 的直接字节地址

            CLR RS0            ;选择工作区 2,将 SFR 地址为 84H 的单元以间址方式读入 A
            SETB RS1
            MOV A,#56H
            MOV R5,#0x84       ;R5(bank2),SFR 地址为 84H(DPL1),不屏蔽 SFR 地址最高位
            db 0A5H            ;执行 SFR 间接寻址方式读操作
            db 15H             ;工作区 2 间接寻址寄存器指针 R5 的直接字节地址

            SETB RS0           ;选择工作区 3,将 SFR 地址为 85H 的单元以间址方式读入 A
            SETB RS1
            MOV A,#78H
            MOV R6,#0x05       ;R6(bank3),SFR 地址为 85H(DPH1)
            db 0A5H            ;执行 SFR 间接寻址方式读操作
            db 1EH             ;工作区 3 间接寻址寄存器指针 R5 的直接字节地址

            ANL PCON,#0xEF     ;清 PCON 的第 4 位 SFRINDADR 退出 SFR 间接寻址方式
            CLR RS0
            CLR RS1
            SJMP $
            END
```

3.2.3 外部数据存储器组织

VRS51L3074 单片机外部数据存储器组织可分为 3 个大的部分:
➢ 片内 4 KB 的 SRAM,使用外部数据存储器空间 0000H~0FFFH;
➢ 8 KB 的铁电存储器(FRAM),选用外部数据存储器空间 8000H~9FFFH;
➢ 32 KB 的外部数据寻址空间的 8000H~FFFFH,由用户外接存储器或 I/O 设备扩展使用。

三者之间的关系如图 3-6 所示。

1. 片内 4 KB RAM 外部数据存储器

VRS51L3074 片内集成了 4 KB SRAM,映射到外部存储空间 0000H~0FFFH。虽然被映射为外部存储,但对它的访问并不占用外部数据存储总线的 I/O 引脚,且始终可以通过 MOVX 指令对其进行访问。片内 4 KB SRAM 还可以作为程序存储器使用,这一功能是 VRS51L3074 单片机特有的,下面分别加以介绍。

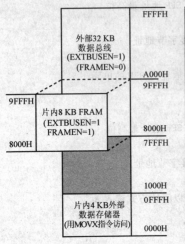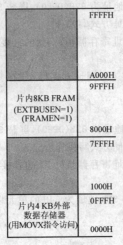

图 3-6 外部数据存储器组织

(1) 4 KB SRAM 的分页访问方式

VRS51L3074 提供了对 4 KB SRAM 的分页访问方式。在分页访问方式中，整个 4 KB SRAM 可划分为 16 页来使用，每页 256 字节，页地址（数据指针最高 4 位 A11A10A9A8）保存在 MPAGE 寄存器（SFR F1H）中的低 4 位，页内单元地址（数据指针低 8 位）保存在 Ri 中（i=0,1），指令形式如表 3-10 所列。

表 3-10 4 KB SRAM 分页访问的汇编指令

指令代码	助记符	功能说明
E2—E3	MOVX A,@Ri	内部 4 KB RAM（12 位地址）送入累加器，MPAGE=0000A11A10A9A8
F2—F3	MOVX @Ri,A	累加器送入内部 4 KB RAM（12 位地址），MPAGE=0000A11A10A9A8

(2) 在片内 4 KB RAM 外部数据存储器中运行程序

VRS51L3074 可直接执行片内 4 KB SRAM 中的代码，在系统时钟频率较低时这种方式可显著地降低功耗。这主要是由于 SRAM 的功耗与访问频率成正比，而 Flash 存储器的功耗受 VRS51L3074 系统时钟频率的影响不大。从 4 KB SRAM 块中执行程序代码按下列流程进行：

① 将代码从 Flash 复制到 4 KB 的 SRAM 中，并进行相应的地址变换（如果需要的话）；

② 在切换到一个执行片内 4 KB SRAM 程序操作之前，程序必须在 Flash 程序存储器中大于 0FFFH 的地址运行（大于 SRAM 的 4 KB 地址）；

③ 置位 PERIPHEN2(F5H) 寄存器中的第 4 位 XRAM2CODE，PERIPHEN2 寄存器见表 3-11 跳转到复制的 SRAM 中代码的起始地址处执行片内 4 KB SRAM 中的代码。

表 3-11 PERIPHEN2 寄存器

功能模块使能寄存器 PERIPHEN2（SFR Page:0/1 地址：F5H）								
位	7	6	5	4	3	2	1	0
读/写	R/W	R/W	R/W	R/W	R/W	R/W	R/W	R/W
复位值	0	0	0	0	1	0	0	0
符号	PWC1EN	PWC0EN	AUEN	XRAM2CODE	IOPORTEN	WDTEN	PWMSFREN	FPIEN

【例】 将程序代码从 Flash 复制到 SRAM 并将程序的执行切换至 SRAM 中运行。

```
    $ INCLUDE (VRS51L3074_Keil.inc)
        CPTR EQU 030h
        ORG 00000H
        LJMP INIT
INIT:                                   ;初始化
        MOV PERIPHEN2,#08H              ;使能 I/O 口
        MOV P1PINCFG,#00H               ;配置 P1 为输出
        MOV PERIPHEN1,#00000000B;
        MOV PERIPHEN2,#00001000B        ;XRAM2CODE = 0。禁止从 SRAM 中执行程序
                                        ;从 Flash 向 SRAM 复制程序代码
        CLR DPS                         ;选择 DPTR0 为数据指针
        MOV DPTR,#01000H                ;设定 Flash 中待复制代码起始地址
        MOV DPS,#01H                    ;选择 DPTR1 为数据指针
        MOV DPTR,#0000H                 ;设定 SRAM 中代码起始地址
COPYLOOP:
        MOV DPS,#00                     ;DPTR0 指向 Flash
        CLR A
        MOVC A,@A+DPTR ;                ;从 Flash 中取代码
        INC DPTR                        ;DPTR0 加 1 (Flash)
        MOV DPS,#01H                    ;选择 DPTR1 为数据指针
        MOVX @DPTR,A                    ;写代码至 SRAM
        INC DPTR                        ;DPTR1 加 1 (SRAM)
        MOV A,DPH1
        CJNE A,#03,COPYLOOP             ;检查 DPTR1 是否到 0300H
        LJMP OUTSIDEXRAM                ;程序跳出 Flash 小于 SRAM 的 4 KB 范围

        ORG 2000H                       ;大于 SRAM 的 4 KB 范围
OUTSIDEXRAM:
        MOV PERIPHEN2,#18H              ;使能 XRAM2CODE 位和 I/O 口
                                        ;可跳转到 SRAM 中 0000H～0FFFH 区域并执行 SRAM 中的代码
        LJMP 0100H                      ;跳转到已被复制到的 SRAM 中 P1 口取反程序入口
        MOV P1,#00                      ;测试点如程序仍在 Flash 运行 P1 始终输出为 0
LOOP:
        LJMP LOOP                       ;循环等待
        ORG 1100H                       ;在 4 KB SRAM 中的地址为 0100H
TOGGLE:                                 ;在 4 KB SRAM 中的地址为 0100H
        MOV P1,#00H                     ;清 P1 口输出全为 0
        LCALL 0200H                     ;调用延时子程序,SRAM 中的地址为 0200H
        MOV P1,#0FFH                    ;置 P1 口输出全为 1
        LCALL 0200H                     ;调用延时 1 ms 子程序,SRAM 中的地址为 0200H
        LJMP 0100H                      ;在 4 KB SRAM 中的地址为 0100H

        ORG 1200H                       ;在 4 KB SRAM 中的地址为 0200H
DELAY1MS:                               ;延时 1 ms 子程序
```

```
        MOV CPTR,#1
        MOV A,PERIPHEN1              ;读 PERIPHEN1
        ORL A,#00000001B             ;使能 T0
        MOV PERIPHEN1,A
DELAY1MSLP:
        MOV TH0,#063H                ;定时 1ms(40 MHz)
        MOV TL0,#0C0H
        MOV T0T1CLKCFG,#00H          ;定时器 0 不使用预分频器
        MOV T0CON,#00000100B         ;以加法计数方式启动 T0
DWAIT0VT0:
        MOV A,T0CON                  ;读 T0 控制寄存器等待 T0 溢出
        ANL A,#080H                  ;取定时器 0 溢出标志
        JZ DWAIT0VT0                 ;循环检测定时器 0 溢出标志并等待 T0 溢出
        MOV T0CON,#00H               ;停止 T0
        DJNZ CPTR,DELAY1MSLP ;
        MOV A,PERIPHEN1              ;读 PERIPHEN1
        ANL A,#11111110B             ;禁用定时器
        MOV PERIPHEN1,A
        RET
        END
```

3.2.4 外部数据总线访问

外部数据寻址空间的高 32 KB 作为访问片内 FRAM 和外接数据存储器 I/O 设备的公共接口,地址范围 8000H~FFFFH。当系统存储配置寄存器 DEVMEMCFG 中的 EXTBUSEN=1 且 FRAMEN=0 时,可通过 P2、P0 口及 P6 口和 P3.6、P3.7 对外部数据存储设备进行访问,由 XMEMCTRL 寄存器(D9H)配置其工作方式。外部数据总线访问可分为以下两种方式:

➢ 数据和低 8 位地址复用方式;
➢ 数据和低 8 位地址非复用方式。

在数据/地址复用或非复用方式下,还可细分为 8051 标准方式和带数据总线片选输出(DBCS)方式。用于设置总线方式和确定是否输出片选信号的 SFR 寄存器为外部存储控制寄存器 XMEMCTRL,XMEMCTRL 的结构如表 3-12 所列。

表 3-12 外部存储控制寄存器 XMEMCTRL(SFR Page:0/1 地址:D9H)

位	7	6	5	4	3	2	1	0
读/写	R/W	R/W	R/W	R/W	R/W	R/W	R/W	R/W
复位值	0	0	0	0	0	0	0	0
符号	EXTBUSCFG	EXTBUSCS	—	—	STRETCH[3:0]			

EXTBUSCFG:数据和低 8 位地址复用、非复用方式选择位。清零为选择数据与低 8 位地址线复用方式,置位为非复用方式。

EXTBUSCS:外部总线片选方式控制位。置位为选择外部总线片选功能,此时从 P2.7~

P2.4 输出外部片选信号；清零则不使用外部片选方式，所有地址线 A14～A0 用于外部寻址。

STRETCH[3:0]：外部数据总线周期扩展，可将 RD/WR 信号时间延长 0～15 个周期，以适应访问低速外设的需要。

1. 数据与低 8 位地址线复用方式和非复用方式

当 EXTBUSCFG 位清零时，采用数据与地址线低 8 位复用方式，这种情况与标准 8051 外部存储器扩展类似：外部地址低 8 位与数据通过 P0 口分时复用，由 ALE 提供低 8 位地址锁存信号。但与标准 8051 系列略有不同的是，VRS51L3074 未引出地址线 A15（对应于标准 8051 的 P2.7），因此只能通过 P2[6:0] 输出高 7 位地址 A14：A8，而 P2.7 在这种方式下应保持低电平。在非复用方式时，外部地址低 8 位由 P6 口直接输出。图 3-7 为外部数据总线访问复用方式和非复用方式的框图和时序。

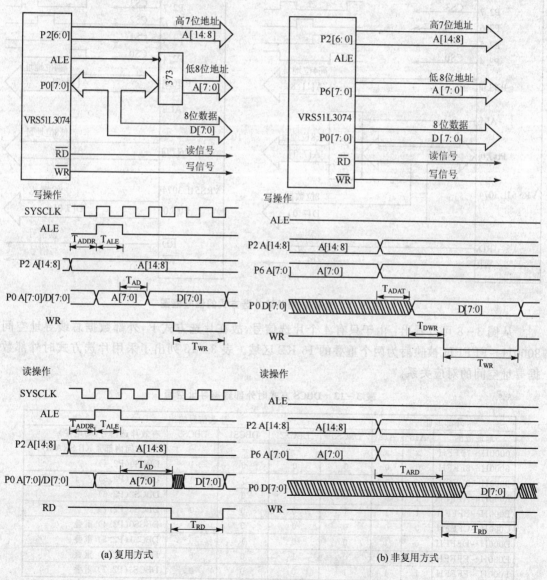

图 3-7 外部数据总线复用方式和非复用方式

2. 外部数据总线片选方式

在某些应用中,系统只需访问外部存储空间的部分地址,如并行 AD、DA 转换器等。VRS51L3074 为此提供了外部数据总线片选(DBCS)功能,DBCS 功能在数据与地址低 8 位复用或非复用方式下,在某个地址范围内由指定的引脚输出高电平有效的片选信号。在外部数据总线访问使能的情况下,置位 XMEMCTRL 寄存器的 EXTBUSCS 位,则进入外部总线片选方式。此时由芯片内部译码逻辑对外部地址 A13:A12 译码产生高电平有效的片选信号 DBCSB3～DBCS0,并通过 P2.7～P2.4 引脚输出。若在非复用方式下使用片选功能,除低 8 位地址信号从 P6 口直接输出外,片选信号 DBCSB3～DBCS0 仍由 P2.7～P2.4 引脚输出。外部数据总线片选方式的信号框图如图 3-8 所示。

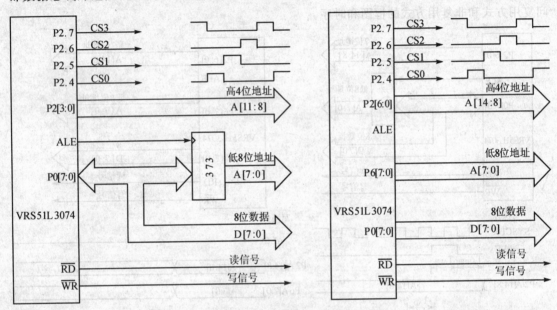

图 3-8 外部数据总线片选方式的信号框图

从图 3-8 可以看出:由于只有 4 个片选信号,故在片选方式下,外部数据总线寻址空间 8000H～FFFFH 被映射为两个重叠的 16 KB 区域。表 3-13 列出了采用片选方式时外部数据寻址空间的对应关系。

表 3-13 DBCS 方式时外部数据寻址空间

外部地址			片选信号输出				有效片选信号(高电平)
地址范围	A13	A12	DBCS3	DBCS2	DBCS1	DBCS0	
0000H～7FFFH	x	x	—	—	—	—	无(访问内部 4 KB SRAM)
8000H～8FFFH	0	0	0	0	0	1	DBCS0(P2.4)
9000H～9FFFH	0	1	0	0	1	0	DBCS1(P2.5)
A000H～AFFFH	1	0	0	1	0	0	DBCS2(P2.6)
B000H～BFFFH	1	1	1	0	0	0	DBCS3(P2.7)
C000H～CFFFH	0	0	0	0	0	1	DBCS0(P2.4) 重叠
D000H～DFFFH	0	1	0	0	1	0	DBCS1(P2.5) 重叠
E000H～EFFFH	1	0	0	1	0	0	DBCS2(P2.6) 重叠
F000H～FFFFH	1	1	1	0	0	0	DBCS3(P2.7) 重叠

片选功能在数据与低8位地址复用或非复用方式下都可使用。表3-14归纳了外部数据总线片选方式下的相关信号状态和映射。

表3-14 外部数据总线片选方式相关信号

信号		状态及引脚映射	
名称	符号	复用方式	非复用方式
低8位地址锁存信号	ALE	有效	无效
数据总线片选信号	DBCS[3:0]	P2[7:4]	P2[7:4]
外部地址高4位	Address[11:8]	P2[3:0]	P2[3:0]
外部地址低8位	Address[7:0]	P0[7:0]	P6[7:0]
数据	Data[7:0]	P0[7:0]	P0[7:0]
I/O或低8位地址	P6	可作常规 I/O 口	Address[7:0]
读信号	RD	有效	有效
写信号	WR	有效	有效

【例】 采用外部数据总线片选方式将5FH和66H分别写入外部地址C204H和D301H的时序如图3-9所示。

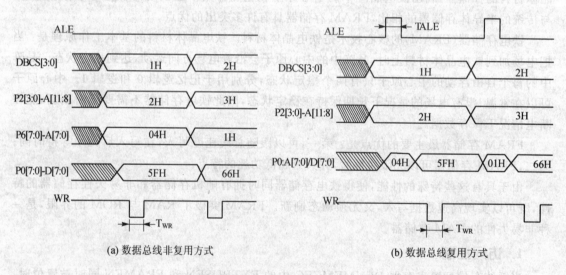

(a) 数据总线非复用方式　　(b) 数据总线复用方式

图3-9 外部数据总线片选时序

3. 外部数据总线访问速度

外部数据总线访问速度由系统时钟配置寄存器DEVCLKCFG1和XMEMCTRL寄存器的STRETCH[3:0]共同决定。在已确定系统时钟的情况下,通过设置STRETCH[3:0]可将RD/WR信号时间T_{WR}和T_{RD}延长0~15个周期,即:

$$T_{WR}, T_{RD} = (SysClk \times 2) + SysClk \times STRETCH[3:0]$$

表3-15列举了几种不同情况下RD/WR信号时间(设$f_{osc}=40\ MHz$)。

STRETCH[3:0]的设置对ALE信号不产生影响,也不影响片内4 KB SRAM和FRAM的访问速度。在对总线整体工作速度要求较低的应用中,可降低系统时钟速度。

表 3-15 外部数据总线访问速度

DEVCLKCFG1[3:0]	STRETCH[3:0]	T_{WR}, T_{RD}	TALE
0	0	50 ns	25 ns
0	1	75 ns	25 ns
0	2	100 ns	25 ns
0	8	250 ns	25 ns
4	0	800 ns	400 ns
4	8	4 μs	400 ns

3.2.5 FRAM 铁电存储器的使用

传统半导体存储器有两大体系：易失性存储器和非易失性存储器。易失性存储器（如 SRAM 和 DRAM）在没有电源的情况下不能保存数据，但拥有高性能、易用等优点。非易失性存储器（EPROM 和 EEPROM 等）在断电的情况下仍可保存数据，但有写入速度慢、写入次数有限、写入时需要特大功耗等不足。FRAM(Ferroelectric RAM)铁电存储器是一种基于铁电晶体材料的存储器，利用铁电晶阵中的中心原子在电场作用下达到的两种稳态来保存信息。与传统的半导体存储器的相比，FRAM 存储器具有许多突出的优点。

铁电存储器（FRAM）的核心技术是铁电晶体材料。铁电晶体材料的基本工作原理是：当把电场加到铁电晶体材料上时，晶阵中的中心原子会沿着电场方向运动，达到稳定状态。晶阵中的每个自由浮动的中心原子只有两个稳定状态，分别用于记忆逻辑 0 和逻辑 1。中心原子可以在常温、没有电场的情况下长期保持在稳定状态，因此铁电存储器不需要定时刷新，能在断电情况下保存数据。

FRAM 存储器最主要的优点是：第一，可以跟随总线速度写入，在写入后无须等待时间；第二，FRAM 存储器可以无限次擦写，并具有超低功耗的特点。

由于具有这些特殊的性能，使得铁电存储器同时拥有随机存储器和非易失性存储器的特性，既可以实现高速数据写入，又无须动态刷新。FRAM 突破了 RAM 与 ROM 的界限，是一种非易失性的 RAM 存储器。

1. 访问控制

当系统存储配置寄存器 DEVMEMCFG 中的 EXTBUSEN 和 FRAMEN 同时被置位时，对外部数据存储空间中 8000H~9FFFH 范围的寻址将定位到片内 8 KB FRAM 铁电存储器。

使能 FRAM 存储器后，FRAM 配置寄存器 FRAMCFG1 和 FRAMCFG2 用于对 FRAM 的操作模式进行配置，现说明如下：

(1) FRAMCFG1 寄存器

表 3-16 FRAM 配置寄存器 FRAMCFG1(SFR　　Page:0　　地址：DCH)

位	7	6	5	4	3	2	1	0
读/写	R/W	R/W	R/W	R/W	W	W	W	W
复位	1	0	0	0	0	0	0	0
符号	FREADIDLE	无(保留)	FRAMCLK[1:0]		BURSTEN	FRAMOP[1:0]		RUNFRAMOP

FREADIDLE：对该位进行读操作和写操作有不同的含义。读取该位时反映 FRAM 的忙闲状态：0 表示 FRAM 忙；1 表示 FRAM 空闲。对该位的写入仅在 FRAM 猝发模式(BURSTEN=1)下有意义，用于设置猝发模式下读操作的方式：清零表示以 FRAM 猝发模式下的基本方式读取 FRAM；置位则以猝发模式下的快速方式读取 FRAM，进一步加快读操作的速度。

Bit6：该位为保留位，必须保持为 0。

FRAMCLK[1:0]：设置 FRAM 模块时钟频率，如表 3-17 所列。

表 3-17　FRAM 模块时钟频率配置字说明

FRAMCLK[1:0]	FRAM 时钟频率	说　明
00	SysClk/2	系统时钟 2 分频
01	SysClk/3	系统时钟 3 分频
10	SysClk/4	系统时钟 4 分频
11	SysClk/8	系统时钟 8 分频

BURSTEN：FRAM 猝发模式控制位。清零时以正常模式访问 FRAM；置位则激活 FRAM 猝发模式。猝发模式用于对 FRAM 存储器连续单元的访问，可加快铁电存储器的读/写速度。

FRAMOP[1:0]和 RUNFRAMOP 位：这 3 位和寄存器 FRAMCFG2 共同完成 FRAM 存储器的写保护控制。其中 FRAMOP[1:0]用于确定要执行什么操作，而 RUNFRAMOP 位则用于控制 FRAMOP[1:0]所定义操作的执行。FRAMOP[1:0]定义的 4 种操作如表 3-18 所列。

表 3-18　FRAM 写保护操作

FRAMOP[1:0]	操作定义
00	置位 FRAMWEL 位（允许通过 FRAMCFG2 设置 FRAM 写保护参数）
01	清零 FRAMWEL 位（禁止通过 FRAMCFG2 设置 FRAM 写保护参数）
10	更新 FRAMCFG2 寄存器（准备读 FRAMCFG2 寄存器）
11	将 FRAMCFG2 中设置的写保护参数传送到 FRAM 模块

RUNFRAMOP：FRAM 操作运行控制位。置位时执行 FRAMOP[1:0]定义的操作。

注意：FRAMOP[1:0]定义的（针对 FRAMCFG2 寄存器的）操作只有在 RUNFRAMOP 位被置位的情况下才能被执行，如果未将该位置位，则 FRAMOP[1:0]定义的操作不能被执行。

FRAMOP[1:0]和 RUNFRAMOP 这 3 位的读出值始终为 0。

(2) FRAMCFG2 寄存器

该寄存器用于设置 FRAM 写保护参数并反映 FRAM 写允许锁存(FRAMWEL)状态，其结构如表 3-19 所列。

FRAMBP[1:0]：用于设置 FRAM 写保护区域，如表 3-20 所列。

表3-19 FRAM配置寄存器 FRAMCFG2 (SFR Page:0 地址:DDH)

位	7	6	5	4	3	2	1	0
读/写	R/W	R/W	R/W	R/W	R/W	R/W	R	R/W
复位值	0	0	0	0	0	0	0	0
符号	无(未使用)				FRAMBP[1:0]		FRAMWEL	无(未使用)

表3-20 FRAM写保护区域的设置

FRAMBP[1:0]	FRAM写保护区域	FRAMBP[1:0]	FRAM写保护区域
00	无	10	9000H~9FFFH
01	8800H~8FFFH	11	8000H~9FFFH

FRAMWEL:该位反映FRAM内部的写允许锁存状态。该位为0时,表示禁止将特殊功能寄存器FRAMCFG2设置的写保护参数传送到铁电模块;该位为1时,则允许将写保护参数传送到铁电模块。FRAMWEL是只读位,因此不能用写FRAMCFG2寄存器的方法来改变该位的状态,而必须通过对FRAMCFG1寄存器的操作来实现该位的置位或清零,如表3-16中所述。

2. 正常模式读写操作

对FRAM的读写通过外部数据接口采用MOVX指令在累加器A与FRAM单元之间进行数据传送,寻址范围为8000H~9FFFH。以下为正常模式下访问FRAM的代码片断:

```
;--------读操作--------
;--FRAM初始化
    ORL  DEVMEMCFG,#C0h      ;FRAM使能
MOV FRAMCFG1,#00h            ;设置FRAM正常访问模式,FRAMCLK=SysClk/2
FRAMRDY:MOV A,FRAMCFG1       ;--检测FRAM是否空闲
    ANL A,#80h               ;判断FREADIDLE位状态
    JZ  FRAMRDY              ;等待,否则
FRAMREAD:MOV DPTR,#8100h     ;读FRAM存储器8100h单元
    MOVX A,@DPTR
    (…)
                             ;--------写操作--------
                             ;--FRAM初始化
    ORL  DEVMEMCFG,#C0h      ;FRAM使能
    MOV FRAMCFG1,#01h        ;置位FRAMWEL
FRAMRDY:MOV A,FRAMCFG1;      --检测FRAM是否空闲
    ANL A,#80h               ;若FREADIDLE=0,则
    JZ  FRAMRDY              ;等待,否则
    MOV A,DATA               ;将待写入数据送入A
    MOV  DPTR,#8100h         ;写8100h单元
    MOVX @DPTR,A
    (…)
```

3. 猝发模式读/写

猝发模式适用于对 FRAM 连续单元进行读/写的情况，可加快对 FRAM 的访问速度，置位 BURSTEN 位时将启动 FRAM 猝发访问模式。

(1) 猝发模式写操作

猝发模式写操作利用了 FRAM 的双缓冲性能——允许处理器在当前写周期结束前向 FRAM 写入下一个数据。但须注意满足以下 3 个条件：

① 必须是向 FRAM 存储器中地址连续递增的单元写入。

② 下一条 MOVX 写指令必须在规定的系统周期内开始执行。

表 3-21 FRAM 猝发写指令间隔时间

FRAMCLK[1:0]	允许间隔的处理器周期数
00	13
01	20
10	28
11	58

③ 一旦开始执行猝发写操作，在退出猝发模式之前，不能再启动任何其他 FRAM 操作。

第②个条件表明编程时应合理安排程序代码，以确保下一条写指令在规定的时间内开始执行。表 3-21 列出了 FRAM 运行于不同速度时，MOVX 写指令之间允许间隔的系统周期数。

如果未在规定的时间内写入下一个数据或对非连续单元执行猝发写操作，会导致数据丢失，并且无任何标志或中断来表明这种状态。

【例】 猝发模式写操作。

```
            MOV DEVMEMCFG,#0C0h      ;FRAM 使能
            (…)
            MOV FRAMCFG1,#08h        ;设置 FRAM 猝发模式
            MOV R0,#0A0h             ;初始化内部 RAM 指针
            MOV R2,#100              ;准备执行 100 次写操作
            MOV DPTR,#8000h          ;DPTR 指向写操作起始地址
BURSTWRITE: MOV A,@R0                ;3 周期
            MOVX @DPTR,A             ;写 FRAM 单元
            INC DPTR                 ;2 周期
            INC R0                   ;2 周期
            DJNZ R2,BURSTREAD        ;3 周期
```

(2) 猝发模式读操作

猝发模式读操作可分为基本读操作和快速读操作。在猝发模式下，将 FRAMCFG1 寄存器中的 FREADIDLE 置位，则启动猝发模式下的快速读操作。猝发模式读操作也利用了 FRAM 的双缓冲性能——使得 FRAM 模块可以在当前读周期结束前就开始准备下一次要读取的数据。与猝发模式写操作相似，猝发读操作也需要满足 3 个条件：

① 必须是从 FRAM 存储器中地址连续递增的单元读出。

② 下一条 MOVX 读指令必须在规定的系统周期内开始执行，且快速方式下允许间隔周期数约为基本方式下的一半。

③ 一旦开始执行猝发读操作，则在退出猝发模式之前，不能再启动任何其他 FRAM 操

作。表 3-22 列出了 FRAM 运行于不同速度时，MOVX 读指令之间允许间隔的系统周期数。

若未在规定的时间内从 FRAM 读取下一个数据或对非连续单元执行猝发读操作，也会导致数据丢失，并且也没有任何标志或中断来表明这种状态。

在退出 FRAM 猝发操作模式之前或在猝发模式下进行读/写操作的切换时应等到 FREADIDLE=1，以确保 FRAM 模块空闲。

表 3-22 FRAM 猝发读指令间隔时间

FRAMCLK [1:0]	允许间隔的处理器周期数	
	快速	基本
00	14	28
01	22	43
10	30	58
11	62	118

4. 写保护

FRAM 写保护设置可以采用两种方法：一种是在系统编程时利用 Versa Ware JTAG 软件将 FRAM 访问权限设为只读；另一种方法是通过对寄存器 FRAMCFG1 和 FRAMCFG2 的设置来实现。

采用第二种方法时操作流程为：
① 写入 01H 到 FRAMCFG1 寄存器，置位 FRAMWEL 位；
② 等待 FRAM 模块空闲；
③ 设置 FRAMCFG2：设置 FRAMBP[1:0] 位确定 FRAM 写保护区域；
④ 将 07H 写入 FRAMCFG1 寄存器以执行 FRAM 模块写保护配置；
⑤ 等待 FRAM 模块空闲；
⑥ 将 03H 写入 FRAMCFG1 寄存器，将 FRAMWEL 位清零（以避免误写入）；
⑦ 读取 FRAMCFG2 寄存器，验证块保护是否成功。

【例】 FRAM 写保护设置模块

```
//---------------------------------------------------------------//
// 函数：void FramProtect(char frambp)                            //
// 功能：FRAM 写保护设置                                           //
// 入口参数：frambp,写保护区域代码(对应 FRAMCFG2 寄存器 FRAMBP[1:0]位) //
// 出口参数：无                                                   //
//---------------------------------------------------------------//
void FramProtect(char frambp)
{
    Frambp &= 0x03;                  //FRAM 写保护区域代码
    frambp = frambp << 2;            //对齐 FRAMCFG2 寄存器 FRAMBP[1:0]位
    FRAMCFG1 = 0x01;                 //置位 FRAMWEL
    while(!(FRAMCFG1&0x80));         //等待 FREADIDLE == 1
    FRAMCFG2 = frambp;               //设置 FRAM 写保护参数
    FRAMCFG1 = 0x07;                 //将写保护参数传送到铁电模块
    while(!(FRAMCFG1&0x80));         //等待 FREADIDLE == 1
    FRAMCFG1 = 0x03;                 //清零 FRAMWEL
    while(!(FRAMCFG1&0x80));         //等待 FREADIDLE == 1
                                     //可选操作：
    //FRAMCFG1 = 0x05;                //更新 FRAMCFG2
```

```
    //while(!(FRAMCFG1&0x80));              //等待 FREADIDLE == 1
    //读 FRAMCFG2 寄存器,验证块保护是否成功
    // ……
    } //end of FramProtect
```

5. 访问例程

以下例程用于说明 FRAM 铁电存储器的访问,该程序执行以下操作:

① 使能 FRAM 铁电存储器。

② 设置 FRAM 铁电存储器为非保护方式。

③ 将 0x55 写入铁电存储器所有单元并读取 0x8100 单元的内容;然后写 0x23 到铁电存储器 0x8100 单元,再读取该单元的内容。

④ 将铁电存储器设为写保护方式后,尝试清除其中的内容;取消铁电存储器写保护方式,再清除其中的内容。

⑤ 读取写保护配置参数(可选)。

程序代码如下:

```
//---------- V3K_FRAM_Use_Example_Keil.c ------------//
# include <VRS51L3074_Keil.h>
//初始化 FRAM 基址指针
    xdata at 0x8000 unsigned char frambase;
    xdata unsigned char * data framptr = &frambase;
//--------------------主函数------------------//
void main (void)
{
    volatile idata int cptr = 0x00;           //定义变量 cptr 为通用计数器
    volatile idata char framread = 0x00;      //定义变量 framread
    char x;
    DEVMEMCFG |= 0xC0;                        //使能 FRAM
//设置 FRAM 为非保护方式(可选)
    FRAMCFG1 = 0x01;                          //置位 FRAMWEL,FRAMOP[1:0] = 00
    while(!(FRAMCFG1&0x80));                  //等待 FREADIDLE == 1
    FRAMCFG2 = 0x00;                          //配置 FRAMCFG2,FRAMBP[1:0] = 00
    FRAMCFG1 = 0x07;                          //传送写保护参数到铁电模块
    while(!(FRAMCFG1&0x80));                  //等待 FREADIDLE == 1
    FRAMCFG1 = 0x03;                          //配置 FRAMWEL,FRAMOP[1:0] = 01
    while(!(FRAMCFG1&0x80));                  //等待 FREADIDLE == 1
//将 0x55 写入 FRAM 所有单元
    for(cptr = 0; cptr<0x2000;cptr++)
        *(framptr+cptr) = 0x55;
//读 0x8100 单元的内容,保存在变量 framread 中
    framread = *(framptr + 0x0100)            //framread 值为 0x55
//将 0x23 写入 FRAM 的 0x8100 单元
    *(framptr + 0x0100) = 0x23;
//读 0x8100 单元的内容,保存在变量 framread 中
```

```
    framread = *(framptr + 0x0100);          //framread 值为 0x23
    framread = *(framptr + 0x0101);          //framread 值为 0x55
//设置 FRAM 写保护
    FRAMCFG1 = 0x01;                          //置 FRAMWEL
    while(!(FRAMCFG1&0x80));                  //等待 FREADIDLE == 1
    FRAMCFG2 = 0x0C;                          //配置 FRAMCFG2,FRAMBP[1:0] = 11
    FRAMCFG1 = 0x07;                          //传送写保护参数到铁电模块
    while(!(FRAMCFG1&0x80));                  //等待 FREADIDLE == 1
    FRAMCFG1 = 0x03;                          //清零 FRAMWEL
    while(!(FRAMCFG1&0x80));                  //等待 FREADIDLE == 1
//清除 FRAM 存储器中的内容(在写保护方式下无效)
    for(cptr = 0; cptr < 0x2000; cptr ++)
        *(framptr + cptr) = 0x00;
//设置 FRAM 为非保护方式
    FRAMCFG1 = 0x01;                          //置 FRAMWEL,FRAMOP[1:0] = 00
    while(!(FRAMCFG1&0x80));                  //等待 FREADIDLE == 1
    FRAMCFG2 = 0x00;                          //配置 FRAMCFG2,FRAMBP[1:0] = 00
    FRAMCFG1 = 0x07;                          //传送写保护参数到铁电模块
    while(!(FRAMCFG1&0x80));                  //等待 FREADIDLE == 1
    FRAMCFG1 = 0x03;                          //配置 FRAMWEL,FRAMOP[1:0] = 01
    while(!(FRAMCFG1&0x80));                  //等待 FREADIDLE == 1
//清除 FRAM 存储器中的内容
    for(cptr = 0; cptr < 0x2000; cptr ++)
        *(framptr + cptr) = 0x00;
    while(1);
//读取 FRAM 写保护参数
    FRAMCFG1 = 0x05;                          //更新 FRAMCFG2
    while(!(FRAMCFG1&0x80));                  //等待 FREADIDLE == 1
    x = FRAMCFG2;                             //读 FRAMCFG2
//(可进一步验证写保护是否成功)
}                                             //end of Main
```

3.3　VRS51L3074 芯片配置

本节主要介绍 VRS51L3074 系统运行环境的设置,包括系统时钟、处理器工作模式、功能模块使能及其 I/O 映射与优先级。

3.3.1　系统时钟配置

VRS51L3074 片内自带 40 MHz 振荡器,无须外部晶振为系统提供时钟源。通过对时钟源与时钟主电路之间预分频器的配置可灵活设置系统时钟以满足不同应用的需要。

系统时钟源选择及分频比设置由特殊功能寄存器 DEVCLKCFG1 和 DEVCLKCFG2 控制,其结构与功能如下所述。

1. 系统时钟配置寄存器 DEVCLKCFG1

DEVCLKCFG1 寄存器的结构如表 3-23 所列。

表 3-23 系统时钟配置寄存器 DEVCLKCFG1 (SFR　Page:0/1　地址：F2H)

位	7	6	5	4	3	2	1	0
读/写	R/W	R/W	R/W	R/W	R/W	R/W	R/W	R/W
复位值	0	1	1	0	0	0	0	0
符号	SOFTRESET	OSCSELECT	CLKDIVEN	FULLSPDINT	CLKDIV[3:0]			

SOFTRESET：软件复位控制位。对该位先清零后置位（连续执行）即可产生系统复位动作。

【例】

...
ANL DEVCLKCFG1,#7Fh;
ORL DEVCLKCFG1,#80h;
...

OSCSELECT：时钟源选择位。置位（默认）选择内部振荡器为系统时钟源，清零选择外部时钟信号为系统时钟源。

CLKDIVEN：系统时钟分频使能控制位。置位时使能主时钟预分频，清零则禁用主时钟预分频。

FULLSPDINT：中断服务程序运行速度控制位。当该位清零时，系统在执行中断服务程序时按设定的系统时钟运行；置位时，即使主程序以较低的速度，中断服务程序仍以全速运行，以满足对突发事件进行高速处理的要求。

CLKDIV[3:0]：分频系数设置。可对时钟频率在 $f_{osc}/1 \sim f_{osc}/32\,768$ 范围内进行动态调整。其取值与分频系数的对应关系如表 3-24 所列。

表 3-24 系统时钟分频设置表

CLKDIV[3:0]	分频系数	CLKDIV[3:0]	分频系数
0000	1	1000	256
0001	2	1001	512
0010	4	1010	1 024
0011	8	1011	2 048
0100	16	1100	4 096
0101	32	1101	8 192
0110	64	1110	16 384
0111	128	1111	32 768

因此，在 CLKDIVEN=1 时，系统时钟频率 $Sysclk = f_{osc}/2^{CLKDIV[3:0]}$。

系统复位时以内部振荡器为时钟源，系统时钟为 40 MHz（CLK=f_{osc}）即 CLKDIVEN=1 且 CLKDIV[3:0]=0。

2. 系统时钟配置寄存器 DEVCLKCFG2

DEVCLKCFG2 寄存器的结构如表 3-25 所列。

表 3-25 系统时钟配置寄存器 DEVCLKCFG2 (SFR Page:0/1 地址：F3H)

位	7	6	5	4	3	2	1	0
读/写	R/W	R/W	R/W	R/W	R/W	R/W	R/W	R
复位值	0	1	0	0	1	0	0	1
符 号	CYOSCEN	INTOSCEN	无（保留）	无（保留）	CYRANGE[1:0]		无（保留）	无（保留）

CYOSCEN 和 INTOSCEN 位：外部时钟和内部时钟使能控制位，CYOSCEN 置位时使能外部时钟源，INTOSCEN 置位时使能内部时钟源。内部和外部时钟源可以同时使能（例如在进行时钟源切换时），但必须由 DEVCLKCFG1 寄存器的 OSCSELECT 位来选择二者之一作为系统时钟源。

在内部时钟与外部时钟之间切换时，必须先确保二者都被使能且处于稳定状态。外部晶振的最小稳定时间取决于其类型及使用的频率，一般情况下，在从内部时钟源切换到外部晶振前至少需等待 1 ms 使之达到稳定状态。内部振荡器达到稳定状态要比外部晶振快得多，从外部晶振切换回内部振荡器时只需等待 2 μs 以上即可。

CYRANGE[1:0]：外接晶振的控制参数。在使能外部时钟源时，应根据外接晶振的频率对其进行设置，对应关系如表 3-26 所列。

表 3-26 外接晶振参数设置

外接晶振频率范围/MHz	CYRANGE[1:0]	外接晶振频率范围/kHz	CYRANGE[1:0]
25～40	00	32～100	10
4～25	01	32～100	11

3.3.2 处理器工作模式控制

处理器工作模式由特殊功能寄存器 PCON 控制，VRS51L3074 有待机和掉电两种低功耗工作模式。特殊功能寄存器 PCON 的结构和系统工作模式如表 3-27 所列。

表 3-27 处理器工作模式控制寄存器 PCON (SFR Page:0/1 地址：87H)

位	7	6	5	4	3	2	1	0
读/写	R/W	R/W	R/W	R/W	R/W	R/W	R/W	R/W
复位值	0	1	1	0	0	0	0	0
符 号	OSCSTOP	INTMODEN	DEVCFGEN	SFRINDADR	GF1	GF0	PDOWN	IDLE

OSCSTOP：振荡器停振模式控制位。在振荡器停振模式下：所有振荡器都将停止工作，系统处于最低功耗状态；看门狗定时器也停止运行，仅 I/O 引脚保持当前状态。通过将 OSCSTOP 位先清零再置位可使系统进入该模式。

【例】

PCON &= 0x7Fh;
PCON |= 0x80h;

系统在进入振荡器停振模式后,只能通过手动复位或上电复位重启。

INTMODEN:中断系统使能控制位。置位(默认)时使能中断系统,清零则禁止中断。

DEVCFGEN:系统配置使能控制位。置位(默认)时使能系统配置,清零时禁用系统配置。

SFRINDADR:特殊功能寄存器间接寻址方式控制位。置位时,指令"A5h"将用于 SFR 间接寻址访问,清零(默认)时指令"A5h"为空操作。

GF1、GF2:通用标志位。

PDOWN:掉电模式控制位。该位被置位时,系统进入掉电模式。在掉电模式下,内部振荡器停止工作,关闭各功能模块时钟;内部 RAM 区和 SFR 的内容保持在当前状态,看门狗定时器可继续运行。掉电模式只能通过硬件复位退出。

IDLE:待机模式控制位。置位时系统进入待机模式。在待机模式下,振荡器继续工作并向中断逻辑、定时器、串行口提供时钟信号,但不向处理器提供时钟信号。内部 RAM、SFR、I/O 口保持当前状态,看门狗定时器也可继续运行。待机模式适用于需要停止处理器工作以降低功耗的场合。当硬件复位或发生外部中断时处理器被激活,退出待机模式并将 IDLE 位清零。

3.3.3 功能模块使能控制

VRS51L3074 的外围功能模块都可以被独立地启动或停止,由特殊功能寄存器 PERIPHEN1 和 PERIPHEN2 控制。

除 I/O 口外,其他外围功能模块和通信接口在复位时均处于禁用状态。当一个外围功能模块处于禁用状态时,对与之相关的 SFR 进行读写将不对其产生影响。如果要使用某个功能模块,必须将 PERIPHEN1 或 PERIPHEN2 寄存器中相应的控制位设为"1"。

1. 功能模块使能寄存器 PERIPHEN1

寄存器 PERIPHEN1 用于对 SPI 接口、I²C 接口、UART 串行口 0/1、定时/计数器 0/1/2 进行控制,其结构如表 3-28 所列。

表 3-28 功能模块使能寄存器 PERIPHEN1(SFR Page:0/1 地址:F4H)

位	7	6	5	4	3	2	1	0
读/写	R/W	R/W	R/W	R/W	R/W	R/W	R/W	R/W
复位值	0	0	0	0	0	0	0	0
符号	SPICSEN	SPIEN	I2CEN	U1EN	U0EN	T2EN	T1EN	T0EN

PERIPHEN1 寄存器的功能定义如下:

SPICSEN:SPI 片选模式控制位。在 SPI 接口使能的前提下,将该位置位时使能 SPI 片选模式,此时芯片引脚 pin60~pin63 用于输出 SPI 片选信号 $\overline{CS0}$~$\overline{CS3}$;该位清零时退出 SPI 片选模式,芯片引脚 pin60~pin63 可用于 I/O 或其他功能模块。

SPIEN:SPI 接口使能控制位。置位时使能 SPI 接口。

I2CEN:I²C 接口使能控制位。置位时使能 I²C 接口。

U1EN:UART 串行口 1 使能控制位。置位时使能 UART 串行口 1。

U0EN：UART 串行口 0 使能控制位。置位时使能 UART 串行口 0。
T2EN：定时/计数器 2 使能控制位。置位时使能 Timer2。
T1EN：定时/计数器 1 使能控制位。置位时使能 Timer1。
T0EN：定时/计数器 0 使能控制位。置位时使能 Timer0。

2. 功能模块使能寄存器 PERIPHEN2

PERIPHEN2 寄存器用于对下列功能模块的控制：脉冲宽度计数器 PWC0/1、增强型算术运算单元、I/O 口、看门狗定时器、脉冲宽度调制器和 FPI 接口；从片内 4 KB SRAM 运行程序的功能也由该寄存器控制。PERIPHEN2 寄存器的结构如表 3-29 所列。

表 3-29 功能模块使能寄存器 PERIPHEN2(SFR Page:0/1   地址：F5H)

位	7	6	5	4	3	2	1	0
读/写	R/W	R/W	R/W	R/W	R/W	R/W	R/W	R/W
复位值	0	0	0	0	1	0	0	0
符号	PWC1EN	PWC0EN	AUEN	XRAM2CODE	IOPORTEN	WDTEN	PWMSFREN	FPIEN

PERIPHEN2 寄存器的功能定义如下：
PWC1EN：脉冲宽度计数器 PWC1 使能控制位。置位时使能 PWC1。
PWC0EN：脉冲宽度计数器 PWC0 使能控制位。置位时使能 PWC0。
AUEN：增强型算术单元 AU 使能控制位，置位时使能 AU。
XRAM2CODE：该位用于控制从片内 4 KB SRAM 区执行程序代码。置位时，系统将片内 4 KB SRAM 映射为 0000H～0FFFH 的程序空间；清零则将 4 KB SRAM 作为外部数据存储器。从片内 4 KB SRAM 运行程序时需注意两点：① 不能使用存储器类型为 XDATA 的变量；② 对 XRAM2CODE 位进行置位、清零的指令必须安排在 0000H～0FFFH 范围之外。
IOPORTEN：I/O 口使能控制位。置位(默认)时使能 I/O 端口。
WDTEN：看门狗定时器使能控制位。置位时使能 WDT。
PWMSFREN：与 PWM 模块相关的特殊功能寄存器使能控制位。置位时使能与 PWM 模块相关的特殊功能寄存器。
FPIEN：FPI 接口使能控制位。置位时使能 FPI 接口。

3.3.4 功能模块 I/O 映射与优先级

部分功能模块的 I/O 引脚可重定向，由特殊功能寄存器 DEVIOMAP 控制，DEVIOMAP 寄存器的结构如表 3-30 所列。

表 3-30 功能模块 I/O 映射寄存器 DEVIOMAP(SFR Page:0/1   地址：E1H)

位	7	6	5	4	3	2	1	0
读/写	R/W	R/W	R/W	R/W	R/W	R/W	R/W	R/W
复位值	0	0	0	0	0	0	0	0
符号	无	PWMALTMAP	I2CALTMAP	U1ALTMAP	U0ALTMAP	T2ALTMAP	T1ALTMAP	T0ALTMAP

当 DEVIOMAP 寄存器中某位清零(默认)时，相应功能模块的 I/O 引脚按缺省方式映

射;置位时则映射到重定向引脚。DEVIOMAP 寄存器各控制位与对应功能模块引脚映射的关系如表 3-31 所列。

表 3-31 DEVIOMAP 寄存器各控制位与对应功能模块引脚映射的关系

DEVIOMAP 寄存器 位	DEVIOMAP 寄存器 符号	功能模块	引脚名称	缺省映射	重定向映射
6	PWMALTMAP	PWM 模块	PWM7~PWM0	P2.7~P2.0	P5.7~P5.0
5	I2CALTMAP	I²C 接口	SCL	P3.4	P1.6
			SDA	P3.5	P1.7
4	U1ALTMAP	串行口 UART1	RXD1	P1.2	pin-41
			TXD1	P1.3	pin-40
3	U0ALTMAP	串行口 UART0	RXD0	P3.0	P2.4
			TXD0	P3.1	P2.3
2	T2ALTMAP	定时器 T2	T2OUT	P4.4	P1.2
			T2EX	P6.0	P1.1
			T2IN	P6.1	P1.0
1	T1ALTMAP	定时器 T1	T1OUT	P4.0	P1.4
			T1EX	P2.5	pin-40
			T1IN	P3.5	—
0	T0ALTMAP	定时器 T0	T0OUT	P4.5	—
			T0EX	P2.6	pin-41
			T0IN	P3.4	—

注:DEVIOMAP 寄存器的最高位为保留位。

功能模块 I/O 映射优先级有如下规定:

在 SPI 接口使能(SPIEN=1)的情况下,SPI 片选线 0(SPI CS0 line)保留给 SPI 接口使用,与是否使用 SPI 片选功能无关。

串行口 UART1 比 SPI 片选模式具有更高的优先级。因此,即使启动了 SPI 片选模式(SPIEN=1 且 SPICSEN=1),只要 UART1 使能(U1EN=1),P1.2 和 P1.3 都将作为串行通信引脚 RXD1 和 TXD1 而不能用于输出 SPI 片选信号 $\overline{CS2}$、$\overline{CS3}$。

此外,SPI 接口的优先级高于定时器 2 的输入(T2IN)。因此,在 SPI 接口和 T2 同时被使能的情况下,P1.0 将分配给 SPI 接口使用。

3.4 通用 I/O 口

VRS51L3074 有 7 个 I/O 口共 56 个引脚。为提供最大数量的 I/O 引脚 VRS51L3074 在使用内部振荡器时,即使连接外部时钟源的引脚也映射为常规 I/O 口 P4.6 和 4.7。除了 P4.6 和 P4.7 最高承受 VDD+0.5 V 的输入电压以外,其余所有 I/O 引脚均可与 5 V 系统接口。在使用 I/O 口作一般输入/输出时,需将特殊功能寄存器 PERIPHEN2 中的 IOPORTEN 位设为 1。对应关系如表 3-32 所列。

表 3-32 功能模块使能寄存器 PERIPHEN2 （SFR　Page:0/1　地址：F5H）

位	7	6	5	4	3	2	1	0
读/写	—	—	—	—	R/W	—	—	—
复位值	—	—	—	—	1	—	—	—
符号	—	—	—	—	IOPORTEN	—	—	—

注："—"表示该位与通用 I/O 口使能无关。

3.4.1　I/O 口结构

VRS51L3074 的所有 I/O 口都具有相同的结构，主要区别在于各自的驱动能力有所不同，其结构如图 3-10 所示。

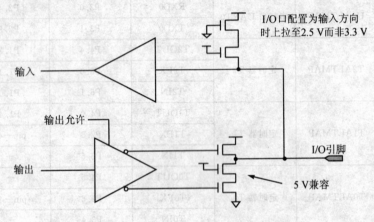

图 3-10　VRS51L3074 I/O 口结构

当 I/O 口用作输入时，其引脚电平被上拉至约 2.5 V 左右，而非系统电压 3.3 V；使用外接上拉电阻可将 I/O 引脚上拉至 3.3 V 或 5 V。

3.4.2　I/O 口方向配置

VRS51L3074 的每个 I/O 口都有专用的 SFR 寄存器，如 I/O 口方向配置寄存器、I/O 口锁存器等，分别用于读写操作以及对各端口引脚输入/输出方向的配置。

可通过 I/O 口方向配置寄存器独立地设置每个引脚的输入/输出方向，当 I/O 口方向配置寄存器中的某位通过软件置"1"则将相应引脚设置为输入方向，清"0"则设置为输出方向。从编程的角度看，VRS51L3074 的 I/O 口与标准 8051 系列的区别在于：当需要改变某个 I/O 引脚的输入输出方向时，必须将对应的方向寄存器中的位通过置位或清零来实现。各 I/O 口方向配置寄存器如表 3-33 所列。

当某个外围功能模块使能时，I/O 引脚的输入输出方式则根据外围部件的功能由系统自动配置。可以通过把相应的 I/O 引脚设置为输入后、再读引脚的方法来监控某个功能模块引脚的状态。

在使能外部数据总线访问的情况下：若为非复用方式，则 P0 口只用于数据传送；若为复用方式，则 P0 口用于传送地址低 8 位和数据；P2 口输出外部地址高 7 位 A14：A8（在外部数据总线片选方式下,P2.7~P2.4 输出高电平有效的片选信号);P3.6 和 P3.7 分别用于输出 WR 和 RD 信号。详细情况如本章第 2 节所述。

表 3-33 I/O 口方向配置寄存器汇总表

I/O 引脚方向配置寄存器				位			复位值
I/O 口	符 号	SFR Page	地 址	7	……	0	
P0	P0PINCFG	0/1	F9H	P07IN1OUT0	……	P00IN1OUT0	11111111
P1	P1PINCFG	0/1	FAH	P17IN1OUT0	……	P10IN1OUT0	11111111
P2	P2PINCFG	0/1	FBH	P27IN1OUT0	……	P20IN1OUT0	11111111
P3	P3PINCFG	0/1	FCH	P37IN1OUT0	……	P30IN1OUT0	11111111
P4	P4PINCFG	0/1	FDH	P47IN1OUT0	……	P40IN1OUT0	11111111
P5	P5PINCFG	0/1	FEH	P57IN1OUT0	……	P50IN1OUT0	11111111
P6	P6PINCFG	0/1	FFH	P67IN1OUT0	……	P60IN1OUT0	11111111

3.4.3 I/O 口输入使能控制

系统复位时,所有 I/O 口的输入控制逻辑使能,且各 I/O 引脚均自动被配置为输入方向。用户可将 I/O 口输入使能寄存器 PORTINEN 中相应的位清零来关闭指定端口的输入功能。PORTINEN 寄存器的结构如表 3-34 所列。

表 3-34 I/O 口输入使能寄存器 PORTINEN(SFR Page:0/1 地址:F7H)

位	7	6	……	0
读/写	R/W	R/W	……	R/W
复位值	0	1	……	1
符 号	无(保留位)	P6INPUTEN	……	P0INPUTEN

注:PORTINEN 寄存器复位值为 01111111。

3.4.4 I/O 口锁存器

每个 I/O 口都对应一个锁存器,用于锁存输出值。与标准 8051 相同,VRS51L3074 的端口锁存器都是可位寻址的特殊功能寄存器。I/O 口锁存器如表 3-35 所列。

表 3-35 I/O 口锁存器

I/O 口	符 号	SFR Page	地 址	复位值
P0	P0	0/1	80H	11111111
P1	P1	0/1	90H	11111111
P2	P2	0/1	A0H	11111111
P3	P3	0/1	B0H	11111111
P4	P4	0/1	C0H	11111111
P5	P5	0/1	98H	11111111
P6	P6	0/1	C8H	11111111

3.4.5 I/O口驱动能力

VRS51L3074 I/O口的输出驱动电路采用推挽式结构,因此无论是输出高电平还是低电平,对同一 I/O 引脚而言都具有相同的驱动能力;而标准 8051 由于内部弱上拉电阻缘故一般以低电平驱动。

VRS51L3074 各 I/O 口的驱动能力并不完全相同:多数端口电流驱动能力为 2 mA,有些端口则提供更大的拉电流或灌电流,可直接用于 LED 驱动。I/O 口的驱动能力如表 3-36 所列。

实际应用中,灌电流不应超过表中所列的数据,否则可能导致输出低电平超出系统标准并影响系统的可靠性。另外需注意 VRS51L3074 的 I/O 口总的负载应小于 100 mA。

表 3-36 I/O 口驱动能力

I/O 口	引 脚	最大驱动电流/mA
P0	P0.7~P0.0	2
P1	P1.7~P1.5	4
	P1.4~P1.0	2
P2	P2.7~P2.0	8
P3	P3.7~P3.6	2
	P3.5~P3.4	4
	P3.3~P3.0	2
P4	P4.7~P4.0	2
P5	P5.7~P5.0	16
P6	P6.7~P6.0	2

3.4.6 I/O 口状态变化监控

VRS51L3074 提供了一个用于监控 I/O 引脚状态变化的子系统,由特殊功能寄存器 PORTCHG 选择需要监控的端口并反映其是否发生状态改变。

PORTCHG 寄存器的结构如表 3-37 所列。

表 3-37 I/O 口状态变化监控配置寄存器 PORTCHG(SFR　Page:0/1　地址:B9H)

位	7	6	5	4	3	2	1	0
读/写	R/W	R/W	R/W	R/W	R/W	R/W	R/W	R/W
复位值	0	0	0	0	0	0	0	0
符 号	PMONFLAG1	PCHGMSK1	PCHGSEL1[1:0]		PMONFLAG0	PCHGMSK0	PCHGSEL0[1:0]	

PORTCHG 寄存器分为两个部分:高 4 位为 P6~P4 口的监控设置和标志位;低 4 位为 P3~P0 口的监控设置和标志位。

PORTCHG 寄存器的功能定义如下:

PMONFLAG1/ PMONFLAG0:端口监控标志位。置位时表明被监控端口的状态发生改变,该位必须由软件清零。

PCHGMSK1/ PCHGMSK0:端口状态变化中断使能控制位。置位时使能端口状态改变中断功能,当被监控端口的状态改变时将向中断系统发出中断请求;清零则禁止在端口状态变化时发出中断请求。

PCHGSEL1[1:0]/ PCHGSEL0[1:0]:监控端口选择位。用于指定被监控的端口,其取值与被监控端口的对应关系如表 3-38 所列。

表 3-38 监控端口选择位说明

PCHGSEL1[1:0]	被监控端口	PCHGSEL0[1:0]	被监控端口
00	P4	00	P0
01	P5	01	P1
10	P6	10	P2
11	P4.3~P4.0	11	P3

如表 3-38 所列，P4.3~P4.0 可单独作为一个监控端口。

端口监控功能在用于捕获指定端口可能发生的事件时非常方便，在开放端口状态改变中断功能的情况下可无须轮询端口状态以节省处理器资源。

此处需要说明的是：当端口状态发生改变时，端口监控标志位 PMONFLAG1/0 将被硬件置位，与是否开放端口状态变化中断无关。因此，用户也可以在必要时通过软件来查询该标志位，从而判断指定端口的状态是否发生变化。

I/O 口状态变化监控功能特别适用于如键盘一类的外部输入接口的管理。

3.5 定时/计数器

VRS51L3074 具有 3 个 16 位定时/计数器 T0、T1 和 T2，其主要功能和特点有：

➢ T0、T1 可以按 16 位定时器或各自以 2 个 8 位定时器方式使用；
➢ T0、T1 和 T2 都具有加法计数和减法计数功能；
➢ 每个定时器有一个可配置的分频器；
➢ 可通过级联构成 24、32 或 48 位定时/计数器；
➢ 每个定时器溢出时都可以从指定引脚输出一个脉冲或电平取反；
➢ 每个定时器都有一个计数信号输入端；
➢ 每个定时器都有门控引脚或外部控制引脚。

VRS51L3074 定时器的配置参数可灵活的调节，以满足定时/计数方式下的多种应用。与标准 8051 相比，VRS51L3074 定时/计数器的控制更加便捷。T0 和 T1 的控制寄存器的结构和使用方法一致，T2 则有所区别。下面将分别介绍。

定时器使能由特殊功能寄存器 PERIPHEN1 控制，当 PERIPHEN1 寄存器中的 T2EN、T1EN 和 T0EN 置位时分别使能定时器 T0、T1 和 T2。对应关系如表 3-39 所列。

表 3-39 功能模块使能寄存器 PERIPHEN1(SFR　Page:0/1 地址:F4H)

位	7	6	5	4	3	2	1	0
读/写	—	—	—	—	—	R/W	R/W	R/W
复位值	—	—	—	—	—	0	0	0
符号	—	—	—	—	—	T2EN	T1EN	T0EN

注："-"表示该位与定时器使能无关。

3.5.1 定时/计数器 T0、T1

定时/计数器 T0、T1 的结构原理如图 3-11 所示。

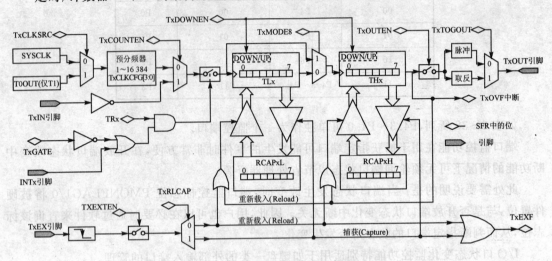

图 3-11 定时/计数器 T0、T1 结构原理图

1. T0 和 T1 的控制寄存器

与 T0 和 T1 的控制功能相关的寄存器有：T0T1CFG、T0T1CLKCFG、T0CON 和 T1CON，其结构与定义说明如下。

(1) T0、T1 配置寄存器 T0T1CFG

T0T1CFG 寄存器为 T0、T1 的配置寄存器，其结构如表 3-40 所列。

表 3-40 T0、T1 配置寄存器 T0T1CFG (SFR　Page: 0/1　地址: 89H)

位	7	6	5	4	3	2	1	0
读/写	R	R/W	R/W	R/W	R/W	R/W	R/W	R/W
复位值	0	0	0	0	0	0	0	0
符 号	无(未使用)	T1GATE	T0GATE	T1CLKSRC	T1OUTEN	T1MODE8	T0OUTEN	T0MODE8

T0、T1 配置寄存器 T0T1CFG 各位的定义如下：

T1GATE：T1 门控位。该位置位时，T1 只有在 INT1 引脚为高电平时才计数；该位清零时，T1 的运行由 T1CON 寄存器中的 TR1 位控制。

T0GATE：T0 门控位。该位置位时，T0 只有在 INT0 引脚为高电平时才计数；该位清零时，T0 的运行由 T0CON 寄存器中的 TR0 位控制。

T1CLKSRC：T1 工作在定时器方式下的时钟源选择位。清零时选择系统时钟为计数信号；置位则选择 T0 的输出(T0 溢出)为计数源。T0 作定时器时只能以系统时钟作为其计数信号。选择 T0 的输出为计数源时 T1 必须工作在计数器模式，即 T1CON 中的 T1COUNTEN 位为 1。

T1OUTEN：T1 溢出信号输出使能控制位。若该位置位，则 T1 计数器溢出时将从指定管脚输出一个脉冲或电平取反。

T1MODE8：清零(默认)时 T1 以 16 位定时/计数器方式运行；置位时 T1 以两个独立的 8 位定时/计数器(TH1、TL1)方式运行。

T0OUTEN：T0 溢出信号输出使能控制位。若该位置位，则 T0 计数器溢出时将从指定管脚输出一个脉冲或电平取反。

T0MODE8：清零(默认)时 T0 以 16 位定时/计数器方式运行；置位时 T0 以两个独立的 8 位定时/计数器(TH0、TL0)方式运行。

(2) T0、T1 时钟配置寄存器 T0T1CLKCFG

T0T1CLKCFG 寄存器用于控制 T0/T1 作定时器时的时钟速度，其结构如表 3-41 所列。

表 3-41 T0、T1 时钟配置寄存器 T0T1CLKCFG (SFR Page：0/1 地址：99H)

位	7	6	5	4	3	2	1	0
读/写	R/W	R/W	R/W	R/W	R/W	R/W	R/W	R/W
复位值	0	0	0	0	0	0	0	0
符号	T1CLKCFG[3:0]				T0CLKCFG[3:0]			

高 4 位用于 T1 的时钟分频设置，低 4 位为 T0 的时钟分频设置，其取值与分频系数的对应关系如表 3-42 所列。

表 3-42 T0 和 T1 时钟分频设置表

TxCLKCFG[3:0]	分频系数	TxCLKCFG[3:0]	分频系数
0000	1	1000	256
0001	2	1001	512
0010	4	1010	1 024
0011	8	1011	2 048
0100	16	1100	4 096
0101	32	1101	8 192
0110	64	1110	16 384
0111	128	1111	32 768

(3) T0 状态控制寄存器 T0CON

T0CON 寄存器为 T0 的状态标志及控制寄存器，其结构如表 3-43 所列。

表 3-43 T0 状态控制寄存器 T0CON (SFR Page：0/1 地址：9AH)

位	7	6	5	4	3	2	1	0
读/写	R/W	R/W	R/W	R/W	R/W	R/W	R/W	R/W
复位值	0	0	0	0	0	0	0	0
符号	T0OVF	T0EXF	T0DOWNEN	T0TOGOUT	T0EXTEN	TR0	T0COUNTEN	T0RLCAP

T0 状态控制寄存器 T0CON 各位的功能定义如下：

T0OVF：T0 溢出标志位。当定时器 0 计数溢出时置位 T0OVF 并发出中断，该位必须由软件清零。

T0EXF：定时器 0 外部控制标志位。在 T0EXTEN=1 的前提下，若 T0EX 引脚发生负跳变时 T0EXF 被置位,必须用软件清零。

T0DOWNEN:T0 计数方式控制位。清零(默认)为加法计数方式;置位时采用减法计数方式。

T0TOGOUT:T0 溢出信号输出模式控制位。在 T0OUTEN=1 时,若该位为 0,则 T0 溢出时从指定引脚输出一个脉冲;若该位为 1,则 T0 溢出时输出电平取反。

T0EXTEN:定时器 0 外部控制使能。置位时,T0EX 引脚的负跳变将导致 T0 捕获或重载,并将 T0EXF 标志置位;该位清零时,T0EX 引脚的状态不影响 T0 的运行。

TR0:T0 的计数控制位。置位时允许计数;清零时停止计数。

T0COUNTEN:T0 工作模式控制位。清零(默认)时 T0 做定时器,T0 对系统时钟或其分频信号计数;置位时 T0 以计数器方式工作,对 T0IN 引脚的负跳变计数。

T0RLCAP:定时器 0 重载/捕获控制位。在 T0EXTEN=1 且 T0EX 引脚发生负跳变时:若 T0RLCAP=0(默认),则定时器 0 自动重载,将 RCAP0H、RCAP0L 作为初值自动装入 TH0、TL0;若 T0RLCAP=1,则定时器 0 执行捕获,将 TH0、TL0 的当前计数值锁存到 RCAP0H、RCAP0L。

(4) T1 状态控制寄存器 T1CON

T1CON 寄存器为定时器 1 的状态标志及控制寄存器,其结构和功能与 T0CON 相似。T1 状态控制寄存器 T1CON 的结构如表 3-44 所列。

表 3-44　T1 状态控制寄存器 T1CON (SFR　Page:0/1　地址:9BH)

位	7	6	5	4	3	2	1	0
读/写	R/W	R/W	R/W	R/W	R/W	R/W	R/W	R/W
复位值	0	0	0	0	0	0	0	0
符号	T1OVF	T1EXF	T1DOWNEN	T1TOGOUT	T1EXTEN	TR1	T1COUNTEN	T1RLCAP

T1 状态控制寄存器 T1CON 的功能定义如下:

T1OVF:T1 溢出标志位。当定时器 1 计数溢出时置位 T1OVF 并发出中断,该位必须由软件清零。

T1EXF:定时器 1 外部控制标志位。在 T1EXTEN=1 的前提下,若 T1EX 引脚发生负跳变时 T1EXF 被置位,必须用软件清零。

T1DOWNEN:T1 计数方式控制位。清零(默认)为加法计数方式,置位时采用减法计数方式。

T1TOGOUT:T1 溢出信号输出模式控制位。在 T1OUTEN=1 时,若该位为 0,则 T1 溢出时从指定引脚输出一个脉冲;若该位为 1,则 T1 溢出时输出电平取反。

T1EXTEN:定时器 1 外部控制使能。置位时,T1EX 引脚的负跳变将导致 T1 捕获或重载,并将 T1EXF 标志置位;该位清零时,T1EX 引脚的状态不影响 T1 的运行。

TR1:T1 的计数控制位。置位时允许计数;清零时停止计数。

T1COUNTEN:T1 工作模式控制位。清零(默认)时 T1 作定时器,T1 对系统时钟或其分频信号计数;置位时 T1 以计数器方式工作,对 T1IN 引脚的负跳变计数。

T1RLCAP:定时器 1 重载/捕获控制位。在 T1EXTEN=1 且 T1EX 引脚发生负跳变时:若 T1RLCAP=0(默认),则定时器 1 自动重载,将 RCAP1H、RCAP1L 作为初值自动装入

TH1、TL1;若 T1RLCAP=1,则定时器 1 执行捕获,将 TH1、TL1 的当前计数值锁存到 RCAP1H、RCAP1L。

2. T0 和 T1 的当前值寄存器

VRS51L3074 为访问 T0 和 T1 的 16 位当前值分别提供了两个特殊功能寄存器:TH0/TL0 和 TH1/TL1,如表 3-45、表 3-46 所列。

表 3-45 T0 当前值寄存器 TH0/TL0

	TH0 (SFR Page:0/1 地址:8BH)								TL0 (SFR Page:0/1 地址:8AH)							
位	7	6	5	4	3	2	1	0	7	6	5	4	3	2	1	0
读/写	R/W								R/W							
复位值	0x00								0x00							

表 3-46 T1 当前值寄存器 TH1/TL1

	TH1 (SFR Page:0/1 地址:8DH)								TL1 (SFR Page:0/1 地址:8CH)							
位	7	6	5	4	3	2	1	0	7	6	5	4	3	2	1	0
读/写	R/W								R/W							
复位值	0x00								0x00							

3. T0 和 T1 的重载/捕获寄存器

T0 和 T1 各有一个辅助的 16 位重载/捕获寄存器,用于在自动重载方式下实现计数初值的重新装入,或在捕获方式下保存计数器的当前计数值。可通过下列两个 SFR 访问,如表 3-47 和表 3-48 所列。

表 3-47 T0 重载/捕获寄存器 RCAP0H/RCAP0L

	RCAP0H (SFR Page:0/1 地址:93H)								RCAP0L (SFR Page:0/1 地址:92H)							
位	7	6	5	4	3	2	1	0	7	6	5	4	3	2	1	0
读/写	R/W								R/W							
复位值	0x00								0x00							

表 3-48 T1 重载/捕获寄存器 RCAP1H/RCAP1L

	RCAP1H (SFR Page:0/1 地址:95H)								RCAP1L (SFR Page:0/1 地址:94H)							
位	7	6	5	4	3	2	1	0	7	6	5	4	3	2	1	0
读/写	R/W								R/W							
复位值	0x00								0x00							

除了 TxEX 引脚的负跳变会触发自动重载以外,当 T0 计数器溢出时,定时器 0 也将自动重载,RCAP0H、RCAP0L 的内容被自动装入 TH0、TL0;T1 计数器溢出时,定时器 1 也将自动重载,RCAP1H、RCAP1L 的内容被自动装入 TH1、TL1。

4. T0 和 T1 溢出信号输出控制

T0 和 T1 的溢出信号可输出到指定引脚,由 T0T1CFG 寄存器的 TxOUTEN 位置位来启动该功能。当 TxOUTEN=1 时,T0、T1 定时器溢出时默认(TxTOGOUT=0)输出一个脉冲,脉冲宽度为 1/SYSCLK;当 TxTOGOUT 设为 1 时,T0/T1 在溢出时输出电平取反。如图 3-12 所示。

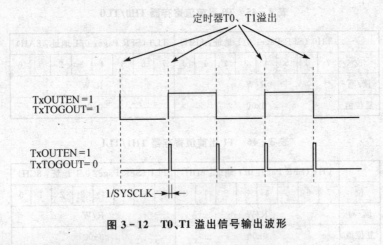

图 3-12 T0、T1 溢出信号输出波形

5. T0 和 T1 的引脚映射

与定时/计数器 T0 和 T1 相关的引脚可以重定向,由特殊功能寄存器 DEVIOMAP(SFR Page0/1 E1H)中的 T1ALTMAP(bit 1)、T0ALTMAP(bit 0)位定义其映射关系,如表 3-49 和表 3-50 所列。

表 3-49 定时器 T1 引脚映射表

DEVIOMAP 寄存器	T1 引脚映射		
T1ALTMAP(bit1)	T1IN	T1EX	T1OUT
0(复位值)	P3.5(Pin16)	P2.5(Pin33)	P4.0(Pin27)
1	—	Pin40	P1.4(Pin64)

表 3-50 定时器 T0 引脚映射表

DEVIOMAP 寄存器	T0 引脚映射		
T0ALTMAP(bit0)	T0IN	T0EX	T0OUT
0(复位值)	P3.4(Pin15)	P2.6(Pin34)	P4.5(Pin6)
1	—	Pin41	—

3.5.2 定时/计数器 T2

定时/计数器 T2 的作用与 T0、T1 相同,主要区别在于 T2 不能以两个独立的 8 位定时/计数器方式工作,其结构原理如图 3-13 所示。

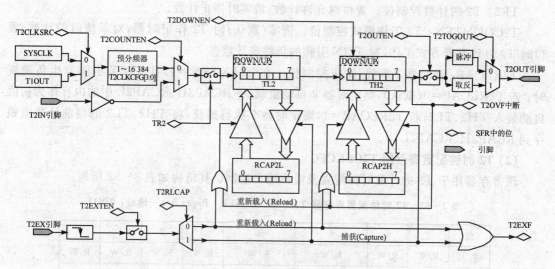

图 3-13 定时/计数器 T2 结构原理图

1. T2 的控制寄存器

与 T2 的控制功能有关的寄存器有 T2CON 和 T2CLKCFG,下面分别介绍。

(1) T2 状态控制寄存器 T2CON

T2CON 寄存器用于控制 T2 的工作模式、外部使能、溢出信号输出方式等,其结构如表 3-51 所列。

表 3-51　T2 状态控制寄存器 T2CON（SFR　Page：0/1　地址：9CH）

位	7	6	5	4	3	2	1	0
读/写	R/W	R/W	R/W	R/W	R/W	R/W	R/W	R/W
复位值	0	0	0	0	0	0	0	0
符号	T2OVF	T2EXF	T2DOWNEN	T2TOGOUT	T2EXTEN	TR2	T2COUNTEN	T2RLCAP

T2 状态控制寄存器 T2CON 各位的功能定义如下:

T2OVF:定时器 T2 溢出标志位。当 T2 计数溢出时置位 T2OVF 并发出中断,必须由软件清零。

T2EXF:定时器 T2 外部控制标志位。在 T2EXTEN=1 的前提下,当 T2EX 引脚发生负跳变时 T2EXF 被置位,必须用软件清零。

T2DOWNEN:T2 计数方式控制位。清零(默认)为加法计数方式,置位时采用减法计数方式。

T2TOGOUT:T2 溢出信号输出模式控制位。当 T2CLKCFG 寄存器中的 T2OUTEN=1 时:若 T2TOGOUT 为 0,则 T2 溢出时从指定引脚输出一个脉冲;若 T2TOGOUT 置位,则 T2 溢出时输出电平取反。

T2EXTEN:定时器 T2 外部控制使能。置位时,T2EX 引脚发生负跳变时 T2 将执行重载或捕获,并将 T2EXF 标志置位;T2EXTEN=0 时,T2EX 引脚的状态变化不影响 T2 的运行。

TR2：T2 的计数控制位。置位时允许计数；清零时停止计数。

T2COUNTEN：T2 工作模式控制位。清零（默认）时 T2 作定时器，对系统时钟计数；置位时 T2 以计数器方式工作，对 T2IN 引脚的负跳变计数。

T2RLCAP：定时器 2 重载/捕获控制位。在 T2EXTEN＝1，且 T2EX 引脚发生负跳变时：若 T2RLCAP＝0（默认），则定时器 2 自动重载，将 RCAP2H、RCAP2L 中的内容作为初值自动装入 TH2、TL2；若 T2RLCAP＝1，则定时器 2 执行捕获，将 TH2、TL2 的当前计数值锁存到 RCAP2H、RCAP2L 中。

(2) T2 时钟配置寄存器 T2CLKCFG

该寄存器用于 T2 的计数时钟配置及溢出输出控制。其结构如表 3－52 所列。

表 3－52　T2 时钟配置寄存器 T2CLKCFG（SFR　Page：0/1　地址：9DH）

位	7	6	5	4	3	2	1	0
读/写	R/W	R/W	R/W	R/W	R/W	R/W	R/W	R/W
复位值	0	0	0	0	0	0	0	0
符　号	无（未使用）		T2CLKSRC	T2OUTEN	T2CLKCFG[3:0]			

T2CLKSRC：T2 定时器时钟源选择位。清零（默认）时以系统时钟为计数源，置位时选择定时/计数器 T1 的输出为计数源。

T2OUTEN：T2 溢出信号输出使能控制位。若该位置位，则 T2 计数器溢出时将从指定管脚输出一个脉冲或电平取反。

T2CLKCFG[3:0]：T2 定时器时钟配置位，其取值决定对系统时钟的分频系数，其分频系数与表 3－42 相同。

2. T2 当前值寄存器和重载/捕获寄存器

T2 当前值寄存器为 TH2/TL2、重载/捕获寄存器为 RCAP2H/RCAP2L，它们的作用与 T0、T1 的当前值寄存器和重载/捕获寄存器相同。其结构如表 3－53 和表 3－54 所列。

表 3－53　T2 当前值寄存器 TH2/TL2

	TH2 (SFR Page：0/1 地址：8FH)								TL2 (SFR Page：0/1 地址：8EH)							
位	7	6	5	4	3	2	1	0	7	6	5	4	3	2	1	0
读/写	R/W								R/W							
复位值	0x00								0x00							

表 3－54　T2 重载/捕获寄存器 RCAP2H/RCAP2L

	RCAP2H (SFR Page：0/1 地址：97H)								RCAP2L (SFR Page：0/1 地址：96H)							
位	7	6	5	4	3	2	1	0	7	6	5	4	3	2	1	0
读/写	R/W								R/W							
复位值	0x00								0x00							

除了 T2EX 引脚的负跳变会触发自动重载以外，当 T2 计数器溢出时，也会触发自动重载，RCAP2H、RCAP2L 的内容被自动装入 TH2、TL2。

3. T2 溢出信号输出控制

T2 的溢出信号也可输出到指定引脚。该功能由 T2CLKCFG 寄存器中的 T2OUTEN 置位时启用。在 T2OUTEN＝1 时：T2 计数器溢出时在默认情况（T2CON 寄存器中的 T2TOGOUT＝0）下输出一个脉冲，宽度为 1/SYSCLK；当 T2TOGOUT 位设置为 1 时，则 T2 在溢出时输出电平取反。输出波形与图 3-12 所示相同。

4. T2 引脚映射

特殊功能寄存器 DEVIOMAP(SFR Page0/1 E1H)中的 T2ALTMAP(bit2)定义了 T2 相关引脚的映射关系，如表 3-55 所列。

表 3-55 特殊功能寄存器 DEVIOMAP 关于 T2 引脚的映射关系

DEVIOMAP 寄存器	T2 引脚映射		
T2ALTMAP(bit2)	T2IN	T2EX	T2OUT
0(复位值)	P6.1(PIN56)	P6.0(PIN57)	P4.4(PIN59)
1	P1.0(PIN60)	P1.1(PIN61)	P1.2(PIN62)

3.5.3 定时器级联

VRS51L3074 的 3 个定时器可级联构成 24、32 或 48 位的定时器，以满足长延时的需要，并可通过对系统时钟分频获得更长的延时。

表 3-56 列举了可通过定时器级联获得的延时。

表 3-56 定时器级联最大定时时间实例

定时器级联位数	延时时间
16 位	1.6384 ms
24 位	419 ms
32 位	107 374 ms (107 s)
48 位	$7.037×10^6$ s (1954.69 小时 / 81.44 天)

图 3-14 所示为定时器级联的示意图。

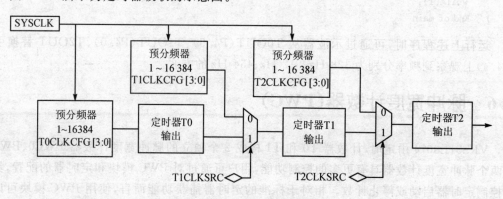

图 3-14 定时器级联示意图

定时器级联不影响定时器的其他功能,如定时器重载、捕获和溢出信号输出等。此外,定时器级联功能也可结合脉冲宽度计数器(PWC)使用,以记录更长的事件。

3.5.4 定时器应用例程

本例程将 T0、T1、T2 设置为自动重载方式,溢出时相应引脚输出电平取反;T0、T1 设置为加法计数方式,T2 采用减法计数方式。在 $f_{osc}=40$ MHz 时,T0、T1、T2 分别输出 328 Hz、512 Hz、454 Hz 方波。

程序代码:

```
#include <VRS51L3074_Keil.h>
void main (void)
{
    PERIPHEN1 = 0x07;        //使能 T0、T1、T2
    TH0 = 0x12;              //T0 计数初值 = 0x1234
    TL0 = 0x34;
    RCAP0H = 0x12;           //T0 自动重装常数 = 0x1234
    RCAP0L = 0x34;
    TH1 = 0x67;              //T1 计数初值 = 0x6789
    TL1 = 0x89;
    RCAP1H = 0x67;           //T1 自动重装常数 = 0x6789
    RCAP1L = 0x89;
    T0T1CFG = 0x0A;          //T0、T1 输出使能,T1 计数源为系统时钟
                             // T0、T1 运行由 TR0、TR1 控制
    T0T1CLKCFG = 0x00;       //T0Clk = Sysclk/1,T1Clk = Sysclk/1
    TH2 = 0xAB;              //T2 计数初值 = 0xABCD
    TL2 = 0xCD;
    RCAP2H = 0xAB;           // T2 自动重装常数 = 0xABCD
    RCAP2L = 0xCD;
    DEVIOMAP |= 0x04;        //T2OUT 重定向至 P4.4
    T2CLKCFG = 0x10;         //T2:计数源为系统时钟,Clk = Sysclk/1,输出使能
    T0CON = 0x14;            //T0:输出取反,启动 T0 加法计数,自动重载
    T1CON = 0x14;            //T1:输出取反,启动 T1 加法计数,自动重载
    T2CON = 0x34;            //T2:输出取反,启动 T2 减法计数,自动重载
    while(1);
}// End of main
```

运行上述程序时,可通过示波器从 T0OUT(P4.5)、T1OUT(P4.0)、T2OUT 替换引脚(P4.4)上观察到频率分别为 328 Hz、512 Hz、454 Hz 的方波。

3.6 脉冲宽度计数器(PWC)

VRS51L3074 由定时/计数器 T0 和 T1 构成 2 个独立的脉冲宽度计数器 PWC0、PWC1。这两个脉冲宽度计数器具有更多的控制功能,用户可通过对 PWC 模块和定时器的配置,灵活地控制定时器启动或停止计数。相对于标准的定时器捕获功能而言,使用 PWC 模块可以更方便地检测事件的持续时间或间隔时间。

PWC0 和 PWC1 的结构原理图分别如图 3-15 和图 3-16 所示。

铁电单片机 VRS51L3074

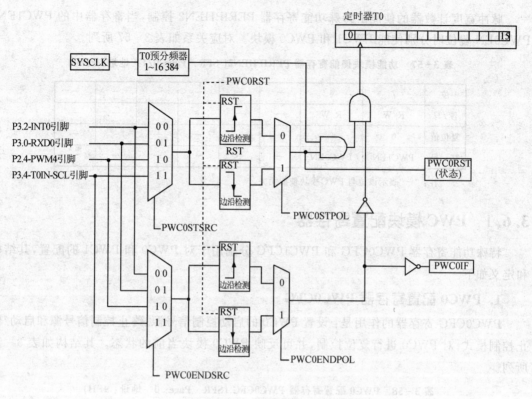

图 3-15 PWC0 结构原理图

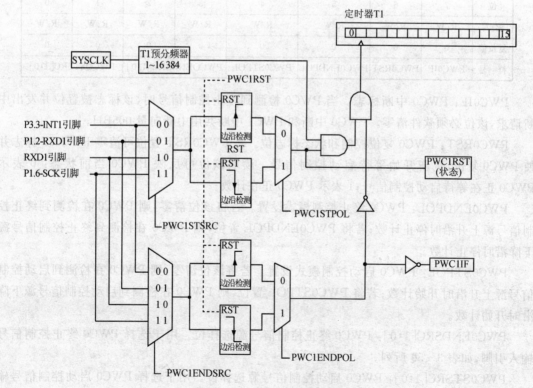

图 3-16 PWC1 结构原理图

脉冲宽度计数器的使能由特殊功能寄存器 PERIPHEN2 控制,当寄存器中的 PWC1EN、PWC0EN 置位时分别使能 PWC1 和 PWC0 模块。对应关系如表 3-57 所列。

表 3-57 功能模块使能寄存器 PERIPHEN2（SFR　Page:0/1　地址：F5H）

位	7	6	—	—	—	—	—	—
读/写	R/W	R/W	—	—	—	—	—	—
复位值	0	0	—	—	—	—	—	—
符号	PWC1EN	PWC0EN	—	—	—	—	—	—

注："—"表示该位与 PWC 模块使能无关。

3.6.1 PWC 模块配置寄存器

特殊功能寄存器 PWC0CFG 和 PWC1CFG 分别用于对 PWC0 和 PWC1 的配置,其结构和定义如下。

1. PWC0 配置寄存器 PWC0CFG

PWC0CFG 寄存器的作用是：设置 PWC0 的启动控制信号源、终止控制信号源和启动/停止控制模式；对 PWC0 进行复位控制,并可反映 PWC0 模块当前的状态。其结构如表 3-58 所列。

表 3-58 PWC0 配置寄存器 PWC0CFG（SFR　Page：0　地址：9EH）

位	7	6	5	4	3	2	1	0
读/写	R/W	R/W	R/W	R/W	R/W	R/W	R/W	R/W
复位值	0	0	0	0	0	0	0	0
符号	PWC0IF	PWC0RST	PWC0ENDPOL	PWC0STPOL	PWC0ENDSRC[1:0]		PWC0STSRC[1:0]	

PWC0IF：PWC0 中断标志。当 PWC0 检测到终止控制信号时,该标志被置位并发出中断请求,该位必须软件清零。PWC0 中断和 PWC1 中断共用中断向量 005BH。

PWC0RST：PWC0 复位控制和状态标志位。将 PWC0RST 置位可清零 PWC0IF 标志并使 PWC0 复位,重新开始等待启动控制信号。读取该位可反映 PWC0 当前状态：0 表示 PWC0 正在等待启动控制信号；1 表示 PWC0 正在计数。

PWC0ENDPOL：PWC0 终止控制模式设置。若将该位清零,则 PWC0 在检测到终止控制信号源上升沿时停止计数；若将 PWC0ENDPOL 置位,则 PWC0 在检测到终止控制信号源下降沿时停止计数。

PWC0STPOL：PWC0 启动控制模式设置。若将该位清零,则 PWC0 在检测到启动控制信号源上升沿时开始计数；若将 PWC0STPOL 置位,则 PWC0 在检测到启动控制信号源下降沿时开始计数。

PWC0ENDSRC[1:0]：PWC0 终止控制信号源选择位。用于选择 PWC0 终止控制信号输入引脚,如表 3-59 所列。

PWC0STSRC[1:0]：PWC0 启动控制信号源选择位。用于选择 PWC0 启动控制信号输入引脚,如表 3-59 所列。

表 3-59 PWC0 启动控制信号源/终止控制信号源选择

启动控制信号源		终止控制信号源	
PWC0STSRC[1:0]	PWC0 启动信号输入引脚	PWC0ENDSRC[1:0]	PWC0 终止信号输入引脚
00	P3.2—INT0(Pin 13)	00	P3.2—INT0(Pin 13)
01	P3.0—RXD0(Pin 5)	01	P3.0—RXD0(Pin 5)
10	P2.4—RXD0 替换引脚(Pin 32)	10	P2.4—RXD0 替换引脚(Pin 32)
11	P3.4—T0IN(Pin 15)	11	P3.4—T0IN(Pin 15)

PWC 模块启动控制信号源、终止控制信号源的选择既可以相同也可以不同,启动控制模式和终止控制模式也可以设为相同或不同,因而可以灵活配置其工作方式。

2. PWC1 配置寄存器 PWC1CFG(SFR 9FH)

PWC1CFG 寄存器和 PWC0CFG 寄存器结构相同,如表 3-60 所列。

表 3-60 PWC1 配置寄存器 PWC1CFG (SFR Page: 0 地址: 9FH)

位	7	6	5	4	3	2	1	0
读/写	R/W	R/W	R/W	R/W	R/W	R/W	R/W	R/W
复位值	0	0	0	0	0	0	0	0
符号	PWC1IF	PWC1RST	PWC1ENDPOL	PWC1STPOL	PWC1ENDSRC[1:0]		PWC1STSRC[1:0]	

PWC1IF:PWC1 中断标志。当 PWC1 检测到终止控制信号时,该标志被置位并发出中断请求,该位必须软件清零。PWC1 中断与 PWC0 中断共用中断向量 005BH。

PWC1RST:PWC1 复位控制和状态标志位。将 PWC1RST 置位可清零 PWC1IF 标志,并复位 PWC1,重新开始等待启动控制信号。读取该位可反映 PWC1 当前状态:0 表示 PWC1 正在等待启动控制信号;1 表示 PWC1 正在计数。

PWC1ENDPOL:PWC1 终止控制模式设置。若将该位清零,则 PWC1 在检测到终止控制信号源上升沿时停止计数;若将 PWC1ENDPOL 置位,则 PWC1 在检测到终止控制信号源下降沿时停止计数。

PWC1STPOL:PWC1 启动控制模式设置。若将该位清零,则 PWC1 在检测到启动控制信号源上升沿时开始计数;若将 PWC1STPOL 置位,则 PWC1 在检测到启动控制信号源下降沿时开始计数。

PWC1ENDSRC[1:0]:PWC1 终止控制信号源选择位。用于选择 PWC1 终止控制信号输入引脚,如表 3-61 所列。

表 3-61 PWC1 启动控制信号源/终止控制信号源选择

启动控制信号源		终止控制信号源	
PWC0STSRC[1:0]	PWC1 启动信号输入引脚	PWC0ENDSRC[1:0]	PWC1 终止信号输入引脚
00	P3.3—INT1(Pin 14)	00	P3.3—INT1(Pin 14)
01	P1.2—RXD1(Pin 62)	01	P1.2—RXD1(Pin 62)
10	RXD1 替换引脚(Pin 41)	10	RXD1 替换引脚(Pin 41)
11	P1.6(Pin 2)	11	P1.6(Pin 2)

PWC1STSRC[1:0]：PWC1 启动控制信号源选择位。用于选择 PWC1 启动控制信号输入引脚，如表 3-61 所列。

3.6.2 PWC 模块配置操作

PWC 模块配置包括：
- 使能 PWC 模块；
- 使能定时器并设置为门控方式；
- 定时器初值设为 0x0002；
- 设置 PWC 起始控制信号源/终止控制信号源；
- 设置 PWC 起始/终止控制信号；
- 如果需要，开放 PWC 中断。

PWC0 和 PWC1 分别与定时器 T0 和 T1 结合起来工作。PWC 模块使能后，应立即将对应的定时器配置为门控模式。为精确测量脉冲宽度，定时器 T0、T1 的初值必须设置为[00h, 02h]。

【例】 PWC0 初始化代码。

```
//PWC0 初始化
//……
    PERIPHEN2 |= 0x40;          //PWC0 使能
    PERIPHEN1 |= 0x01;          //T0 使能
    T0T1CFG = 0x20;             //T0 门控方式
    TL0 = 0x02;                 //T0 初值
    TH0 = 0x00;
    PWC0CFG |= 0x15;            //PWC0：下降沿启动，上升沿终止
                                //启动、终止控制信号源均为 P3.0 - RXD0 引脚
//……
```

初始化完成后，PWC 模块开始等待启动信号，当检测到启动控制信号时，PWC 开始计数。一旦检测到终止控制信号，PWC 则停止计数，此时被测事件持续时间保存于定时器中。从定时器读出计数值后，必须重新将[THx, TLx]设为[00h, 02h]，为记录下一个事件做好准备。

3.6.3 PWC 模块例程

本例程用于说明 PWC 模块的初始化和使用。其功能为：定时器 T2 连续对 P1.2 取反，并将此信号作为 PWC1 的输入；P0 口用于监控 PWC1 的状态，当 PWC1 计数时 P0 口输出 0x00，PWC1 停止计数时 P0 口输出 0xFF。

程序代码：

```
#include <VRS51L3074_Keil.h>
void main (void)
{
    PERIPHEN2 |= 0x088;         //使能 PWC1 和 I/O 口
    PERIPHEN1 |= 0x02;          //使能 T1
    P0PINCFG = 0x00;            //P0 口设置为输出
```

```
//配置 T1:
    T0T1CFG |= 0x40;              //门控方式
    TH1 = 0x00;                   //计数初值 = 0x02
    TL1 = 0x02;
//T1CON |= 0x04;                  //启动 T1
// 配置 T2:
    PERIPHEN1 |= 0x04;            //T2 使能
    TH2 = 0xA0;                   //计数初值 = 0xA0
    TL2 = 0x00;
    RCAP2H = 0xA0;                //自动重装常数 = 0xA0
    RCAP2L = 0x00;
    T2CLKCFG = 0x10;              //计数源为系统时钟,输出使能 T2Clk = Sysclk/1
    T2CON = 0x14;                 //T2 输出取反,启动 T2,自动重载
//配置 PWC1
    PWC1CFG = 0x65;               //PWC1 复位,上升沿启动,下降沿终止
                                  //启动、终止控制信号源均为 P1.2(T2out)引脚
//通过 P0 口监控 PWC1 运行
    P0 = 0xFF;                    //PWC1 停止计数
    do
    {
//    PWC1CFG |= 0x40;            //PWC1 复位,等待启动信号
    while(!(PWC1CFG&0x40));       //检测 PWC1 状态
    P0 = 0x00;                    //PWC1 计数
    while(!(PWC1CFG&0x80));       //等待 PWC1 中断
    P0 = 0xFF;                    //PWC1 停止
    PWC1CFG &= 0x7F;              //清 PWC1 中断标志
    TL1 = 0x02;                   //恢复 T1 初值 0x02
    TH1 = 0x00;
    }while(1);
}                                 // End of main
```

3.7 串行口

VRS51L3074 单片机有两个自带专用波特率发生器的全双工异步串行口 UART0 和 UART1。串行口使能由特殊功能寄存器 PERIPHEN1 控制,当 PERIPHEN1 寄存器中的 U0EN 和 U1EN 置位时使能串行口 UART0 和 UART1。对应关系如表 3-62 所列。

表 3-62 功能模块使能寄存器 PERIPHEN1(SFR   Page:0/1   地址:F4H)

位	—	—	—	4	3	—	—	—
读/写	—	—	—	R/W	R/W	—	—	—
复位值	—	—	—	0	0	—	—	—
符 号	—	—	—	U1EN	U0EN	—	—	—

注:"—"表示该位与串行口使能无关。

3.7.1 串行口 UART0

1. UART0 数据收发缓冲器

UART0 的接收缓冲器和发送缓冲器通过特殊功能寄存器 UART0BUF(SFR Page0 A3H)访问。UART0 数据接收采用双缓冲结构,发送采用单缓冲结构。对 UART0BUF 执行读操作是从接收缓冲器取出接收到的数据;对 UART0BUF 执行写操作则将数据送到发送缓冲器并启动发送。

2. UART0 工作方式控制

串行口 UART0 的工作方式主要由 UART0 配置寄存器 UART0CFG、波特率寄存器 UART0BRH、UART0BRL 和扩展配置寄存器 UART0EXT 控制。下面分别说明。

(1) UART0 配置寄存器 UART0CFG(SFR Page0 A2H)

UART0CFG 寄存器的格式如表 3-63 所列。

表 3-63 串行口 UART0 配置寄存器 UART0CFG (SFR　Page:0　地址:A2H)

位	7	6	5	4	3	2	1	0
读/写	R/W	R/W	R/W	R/W	R/W	R/W	R/W	R/W
复位值	1	1	1	0	0	0	0	0
符　号	BRADJ[3:0]	BRCLKSRC	B9RXTX	B9EN	STOP2EN			

BRADJ[3:0]:波特率微调设置,其作用见串行口波特率计算部分。

BRCLKSRC:波特率发生器时钟源选择位。清零(默认)选择内部振荡器为时钟源;置位选择外部时钟源。

B9RXTX:接收到的数据第 9 位或待发送数据第 9 位。

B9EN:9 位 UART 格式控制位。清零(默认)时 UART0 为 8 位异步串行通信接口;置位时 UART0 为 9 位异步通信接口。

STOP2EN:停止位位数设置。STOP2EN=0(默认)时为 1 位停止位;STOP2EN=1 时为 2 位停止位。

(2) UART0 波特率寄存器 UART0BRH/UART0BRL(SFR Page0 A5H/A4H)

寄存器 UART0BRH 和 UART0BRL 用于设置 UART0 波特率的高 8 位和低 8 位。其结构如表 3-64 所列。

表 3-64 串行口 UART0 波特率寄存器

	UART0BRH(SFR Page:0　地址:A5H)								UART0BRL(SFR Page:0　地址:A4H)							
位	7	6	5	4	3	2	1	0	7	6	5	4	3	2	1	0
读/写	R/W								R/W							
复位值	0x00								0x00							
符　号	UART0BRH[7:0]								UART0BRL[7:0]							

(3) UART0 扩展配置寄存器 UART0EXT(SFR Page0 A6H)

UART0EXT 寄存器的结构如表 3-65 所列。

表 3-65　串行口 UART0 扩展配置寄存器 UART0EXT(SFR Page：0　地址：A6H)

位	7	6	5	4	3	2	1	0
读/写	R/W	R/W	R/W	R/W	R/W	R/W	R/W	R/W
复位值	0	0	0	0	0	0	0	0
符号	U0TIMERF	U0TIMEREN	U0RXSTATE	MULTIPROC	无(未使用)			

U0TIMERF：在 UART0 的波特率发生器做通用定时器的情况下，U0TIMERF 位作为定时器溢出中断标志位，当定时器溢出时 U0TIMERF 被置位。

U0TIMEREN：串行口 UART0 自带的波特率发生器可作为 16 位通用定时器使用，由 U0TIMEREN 置位时使能。

U0RXSTATE：该位反映串行口 UART0 数据接收线(RXD0)的状态。

MULTIPROC：多机通信控制位，其作用与标准 8051 串行口控制寄存器 SCON 中的 SM2 类似。当 MULTIPROC=1 时，仅当接收到的数据第 9 位为"1"时才将前 8 位数据装入 UART0BUF 寄存器、置位中断寄存器中的 RXAVENF 位并发出接收中断。

3. UART0 中断控制

UART0 中断控制分为两级：一是在 UART0 模块中使能中断，由 UART0 中断寄存器控制；二是通过系统中断寄存器 INTEN1 开放 UART0 中断。

UART0 中断寄存器的格式如表 3-66 所列。

表 3-66　串行口 UART0 中断寄存器 UART0INT(SFR Page：0　地址：A1H)

位	7	6	5	4	3	2	1	0
读/写	R/W	R/W	R/W	R/W	R/W	R/W	R/W	R
复位值	0	0	0	0	0	0	0	1
符号	COLEN	RXOVEN	RXAVAILEN	TXEMPTYEN	COLENF	RXOVF	RXAVENF	TXEMPTYF

该寄存器分为两个部分：高 4 位为 UART0 中断使能控制位，低 4 位为相应的中断标志位。其位定位如下：

COLEN：总线冲突中断使能控制位。置位时允许 UART0 冲突中断；清零则禁止。

RXOVEN：UART0 溢出中断使能控制位。置位时允许 UART0 溢出中断；清零则禁止。

RXAVAILEN：UART0 接收中断使能控制位。置位时允许 UART0 接收中断；清零则禁止。

TXEMPTYEN：UART0 发送中断使能控制位。置位时允许 UART0 发送中断；清零则禁止。

COLENF：总线冲突标志位及总线冲突检测使能控制位。通过软件向该位写入"0"时，禁用总线冲突检测功能并将 COLENF 标志复位；通过软件向该位写入"1"时，启用总线冲突检测功能。在启用总线冲突检测功能的情况下，当检测到总线冲突时则停止发送数据，并由硬件将 COLENF 标志置位。

RXOVF：UART0 接收溢出中断标志位。置位时表示 UART0 接收缓冲器溢出。

RXAVENF：UART0 接收中断标志位和允许接收控制位。向该位写入"0"则禁止 UART0 接收；写入"1"允许 UART0 接收。在允许 UART0 接收的情况下，当接收到的数据送入 UART0BUF 寄存器时由硬件将 RXAVENF 标志置位；在 UART0BUF 中的数据被读出后，RXAVENF 位被自动清零。

TXEMPTYF：UART0 发送中断标志位。当串行口发送完一帧数据时由硬件将 TXEMPTYF 置位，表示可以发送下一个数据。

UART0 溢出中断、接收中断、发送中断和波特率发生器（做通用定时器时）溢出中断共用中断向量 002BH；UART0 总线冲突中断与 UART1 总线冲突中断、I^2C 主机丢失仲裁中断共用中断向量 0053H。由中断服务程序查询中断标志位来确定具体的中断事件。由于 UART0 的中断标志位与中断使能无关，因此用户也可以在主程序中通过查询中断标志位来监控 UART0 的状态。

3.7.2 串行口 UART1

1. UART1 数据收发缓冲器

UART1 的接收缓冲器和发送缓冲器通过特殊功能寄存器 UART1BUF（SFR Page0 B3H）访问。与 UART0 相同，UART1 数据接收采用双缓冲结构，发送采用单缓冲结构。对 UART1BUF 执行读操作是从接收缓冲器取出接收到的数据；对 UART1BUF 执行写操作则将数据送入发送缓冲器并启动发送。

2. UART1 工作方式控制

串行口 UART1 的工作方式主要由 UART1 配置寄存器 UART1CFG、波特率寄存器 UART1BRH、UART1BRL 和扩展配置寄存器 UART1EXT 控制。下面分别说明。

(1) UART1 配置寄存器 UART1CFG（SFR Page0 B2H）

UART1CFG 寄存器的格式如表 3-67 所列。

表 3-67 串行口 UART1 配置寄存器 UART1CFG (SFR Page: 0　地址：B2H)

位	7	6	5	4	3	2	1	0
读/写	R/W	R/W	R/W	R/W	R/W	R/W	R/W	R/W
复位值	1	1	1	0	0	0	0	0
符号		BRADJ[3:0]			BRCLKSRC	B9RXTX	B9EN	STOP2EN

BRADJ[3:0]：波特率微调设置，其作用见串行口波特率计算部分。

BRCLKSRC：波特率发生器时钟源选择位。清零（默认）选择内部振荡器为时钟源；置位选择外部时钟源。

B9RXTX：接收到的数据第 9 位或待发送数据第 9 位。

B9EN：9 位 UART 格式控制位。清零（默认）时 UART1 为 8 位异步串行通信接口；置位时 UART1 为 9 位异步通信接口。

STOP2EN：停止位位数设置。STOP2EN＝0（默认）时为 1 位停止位；STOP2EN＝1 时为 2 位停止位。

(2) UART1 波特率寄存器 UART1BRH/UART1BRL(SFR Page0 B5H/B4H)

寄存器 UART1BRH 和 UART1BRL 用于设置 UART1 波特率的高 8 位和低 8 位。其结构如表 3-68 所列。

表 3-68 串行口 UART1 波特率寄存器

位	UART1BRH (SFR Page: 0 地址: A5H)								UART1BRL (SFR Page: 0 地址: A4H)							
	7	6	5	4	3	2	1	0	7	6	5	4	3	2	1	0
读/写	R/W								R/W							
复位值	0x00								0x00							
符号	UART1BRH[7:0]								UART1BRL[7:0]							

(3) UART1 扩展配置寄存器 UART1EXT(SFR Page0 B6H)

UART1EXT 寄存器的结构如表 3-69 所列。

表 3-69 串行口 UART1 扩展配置寄存器 UART1EXT (SFR Page: 0 地址: B6H)

位	7	6	5	4	3	2	1	0
读/写	R/W	R/W	R/W	R/W	R/W	R/W	R/W	R/W
复位值	0	0	0	0	0	0	0	0
符号	U1TIMERF	U1TIMEREN	U1RXSTATE	MULTIPROC	无(未使用)			

U1TIMERF:在 UART1 的波特率发生器做通用定时器的情况下,U1TIMERF 位作为定时器溢出中断标志位,当定时器溢出时 U1TIMERF 被置位。

U1TIMEREN:串行口 UART1 自带的波特率发生器可作为 16 位通用定时器使用,由 U1TIMEREN 置位时使能。

U1RXSTATE:该位反映串行口 UART1 数据接收线(RXD1)的状态。

MULTIPROC:多机通信控制位,其作用与标准 8051 串行口控制寄存器 SCON 中的 SM2 类似。当 MULTIPROC=1 时,仅当接收到的数据第 9 位为"1"时才将前 8 位数据装入 UART1BUF 寄存器、置位中断寄存器中的 RXAVENF 位并发出接收中断。

3. UART1 中断控制

UART1 中断控制分为两级:一是在 UART1 模块中使能中断,由 UART1 中断寄存器控制;二是通过系统中断寄存器 INTEN1 开放 UART1 中断。

UART1 中断寄存器的格式如表 3-70 所列。

表 3-70 串行口 UART1 中断寄存器 UART1INT (SFR Page: 0 地址: B1H)

位	7	6	5	4	3	2	1	0
读/写	R/W	R/W	R/W	R/W	R/W	R/W	R/W	R
复位值	0	0	0	0	0	0	0	1
符号	COLEN	RXOVEN	RXAVAILEN	TXEMPTYEN	COLENF	RXOVF	RXAVENF	TXEMPTYF

该寄存器分为两部分:高 4 位为 UART1 中断使能控制位,低 4 位为相应的中断标志位。

其位定义如下：

COLEN：总线冲突中断使能控制位。置位时允许 UART1 冲突中断；清零则禁止。

RXOVEN：UART1 溢出中断使能控制位。置位时允许 UART1 溢出中断；清零则禁止。

RXAVAILEN：UART1 接收中断使能控制位。置位时允许 UART1 接收中断；清零则禁止。

TXEMPTYEN：UART1 发送中断使能控制位。置位时允许 UART1 发送中断；清零则禁止。

COLENF：总线冲突标志位及总线冲突检测使能控制位。通过软件向该位写入"0"时，禁用总线冲突检测功能并将 COLENF 标志复位；通过软件向该位写入"1"时，启用总线冲突检测功能。在启用总线冲突检测功能的情况下，当检测到总线冲突时则停止发送数据，并由硬件将 COLENF 标志置位。

RXOVF：UART1 接收溢出中断标志位。置位时表示 UART1 接收缓冲器溢出。

RXAVENF：UART1 接收中断标志位和允许接收控制位。向该位写入"0"则禁止 UART1 接收，写入"1"允许 UART1 接收。在允许 UART1 接收的情况下，当接收到的数据送入 UART1BUF 寄存器时，由硬件将 RXAVENF 标志置位；在 UART1BUF 中的数据被读出后，RXAVENF 位被自动清零。

TXEMPTYF：UART1 发送中断标志位。当串行口发送完一帧数据时，由硬件将 TXEMPTYF 置位，表示可以发送下一个数据。

UART1 溢出中断、接收中断、发送中断和波特率发生器（作通用定时器时）溢出中断共用中断向量 0033H；UART1 总线冲突中断与 UART0 总线冲突中断、I^2C 主机丢失仲裁中断共用中断向量 0053H。由中断服务程序查询中断标志位来确定具体的中断事件。由于 UART1 的中断标志位与中断使能无关，因此用户也可以在主程序中通过查询中断标志位来监控 UART1 的状态。

3.7.3 串行通信波特率计算

串行口 UART0/1 波特率计算公式为：

$$波特率 = \frac{SysClk}{32 \times \left(UARTxBR[15:0] + \frac{BRADJ[3:0]}{16} + 1\right)}$$

BRADJ[3:0] 用于波特率微调。

计算步骤如下：

1) 设置 AURTxBR[15:0]

根据所需通信速率（BaudRate），使用下列公式计算最佳值（UARTxBRideal）：

$$UARTxBRideal = \frac{SysClk}{32 \times (BaudRate)} - 1$$

将 UARTxBRideal 整数部分写入波特率寄存器 UARTxBR[15:0]，UARTxBR[15:0] 有效取值为 0x0000～0xFFFF 的整数。

2) 设置 BRADJ[3:0]

$$BRAD[3:0]=ROUND[(UARTxBRideal-UARTxBR[15:0])\times16]$$

BRADJ[3:0]只能取 0x0~0xF 的整数。

3) 计算误差

波特率误差计算公式：

$$误差=\frac{\frac{SysClk}{32\times\left(UARTxBR[15:0]+\frac{BRADJ[3:0]}{16}+1\right)}-BaudRate}{BaudRate}\times100\%$$

为实现可靠通信，误差须小于 2%。

表 3-71 为采用内部 40 MHz 时钟的情况下典型波特率配置参数。

表 3-71 典型波特率配置参数表

通信速率/bps	UARTxBR[15:0]	BRADJ[3:0]	实际波特率/bps	Error/%
230 400	0004H	07H	229 885.1	−0.22
115 200	0009H	0EH	114 942.5	−0.22
57 600	0014H	0BH	57 636.9	0.06
38 400	001FH	09H	38 387.7	−0.03
31 250	0027H	00H	31 250	0
28 800	002AH	06H	28 818.4	0.06
19 200	0040H	02H	19 193.9	−0.03
9 600	0081H	03H	9 601.5	0.01
4 800	0103H	07H	4 799.6	−0.01
2 400	0207H	0DH	2 400.1	0
1 200	0410H	0BH	1 200	0
300	1045H	0BH	300	0

3.7.4 UART0 和 UART1 引脚映射

UART0 和 UART1 的 RXDx、TXDx 引脚可重定向，由 DEVIOMAP 寄存器（SFR Page0/1 E1H）中的 U0ALTMAP（bit3）、U1ALTMAP（bit4）来控制，映射关系如表 3-72 所列。

表 3-72 串行口引脚映射表

DEVIOMAP 寄存器	UART1 引脚映射		DEVIOMAP 寄存器	UART0 引脚映射	
U1ALTMAP (bit 4)	RXD1	TXD1	U0ALTMAP(bit 3)	RXD0	TXD0
0（复位值）	P1.2(Pin62)	P1.3(Pin63)	0（复位值）	P3.0(Pin5)	P3.1(Pin12)
1	Pin 41	Pin 40	1	P2.4(Pin32)	P2.3(Pin31)

3.7.5 串行口例程

本程序实现的功能是：串行口 UART0 在接收到字符后再将其回送出去；当发生外部中断 INT0/INT1 时从串行口 UART0 分别发送字符串"EXT INT0 received"或"EXT INT1 received"。

串行口 UART0 波特率设置为 115 200 bps（采用内部 40 MHz 时钟）。初始化完成后，从 UART0 发送字符串"UART0 Echo: Waiting for char on RXD0...or INT0 / INT1..."

在等待外部中断时，程序每 10 ms 对 P4 口取反一次。

程序代码如下：

```c
//------V3K_UART0_Echo_RxInt_INT0_INT1_Keil.c------//
#include <VRS51L3074_Keil.h>            //函数声明：
void txmit0(unsigned char charact);     //发送一个字符函数
void uart0config(void);                 //UART0 配置函数
void delay(unsigned int);               //延时函数
code char msg[] = "UART0 Echo: Waiting for char on RXD0...or INT0 / INT1...\0";
code char msgint0[] = "EXT INT0 received\0";
code char msgint1[] = "EXT INT1 received\0";
//--------------主函数--------------//
void main (void)
{
    int cptr = 0x00;                    //通用计数器
    PERIPHEN1 = 0x08;                   //使能 UART0
    PERIPHEN2 = 0x08;                   //使能 I/O 口
    P4PINCFG = 0x00;                    //P4 口做输出
    uart0config();                      //配置 UART0
    //--UART0 发送字符串 "UART0 Echo: Waiting for char on RXD0..."
    do
    {
        txmit0(msg[cptr++]);
    }while(msg[cptr]! = '\0');
    txmit0(13);                         //发送回车符
    txmit0(10);                         //发送换行符
    //--UART0 等待接收中断。收到一个字符后，立即读取并回送
    GENINTEN = 0x02;                    //屏蔽引脚变化中断
    INTSRC1 = 0x03;                     //INT0、INT1 中断源选择
    IPINSENS1 = 0x03;                   //INT0、INT1：上升沿触发
    IPININV1 = 0x00;
    INTEN1 = 0x23;                      //INT0、INT1、UART0 中断使能
    GENINTEN = 0x01;                    //开放全局中断
    do                                  //P4 口取反
    {
        P4 = ~P4;
        delay(10);
    }while(1);
```

```c
}//end of main
//---------------INT0 中断函数--------------//
void INT0Interrupt(void) interrupt 0
{
    //--UART0 发送"EXT INT0 Received"
    char cptr = 0x00;
    INTEN1 = 0x00;                              //关中断
    do
      {
        B = msgint0[cptr++];
        txmit0(B);
      } while(msgint0[cptr]! = '\0');
        txmit0(13);                             //发送回车符
        txmit0(10);                             //发送换行符
    INTEN1 = 0x23;                              //开中断
}// end of INT0 interrupt
//---------------INT1 中断函数--------------//
void INT1Interrupt(void) interrupt 1
{
    //-----UART0 发送"EXT INT1 Received"
    char cptr = 0x00;
    INTEN1 = 0x00;                              //关中断
    do
      {
        B = msgint0[cptr++];
        txmit0(B);
      } while(msgint1[cptr]! = '\0');
        txmit0(13);                             //发送回车符
        txmit0(10);                             //发送换行符
    INTEN1 = 0x23;                              //开中断
}// end of INT1 interrupt
//---------------UART0 中断函数--------------//
void UART0Interrupt(void) interrupt 5
{
    char genvar;                                //通用变量
    INTEN1 = 0x00;                              //关中断
                                                //接收中断处理
    genvar = UART0INT;
    if(genvar & 0x02)
       txmit0(UART0BUF);                        //发送收到的字符
    if(genvar & = 0x04)                         //溢出中断处理
      {
        genvar = UART0BUF;                      //读 UART0BUF 清溢出标志

        txmit0(' ');                            //发送" OV!"
        txmit0('O');
```

```c
            txmit0('V');
            txmit0('!');
        }
        INTEN1 = 0x23;                         //开中断
}// end of UART0 interrupt
//--------------UART0 配置函数 uart0config()--------------//
void uart0config()
{
    PERIPHEN1 |= 0x08;                         //使能 UATR0
    UART0CFG = 0xE0;                           //bit[7:4] 波特率微调值
                                               //内部时钟8位模式1位停止位
    UART0INT = 0x62;                           //允许接收;使能接收、溢出中断
    UART0EXT = 0x00;                           //不使用扩展功能
    UART0BRL = 0x09;                           //波特率设置:115 200 bps(内部时钟)
    UART0BRH = 0x00;
}///end of uart0config () function
//------------UART0 发送一个字节函数 txmit0(unsigned char charact)-----------//
void txmit0(unsigned char charact)
{
    UART0BUF = charact;                        //发送1字节
    while(!(UART0INT & 0x01));                 //等待发送完成
    UART0INT &= 0XFE;                          //清 TXEMPTYF 标志
}///end of txmit0()
//-----------1 ms 延时函数(用定时器T0):delay(unsigned int dlais)-----------//
void delay(unsigned int dlais)
{
    idata unsigned char x = 0;
    idata unsigned int dlaisloop;
    PERIPHEN1 |= 0x01;                         //使能 T0
    dlaisloop = dlais;
    while (dlaisloop > 0)
        {
            TH0 = 0x63;                        //T0 计数初值(内部 40 MHz)
            TL0 = 0xC0;
            T0T1CLKCFG = 0x00;                 //不预分频
            T0CON = 0x04;                      //启动 T0 加法计数
            Do                                 //检测 T0 溢出标志
                {
                    x = T0CON & 0x80;
                } while(x == 0);
            T0CON = 0x00;                      //T0 停止运行
            dlaisloop = dlaisloop - 1;
        }
    PERIPHEN1 &= 0xFE;                         //禁用 T0
}                                              //End of function delay
```

3.8 SPI 接口

VRS51L3074 带有 SPI 接口。与其他产品相比,VRS51L3074 的 SPI 接口具有更多的功能,其主要特点有:
- 支持 4 种标准 SPI 模式(时钟相位/极性);
- 可运行于主/从模式;
- 可自动控制 4 根片选信号线;
- 可配置传输字长的大小(1~32 位);
- 传输字长可大于 32 位;
- 数据收发均采用双缓冲结构;
- 可配置为 MSB 或 LSB 方式;
- 可产生帧选择或下载信号。

VRS51L3074 的 SPI 接口示意图如图 3-17 所示。

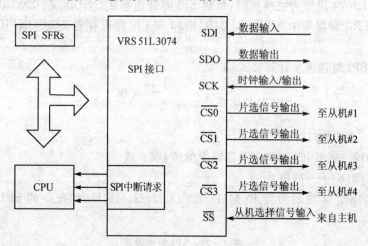

图 3-17 VRS51L3074 SPI 接口示意图

SPI 接口使能由 PERIPHEN1 寄存器中的第 6 位 SPIEN 控制,SPI 片选功能由 PERIPHEN1 寄存器中的第 7 位 SPICSEN 位控制。对应关系如表 3-73 所列。

表 3-73 功能模块使能寄存器 PERIPHEN1(SFR Page:0/1 地址:F4H)

位	7	6	—	—	—	—	—	—
读/写	R/W	R/W	—	—	—	—	—	—
复位值	0	0	—	—	—	—	—	—
符号	SPICSEN	SPIEN	—	—	—	—	—	—

注:"—"表示该位与 SPI 接口控制无关。

当 SPIEN=1 时,使能 SPI 接口;当 SPIEN=1 且 SPICSEN=1 时,使用 SPI 片选功能。

3.8.1 SPI 运行控制

当 VRS51L3074 作为 SPI 主机时,可通过 SPI 控制寄存器 SPICTRL 对 SPI 时钟速率、时钟相位/极性、片选信号进行设置。SPICTRL 寄存器的结构如表 3-74 所列。

表 3-74 SPI 控制寄存器 SPICTRL (SFR Page: 0 地址: C1H)

位	7	6	5	4	3	2	1	0
读/写	R/W	R/W	R/W	R/W	R/W	R/W	R/W	R/W
复位值	0	0	0	0	0	0	0	1
符号	SPICLK[2:0]			SPICS[1:0]		CLKPHA	CLKPOL	MASTER

当 SPICTRL 寄存器中的最低位 MASTER 置位(默认)时,将 VRS51L3074 设置为 SPI 主机,其余各控制位的定义结合下面的内容分别说明。

1. SPI 时钟速率设置

当 VRS51L3074 设置为主模式时,可对 SPI 时钟速率在 SysClk/2~SsyClk/1 024 范围内调整,由 SPICTRL 寄存器中 SPICLK[2:0]位和 SPI 配置寄存器 SPICONFIG 的 SPISLOW 位共同控制。

主模式下 SPI 时钟速率计算公式:

$$\text{SPI 时钟速率} = \frac{\text{SysClk}}{2^{(\text{SPICLK}[2:0]+1)} \times 4^{\text{SPISLOW}}}$$

式中: SysClk——系统时钟;
  SPISLOW——SPICONFIG 寄存器中的位,取 0 或 1;
  SPICLK[2:0]——取值 0~7。

表 3-75 列举了系统时钟为 40 MHz、22.18 MHz、4 MHz 情况下的 SPI 时钟速率设置参数。

表 3-75 SPI 时钟设置

SPICLK[2:0]	SPI 时钟速率 40 MHz		SPI 时钟速率 22.18 MHz		SPI 时钟速率 4 MHz	
	SPISLOW=0	SPISLOW=1	SPISLOW=0	SPISLOW=1	SPISLOW=0	SPISLOW=1
000	20 MHz	5 MHz	11.05 MHz	2.76 MHz	2 MHz	500 kHz
001	10 MHz	2.50 MHz	5.53 MHz	1.38 MHz	1 MHz	250 kHz
010	5 MHz	1.25 MHz	2.76 MHz	691.2 kHz	500 kHz	125 kHz
011	2.5 MHz	625 kHz	1.38 MHz	345.6 kHz	250 kHz	62.5 kHz
100	1.25 MHz	312.5 kHz	691.2 kHz	172.8 kHz	125 kHz	31.3 kHz
101	625 kHz	156.3 kHz	345.6 kHz	86.4 kHz	62.5 kHz	15.6 kHz
110	312.5 kHz	78.1 kHz	172.8 kHz	43.2 kHz	31.3 kHz	7.8 kHz
111	156.3 kHz	39.1 kHz	86.4 kHz	21.6 kHz	15.6 kHz	3.9 kHz

2. SPI 片选功能

VRS51L3074 运行于 SPI 主模式时,可通过片选功能选择 SPI 从设备。在使能 SPI 接口的前提下,置位 PERIPHEN1 寄存器中的 SPICSEN 位则启动 SPI 片选功能,然后由 SPICTRL 寄存器的 SPICS[1:0]决定有效片选信号。片选时片选信号的输出情况如表 3-76 所列。

表 3-76 SPI 片选功能配置表

PERIPHEN1 寄存器		SPICTRL 寄存器		有效片选信号
SPIEN	SPICSEN	SPICS[1:0]		
1	0	x	x	$\overline{CS0}$ 保留给 SPI 接口使用
1	1	0	0	$\overline{CS0}$(P1.0)
1	1	0	1	$\overline{CS1}$(P1.1)
1	1	1	0	$\overline{CS2}$(P1.2)
1	1	1	1	$\overline{CS3}$(P1.3)

从表 3-76 可以看出:只要 SPI 使能(即 SPIEN=1),$\overline{CS0}$ 都将保留给 SPI 接口使用而与是否启用 SPI 片选功能无关。当 SPICSEN=1 时片选信号的输出由 SPICS[1:0]的值确定。

3. SPI 时钟相位/极性设置

按照串行同步时钟信号 SCK 的相位和极性组合,SPI 通信可分为 4 种工作方式。VRS51L3074 在作为 SPI 主机或从机时,都可通过 SPICTRL 寄存器中的 SPICLKPH 和 SPICLKPOL 位来选择 4 种方式中的一种,具体对应关系如表 3-77 所列。

表 3-77 SPI 方式选择表

SPICLKPOL	SPICLKPH	SPI 方式
0	0	SPI 方式 0
0	1	SPI 方式 1
1	0	SPI 方式 2
1	1	SPI 方式 3

SPICLKPOL 用于设置串行同步时钟空闲时的电平状态:如果 SPICLKPOL=0,则 SCK 空闲时的电平状态为低电平;如果 SPICLKPOL=1,则 SCK 空闲时的电平状态为高电平。

SPICLKPH 用于选择两种不同的传输协议:若 SPICLKPH=0,则在串行同步时钟的第一个跳变沿(上升或下降)数据被采样;若 SPICLKPH=1,则在串行同步时钟的第二个跳变沿(上升或下降)数据被采样。在实际应用中,SPI 主机和从机应设置相同的时钟相位和极性。

3.8.2 SPI 配置和状态监控

SPI 接口的配置和状态监控主要通过 SPI 配置寄存器和 SPI 状态寄存器来完成,主要实现以下功能:

- 通过 CS3 引脚产生帧选择信号或下载信号;
- 片选信号手动控制;
- MSB 和 LSB 方式的切换;
- SPI 中断使能与监控;

➢ $\overline{SS}$引脚状态监控。

1. SPI 配置寄存器 SPICONFIG(SFR Page0 C2H)

SPICONFIG 寄存器的格式如表 3-78 所列。

表 3-78 SPI 配置寄存器 SPICONFIG (SFR Page: 0 地址: C2H)

位	7	6	5	4	3	2	1	0
读/写	R/W	W	R/W	R/W	R/W	R/W	R/W	R/W
复位值	0	0	0	0	0	0	0	0
符 号	SPIMANCS	SPIUNDERC	FSONCS3	SPILOADCS3	SPISLOW	SPIRXOVEN	SPIRXAVEN	SPITXEEN

SPIMANCS：SPI 片选信号手动控制位。若 SPIMANCS=0，则为片选信号自动控制方式，在完成一次 SPI 传送后，片选信号自动恢复高电平；若 SPIMANCS=1，则为片选信号手动控制方式，在完成一次 SPI 传送后，片选信号将继续保持低电平直到软件将 SPIMANCS 位清零。SPI 片选信号手动控制时序如图 3-18 所示。

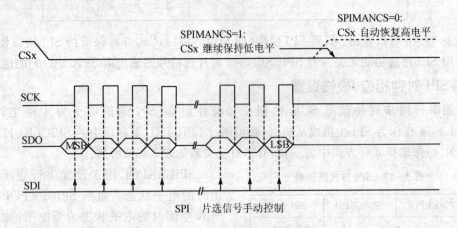

图 3-18 SPI 片选信号手动控制时序图

SPIUNDERC：向该位写入"1"可将 SPI 状态寄存器 SPISTATUS 中的 SPIUNDERF 位（发送欠载标志位）清零。该位读出值始终为"0"。

FSONCS3 和 SPILOADCS3：这两位用于对 CS3 引脚的扩展功能进行控制。在主模式下，VRS51L3074 可通过 CS3 引脚在一次 SPI 传送过程中发送一个帧选择脉冲或一个下载脉冲，以满足某些并行至串行、串行至并行转换的通信需要。

当 FSONCS3=1 时，SPI 接口在接收或发送数据前从 CS3 引脚发出一个帧选负脉冲。帧选脉冲在 SPI 片选信号变为低电平之前发出，可作为通知从设备做好接收及发送准备的启动信号。其时序关系如图 3-19 所示。

若 FSONCS3=0 且 SPILOADCS3=1，则 SPI 接口在接收或发送数据后从 CS3 引脚发出一个下载脉冲。下载脉冲在 SPI 传输完成后发出，可作为通知从设备 SPI 接收或发送数据已经完成的结束信号。其时序关系如图 3-20 所示。

在使用 CS3 扩展功能时需要注意的是：发送帧选脉冲优先于发送下载脉冲，因此，只要 FSONCS3=1，CS3 引脚将发出帧选择脉冲而与 SPILOADCS3 的状态无关；只有在 FSONCS3

铁电单片机 VRS51L3074

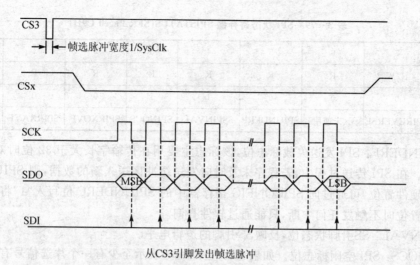

从CS3引脚发出帧选脉冲

图 3-19 帧选脉冲时序图

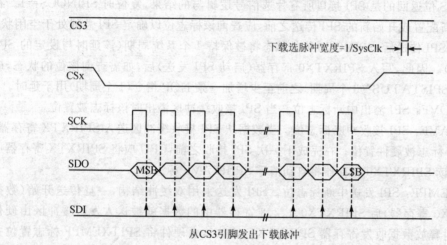

从CS3引脚发出下载脉冲

图 3-20 下载脉冲时序图

=0时才能发送下载脉冲。另外,当用于发送帧选择脉冲或下载脉冲时,CS3引脚不再作为SPI片选信号线的输出端。

SPISLOW:SPI慢速模式控制位。置位时将SPI时钟速率设置为正常速率的1/4(见前述SPI时钟速率计算公式)。

SPIRXOVEN:SPI接收溢出中断使能控制位。置位使能SPI接收溢出中断。

SPIRXAVEN:SPI接收中断使能控制位。置位使能SPI接收中断。

SPITXEEN:SPI发送(缓冲器空)中断使能控制位。置位使能SPI发送中断。

2. SPI 状态寄存器 SPISTATUS

SPISTATUS寄存器主要用于SPI状态的监控。其结构如表3-79所列。

该寄存器除最高位SPIREVERSE可读可写外,其余各位均为只读。各控制位定义如下:

SPIREVERSE:LSB格式控制位。清零(默认)时为MSB格式,即发送/接收字节的高位在前低位在后;置位时为LSB格式,即发送/接收字节的低位在前高位在后。

表 3-79 SPI 状态寄存器 SPISTATUS(SFR Page0 C9H)

位	7	6	5	4	3	2	1	0
读/写	R/W	R	R	R	R	R	R	R
复位值	0	0	0	1	1	0	0	1
符 号	SPIREVERSE	无(未使用)	SPIUNDERF	SSPINVAL	SPINOCS	SPIRXOVF	SPIRXAVF	SPITXEMPF

SPIUNDERF：SPI 发送欠载标志位,该标志主要用在传输字长大于 32 位时对 SPI 传输进行监控。在 SPI 传送过程中,若程序未及时向发送缓冲区送入新的数据,则 SPIUNDERRF 标志将被硬件置位,可通过向 SPICONFIG 寄存器中的 SPIUNDERC 位写入"1"将该位清零。该标志被置位时不触发任何中断,只能通过软件查询。

SSPINVAL：$\overline{SS}$ 引脚状态位,反映 $\overline{SS}$ 引脚的逻辑电平。

SPINOCS：SPI 空闲标志位。如果 SPINOCS=0,表示至少有一个片选信号有效(正在执行 SPI 数据传送);若 SPINOCS=1,则表明所有 SPI 片选信号均为高电平(即 SPI 空闲)。因此,SPINOCS 位返回的是 SPI 接口所有片选信号逻辑与的结果,复位时 SPINOCS=1。在对 SPI 接口重新配置或开始新的 SPI 传送之前,应查询该标志位以确定 SPI 总线处于空闲状态。

在启动 SPI 传送后,SPINOCS 位的状态将被保持 4 个系统周期(该延时与设定的 SPI 传送速率无关)。因此,写入 SPIRXTX0 寄存器(启动 SPI 发送)后,如需查询该位的状态,应在 "MOV Rn,SPISTATUS"(3 个周期)之前至少增加一条 NOP 指令(1 个周期)用于延时。

SPIRXOVF：SPI 溢出中断标志位。当 SPI 接收缓冲区溢出时该标志被置位。

SPIRXAVF：SPI 接收中断标志位。当数据从 SPI 接收缓冲区送入 SPIRXTX 寄存器后,SPIRXAVF 标志被硬件置位。在完成下一次 SPI 接收之前,CPU 应将 SPIRXTX 寄存器中的数据读出。读 SPIRXTX0 寄存器将自动清零 SPIRXAVF 标志。

SPITXEMPF：SPI 发送中断标志位。SPI 发送采用双缓冲结构,一旦传送开始(数据写入 SPIRXTX0 寄存器)后 SPIRXTX0、1、2、3 寄存器中的数据就被送入发送缓冲区由硬件进行发送,同时释放数据收发寄存器 SPIRXTX0、1、2、3,由硬件将 SPITXEMPF 标志置位并发出中断。SPI 发送中断上电复位时的优先级为 2,将该中断优先级上电复位时初始化为高优先级是为了避免在 32 位传送方式下硬件发送缓冲区出现超时错误。

与 SPI 有关的中断如表 3-80 所列。

表 3-80 SPI 中断汇总表

中断事件	中断使能控制位 (SPICONFIG 寄存器)	中断标志 (SPISTATUS 寄存器)	中断向量	中断号
SPI 发送(缓冲空)中断	SPIRXOVEN	SPIRXOVF	000BH	Int1
SPI 接收中断	SPIRXOVEN	SPIRXOVF	0013H	Int2
SPI 溢出中断	SPIRXOVEN	SPIRXOVF		

SPI 接口的 3 个中断标志与中断使能无关,用户可通过程序查询。

3.8.3 SPI 传输字长

标准 SPI 协议采用 8 位数据传输格式,但许多外部设备如 ADC/DAC 等每次需要传输的数据大于 8 位,若使用标准 SPI 接口,用户必须传送多个 8 位数据并使用 I/O 引脚输出片选信号。

在主模式下,VRS51L3074 的 SPI 接口除支持 8 位数据格式外(默认),传输字长还可以灵活配置,在 1～32 位范围内可选择任意字长,并且支持大于 32 位字长的传输格式。SPI 传输字长由特殊功能寄存器 SPISIZE 控制,该寄存器的结构如表 3-81 所列。

表 3-81 SPI 传输字长寄存器 SPISIZE (SFR Page: 0 地址: C3H)

位	7	6	5	4	3	2	1	0
读/写	R/W	R/W	R/W	R/W	R/W	R/W	R/W	R/W
复位值	0	0	0	0	0	1	1	1
符 号	SPISIZE[7:0]							

SPISIZE 寄存器的设置:
若 SPI 传输字长≤32 位,则

$$SPISIZE[7:0] = SPI\ 字长 - 1,即\ SPI\ 字长 = SPISIZE[7:0] + 1$$

若 SPI 传输字长>32 位,则

$$SPISIZE[7:0] = (SPI\ 字长 + 216)/8,即\ SPI\ 字长 = SPISIZE[7:0] \times 8 - 216$$

当传输字长大于 32 位时,数据字节为 8 位,最大的字长可达到 228 字节。在使用大于 32 位传输格式的情况下,必须注意数据缓冲区的溢出或欠载。

SPI 传输字长的设置实例如表 3-82 所列。

表 3-82 SPI 传输字长设置实例

SPISIZE[7:0]	SPI 字长/位	SPISIZE[7:0]	SPI 字长/位
0x07	8	0x17	24
0x0B	12	0x1F	32
0x0D	14	0x20	40
0x10	17	0x21	48

VRS51L3074 工作于 SPI 从模式情况下,也可根据需要配置传输字长。

3.8.4 SPI 数据寄存器

SPI 数据寄存器 SPIRXTX0～SPIRXTX3 用于对 SPI 接口 32 位收发缓冲器的访问,对数据寄存器执行写操作是将数据送入发送缓冲器中;对数据寄存器执行读操作是从接收缓冲器中取出收到的数据。SPI 接口的 32 位发送缓冲器和接收缓冲器都采用双缓冲结构,从硬件上减少数据冲突并提高数据传输效率。

SPIRXTX 寄存器的结构如表 3-83 所列。

表 3-83 SPI 数据寄存器 SPIRXTX 结构

高字节			低字节
SPIRXTX3	SPIRXTX2	SPIRXTX1	SPIRXTX0

4个寄存器的说明如表3-84所列。

表3-84 SPI数据寄存器说明表

名称	地址	复位值	读	写
SPIRXTX0	SFR Page0 C4H	0x00	接收的数据 Data[7:0] 读该寄存器将清零 SPIRXAVF 和 SPIRXOVF 标志	8位字长时为发送数据 Data[7:0]; 32位字长时为发送数据 Data[31:24]; 在主模式下写该寄存器将启动 SPI 传输
SPIRXTX1	SFR Page0 C5H	0x00	32位字长时为接收的数据 Data[15:8]	32位字长时为发送数据 Data[23:16]
SPIRXTX2	SFR Page0 C6H	0x00	32位字长时为接收的数据 Data[23:16]	32位字长时为发送数据 Data[15:8]
SPIRXTX3	SFR Page0 C7H	0x00	32位字长时为接收的数据 Data[31:24]	32位字长时为发送数据 Data[7:0]

在主模式下,由于对 SPIRXTX0 寄存器执行写入操作将启动 SPI 传输,因此,当传输字长大于8位时,应最后向该寄存器写入。

3.8.5 SPI 数据输入/输出

采用 MSB 格式或 LSB 格式进行 SPI 传输时,SPI 接口数据收发缓冲区的组织结构和移位控制逻辑不同。

采用 MSB(SPIREVERSE=0)格式时缓冲区的结构和移位控制逻辑如图3-21所示。

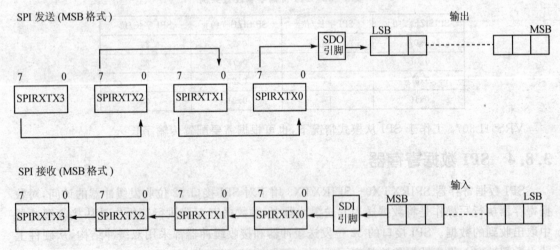

图3-21 MSB 格式时缓冲区的结构和移位控制逻辑

采用 LSB 格式(SPIREVERSE=1)时发送和接收的移位控制逻辑如图3-22所示。

【例】 表3-85是在假设 SPI 接口的 SDI 引脚接 SDO 引脚的情况下,以 MSB 或 LSB 格式进行 SPI 传输的结果。

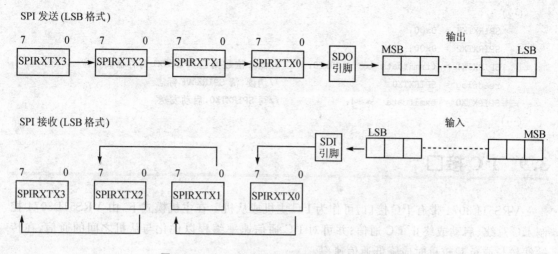

图 3-22　LSB 格式发送和接收的移位控制逻辑

表 3-85　SPI 传输实例

SPISIZE	SPIREVERSE	发送 SPITX[3:0]				接收 SPIRX[3:0]			
0x0F(16 位)	0(MSB)	xx	xx	D3H	42H	xx	xx	42H	D3H
		xx	xx	54H	A6H	xx	xx	A6H	54H
0x1F(32 位)	0(MSB)	45H	A3H	B2H	DFH	DFH	B2H	A3H	45H
		C3H	8AH	49H	24H	24H	49H	8AH	C3H
0x1F(32 位)	1(LSB)	45H	A3H	B2H	DFH	DFH	B2H	A3H	45H
		C3H	8AH	49H	24H	24H	49H	8AH	C3H

3.8.6　可变位数据传输

可变位数据传输是指 SPI 传输字长不是 8 的整数倍情况。在主模式下进行可变位数据传输（MSB 格式）时，发送数据的最高有效位对应于 SPIRXTX0 寄存器中的第 7 位，其余各位按缓冲区组织结构存放在相应的位置。下面通过一个实例加以说明。

例如，SPISIZE＝0x0B，SPIREVERSE＝0，即传输字长为 12 位，MSB 格式。为实现正确的传输顺序，须先将数据低 4 位 Data[3:0]送入 SPIRXTX1 寄存器的 bit[7:4]，然后再把数据的高 8 位 Data[11:4]送入 SPIRXTX0[7:0]并启动传输。如果要发送的数据为 0xA79，应先将 0x90 写入 SPIRXTX1，然后把 0xA7 送 SPIRXTX0 寄存器。

下面是以 MSB 格式发送 12 位数据（存于整型变量 txmitdata 中）的流程：
① 清除 SPIRXTX3 和 SPIRXTX2 寄存器（可选）；
② 将 12 位数据的低 4 位（data[3:0]）送入 SPIRXTX1 寄存器的高 4 位；
③ 将 12 位数据的高 8 位（data[11:4]）写入 SPIRXTX0 寄存器；
④ 写入 SPIRXTX0 寄存器即启动发送。

相应代码：

(…)
```
SPIRXTX3 = 0x00;
SPIRXTX2 = 0x00;
SPIRXTX1 = (txmitdata << 4)&0xF0;   //低4位数据送SPIRXTX1寄存器高4位
readflag = SPIRXTX0                  //伪读,清SPIRXAVF标志
SPIRXTX0 = txmitdata >> 4;           //写SPIRXTX0,启动发送
```
(…)

3.9 I²C 接口

VRS51L3074 带有 I²C 接口,可作为 I²C 主机或从机。在主机模式下,由 VRS51L3074 控制 I²C 总线、启动或终止 I²C 通信;并可对 I²C 通信速率编程以优化与从机之间的通信,在传输线较长或负载较重时应降低通信速率。

按 I²C 总线规范要求,SCL 和 SDA 引脚应通过上拉电阻接 3.3 V 或 5 V 正电压,由于 VRS51L3074 的 I/O 口具有 5 V 兼容的特点,因此可以和 5 V I²C 设备接口。上拉电阻取值及通信速率的确定取决于总线的实际特性如长度、电容性负载等因素。为了将电流限制在 4 mA(I/O 口与 I²C 接口连接时最大电流)以内,接 5 V 电压时上拉电阻应不小于 1.25 kΩ,接 3.3 V 时应不小于 750 Ω。

I²C 接口由 PHRIPHEN1 寄存器中的第 5 位 I2CEN 置位使能,对应关系如表 3-86 所列。

系统复位时,I²C 接口的 SCL 和 SDA 引脚分别被映射到 P3.4 和 P3.5;当 DEVIOMAP 寄存器(SFR Page0/1 E1H)中的 I2CALTMAP(bit5)置位时,SCL 和 SDA 分别映射到 P1.6 和 P1.7,如表 3-87 所列。

表 3-86 功能模块使能寄存器 PERIPHEN1
(SFR Page:0/1 地址:F4H)

位	—	—	5	—	—	—	—	—
读/写	—	—	R/W	—	—	—	—	—
复位值	—	—	0	—	—	—	—	—
符 号	—	—	I2CEN	—	—	—	—	—

注:"—"表示该位与 I²C 接口使能无关。

表 3-87 I²C 引脚映射表

DEVIOMAP 寄存器	I²C 引脚映射	
I2CALTMAP(bit 5)	SCL	SDA
0(复位值)	P3.4	P3.5
1	P1.6	P1.7

3.9.1 I²C 运行控制

I²C 接口的运行控制主要通过以下 4 个特殊功能寄存器来完成:I2CCONFIG、I2CTIMING、I2CSTATUS 和 I2CRXTX。

1. I²C 配置寄存器 I2CCONFIG

I2CCONFIG 寄存器主要用于控制以下功能:

➢ 主/从模式选择;

➢ 在应答期后强制产生一个启动信号;

> 串行时钟信号 SCL 手动控制；
> 启动主机仲裁监控机制；
> 中断控制。

I2CCONFIG 寄存器的结构如表 3-88 所列。

表 3-88 I²C 配置寄存器 I2CCONFIG (SFR Page: 0　地址：D1H)

位	7	6	5	4	3	2	1	0
读/写	R/W	R/W	R/W	R/W	R/W	R/W	R/W	R/W
复位值	0	0	0	0	0	1	0	0
符号	MASTRARB	I2CRXOVEN	I2CRXAVEN	I2CTXEEN	I2CMASTART	I2CSCLLOW	I2CRXSTOP	I2CMODE

MASTRARB：主机丢失仲裁监控机制及中断使能控制位。置位时主机将对 I²C 通信进行监控，若丢失仲裁则产生中断并将 I²C 状态寄存器 I2CSTATUS 中的 I2CERROR 位置"1"。

I2CRXOVEN、I2CRXAVEN 和 I2CTXEEN 分别为 I²C 溢出中断、接收中断和发送中断的使能控制位，I²C 接口的 4 个中断如表 3-89 所列。

表 3-89 I²C 中断汇总表

I²C 中断	使能控制	中断向量(中断号)
接收中断	I2CRXAVEN	0x4B(Int 9)
溢出中断	I2CRXOVEN	
发送中断	I2CTXEEN	
主机丢失仲裁中断	MASTRARB	0x53(Int 10)

在上述中断使能的前提下，I²C 中断请求将传递到系统中断控制器。为了使 CPU 能够识别 I²C 中断，还需要对中断使能寄存器 INTEN2 和中断源选择寄存器 INTSRC2 中相关的位进行正确的设置。具体说明见 VRS51L3074 中断系统部分。

I2CMASTART：该位用于控制 I²C 主机是否发出启动信号。置位时主机将在下一个数据应答期后发出一个启动信号；清零则不发出启动信号。在 I²C 总线空闲时，该位将被清零。

I2CSCLLOW：该位用于对 SCL 信号的控制。在主模式下将 I2CSCLLOW 置位时，I²C 接口将在下一个数据应答期把 SCL 信号强制拉为低电平。这一特性使得用户可以在传送过程增加一个"等待"状态，以支持连接在 I²C 总线上的"低速"设备。I²C 接口在进入数据传送期时将读取该位的值。需注意的是，不能在数据应答期对该位进行设置（可通过查询 I2CSTATUS 寄存器中的 I2CACKPH 位来判断 I²C 是否处于数据应答期）。

I2CRXSTOP：该控制位用于设置 I²C 接口在收到下一个数据后是发出应答信号还是发出停止信号。如果 I2CRXSTOP＝1，则 I²C 接口在收到下一个数据后将不作应答而是发出停止信号，从而结束一次 I²C 传送；如果 I2CRXSTOP＝0（默认），则 I²C 接口在收到下一个数据后将发出应答信号。

I2CMODE：I²C 主/从模式选择位。置位时将 VRS51L3074 设为 I²C 主机，负责总线控制，包括启动或终止传送、设置通信速率等；清零则将 VRS51L3074 设为 I²C 从机。

2. I²C 时钟控制寄存器 I2CTIMING

在 VRS51L3074 作为主机时,该寄存器用于控制 I²C 通信速率;在 VRS51L3074 作为 I²C 从机时,该寄存器则用于定义信号的建立和保持时间。I2CTIMING 寄存器的结构如表 3-90 所列。

表 3-90　I²C 时钟寄存器 I2CTIMING (SFR Page: 0　地址: D2H)

位	7	6	5	4	3	2	1	0
读/写	R/W	R/W	R/W	R/W	R/W	R/W	R/W	R/W
复位值	0	0	0	0	1	1	0	0
符　号				I2CTIMING[7:0]				

(1) 主机模式

I²C 通信速率由以下公式确定:

$$\text{SCL 时钟速率} = \frac{f_{\text{osc}}}{32 \times (\text{I2CTIMIMG}[7:0] + 1)}$$

表 3-91 为 I²C 通信速率设置实例 ($f_{\text{osc}} = 40 \text{ MHz}$)。

(2) 从机模式

信号建立和保持时间由以下公式计算:

$$\text{信号建立/保持时间} = \text{SysClk} \times \text{I2CTIMING}[7:0]$$

式中: $\text{SysClk} = 1/f_{\text{osc}}$

精确度为系统周期的两倍 ($2 \times \text{SysClk}$)。

表 3-92 为信号建立/保持时间设置示例 ($f_{\text{osc}} = 40 \text{ MHz}$)。

表 3-91　I²C 通信速率设置

I2CTIMING[7:0]	I²C 通信速率/kHz
00H	1 250
02H	416.77
0CH (复位值)	96.15
7CH	10
FFH	4.88

表 3-92　信号建立/保持时间(从机模式)

I2CTIMING[7:0]	信号建立/保持时间/μs
00H	0
0CH	0.3
FFH	6.38

3. I²C 状态寄存器 I2CSTATUS

I2CSTATUS 是反映 I²C 接口状态的只读寄存器,其结构如表 3-93 所列。

表 3-93　I²C 状态寄存器 I2CSTATUS (SFR Page: 0　地址: D4H)

位	7	6	5	4	3	2	1	0
读/写	R	R	R	R	R	R	R	R
复位值	0	0	1	0	1	0	0	1
符　号	I2CERROR	I2CNOACK	I2CSDASYNC	I2CACKPH	I2CIDLEF	I2CRXOVF	I2CRXAVF	I2CTXEMPF

I2CERROR：I²C 错误标志。在主模式下 I2CERROR 置位时表明 I²C 主机丢失仲裁；在从模式下 I2CERROR 置位时表示接口收到一个意外的停止信号。该标志在 I²C 接口下一次退出空闲状态时自动被复位。

I2CNOACK：I²C 无应答标志。I2CNOACK=1，表示 I²C 接口在应答期未收到应答信号（即从设备未应答最后一个数据字节）。该标志位在 I²C 接口下一次退出空闲状态时被复位。

I2CSDASYNC：SDA 同步状态标志。I2CSDASYNC=1，表示 SDA 线同步；I2CSDASYNC=0 则表示 SDA 线未同步。该标志位返回的是读取状态寄存器 I2CSTATUS 时 SDA 线上的电平状态。

I2CACKPH：数据应答期标志位。置位时表示 I²C 接口正处在数据应答期。

通过读取 I2CSDASYNC 和 I2CACKPH 这两位的状态可以判断从机是否应答，若两位均为 1 则表明从机未应答。

I2CIDLEF：I²C 空闲标志位。置位时表示总线空闲（SCL 和 SDA 线均为高电平），可以启动数据传送。在启动 I²C 通信之前，应先检查该位的状态以确定总线上是否正在进行数据传送。

I2CRXOVF：I²C 溢出标志位。置位时表明 I²C 接收缓冲区溢出。

I2CRXAVF：接收中断标志位。置位时表明接收到的数据已在 I2CRXTX 寄存器中。在完成下一个数据接收之前应将 I2CRXTX 寄存器中的数据取出，否则会导致溢出。

I2CTXEMPF：I²C 发送中断标志。置位时表示 I²C 发送缓冲区空。

4. I²C 数据寄存器 I2CRXTX

I2CRXTX（SFR Page0 D5H）对应两组寄存器，一组用于发送，一组用于接收，通过操作方式（读或写）来区分。每组寄存器组都采用双缓冲结构，如图 3-23 所示。

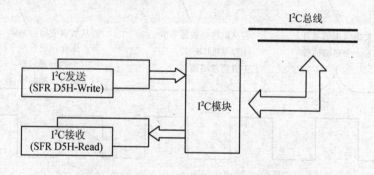

图 3-23 I²C 数据接收/发送缓冲结构

在主模式下，向 I2CRXTX 寄存器写入任何数据都将启动数据传送；在 I²C 总线空闲的情况下，只要向 I2CRXTX 寄存器写入数据就会产生发送中断；如果需要从 I²C 接口读取数据，则应先发出从机地址和读操作标志，然后等到 I2CRXAVF 标志置位，此时就可以从 I2CRXTX 寄存器中读出数据。

读 I2CRXTX 寄存器将自动清除 I2CRXAVF 和 I2CRXOVF 标志。

3.9.2 I²C 从机在线状态检查

在完成 I²C 总线初始化之后，主机应对从机是否处于在线或就绪状态至少进行一次检查。

某些 I^2C 从设备在执行其他任务(如 I^2C EEPROM 正在执行写操作)时不会响应主机,因此,对于这类设备而言,主机每次启动 I^2C 通信之前都应该执行状态检查,以确保从机没有忙于其他任务并且能正常响应。对于铁电存储器,则无需在每次传送前进行检查。

如果从机没有响应主机发出的寻址 ID,则主机将立即发出一个停止信号。

在数据应答期,状态寄存器 I2CSTATUS 中的 I2CACKPH 标志位将被置位,但该标志位在寻址 ID 应答期无效。因此,如果主机发出寻址 ID 后从机无应答,I^2C 接口将只能在数据应答期之后检测到错误。图 3-24 给出了主机发出寻址 ID 后从机无应答的情况下 I^2C 接口的动作。

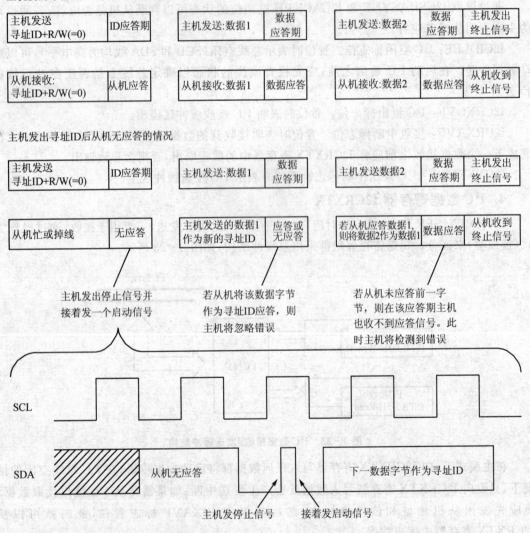

图 3-24　I^2C 接口的动作时序图

为处理这种情况,主机在发送"寻址 ID+R/W(=0)"后接着发出一个停止信号。如果从机未响应该寻址 ID,状态寄存器中的 I2CNOACK 标志将在 I^2C 总线变为空闲状态时被置位;如果 I2CNOACK 标志没有被置位,那么主机就可以启动 I^2C 通信,开始发送寻址 ID+读/写标志,然后从总线发送或接收数据。

检查 I²C 从机在线/就绪状态的算法如图 3-25 所示。

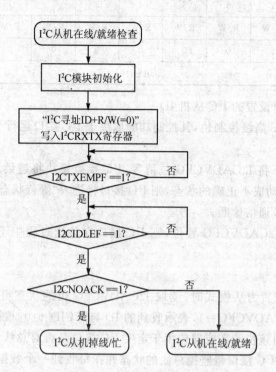

图 3-25　检查 I²C 从机在线/就绪状态的算法流程图

程序代码:

```
char I2CSlaveReady(char id)
{
    char addrtemp = 0x00;              //temporary address holding variable
    I2CCONFIG = 0x01;                  //设置为主模式
    I2CRXTX = id;                      //发送: I²C 从机 ID + W
    WaitTXEMP();                       //等待发送完成
    //-- 等待 I²C 空闲(发送停止信号)
    WaitI2CIDLE();                     //等待总线空闲
    if((I2CSTATUS & 0x40)! = 0x00)     //若 I2CNOACK = 1(无应答)
        return 0x00;                   //返回 00
    else
        return 0x01;
}
```

3.9.3　从机 ID 设置与 I²C 高级配置

在从模式下,I²C 接口的 ID 可以由用户配置,由 I²C 从机 ID 和高级配置寄存器 I2CIDCFG 控制,该寄存器结构如表 3-94 所列。

表 3-94 I²C 从机 ID 和高级配置寄存器 I2CIDCFG (SFR Page:0 地址:D3H)

位	7	6	5	4	3	2	1	0
读/写	R/W	R/W	R/W	R/W	R/W	R/W	R/W	R/W
复位值	0	0	0	0	0	0	0	0
符号			I2CID[6:0]					I2CADVCFG

I2CID[6:0]:用户设置的 I²C 从机 ID。

I2CADVCFG:I²C 高级控制位,其控制功能取决于 I²C 接口运行于主模式还是从模式。

(1) 主模式

如果在主机模式下将 I2CADVCFG 位清零,I²C 接口模块将连续监控 SCL 线的状态;如果从机把 SCL 信号驱动成不正确的状态,则 I²C 接口将进入"等待状态"直到从机将 SCL 线释放。该功能可用于 I²C 通信诊断。

若在主模式下将 I2CADVCFG 置位,则 I²C 接口在传送过程中不对 SCL 线的状态进行监控。

(2) 从模式

读:当 I²C 接口配置为从模式时,读取 I2CADVCFG 位的状态可反映收到的 ID 是否与 I2CID[6:0]匹配。I2CADVCFG=1,表示收到的 ID 与 I2CID[6:0]相符。

写:在从模式下对该位清零或置位用于定义 I²C 接口是否对总线传输进行监控。如果将 I2CADVCFG 位清零,I²C 接口将监控总线的状态并在每收到一个数据字节(包括主机发出的寻址 ID)后发出接收中断;如果把 I2CADVCFG 位设为"1",那么在主机发出的寻址 ID 与 I2CID[6:0]不匹配的情况下将禁用 I²C 接口的总线传输监控功能。无论 I2CADVCFG 被置位还是被清零,只要总线上传输的寻址 ID 与 I2CID[6:0]不匹配,I²C 接口都不会对收到的内容作出应答,也不会向主机发送数据。

3.9.4 I²C 例程

本例程的功能:通过 I²C 接口对标准 EEPROM 进行读/写操作。

程序代码如下:

```
//---------V3k__I2C__EEPROM.C-------------//
#include <VRS51L3074_keil.h>
//函数说明
    char EERandomRead(char,int);            //EEROM 读
    char EERandomWrite(char,char,int);      //EEROM 写
    void WaitTXEMP(void);                   //等待发送完成
    void WaitRXAV(void);                    //等待接收完成
    void WaitI2CIDLE(void);                 //等待 I²C 空闲
    void wait();                            //延时
//----------主函数 main()--------------
void main(void)
{
    PERIPHEN1 = 0x20;                       //使能 I²C 接口
```

```c
        GENINTEN = 0x02;                        //屏蔽外部中断
        INTSRC1 = 0x01;                         //INT0 中断源设置
        INTPINSENS1 = 0x01;                     //INT0：上升沿触发
        INTPININV1 = 0x00;
        INTEN1 = 0x01;                          //INT0 使能
        GENINTEN = 0x01;                        //开放全局中断
        while(1);
}
//----------- INT0 中断函数 -------------//
void INT0Interrupt(void) interrupt 0
{
        char x;
        //-- 进行 I²C 通信
        INTEN1 = 0x00;                          //关闭 INT0 中断
        x = EERandomWrite(0xA0, 0x36, 0x0206);  //写 EEPROM
        Delay1ms(100);                          //延时 100 ms
        x = EERandomRead(0xA0, 0x0206);         //读 EEPROM
        INTEN1 = 0x01;                          //开放 INT0 中断
}                                               //end of INT0 interrupt
//--- 读 EEPROM 函数 EERandomRead(char eeidw, int address) -----//
char EERandomRead(char eeidw, int address)
{
        I2CTIMING = 0x0c;                       //I²C 时钟：about 100 kHz
        I2CCONFIG = 0x01;                       //主模式
        I2CRXTX = eeidw;                        //发送：I²C 从机 ID + W
        WaitTXEMP();
        I2CRXTX = address >> 8;                 //发送地址高 8 位
        WaitTXEMP();
        I2CRXTX = address;                      //发送地址低 8 位
        //-- 等待 I²C 空闲(发出一个停止信号)
        WaitI2CIDLE();
        //-- 读预置的地址 Start a Preset ADRS read (发出一个启动信号)
        I2CRXTX = eeidw + 1;                    //发送 I²C 从机 ID + R
        WaitTXEMP();
        I2CCONFIG |= 0x02;                      //收到数据字节后发停止信号
        WaitRXAV();                             //等待接收中断(开始接收)
                                                //This will trigger I²C Reception
        return I2CRXTX;                         //返回数据字节
}//End of EERandomRead
//--- 写 EEPROM 函数 EERandomWrite(char eeid, char data, int address) -----//
char EERandomWrite(char eeidw, char eedata, int address)
{
        I2CTIMING = 0x0c;                       // I²C 时钟：about 100 kHz
        I2CCONFIG = 0x01;                       //主模式
        I2CRXTX = eeidw;                        //发送：I²C 从机 ID + W
```

```c
        WaitTXEMP();
        I2CRXTX = address >> 8;              //发送地址高8位
        WaitTXEMP();
        I2CRXTX = address;                   //发送地址低8位
        WaitTXEMP();
        I2CRXTX = eedata;                    //发送数据
        WaitTXEMP();
        return I2CRXTX;                      //返回数据字节
}                                            //End of EERandomWrite
//--- 等待发送完成 WaitTXEMP() -----//
void WaitTXEMP()
{
    wait();
    do
    {
        USERFLAGS = I2CSTATUS;
        USERFLAGS &= 0x01;                   //判断 I2CTXEMPF 标志
    }while(USERFLAGS == 0x00);               //等待发送完成
}                                            //end of Void WaitTXEMP()
//--- 等待接收完成 WaitRXAV() -----//
void WaitRXAV()
{
    wait();
    do
    {
        USERFLAGS = I2CSTATUS;
        USERFLAGS &= 0x02;                   //判断 I2CRXAVF 标志
    }while(USERFLAGS == 0x00);               //等待接收完成
}                                            //end of Void WaitRXAV()
//--- 等待 I²C 空闲 WaitI2CIDLE() -----//
void WaitI2CIDLE()
{
    wait();
    do
    {
        USERFLAGS = I2CSTATUS;
        USERFLAGS &= 0x08;                   //判断 I2CIDLEF 标志
    }while(USERFLAGS == 0x00);
}                                            //end of WaitI2CIDLE()
//--- 延时函数 Wait() -----//
void wait()
{
    char i = 0;
    while (i<25) {i++;};
}
```

3.10 脉冲宽度调制器(PWM)

VRS51L3074 提供了 8 个独立的脉冲宽度调制输出通道 PWM7～PWM0,每个 PWM 通道都自带一个 16 位定时器,各 PWM 模块既可作为脉冲宽度调制器,又可作为 16 位通用定时器使用。PWM 模块的结构如图 3-26 所示。

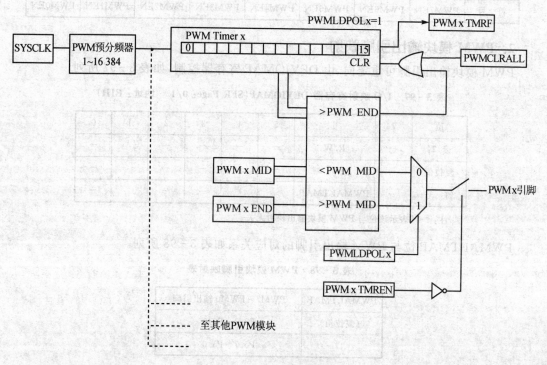

图 3-26 PWM 模块结构图

1. PWM 模块使能

PWM 模块使能分为两个步骤。

① 将 PERIPHEN2 寄存器中的 PWMSFREN 置位,使能与 PWM 模块相关的寄存器,如表 3-95 所列。

表 3-95 功能模块使能寄存器 PERIPHEN2(SFR Page: 0/1 地址: F5H)

位	7	6	5	4	3	2	1	0
读/写	—	—	—	—	—	—	R/W	—
复位值	—	—	—	—	—	—	0	—
符号	—	—	—	—	—	—	PWMSFREN	—

注:"—"表示该位与 PWM 模块控制无关。

② 由特殊功能寄存器 PWMEN 控制各 PWM 通道使能。PWMEN 寄存器结构如表 3-96 所列。

将 PWMEN 寄存器中的某控制位置"1"则使能相应的 PWM 通道;清零则禁用相应的

PWM 通道。

表 3-96 PWM 模块使能寄存器 PWMEN(SFR Page0 地址：AAH)

位	7	6	5	4	3	2	1	0
读/写	R/W	R/W	R/W	R/W	R/W	R/W	R/W	R/W
复位值	0	0	0	0	0	0	0	0
符号	PWM7EN	PWM6EN	PWM5EN	PWM4EN	PWM3EN	PWM2EN	PWM1EN	PWM0EN

2. PWM 模块输出引脚映射

PWM 模块输出引脚可重定向，由 DEVIOMAP 寄存器控制，如表 3-97 所列。

表 3-97 I/O 映射寄存器 DEVIOMAP(SFR Page: 0/1 地址：E1H)

位	7	6	5	4	3	2	1	0
读/写	—	R/W	—	—	—	—	—	—
复位值	—	0	—	—	—	—	—	—
符号	—	PWMALTMAP	—	—	—	—	—	—

注："—"表示该位与 PWM 模块输出映射无关。

PWMALTMAP 位与 PWM 输出引脚的对应关系如表 3-98 所列。

表 3-98 PWM 模块引脚映射表

PWMALTMAP	PWM7～PWM0 输出引脚
0(复位值)	P2.7～P2.0
1	P5.7～P5.0

在 PWM 模块使能的情况下，PWM5 和 PWM6 输出的优先级高于定时器外部控制信号输入引脚 T0EX 和 T1EX。

3.10.1 PWM 输出波形控制

1. PWM 模块内部寄存器 MID、END

每个 PWM 通道内部都有两个 16 位寄存器：
- 中间值寄存器 MID；
- 结束值寄存器 END。

PWM 中间值寄存器 MID 用于控制 PWM 输出在何时发生极性翻转，当 PWM 定时器计数到中间值时输出波形取反，因此该寄存器用于控制输出脉宽(占空比)；结束值寄存器 END 则用于设置 PWM 定时器的最大计数值，当 PWM 定时器计数到结束值时计数器清零，重新开始下一个 PWM 周期。中间值、结束值与输出脉冲波形的对应关系如图 3-27 所示。

图 3-27 中 PWMLDPOL 为 PWM 输出极性控制，具体说明见本节 PWMLDPOL 寄存器部分。

对 PWM 通道内部的 MID 和 END 寄存器的访问由 PWM 配置寄存器 PWMCFG、数据

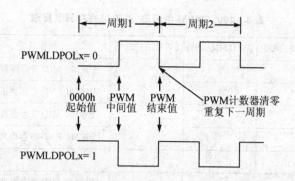

图 3-27 中间值、结束值与输出脉冲波形的对应关系图

寄存器 PWMDATA 来控制,下面分别加以说明。

2. PWM 配置寄存器 PWMCFG

PWMCFG 寄存器的结构如表 3-99 所列。

表 3-99　PWM 模块配置寄存器 PWMCFG(SFR　Page: 0　地址: A9H)

位	7	6	5	4	3	2	1	0
读/写	R/W	R/W	R/W	R/W	R/W	R/W	R/W	R/W
复位值	0	0	0	0	0	0	0	0
符　号	无(未使用)	PWMWAIT	PWMCLRALL	PWMLSBMSB	PWMMIDEND	PWMCH[2:0]		

PWMWAIT:PWM 参数更新控制(等待)位。用于设置在更新 PWM 参数之前是否等待。当用户重新设置某个 PWM 通道的参数之后:如果 PWMWAIT=0,新的配置参数将在当前 PWM 周期结束后被自动加载;如果 PWMWAIT=1,则须等待软件将该控制位手动清零后新的参数才能生效。

PWMWAIT 控制位可用于多个 PWM 通道配置参数的同步更新。由于系统没有为每个 PWM 通道内部的 MID 和 END 寄存器提供独立的访问地址,因此,用户只能依次对 PWM 通道进行配置。在这种情况下,如果需要同时更新多个 PWM 通道的控制参数,用户可以先将 PWMWAIT 置位,再依次设置各 PWM 通道的控制参数,然后将 PWMWAIT 位清零,在 PWMWAIT 位清零后,新的配置参数将在当前 PWM 周期结束后同时生效。

PWMCLRALL:对 PWM 模块进行复位控制。将 PWMCLRALL 置位则清零所有与 PWM 有关的标志及各通道定时器,停止 PWM 输出;该位由硬件自动清零。

PWMLSBMSB:在对各通道内部的 16 位寄存器 MID 和 END 进行配置时,由 PWMLSBMSB 位来选择是将数据寄存器 PWMDATA 中的内容写入 MID 或 END 寄存器的高 8 位还是低 8 位。如果 PWMLSBMSB=1,表示写入高 8 位;PWMLSBMSB=0 则写入低 8 位。

PWMMIDEND:中间值 MID/结束值 END 寄存器选择位,PWMMIDEND=1 表示对 END 寄存器操作;PWMMIDEND=0 则对 MID 寄存器进行操作。

PWMCH[2:0]:PWM 通道选择,取值 000B~111B 分别与 PWM7~PWM0 对应。

在设置 PWM 参数之前,需要先选择 PWM 通道、通道内部 MID 或 END 寄存器及其高低字节,对应关系如表 3-100 所列。

表 3-100 PWM 中间值、结束值寄存器选择表

PWMLSBMSB	PWMMIDEND	PWMCH[2:0]	操作对象
0	0	000	PWM0 MID 寄存器低字节
0	1		PWM0 END 寄存器低字节
1	0		PWM0 MID 寄存器高字节
1	1		PWM0 END 寄存器高字节
…	…	…	…
0	0	111	PWM7 MID 寄存器低字节
0	1		PWM7 END 寄存器低字节
1	0		PWM7 MID 寄存器高字节
1	1		PWM7 END 寄存器高字节

3. PWM 数据寄存器 PWMDATA

PWM 模块数据寄存器 PWMDATA 用于对所选通道 MID 或 END 寄存器的高字节、低字节进行设置。对该寄存器执行写操作,则将用户设置的参数送入指定 PWM 通道内的 MID/END 寄存器的高字节或低字节。PWMDATA 寄存器结构如表 3-101 所列。

表 3-101 PWM 模块数据寄存器 PWMDATA(SFR Page: 0   地址: ACH)

位	7	6	5	4	3	2	1	0
读/写	R/W	R/W	R/W	R/W	R/W	R/W	R/W	R/W
复位值								
符号	PWMDATA[7:0]							

4. PWM 输出极性配置寄存器 PWMLDPOL

PWMLDPOL 寄存器结构如表 3-102 所列。

表 3-102 PWM 输出极性配置寄存器 PWMLDPOL(SFR Page: 0   地址: ABH)

位	7	6	5	4	3	2	1	0
读/写	R/W	R/W	R/W	R/W	R/W	R/W	R/W	R/W
复位值	0	0	0	0	0	0	0	0
符号	PWMLDPOL7	PWMLDPOL6	PWMLDPOL5	PWMLDPOL4	PWMLDPOL3	PWMLDPOL2	PWMLDPOL1	PWMLDPOL0

该寄存器中的 8 个控制位 PWMLDPOL7~PWMLDPOL0 分别与 PWM7~PWM0 对应,用于对各 PWM 通道的输出极性进行设置,反映 PWM 配置更新是否完成,或用于 PWM 定时器清零控制。具体作用如下所述:

(1) PWM 模块作脉冲宽度调制器

① 读操作:在 PWM 模块作为脉冲宽度调制器使用的情况下,读取 PWMLDPOL 寄存器可反映 PWM 通道配置更新是否完成。如果 PWMLDPOLx=0,表示 PWMx 道配置更新已完成;如果 PWMLDPOLx=1,表示相应通道的配置更新未完成。该功能可用于在低频 PWM 控

制中对参数更新状况进行查询。

② 写操作：在 PWM 模块作为脉冲宽度调制器的情况下，对 PWMLDPOL 寄存器执行写操作用于设置相应 PWM 通道的输出极性。将 PWMLDPOLx 清零，则 PWMx 通道的 PWM 周期从低电平开始；将 PWMLDPOLx 置位，则 PWMx 通道的 PWM 周期从高电平开始。

(2) PWM 模块作通用定时器

在 PWM 模块作为通用定时器使用的情况下，PWMLDPOL 寄存器用于控制计数器清零。如果把 PWMLDPOLx 置"1"，则相应通道 PWMx 计数器将被清零。

3.10.2　PWM 模块时钟配置

PWM 模块有两个预分频器，其中一路输出作为 PWM7~PWM4 的时钟源；另一路输出作为 PWM3~PWM0 的时钟源。这两个预分频器的分频系数通过 PWM 时钟配置寄存器 PWMCLKCFG 进行设置。

PWMCLKCFG 寄存器结构如表 3-103 所列。

表 3-103　PWM 时钟配置表

位	7	6	5	4	3	2	1	0
读/写	R/W	R/W	R/W	R/W	R/W	R/W	R/W	R/W
复位值	0	0	0	0	0	0	0	0
符号	U4PWMCLK3[3:0]				L4PWMCLK3[3:0]			

高 4 位 U4PWMCLK3[3:0] 用于对 PWM7~PWM4 的时钟进行设置，低 4 位 L4PWMCLK3[3:0] 用于对 PWM3~PWM0 的时钟进行设置。U4PWMCLK3[3:0] 和 L4PWMCLK3[3:0] 的取值与 PWM 时钟的对应关系如表 3-104 所列。

表 3-104　PWM 时钟设置

U4PWMCLK[3:0]或 L4PWMCLK[3:0]取值	PWM 时钟	U4PWMCLK[3:0]或 L4PWMCLK[3:0]取值	PWM 时钟
0000	Sys Clk / 1	1000	Sys Clk / 256
0001	Sys Clk / 2	1001	Sys Clk / 512
0010	Sys Clk / 4	1010	Sys Clk / 1 024
0011	Sys Clk / 8	1011	Sys Clk / 2 048
0100	Sys Clk / 16	1100	Sys Clk / 4 096
0101	Sys Clk / 32	1101	Sys Clk / 8 192
0110	Sys Clk / 64	1110	Sys Clk / 16 384
0111	Sys Clk / 128	1111	Sys Clk / 16 384

在 PWM 方式和定时器方式下，都是通过 PWMCLKCFG 寄存器来设置 PWM 时钟。

3.10.3　PWM 模块例程

本例程的功能：PWM 配置和输出波形控制。

程序代码：

```c
//---------- V3K_PWM_Config_Func_Keil.c ----------//
#include <VRS51L3074_Keil.h>
//函数声明
void PWMConfig(char channel,int endval,int midval);
void PWMdata8bit(char,char);
void PWMdata16bit(char,int);
void delay(unsigned int);
//主函数
void main (void)
{
    int cptr = 0x00;
    PWMCFG = 0x20;                      //复位 PWM 各通道
    PWMCLKCFG = 0x00;                   //PWM 时钟
    PWMLDPOL = 0x00;                    //PWM 极性
    //配置 PWM5：END = 0x00FF, PWM MID = 0x0000
    PWMConfig(0x05, 0x00FF,0x0000);
    //配置 PWM2：END = 0x0FFF, PWM MID = 0x0000
    PWMConfig(0x02, 0x0FFF,0x000);
    //每隔 1 ms 改变一次 PWM2 和 PWM5 的中间值
    Do
      {
            for(cptr = 0xFF0; cptr > 0x00; cptr--)
              {
                 PWMdata16bit(0x02,cptr);
                 PWMdata8bit(0x05,cptr >> 4);
                 delay(1);              //延时 1 ms
              }
      }while(1);
}                                       // End of main
//-------------------------------------------//
//函数名称：PWMConfig
//函数功能：配置指定 PWM 通道的参数
//入口参数：通道编号——char channel
//         16 位结束值——int endval
//         16 位中间值——int midval
//出口参数：无
//-------------------------------------------//
void PWMConfig(char channel,int endval,int midval)
{
    char pwmch;
    char pwmready = 0x00;
    channel &= 0x07;                    //通道编号≤7
    do                                  //等待更新完成
      {
```

```
        pwmready = PWMLDPOL;
    }while(pwmready != 0x00);
//Define PWM Enable section
PERIPHEN2 |= 0x02;                          //使能 PWM 相关 SFR
switch(channel)                             //通道选择
{
    case 0x00 : pwmch = 0x01;
                break;
    case 0x01 : pwmch = 0x02;
                break;
    case 0x02 : pwmch = 0x04;
                break;
    case 0x03 : pwmch = 0x08;
                break;
    case 0x04 : pwmch = 0x10;
                break;
    case 0x05 : pwmch = 0x20;
                break;
    case 0x06 : pwmch = 0x40;
                break;
    case 0x07 : pwmch = 0x80;
                break;
}                                           //end of switch
PWMEN |= pwmch;                             //使能 PWM 通道
//PWM 结束值
PWMCFG = (channel + 0x58);                  //置 PWMWAIT
PWMDATA = endval >> 8;                      //写 END 寄存器高字节
PWMCFG &= 0xEF;                             //写 END 寄存器低字节
PWMDATA = endval;
//PWM 中间值
PWMCFG = (channel + 0x50);                  //置 PWMWAIT
PWMDATA = midval >> 8;                      //写 MID 寄存器高字节
PWMCFG &= 0xEF;                             //写 MID 寄存器低字节
PWMDATA = midval;
PWMCFG &= 0x3F;                             //清 PWMWAIT,加载配置参数
}                                           //end of PWMConfig ()
//------------------------------------------//
//函数名称：PWMdata8bit
//函数功能：修改指定 PWM 通道 MID 寄存器(8 位格式)
//入口参数：通道编号——char channel
//         8 位中间值——char pwmdata
//出口参数：无
//------------------------------------------//
void PWMdata8bit(char channel,char pwmdata)
{
```

```
        char pwmready = 0x00;
        channel &= 0x07;              //通道编号≤7
        do                            //等待更新完成
            {
                pwmready = PWMLDPOL;
            }while(pwmready ! = 0x00);
        PWMCFG = (channel + 0x40);    //置 PWMWAIT
        PWMDATA = pwmdata;            //写 MID 寄存器低字节
        PWMCFG &= 0x3F;               //清 PWMWAIT,加载配置参数
    }//end of PWMData8bit()
//------------------------------------------//
//函数名称:PWMdata16bit
//函数功能:修改指定 PWM 通道 MID 寄存器(16 位格式)
//入口参数:通道编号——char channel
//         16 位中间值——int pwmdata
//出口参数:无
//------------------------------------------//
void PWMdata16bit(char channel,int pwmdata)
    {
        char pwmready = 0x00;
        channel &= 0x07;              //通道编号≤7
        do                            //等待更新完成
            {
                pwmready = PWMLDPOL;
            }while(pwmready ! = 0x00);
        PWMCFG = (channel + 0x50);    //置 PWMWAITSet PWM
        PWMDATA = pwmdata >> 8;       //写 MID 寄存器高字节
        PWMCFG &= 0xEF;               //写 MID 寄存器低字节
        PWMDATA = pwmdata;
        PWMCFG &= 0x3F;               //清 PWMWAIT,加载配置参数
    }//end of PWMData16bit()
//------------------------------------------
//延时函数 void delay(unsigned int dlais)
//(略)
//;-----------------------------------------
```

3.10.4 PWM 模块的定时器工作模式

PWM 模块除可作为脉冲宽度调制器外,还可作为通用定时器使用,但与 Timer0/1/2 不同的是 PWM 定时器只能做加法计数。PWM 模块定时器结构原理如图 3-28 所示。

1. PWM 定时器使能控制

特殊功能寄存器 PWMTMREN 用于 PWM 模块定时器使能控制,其结构如表 3-105 所列。

复位时,各 PWM 通道默认为脉宽调制器工作模式;若将 PWMxTMREN 置位,则相应通

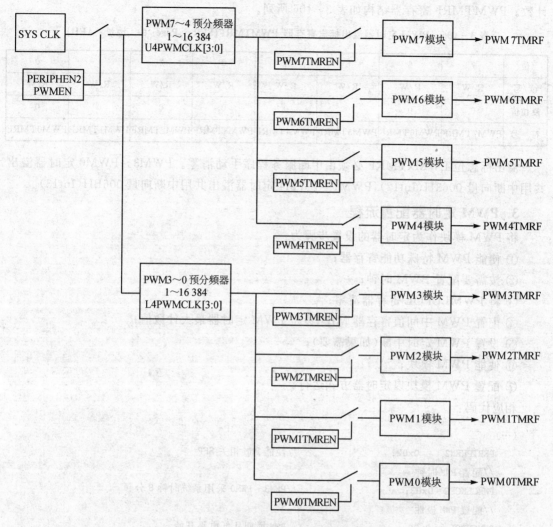

图 3-28 PWM 作为通用定时器的结构原理图

道 PWMx 被设置为通用定时器模式。

表 3-105　PWM 定时器使能控制寄存器 PWMTMREN(SFR Page: 0　地址: ADH)

位	7	6	5	4	3	2	1	0
读/写	R/W	R/W	R/W	R/W	R/W	R/W	R/W	R/W
复位值	0	0	0	0	0	0	0	0
符号	PWM7TMREN	PWM6TMREN	PWM5TMREN	PWM4TMREN	PWM3TMREN	PWM2TMREN	PWM1TMREN	PWM0TMREN

2. PWM 定时器溢出中断

在定时器模式下,PWM 定时器总是从 0x0000 开始做加法计数,其溢出值由各通道内部的中间值 MID 寄存器设置。

一旦某个 PWM 定时器计数到其内部 MID 寄存器中所设置的溢出值,PWM 定时溢出标志寄存器 PWMTMRF 中的相应位将被置位并产生溢出中断,且定时器被清零然后重新开始计数。PWMTMRF 寄存器结构如表 3-106 所列。

表 3-106　PWM 定时器溢出标志寄存器 PWMTMRF(SFR　Page: 0　地址: AEH)

位	7	6	5	4	3	2	1	0
读/写	R/W	R/W	R/W	R/W	R/W	R/W	R/W	R/W
复位值	0	0	0	0	0	0	0	0
符　号	PWM7TMRF	PWM6TMRF	PWM5TMRF	PWM4TMRF	PWM3TMRF	PWM2TMRF	PWM1TMRF	PWM0TMRF

溢出标志位 PWMxTMRF 必须由中断服务程序手动清零。PWM3~PWM0 定时器溢出共用中断向量 0063H(Int12)，PWM7~PWM4 定时器溢出共用中断向量 006BH(Int13)。

3. PWM 定时器配置流程

将 PWM 模块作为定时器的设置步骤为：

① 使能 PWM 特殊功能寄存器；
② 按需要配置 PWM 时钟；
③ 将 PWMLDPOL 寄存器清零；
④ 配置 PWM 中间值寄存器 MID，设定 PWM 定时器最大计数值；
⑤ 设置 PWM 定时中断（如果需要）；
⑥ 使能 PWM 模块；
⑦ 配置 PWM 模块以定时器方式运行。

相应代码：

```
(…)
    PERIPHEN2 | = 0x02;              //使能 PWM 相关 SFR
    //配置 PWM 时钟
    PWMCLKCFG = 0x03;                //PWM3~PWM0 采用系统时钟 8 分频
    //配置 PWM 极性
    PWMLDPOL = 0x00;                 //PWM 周期从低电平开始
    //配置 PWM5 定时参数：溢出值 F000h
    PWMCFG = 0x15;                   //选择 PWM5 MID 寄存器高字节
    PWMDATA = 0xF0;                  //溢出值高字节
    PWMCFG = 0x05;                   //选择 PWM5 MID 寄存器低字节
    PWMDATA = 0x00;                  //溢出值低字节
    //配置 PWM5 定时器中断
    INTSRC2 & = 0xDF;                //中断源：PWM7~PWM4 定时器
    INTPINSENS1 = 0xDF;              //对引脚变化中断进行相应设置
    INTPININV1 = 0xDF;
    INTEN2 | = 0x20;                 //PWM7~PWM4 定时器中断允许
    //启动 PWM5 定时器
    PWMEN | = 0x20;                  //使能 PWM5
    PWMTMREN | = 0x20;               //PWM5 作定时器
    GENINTEN = 0x03;                 //开放内部中断
(…)
```

3.11 增强型算术单元(AU)

VRS51L3074采用基于硬件的算术单元,以有符号的二进制数作为操作对象,可高速执行算术运算。乘法、加法等运算和移位操作可在1个系统周期完成,16位除法只需要5个周期便可完成。与标准C编译器进行数学运算和数字信号处理(DSP)相比,VRS51L3074增强型算术单元使系统的计算性能得到很大提高,乘法/累加运算速度提高30%～50%,16位除法的运算速度则提高700%。

VRS51L3074的增强型算术单元具有以下主要特点:
> 基于硬件的计算引擎;
> 提供操作数后可立即得到计算结果;
> 有符号数学计算;
> 无符号数学运算;
> 运算结果寄存器可自动/手动重载;
> 易于实现复杂数学运算;
> 16位和32位溢出标志;
> 32位溢出中断;
> 操作数寄存器可分别或同时被清零;
> 溢出标志可保持至手动清除;
> 可保存和使用上次运算的结果;
> 在运算结果寄存器AURES之前带有32位桶式(环形)移位器,可调整运算结果;
> 乘法、加法运算结果移位可在1个系统周期完成。

算术单元的运算功能示意图如图3-29所示。

增强型算术单元所具备的功能非常有利于数学运算和DSP处理,如数字滤波、数据加密、传感器输出数据处理、查表替换等;尤其是可以极大地提高FIR滤波处理中重复执行16位乘法和加法运算的效率。

算术单元使能由特殊功能寄存器PERIPHEN2寄存器中的AUEN位控制,对应关系如表3-107所列。

表3-107 功能模块使能寄存器 PERIPHEN2(SFR　Page:0/1　地址:F5H)

位	7	6	5	4	3	2	1	0
读/写	—	—	R/W	—	—	—	—	—
复位值	—	—	0	—	—	—	—	—
符号	—	—	AUEN	—	—	—	—	—

注:"—"表示该位与算术单元控制无关。

在使能算术单元之后,再通过其内部的特殊寄存器执行各种运算。由于算术单元内部的特殊寄存器只映射到特殊功能寄存器的第一页(SFR Page1),因此,在访问其内部寄存器之前需要先将DEVMEMCFG寄存器的SFRPAGE置位。对应关系如表3-108所列。

下面分别介绍算术单元内部各寄存器的功能。

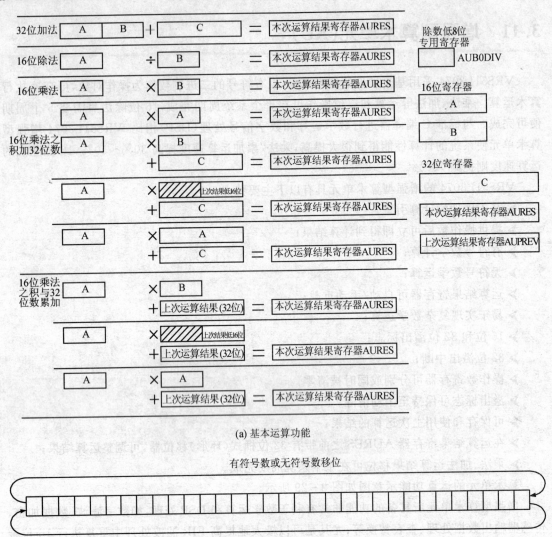

图 3-29 VRS51L3074 增强型算术单元功能示意图

表 3-108 存储配置寄存器 DEVMEMCFG(SFR Page: 0/1 地址: F6H)

位	7	6	5	4	3	2	1	0
读/写	—	—	—	—	—	—	—	R/W
复位值	—	—	—	—	—	—	—	0
符 号	—	—	—	—	—	—	—	SFRPAGE

注:"—"表示该位与特殊功能寄存器页选择无关。

3.11.1 算术单元控制寄存器

算术单元控制寄存器包括两个特殊功能寄存器:AUCONFIG1 和 AUCONFIG2,用于控制除桶式移位以外的操作。

1. 算术单元控制寄存器 AUCONFIG1

AUCONFIG1 寄存器的结构如表 3-109 所列。

表 3-109 算术单元控制寄存器 AUCONFIG1（SFR　Page：1　地址：C2H）

位	7	6	5	4	3	2	1	0
读/写	R/W	R/W	R/W	R/W	R/W	R/W	R/W	R/W
复位值	0	0	0	0	0	0	0	0
符号	CAPPREV	CAPMODE	OVCAPEN	READCAP	ADDSRC[1:0]		MULCMD[1:0]	

AUCONFIG1 寄存器的各控制位定义如下：

CAPPREV：上次运算结果捕获控制位。用于在手动捕获模式（CAPMODE=1）下对是否捕获上次运算结果进行控制：若 CAPMODE=1 且 CAPPREV=1 则执行捕获；若 CAPMODE=1 且 CAPPREV=0 则不执行捕获。该位读出值始终为 0。

CAPMODE：上次运算结果的捕获模式选择位。置位时采用手动捕获模式，即 CAPMODE=1 且 CAPPREV=1 才捕获上次运算的结果；将 CAPMODE 清零则采用自动捕获模式——每次写入 AUA0 寄存器时都自动将上次运算结果保存到 AUPREV 寄存器中。自动捕获模式不受 CAPPREV 位的影响。

OVCAPEN：32 位溢出捕获控制位。在 32 位溢出的情况下：如果 OVCAPEN=1 则将运算结果捕获并保存；如果 OVCAPEN=0 则不执行捕获。

READCAP：读取上次结果控制位。置位时表示将捕获的上次运算结果送入 AURES 寄存器中，清零（默认）表示将当前运算结果送入 AURES 寄存器中。

ADDSRC[1:0]：32 位加法操作数选择位，对应关系如表 3-110 所列，其中乘积由 MULCMD[1:0]位确定。

表 3-110　32 位加法操作数选择位

ADDSRC[1:0]	被加数	加　数	备　注
00	乘积	0x0000	加数为零，仅执行乘法运算
01	乘积	AUC[31:0]	
10	乘积	AUPREV[31:0]	
11	{AUA,AUB}	AUC[31:0]	被加数为 2 个 16 位数据寄存器 A、B 拼接成的 32 位数

MULCMD[1:0]：乘法运算命令，其定义如表 3-111 所列。

表 3-111　乘法命令表

MULCMD[1:0]	乘法运算
00	AUA×AUB
01	AUA×AUA
10	AUA×AUPREV[15:0]
11	AUA×AUB

算术单元乘法和加法运算原理如图 3-30 所示，图中给出了 16 bit×16 bit、32 bit＋32 bit、16 bit×16 bit＋32 bit 几种运算模式下各操作数的形成方式，这几种模式的运算均可在 1 个系统周期完成。

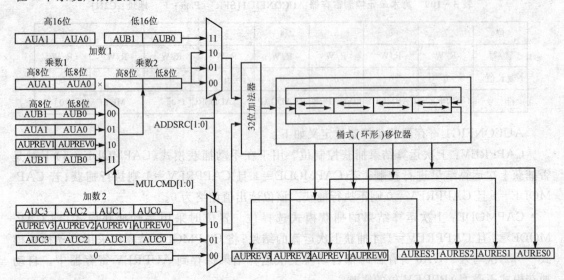

图 3-30　VRS51L3074 算术单元乘法和加法运算原理图

2. 算术单元控制寄存器 AUCONFIG2

AUCONFIG2 寄存器结构如表 3-112 所列。

表 3-112　算术单元控制寄存器 AUCONFIG2（SFR　Page：1　地址：C3H）

位	7	6	5	4	3	2	1	0
读/写	R/W	R/W	R/W	R/W	R/W	R/W	R/W	R/W
复位值	0	0	0	0	0	0	0	0
符号	AUREGCLR[2:0]			AUINTEN	无（未使用）	DIVOUTRG	AUOV16	AUOV32

AUCONFIG2 寄存器的各控制位定义如下：

AUREGCLR[2:0]：算术单元清零控制位。用于对算术单元溢出标志或指定的寄存器执行清零操作，具体含义如表 3-113 所列。这 3 位读出值始终为 0。

AUINTEN：算术单元中断允许位。置位时允许算术单元除法中断；清零时禁止算术单元中断。

DIVOUTRG：除法运算溢出标志。算术单元执行除法运算时，被除数（16 位）放在数据寄存器 AUA 中，除数（16 位）的高、低字节分别放在 2 个 8 位寄存器 AUB1 和 AUB0DIV 中。在以下两种情况下 DIVOUTRG 将被置位：① 除数为零；② 被除数为 0x8000 且除数为 0xFFFF。

表 3-113　算术单元清零操作表

AUREGCLR[2:0]	操作说明
000	无操作
001	清零 AUA 寄存器
010	清零 AUB 寄存器
011	清零 AUC 寄存器
100	清零 AUPREV 寄存器
101	清零算术单元的所有寄存器和溢出标志
110	清溢出标志

AUOV16：算术单元 16 位溢出标志。当 bit15 或 bit31 向高位进位时，AUOV16 标志被置位。

AUOV32：算术单元 32 位溢出标志。当算术单元运算结果超出 32 位时 AUOV32 被置位。

3.11.2 算术单元数据寄存器

算术单元数据寄存器包括操作数寄存器和运算结果寄存器，这些寄存器中有些只用于某一种运算（如 AUC 寄存器只用于加法运算，AUB0DIV 寄存器只用于除法运算），有的则可用于多种运算。

下面分别介绍算术单元中的各数据寄存器，并对与之相关的运算加以说明。

1. 乘法和加法运算操作数寄存器 AUA、AUB

当算术单元执行乘法运算时，16 位数据寄存器 AUA 和 AUB 分别用于存放被乘数和乘数。当执行 32 位加法时，AUA 和 AUB 分别存放 32 位被加数高 16 位和低 16 位。AUA、AUB 寄存器的结构如表 3-114 和表 3-115 所列。

表 3-114　算术单元操作数寄存器 AUA

	AUA1(SFR Page:1 地址：A3H)							AUA0(SFR Page:1 地址：A2H)							
位	7	6	5	4	3	2	1	0	7	6	5	4	3	2	1	0
读/写	R/W								R/W							
复位值	0x00								0x00							
符号	AUA[15:8]								AUA[7:0]							

表 3-115　算术单元操作数寄存器 AUB

	AUB1(SFR Page:1 地址：B3H)							AUB0(SFR Page:1 地址：B2H)							
位	7	6	5	4	3	2	1	0	7	6	5	4	3	2	1	0
读/写	R/W								R/W							
复位值	0x00								0x00							
符号	AUB[15:8]								AUB[7:0]							

2. 除法运算操作数寄存器

除法运算通过将除数低 8 位写入 AUB0DIV 寄存器来触发。AUB0DIV 寄存器的结构如表 3-116 所列。

表 3-116　除数低 8 位寄存器 AUB0DIV(SFR Page：1　地址：B1H)

位	7	6	5	4	3	2	1	0
读/写	R/W	R/W	R/W	R/W	R/W	R/W	R/W	R/W
复位值	0	0	0	0	0	0	0	0
符号	AUB0DIV[7:0]							

当算术单元执行除法运算时,被除数放在 AUA 寄存器中,除数高 8 位则送入 AUB1 寄存器中,一旦将除数低 8 位写入 AUB0DIV 寄存器则触发除法运算。16 位除法运算需用 5 个系统周期。

操作数寄存器 AUA、AUB、AUB0DIV 的作用见表 3-117。

表 3-117 操作数寄存器表

操作	AUA		AUB		AUB0DIV
	AUA1 (SFR A3H)	AUA0 (SFR A2H)	AUB1 (SFR B3H)	AUB0 (SFR B2H)	(SFR B1H)
16 位乘法	被乘数[15:8]	被乘数[7:0]	乘数[15:8]	乘数[7:0]	
32 位加法(仅当 ADDSRC[1:0]=11 时)	被加数[31:24]	被加数[23:16]	被加数[15:8]	被加数[7:0]	
16 位除法	被除数[15:8]	被除数[7:0]	除数[15:8]	除数[7:0] *	除数[7:0]

注:* 表示除法运算启动后,放在 AUB0DIV 中的除数低 8 位被自动送入 AUB0 寄存器。

3. AUC 寄存器

AUC 寄存器是一个标准的 32 位寄存器,仅用于在执行 32 位加法操作时存放加数,其结构如表 3-118 所列。

表 3-118 32 位加法操作数寄存器 AUC

	AUC3(SFR Page:1 地址:A7H)	AUC2(SFR Page:1 地址:A6H)	AUC1(SFR Page:1 地址:A5H)	AUC0(SFR Page:1 地址:A4H)
位	7~0	7~0	7~0	7~0
读/写	R/W	R/W	R/W	R/W
复位值	0x00	0x00	0x00	0x00
符 号	AUC[31:24]	AUC[23:16]	AUC[15:8]	AUC[7:0]

4. 运算结果寄存器 AURES

AURES 是 32 位只读寄存器,用于保存算术单元的运算结果,其结构如表 3-119 所列。

表 3-119 算术单元运算结果寄存器 AURES

	AURES3(SFR Page:1 地址:B7H)	AURES2(SFR Page:1 地址:B6H)	AURES1(SFR Page:1 地址:B5H)	AURES0(SFR Page:1 地址:B4H)
位	7~0	7~0	7~0	7~0
读/写	R/W	R/W	R/W	R/W
复位值	0x00	0x00	0x00	0x00
符 号	AURES[31:24]	AURES[23:16]	AURES[15:8]	AURES[7:0]

➢ 算术单元执行乘法或加法运算时,AURES 寄存器存放 32 位运算结果;
➢ 算术单元执行 16 位除法运算时,AURES 寄存器的高 16 位(AURES3、AURES2)保存商值,低 16 位(AURES1、AURES0)存放余数。

5. 上次运算结果寄存器 AUPREV

AUPREV 寄存器可以自动或手动捕获 AURES 寄存器中的内容,并且可以将保存的结果用于后续运算,这一特性非常适用于需要把当前运算结果作为下一步运算的操作数的情况。捕获控制见 AUCONFIG1 寄存器中的相关说明。AUPREV 寄存器结构如表 3-120 所列。

表 3-120 算术单元上次运算结果寄存器 AUPREV

	AUPREV3(SFR Page:1 地址:C7H)	AUPREV2(SFR Page:1 地址:C6H)	AUPREV1(SFR Page:1 地址:C5H)	AUPREV0(SFR Page:1 地址:C4H)
位	7~0	7~0	7~0	7~0
读/写	R/W	R/W	R/W	R/W
复位值	0x00	0x00	0x00	0x00
符 号	AUPREV[31:24]	AUPREV[23:16]	AUPREV[15:8]	AUPREV[7:0]

AUPREV 寄存器中的内容可以在本次运算中以 32 位(AUPREV[31:0])或 16 位(AUPREV[15:0])两种格式使用。例如,在 32 位加法中可以把 AUPREV[31:0]作为加数,在 16 位乘法中 AUPREV[15:0]可以作为乘数。

3.11.3 桶式移位器

VRS51L3074 的算术单元中包含了一个桶式移位器(Barrel Shifter)。

算术单元执行乘法、加法运算时,其运算结果经过桶式移位器再送到 AURES 寄存器或 AUPREV 寄存器,在桶式移位器中执行左移或右移操作可以对运算结果进行调整。因此,在算术单元执行乘法、加法运算时,移位操作将影响到 AURES 寄存器和 AUPREV 寄存器中的值,并可能产生溢出。移位操作只需一个系统周期。

当算术单元执行除法运算时,桶式移位器被禁用,对运算结果不产生影响。

桶式移位器的操作由特殊功能寄存器 AUSHIFTCFG 控制,该寄存器的结构如表 3-121 所列。

表 3-121 桶式移位器控制寄存器 AUSHIFTCFG(SFR Page:1 地址:C1H)

位	7	6	5	4	3	2	1	0
读/写	R/W	R/W	R/W	R/W	R/W	R/W	R/W	R/W
复位值	0	0	0	0	0	0	0	0
符 号	SHIFTMODE	ARITHSHIFT	SHIFT[5:0]					

AUSHIFTCFG 寄存器的各控制位定义如下:

SHIFTMODE:移位模式选择位。SHIFTMODE=1 时,桶式移位器执行有符号数移位操作;SHIFTMODE=0 时,桶式移位器执行无符号数移位操作。

ARITHSHIFT:算术左移控制位。置位时执行算术左移(保留符号位);清零执行逻辑左移(符号位丢失)。

SHIFT[5:0]:移位方向和位数控制。设为正值执行左移操作;设为负值执行右移操作。

【例】

SHIFT[5:0]=000001B(+1),则将运算结果左移1位(相当于 AURES[31:0]×2)

SHIFT[5:0]=000010B(+2),则将运算结果左移2位(相当于 AURES[31:0]×4)

SHIFT[5:0]=111111B(-1),则将运算结果右移1位(相当于 AURES[31:0]÷2)

SHIFT[5:0]=111110B(-2),则将运算结果右移2位(相当于 AURES[31:0]÷4)

SHIFT[5:0]=000000B(默认值),则不执行移位操作

3.11.4 增强型算术单元整体结构

根据本节的介绍可以画出 VRS51L3074 增强型算术单元的整体结构框图,如图3-31所示。图中给出了算术单元的组成部件及相关的特殊功能寄存器。

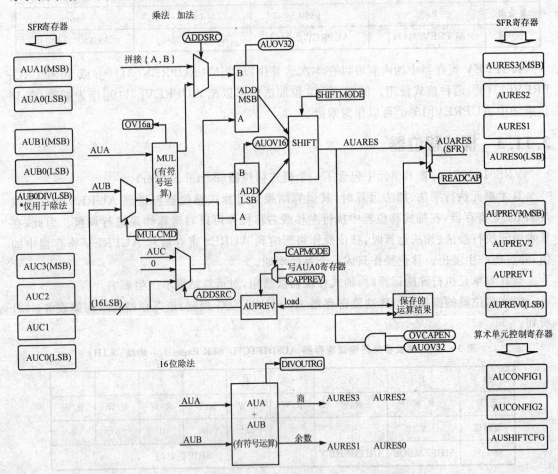

图3-31 VRS51L3074 增强型算术单元整体结构框图

3.11.5 算术单元基本运算例程

本例程演示算术单元的基本运算功能。

程序代码:

```
// VRS51L3074_MULTACCU1_Keil.c //
#include <VRS51L3074_Keil.h>
```

```
//主函数
void main (void)
{
    PERIPHEN2 = 0x20;              //算术单元使能
    DEVMEMCFG = 0x01;              //SFR Page 1
                                   //操作数寄存器赋初值
    AUA1 = 0x33;                   //AUA = 0x3322
    AUA0 = 0x22;
    AUB1 = 0x44;                   //AUB = 0x4411
    AUB0 = 0x11;
    AUC3 = 0x11;                   //AUC = 0x11111111
    AUC2 = 0x11;
    AUC1 = 0x11;
    AUC0 = 0x11;
    AUPREV3 = 0x12;                //AUPREV = 0x12345678
    AUPREV2 = 0x34;
    AUPREV1 = 0x56;
    AUPREV0 = 0x78;
                                   //运算举例:
    AUCONFIG1 = 0x01;              //执行(AUA×AUA) + 0,结果: AURES = 0A369084h
    AUCONFIG1 = 0x00;              //执行(AUA×AUB) + 0,AURES = 0D986D42h
    AUCONFIG1 = 0x03;              //执行(AUA×AUB) + 0,AURES = 0D986D42h
    AUCONFIG1 = 0x02;              //执行(AUA×AUPREV[15:0]) + 0,AURES = 114563F0h
    AUCONFIG1 = 0x0C;              //32 位加法: {AUA,AUB} + AUC,AURES = 44335522h
    AUCONFIG1 = 0x0D;              //32 位加法: {AUA,AUB} + AUC,AURES = 44335522h
    AUCONFIG1 = 0x0E;              //32 位加法: {AUA,AUB} + AUC,AURES = 44335522h
    AUCONFIG1 = 0x0F;              //32 位加法: {AUA,AUB} + AUC,AURES = 44335522h
    AUCONFIG1 = 0x04;              //(AUA x AUB) + AUC,AUSHIFTCFG = 0x00,不移位
                                   //AURES = 1EA97E53h
    AUCONFIG1 = 0x04;              //(AUA x AUB) + AUC,AUSHIFTCFG = 0x01
                                   //左移 1 位(逻辑左移),AURES = 3D52FCA6h
                                   //AUSHIFCFG 寄存器无须每次设置
    AUCONFIG1 = 0x04;              //(AUA x AUB) + AUC
    AUSHIFTCFG = 0x3F;             //右移 1 位,AURES = F54 BF29h
    DEVMEMCFG = 0x00;              //SFR Page 0
    while(1);
                                   // End of main
}
```

3.12 看门狗定时器(WDT)

VRS51L3074 带有一个看门狗定时器 WDT,可用于在程序故障时复位处理器。看门狗定时器由一个 14 位预分频器构成,以系统时钟或者是系统时钟的分频信号作为其计数源,当看门狗溢出时将使系统复位。

看门狗定时器由 PERIPHEN2 寄存器中的 WDTEN 置位使能。对应关系如表 3 - 122

所列。

表 3-122 功能模块使能寄存器 PERIPHEN2(SFR Page:0/1　地址:F5H)

位	—	—	—	—	2	—	—
读/写	—	—	—	—	R/W	—	—
复位值	—	—	—	—	0	—	—
符号	—	—	—	—	WDTEN	—	—

注:"—"表示与 WDT 使能无关。

3.12.1 看门狗定时器的控制

看门狗定时器由特殊功能寄存器 WDTCFG 控制,该寄存器的结构如表 3-123 所列。

表 3-123 看门狗定时器控制寄存器 WDTCFG(SFR　Page:0/1　地址:91H)

位	7	6	5	4	3	2	1	0
读/写	R/W	R/W	R/W	R/W	R/W	R/W	R/W	R/W
复位值	0	0	0	0	0	0	0	0
符号	WDTPERIOD[3:0]				WTIMEROVF	ASTIMER	WDTOVF	WDTRESET

WDTCFG 寄存器各控制位的定义如下:

WDTPERIOD[3:0]:看门狗定时器溢出时间设置。WDT 溢出时间由以下公式计算:

$$\text{WDT 溢出时间} = \frac{2 \times 16\,384 \times (0x4\,000 - \text{WDT 初值})}{f_{\text{OSC}}}$$

实际溢出时间与计算值约相差 200 μs,这是由看门狗定时器内部电路所致。

WDT 初值与 WDTPERIOD[3:0] 对应关系如表 3-124 所列。

表 3-124 看门狗溢出时间设置表

WDTPERIOD[3:0]	WDT 初值	溢出时间(近似值) $f_{\text{OSC}} = 40$ MHz	WDTPERIOD[3:0]	WDT 初值	溢出时间(近似值) $f_{\text{OSC}} = 40$ MHz
0000	0x3FFF*	819.2 μs	1000	0x3F49	149.91 ms
0001	0x3FFE	1.638 4 ms	1001	0x3F0C	199.88 ms
0010	0x3FFD	2.457 ms	1010	0x3E9E	289.99 ms
0011	0x3FFB	4.09 ms	1011	0x3B3B	1.000 2 s
0100	0x3FF4	9.83 ms	1100	0x38D9	1.499 s
0101	0x3FE8	19.66 ms	1101	0x3677	1.999 s
0110	0x3FCF	40.14 ms	1110	0x2364	5.999 s
0111	0x3F86	99.94 ms	1111	0x0000	13.4 s

注:* WDT 作通用定时器时 WDT 初值不能设置为 0x3FFF。

WTIMEROVF:WDT 作通用定时器的溢出标志位,置位时表明定时器溢出。

ASTIMER：工作模式设置位，置位时将 WDT 设为通用定时器。这种情况下溢出时不产生系统复位动作，只是将 WTIMEROVF 标志置位；清零（默认）为看门狗定时器。对该位执行写操作将清零定时器。

WDTOVF：WDT 溢出标志，WDTOVF＝1 时表明看门狗溢出；向该位写入"1"时清 WDTOVF 标志。

WDTRESET：看门狗复位控制。通过将 WDTRESET 先清零再置位以复位看门狗。在对看门狗溢出时间重新进行配置的时候，也需要对 WDTRESET 先清零再置位。

3.12.2　采用外部时钟的情况下 WDT 的复位控制

在 VRS51L3074 使用外部时钟的情况下，如果 Versa Ware JTAG 软件"系统选项（Device Option）"中的"时钟分频器设置（Clock Devider setting）"设为"OFF"，将导致程序不能正常对 WDT 进行复位操作。为了使看门狗能够被正常复位，需要将 Versa Ware JTAG"系统选项"中的"时钟分频器设置"设为 $f_{osc}/2$、$f_{osc}/4$ 或者 $f_{osc}/8$，此时为了使程序仍然能够以"全速"运行，可在程序代码开始处增加以下指令强制使系统时钟返回 $f_{osc}/1$：

DEVCLKCFG1 &= 0xF0;
……

只有在系统采用外部时钟的情况下，使用看门狗功能时才需进行上述处理，如使用内部 40 MHz 晶振则无须此步骤。

3.12.3　WDT 基本配置例程

本例程演示看门狗定时器的配置和复位控制（内部 40 MHz），并通过 P1 口监控看门狗动作。如果延时函数定义的延时时间大于看门狗溢出时间，WDT 将复位处理器。

程序代码：

```
#include <VRS51L3074_Keil.h>
void delay (unsigned int dlais);          //函数声明
void main (void)
{
    PERIPHEN2 = 0x08;                     //使能 I/O 口
    P1PINCFG = 0x00;                      //P1 口输出
    //DEVCLKCFG1 &= 0xF0;                 //使用外部时钟的情况下
    PERIPHEN2 |= 0x04;                    //WDT 使能
    P1 = 0xFF;                            //P1 口输出 0xFF
    delay(10);                            //保持 10 ms
    WDTCFG = 0x62;                        //看门狗溢出时间：40 ms
    WDTCFG = 0x63;
    P1 = 0x00;                            //P1 口输出 0x00
    do
    {
        delay (50);                       //延时大于 40 ms，看门狗将处理器复位
```

```
        WDTCFG = 0x62;                    //复位看门狗
        WDTCFG = 0x63;
    }while(1);
}                                         //End of main
//延时 1 ms 函数 void delay(unsigned int dlais)
//(略)
```

3.13 中断系统

3.13.1 中断系统概述

VRS51L3074 提供了 49 个中断源，16 个中断向量，分为两个优先级。所有中断划分为两类：

➤ 模块中断；
➤ 引脚变化中断。

模块中断是指由 VRS51L3074 内部各功能模块产生的中断，包括 UARTs、SPI、I²C、PWC、增强型算术单元等模块产生的中断，端口状态变化监控模块产生的中断也属于这类中断。

引脚变化中断是在指定的引脚上发生预定的事件时产生的中断，由外部事件触发。引脚变化中断的触发方式可以是电平触发（高电平、低电平）或边沿触发（上升沿、下降沿）。除了包括与标准 8051 相同的 INT0、INT1 中断以外，VRS51L3074 在 P0 口和 P3 口还提供了 14 个引脚变化中断。

VRS51L3074 的所有中断源共用 0003H～007BH 的 16 个中断向量，每个中断向量可根据中断源的选择，用于响应一个外部或内部中断。图 3-32 和图 3-33 分别给出了模块中断和引脚变化中断的结构关系以及中断资源的分配情况。表 3-125 所列为中断配置寄存器及相互关系。

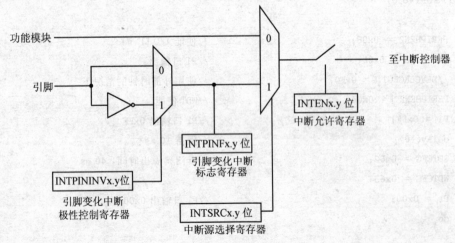

图 3-32 模块中断和引脚变化中断的结构关系

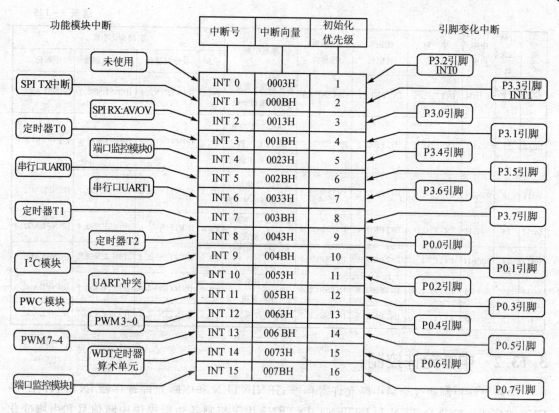

图 3-33　VRS51L3074 中断资源分配

表 3-125　中断配置寄存器及相互关系

中断号	自然优先级	中断向量	中断允许位	优先级控制位	中断源选择位	模块中断	引脚变化中断			
							引脚	极性控制位	方式控制位	中断标志
Int0	1	0003H	INTEN1.0	INTPRI1.0	INTSRC1.0	无	P3.2	IPINTINV1.0	IPINSENS1.0	IPINFLAG1.0
Int1	2	000BH	INTEN1.1	INTPRI1.1	INTSRC1.1	SPI 发送中断	P3.3	IPINTINV1.1	IPINSENS1.1	IPINFLAG1.1
Int2	3	0013H	INTEN1.2	INTPRI1.2	INTSRC1.2	SPI 接收、溢出中断	P3.0	IPINTINV1.2	IPINSENS1.2	IPINFLAG1.2
Int3	4	001BH	INTEN1.3	INTPRI1.3	INTSRC1.3	T0 中断	P3.1	IPINTINV1.3	IPINSENS1.3	IPINFLAG1.3
Int4	5	0023H	INTEN1.4	INTPRI1.4	INTSRC1.4	端口监控模块 0	P3.4	IPINTINV1.4	IPINSENS1.4	IPINFLAG1.4
Int5	6	002BH	INTEN1.5	INTPRI1.5	INTSRC1.5	串行口 UART0：发送、接收、溢出、定时中断	P3.5	IPINTINV1.5	IPINSENS1.5	IPINFLAG1.5
Int6	7	0033H	INTEN1.6	INTPRI1.6	INTSRC1.6	串行口 UART1：发送中断接收、溢出、定时中断	P3.6	IPINTINV1.6	IPINSENS1.6	IPINFLAG1.6
Int7	8	003BH	INTEN1.7	INTPRI1.7	INTSRC1.7	T1	P3.7	IPINTINV1.7	IPINSENS1.7	IPINFLAG1.7
Int8	9	0043H	INTEN2.0	INTPRI2.0	INTSRC2.0	T2	P0.0	IPINTINV2.0	IPINSENS2.0	IPINFLAG2.0

续表 3-125

中断号	自然优先级	中断向量	中断允许位	优先级控制位	中断源选择位	模块中断	引脚变化中断			
							引脚	极性控制位	方式控制位	中断标志
Int9	10	004BH	INTEN2.1	INTPRI2.1	INTSRC2.1	I²C模块：发送、接收、溢出中断	P0.1	IPINTINV2.1	IPINSENS2.1	IPINFLAG2.1
Int10	11	0053H	INTEN2.2	INTPRI2.2	INTSRC2.2	UART0/1冲突中断；I²C主机丢失仲裁中断	P0.2	IPINTINV2.2	IPINSENS2.2	IPINFLAG2.2
Int11	12	005BH	INTEN2.3	INTPRI2.3	INTSRC2.3	PWC0/1模块：终止控制信号中断	P0.3	IPINTINV2.3	IPINSENS2.3	IPINFLAG2.3
Int12	13	0063H	INTEN2.4	INTPRI2.4	INTSRC2.4	PWM0～PWM3定时溢出	P0.4	IPINTINV2.4	IPINSENS2.4	IPINFLAG2.4
Int13	14	006BH	INTEN2.5	INTPRI2.5	INTSRC2.5	PWM4～PWM7定时溢出	P0.5	IPINTINV2.5	IPINSENS2.5	IPINFLAG2.5
Int14	15	0073H	INTEN2.6	INTPRI2.6	INTSRC2.6	WDT和算术单元溢出	P0.6	IPINTINV2.6	IPINSENS2.6	IPINFLAG2.6
Int15	16	007BH	INTEN2.7	INTPRI2.7	INTSRC2.7	端口监控模块1	P0.7	IPINTINV2.7	IPINSENS2.7	IPINFLAG2.7

3.13.2 中断允许控制

中断允许控制通过全局中断允许寄存器 GENINTEN 和中断允许寄存器 INTEN1、INTEN2 来完成。GENINTEN 和 INTEN1、INTEN2 用于控制各功能模块中断信号和引脚变化中断信号与处理器中断系统之间的连接，这 3 个特殊功能寄存器均可以位寻址。下面分别加以说明。

1. 全局中断允许寄存器 GENINTEN

全局中断允许寄存器 GENINTEN 的结构如表 3-126 所列。

表 3-126 全局中断允许寄存器 GENINTEN(SFR　Page: 0/1　地址: E8H)

位	7	6	5	4	3	2	1	0
读/写	—	—	—	—	—	—	R/W	R/W
复位值	—	—	—	—	—	—	0	0
符号	无(未使用)						CLRPININT	GENINTEN

CLRPININT：引脚变化中断复位控制。在设置引脚变化中断之前应将 CLRPININT 置"1"，以避免在开放全局中断后由于端口状态的锁存产生意外引脚变化中断。

GENINTEN：全局中断允许控制位。清零时屏蔽(禁止)所有中断；置位时则允许指定的中断源发出中断请求。该控制位的作用与标准 8051 系列中断允许寄存器 IE 中的"EA(允许中断总控制位)"相似。

2. 中断允许寄存器 INTEN1 和 INTEN2

中断允许寄存器 INTEN1 控制 Int7～Int0，其结构如表 3-127 所列。
中断允许寄存器 INTEN2 控制 Int15～Int8，其结构如表 3-128 所列。

表 3-127 中断允许寄存器 INTEN1(SFR   Page：0/1   地址：88H)

位	7	6	5	4	3	2	1	0
读/写	R/W	R/W	R/W	R/W	R/W	R/W	R/W	R/W
复位值	0	0	0	0	0	0	0	0
符号	Int7EN	Int6EN	Int5EN	Int4EN	Int3EN	Int2EN	Int1EN	Int0EN

表 3-128 中断允许寄存器 INTEN2(SFR   Page：0/1   地址：A8H)

位	7	6	5	4	3	2	1	0
读/写	R/W	R/W	R/W	R/W	R/W	R/W	R/W	R/W
复位值	0	0	0	0	0	0	0	0
符号	Int15EN	Int14EN	Int13EN	Int12EN	Int11EN	Int10EN	Int9EN	Int8EN

将 INTEN1 或 INTEN2 寄存器中的某位设置为"1"时，允许相应的模块或引脚变化中断，清零则禁止相应的中断。

3.13.3 中断源选择

每个中断向量都可通过配置对应于系统内部某个功能模块中断或一个引脚变化中断，中断源的选择由 INTSRC1 和 INTSRC2 这两个特殊功能寄存器控制。如表 3-129 和表 3-130 所列。

表 3-129 中断源选择寄存器 INTSRC1 (SFR   Page：0/1   地址：E4H)

位	7	6	5	4	3	2	1	0
置位	P3.7	P3.6	P3.5	P3.4	P3.1	P3.0	INT1(P3.3)	INT0(P3.2)
清零	T1	UART1	UART0	PortCHG0	T0	SPIRXAV/OV	SPITXEMP	无
中断向量	003BH	0033H	002BH	0023H	001BH	0013H	000BH	0003H
中断号	Int7	Int6	Int5	Int4	Int3	Int2	Int1	Int0

表 3-130 中断源选择寄存器 INTSRC2 (SFR   Page：0/1   地址：E5H)

位	7	6	5	4	3	2	1	0
置位	P0.7	P0.6	P0.5	P0.4	P0.3	P0.2	P0.1	P0.0
清零	PortCHG1	WDT,AU	PWM7-4Timer	PWM3-0Timer	PWC0,1	UARTs,I^{2}C	I^{2}C	T2
中断向量	0043H	004BH	0053H	005BH	0063H	006BH	0073H	007BH
中断号	Int15	Int14	Int13	Int12	Int11	Int10	Int9	Int8

系统复位时，中断源均设置为内部功能模块。当中断源选择寄存器中的某位被置位时，选择相应的引脚作为中断源。由于功能模块的 33 个中断事件共用 16 个中断向量，因此，当功能模块发生中断时，有时需要进一步查询与该模块相关的特殊功能寄存器以确定具体的中断事件。

当中断源为内部功能模块时,必须将 IPINSENS1 和 IPINSENS2 寄存器(见引脚变化中断触发条件部分)中相应的位清零。

3.13.4 中断优先级

中断系统按 Int0～Int15 的顺序定义了初始化优先级 1(最高)～16(最低),用户可通过对中断优先级寄存器 INTPRI1 和 INTPRI2 编程将各中断设置为高优先级或正常优先级。寄存器 INTPRI1、INTPRI2 的结构如表 3-131 和表 3-132 所列,复位值均为 0x00。

表 3-131 中断优先级寄存器 INTPRI1 (SFR　Page: 0/1　地址: E2H)

位	7	6	5	4	3	2	1	0
置 位	高优先级	高优先级	高优先级	高优先级	高优先级	高优先级	高优先级	高优先级
清 零	正常优先级	正常优先级	正常优先级	正常优先级	正常优先级	正常优先级	正常优先级	正常优先级
中断号	Int7	Int6	Int5	Int4	Int3	Int2	Int1	Int0

表 3-132 中断优先级寄存器 INTPRI2 (SFR　Page: 0/1　地址: E3H)

位	7	6	5	4	3	2	1	0
置 位	高优先级	高优先级	高优先级	高优先级	高优先级	高优先级	高优先级	高优先级
清 零	正常优先级	正常优先级	正常优先级	正常优先级	正常优先级	正常优先级	正常优先级	正常优先级
中断号	Int15	Int14	Int13	Int12	Int11	Int10	Int9	Int8

在同时有多个中断源发出中断请求时,CPU 先响应具有高优先级的中断源的请求,再响应低优先级中断源的请求;若两个或两个以上同一优先级的中断源发出中断请求时,则按初始化优先级顺序响应。

3.13.5 引脚变化中断

1. 引脚变化中断触发条件

引脚变化中断触发条件由特殊功能寄存器 IPINSENS1、IPINSENS2 和 IPININV1、IPININV2 共同决定。其中 IPINSENS1、IPINSENS2 用于设置引脚变化中断触发方式: 0=电平触发,1=边沿触发;IPININV1、IPININV2 则用于设置引脚变化中断触发极性。二者组合共有 4 种情况,用户可以灵活选择引脚变化中断的触发条件。对应关系如表 3-133 所列(x=1,2;y=0～7)。

表 3-133 引脚变化中断触发条件表

触发方式 IPINSENSx.y	触发极性 IPININVx.y	引脚变化中断条件
0	0	高电平触发
0	1	低电平触发
1	0	上升沿触发
1	1	下降沿触发

寄存器 IPININV1 和 IPININV2 的结构如表 3-134 和表 3-135 所列。

表 3-134　引脚中断触发极性控制寄存器 IPININV1 (SFR　Page: 0/1　地址: D6H)

位	7	6	5	4	3	2	1	0
置位	$\overline{P3.7}$	$\overline{P3.6}$	$\overline{P3.5}$	$\overline{P3.4}$	$\overline{P3.1}$	$\overline{P3.0}$	$\overline{P3.3}$	$\overline{P3.2}$
清零	P3.7	P3.6	P3.5	P3.4	P3.1	P3.0	P3.3	P3.2
中断号	Int7	Int6	Int5	Int4	Int3	Int2	Int1	Int0

表 3-135　引脚中断触发极性控制寄存器 IPININV2 (SFR　Page: 0/1　地址: D7H)

位	7	6	5	4	3	2	1	0
置位	$\overline{P0.7}$	$\overline{P0.6}$	$\overline{P0.5}$	$\overline{P0.4}$	$\overline{P0.3}$	$\overline{P0.2}$	$\overline{P0.1}$	$\overline{P0.0}$
清零	P0.7	P0.6	P0.5	P0.4	P0.3	P0.2	P0.1	P0.0
中断号	Int15	Int14	Int13	Int12	Int11	Int10	Int9	Int8

寄存器 IPINSENS1 和 IPINSENS2 的结构如表 3-136 和表 3-137 所列。

表 3-136　引脚中断触发方式控制寄存器 IPINSENS1 (SFR　Page: 0/1　地址: E6H)

位	7	6	5	4	3	2	1	0
置位	边沿触发	边沿触发	边沿触发	边沿触发	边沿触发	边沿触发	边沿触发	边沿触发
清零	电平触发	电平触发	电平触发	电平触发	电平触发	电平触发	电平触发	电平触发
中断号	Int7	Int6	Int5	Int4	Int3	Int2	Int1	Int0

表 3-137　引脚中断触发方式控制寄存器 IPINSENS2 (SFR　Page: 0/1　地址: E7H)

位	7	6	5	4	3	2	1	0
置位	边沿触发	边沿触发	边沿触发	边沿触发	边沿触发	边沿触发	边沿触发	边沿触发
清零	电平触发	电平触发	电平触发	电平触发	电平触发	电平触发	电平触发	电平触发
中断号	Int15	Int14	Int13	Int12	Int11	Int10	Int9	Int8

例如，在中断源设置为引脚变化中断的情况下：若 IPINSENS2.7=0 且 IPININV2.7=0，则 P0.7 引脚为高电平状态时将触发 Int15 中断；若 IPINSENS2.7=1 且 IPININV2.7=0，则 P0.7 引脚出现上升沿时将触发 Int15 中断。

2. 引脚变化中断标志

每个引脚变化中断可通过一个中断标志位来监控，当检测到指定引脚满足引脚变化中断触发条件时，系统将相应的标志置位。各引脚变化中断标志位保存在特殊功能寄存器 IPINFLAG1 和 IPINFLAG2 中，其结构如表 3-138 和表 3-139 所列。

在开放引脚变化中断之前，应先将对应中断标志清零。由于中断返回指令 RETI 不能自动清零引脚变化中断标志，因此在退出中断服务程序之前需用软件将其清零。

此外，即使在未开放引脚变化中断的情况下，其中断标志位也处于活跃状态，可由软件对其进行监控。

表 3-138　引脚变化中断标志寄存器 IPINFALG1 (SFR　Page: 0/1　地址: B8H)

位	7	6	5	4	3	2	1	0
符号	P37IF	P36IF	P35IF	P34IF	P31IF	P30IF	INT1IF	INT0IF
中断号	Int7	Int6	Int5	Int4	Int3	Int2	Int1	Int0

表 3-139　引脚变化中断标志寄存器 IPINFALG2 (SFR　Page: 0/1　地址: D8H)

位	7	6	5	4	3	2	1	0
符号	P07IF	P06IF	P05IF	P04IF	P03IF	P02IF	P01IF	P00IF
中断号	Int15	Int14	Int13	Int12	Int11	Int10	Int9	Int8

3.14　VRS51L3074 JTAG 接口

　　VRS51L3074 带有 JTAG 接口，可进行 Flash 编程和代码调试。为尽量节省 I/O 口，JTAG 接口采用与常规 I/O 口共用引脚的方式，当不使用 JTAG 接口时，相应引脚可作常规 I/O 使用。JTAG 接口引脚与 I/O 口引脚对应关系如表 3-140 所列。

　　JTAG 接口由 CM0_ALE 引脚激活，CM0_ALE 引脚内部接有上拉电阻，在上电复位时对该引脚进行采样。当上电复位时通过 JTAG 接口强制使 CM0_ALE 为 0（逻辑低电平）将激活 VRS51L3074 内部的 JTAG 模块使 VRS51L3074 进入 JTAG 模式。

表 3-140　JTAG 接口对应的引脚

JTAG 引脚	功　能	对应芯片引脚
TDI	JTAG 数据输入	P4.3
TDO	JTAG 数据输出	P4.2
CM0	片选模式 0	ALE
TMS	调试模式选择	P4.1
TCK	JTAG 时钟	P2.7

　　在 JTAG 模式下，上电复位或常规复位均不能执行代码。如果要执行代码，必须由 JTAG 接口发出一个"程序运行"命令。该过程可由 RAMTRON 公司开发的 Versa Ware JTAG 软件来处理，该软件使设备编程和在线调试简便易行。更多细节详见《Versa Wafe JTAG 用户指南》。了解和下载 Versa Ware JTAG 软件请访问 RAMTRON 公司的网页：

　　www.ramtron.com/doc/Products/Microcontroller/Support_Tools.asp

3.14.1　激活 JTAG 接口对系统的影响

　　JTAG 接口被激活后，将对 VRS51L3074 产生以下影响：
　　➤ PWM7 输出禁用，但 PWM7 仍可作为通用定时器使用；
　　➤ I/O 引脚 P2.7、P4.3、P4.2、P4.1 用于 JTAG 接口。

　　为测试代码对外部数据总线所接设备的访问，应在 VRS51L3074 的引脚 CM0_ALE 与 Versa-JTAG 接口之间接 1 kΩ 电阻。

3.14.2 板级 JTAG 接口的实现

对 VRS51L3074 进行在电路编程和调试,需提供对其 JTAG 接口的访问途径。图 3-34 给出了访问 JTAG 接口的典型结构。

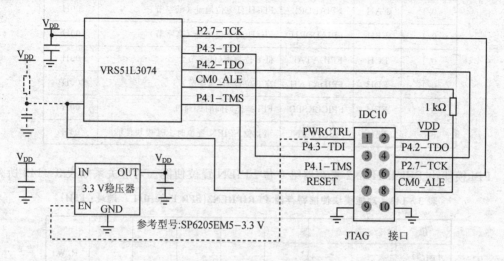

图 3-34 JTAG 接口的配置

如果被测目标板 PCB 上的电压调节器包含电源控制功能,则电源控制线可接至 JTAG-IDC10 连接器的 PWRCTRL 引脚,这样可使 Versa-JTAG 接口在系统编程和调试期间控制目标板的电源。另一种方案目标板 PCB 上的电压调节器是不可控制的,此时不连接 JTAG-IDC10 连接器的 PWRCTRL 引脚,通过 Versa Ware JTAG 软件设定是否使用 PWRCTRL 引脚控制目标板上的电源。也可采用外部 RC 复位电路进行复位控制。

3.14.3 VRS51L3074 调试器

VR51L3074 具备高级调试功能,可以通过 JTAG 接口进行实时在线调试和仿真。当在线调试和仿真功能被启动后,用户程序不能使用 Flash 存储器中的最高端的 1 024 字节(调试和仿真功能占用)。VRS51L3074 的在线调试和仿真功能由 Versa Ware JTAG 软件通过 JTAG 接口控制完成。

3.15 Flash 编程接口(FPI)

FPI 模块可以使处理器对 Flash 存储器在应用中编程(IAP),FPI 模块支持片擦除、页擦除、字节写和字节读功能。

FPI 有两种方法对 Flash 进行读/写操作:标准 8 位模式——每次读写 1 字节;16 位扩展模式——每次读写 2 字节(1 个字),速度加倍。此外,无论是读操作还是写操作,Flash 地址都将自动递增,这一特点可以减少处理的时间和代码的长度。

3.15.1 与 FPI 模块相关的特殊功能寄存器

FPI 模块的操作与 7 个特殊功能寄存器有关,如表 3-141 所列。

表 3-141 与 Flash 编程有关的 SFR 寄存器

PAGE	地址	名称	与 Flash 编程有关的功能	复位值
0/1	E9H	FPICONFIG	配置 FPI 操作	34H
0/1	EAH	FPIADDRL	FlasH 低 8 位地址（低字节）	00H
0/1	EBH	FPIADDRH	FlasH 高 8 位地址（高字节）	00H
0/1	ECH	FPIDATAL	低 8 位数据（低字节）	00H
0/1	EDH	FPIDATAH	高 8 位数据（高字节）	00H
0/1	EEH	FPICLKSPD	FPI 操作期间时钟速度	00H
0/1	F5H	PERIPHEN2	第 0 位 FPIEN 置位时 FPI 模块使能	04H

FPI 模块由 PERIPHEN2 寄存器第 0 位 FPIEN 置位使能。对应关系如表 3-142 所列。

表 3-142 功能模块使能寄存器 PERIPHEN2(SFR Page:0/1 地址:F5H)

位	—	—	—	—	—	—	—	0
读/写	—	—	—	—	—	—	—	R/W
复位值	—	—	—	—	—	—	—	0
符号	—	—	—	—	—	—	—	FPIEN

注:"—"表示该位与 FPI 模块使能无关。

下面分别介绍 FPI 模块各寄存器及相关操作。

1. FPI 配置寄存器 FPICONFIG

该寄存器主要用于设置 FPI 接口的工作模式并反映其状态。其结构如表 3-143 所列。

表 3-143 FPI 配置寄存器 FPICONFIG (SFR Page: 0/1 地址:E9H)

位	7	6	5	4	3	2	1	0
读/写	R	R	R	R	R/W	R/W	R/W	R/W
复位值	0	0	1	1	0	1	0	0
符号	FPILOCK[1:0]		FPIIDLE	FPIRDY	无(保留)	FPI8BIT	FPITASK[1:0]	

FPICLOCK[1:0]：Flash 存储器解锁操作指示位。由于 VRS51L3074 提供了一种安全机制以防止意外写入或擦除 Flash，因此每次执行写操作时，必须将以下序列写入 FPIDATAL 寄存器以解除 VRS51L3074 锁定。

```
FPIDATAL ← AAh
FPIDATAL ← 55h
```

若在写操作前不执行上述解锁步骤将锁定 FPI 模块直到系统复位。解锁状态由 FPILOCK[1:0] 位反映，对应关系如表 3-144 所列。

表 3-144 Flash 存储器解锁状态表

FPILOCK[1:0]	Flash 存储器解锁状态	说 明
00	未执行解锁操作	IAP 保护
01	IAP 解锁第 1 步已完成	0xAA 已写入 FPIDATAL
10	IAP 解锁第 2 步已完成	0x55 已写入 FPIDATAL IAP 写保护关闭,允许执行 IAP 操作
11	在下次系统复位前禁止写/擦除操作	未按正确步骤执行解锁操作进入该状态

FPIIDLE：FPI 空闲状态标志。置位(默认)表示上次操作已经完成且 FPI 模块处于空闲状态。在执行任何 FPI 操作之前都应检查该位的状态以确保 FPI 模块空闲。

FPIRDY：FPI 就绪状态标志位。在连续执行写操作时,FPIRDY 置位表示 FPI 双缓冲接收就绪；在执行其他操作时 FPIRDY 置位表明 FPI 空闲。如果 FPIRDY=0,则 FPI 操作将被取消。

FPI8BIT：FPI 模式选择位。FPI8BIT 置位时,FPI 模块以 8 位模式运行,Flash 存储器 16 位目的地址由 FPIADDRH 和 FPIADDRL 寄存器确定。向 Flash 存储器写入数据时,FPIDATAL 寄存器存放待写入的数据。读取 Flash 存储器时,读出值存于 FPIDATAL 寄存器中。

FPI8BIT 位清零时,FPI 模块以 16 位模式运行。Flash 存储器地址仍需写入 FPIADDRH 和 FPIADDRL 寄存器中。执行 16 位写操作时,16 位数据必须分高低 8 位存放在寄存器 FPIDATAH 和 FPIDATAL 中；执行 16 位读操作时,返回的 16 位数据分高低 8 位存放在寄存器 FPIDATAH 和 FPIDATAL 中。注意在 16 位模式下,Flash 存储器按字边界(双字节)编址,地址范围是 0000H~7FFFH。

FPITASK[1:0]：FPI 操作码,其定义如表 3-145 所列。

表 3-145 FPI 操作码

FPITASK[1:0]	FPI 操作	说 明
00	读操作	
01	片擦除	
10	页擦除	
11	写操作	写操作由写入 FPIDATAL 寄存器启动

2. Flash 地址寄存器 FPIADDRH 和 FPIADDRL

FPIADDRH 和 FPIADDRL 分别提供 Flash 存储器地址高字节和低字节。在执行页擦除操作时,FPIADDRH 用于保存页号,FPIADDRL 需保持为 0x00。

寄存器 FPIADDRH 和 FPIADDRL 的结构如表 3-146 所列。

3. FPI 数据寄存器 FPIDATAH 和 FPIDATAL

寄存器 FPIDATAH 和 FPIDATAL 用于存放 FPI 操作所需的字节(字)。8 位模式下,读/写数据置于 FPIDATAL 中;16 位模式下,读/写数据的低字节放在 FPIDATAL 中,高字节放在 FPIDATAH 中。在执行 FPI 写操作时,向 FPIDATAL 写入数据将触发 FPI 写操作。寄存器 FPIDATAH 和 FPIDATAL 的结构如表 3-147 所列。

表 3-146 Flash 地址寄存器

	FPIADDRH (SFR Page:0/1 地址:EBH)								FPIADDRL (SFR Page:0/1 地址:EAH)							
位	7	6	5	4	3	2	1	0	7	6	5	4	3	2	1	0
读/写	R/W								R/W							
复位值	0x00								0x00							
符号	FPIADDR[15:8]								FPIADDR[7:0]							

表 3-147 Flash 数据寄存器

	FPIDATAH (SFR Page:0/1 地址:EDH)								FPIDATAL (SFR Page:0/1 地址:ECH)							
位	7	6	5	4	3	2	1	0	7	6	5	4	3	2	1	0
读/写	R/W								R/W							
复位值	0x00								0x00							
符号	FPIDATA[15:8]								FPIDATA[7:0]							

4. FPI 时钟控制寄存器 FPICLKSPD

FPICLKSPD 寄存器用于配置 FPI 时钟,其结构表 3-148 所列。

表 3-148 FPI 时钟控制寄存器 FPICLKSPD (SFR Page:0/1 地址:EEH)

位	7	6	5	4	3	2	1	0
读/写	R	R	R	R	R/W	R/W	R/W	R/W
复位值	0	0	0	0	0	0	0	0
符号	无(未使用)				FPICLKSPD[3:0]			

在应用中应严格按照所采用的系统时钟对 FPICLKSPD[3:0]进行设置,否则可能导致 FPI 写操作不能正常进行。表 3-149 列出了采用不同系统时钟情况下对应的配置。

表 3-149 FPI 时钟设置表

系统时钟范围	FPICLKSPD[3:0]	系统时钟范围	FPICLKSPD[3:0]
20 MHz~40 MHz	0000	312.5 kHz~625 kHz	0110
10 MHz~20 MHz	0001	156.25 kHz~312.5 kHz	0111
5 MHz~10 MHz	0010	78.12 kHz~156.25 kHz	1000
2.5 MHz~5 MHz	0011	39.06 kHz~78.125 kHz	1001
1.25 MHz~2.5 MHz	0100	19.53 kHz~39.062 5 kHz	1010
625 kHz~1.25 MHz	0101	9.76 kHz~19.531 25 kHz	其他

3.15.2 Flash 存储器读操作

有三种方法可直接读取 VRS51L3074 的 Flash 存储器:

铁电单片机 VRS51L3074

➤ 采用 MOVC 指令；
➤ 采用 FPI 8 位模式；
➤ 采用 FPI 16 位模式。

一般情况下使用 MOVC 指令方式访问 Flash 存储器，大部分编译器将对重复访问 Flash 存储器的代码进行优化。使用 FPI 方式读取 Flash 存储器的具体步骤如下：

➤ FPI 模块使能；
➤ 在 FPIADDRH 和 FPIADDRL 中设置 Flash 存储器地址；
➤ 将 00000x00B 写入 FPICONFIG 寄存器，x=1 时以 8 位模式读，x=0 则以 16 位模式读；
➤ 循环检测 FPIIDLE 位直到 FPIIDLE 位被 FPI 模块置位；
➤ 从 FPIDATAL 寄存器（8、16 位模式）、FPIDATAH 寄存器（16 位模式）中取得读出的内容。

8 位模式读取 Flash 的算法如图 3－35 所示。

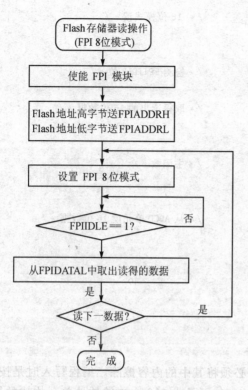

图 3－35 8 位模式读取 Flash 的算法流程图

按上述算法写出访问 ABCDh 单元的代码：

```
ORL   PERHIPHEN2, #1          ;使能 FPI 模块
MOV   FPIADDRH, #0ABh         ;地址高字节
MOV   FPIADDRL, #0CDh         ;地址低字节
MOV   FPICONFIG, #04h         ;8 位模式读
Wait:
MOV   A, FPICONFIG            ;检测 FPI 状态
JNB   ACC.4, Wait
;读操作完成,数据在 FPIDATAL 寄存器中
```

采用 16 位模式读取 Flash 的算法与此类似，但需注意字边界地址的变换，读出的数据放在 FPIDATAH 和 FPIDATAL 中。以下代码是从 Flash 存储器 ABCDh 单元读取 16 位内容：

```
#include <VRS51L3074.h>
unsigned char ucupper;
unsigned char uclower;
void readFPI(int address)
{
    unsigned char result;
    PERIPHEN2 |= 1;                              /* 使能 FPI 模块 */
    FPIADDRH = (unsigned char)(address >> 8);    /* Flash 地址 */
    FPIADDRL = (unsigned char) address;
```

```
                FPICONFIG = 0;                    /* 16位模式读 */
                do
                {
                result = FPICONFIG & 0x20;        /* 检测FPIIDLE位 */
                }while(!result);
                ucupper = FPIDATAH;               /* 取得读出的16位数据 */
                uclower = FPIDATAL;
                }
                void main()                       /* 主函数 */
                {
                /* …… */
                readFPI(0x55e6);                  /* 从ABCD单元读16位数据 */
                /* …… */
                while(1);
                }
```

3.15.3　Flash 存储器擦除

1. Flash 存储器页擦除

进行非易失性数据存储,在写入 Flash 之前必须将其中的内容擦除。编程写入时是按字节/字为边界进行的,而擦除是以页为边界进行的。每页是由 512 个连续地址单元构成的块。页号可用下面公式计算:

$$Page = address/512$$

第 0 页包含 0000H～01FFH 单元,第 1 页包含 0200H～03FFH 单元,依此类推。VRS51L3074 的 64 KB Flash 共分为 128 页。

擦除一页的操作步骤为:
① FPI 模块使能;
② 写 AAh 到 FPIDATAL 寄存器;
③ 写 55h 到 FPIDATAL 寄存器;
④ 向 FPIADDRL 寄存器写入 0;
⑤ 将页号写入 FPIADDRH 寄存器;
⑥ 将 0x02 写入 FPICONFIG 寄存器;
⑦ 等待 FPIIDLE 标志置位。
相应的算法流程图和代码示例如图 3-36 所示。

2. Flash 存储器片擦除

对整个 Flash 存储器的擦除,按如下步骤进行:
① FPI 模块使能;
② 写 AAh 到 FPIDATAL 寄存器;
③ 写 55h 到 FPIDATAL 寄存器;
④ 将 0X01 写入 FPICONFIG 寄存器;

铁电单片机 VRS51L3074

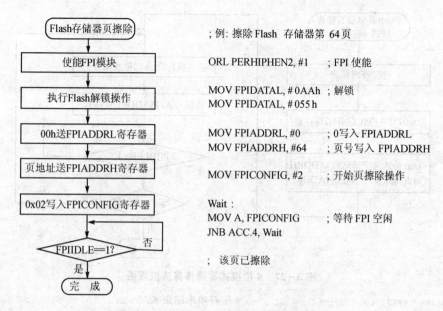

```
; 例: 擦除 Flash 存储器第 64 页
  ORL PERHIPHEN2, #1        ; FPI 使能
  MOV FPIDATAL, #0AAh       ; 解锁
  MOV FPIDATAL, #055h
  MOV FPIADDRL, #0          ; 0写入 FPIADDRL
  MOV FPIADDRH, #64         ; 页号写入 FPIADDRH
  MOV FPICONFIG, #2         ; 开始页擦除操作
Wait:
  MOV A, FPICONFIG          ; 等待 FPI 空闲
  JNB ACC.4, Wait
; 该页已擦除
```

图 3-36 Flash 页擦除流程图和代码示例

⑤ 等待 FPIIDLE 位置位(从外部 SRAM 执行代码时)。

该操作将擦除整个 Flash 存储器。如果从 4 KB SRAM 运行擦除程序,应确保已将程序复制到 SRAM 中。第⑤步操作仅当从外部 4 KB SRAM 执行代码时可用。

3.15.4 Flash 存储器写操作

可用两种方式对 Flash 进行写操作:
- 8 位双缓冲方式;
- 16 位双缓冲方式。

执行写操作时,可根据写操作的复杂程度和规模选择更有效的方式:8 位模式适用于少量写入;16 位模式适用于对整个存储器的写入。

每执行一次写操作,Flash 地址将自动加 1,因此对连续单元写入一组数据时,只需赋一次地址初值。

1. 8 位模式写操作

8 位模式写操作算法流程(设写入 Flash 存储器中连续单元)如图 3-37 所示。
按上述算法写入字符串的代码如下:

```c
//* Flash 写操作例程:写入字符串,以 0{nul}字符结束 *//
#include <VRS51L3074.h>
void copy_to_Flash(int address, char * str)
{
  unsigned char ready;        /* ready 反映 FPI 写缓冲是否就绪或 FPI 是否空闲 */
  PERIPHEN2 |= 1;             /* 使能 FPI */
  FPIADRH = (unsigned char) (address >> 8);
  FPIADRL = (unsigned char) address;
  FPICONFIG = 7;              /* 8 位模式写操作 */
```

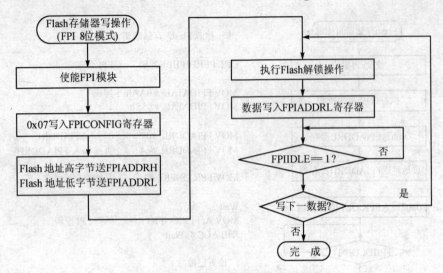

图3-37 8位模式写操作算法流程图

```
    while( * str)                        /*字符串未结束*/
    {
        FPIDATAH = 0x00;
        FPIDATAL = 0xaa;                 /*解锁第1步*/
        FPIDATAL = 0x55;                 /*解锁操作第2步*/
        FPIDATAL = (unsigned char)( * str);
            do                           /*等待写缓冲就绪*/
            {
               ready = FPICONFIG & 0x10;
            }while(!ready);
        str ++ ;
    }
                                         /*写入字符串结束符*/
    FPIDATAL = 0xaa;                     /*解锁第1步*/
    FPIDATAL = 0x55;                     /*解锁第2步*/
    FPIDATAL = 0;                        /*字符串结束符*/
        do                               /*查询 FPI 状态*/
        {
           ready = FPICONFIG & 0x10;
        }while(! ready);
    return;
}
void main(void)
{
    / * …… */
    copy_to_Flash(0x3000,"Ramtron Inc");
    copy_to_Flash(0x4000,"Microsystems connecting two worlds");
    / * …… */
    while(1);
}
```

2. 16 位模式写操作

(1) 16 位模式写操作步骤

① 使能 FPI 模块；

② 向 FPICONFIG 寄存器写入 0x03；

③ Flash 地址送入 FPIADDRH 和 FPIADDRL 寄存器；

④ AAh 送 FPIDATAL 寄存器；

⑤ 55h 送 FPIDATAL 寄存器；

⑥ 数据高字节送 FPIDATAH 寄存器；

⑦ 将数据写入 FPIDATAL 寄存器，触发写操作；

⑧ 若只写入一个字，则操作完成；若需向其他地址写入，返回第③步；若写入地址连续，则直接返回第④步。

同样，写入地址将自动递增。

(2) FPI 16 位模式写操作例程

下列程序从外部 SRAM 复制 512 字节(1 页)到 Flash 存储器(起始地址为 E000H＋SARM 地址)。R0 和 R1 提供 SRAM 起始地址。

程序代码：

```
;;   FPI 16 位模式写操作例程 *
WRITE_PAGE:
    PUSH DPH0 ;                    ;保护要用到的寄存器
    PUSH DPL0
    PUSH ACC;
    PUSH B
    MOV ACC, R2
    PUSH   ACC


    MOV DPH0, R1                   ;SRAM 起始地址
    MOV DPL0, R0
    MOV R2, #255 ;
    ORL PERHIPHEN2, #1             ;使能 FPI 模块
    MOV FPICONFIG, #3              ;16 位写操作

    CLR C ;                        ;地址变换
    MOV A, R1
    RRC A ;
    CLR A;
    RRC A ;
    MOV FPIADDRL, A ;

    MOV A, R1
    RR  A ;
    ADD A, #70h ;
    MOV FPIADRH, A ;
```

```
WRITE_PAGE_LOOP:
    MOV FPIDATAL, #0AAh           ;解锁第1步
    MOV FPIDATAL, #055h           ;解锁第2步
    MOVX  A, @DPTR
    MOV   B, A
    INC DPTR ;
    MOVX  A, @DPTR                ;读高字节
    INC DPTR ;
    MOV FPIDATAH, A               ;送高字节
    MOV FPIDATAL, B               ;送低字节(启动 FPI 写)

WRITE_PAGE_LOOP_WAIT:
    MOV A, FPICONFIG              ;等待写缓冲就绪
    JNB ACC.4 ,WRITE_PAGE_LOOP_WAIT
    DJNZ R2 ,WRITE_PAGE_LOOP

                                  ;写最后1个字
    MOV FPIDATAL, #0AAh           ;解锁第1步
    MOV FPIDATAL, #055h           ;解锁第2步

    MOVX A, @DPTR
    MOV B, A
    INC DPTR ;
    MOVX A, @DPTR
    INC DPTR ;                    ;可选
    MOV FPIDATAH, A
    MOV FPIDATAL, B               ;写最后1个字

WRITE_PAGE_LAST_WAIT:
    MOV A, FPICONFIG              ;等待 FPI 操作结束
    JNB ACC.4 , WRITE_PAGE_LAST_WAIT
    POP B                         ;恢复保护的内容
    POP ACC
    MOV R3, ACC
    POP ACC
    POP DPL0
    POP DPH0
    RET                           ;返回
```

(3) FPI 接口使用时的注意事项

➢ 从 4 KB 外部 SRAM 运行 FPI 写入程序可缩短编程时间,因为从 Flash 读取指令与 FPI 模块操作不冲突;

➢ 编程前必须将 Flash 擦除,不应向同一 Flash 地址重复写入相同的内容(除非写操作期间执行过擦除);

- 尽量减少页擦除操作以延长 Flash 存储器的寿命；
- 片擦功能将删除整个 Flash 存储器的内容，包括已编程写入的程序代码（正在运行的程序本身）；
- 即使 Flash 保护使能，也可以通过 FPI 执行如读、写、擦除等 IAP 操作，这一点编程时应特别注意；
- 对 Flash 存储器中地址连续的两个块进行写操作时，在一个写周期完成后地址可自动递增到一个字节（字）单元，从而可节省处理器周期；
- 通过 FPI 操作虽然可以读取 Flash 存储器，但通常采用 MOVC 指令读 Flash 存储器；
- 若从 Flash 存储器中运行写入程序，则须确保其地址与需写入的地址不冲突。

第 4 章

LED 显示屏工作原理

　　LED 之所以受到广泛重视而得到迅速发展,与它本身所具有的优点是分不开的。在照明领域中,传统的白炽灯无法克服其耗电量大、寿命短的缺陷。LED 与荧光灯相比,白光 LED 的制造与使用过程不会引入汞的污染;与荧光灯光谱相比,白光 LED 的连续光谱更接近自然光。从功耗上,白光 LED 仅为白炽灯的八分之一、荧光灯的二分之一,白光 LED 的寿命可达 10 万小时,是传统荧光灯的 50~100 倍。这些 LED 的自身优点对环境保护和节约能源都具有极为重要的意义。而 LED 作为一种冷光源其辐射主要集中在可见光区,几乎不产生热,避免了非可见光区电磁波对人体的损害。其优点可概括如下:亮度高、色彩丰富、寿命长、耐冲击、功耗小、性能稳定、驱动简单、工作电压低、微型化易与集成电路匹配等。

　　随着微电子技术、自动化技术、计算机技术的迅速发展,半导体的制作和加工工艺逐步成熟和完善,制造不同的半导体材料越来越容易,使得 LED 芯片的亮度、寿命得到了突飞猛进的发展,从而使其拥有更为宽广的应用领域。在照明、传媒等领域,基于 LED 发光管的各种显示渐渐崭露头角,特别是在 LED 显示屏市场也得到长足发展。1993 年后,超高亮蓝色、红色、绿色发光管的出现,使得实现真彩色显示屏成为事实,室外显示屏得到人们的喜爱。在体育场馆、广告、新闻等领域的应用日渐广泛。从未来发展趋势看,目前具有视频效果的几种媒体,其性能优势各有千秋。

　　① 阴极管(CRT)或石英管(DV)大型电视:非常昂贵,通常只能做到 37 英寸,体积再大就要受到限制。在不需要超大画面且在室内使用时效果理想。

　　② 彩色液晶显示(LCD):同样昂贵、电路复杂,面积不能太大,而且受视角的影响非常大,可视角度很小,但画面细腻、视觉感好。

　　③ 映像投影设备(Projector):亮度小、清晰度差(画面受光不均匀),优点是安装方便、维护简单。

　　④ 电视墙(TV-Wall):表面有分割线,视觉上有异物感,室外应用时亮度上效果差,不适于像文字这样需要高对比度的显示对象,但室内表现电视画面时效果良好。

　　⑤ LED 显示屏:受空间限制较小,并可以根据用户要求设计屏的大小,具有全彩色效果、视角大的特点,将声、光、电、机等学科整合并完美组合,是集视频、动画、字幕、图片于一体的高科技信息发布的终端产品。LED 显示屏还可以延伸到网络、通信、综合布线、监控、广播等弱电系统。

　　我国经济发展迅猛,对信息传播的要求越来越高,可以预见 LED 显示屏以其色彩鲜亮、显示信息量大、寿命长、耗电量小、重量轻、空间尺寸小、稳定性高、易操作、易安装维护等特点将在社会经济发展中扮演越来越重要的角色。其发展前景非常广阔,目前正朝着更高亮度、更高耐气候性、更高的发光均匀性、更高的可靠性及全彩色化方向发展。

4.1 LED 发光原理及其发展状况、趋势

4.1.1 LED 发光原理

罗塞夫 O. W. Lossew 在 1923 年就发现了半导体 sic 中偶然形成的 P-N 结光发射现象，其发光机理是，当在 P-N 结两端注入正向电流时，注入的非平衡载流子（电子-空穴对）在扩散过程中复合发光，这种发射过程主要对应光的自发发射过程。按光输出的位置不同，发光二极管可分为面发射型和边发射型，在垂直于 P-N 结的方向，边发射型 LED 的发散角约为 30°，面发射型 LED 的发散角约为 120°，在平行于 P-N 结方向上，LED 发散角约为 120°。

LED 是英文 light emitting diode 的缩写，直译为"光发射二极管"，通常称为发光二极管或简称 LED(管)。最常用的 LED 是 INGaAsP/INP 双异质结边发光二极管，其发光原理可以用 P-N 结的能带结构来解释。制作半导体发光二极管的材料是重掺杂的，在热平衡状态下的 N 区有很多迁移率很高的电子，P 区有较多迁移率较低的空穴。由于 P-N 结阻挡层的限制，在常态下，二者不能发生自然复合。而当给 P-N 结加以正向电压时，沟区导带中的电子则可逃过 P-N 结的势垒进入到 P 区一侧。于是在 P-N 结附近稍偏于 P 区一边的地方，处于高能态的电子与空穴相遇时，便产生发光复合。这种发光复合现象所发出的光属于自发辐射，辐射光的波长取决于材料的禁带宽度 E_g。由于不同材料的禁带宽度不同，所以由不同材料制成的发光二极管可发出不同波长的光。半导体能级图如图 4-1 所示。另外，有些材料由于成分和掺杂的不同，具有很复杂的能带结构，相应的还有间接跃迁辐射等。但利用半导体 P-N 结电致发光原理制作发光二极管的技术，到了 1960 年后期才得以快速发展。

发光二极管的核心部分是由 P 型半导体和 N 型半导体组成的芯片，在 P 型半导体和 N 型半导体之间有一个过渡层，称为 P-N 结。在某些半导体材料的 P-N 结中，注入的少数载流子与多数载流子复合时会把多余的能量以光的形式释放出来，从而把电能直接转换为光能。P-N 结外加反向电压，少数载流子难以注入，故不发光。这种利用注入式电致发光原理制作的二极管叫发光二极管，通称 LED。当它处于正向工作状态（即两端加上正向电压），电流从 LED 阳极流向阴极时，由于半导体晶体种类的不同就发出从紫外到红外不同颜色的光线，而光的强弱与电流有关。半导体晶体一般Ⅲ族元素为 P 型材料，Ⅴ族元素为 N 型材料，芯片的材料主要是Ⅲ族、Ⅴ族元素的化合物，例如磷化镓(GaP)，镓铝砷(GaAlAs)，或砷化镓(GaAs)，氮化镓(GaN)等。主要元素如表 4-1 所列。

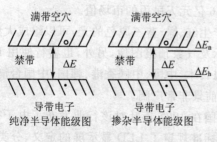

图 4-1 半导体能级图

表 4-1 LED 芯片材料元素表

Ⅱ	Ⅲ	Ⅳ	Ⅴ	Ⅵ
	B	C	N	O
	Al	Si	P	S
Zn	Ga	Ge	As	Se
Cd	In	Sn	Sb	Te
Hg	Ti	Pb	Bi	Po

4.1.2 LED 发展历史及趋势

50 年前人们已经了解半导体材料可产生光线的基本知识,其应用也逐渐走入人们的视野。第一个商用发光二极管产生于 1960 年,如图 4-2 所示,它的基本结构是一块电致发光的半导体材料,置于一个有引线的架子上,然后四周用环氧树脂密封,也即固体封装,这样做能起到保护内部芯线的作用,所以 LED 的抗震性能较好。在 1962 年,贝尔实验室、惠普、IBM 等公司就着手开发更加实用的商用型 LED,并于 1968 年利用 GaAsP 研制出了商用 655 nm 红色 LED。1971 年惠普公司推出了利用 GaAsP LED 作为显示器的 5 300 A 500 MHz 便携式频率计。由于 20 世纪 70 年代惠普公司、德州仪器公司生产的便携式计算器普遍采用数字显示器,LED 显示器便进入了它的兴盛时期。LED 显示器具有体积小、全固体化、色彩丰富、低电压工作、易与 CMOS 电路接口等特点,被广泛用于替代白炽灯、氖灯作状态指示,并成为仪表上标准数字、字符显示器。

图 4-2 发光二极管实物图

随着 LED 技术日趋成熟,LED 的相关产品也越来越多,例如 LED 数码管、LED 交通灯、LED 点光源、LED 线条装饰灯、LED 四线彩虹管、LED 显示屏等。在汽车、广告、日常生活、城市照明等诸多领域都可以看见它的身影。现在高亮度 LED 成为其主要发展趋势,其原因在于它拥有三大市场:汽车车灯市场、交通信号标志市场及 LED 显示屏。

① 汽车车灯市场方面,红色高亮度 LED 应用于汽车第三刹车灯,而左右尾灯、方向灯及车边标识灯,可使用红色或黄色高亮度 LED,而汽车仪表板上则需要各种颜色的高亮度 LED,故汽车市场商机庞大。

② 交通信号标志方面,使用高亮度 LED 主要为节省能源,而且在阳光照射下仍可清楚辨识。依据资料显示,目前全球约有 2 000 万座交通信号标志,而每一个红、黄、绿灯估计需要使用 200 颗高亮度 LED,故一座交通信号标志约需 600 颗高亮度 LED。如果考虑每年新设的交通信号标志加上更换旧交通信号标志,估计每年大约有 200 万座,以每座更新成本约 3 300 元人民币计算,未来每年全球交通信号标志估计约有 66 亿元人民币的市场值。

③ LED 显示屏方面,目前高亮度 LED 已可以产生红、绿、蓝三原色的光,可以组成大型单色、双色和彩色 LED 显示屏,常见的应用是文字显示及气象预报图像,另外,也盛行使用 LED 显示屏作为广告招牌。目前大型 LED 屏幕的使用以日本、中国、中国香港、韩国、中国台湾、新加坡等亚洲国家和地区为主,欧洲及美国其次,市场前景非常广阔。

特别是近年来 LED 显示屏产业的迅猛发展,我国在 1997 年针对该行业发布了电子行业标准 SJ/T11141—1997《LED 显示屏通过规范》,此标准规定了 LED 显示屏的定义、分类、技术要求、检验方法、检验规则以及标志、包装、运输、储存要求。它适用于所有 LED 显示屏产品,已成为 LED 显示屏生产厂家设计、制造、测试、安装、验收、使用、质量检验和制定各种技标准、技术文件的主要依据。多年实践表明,它对 LED 显示屏产品质量的提高以及行业的健康发展起到了不可估量的作用。由于科技的发展,LED 显示屏的性能不断增加,功能不断完善,质量不断提高,该标准在 2003 年修订为 SJ/T11141—2003《LED 显示屏通用规范》,由信息产业部发布实施至今。

4.1.3 LED 器件主要参数

1. LED 器件的特性曲线

描述 LED 的特性有许多参数,这些参数之间的关系呈现非线性。因此,用特性曲线来描述这些关系,在工程应用中更具有使用价值。

发光强度 I_v 与正向电流 I_f 的关系曲线,如图 4-3(a)所示。

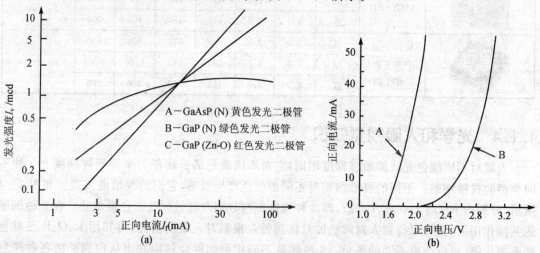

图 4-3 发光强度与正向电流的关系和正向伏安特性曲线

图 4-3(a)中给出了由 A-GaAsP(N)、B-GaP(N)和 C-GaP(Zn-O)三种不同半导体材料制成的黄、绿、红 LED 器件的 I_v 与 I_f 的关系曲线。从总体上看,I_v 是随着 I_f 的增加而增加的,但是变化的规律有所不同。

2. 伏安特性

发光二极管的电流与电压之间的关系和其他电器元件一样,称为伏安特性。由于 LED 器件的主要功能是发光,因此正向特性十分重要,而反向特性意义不大,所以 LED 器件的伏安特性都是指它的正向特性。发光二极管的伏安特性与一般二极管基本相似,如图 4-3(b)所示。

由图 4-3(b)可知,LED 初始导通的正向电压比普通二极管高,大约为 1.6~3.6 V,视不同的半导体材料而定,常用高亮红、绿、蓝 3 种发光二极管导通电压分别为 1.8 V、3.2 V、3.4 V,不同批次或厂家略有差异,如表 4-2 所列。

表4-2 表贴式发光二极管参数列表

实物图	型号	发光颜色	正向电流 20 mA					反向电流	发光角度
			正向电压		波长范围		发光强度		
			最小值	最大值	最小值	最大值	最小值	最大值		
	0603SMD 三晶 RGB 三色全彩	红	2.0	2.4	620	630	50	100	10	120
		绿	3.0	3.6	510	530	150	200		
		蓝	3.0	3.6	460	470	80	120		
	0805SMD 双晶双色 SMD LED	红	2.0	2.4	620	660	50	100	10	120
		绿	3.0	3.6	500	540	150	300		
		红	2.0	2.4	620	660	50	100		
		蓝	3.0	3.6	450	480	100	200		
	5050 三晶 户外全彩 SMD LED	红	2.0	2.5	620	630	650	650	2	120
		绿	3.0	3.6	520	530	1100	1100		
		蓝	3.0	3.6	460	470	260	260		

4.1.4 光学和人眼视觉知识

人眼对不同颜色光线的敏感程度不同,它对不同颜色的分辨能力来源于视网膜上3种不同类型的视锥细胞。不同的视锥细胞对不同的颜色产生敏感,它们的视敏曲线表示如图4-4所示,分别为 $Rs(\lambda)$、$Gs(\lambda)$、$Bs(\lambda)$,即3种视锥细胞分别对红、绿、蓝三色最敏感。在3种细胞的共同作用下,就可以得到人对颜色的总体感觉。根据对人眼的研究,可知用 R、G、B 三基色的不同比例,可以合成不同的颜色。3种颜色不同比例的混合就能发出从白到黑的各种颜色的光,这就是 LED 显示屏为什么以 R、G、B 为三基色。本书主要以双基色 LED 为主要讲解对象,它以红色和绿色为基色,可以混合显示出黄色。

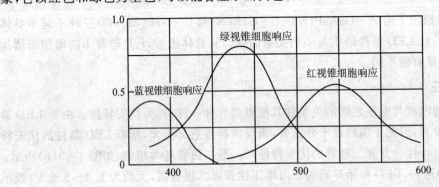

图4-4 视锥细胞视敏函数曲线

人眼对于光线亮度的感觉不会因光源消失而立即消失,其间有一个延迟时间,这是由于人眼有视觉惰性。视觉惰性可以理解为光线对人眼的作用、传输、处理等过程都需要时间,因而使视觉具有一定的低通特性。实验表明,当外界光源突然消失时,人眼的亮度感觉是按指数规律逐渐减小的。这样当一个电源反复通断,在通断频率较低时,人眼可以发现亮度的变化;而通断频率增高时,视觉就逐渐不能发现相应的亮度变化了。因此称不至于引起闪烁感觉的最低反复通断频率为"临界闪烁频率",实验数据表明对于普通 CRT 显示器大概为 24 Hz,因此采用 24 帧/秒的频率播放图画,在人眼看来就是连续活动图像。但对于 LED 显示屏略有差别,它要求扫描显示频率不能低于 55 Hz(约 18 ms),这主要是由于发光原理所致,使得它不具有传统 CRT 显示器较长余辉效应。因此,必须保证各个点亮行交替的频率很高,高于 LED 显示器临界闪烁频率,使得人眼视觉分辨不出屏幕更替,才能呈现在眼前的就是一幅稳定的图像。所以 LED 工作时刷新频率越高,画面质量越好;但刷新频率越高,对屏体背后的驱动电路和控制电路的要求也越高。

视觉惰性可以说是 LED 显示屏得以广泛应用的基础。首先,在 LED 显示屏中可以利用视觉惰性,改善驱动电路的设计,形成了目前广为采用的扫描驱动方式。扫描驱动方式的优点在于 LED 显示屏不必对每个发光二极管提供单独的驱动电路,而是若干个发光灯为一组共用一个驱动电路,通过扫描的方法,使各组发光灯依次点亮,只要扫描频率高于临界闪烁频率,人眼看起来各组灯都在发光。由于 LED 显示屏所使用的发光二极管的数量很大,一般在几千只到几万只的范围,所以节约驱动电路的效益是十分可观的。其次,图像显示区别于图形显示,它不仅要显示出物体的轮廓(线框),还要显示出画面各个部分的深浅,即需要具有灰度级显示功能。灰度级显示要求 LED 显示屏能控制各个发光点的发光强度。

4.2 LED 显示屏单元板介绍

为了加速 LED 显示屏的制造时间和丰富 LED 显示屏尺寸类型,因此采用单元板拼接的方式组成各种不同大小的 LED 显示屏。本节介绍 LED 单元的类型、构成和常用驱动方式。

4.2.1 LED 单元板类型介绍

LED 单元板是组成 LED 显示屏的基本单位,将同一类型的单元板在行、列两个方向上分别延伸,则可以得到不同尺寸的屏幕。由于 LED 显示屏工作环境和成本等因素的不同,需要各种不同类型单元板以配合市场需求。市面上流行的单元板都可以按照使用环境的不同,分为室内、半户外和户外 3 种类型,如表 4-3 所列。

表 4-3 LED 单元板参数表

规格	单元板尺寸	单元像素	点密度	像素组成(显示字数)	扫描方式
室内 5.0 单色高亮度	484 mm×242 mm	64×32		1R(4×2 字)	1/8 或 1/16
	484 mm×121 mm	64×16		1R(4×1 字)	1/8 或 1/16
室内 5.0 双色高亮度	484 mm×242 mm	64×32		1R1G(4×2 字)	1/8 或 1/16
	484 mm×121 mm	64×16	17 222	1R1G(4×1 字)	1/8 或 1/16
	363 mm×242 mm	48×32		1R1G(3×2 字)	1/8 或 1/16
	363 mm×121 mm	48×16		1R1G(3×1 字)	1/8 或 1/16
	605 mm×242 mm	80×32		1R1G(5×2 字)	1/8 或 1/16

续表 4-3

规格	单元板尺寸	单元像素	点密度	像素组成(显示字数)	扫描方式
室内 3.75 单色高亮度	304 mm×152 mm	64×32		1R(4×2 字)	1/8 或 1/16
	304 mm×76 mm	64×16		1R(4×1 字)	1/8 或 1/16
室内 3.75 双色高亮度	304 mm×152 mm	64×32	44 300	1R1G(4×2 字)	1/8 或 1/16
	304 mm×76 mm	64×16		1R1G(4×1 字)	1/8 或 1/16
	380 mm×152 mm	80×32		1R1G(5×2 字)	1/8 或 1/16
	380 mm×76 mm	80×16		1R1G(5×1 字)	1/8 或 1/16
半户外 5.0 单色	484 mm×242 mm	64×32	17 222	1R(4×2 字)	1/16
半户外 5.0 双色	484 mm×242 mm	64×32	17 222	1R(4×2 字)	1/16
亚户外 PH10 单色恒压	320 mm×160 mm	32×16	10 000	1R	1/4
亚户外 PH10 双色恒压	320 mm×160 mm	32×16	10 000	1R1G	1/4
亚户外 PH12.5 单色恒压	400 mm×200 mm	32×16	6 400	1R	1/4
亚户外 PH12.5 双色恒流	200 mm×100 mm	16×8	6 400	2R1G	1/4
户外 PH10 单色恒压＊	320 mm×160 mm	32×16	10 000	1R	1/4
户外 PH10 单色恒压＃	320 mm×160 mm	32×16	10 000	1R	1/4
户外 PH10 双色恒流＃	160 mm×160 mm	16×16	10 000	1R1G	1/4
户外 PH12.5 恒流＃	200 mm×100 mm	16×8	6 400	2R	1/4
				2R1G	1/4
户外 PH20 恒流＊	320 mm×160 mm	16×8	2 500	2R	1/4
户外 PH20 恒流＃	320 mm×160 mm	16×8	2 500	2R	1/4
				2R1G	1/4
户外 PH16 恒流＊	256 mm×128mm	16×8	3 906	2R	1/4
户外 PH16 恒流＃	256 mm×128 mm	16×8	3 906	2R	1/4
				2R1G	1/4

注："＃"代表高亮度，"＊"代表标准亮度。

选择使用何种 LED 单元构成显示屏时，必须了解 LED 单元板主要参数。

1) 颜色

LED 单元板主要分为单红色、单绿色、红绿双基色、红绿蓝三色、全彩、自然色，从而构成单基色 LED 显示屏(含伪彩色 LED 显示屏)，双基色 LED 显示屏和全彩色(三基色)LED 显示屏。

2) 像素

每个 LED 发光点可以视为一个像素点，按照封装的不同可以分为贴片和直插两大类型。室内单元板通常用发光点圆孔直径(φ3、φ3.75、φ5 等)来表示像素点的大小，户外和半户外多用 PH4、PH10、PH12.5 来表示。

为了提高单位面积显示的像素，有的单元板采用虚拟像素。在这种显示方式中显示单元每一点的红、绿、蓝显示组成部分均匀分布，以配合像素的混色效果；虚显示点的表征颜色由相邻的红、绿、蓝像素混色构成。虚拟像素的点是分散的，实像素的点是凝聚的。虚拟像素的发光点在灯管间,实像素的发光点在灯管上。

3)外形尺寸

LED 单元板尺寸较多,通过该尺寸和像素点大小可以计算出单位面积上像素点密度,相当于显示器分辨率。

4)扫描方式

扫描方式指一块单元板上行扫描线除以总行数得到的比例,通常有 1/4、1/8、1/16 这 3 种扫描方式。

4.2.2 LED 单元板基本组成模块简介

LED 单元板发光部分的构成主要有直插式、模块式、贴片式 3 种,以下分别对 3 种构成方法简要介绍。

1. 直插式

如图 4-5 所示,直插式 LED 通常由 3 部分构成:PN 结、环氧树脂、金属引脚。环氧树脂是泛指分子中含有两个或两个以上环氧基团的有机高分子化合物。LED 对环氧树脂外壳的要求:

> 高信赖性(LIFE);
> 高透光性;
> 低黏度,易脱泡;
> 硬化反应热小;
> 低热膨胀系数、低应力;
> 对热的安定性高;
> 低吸湿性;
> 对金属、玻璃、陶瓷、塑胶等材质接着性优良;
> 耐机械之冲击性;
> 低弹性率(一般)。

直插式 LED 具有亮度高、散热快、衰减小等特点,优缺点对比如下:

> 优点:工艺成熟,造价低廉,光效略高,衰减较好,可多角度设计;
> 缺点:体积相对较大,不利于工业设计,不利于自动化生产,不利于大规模量产,光衰相对贴片会略高。

图 4-5 直插式发光二极管实物图

2. 模块式

点阵式 LED 模块是一种将一定数量的半成品 LED 芯片再次加工形成的产品,其工艺流程主要有穿 PIN、压 PIN、擦板、吹板、固晶、封胶、测试、老化等多道工序组成。成品表面一般刷黑色涂料,孔内(即反射杯)采用白色衬底,反射杯的作用是收集管芯侧面、界面发出的光,向期望的方向角内发射,顶部封装的环氧树脂做成一定形状,有这样几种作用:保护管芯等不受外界侵蚀;采用不同的形状和材料性质(掺或不掺散色剂),起透镜或漫射透镜功能,控制光的发散角。管芯折射率与空气折射率相关太大,致使管芯内部的全反射临界角很小,其有源层产生的光只有小部分被取出,大部分易在管芯内部经多次反射而被吸收,易发生全反射导致过多光损失,选用相应折射率的环氧树脂做过渡,提高管芯的光出射效率。用作构成管壳的环氧树脂须具有耐湿性、绝缘性、机械强度,对管芯发出光的折射率和透射率高。选择不同折射率的封装材料,封装几何形状对光子逸出效率的影响是不同的,发光强度的角分布也与管芯结构、光输出方式、封装透镜所用材质和形状有关。若采用尖形树脂透镜,可使光集中到 LED 的轴线方向,相应的视角较小;如果顶部的树脂透镜为圆形或平面型,其相应视角将增大。其正反面实物图如图 4-6 所示。

图 4-6 8×8 点阵式 LED 模块实物图

点阵式 LED 模块主要按照两种规格区分:①按照使用场地可以分为室内、半户外、户外;②按照模块上发光点直径大小可以分为 Φ1.9 mm、Φ3.0 mm、Φ3.75 mm、Φ5.0 mm、Φ10mm、Φ12mm、Φ16mm、Φ19mm、Φ21mm、Φ26mm。

图 4-6 中画出了室内直插式 8×8 点阵双基色 LED 模块封装图,这种模块由 64 个发光 LED 芯片以 8×8 的形式构成一个正方形模块,然后用两列 12 针引脚将内部电路接口引出,供驱动电路使用。这种结构是市面上最通用,也是现在应用最为广泛采用的形式,除此外还有 5×7、5×8 点阵形式的模块。这种模块主要规格在于每个孔径的大小,其他尺寸大小如引脚间距、粗细和模块大小会根据厂商的不同略有差异。在同等像素的情况下,孔径越大,所构成的 LED 显示屏面积也就越大,其图文的细腻程度不如孔径较小的模块,但它由于其面积大,所显示的内容在观看距离较远的情况下会较为醒目,所以选用哪种模块制作 LED 显示屏需要根据实际场景决定。

3. 贴片式

在 2002 年,贴片式封装的 LED(SMD LED)逐渐被市场所接受,并获得一定的市场份额,从直插式封装转向 SMD 符合整个电子行业发展大趋势,很多生产厂商推出此类产品。早期的 SMD LED 大多采用带透明塑料体的 SOT-23 改进型,外形尺寸 3.04×1.11 mm,卷盘式容器编带包装。在 SOT-23 基础上,研发出带透镜的高亮度 SMD 的 SLM-125 系列、SLM-245 系列 LED,前者为单色发光,后者为双色或三色发光。近些年,SMD LED 成为一个发展热点,很好地解决了亮度、视角、平整度、一致性等问题,采用更轻的 PCB 板和反射层材料,在显示反射层需要填充的环氧树脂更少,并去除较重的碳钢材料引脚,通过缩小尺寸,降低重量,可轻易地将产品重量减轻一半,最终使应用更趋完美,尤其适合户内、半户外全彩显示屏应用。

贴片LED灯管优缺点对比如下:

- 优点:体积更小,能利于工艺设计,可靠性较高,可自动化生产,可大规模量产,光衰较小,上游供应商供货更容易;
- 缺点:光效略低,造价略高,发光角度固定为120°,设计空间小。

以上3种LED单元板实物图如图4-7所示。

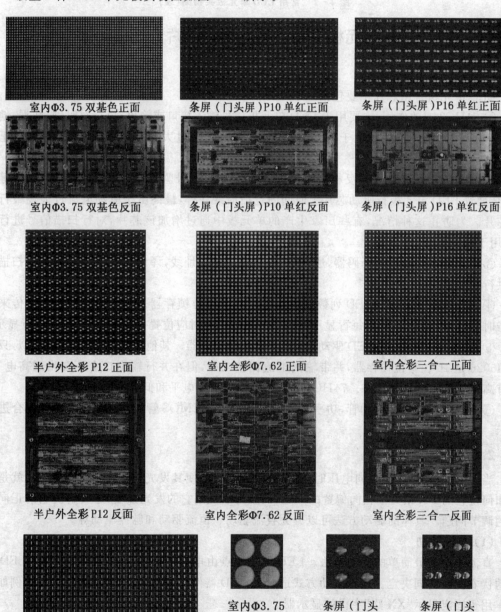

图4-7 常用LED单元板实物图

半户外全彩 P12　室内全彩 Φ7.62　室内全彩三合一　室内全彩贴片三并一

室内全彩贴片三并一反面

图 4-7　常用 LED 单元板实物图(续)

4.2.3　常用 LED 单元板驱动方式和驱动芯片介绍

1. 常用驱动芯片

LED 单元板常用芯片主要包括以下 6 种:

① 74HC245 的作用:主要用于 LED 单元板信号输入接口或输出接口,对时钟、数据、地址等信号进行增强驱动,防止由于信号传输距离过长、衰减过大而造成 LED 单元板无法正常工作。

② 74HC04 的作用:6 位反相器,主要用于对行扫描信号监测。由于软件或信号干扰等因素,会导致 LED 单元板行驱动芯片长时间固定扫描某一行,最终由于驱动电流过大烧毁行驱动芯片。为防止这种情况,有些厂家生产的单元板中通过增加该芯片,对行扫描信号进行监测,用于保护 LED 单元板。

③ 74HC138 的作用:译码器,通过 A、B、C 这 3 条地址线,译出 Y0~Y7 这 8 条行扫描信号供行驱动芯片 4953 用。

④ 74HC595 的作用:LED 列数据驱动芯片,8 位移位锁存器。利用单元板接口上传来的同步时钟信号,74HC595 将每行显示所需要的数据送入对应位置,配合行驱动芯片进行显示。

⑤ MBI5026 的作用:LED 驱动芯片,16 位移位锁存器。其他功能与 74HC595 相似,只是 MBI5026 是 16 位移位锁存器,并带输出电流调整功能,但在并行输出口上不会出现高电平,只有高阻状态和低电平状态。74HC595 并行输出口有高电平和低电平输出。

⑥ 4953 的作用:行驱动管,功率管。其内部是两个 CMOS 管,与 74HC595 相互配合进行显示。

2. 驱动方式分类

当向 LED 器件施加正向电压时,流过它的正向电流使其发光。因此,LED 的驱动就是解决如何使它的 PN 结处于正向偏置的问题,而且为了控制它的发光强度,还要解决它的正向电流的调节问题。具体的驱动方法可以分为直流驱动、恒流驱动和脉冲驱动等。

(1) 直流驱动

直流驱动是最简单的驱动方法。LED 的工作点由电源电压 V_{cc},串联电阻 R 和 LED 器件的伏安特性共同决定。这种驱动方式适合于 LED 器件较少,发光强度恒定的情况。例如公交车用于固定显示"XX 路"字样的显示器。

(2) 恒流驱动

由于 LED 器件的正向特性较陡,加上器件的分散性,使得在同样电源电压和同样限流电阻的情况下,各器件的正向电流并不相同,从而引起发光强度的差异。若对 LED 器件进行恒流驱动,只要恒流值相同,发光强度就比较接近。晶体管的输出特性具有恒流特性,所以可以用晶体管驱动 LED,同时也可用 MOS 管替代晶体管,如图 4-8 所示。

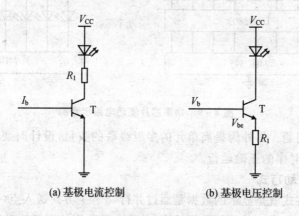

(a) 基极电流控制　　　　　　(b) 基极电压控制

图 4-8　晶体管恒流驱动 LED 器件

一般 LED 允许连续工作电流在 20 mA 左右,除了红色 LED 有饱和现象外,其他 LED 亮度基本上与流过的电流成比例。

(3) 脉冲驱动

利用人眼的视觉惰性,采用向 LED 器件重复通断电的方式使之点亮,就是脉冲驱动方式。脉冲驱动的主要应用有两个方面:扫描驱动和占空比驱动。扫描驱动的主要目的是节约驱动器,简化电路。如 N 行 LED 共用一列数据,称其为 $1/N$ 扫描方式,N 常取 4、8、16、32。一般室内屏常取 N 为 16,室外屏应用时,N 一般为 4。占空比控制的目的是调节器件的发光强度,用于图像显示中的灰度控制。

以上介绍的各种驱动,在实际应用中往往是组合在一起使用的。例如在图像显示屏的驱动电路中,既用到了扫描驱动,也用到占空比驱动,还用到了恒流驱动。

3. 常用 LED 显示屏驱动方式比较

(1) 串行控制驱动方式

所谓串行控制驱动方式就是将显示的数据通过串行方式送入点(列) 驱动电路,其特点是相邻显示模块之间的线路连接简单。这给印刷电路板的设计带来了方便,同时也减少了印刷电路板的布线密度,从而为生产和调试带来了有利的一面,当然,单元模块的可靠性也相应的提高了。串行控制驱动方式可选用的芯片有:MC4094、74LS595、74HC595 等。但是由于其驱动能力有限只能驱动一个发光二极管,在实际使用过程中只用于列驱动电路,而使用功率芯片作为行驱动。以前多采用 TIP127＋(ULN2803＋74HC595) 进行驱动,现在普遍采用 4953＋74HC595 作为驱动。具体结构如图 4-9 所示。

关于行的控制和驱动相对容易,因为行的工作方式是分时顺序工作的。由于行的组成是几个模块并联形成的,因此驱动的功率要求比较大。行线驱动一般是采用 PNP(用于共阳方式) 功率三极管或 CMOS 管,逻辑控制可选用 3-8 译码方式和直接行线控制方式。译码方式是应用 3 条行控制线控制一个 3-8 译码器(如 74HC138 等),8 选 1 顺序控制 8 条行线。直接行线控制方式比较简单,但占用 CPU 的 I/O 口资源较多,这里就不赘述了。在应用串行控制驱动系统时,尽管串行移位芯片具有级联功能,但设计时要考虑时钟信号、STR 信号、行控

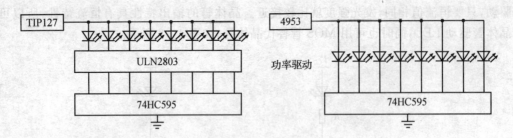

图 4-9 功率芯片驱动电路示意图

制信号的级联驱动问题。另外为提高单元的多级级联的数量,设计时要考虑到每个信号的传输延迟,以保证控制时序的正确运行。

(2) 并行控制驱动方式

并行控制驱动方式就是显示的数据是通过并行(8位)方式送入点(列)驱动电路,每送入一个字节就完成了一个模块的单行数据输入,其优点是数据的刷新速度快,这就减轻了上一级控制系统的压力。在同样数据处理量的前提下,对处理速度要求的降低,就意味着对系统投入的降低。同时,处理速度的降低也相应地提高了系统的稳定性。在并行控制驱动方式下,可以选用74HC373这样一类锁存芯片,采用级联的方式将列数据输入。这一设计方案的特点是设计线路简洁,控制方便快速。关于在并行控制驱动方式下的行控制驱动的设计可参照串行控制驱动方式设计。并行控制驱动方式的缺点是:由于数据是并行输入的,这就使得单元内芯片数量大而且线路连接复杂。由此增加了单元的成本和印刷线路板的设计难度。同时提高了印刷线路板的密度,对生产加工和调试提出了较高的要求。但设计难度的加大仅仅是一次性的,而生产和调试的难度是可以提高生产的手段和使用先进的仪器设备加以克服的。由于并行控制驱动方式的自身特点,使得单元的级联不成问题,只要设计时对控制信号的级联驱动加以控制就可以。并行控制驱动方案中也可采用总线式结构,即选用的8位锁存器不是首尾级联方式而是共用总线方式。但这种方式将增加控制逻辑的投入,也就是说每个锁存器都要有一个独立的锁存控制时钟。因此,这一方式主要由于成本问题一般不采用。

(3) 高度集成专用芯片的应用

随着微电子技术的不断发展以及大型电子显示屏应用的日益广泛,一种高度集成的LED显示屏控制驱动专用芯片出现了,如 ZQL9701 芯片。ZQL9701 芯片是集行控制、列控制和一些外围驱动电路于一身的高度集成控制驱动芯片。采用 ZQL9701 芯片将会使单元的控制、驱动更为简单,高度的集成化也使系统的稳定性更为可靠。另外,ZQL9701 芯片在单元的级联方面也提供了充分的支持。采用 ZQL9701 芯片将使系统的显示灰度达到 256 级。采用 ZQL9701 芯片设计显示单元时,由于 ZQL9701 芯片是表贴封装器件,这就需要用专用的生产设备进行生产。这对一般的生产单位是要考虑的问题。采用专用芯片设计的显示单元的性能得到极大的提高,但系统的成本也要提高,在不考虑性价比的情况下采用专用控制芯片是最佳的选择。

在4.3节中将以常用室内双基色单元板为对象,具体描述LED单元板电路组成结构和工作原理。

4.3 双基色 LED 单元板介绍

各种类型 LED 单元板驱动方式大同小异，本节以市面常见的室内 LED 双基色单元板为例，对其数据输入、扫描等工作方式进行分析。

单个 8×8 点阵模块对于面积较大 LED 显示屏生产和安装会带来很多问题，例如，对于一个 5 平方的 LED 显示屏，采用 Φ5.0 双色模块，会用大约 1 500 块，现场安装这么多模块会涉及组装的一致性、焊点可靠性、屏体平整度等问题，所以为了加快 LED 显示屏推广和产品化程度的提高，LED 厂商推出了组装 LED 显示屏的基本单元——LED 单元板。它成为现在整个 LED 显示屏行业认可的基本标准组成单元，所以在设计 LED 显示屏时还需要考虑基本组成单元的尺寸。下面以室内双基色 LED 单元板为例剖析其结构和工作方式。

4.3.1 室内双基色 LED 单元板结构介绍

LED 单元板的基本组成单位是 LED 模块，一般采用 8×4 的排列方式，即高 4 块，长 8 块，因此每张单元板由 32 块 LED 模块构成。由于 LED 显示屏最终是用很多块这样的单元板拼接而成的，所以在单元板两端分别预留级联接口。最初这种接口为 20 针插座，现在都改进为 16 针插座，一般称为 08 接口，如图 4-10 所示。除了 LED 模块外，单元板还有印刷电路板和电子元件这两部分。为了维修方便，所有电子元件均焊接在印刷电路板的正面，反面插 LED 模块，即使有部分电路发现故障，一般情况下不拆卸 LED 模块也可以完成维修工作。

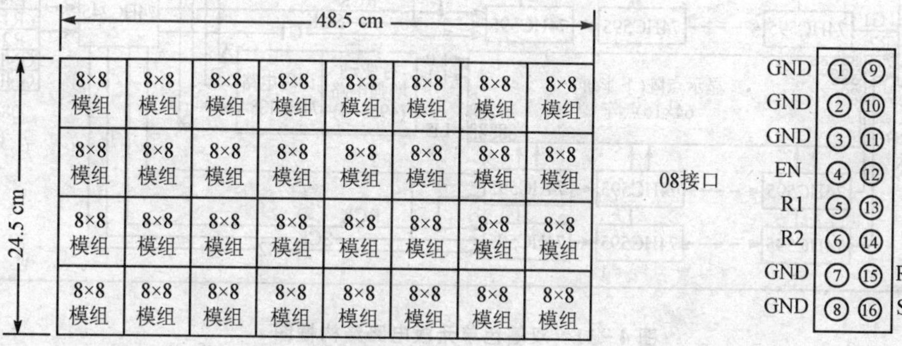

图 4-10 φ5.0 LED 单元板(φ5.0)模块排列和接口示意图(单位：cm)

随着 LED 显示屏需求的增大，LED 单元板生产厂商也如雨后春笋般出现，但其产品质量良莠不齐，一般购买显示屏的消费者无法识别。在购买单元板或显示屏时，一般要从单元板平整度、色彩一致性、焊接质量、印刷电路板质量、模块批号这几方面挑选。一些生产规模较大、质量过硬的厂家，在制作单元板过程中都有严格的工序流程和相应设备：首先对模块进行筛选，保证每张单元板或每批单元板色差较小；其次制作印刷电路板，焊接表贴元件和直插元件，完成裸板的制作；用特制的工装在裸板上安装并焊接模块，注意安装过程中要求板面平齐，各模块之间缝隙一致；最后通过专用测试卡检测单元板。

4.3.2 室内双基色单元板电路分析

1. LED 单元板整体电路介绍

LED 单元板是组成 LED 显示屏的基本单元,其组成部分主要有 32 块 8×8 LED 模块、32 片 74HC595、8 片 4953、2 片 74HC138、2 片 74HC245。为了便于介绍各部分功能,对其按照电路划分为接口电路、驱动电路、译码电路和列数据电路这几部分。如图 4-11 所示,在图的最右边为接口电路,采用 16 针插座(又称 08 接口),接口数据线定义说明:

A、B、C、D:行扫描信号线,决定 16 行中的哪一行点亮。

R1、R2:红色 LED 列数据线。

G1、G2:绿色 LED 列数据线。

SCK:74HC595 串行数据移位信号,上升沿将数据锁存入驱动模块中的串行寄存器。

RCK:74HC595 数据锁存信号,上升沿将串行数据锁存入并行寄存器,同时屏体显示更新。

EN:74HC138 片选信号线,有效时屏体点亮,无效时屏体熄灭。

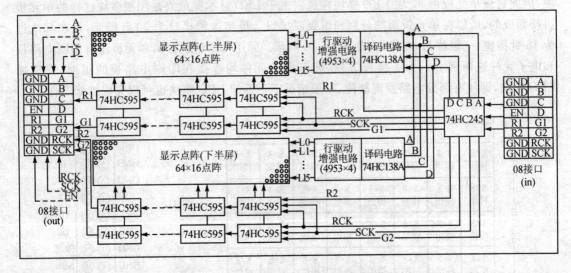

图 4-11 双基色单元板电路结构框图

每块单元板之间就是通过这个 16 针插座,用数据线连接起来,数据和控制信号都由控制卡从第一块单元板的输入接口送入。为了防止数据线过长,信号衰减,在 08 接口后面加入一片增强信号驱动能力的芯片,通常采用 74HC245。所有信号经过再次驱动后,分为两部分进入控制电路:RCK、SCK、R1、R2、G1、G2 进入列数据电路;A、B、C、D、EN 进入行扫描电路。最后所有信号汇入输出 08 接口端,以供级联的下一个单元板级联使用。

下面将对单元板的两大核心电路——列数据电路和行扫描电路进行分析。

2. 列数据电路分析

异步显示屏可以分为屏体和控制器两大部分。屏体的主要部分是显示点阵,以及行列驱动电路。显示点阵多采用 64×32 单色或双色显示单元拼接而成。由于 LED 发光器件数目较多,不宜使用静态驱动电路,通常采用扫描驱动方式。扫描驱动电路一般采用多行的同名列共用一套列驱动器,行驱动器一行的行线连到电源的一端,列驱动器一列的列线连到电源的另一端,当行驱动选中第 i 行,列驱动选中第 j 列时,对应的 LED 器件根据列驱动器的要求进行显示。控制电路负责有序地选通各行,在选通每一行之前还要把该行各列的数据准备好。一旦该行选通,这一行线上的 LED 发光管就可以根据列数据进行显示。电路连接示意图如图 4-12 所示。

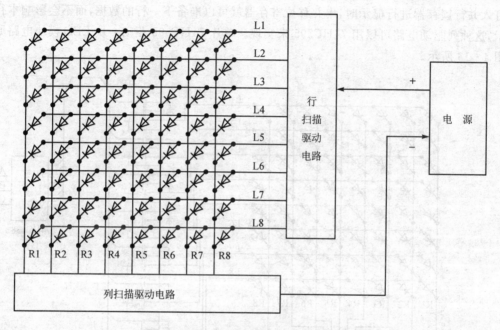

图 4-12 8 行 8 列扫描驱动电路连接示意图

采用扫描方式进行显示时,每行有一个行驱动器,各行的同名列共用一个列驱动器。由行译码器给出行有效信号,从第一行开始,按顺序依次对各行进行扫描(把该行与电源一端接通)。另一方面,根据各列锁存的数据,确定相应的列驱动器是否将该列与电源的另一端接通。接通的列就在该行该列点亮 LED,未接通列所对应的 LED 不亮。当一行的持续扫描时间结束后,下一行又以同样的方法进行显示。全部各行都扫过一遍后(一个扫描周期),又从第一行开始下一个周期的扫描。只要扫描周期的时间比人眼闪烁临界时间短,就不容易感觉出数据的更替。

显示数据并行(8 位或 16 位)存储在下位机的存储器中,显示时要把一行中各列的数据都送到相应的列驱动器上去,传输方式可以采用并行方式或串行方式。显然采用并行方式时从控制电路到列驱动器的连线数量巨大,相应的硬件数量多。当列数很多时,并行传输列信号的方式不可取。

采用串行传输方法,控制电路可以只用一根信号线,将列数据一位一位地传往列驱动器,数据要经过并行到串行和串行到并行两次转换。首先,微处理器从存储器中读出的 16 位并行数据要通过并串转换,按顺序一位一位地输出给列驱动器;与此同时,列驱动器中每一列都把当前数据传向后一列,并从前一列接收新数据,一直到全部各列数据都传输完为止。只有当一行的各列数据都已传输到位之后,这一行的各列才能并行地进行显示。这样,对于一行的显示过程就可以分解成列数据准备和列数据显示两部分。这种方式下,列数据准备的时间较长,在行扫描周期确定的情况下,留给行显示的时间就太少了,影响 LED 的亮度。为了解决这一问题,采用重叠处理的方法,在显示本行各列数据的同时,准备下一行各列的数据,这样列数据的显示就需要锁存功能。

经过上述分析,可看出列驱动器电路应具备以下功能:对于列准备数据来说,它应该实现串入并出的移位功能;对于列显示数据来说,应具有并行锁存的功能。这样本行已准备好的数据打入并行锁存器进行显示时,串并移位寄存器就可以准备下一行的数据,而不会影响本行的显示,这种列驱动电路可以用 74HC595 来实现。单片 74HC595 驱动一块 LED 模块电路原理如图 4-13 所示。

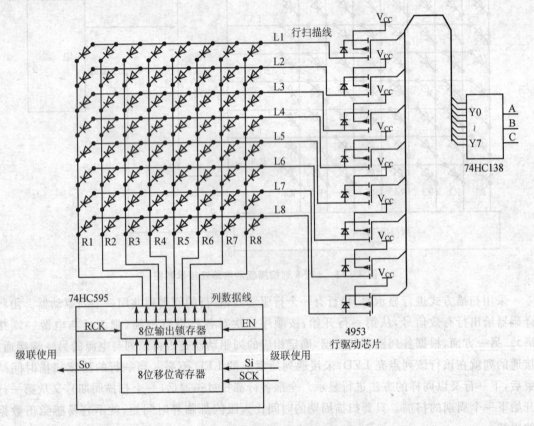

图 4-13 列数据和行扫描线连接示意图

74HC595 具有一个 8 位的串入并出的移位寄存器和一个 8 位输出锁存器,移位寄存器和输出锁存器的控制各自独立,所以当第一行数据锁存到行线上时,其内部同时通过移位寄存器组织第二行数据,这使得行数据准备和显示可以同时进行。

LED 单元板上由 74HC595 组成的列驱动电路如图 4-14 所示,由 32 片 74HC595 组成 4 组 64 列的驱动,其中上、下半屏各 2 组,由 2 个 16 行驱动器各驱动上下半屏 16 行。上下半屏连接方式一致,现以上半屏为例说明:第一片 74HC595 的 Si 端连接单片机输出的串行列显示数据,So 与后续 74HC595 数据输入端连接,每组共 8 片 74HC595,红色和绿色数据各用一组,因此上半屏共计使用了 2×8=16 片。74HC595 并行输出端直接与 LED 模块上红、绿数据引脚相连接。每片 74HC595 相应的 RCK 和 SCK 作为统一的串行数据移位信号和输出锁存器允许信号,由于这几条线负载较多,必须经过驱动器增强驱动能力才能复用。通过这样的结

LED 显示屏工作原理

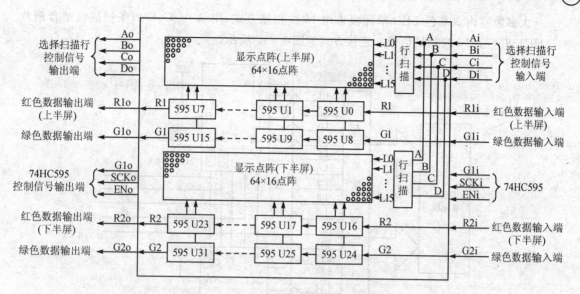

图 4-14　LED 单元板驱动电路连接示意图

构,使用串行移位组的方式能把 $4×64=256$ 位显示数据一次输入到相应的移位寄存器输出端。SCK 移位结束后控制器发出 RCK 锁存信号,256 位数据一起锁存到相应的移位寄存器输出端,然后 A、B、C、D 选通相应行,该行的各列按照显示数据进行显示。

3. 行扫描电路分析

行扫描信号由 74HC138 译码器提供,但由于该芯片驱动能力不足以驱动一组发光二极管,所以在它的输出端再接上 8 片 4953(每片可以驱动 2 行)以增强行驱动能力。对于 8 线工作方式的单元板来说,该三-八译码器将 A、B、C 三条信号线经译码后产生 8 位输出信号(见表 4-4),每次选通一片 4953,即对应选中其中一行,如果此时对应显示数据已经由 74HC595 锁存到模块的列线上,则该行对应位发光二极管导通,显示数据。

表 4-4　74HC138 真值表

输入控制信号			输入信号			输出信号							
片选端			输入信号										
G1	$\overline{G2A}$	$\overline{G2B}$	C	B	A	Y0	Y1	Y2	Y3	Y4	Y5	Y6	Y7
×	H	×	×	×	×	H	H	H	H	H	H	H	H
×	×	H	×	×	×	H	H	H	H	H	H	H	H
L	×	×	×	×	×	H	H	H	H	H	H	H	H
H	L	L	L	L	L	L	H	H	H	H	H	H	H
H	L	L	L	L	H	H	L	H	H	H	H	H	H
H	L	L	L	H	L	H	H	L	H	H	H	H	H
H	L	L	L	H	H	H	H	H	L	H	H	H	H
H	L	L	H	L	L	H	H	H	H	L	H	H	H
H	L	L	H	L	H	H	H	H	H	H	L	H	H
H	L	L	H	H	L	H	H	H	H	H	H	L	H
H	L	L	H	H	H	H	H	H	H	H	H	H	L

大多数室内双基色 LED 单元板采用 16 线扫描方式,用 A、B、C、D 四条扫描线结合两片 74HC138 产生 16 线扫描信号。连接方式如图 4-15 所示。

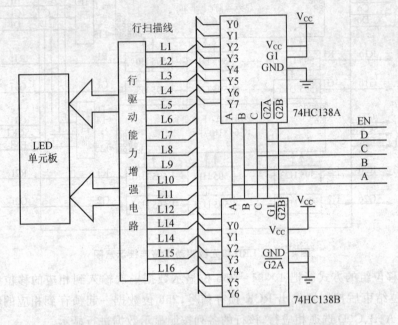

图 4-15　16 线扫描 LED 单元板行扫描线译码电路

在这种连接方式下,A、B、C 作为 74HC138 输入信号,用于产生表 4-4 中的输出选通信号。16 线与 8 线工作方式不同点在于引入了 D 信号,它连接两片译码器的片选端,分别是 $\overline{G2A}$ 和 $\overline{G2B}$。由图 4-14 和表 4-4 可知,74HC138A 的 G1 端接电源,其只受 $\overline{G2A}$ 和 $\overline{G2B}$ 两个片选信号控制,74HC138B 的 $\overline{G2A}$ 端接地,其只受 G1 和 $\overline{G2B}$ 两个片选信号控制。假设 A、B、C 三个扫描信号输入正常,结合表 4-4 分析:当 EN 控制信号为高电平时,两片译码器均不工作;当 EN 控制信号为低电平,且 D 信号为低电平时,74HC138A 被选通,74HC138B 无效,可以完成对 L1~L8 依次选通,即完成对 L1~L8 行扫描;当 EN 控制信号为低电平,且 D 信号为高电平时,74HC138B 被选通,74HC138A 无效,可以完成对 L9~L16 依次选通,即完成对 L9~L16 行扫描。因此用 A、B、C、D 四条扫描线结合 2 片 74HC138 级联,就可以完成 16 线扫描。

4.4　LED 单元板数据绕行方式介绍

由于目前 LED 显示屏设计生产厂家较多,没有统一规范,造成 LED 单元板类型繁多,因此 LED 单元板列数据的绕行方式也存在有多种。以下对常见 LED 单元板数据绕行方式简要分析(以下数据绕行方式图均是 LED 单元板正面透视图)。

(1) 室内 LED 单元板常见数据绕行方式

现在市面上大量使用的室内各种型号单色、双基色 LED 单元板,如 Φ3.75、Φ5 单元板,均采用图 4-16 中的数据绕行方式。此类单元板多采用 1/8 扫描方式,输入数据不在各 74HC595 之间绕行,基本沿直线传输。74HC595 的数量随 LED 单元板基色数量的增加而增加,例如对于32×64点单色LED单元板需要2行74HC595,每行8颗,类似双色LED单元板需要4行74HC595,每行8颗,依此类推彩色LED单元板需要6行74HC595,每行8颗。

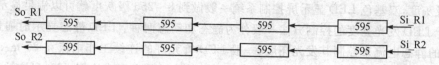

图4-16 室内LED单元板数据绕行图

(2) 半户外、门头屏LED单元板常见数据绕行方式

半户外和门头屏大多采用单色或双色LED,大量使用PH10、PH12、PH16等型号单元板,大部分采用图4-7中的数据绕行方式。此类单元板有1/4和1/8两种扫描方式,根据单元板色彩类型和扫描方式的不同,74HC595的数量也不一样,图4-17中给出单色16×32和32×32点两种类型单元板数据绕行图。

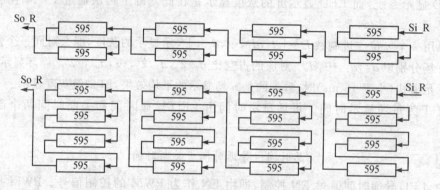

图4-17 半户外和门头屏LED单元板数据绕行图

(3) 全彩LED单元板常用数据绕行方式

全彩LED单元板有直插、贴片两种形式,常用数据绕行方式主要采用图4-18中的两种方式。图4-18中的数据绕行方式主要是为缩短点与点之间的连线,以利于全彩屏的高速数据输入。显示时只需要将显示缓冲区中的数据位与显示像素点之间一一对应即可。

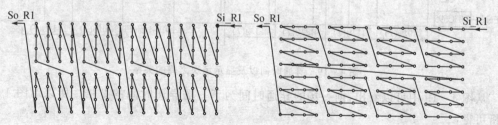

图4-18 彩色LED单元板数据绕行图

4.5 LED显示屏分类及亮度、灰度控制

无论用LED制作单色、双色或三色屏,要显示图像就需要构成像素的每个LED发光亮度都必须能调节,其调节的精细程度就是显示屏的灰度等级。灰度等级越高,显示的图像就越细腻,色彩也越丰富,相应的显示控制系统也越复杂。LED的发光亮度是一个绝对值,而灰度是

一个相对值,即亮度可调节的级数。一般 256 级灰度的图像,颜色过渡已十分柔和,而 16 级灰度的彩色图像,颜色过渡界线十分明显。所以,对于真彩 LED 屏控制系统一般都要求至少做到 256 级灰度,双基色 LED 显示屏控制系统一般做到 8~256 级灰度就可以满足显示的需要。

对于 LED 发光亮度的控制方法一般分为静态和动态两种:LED 静态显示时通过控制流过 LED 的静态电流来控制其发光亮度,一般 LED 管允许的连续工作电流在 20 mA 以下,除了红色 LED 有饱和现象外,其他 LED 亮度基本上与流过的电流成比例;另一种方法是利用人眼的视觉惰性,用脉宽调制方法(PWM)来控制流过 LED 的平均电流实现亮度控制。也就是通过控制 LED 导通脉冲的占空比控制亮度。只要这个导通控制脉冲周期足够短(即刷新频率足够高),人眼是感觉不到发光像素在抖动的。由于 PWM 方式更适合于数字控制系统,所以几乎所有的 LED 显示屏都是采用 PWM 方式来控制 LED 的显示亮度进而达到灰度显示的目的。对于 16 行逐行扫描的 LED 单元板可以将其看成是一个占空比固定为 1/16 脉宽调制控制的 LED 显示系统,而 LED 显示屏的灰度显示是在此基础上再次通过 PWM 控制亮度实现的。

如果用一个 n 位二进制数 $D=[d_0,d_1,\cdots,d_{n-1}]$ 表示显示的灰度,那么对同一个像素点可以通过 n 场分别以 $d_0,d_1,\cdots,d_{n-1}$ 对应的占空比 $d_0/2^0,d_1/2^1,\cdots,d_{n-1}/2^{n-1}$ 循环显示,当 n 场循环显示足够快(小于 18 ms)时,看到的是 n 场显示的平均效果,即 2^n 级灰度显示。

定义 T 为每场显示时间。每场显示时间由 LED 导通时间和关断时间两个部分所组成,即:

$$总时间 = 导通时间 + 关断时间$$

其中,LED 导通时间通过 EN 控制,即由 EN 作为 PWM 的控制信号。PWM 控制信号 EN、导通时间以及显示场次之间的关系如图 4-19 所示。

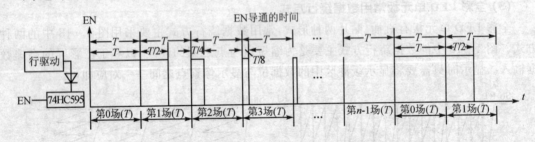

图 4-19 导通时间以及显示场次之间的关系

从图 4-19 中可以看出,前一场的导通时间为下一场导通时间的 2 倍。所以对图 4-19 分析可得:

$$导通时间 = T\sum_{i=0}^{n-1}\frac{d_i}{2^i} \tag{4-1}$$

$$总时间 = nT \tag{4-2}$$

当 $d_0,d_1,\cdots,d_{n-1}$ 全为 1 时

$$导通时间 = Td_0 + \sum_{i=1}^{n-1}\frac{d_i}{2^i} = T + T\sum_{i=1}^{n-1}\frac{1}{2^i} \approx 2T \tag{4-3}$$

定义发光效率为 $\eta=$ 导通时间/总时间,因此要提高 LED 发光效率(增加亮度)只有增加其导通时间。由式(4-3)分析可将导通时间视为整数和小数 T 两部分之和,又由式(4-1)分析可知,小数部分之和不会大于 1,所以要想大幅度提高发光效率,只有增加整数部分。在满足每场显示时间为下一场显示时间 2 倍的条件下,当场数为 8 时,将对应每场导通时间都扩大 2 倍,则每场导通时间和总时间之间的关系如表 4-5 所列。

表 4-5 每场导通时间和总时间之间的关系

每场导通时间								导通时间	总时间
第 0 场	第 1 场	第 2 场	第 3 场	第 4 场	第 5 场	第 6 场	第 7 场		
$1T$	$T/2$	$T/4$	$T/8$	$T/16$	$T/32$	$T/64$	$T/128$	$\approx 2T$	$8T$
$2T$	$1T$	$T/2$	$T/4$	$T/8$	$T/16$	$T/32$	$T/64$	$\approx 4T$	$9T$
$4T$	$2T$	$1T$	$T/2$	$T/4$	$T/8$	$T/16$	$T/32$	$\approx 8T$	$12T$
$8T$	$4T$	$2T$	$1T$	$T/2$	$T/4$	$T/8$	$T/16$	$\approx 16T$	$19T$
$16T$	$8T$	$4T$	$2T$	$1T$	$T/2$	$T/4$	$T/8$	$\approx 32T$	$34T$
...									
$128T$	$64T$	$32T$	$16T$	$8T$	$4T$	$2T$	T	$255T$	$255T$

对应有灰度级的图文显示来说,可以将灰度显示的整屏数据拆分成 n 场不同灰度级的数据组,且每场显示时间为下一场显示时间的 2 倍,每场数据的显示时间设定为 T,由屏幕 LED 导通时间和关断时间两部分组成。定义每幅图像数据显示的总时间为 T_C,假设显示时间大于或等于 T 的数据为 m 组,显示时间小于 T 的数据为 p 组,则 $n=m+p$。由表 4-5 分析,可以得到总时间 T_C 与 n、p 之间的关系表达式为:

$$T_C = \left(\sum_{i=0}^{m-1} 2^i + n - m\right) \times T \qquad 其中 n \geqslant m \tag{4-4}$$

由上式可知总时间 T_C 只和 m 与 n 有关,当 n 为定数时,m 越大则总时间越大。此时导通时间 T_{ON} 可表示为:

$$T_{ON} = \left(\sum_{i=0}^{m-1} 2^i + \sum_{j=1}^{n-m} 2^{-j}\right) \times T \tag{4-5}$$

所以,显示时间与 m 和 n 有关,其中 m 越大,则显示时间越大。

从式(4-4)和式(4-5)可以得到 LED 发光效率的数学表达式:

$$\eta = \frac{T_{ON}}{T_C} = \frac{\sum_{i=0}^{m-1} 2^i + \sum_{j=1}^{n-m} 2^{-j}}{\sum_{i=0}^{m-1} 2^i + n - m} \tag{4-6}$$

所以,LED 发光效率最终只和 m 与 n 有关,在 n 一定的情况下(即灰度级一定),可以调节 m 改变发光效率,以达到使用者的要求。表 4-6 是与表 4-5 对应的,当 $n=8$ 时 m、EN 以及重复次数之间的关系。

表 4-6 每场重复次数与占空比分析表

m	第0场 重复次数	第0场 EN占空比	第1场 重复次数	第1场 EN占空比	第2场 重复次数	第2场 EN占空比	第3场 重复次数	第3场 EN占空比	第4场 重复次数	第4场 EN占空比	第5场 重复次数	第5场 EN占空比	第6场 重复次数	第6场 EN占空比	第7场 重复次数	第7场 EN占空比
1	1	1	1	1/2	1	1/4	1	1/8	1	1/16	1	1/32	1	1/64	1	1/128
2	2	1	1	1	1	1/2	1	1/4	1	1/8	1	1/16	1	1/32	1	1/64
3	4	1	2	1	1	1	1	1/2	1	1/4	1	1/8	1	1/16	1	1/32
4	8	1	4	1	2	1	1	1	1	1/2	1	1/4	1	1/8	1	1/16
5	16	1	8	1	4	1	2	1	1	1	1	1/2	1	1/4	1	1/8
...																
8	128	1	64	1	32	1	16	1	8	1	4	1	2	1	1	1

根据临界闪烁频率的定义,若要求稳定显示一屏数据,则总显示时间必须小于 18 ms。如果显示数据总时间需要 $8T$,那么 $T=18\,000/8=2\,250$ μs;对于 32 行标准单元而言,采用 1/32 扫描方式时,每行显示时间 $=T/32=2\,250/32=70$ μs。依此类推,可以得到表 4-7。

表 4-7 总时间与每行数据显示时间关系表

总时间	发光效率/%	每场显示时间/μs	每行数据显示所需要的最短时间/μs			
			1/32	1/16	1/8	1/4
$8T$	25.00	2 250	70	141	281	563
$9T$	44.44	2 000	63	125	250	500
$12T$	66.67	1 500	47	94	188	375
$19T$	84.21	947	30	59	118	237
$34T$	94.12	529	17	33	66	132
...						
$255T$	100	71	2	4	9	18

如果在知道整个 LED 显示屏横向像素点的情况下,还可以精确计算出每个点所需要消耗的时间,从而准确评估所使用的控制卡是否能够支持该面积的 LED 显示屏。这些数据也为设计控制卡时选择硬件提供了最基本,同时也是最重要的参考数据。

通过分析表 4-7 可知,绝大多数室内屏采用 1/16 扫描模式,总时间为 $8T$、$9T$、$12T$、$19T$ 时发光效率 η 分别为 25.00%、44.44%、66.67%、84.21%,可根据 LED 显示屏的大小、刷新率的要求、灰度的等级确定每一场重复的次数和控制信号 EN 的占空比。这种模式不仅大大提高了 LED 发光效率,其亮度也完全能够满足室内屏使用条件,而且在这种模式下所使用的扫描线条数较少,硬件速度要求并不苛刻,所以这种模式成为当前 LED 行业普遍采用的标准。由于硬件工作需要消耗一定的时间,所以 LED 显示屏每次将新的行数据输入时,由于硬件本身的工作速度限制,其亮度不可能无限制提高。那么对于户外屏等亮度还需要更高的显示屏来说,可以通过增加扫描线的方式,如表 4-7 中列举的 1/8 扫描模式,即以提高硬件成本为代价,从而换取显示时间。不同种类单元板的电路设计方案选择也主要是在平衡发光效率、硬件速度、生产成本这三者之间的关系。

4.6 LED 显示屏工程应用及维护概述

4.6.1 LED 显示屏的方案设计

  LED 显示屏的优点越来越多地被人们所认识,因此它在城市交通、商店招牌、宣传栏、城市广场等公共场合频繁显露身影。其安装地点各不相同,面临的工作环境也有很大差异,因此对于安装什么样的 LED 显示屏需要预先实地考察,制定详细方案,才能保证安装的 LED 显示屏符合当地使用环境,并能正常发挥其应有的作用。

  LED 显示屏一般可以按照两大类区分:一是 LED 条屏,这类屏一般为长条状,重量轻,安装和制作都比较容易;另一类是 LED 大屏,一般屏体面积大于或等于 3 m^2。大屏安装地点多变,而且屏体具有一定重量,安装时不仅要考虑到施工方便、屏体安全等因素,还要考虑和周边环境搭配。下面就 LED 大屏方案设计进行讨论。

  LED 大屏方案设计首先要根据使用地点光线的强弱,选择用室内单元板还是半户外或户外型单元板组装,以及点阵大小;然后实地考察安装地点,测量准确尺寸,选定安装方式,一般安装可采用壁挂式、嵌入式、落地式、悬挂式(具体安装形式见后面章节);再根据实地尺寸确定内部单元板横向和纵向排列方式,以及外框类型和尺寸,外框要根据实际情况,可采用专用箱体,这种成本最高,但其为 LED 屏体安装专门开模制作,组装方便,预留辅助系统(如排风、排水系统)接口或空间,其次还有加厚型铝合金外框,但这种材料强度不如箱体,对于较大或较长屏幕不太适用(除非铝材仅做装饰性外框,不承受较大重量的情况);最后就是非标材料,一般适用于客户要求屏幕尺寸固定的情况,例如嵌入式显示屏,这类显示屏可以采用多种材料制作,例如:木材、钢材、铝合金、不锈钢等,其关键是保证外框尺寸符合客户要求,而且用材要和周边环境搭配。

  方案拟定后需要做工程预算,对于大型 LED 显示屏来说,一般主要由这几个部分组成:控制系统、单元板规格、电源、外框材料。下面通过表 4-8～表 4-10,详细说明 LED 显示屏组成部分及其参考价格。

表 4-8 室内产品报价参考表

规 格	单元板尺寸	单元像素	点密度	像素组成(显示字数)	单元板	平方米价
室内5.0单色	484 mm×242 mm	64×32	17 222	1R(4×2字)	146	1 600
	484 mm×121 mm	64×16		1R(4×1字)	83	
	363 mm×242 mm	48×32		1R(3×2字)	131	
	363 mm×121 mm	48×16		1R(3×1字)	75	
	605 mm×242 mm	80×32		1R(5×2字)	202	
室内5.0双色	484 mm×242 mm	64×32		1R1G(4×2字)	222	2 350
	484 mm×121 mm	64×16		1R1G(4×1字)	121	
	363 mm×242 mm	48×32		1R1G(3×2字)	186	
	363 mm×121 mm	48×16		1R1G(3×1字)	103	
	605 mm×242 mm	80×32		1R1G(5×2字)	300	

续表 4-8

规格	单元板尺寸	单元像素	点密度	像素组成(显示字数)	单元板	平方米价
室内3.75 单色	304 mm×152 mm	64×32	44 300	1R(4×2字)	100	2 600
	304 mm×76 mm	64×16		1R(4×1字)	60	
	380 mm×152 mm	80×32		1R(5×2字)	146	
	380 mm×76 mm	80×16		1R(5×1字)	83	
室内3.75 双色	304 mm×152 mm	64×32		1R1G(4×2字)	157	3 950
	304 mm×76 mm	64×16		1R1G(4×1字)	88	
	380 mm×152 mm	80×32		1R1G(5×2字)	213	
	380 mm×76 mm	80×16		1R1G(5×1字)	111	

表 4-9 户外、亚户外产品报价参考表

	模组尺寸	像素	点密度	像素组成	扫描	模组	平方米价
半户外5.0 单色	484 mm×242mm	64×32	17 222	1R(4×2字)	1/16	265	2 550
半户外5.0 双色	484 mm×242mm	64×32	17 222	1R(4×2字)	1/16	460	4 550
亚户外PH10 单色(不灌胶)恒压	320 mm×160 mm	32×16	10 000	1R	1/4	58	1 500
亚户外PH10 双色(不灌胶)恒压	320 mm×160 mm	32×16	10 000	1R1G	1/4	174	4 000
亚户外PH12.5 单色(不灌胶)恒压	400 mm×200 mm	32×16	6 400	1R	1/4	75	1 250
亚户外PH12.5 双色(不灌胶)恒流	200 mm×100 mm 小板	16×8	6 400	2R1G	1/4	78	4 400
户外PH10 单色(标准亮度)恒压	320 mm×160 mm	32×16	10 000	1R	1/4	68	1 900
户外PH10 单色(高亮度)恒压	320 mm×160 mm	32×16	10 000	1R	1/4	75	2 000
户外PH10 双色(高亮度)恒流	160 mm×160 mm	16×16	10 000	1R1G	1/4	105	5 100
户外PH12.5(高亮度)恒流	200 mm×100 mm	16×8	6400	2R	1/4	49	3 250
				2R1G		80	5 100
户外PH20(标准亮度)恒流	320 mm×160 mm	16×8	2 500	2R	1/4	62	1 600
户外PH20(高亮度)恒流	320 mm×160 mm	16×8	2 500	2R	1/4	70	1 800
				2R1G		92	2 300
户外PH16(标准亮度)恒流	256 mm×128 mm	16×8	3 906	2R	1/4	40	1 700
户外PH16(高亮度)恒流	256 mm×128 mm	16×8	3 906	2R	1/4	43	1 800
				2R1G		74	2 800

表 4-10 辅材及其他项

控制系统	同步屏	1 200元/套(含发送卡,接收卡,分区卡,DVI显卡各一张)
		(长超1 280点另加600元,宽超1 024点加500元)
	光纤系统	光纤系统:多模3 800元/套,光纤系统:单模4 800元/套
	异步屏	300~800元/套
	条屏	单色60元/字,双色80元/字;另加系统16点阵260~350元/套,32点阵300~400元/套
电源		显示屏专用大功率电源 5V40A:80元/个 5V30A:70元/个
框架费		专业开模,高级电泳,3 cm×8 cm 边框:40元/米(银灰色、香槟色、黑色)
		5 cm×8 cm 边框:60元/米(银灰色、香槟色)
		7 cm×10cm 边框:80元/米(银灰色、黑色)
		专业开模角铝:5元/米(银灰色);弯角25元/个(以上框架价格为购买单元板价格)

注:该报价仅供参考,市场价格变化波动较大,请以实际情况为准

根据以上表可以得到:
➢ LED显示屏屏体价格＝LED显示屏单元板数量×单元板单价;
➢ LED显示屏控制板价格;
➢ LED显示屏外框及内部结构费用;
➢ LED显示屏工程价格＝工程人员差旅费＋运费＋工程设备使用费用;
➢ 税金;
➢ 其他选配或辅助材料及配件费用,如外部装饰材料、防水材料、音箱、网络模块等。

因此,LED显示屏系统工程总造价就等于以上各分项的总和。从以上各组成部分分析可以知道,LED显示屏最主要的组成部分就是屏体,即单元板的数量,所以确定用哪种单元板,会直接影响整屏价格。表4-11以 8 m^2 显示屏为例,说明不同型号LED显示屏之间的价格差异。

表 4-11 8 m^2 不同型号LED显示屏屏体参考价格表

使用场地	型号 规格	颜色	面积/m^2	单元板数量/块	单价/元	小计/元
室内	φ5.0	单红色	8	67	240	16 125
		红、绿	8	67	343	23 045
	φ4.8	单红色	8	108	229	24 719
		红、绿	8	108	328	35 406
	φ3.7	单红色	8	171	172	29 390
		红色＋绿色	8	171	254	43 402
	φ3.0	单红色	8	237	166	39 290
		红色＋绿色	8	237	249	58 935
半户外	φ5.0	单红色	8	67	350	23 515
		红色＋绿色	8	67	650	43 671
	φ3.7	单红色	8	171	330	56 389

续表 4-11

使用场地	型号 规格	型号 颜色	面积/m²	单元板数量/块	单价/元	小计/元
户外屏	PH16	单红色	8	31	1 200	36 621
	PH16	红色+绿色	8	31	1 600	48 828
	PH16	全彩	8	31	4 500	137 329
	PH20	单红色	8	20	1 600	31 250
	PH20	红色+绿色	8	20	2 200	42 969
	PH20	全彩	8	20	5 500	107 422

4.6.2 LED 显示屏的安装

在安装 LED 显示屏以前需要在生产车间完全组装整屏,在组装过程中最重要的是电源分布和屏体表面的平整度。大多数 LED 显示屏采用 5 V40 A 或 5 V30 A 开关电源,在连接过程中每个电源采用纵向连接的方式向 LED 单元板供电。每个电源能够负载的单元板数量有限,下面根据 LED 显示屏规格的不同列表说明,如表 4-12 所列。

表 4-12 LED 显示屏电源负载单元板参数表

LED 显示屏规格	电源规格	单个电源负载单元板数量	
		建议值	最大值
单 色	5 V40 A	8	10
双 色	5 V40 A	6	8
真 彩	5 V40 A	4	6
单 色	5 V30 A	6	7
双 色	5 V30 A	4	6
真 彩	5 V30 A	2	3

组装完成后必须进行 24 小时通电老化测试,以保证整屏的稳定性。在测试过程中会暴露很多问题,维修方法详见下一小节。

随着安装环境和要求的不同,LED 显示屏安装方式也多种多样,在图 4-20 中通过图例描绘常用安装方式。

4.6.3 LED 显示屏的维修

组成 LED 显示屏的单元板有若干张,每张就有一千多个焊点和几十片 IC 和 LED 模块,而且随工作环境的不同和使用时间的增加,个别焊点会出现脱落、接触不良、短路,有些元器件出现老化、低效,这些故障可能引起整个显示屏黑屏、某个模块不亮、某行不亮、屏幕闪烁等现象。针对标准异步双基色 LED 显示屏故障种类和检修方法的列表见附录 F,以下对部分典型故障举例说明。

(1) 故障现象 1

故障现象:整屏当中某张单元板上有一个模块不亮或全亮。

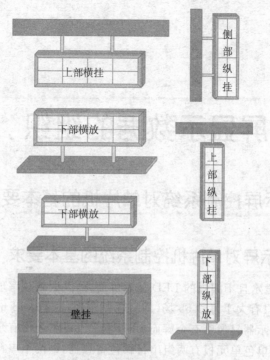

图 4-20 显示屏安装示意图

故障分析：根据图 4-12 分析，如果行驱动电路中 74HC138 或 4953 有问题，则不可能只有单个模块出现故障，因此只可能是对应控制该模块的 74HC595 出问题或是 LED 模块损坏。

故障排查：首先用写入测试程序的控制卡点亮该屏，用示波器查看 74HC595 并行输出引脚上是否有波形变化，如果每个引脚都正常，则肯定是 LED 模块损坏；如果引脚上无输出，则继续检查 OE 和 RCK 引脚电平是否正常。

(2) 故障现象 2

故障现象：整屏中有一行单元板上半屏的后半行单元板出现绿色数据混乱现象。

故障分析：由于前半行单元板能正常显示，所以问题应该集中在第一块出现故障单元板和最末一块正常显示单元板之间的数据线或接口电路上。

故障排查：首先用写入测试程序的控制卡点亮该屏，更换故障点 08 接口的数据排线，若故障仍然存在，需要用万用表测量最末一块正常显示单元板输出 08 接口上 G1 和 G2 数据线和最末一块 74HC595 输出端是否存在虚焊或脱落现象；若正常，则继续用万用表测量第一块出现故障单元板的输入 08 接口上 G1 和 G2 到第一片 74HC595 上的 G1(串行数据输入端)是否连接完好。

第 5 章

LED 显示屏显示数据的组织

5.1 LED 显示屏控制系统对单片机的基本要求

5.1.1 LED 显示屏对单片机控制系统的基本要求

对于一个可正常显示且不闪烁的 LED 显示屏而言,其刷新频率理论上至少不能小于每秒 50 场。而实测表明:只有大于每秒 55 场(即一场扫描时间约为 18 ms)时人眼才不感觉到闪烁。这是由于 CRT 显示器显像管有余辉而 LED 发光管基本上没有余辉。由单色单元板和双色单元板原理图可知,单色单元板有两组串行移位寄存器,即两个串行移位输入端。而双色单元板有 4 组串行移位寄存器,即 4 个串行移位输入端,也可以将双色单元板看成是由两块不同颜色单色单元板重叠在一起组成的。同样对于采用串行移位方式的全彩单元板也可以视为由三块三基色单元板重叠在一起组成的,同时为了方便说明问题,在整个单元板剖析过程中仅以单色单元板为例。

如图 5-1 所示,对于一块标准单色单元板而言,可将其两组移位寄存器看成是 2 条扫描线,其每条扫描线扫描的长度为 64 点,整屏则可看作为 16 线(水平扫描线)的普通 CRT 显示器。上下 2 条扫描线共用行选择线 A、B、C、D。与普通 CRT 显示器不同的是,由 LED 单元板构成的显示屏是"逐行"显示,而普通 CRT 显示器是"逐点"显示。扫描线 0、扫描线 1 和扫描线的线选择 A、B、C、D 的关系如图 5-1 所示。一块双色单元板可以认为其有 4 条扫描线,只是上半

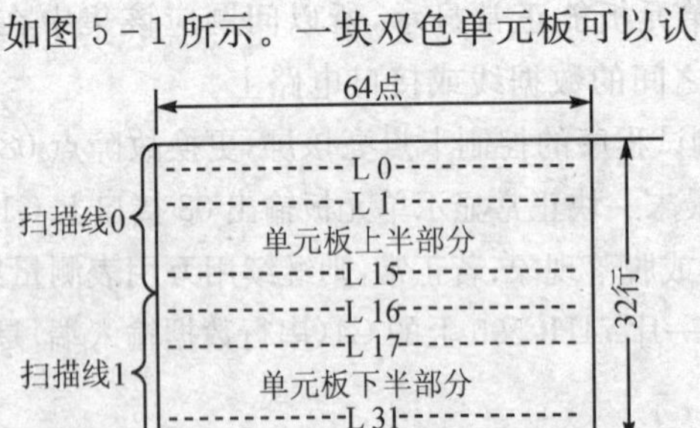

行选择线																	
	D	0	1	0	1	0	1	0	1	0	1	0	1	0	1	0	1
	C	0	0	1	1	0	0	1	1	0	0	1	1	0	0	1	1
	B	0	0	0	0	1	1	1	1	0	0	0	0	1	1	1	1
	A	0	0	0	0	0	0	0	0	1	1	1	1	1	1	1	1
扫描线	扫描线0	L0	L1	L2	L3	L4	L5	L6	L7	L8	L9	L10	L11	L12	L13	L14	L15
	扫描线1	L16	L17	L18	L19	L20	L21	L22	L23	L24	L25	L26	L27	L28	L29	L30	L31

图 5-1 扫描线选择表

LED 显示屏显示数据的组织

屏的 2 条扫描线位置重合,分别显示不同颜色而已,下半屏的 2 条扫描线也是同样方式工作。

对于多块单元板级联的情况可以分为纵向(垂直方向)和横向(水平方向)级联,其区别在于:当单元板串行横向级联时,增加扫描线的长度而不增加扫描线的条数;当单元板纵向增加(不做串行级联)时,只增加扫描线的条数而不增加扫描线的长度。图 5-2 给出了几种单元板排列情况下的扫描线数及相应的扫描长度。其中图 5-2(b)是一种比较特殊而又实用的接法,它可以减少对 MCU 端口的占用,但这种接法不利于显示内容的移动。

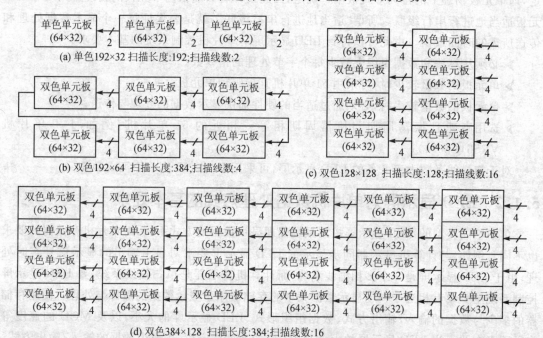

图 5-2 单元板级联方式示意图

在对扫描方式、扫描线数、单元板间串行级联以及最大一场扫描时间($T_a = 18$ ms)有所了解的基础上,以单色单元板串行级联(如图 5-2(a)所示)的点阵数为计算条件对 MCU 处理一个字节数的时间进行一下估算。在估算过程中暂时忽略扫描行之间的处理时间,同时也不考虑 MCU 端口与单色单元板之间的连接关系。表 5-1 为单元板的数量与字节处理时间的对应关系。

表 5-1 单元板的数量与字节处理时间的对应关系

	每场时间:$T_a=18$ ms	扫描线条数:$B_w=2$		扫描方式:$S_w=16$		
单元板的数量/块	U_n	1	2	4	8	16	32
显示宽度/点	L_w	64	128	256	512	1 024	2 048
显示高度/点	L_h	32	32	32	32	32	32
数据宽度/位	D_w	8	8	8	8	8	8
总点数/点	$P_n = L_w \times L_h$	2 048	4 096	8 192	16 384	32 768	65 536
字节数/字节	$B_n = P_n/D_w$	256	512	1 024	2 048	4 096	8 192
每字节处理时间/μs	$T_b = T_a \times 1\,000/B_n$	70.3	35.2	17.6	8.8	4.4	2.2
平均指令数/条	$I_n = T_b/1.5$	46.9	23.4	11.7	5.9	2.9	1.5

从表 5-1 可以看出:对应于 1 块单色单元板来说,处理一个字节的时间为 70.3 μs;对应

于32块单色单元板来说,处理一个字节的时间为 2.2 μs。若采用的 MCU 是 12 个振荡周期为一个机器周期的标准 8051 单片机(设外接晶振为 12 MHz),则其 1 个机器周期的时间恰好为 1 μs。假设平均指令执行时间为 1.5 个机器周期,即 1.5 μs,则对 1 块单色单元板而言字节处理平均指令数为:$T_b/1.5=70.3/1.5=47$ 条。依此类推,32 块单色单元板级联时,字节处理平均指令数为 1.5 条。对于一个由单元板组成的 LED 显示屏,由于其外观尺寸由用户决定,即单元板物理上的排列形式被唯一确定,因此设计者只能根据单元板的物理排列尺寸对单元板适当地进行串行级联。所谓"适当地进行串行级联",就是要保证每一个显示数据处理和传送所需的时间最少。由此可以得到 LED 显示屏对单片机控制系统的基本要求:

- 必须从算法和数据组织上减少每个字节处理的指令数;
- 单元板的数量较少时,可采用 51 单片机直接驱动单元板;
- 单元板的数量较多时,必须通过适当的硬件加快显示数据的处理与传送;
- 选用高速且振荡周期与机器周期相等或相近的 51 单片机(例如,1 T 单片机 VRS51L3074);

对于扫描线条数大于 8 条的 LED 显示屏,可采用 16 位、32 位单片机或 DSP。

5.1.2　LED 显示屏对单片机数据处理方式的基本要求

由于不同类型的 LED 显示屏控制系统处理显示数据的方式不同,对单片机存储器的要求也不同。例如,与计算机显示器同步显示的 LED 显示屏要求对显卡输出的显示信号实时处理,由于 LED 显示屏是一个多扫描线系统,而计算机显示器是单扫描线系统,要 LED 显示屏控制系统至少要有相当于一场显示数据大小的存储器用于显示数据的缓冲与处理。使用存储器的多少与数据的输入/输出方式、数据组织形式、LED 显示屏的大小,以及 MCU 的速度等多种因素有关。当 LED 显示屏的大小及 MCU 的速度确定后,主要由数据的输入/输出方式、组织形式决定。因此在设计控制系统时就要遵循以下几个基本原则:

- 显示数据的输入/输出尽可能采用并行操作方式;
- 对于数据组织形式能够事先处理的显示数据,不采用显示与数据处理同步的方式;
- 对于事先处理的显示数据应按输出的先后顺序在存储器中连续排列;
- 可采用空间换时间、硬件换时间的原则,加大显示数据存储器以减少显示数据的处理与输送时间;
- 充分利用单片机的输入/输出控制信号,减少操作每个显示数据字节处理的指令数。

图 5-3 为 LED 显示屏单元板与单片机的连接实例。图 5-3(a)是 4 行多列单色单元板与 8 位单片机的连接,将 8 位单片机的一个 8 位并行口的 8 条输出线与 4 块单色单元板 8 组移位寄存器的 8 个输入端相连,单元板的控制信号(A、B、C、D、EN、SCK 及 RCK)并联后由单片机提供。图 5-3(b)是 2 行多列双色单元板与 8 位单片机的连接。而图 5-3(c)为常见的单色条形 LED 显示屏与单片机的连接方式。为了提高速度先将显示数据进行并行至串行的转换(将单元板的移位寄存器输入端与 74HC165 串行输出端相连),转换后的串行输出再与单色单元板相连。图 5-3(d)是一个比较完整的双色条形 LED 显示屏控制系统,工作原理与图 5-3(c)相近,只是扩展了显示数据存储器。其特点是 74HC165 的 8 位并行输入和存储器的高 8 位地址线共用 P2 口,存储器可以是 RAM,也可以是 Flash 或 EEPROM。

LED 显示屏显示数据的组织

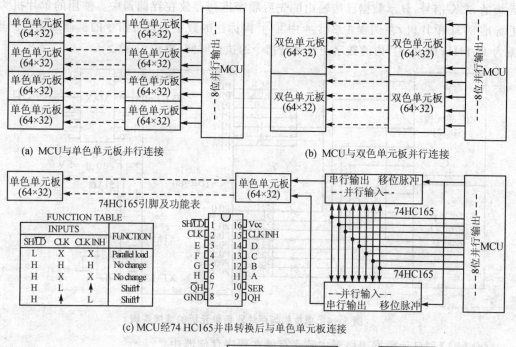

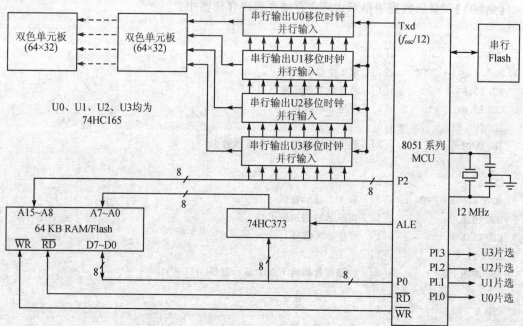

(d) MCU经74HC165并串转换后与双色单元板连接

图 5-3　LED 显示屏单元板与单片机的连接

5.1.3　指令优化对字节处理时间的影响

通过下面的例子说明显示数据存储器的选择以及指令的优化对每个显示数据字节处理时间的影响。硬件连接如图5-4所示，用8051单片机的P2作为8位并行输出口，P1.6作为单元板的 SCK 信号,显示数据已按输出的先后顺序排列存放在存储器中。使用的单片机为 12 T 标准 8051 单片机,在例程 1、2、3、4 中"[ ]"内标注的数字为该行指令的机器周期数。当晶振为 12 MHz 时,"[ ]"内的数字正好就是指令的执行时间(单位:μs)。

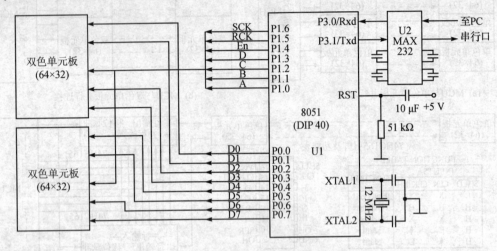

图 5-4　单片机与两块双色单元板的连接实例

【例程 1】　显示数据表格形式顺序存储在程序存储器中。

```
...
CLR A                ;[1]
MOVC A,@A+DPTR       ;[2] 取 1 个显示数据
MOV P0,A             ;[1] 将显示数据送输出口
CLR P1.6             ;[1] 产生 SCK 信号
SETB P1.6            ;[1]
INC DPTR             ;[2] 数据指针指向下 1 个显示数据
                     ;
CLR A                ;[1]
MOVC A,@A+DPTR       ;[2] 取 1 个显示数据
MOV P0,A             ;[1] 将显示数据送输出口
CLR P1.6             ;[1] 产生 SCK 信号
SETB P1.6            ;[1]
INC DPTR             ;[2] 数据指针指向下 1 个显示数据
                     ;
CLR A                ;[1]
MOVC A,@A+DPTR       ;[2] 取 1 个显示数据
MOV P0,A             ;[1] 将显示数据送输出口
CLR P1.6             ;[1] 产生 SCK 信号
SETB P1.6            ;[1]
INC DPTR             ;[2] 数据指针指向下 1 个显示数据
...
```

例程 1 中一个字节的显示数据传送需要 6 条指令,处理时间为 8 μs。

【例程 2】　显示数据以表格形式存储在外部数据存储器中。

...
```
MOVX A,@DPTR        ;[2]   取1个显示数据
MOV P0,A            ;[1]   将显示数据送输出口
CLR P1.6            ;[1]   产生 SCK 信号
SETB P1.6           ;[1]
INC DPTR            ;[2]   数据指针指向下一个显示数据

MOVX A,@DPTR        ;[2]   取一个显示数据
MOV P0,A            ;[1]   将显示数据送输出口
CLR P1.6            ;[1]   产生 SCK 信号
SETB P1.6           ;[1]
INC DPTR            ;[2]   数据指针指向下一个显示数据

MOVX A,@DPTR        ;[2]   取一个显示数据
MOV P0,A            ;[1]   将显示数据送输出口
CLR P1.6            ;[1]   产生 SCK 信号
SETB P1.6           ;[1]
INC DPTR            ;[2]   数据指针指向下一个显示数据
```
...

例程 2 中一个字节的显示数据传送需要 5 条指令,显然显示数据存放在外部 RAM 中比存放在程序存储器中查表时少一条"CLR A"指令,因此速度提高了 $1\ \mu s$,合计处理时间为 $7\ \mu s$。

【例程 3】 显示数据以表格形式存储在外部数据存储器中并改进指令。

...
```
MOVX A,@R0          ;[2]   取一个显示数据
MOV P0,A            ;[1]   将显示数据送输出口
CLR P1.6            ;[1]   产生 SCK 信号
SETB P1.6           ;[1]
INC R0              ;[1]   数据指针指向下一个显示数据

MOVX A,@R0          ;[2]   取一个显示数据
MOV P0,A            ;[1]   将显示数据送输出口
CLR P1.6            ;[1]   产生 SCK 信号
SETB P1.6           ;[1]
INC R0              ;[1]   数据指针指向下一个显示数据

MOVX A,@R0          ;[2]   取一个显示数据
MOV P0,A            ;[1]   将显示数据送输出口
CLR P1.6            ;[1]   产生 SCK 信号
SETB P1.6           ;[1]
INC R0              ;[1]   数据指针指向下一个显示数据
```
...

例程 3 是对例程 2 加一点限制,即在 LED 屏长度不超过 256 或程序分段循环的前提下,将"MOVX A,@DPTR"指令用"MOVX A,@R0"指令替代,"INC DPTR"指令用"INC R0"指令替代。由于"INC R0"为单机周期指令,而"INC DPTR"为 2 个机周期指令,替代后例程 3 进行一个字节的显示数据传送仍需 5 条指令,处理时间减为 6 μs。

【例程 4】 显示数据以表格形式存储在外部数据存储器中,在改进指令的同时用外部数据存储器写信号 P3.7($\overline{RD}$)作为 SCK 信号。

```
...
MOVX A,@R0       ;[2]  取一个显示数据的同时利用RD作为 SCK 信号输出显示数据
INC R0           ;[1]  数据指针指向下一个显示数据

MOVX A,@R0       ;[2]  取一个显示数据的同时利用RD作为 SCK 信号输出显示数据
INC R0           ;[1]  数据指针指向下一个显示数据

MOVX A,@R0       ;[2]  取一个显示数据的同时利用RD作为 SCK 信号输出显示数据
INC R0           ;[1]  数据指针指向下一个显示数据
...
```

例程 4 在例程 3 处理时间 6 μs 的基础上利用移位信号 SCK 和单片机对外部数据存储器的读信号均为脉冲信号的特点,在显示数据从外部数据存储器中读出的同时,用单片机的读信号直接驱动移位信号 SCK,将显示数据不经过 CPU 直接以"DMA 方式"移入单元板中的移位寄存器组。又可从例程 3 中一个字节的显示数据传送模块中去掉"MOV P0,A"、"SETB P1.6"、"CLR P1.6"三条送显示数据和产生 SCK 的指令,一个字节的显示数据传送时间又可进一步减少为 3 μs。

通过上面 4 个例程的逐步优化和改进,一个字节的传输处理时间已由最开始例程 1 中的 8 μs 减至例程 4 的 3 μs,程序执行速度的提高超过了一倍。在上述例程中均未使用循环语句,如使用一条 DJNZ 或 CJNE 作为循环控制指令至少要增加 2 μs 的处理时间,所以尽可能少的使用循环语句也是减少字节处理时间的一种有效方法。例如可基于行扫描选择线 A、B、C、D 和单元板的数量循环,在一块单元板扫描线长度内采用简单的重复。

综上所述,存储器的选择、指令的优化以及适当的硬件设计,在单片机选型确定的情况下对 LED 显示控制系统的性能起着极为重要的因素。需要特别指出的是,某些特定的情况下,串行存储器和串行接口的使用不一定比并行存储器和并行接口慢!例如,拥有串行 SPI 的 Flash 存储器具有访问地址自动加 1 的功能,不需要每字节地址指针加 1,从而可提高程序的执行速度,具体应用在后面相关章节结合实例再进行详细说明。

5.2 LED 显示屏静态显示数据的组织

5.2.1 静态显示的 LED 显示屏数据组织

在 LED 显示屏进行显示数据组织时,首先要考虑的问题是 LED 显示屏显示时需要各种各样的显示效果,如画面的移动及灰度显示等。任何一种形式的画面移动又可分解为水平移

LED显示屏显示数据的组织

动和垂直移动两种基本移动方式,斜线或曲线移动可视为两种基本移动方式的叠加;n级灰度显示可以看成是由n场亮度不同的画面快速交替显示的结果,但无论何种显示效果由于单元板的串行级联为了达到显示数据输出速度最快,显示数据必须按单元板串行移位寄存器组的移位先后顺序在存储器中连续排列,即LED显示屏每一行的显示数据顺序排列在存储器中。在可能的情况下按扫描行的扫描顺序将每一行显示数据排列后的数据块也连续排列。以图5-5所示电路控制的LED显示屏为例对这种数据组织组织形式加以说明。

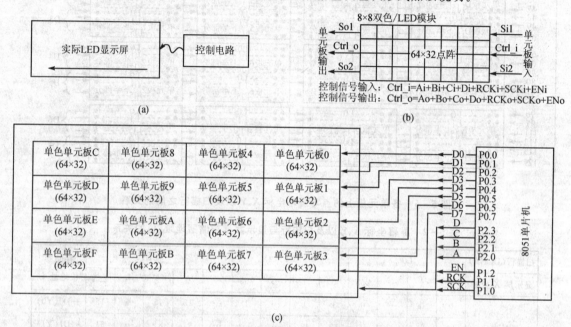

图 5-5 LED显示屏与控制电路、扫描线的相对位置

图5-5(a)为从LED显示屏正面看过去LED屏与控制电路的相对位置,LED显示屏中箭头的方向为LED单元板中移位寄存器组移位的方向,显示数据从右向左串行依次移入。图5-5(b)为标准单色单元板的数据和控制信号输入、输出方向。图5-5(c)为16块LED显示屏单元板的排列形式。单元板间的连接方式采用横向从右至左串行级联,即单元板(0,4,8,C)、单元板(1,5,9,D)、单元板(2,6,A,E)及单元板(3,7,B,F)串行级联。整个LED屏长256点,高128点。共用8条扫描线分别对应D0~D7。

在对LED显示屏分析时采用屏幕左上角为坐标原点,图5-6表明了各单元板上的点与屏幕坐标X、Y以及扫描行之间的关系。静态显示时按显示数据连续排列的原则,可以将显示数据在存储器中排列成如表5-2所列的形式。静态显示时LED屏幕上任何一个点唯一映射到存储器中某个字节的某一位上。如屏幕上在原点($X=0,Y=0$)对应于地址为000H存储器的第0位(D0),行选择为DCBA=0000(L0);($X=1,Y=49$)点对应于地址为101H存储器的第3位(D3),行选择为DCBA=0001(L1);($X=255,Y=127$)点对应于地址为FFFH存储器的第7位(D7),行选择为DCBA=1111(L15)。LED屏上的任意一个点显示与否可用存储器中相应的位等于"1"或等于"0"来表示。用"1"还是用"0"表示,取决于单元板LED模块的驱动方式:如果为共阴方式,则用"1"表示;若为共阳方式,则用"0"表示。常见的LED单元板的LED模块为共阳方式。

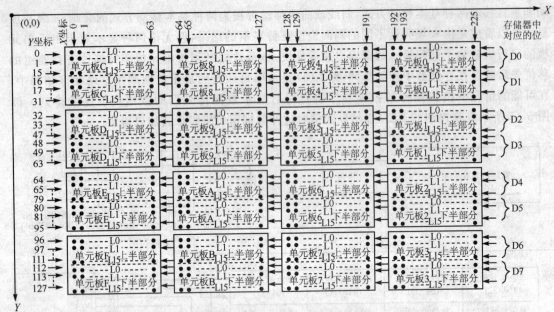

图5-6 各单元板上的点与屏幕坐标 X、Y 以及扫描行之间的关系

表5-2 屏幕坐标 X、Y 以及扫描行与显示数据存储器地址、位的关系

扫描行(DCBA)		L0				L1			...		L15		存储器位地址
显示屏 X 坐标	0	1	...	255	0	1	...	255	...	0	1	...	255	
显示屏 Y 坐标	0	0	...	0	1	1	...	1	...	15	15	...	15	←D0(Y0)
	16	16	...	16	17	17	...	17	...	31	31	...	31	←D1(Y1)
	32	32	...	32	33	33	...	33	...	47	47	...	47	←D2(Y2)
	48	48	...	48	49	49	...	49	...	63	63	...	63	←D3(Y3)
	64	64	...	64	65	65	...	65	...	79	79	...	79	←D4(Y4)
	80	80	...	80	81	81	...	81	...	95	95	...	95	←D5(Y5)
	96	96	...	96	97	97	...	97	...	111	111	...	111	←D6(Y6)
	112	112	...	112	113	113	...	113	...	127	127	...	127	←D7(Y7)
存储单元地址	000	001	...	0FF	100	101	...	1FF	...	F00	F01	...	FFF	

图5-5(c)所示的单元板与8051单片机的连接形式和表5-2所列的显示数据组织形式在静态显示时最大限度保证了数据并行输出和显示数据顺序排列的设计理念。特别是不但显示数据按列连续排列,就连按行扫描的数据块的排列也是连续的。例程1为相应的一场静态显示驱动程序模块(汇编语言)。

【例程1】 完整显示一屏信息的显示子程序。使用标准12 T的8051单片机,晶振为12 MHz。

```
DISPLAY:                    ;[微秒数]
    MOV DPTR,#TAB           ;[2]指向显示数据首地址
    MOV P2,#0FFH            ;[2]置扫描行为15行
```

```
        MOV R1,#16              ;[1]行扫描循环变量
ROW_LOOP:
        MOV R0,#0               ;[1]列移位循环变量,循环256次
COL_LOOP:
        CLR A                   ;[1]A清零
        MOVC A,@A+DPTR          ;[2]查表取显示数据
        MOV P0,A                ;[1]显示数据送单元板串行移位输入口
        SETB SCK                ;[1]产生595移位脉冲
        CLR SCK                 ;[1]
        INC DPTR                ;[2]显示数据地址加1
        DJNZ R0,COL_LOOP        ;[2]移位不等于256次循环
        INC P2                  ;[1]行加1
        SETB RCK                ;[1]产生595输出锁存脉冲
        CLR RCK                 ;[1]
        DJNZ R1,ROW_LOOP        ;[2]行不等于16次循环
        RET                     ;[2]
                                ;运行时间 = 7 + 16×(6 + 256×10) = 41 063 μs = 41.063 ms
```

在例程1中显示一场的时间为 41.063 ms。与可用的 18 ms 相比还有 41 ms /18 ms = 2.27 倍的差距。可通过提高晶振频率、选用 6 T 或 4 T 甚至 1 T 单片机、适当的硬件设计以及程序优化完全可保证在 18 ms 内完成显示数据的输出。实验表明在使用 6 T 单片机、18 MHz 晶振以及程序优化的情况下,LED 显示屏长度可达 384 点。

对于双基色 LED 显示组织显示数据时,可将红色扫描线对应于 D0、D2、D4、D6,而将绿色扫描线对应于 D1、D3、D5、D7,即用一个字节中的两位(D0 和 D1、D2 和 D3、D4 和 D5 及 D6 和 D7)表示 LED 显示屏上的一个点。其余与单色 LED 显示屏完全一致。用 8 位单片机的一个 8 位并行口驱动双色 LED 显示屏时在显示屏长度相同的情况下双色 LED 显示屏比单色 LED 显示屏垂直方向点数少一半。同样为了显示 8 级灰度可将不同灰度的 8 场显示数据块依次连续排列即可。在例程1中再加一层 8 级灰度的外层循环就可实现 8 级灰度显示。不过必须通过添加辅助硬件的方法大幅度提高单场显示数据的输出速度才能真正实现灰度显示。

在分析研究图 5-6 及表 5-2 的关系后,很容易得到静态显示时单色 LED 显示屏上 X、Y 点坐标与显示数据存储器字节地址 i 及位地址 j 之间的对应关系。设:

显示屏的宽度为 L_w,即 $L_w=256$;

显示屏的高度为 L_h,即 $L_h=128$;

2 条扫描线之间的扫描宽度为 S_w,即 $S_w=16$(一条扫描线对应于 16 行);

显示数据存储器字节地址为 i;

字节中的 8 个位地址用 j 表示,$j=0,1,\cdots,7$ 分别对应 D0、D1、…、D7。

① 当已知 i、j 计算 X、Y 时有:

$X = i_{[L_w]}$ (下标 $[\cdots]$ 表示模 $[\cdots]$ 运算。$i_{[L_w]}$ 表示 i 对 L_w 取模运算,下同)   (5-1)

$Y = (i/L_w) + j \times S_w$ ("/"表示 i 整除 L_w 运算,下同)   (5-2)

② 当已知 X、Y 计算 i、j 时有:

$$i = Y_{[S_w]} \times L_w + X \tag{5-3}$$

$$j = (Y/S_w) \tag{5-4}$$

上述的 X、Y 与 i、j 之间的对应关系可用于 8 条扫描线而长度任意的单色 LED 显示屏。当多于 8 条扫描线即垂直平方向排列的单色单元板大于或等于 5 块时(5 块时需要 10 条扫描线)解决方法有两种：

第一种，分时操作。

对于 8 位单片机而言一次并行输出只能有 8 位，可让其每一位分时对应于 2 条或者 2 条以上的扫描线，每一条扫描线由独立移位信号(SCK)控制。显示数据的组织按共用一个移位信号(SCK)的显示区域分块进行。电路框图如图 5-7(a)所示。

第二种，增加一次输出，显示数据的位数。

当 MCU 为 8 位单片机时采用硬件扩展的方法，可以实现一次并行送出 16 位或 32 位数据。对于采用 16 位输出而同时使用 8 位存储器的存储显示数据的系统，可让偶数地址存储单元存储低 8 位显示数据，而奇数地址存储单元存储高 8 位显示数据。这样仍然可以保证显示数据的连续排列。电路框图如图 5-7(b)所示。

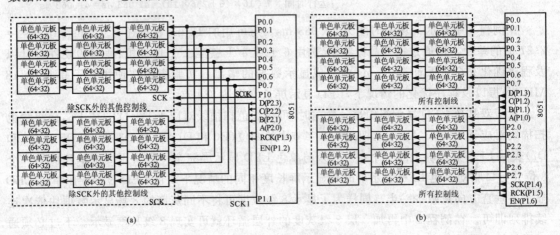

图 5-7 增加扫描线的电路框图

5.2.2 静态屏的滚动显示

将图 5-7 改画成图 5-8 所示的形式，在表 5-2 中 D0 只对应于 $Y=0$ 至 $Y=15$。如果按表 5-2 的排列形式将 D0 连续排列直至 $Y=127$，而 D1,D2,…,D7 对应的 Y 超过 127 时对 128 取模，可以得到如表 5-3 所列的数据排列形式。

图 5-8(b)中三个图依次为 D0 对应于第 0 条扫描线且对应于 LED 屏 $Y=0$；D7 对应于第 7 条扫描线且对应于 LED 屏 $Y=127$ 及 D0 对应于第 0 条扫描线且对应于 LED 屏 $Y=127$ 三个不同情况下各扫描线的相对位置。对于静态显示其数据组织只有表 5-3 的前 L0~L15 的部分，显示存储单元到 0FFF。

当显示屏幕需要向上垂直移动时只需：第 1 次输出 $L_0,L_1,\cdots,L_{15}$；第 2 次输出 $L_1,L_2,\cdots,L_{16}$；第 3 次输出 $L_2,L_3,\cdots,L_{17}$；…第 N 次输出 $L_{N_0},L_{N_1},\cdots,L_{N_{15}}$（其中 $N_0=(N+0)$ 对 128 取模、$N_1=(N+1)$ 对 128 取模、…、$N_{15}=(N+15)$ 对 128 取模），这样实现了屏幕的垂直

移动。实际操作时第 N 次第 K 行的首地址等于 $(N \times L_w + K \times L_w)$ 对 (L_h) 取模。具体实现方法见例程2。

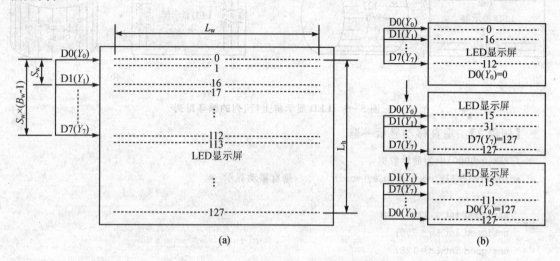

图 5-8 LED 显示屏与扫描线的关系

表 5-3 扫描行、LED 显示屏上 X、Y 点与显示数据存储单元及位地址之间的关系

扫描行(DCBA)		L_0			L_1			...		L_{15}			L_{16}			...		L_{127}		存储器位地址 ↓
显示屏 X 坐标		0	1	...	255	0	1	...	255		0	1	...	255	0	...	255	...	0	...	255	
显示屏 Y 坐标		0	0	...	0	1	1	...	1	...	15	15	...	15	16	...	16	...	127	...	127	←D0
		16	16	...	16	17	17	...	17	...	31	31	...	31	32	...	32	...	15	...	15	←D1
		32	32	...	32	33	33	...	33	...	47	47	...	47	48	...	48	...	31	...	31	←D2
		48	48	...	48	49	49	...	49	...	63	63	...	63	64	...	64	...	47	...	47	←D3
		64	64	...	64	65	65	...	65	...	79	79	...	79	80	...	80	...	63	...	63	←D4
		80	80	...	80	81	81	...	81	...	95	95	...	95	96	...	96	...	79	...	79	←D5
		96	96	...	96	97	97	...	97	...	111	111	...	111	112	...	112	...	95	...	95	←D6
		112	112	...	112	113	113	...	113	...	127	127	...	127	0	...	0	...	111	...	111	←D7
存储单元地址		0000	0001	...	00FF	0100	0101	...	01FF	...	0F00	0F01	...	0FFF	1000	...	10FF	...	7F00	...	7FFF	

显示屏幕需要水平移动时其显示数据区仍为扫描行 $L_0, L_1, \cdots, L_{15}$ 所对应的数据,只是行输出数据的起始位置发生了变化。当显示屏幕左移一列时:输出 L_0 显示数据块时,先依次输出存储单元 0001~00FF 后,最后输出 0000;输出 L_1 显示数据块时,先依次输出存储单元 0101~01FF 后,最后输出 0100;…;输出 L_{15} 显示数据块时,先依次输出存储单元 0F01~0FFF 后,最后输出 0F00。也就是在输出行 L_n 时,若 L_n 行显示数据首地址用 ADDR_Ln 表示,用 X_0 表示起始的 X 坐标,则输出数据的地址可用 ADDR = ADDR_Ln + $(X_0+i)_{[L_w]}$ $(i=0,1,\cdots, L_{w-1})$ 表示。其中 $[L_w]$ 表示 (X_0+i) 对 L_w 取模运算。

上述的垂直移动显示可以看成是将屏幕第一行和屏幕的最后一行对接;水平移动显示可以看成是将屏幕第一列和屏幕的最后一列对接。其与 LED 显示屏的对应关系如图 5-9 所示。具体实现方法见例程3。

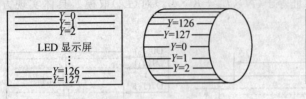

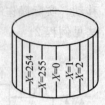

(a) (b)

图 5-9 LED 显示屏上行、列的循环排列

【例程 2】 垂直移动显示一遍。

```c
//RAM(0x8000)中为显示数据
void vertically_move_display(void)        //垂直移动显示
{
  unsigned int i,line,x,y;
  unsigned int Lw = 256;
  unsigned int Lh = 128;
  for(y = 0;y<Lh;y ++ )                   //y 从 0~Lh-1
  {
    for(line = 0;line<16;line ++ )        //一场输出的 16 行
    {
      for(x = 0;x<Lw;x ++ )               //每一行 x 从 0~Lw-1 列
      {
        i = y * Lw;                       //指向相对于 y 的第 0 行的首地址
        i = i + (line * Lw) % Lh;         //指向相对于 y 一场第 line 行的首地址
        i = i + x;                        //指向第 line 行第 x 列的显示数据地址
        OUT_PORT = RAM[i];                //将相应的显示数据送输出口
        SCK = 0;                          //产生列移位脉冲
        SCK = 1;
      }
      RCK = 0;                            //产生行锁存脉冲
      RCK = 1;
      OUT_LINE_SELET_PORT = line;         //将行选择送输出
    }
  }
}
```

【例程 3】 水平移动显示一遍。

```c
//RAM(0x8000)中为显示数据
void horizontally_move_display(void)      //水平移动显示
{
  unsigned int i,line,x,col_count;
  unsigned int Lw = 256;                  //LED 屏宽度
  unsigned int Lh = 128;                  //LED 屏高度
  for(x = 0;x<Lw;x ++ )                   //以 x = 0~Lw-1 列为显示起始列
  {
```

```
        for(line = 0;line<16;line++)        //一场输出的16行
        {
            for(col_count = 0;col_count<Lw;col_count++)    //输出 $L_w$ 列
            {
                i = line * Lw;                //指向的第0行的首地址
                i = i + (x + col_count) % Lw; //指向第 line 行第 x 列后的第 col_count 个显示数据地址
                OUT_PORT = RAM[i];            //将相应的显示数据送输出口
                SCK = 0;                      //产生列移位脉冲
                SCK = 1;
            }
            RCK = 0;                          //产生行锁存脉冲
            RCK = 1;
            OUT_LINE_SELET_PORT = line;       //将行选择送输出
        }
    }
}
```

5.3 LED 显示屏动态显示数据的组织

5.3.1 动态显示的 LED 显示屏数据组织

静态显示是动态显示的一个特例,对于一般显示情况而言,需要显示的区域和实际显示的区域(LED 显示屏)大小不同。大多数时候需要显示的区域大于或等于实际显示的区域,相等或小于时为静态显示,图 5-10(a)和(b)表明了两者之间的关系。通过前面对静态显示的分析可以得到这样的结论:

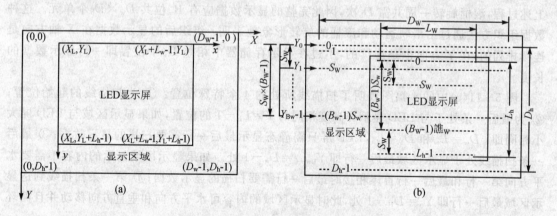

图 5-10 数据组织方法原理示意图

➢ 一块标准的 LED 显示屏单元板其内部的每一个串行移位寄存器组可视为一条扫描线(单色 2 条,双色 4 条)。

➢ 每串行级连一块单元板只是扫描线的长度增加一块单元板的长度(串行移位寄存器组的长度)。

➢ 相邻 2 条扫描线之间的距离与单元板的扫描方式有关。如 64×32 的单元板的扫描方式为 1/16 时,同时扫描的顺序为:0 行和 16 行;1 行和 17 行;2 行和 18 行;…;15 行和 31 行。此时相邻 2 条扫描线之间距离为 16。

➢ 任何一条扫描线仅对应存储器中的一个"位行",如地址 0x00~0xFF 存储器块中每一个字节的 D_0 位对应于一条扫描线,而地址 0x00~0xFF 存储器块中每一个字的 D_1 位对应于另一条扫描线。

图 5-11 为对于给定的宽度为 D_w、高度为 D_h 的任意大小显示区域内容的数据组织方法原理示意图。注意该图中以及后文中所提到的 LED 显示屏或显示区域高度和宽度,均以像素为单位,对于单色 LED 显示屏来说,其中每个点即可视为 1 像素。当一个 LED 显示屏宽度为 L_w、高度为 L_h 确定后,其单元板的排列形式也被确定。设其单元板的相邻 2 条扫描线间的距离为 S_w,整个 LED 显示屏共需 $B_w \times S_w$ 条扫描线(只考虑单色),分别用 $Y_0, Y_1, \cdots, Y_{B_w-1}$ 表示。图 5-11(a)为各扫描线起始坐标的位置。第 1 个显示数据为显示区域上 $X=0, Y$ 分别等于 $0, S_w, 2S_w, \cdots, (B_w-1)S_w$ 共 B_w 个点的信息。这 B_w 个点对应于显示区域上 $X=0$ 相应的 $Y_0=0, Y_1=S_w, \cdots, Y_{B_w-1}=(B_w-1)S_w$。同时这 B_w 个点依次存放在第 1 个显示数据存储器的 $D_0, D_1, \cdots, D_{B_w-1}$ 位中;第 2 个显示数据存储器中存放 $X=1, Y$ 分别等于 $0, S_w, 2S_w, \cdots, (B_w-1)S_w$ 共 B_w 个点的信息。按上述规则依次一直到 $X=D_w-1$ 共 D_w 个显示数据为止。然后让 $Y_0=1, Y_1=S_w+1, \cdots, Y_{B_w-1}=(B_w-1)S_w+1$ 同时 X 从 0 直到 D_w-1 重复上述过程。

图 5-11(b)是为了更形象地说明这种数据组织方法,将一个平面矩形的显示区域包裹在一个可以沿水平方面旋转的滚桶上,$Y_0, Y_1, \cdots, Y_{B_w-1}$ 共 B_w 条扫描线间钢性连接并放入滑轨中,起始时 $Y_0, Y_1, \cdots, Y_{B_w-1}$ 扫描线指向 Y 等于 $0, S_w, \cdots, (B_w-1)S_w$ 行及 $X=0$ 列的位置。B_w 条扫描线沿滑轨从左至右,即从 $X=0 \sim X=D_w-1$ 扫描得到 D_w 个显示数据并依次存入显示存储器中。然后滚桶按箭头方向旋转一行。重复 B_w 条扫描线沿滑轨从左至右即从 $X=0 \sim X=D_w-1$ 扫描,又得到 D_w 个显示数据并依次存入显示存储器上一行扫描数据的后面。重复上述过程,滚桶旋转一周共需 D_h 次,因此完整的显示数据应有 B_w 位共 $D_w \times D_h$ 个单元。这种数据组织方法通过沿滑轨运动和滚桶的旋转形象地表明:组织后的显示数据在 X 轴方向是连续排列的;在 Y 方向也是连续的,不过在显示存储器中相差 D_w 个位置即一行显示数据的长度。

图 5-11(c)中的 4 幅图表明了扫描线所处的 4 个特殊位置:① 为扫描线的起始位置;② 为最后一条处于与 LED 显示屏高度相同的 $Y=L_h-1$ 的位置,如果显示区域与 LED 屏大小相同即:$D_w=L_w$ 和 $D_h=L_h$,LED 屏只需静态显示最后一行需要扫描的显示数据;③ 最后一条扫描线处于显示区域最后一行即 $Y_{B_w-1}=D_h-1$ 处。如果显示区域显示的内容不需要水平方向第一行和最后一行首尾相接时最后一行需要扫描的显示数据;④ 第一条扫描线到达显示区域最后一行即 $Y_0=D_H-1$ 处,此时显示区域的内容可水平方向和垂直方向移动并且循环地显示。

表 5-4 为按上述原则显示数据组织后,显示区域中的显示内容在存储器中的存储格式以及 X, Y 与扫描行的对应关系。

为了更好地说明动态 LED 显示屏显示的数据组织,下面对图 5-10、图 5-11 及表 5-4 中使用的符号进行定义和说明。

D_w:显示区域的宽度。

LED 显示屏显示数据的组织

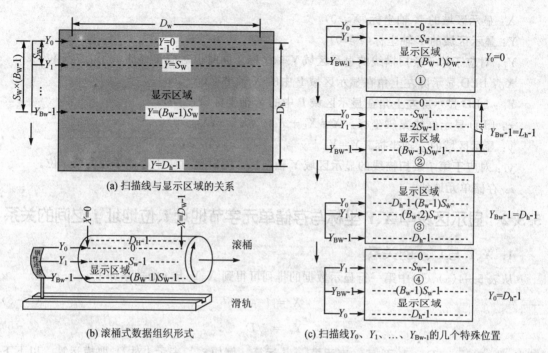

图 5-11 扫描线位置示意图

表 5-4 显示数据对应存储器中的格式

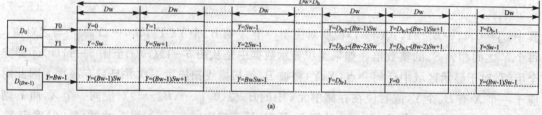

D_h：显示区域的高度。

L_w：LED 显示屏的宽度（$L_w \leqslant D_w$）。

L_h：LED 显示屏的高度（$L_h \leqslant D_h$）。

S_w：LED 显示屏的扫描宽度。有 1/2、1/4、1/8、1/16 等几种。对于标准单色或双色 LED 单元板来说 $S_w=16$。

B_w：扫描线数。对于标准单色 LED 单元板来说，$B_w=2$。在单个存储器的条件下，B_w 在单色显示情况下小于或等于存储器的数据位数；双色 LED 显示时，B_w 等效为 1/2 数据位数；三基色显示时，B_w 等效为 1/3 数据位数。

X：显示区域的 X 轴坐标 $(X\geqslant 0)$。

Y：显示区域的 Y 轴坐标 $(Y\geqslant 0)$。

Y_j：对应于第 j 条扫描线的显示区域 Y 轴坐标。同时也对应于存储单元的第 j 位。

X_L：LED 显示屏左上角在显示区域 P 中的 X 轴坐标 $(X_L\geqslant 0)$。

Y_L：LED 显示屏左上角在显示区域 P 中的 Y 轴坐标 $(Y_L\geqslant 0)$。

x：LED 显示屏的 x 轴坐标。$X=X_L+x$ $(X\geqslant x, X_L\geqslant 0)$。

y：显示区域的 y 轴坐标。$Y=Y_L+y$ $(Y\geqslant y, Y_L\geqslant 0)$。

y_j：对应于第 j 条扫描线的显示区域 Y 轴坐标。同时也对应于存储单元的第 j 位。

i：存储单元地址。

5.3.2 显示区域中 X、Y 坐标与存储单元字节地址 i、位地址 j 之间的关系

1. X、Y 与 i、j 的关系

从表 5-4(a)、(b)中第一行显示数据的排列可得到 X、Y_0 与 i 的关系如下：

$$X = i_{[D_w]} \tag{5-5}$$

$$Y_0 = i/D_w \tag{5-6}$$

其中：$i=0,1,\cdots,D_h-1$，下标$_{[\cdots]}$表示模$[\cdots]$运算。例如 $i_{[D_w]}$ 表示 i 对 D_w 取模运算。以下下标$_{[\cdots]}$均表示模$[\cdots]$运算。

从表 5-4(a)、(b)中每一列可得到 Y_0、j 与 Y_j 的关系为：

$$Y_j = (Y_0 + j\times S_w)_{[D_h]} \tag{5-7}$$

其中：$j=0,1,\cdots B_w-1$，式(5-7)说明对应于一个 X 有 B_w 个 $Y(Y_0,Y_1,\cdots,Y_{B_w-1})$ 与之对应，每个 Y 之间相差 S_w 的整数倍。如果组织显示数据中是从图 5-11(c)①至图 5-11(c)④即完全组织，对于显示区域中任何一点 (X,Y) 将被 B_w 条扫描线扫描过一次并且只有一次。因此对应于一个 X 有 B_w 个 Y，或者说在存储单元 i 中的 B_w 位$(0,1,\cdots,B_w-1)$对应同一个 X，而 Y 则由式(5-7)确定的 B_w 个 Y。由 i、j 计算 X、Y 时，X 直接由式(5-5)确定，由式(5-6)确定 Y_0 后再由式(5-7)确定 $Y_1 \sim Y_{B_w-1}$。

2. i、j 与 X、Y 的关系

综合表 5-4(a)、(b)中显示数据的排列显然有

$$i = Y_0 \times D_w + X \tag{5-8}$$

由式(5-7)及综合表 5-4(a)、(b)中显示数据的循环排列有：

$$Y_0 = (D_h + Y_j - j\times S_w)_{[D_h]} \tag{5-9}$$

将式(5-9)代入式(5-8)可得到 i、j 与 X、Y 的关系如下：

$$i = (D_h + Y_j - j\times S_w)_{[D_h]} \times D_w + X \tag{5-10}$$

式(5-10)表明当 X、Y 为已知时可将 Y 看成是 $Y_0,Y_1,\cdots,Y_{B_w-1}$，相应的 j 为 $0,1,\cdots,B_w-1$，即令 $Y_0=Y,Y_1=Y,\cdots,Y_{B_w-1}=Y$，然后根据式(5-8)计算相应的 i。同时也说明显示区域内，任意一个坐标为 (X,Y) 的像素点所包含的信息将出现在 B_w 个不同的存储单元中的不同的 B_w 位中。

3. 显示区域、LED 显示屏与显示数据组织之间的关系

如果要在图 5-12 所示的显示区域中以 X_L、Y_L 为 LED 显示屏左上角原点坐标,宽度和高度分别为 L_w、L_h 显示区域的内容由 LED 屏显示,设按表 5-4 规则组织后,显示数据块的起始地址为 RAM_BEGIN,可按以下步骤组织显示数据的输出:

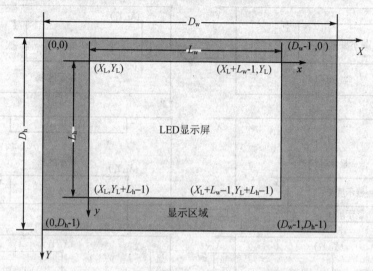

图 5-12 显示屏与显示区域关系示意图

① 确定坐标 X_L, Y_L 对应于扫描线 Y_0 起始存储单元的地址 L_0。
根据式(5-7)、式(5-10)再加上 RAM_BEGIN 有:

$$L_0 = \text{RAM\_BEGIN} + (D_h + Y_L)_{[D_h]} \times D_w + X_L \tag{5-11}$$

此时 L_0 存储单元中 B_w 位分别对应于显示区域上 $(X_L, Y_L), (X_L, Y_L + 1 \times S_w), \cdots, (X_L, Y_L + (B_w - 1) \times S_w)$ 共 B_w 个点。

② L_0 对应 B_w 行数据的输出

L_0 对应 B_w 个 Y,需要将 $X_L, X_L + 1, \cdots, X_L + L_w - 1$ 共 L_w 个数据输出。显示区域上的 X 点可用下式表示:

$$X = (X_L + k)_{[D_w]} \tag{5-12}$$

其中:$k = 0, 1, \cdots, L_w - 1$。

同时考虑 X 水平方向的循环,将式(5-7)、式(5-10)、式(5-12)合并后有:

$$i_{L_0} = \text{RAM\_BEGIN} + (D_h + Y_L)_{[D_h]} \times D_w + (X_L + k)_{[Dw]} \tag{5-13}$$

③ 输出 S_w 个 L_0 行完成一场完整的数据显示输出

要完成一场完整的显示,必须让 L_0 行的起始点的位置分别处于 $(X_L, Y_L), (X_L, Y_L + 1), \cdots, (X_L, Y_L + 2), \cdots, (X_L, Y_L + S_w - 1)$ 共 S_w 个点,依次 S_w 次才能完成一场宽度和高度分别为 L_w、L_h 的显示,此时的 L_h 等于 $S_w \times B_w$。由于相邻两行显示数据的起始点在存储器中相差 D_w,由式(5-10)可以得到完整的输出数据表达式如下:

$$i = \text{RAM\_BEGIN} + (D_h + Y_L + l)_{[Dh]} \times D_w + (X_L + k)_{[Dw]} \tag{5-14}$$

其中:$l = 0, 1, \cdots, S_w - 1$

$k = 0, 1, \cdots, L_w - 1$

式(5-14)中第1项显示数据存储的首地址,第2项表明两个相邻行的数据起始地址相差 D_w,第3项可以看出输出的一行显示数据在存储器中是连续排列的。图5-13为使用式(5-11)作为输出数据表达式时$(X_L、Y_L)$在显示区域不同位置的显示效果。

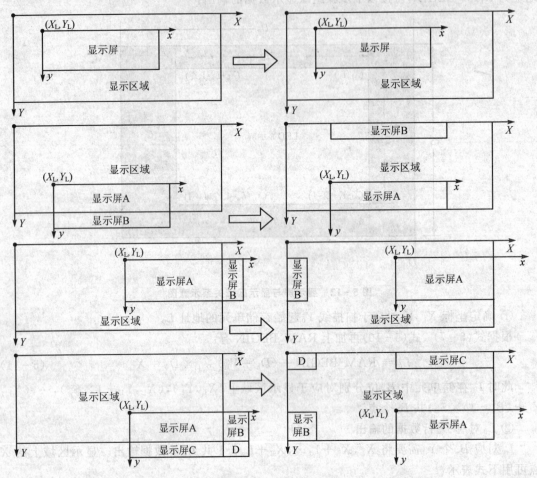

图 5-13 LED 显示屏在显示区域不同位置时的显示效果

5.4 显示效果与占用显示数据存储器大小的关系

5.4.1 显示效果与占用显示数据存储器大小的关系

任何显示区域显示数据的组织只要计算以 Y_0 为起始扫描线对显示区域扫描的次数就可以确定占用显示数据存储器的多少。若以 N 表示以 Y_0 为起始扫描线对显示区域扫描的次数,以 M 表示占用显示数据存储器字节数的多少,则有:

$$M = N \times D_w \tag{5-15}$$

对于各种显示效果,以 Y_0 为起始扫描线对显示区域扫描的次数 N 是不同的,如静态显示时：$N=S_w$，$D_w=L_w$，$D_h=S_w\times B_w$。代入式(5-15)有 $M=S_w\times L_w$。若用 B_n 表示数据存储器的位数，当 B_n 大于或等于扫描线数 B_w 时，显示数据存储器的使用效率 η 可以表示为：

$$\eta = 显示区域的点数/(占用显示数据存储器的大小\times B_n) =$$
$$D_w\times D_h/(M\times B_n) =$$
$$D_w\times D_h/(N\times D_w\times B_n) =$$
$$D_h/(N\times B_n) \tag{5-16}$$

数据存储器的位数 B_n 一般为 8 位、16 位或 32 位，而 8051 单片机处理数据为 8 位，扩展的数据存储器也是 8 位，所以当 B_n 大于或等于扫描线数 B_w 时，可将每一条扫描线对应于数据存储器的某一位，而当 B_n 小于 B_w 且小于或等于 $2B_w$ 时，可用数据存储器两个数据块中共 $2B_n$ 位中的 B_w 位对应每一条扫描线。如 $B_w=12$ 时，可用第一块数据存储器中的 8 位分别对应第 0、1、…、7 条扫描线，而用第二块数据存储器中的低 4 位分别对应第 8、9、10、11 条扫描线。数据输出时需要注意将两个数据存储块中相同位置的两个对应字节分别送到两个输出端口后，才能发送移位脉冲。当 B_w 小于或等于 $B_n/2$ 时，可将两屏同样显示效果(内容不同)共用一个数据存储块。如对于一个有 4 条扫描线的 LED 显示屏，其第一屏显示数据的 4 条扫描线 0、1、2、3 对应于数据存储器块第 0、1、2、4 位；而第二屏显示数据的 4 条扫描线 0、1、2、3 对应于同一数据存储器块第 4、5、6、7 位。输出时需交换高低 4 位。

从式(5-16)中可看出，使用效率 η 与 D_h、N 及 B_n 有关而与 D_w 无关，这一点很容易理解。当 B_w 条扫描线沿 X 轴方向同时移动一个点时，将显示区域中 B_w 个点的信息存储到数据存储器某一单元不同的 B_w 位中，效率是 100%。而当 B_w 条扫描线沿 Y 轴方向同时移动一行时(静态显示数据组织除外)，除第 Y_{B_w-1} 条扫描线从显示区域中新扫描一行数据外，其余 Y_0，Y_1，…，Y_{B_w-2} 共 B_w-1 条所扫描的行至少被扫描线 Y_0，Y_1，…，Y_{B_w-2} 中的一条扫描过一次。也就是说只有 $1/B_w$ 的信息是新信息。因此采用这样的数据组织方法对于水平方向移动操作是极为成功的。而在垂直方向是用大的数据存储空间保证行数据的连续性来换取短的处理时间，若希望占用数据存储空间小，同时要求处理时间短，那么在限定微处理器类型的条件下，只有一种办法——增加硬件。以下就不同的显示效果占用显示数据存储器的大小 M、数据存储器的使用效率 η 及 $(X_L、Y_L)$ 移动轨迹方向等问题逐一进行说明。

1. 静态显示

静态显示如图 5-14(a)所示。其特点为显示区域与 LED 屏大小一致。即：$D_w=L_w$，$D_h=L_h$。对于 LED 显示屏有：$L_w=$用户设定，而 $L_h=S_w\times B_w$

$$Y_0 \text{ 扫描次数 } N = S_w$$
$$\text{存储器大小 } M = S_w\times L_w$$
$$\text{存储器效率 } \eta = B_w/B_n$$

当 $B_w=B_n$ 时，存储器的的使用效率 $\eta=100\%$。

2. 水平移动显示

水平移动显示如图 5-14(b)所示。为了保证水平移动显示信息的完整性和可读性，前后各留一个与 LED 显示屏同大小的空白区域"$ABEF$"及"$CDGH$"，其显示效果为以空屏开始，显示信息由右至左移动，最后以空屏结束。显示区域的 4 个顶点为 A、D、E、H，而 LED 显示

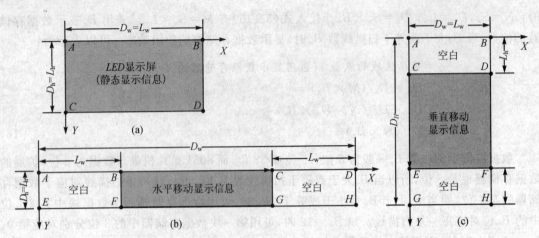

图 5-14 静态显示 LED 显示屏与显示区域的关系图

屏的左上角 (X_L、Y_L) 点由 A 点开始沿 A 至 C 连线到 C 点结束,逐场显示即实现水平移动显示。其特点为显示区域的高度与 LED 显示屏的高度相同,即:$D_h = L_h = S_w \times B_w$,$D_w = 2 \times L_w$ + 显示信息点阵的长度。

Y_0 扫描次数 $N = S_w$

存储器大小 $M = S_w \times (2 \times L_w +$ 显示信息点阵的长度$)$

存储器效率 $\eta = B_w / B_n$ （前后空白屏作为有效的信息）

当 $B_w = B_n$ 时存储器的的使用效率 $\eta = 100\%$。

3. 垂直移动显示

垂直移动显示如图 5-14(c) 所示。同样为了保证垂直移动显示信息的完整性和可读性,前后各留一个与 LED 显示屏同大小的空白区域 "$ABCD$" 及 "$EFGH$",其显示效果为以空屏开始,显示信息由下至上移动,最后以空屏结束。显示区域的 4 个顶点为 C、D、E、F,而 LED 显示屏的左上角 (X_L、Y_L) 点由 A 点开始沿 A 至 E 连线到 E 点结束,逐场显示即实现垂直移动显示。其特点是为显示区域的宽度与 LED 显示屏的宽度相同,即:$D_w = L_w$,$D_h = 2L_h +$ 显示信息点阵的高度。

Y_0 扫描次数 $N = L_h +$ 显示信息点阵的高度 $+ S_w$（当 Y_0 第 N 次扫描时 $Y_{Bw-1} = D_h - 1$）

存储器大小 $M = (L_h +$ 显示信息点阵的高度 $+ S_w) \times D_w$

存储器效率 $\eta = (2 \times L_h +$ 显示信息点阵的高度$)/[(L_H +$ 显示信息点阵高度 $+ S_w) \times B_n]$
（前后空白屏作为有效的信息）

4. 各种飞入/飞出显示

图 5-15 为在各种飞入/飞出显示效果下显示区域与 LED 显示屏可显示内容区域的关系。为了简化问题,将 "$ADMP$" 看成是显示区域需要飞入/飞出的显示信息放在显示区域的中心位置 "$FGJK$"。首先按显示区域 "$ADMP$" 组织显示数据,然后按飞入/飞出显示效果确定 (X_L、Y_L) 点的起始点、终点及移动方向。任何效果画面飞入时,F 点为 (X_L、Y_L) 点的终点,并以 F 点为显示屏的左上角原点坐标做静态显示直至显示规定的时间终止。而任何效果画面

飞出时 F 点为 $(X_L、Y_L)$ 点的起始点,终点的 $(X_L、Y_L)$ 坐标由飞出效果确定。具体的飞入/飞出显示效果对应的起始点、终点及移动方向关系见表 5-5。

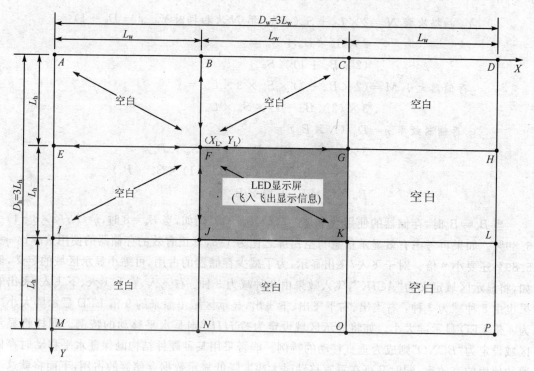

图 5-15 各种飞入/飞出显示效果中显示区域与 LED 显示屏可显示内容区域的关系

表 5-5 各种飞入/飞出显示效果与显示屏起点坐标关系表

效 果	(X_L,Y_L) 起点	(X_L,Y_L) 终点	(X_L,Y_L) 移动方向连线
左飞入	G	F	G→F
左上飞入	K	F	K→F
上飞入	J	F	J→F
右上飞入	I	F	I→F
右飞入	E	F	E→F
右下飞入	A	F	A→F
下飞入	B	F	B→F
左下飞入	C	F	C→F
左飞出	F	G	F→G
左上飞出	F	K	F→K
上飞出	F	J	F→J
右上飞出	F	I	F→I
右飞出	F	E	F→E
右下飞出	F	A	F→A
下飞出	F	B	F→B
左下飞出	F	C	F→C

从图 5-15 可知其特点是：整个显示区域的宽度、高度均为 LED 显示屏的宽度、高度的 3 倍，即：$D_w=3L_w$，$D_h=3L_h=3S_wB_w$。

$$Y_0 \text{扫描次数} N = 2 \times L_h + S_w (\text{当} Y_0 \text{第} N \text{次扫描时} Y_{B_w-1} = D_h - 1) =$$
$$2 \times S_w \times B_w + S_w =$$
$$(2 \times B_w + 1) \times S_w$$

$$\text{存储器大小} M = (2 \times B_w + 1) \times S_w \times 3 \times L_w =$$
$$3 \times (2 \times B_w + 1) \times S_w \times L_w$$

$$\text{存储器效率} \eta = D_h/(N \times B_n) =$$
$$3 \times L_h/(3 \times (2 \times B_w + 1) \times S_w \times B_n) =$$
$$3 \times S_w \times B_w/(3 \times (2 \times B_w + 1) \times S_w \times B_n) =$$
$$B_w/((2 \times B_w + 1) \times B_n)$$

当 $B_w=B_n$ 时，存储器的使用效率是 $1/(2 \times B_w+1)$，例如，当 $B_w=8$ 时，$\eta=1/(2 \times 8+1)=5.89\%$。如果再考虑有效显示信息与空白屏之比为 1:8，真正有效的存储器的使用效率比 $\eta=5.89\%$ 还要小 9 倍。对于飞入/飞出显示，为了减少存储器的占用，可缩小显示区域的定义，例如，将显示区域定义为"ACIK"，飞入效果由 8 种减为 3 种：右飞入、右下飞入、下飞入；飞出效果也由 8 种减为 3 种：右飞出、右下飞出、下飞出，显示区域由原来的 9 倍 LED 显示屏大小减为 4 倍 LED 显示屏大小。如将显示区域设定为"EHIL"则是水平移动的特例。同样将显示区域设定为"BCNO"则成为垂直移动的特例。能否采用某种硬件结构既保证水平移动时存储器的使用的高效率，同时又可在垂直移动时大幅度降低显示数据存储器的占用，下面将就这一问题进行研究。

5.4.2 采用双 RAM 并行输出降低显示数据存储器的占用

为了简化问题将显示区域定义为 4 倍于 LED 显示屏高度，宽度等于 LED 显示屏宽度，同时 $B_w=B_n$。其结构示意如图 5-16(a)所示，当扫描组①从上至下依次扫描可得到如前面讲过的显示数据组织形式。由于 Y_0 扫描次数 $N=3L_h+S_w$，所以其显示数据占用的存储器大小为 $M=(3L_h+S_w) \times D_w$。图 5-16(b)所示为所有扫描线与显示区域的关系。如果按图 5-16(c)所示，用扫描组①依次对显示区域 A、B、C、D 以静态显示分别组织显示数据，组织后的显示数据块 A、B、C、D 顺序放入 RAM0 中，而将 RAM0 中显示数据块 A、B、C、D 按 B、C、D、A 的顺序拷贝到 RAM1 中，其显示数据排列形式如图 5-16(e)所示。在图 5-16(d)中对于扫描组①从 $Y_0=0 \sim Y_0=S_w-1$ 可完成显示区域 A 的数据组织或数据输出；对于扫描组②从 $Y_0=L_h \sim Y_0=L_h+S_w-1$ 可完成显示区域 B 的数据组织或数据输出。扫描组③的位置极为特殊，它的第 $0,1,\cdots,B_w-2$ 条分别对应于扫描组①的第 $1,2,\cdots,B_w-1$，而扫描组③的最后一条扫描线 B_w-1 对应于扫描组②的第 0 条扫描线。如果在 LED 屏上要显示的区域为图 5-16(d)中两条虚线间的区域，必须同时使用扫描组①第 $1,2,\cdots,B_w-1$ 扫描线和扫描组②第 0 条扫描线组织的显示数据作为输出数据。如图 5-16(e)所示，此时取 RAM0 的 $D_1,D_2,\cdots,D_{B_w-1}$ 及 RAM0 的 D_0 位做为输出的 B_w 位数据即可在 LED 屏上显示区域为图 5-16(d)中两条虚线间的显示内容。换言之，就是在两块 RAM 同时输出的 $2B_w$ 位中选择需要的 B_w 位作为输出数据。

LED显示屏显示数据的组织

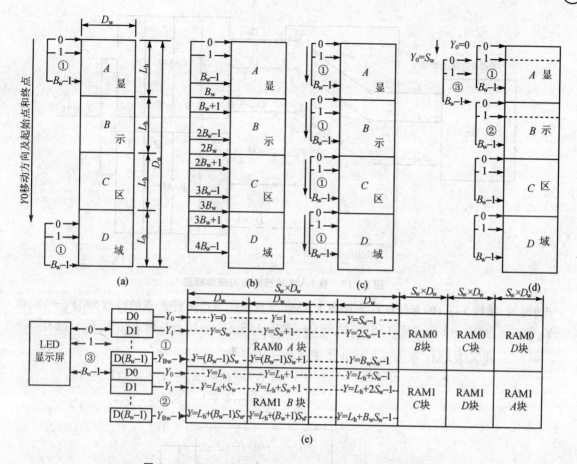

图 5-16 双 RAM 技术存储器与各数据块之间的排列图

按图 5-16(e)所示的数据块排列，任何两个相邻显示区域的显示数据块分别在两块RAM 中都有同地址存储区域。如果 LED 屏的显示区域为 A 数据块的第 1 行至 B 数据块的第 0 行时(也就是显示区域 A 去掉第 0 行加上显示区域 B 的第 0 行)，在 Y_0 从第 1 行至第 S_w-1 行时只使用 RAM0 中的显示数据，当 Y_0 为 S_w 行时使用 RAM1 中的显示数据。其相对位置如图 5-16(e)扫描组③的位置。图 5-17 为实现这种双 RAM 并行输出的硬件框图。

Wm 为 16 选 8 数据选择器的输出位选择控制，Wm 的取值范围为 $0\sim B_w-1$，当 $Wm=r$ 时定义 16 选 8，数据选择器的输出为从 RAM0 中取 B_w-r 位，从 RAM1 中取 r 位。当显示图 5-16(a)所划分的显示区域 A、B、C、D 时，约定只从 RAM0 中输出显示数据，将 RAM0 看成是主存储器，而 RAM1 看成为从存储器。如果在如图 5-16(a)所示的显示区域中以 (X_L,Y_L) 点为起始点，在 LED 屏上显示一屏信息输出位选择控制 Wm 的值只与 Y_L、扫描线 $(Y_0, Y_1,\cdots,Y_{B_w-1})$ 及扫描宽度 S_w 有关。首先确定跨区显示的行数 N_L:

$$N_L = Y_{L[L_h]} = Y_{L[S_w \times B_w]}$$

(X_L,Y_L) 点的绝对坐标对讨论实际问题意义不大，只须关心 (X_L,Y_L) 相对于当前所在显示区域的相对坐标。将 Y_L 对 L_h 取模后的 N_L 就是相对于当前所在显示区域的相对坐标，用 (X_L,N_L) 表示。RAM0 中 N 块显示数据与 RAM1 中 N+1 块显示数据的关系如图 5-18 所示。当以 (X_L,N_L) 点为扫描线 Y_0 的起始点(S 点)，而扫描线 Y_0 处于第 k 次扫描的起始点(E

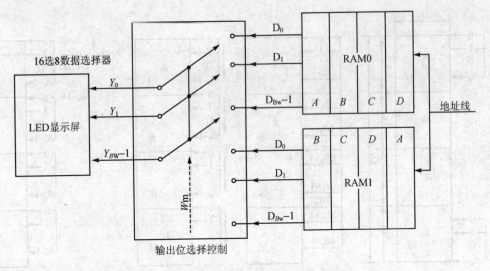

图 5-17 双 RAM 并行输出的硬件框图

点)时,扫描线 Y_{Bw-1} 的起始点 G 点距离 RAM0 N 区域的最后一行 F 点的行数为:$Y_G - Y_F$;而 $Y_G = Y_{Bw-1} = Y_0 + k + (B_w - 1)S_w = N_L + k + (B_w - 1)S_w$;$Y_F = L_h - 1$,而 $L_h = S_w B_w$。故有:

$$\text{进入 RAM1 中 } N+1 \text{ 块的显示行数} = Y_G - Y_F$$
$$= N_L + k + (B_w - 1)S_w - (L_h - 1)$$
$$= N_L + k + 1 - S_w$$

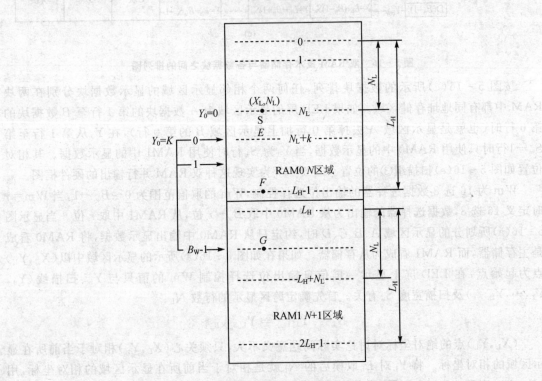

图 5-18 扫描线在双 RAM 之间移动的关系图

当按上式计算出的值为负数时,代表最后一条扫描线 Y_{Bw-1} 还没有进入 RAM1 中 $N+1$ 区域,此时取 $W_m=0$。当上式计算出的值为正数时,用 (Y_G-Y_F) 整除 S_w 后加 1 可得到进入 RAM1 中 $N+1$ 区域的扫描线条数,同时上式中的 k 还表明了扫描到哪一行时对应有多少条扫描线进入 RAM1 中 $N+1$ 区域,故 W_m 的取值可以表示为:

$$W_m = 0 \qquad \text{当 } k+N_L-S_w+1 \leqslant 0 \text{ 时}$$
$$W_m = (k+N_L+1-S_w)/S_w + (k+N_L+1-S_w)_{[S_w]}$$
$$\text{当 } k+N_L-S_w > 0 \text{ 时},\text{其中 "/" 为整除}$$

双 RAM 并行输出的方法可大大提高垂直移动时的存储器使用效率,由于所有的数据块均按静态显示方式组织数据,也就是说在每一块 RAM 中显示数据的效率都是 100%,双 RAM 为 50%。虽然采用这种数据组织方式能提高 RAM 使用率,但却是以增加硬件 16 选 8 数据选择器为代价换来的。

基于双 RAM 并行输出的思想也可以将 RAM0 和 RAM1 中的显示数据放入一片独立 RAM 中,偶地址存放 RAM0 区数据,奇偶地址存放 RAM1 区数据。输出时将偶地址存放 RAM0 的数据,奇偶地址存放 RAM1 的数据,分别将其锁存到两个 B_w 位的锁存器中。这两个锁存器输出端与 16 选 8 数据选择器相连接,并以双 RAM 工作方式控制 W_m。这样的方式也同样可以达到提高垂直移动时的存储器使用效率的目的,但由于对单 RAM 来说地址要加两次和数据要锁存两次,输出速度比双 RAM 至少低一倍。

5.4.3 多 RAM 并行输出时双 RAM 并行输出方式的扩展

以双 RAM 并行输出方式为基础,由此扩展出多 RAM 并行输出方式,现以图 5-19 为例,说明用 5 片 RAM 扩展扫描线与显示区域的关系。如图 5-19(a)所示,定义显示数据区域宽度为 D_w,高度为 D_h,并将其按宽度 $B_w/4$ 均分为 A~H,共 8 个数据块。LED 显示屏宽度为 D_w,高度为 L_h,其中 $D_h=2 \times L_h$。通过对图 5-19 中(a)、(b)、(c)、(d)四幅图所示的扫描线组在不同位置扫描时的分析可知,所有扫描线同时最多处于 5 个显示数据块中,因此按照双 RAM 并行输出方式类推得到所需要的 RAM 片数为 5 片。

对于已有 N 片 RAM 对应不同的扫描线,增设第 $N+1$ 片辅助的 RAM,其存储显示数据块从第 N 片 RAM 起始块后面一个块开始循环按块排列。如果前 N 片 RAM 所有的位分别对应不同的扫描线,此时前 N 片 RAM 的使用效率都是 100%,则整体显示数据存储器的使用效率为 $N/(N+1)$。显示数据块在 5 片 RAM 中的相对位置如图(e)所示,输出位选择控制 W_m 的计算与双 RAM 时完全一致。

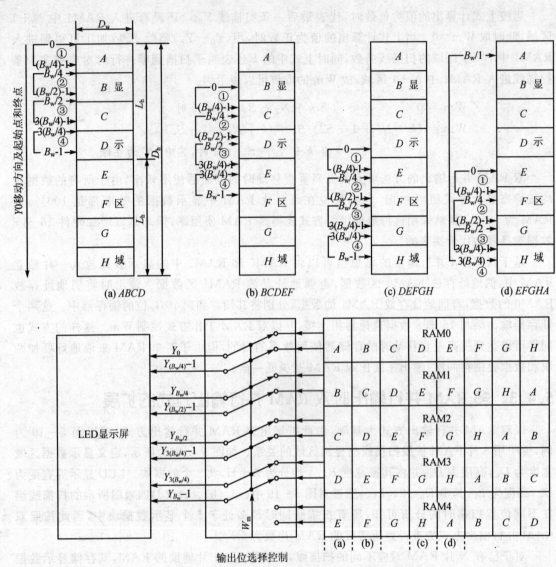

图 5-19 多 RAM 技术中显示数据块与存储器关系图

# 第 6 章

基于 51 系列单片机的小型 LED 显示屏控制系统

6.1 单片机直接驱动 LED 显示屏

用单片机直接驱动 LED 显示屏的一个重要前提是，LED 屏的长度和高度都不能很大。对于 8 位单片机来说，长度是为了实现在 384 点以内，而高度则与使用的单元板是单色（2 条扫描线）还是双色（4 条扫描线）有关。8 位单片机的数据宽度为 8 位，即只能有 8 条扫描线，因此对于单色单元板来说，高度为 128 点，双色单元板高度为 64 点。

按显示数据的存储位置可将单片机直接驱动 LED 显示屏分为两种：一是将显示数据存储在程序存储器中；二是将显示数据存储在扩展的外部并行或串行数据存储器中。下面分别从这两个方面介绍。

6.1.1 显示数据存储在程序存储器中

随着单片机技术的发展，片内程序可达 64 KB 甚至更多。以双色单元板为例，静态显示时一块双色单元板的显示数据=64（长度）×32（宽度）×2（双色）/8（数据宽度）=512 字节（0.5 KB）。长度为 384 点以内的 LED 显示屏水平为 6 块单元板（垂直方向单色 4 块、双色 2 块）也就是使用了 3 KB 的程序存储器。即选用的单片机程序存储器只有 32 KB，如果循环在 LED 屏上，则显示 6 屏（3 KB×6=18 KB）不同的信息，留给控制程序还有 14 KB。因此使用程序存储器存储显示数据在很多场合下都可以满足需求。

单片机直接驱动 LED 显示屏控制系统的硬件组成如图 6-1 所示。该系统只有 U1 和 U2 两个芯片。它是控制长度为 256 点，高度为 64 点的双色 LED 显示屏。在图 6-1 所示的 LED 控制系统中，采用了以下的设计理念：① 由 P0 口同步输出 8 位字型点阵数据。② 用 P3.6 产生 SCK 信号，在软件中相应的使用"MOVX @R0,A"指令，能在形成 SCK 信号的同时减少指令的字节数。③ 由 P2.0~P2.3 输出行扫描信号，软件中将 A、B、C、D 存放在 DPH 的低 4 位中。④ RCKi 和 ENi 分别由 P2.6、P2.5 控制。⑤ SST89E516 单片机的串行口与 PC 机通信。利用该单片机的 IAP 功能下载显示所需的字型数据和控制程序。

1. 数据组织及软件优化

LED 显示控制系统的数据组织如图 6-2 所示。从图 6-1 可以得到图 6-2(a)所示的从正面看过去的显示行与显示数据位以及颜色的对应关系。图 6-1 所示的硬件结构决定了每行的数据可按图 6-2(b)所示的数据组织形式。图 6-2(b)表明了存储单元与扫描行、存储单元数据位及颜色的关系。

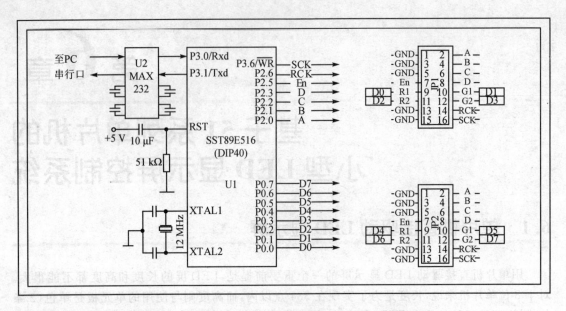

图 6-1 8 线最小双色 LED 显示屏控制系统电路原理图

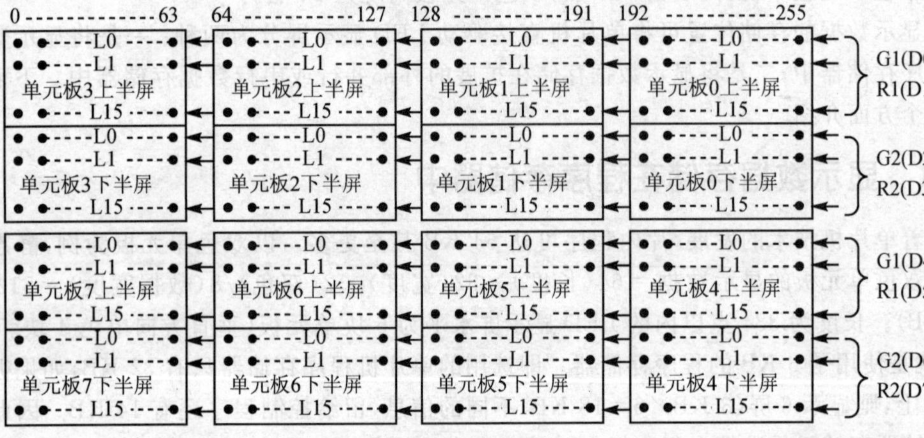

(a) 显示行与数据位的关系

扫描行		L0			L1			……	L15		
由单元板 0 输入	R1i	D0	D0	…	D0	D0	…	D0	D0	D0	D0
	G1i	D1	D1	…	D1	D1	…	D1	D1	D1	D1
	R2i	D2	D2	…	D2	D2	…	D2	D2	D2	D2
	G2i	D3	D3	…	D3	D3	…	D3	D3	D3	D3
由单元板 4 输入	R1i	D4	D4	…	D4	D4	…	D4	D4	D4	D4
	G1i	D5	D5	…	D5	D5	…	D5	D5	D5	D5
	R2i	D6	D6	…	D6	D6	…	D6	D6	D6	D6
	G2i	D7	D7	…	D7	D7	…	D7	D7	D7	D7
存储单元 (十六进制)		0	1	…	0FF	100	101	…	1FF	F00	F01	…	FFF

(b) 显示行与存储单元及数据位的关系

图 6-2 LED 显示控制系统的数据组织

基于51系列单片机的小型LED显示屏控制系统

具体编程时可按下列步骤进行：

① 将准备扫描的行地址送 P2 口的低 4 位中；
② 将 DPTR 指向待显示行相应存储单元的首地址；
③ 以 DPTR 为指针使用"MOXC A,@A+DPTR"读显示数据并将显示数据送 P0 口；
④ 通过 P3.6 产生 SCK，同时 DPTR 加 1；
⑤ 重复②、③、④直到一行数据显示完毕，通过 P3.4 产生 RCK 将通过移位寄存器移入的一行数据显示；
⑥ 重复②、③、④、⑤直到 16 行数据全部显示完毕；
⑦ 重复步骤①～⑥刷新显示。

根据上述的编程步骤可以很容易编出显示第 i 行的子程序 1，子程序 1 的第 3 行至第 9 行为循环体，送一个字节的显示数据共需 10 个机器周期，机器码的字节数为 11。通过分析可知，74HC595 的 SCK 为上升沿有效，可用单片机的写信号（WR）来代替，故子程序 1 中的第 5、6、7 行 3 条指令可用"MOVX @R0,A"一条指令来替换，实验表明这样的替换是可靠的。显示第 i 行的子程序 2 为替换后的程序，送一个字节的显示数据所需机器周期减为 9，机器码的字节数减为 6。再对显示第 i 行的子程序 2 仔细分析后发现，在仅使用 SST89E516 内部 64 KB 的 Flash 存储器作为显示数据存储且不增加辅助电路的前提下，只有子程序 2 第 7 行"DJNZ R0,DP1"这条 2 个机器周期 2 个字节的指令可以利用 SST89E516 内部 64 KB 的 Flash 存储器大的特点，直接简单地重复 256 次子程序 2 中第 3、4、5、6 行 4 条单字节指令，从而可以减少 2 个机器周期的时间。这样送一个字节的机器周期可以减少为 7，但程序需要增加 1 KB。对于 64 KB 的 Flash 存储器来说程序增加 1 KB 减少不了多少显示数据。与子程序 1 相比子程序 3 速度提高了 30%。图 6-1 中使用 12 MHz 晶振并利用 SST89E516 的倍速功能，其一个机器周期时间为时 0.5 μs。通过硬件和软件的优化，使得输出每个显示数据的时间都最短，程序如图 6-3 所示。

显示第 i 行子程序 1
```
1       MOV DPTR,#TABi   ;DPTR指向i行第1个数据
2  DP:  MOV R0,#00       ;列计数器清零
3  DP1: CLR A            ;清A            (1)[1]
4       MOVC A,@A+DPTR   ;取数据         (2)[1]
5       MOV P0,A         ;数据送P0口     (1)[2]
6       SETB P3.6        ;产生SCK        (1)[2]
7       CLR P3.6         ;              (1)[2]
8       INC DPTR         ;指针加1        (2)[1]
9       DJNZ R0,DP1      ;256次列循环    (2)[2]
10      RET              ;返回
```

显示第 i 行子程序 2
```
1       MOV DPTR,#TABi   ;DPTR指向i行第1个数据
2  DP:  MOV R0,#00       ;列计数器清零
3  DP1: CLR A            ;清A            (1)[1]
4       MOVC A,@A+DPTR   ;取数据         (2)[1]
5       MOVX @R0,A       ;数据送P0口     (2)[1]
                         ;指令自动产生 SCK
6       INC DPTR         ;指针加1        (2)[1]
7       DJNZ R0,DP1      ;256次列循环    (2)[2]
8       RET              ;返回
```

显示第 i 行子程序 3
```
1        MOV DPTR,#TABi   ;DPTR指向行第1个数据
2   DP1: CLR A            ;清A            (1)[1]
3        MOVC A,@A+DPTR   ;取数据         (2)[1]
4        MOVX @R0,A       ;数据送P0口     (2)[1]
                          ;指令自动产生SCK
5        INC DPTR         ;指针加1        (2)[1]
6   DP2: CLR A            ;清A            (1)[1]
7        MOVC A,@A+DPTR   ;取数据         (2)[1]
8        MOVX @R0,A       ;数据送P0口     (2)[1]
                          ;指令自动产生SCK
9        INC DPTR         ;指针加1        (2)[1]
...      ...              ...
1020 DP256:CLR A          ;清A            (1)[1]
1021     MOVC A,@A+DPTR   ;取数据         (2)[1]
1022     MOVX @R0,A       ;数据送P0口     (2)[1]
                          ;指令自动产生SCK
1023     INC DPTR         ;指针加1        (2)[1]
1024     RET              ;返回
```

注：( )中的数字为相应指令的机器周期数；[ ]中数字为相应指令的机器码字节数。

图 6-3 三种 LED 行数据显示汇编程序机器周期对比图

2. 基于 IAP 功能的显示数据传送及 PC 软件编程

SST89E516 单片机可以实现 IAP(In-Application Programming)，它将 Flash 存储器分为两个块(区域)：block0(64 KB)和 block1(8 KB)。通过 IAP 指令的切换可以使程序在这两个块中执行，如程序在 block0 中运行可对 block1 的数据进行改写，同样在 block1 中运行可对 block0 的数据进行改写。具体使用 IAP 功能时对 SST89E516 单片机的两个块做如下分配：① 上电或复位时自动运行 block1 中的 IAP 程序，如 2 s 内没有接收到 PC 通过串行口发送的数据传输指令，则开始运行 block0 中的显示程序。② block0 中的最低 8 KB 用于存放显示程序，其余 56 KB 用于存放显示数据。③ 在 block0 中运行 IAP 程序时利用 SST89E516 单片机 128 个字节的小扇区擦除功能，只擦除和改写 block0 中 56 KB 用于存放显示数据的区域，8 KB 存放显示程序的区域保持不变。④ 在 block0 运行显示程序时单片机的串行口监测来自 PC 的复位命令，如有复位命令执行 IAP 指令使程序转移到 block1 块并运行 block1 中的 IAP 程序修改显示数据。

PC 软件编程可完成字型的提取以及显示数据的组织，生成 Intel 格式的 HEX 文件，通过串行口下载到 SST89E516 单片机中。为了方便控制可自定义的显示指令集，各种不同显示效果所需的参数如起始地址、结束地址、每行的长度及显示时间等指定其存放在指令的参数表中。显示指令集存放在显示数据区的最开始 1 页 256 个存储单元中，底层单片机运行时根据显示指令可实现不同的显示效果，如：画面的切换、定时、水平移动、垂直移动以及其他特殊显示效果。同样也可以通过 IAP 下载更新显示程序。

3. 显示数据存储在扩展的外部串行 Flash 存储器中

显示数据存储在扩展的外部串行 Flash 存储器中的 LED 显示控制系统的硬件组成如图 6-4 所示。其电路与图 6-1 所示的电路相比增加了 U3、U4 两片 SST25VF016 作为外部串行数据存储器。SST25VF016 为 16Mbit 具有 SPI 接口的 8PIN 串行 Flash 存储器，一片作为点阵字库存储，可同时存储 16、24、32 点阵的 ASCII 及汉字字库；另一片用于显示数据存储。U5(74LVC07)用于完成 5 V 到 3 V 和 3 V 到 5 V 的电平转换。U6、U7(74HC245)为输出驱动。U8(PIC12F508)为可选的单元板独立保护电路，当 A、B、C、D 扫描线没有变化时关断输出。

数据组织形式与图 6-1 所示的电路相同。具体编程时除数据是从串行 SPI 接口的 Flash 中读出外，数据的输出与图 6-1 所示的电路相同。图 6-5 为 SPI 读写源程序，源程序 1 和源程序 2 均为用 C51 编写的显示一屏完整数据的显示函数。不同之处在于源程序 1 的 SPI 读写为一个单独的函数，而源程序 2 为了进一步提高数据读取的速度将显示时的读显示数据变成了一个循环体。由于 SST25VF016B 串行大容量 Flash 在给定读地址后可连续的读，其读地址会自动加 1，编程时连续读一行数据后再改变扫描行直到 16 行全部显示完成。编程的指导思想是尽量减少 SPI 接口的无效等待时间，因此在源程序 2 第 19 行将读取的显示数据送 P0 口后第 29 行立刻启动下一次 SPI 读，而将 SCK 脉冲的发送程序放在 SPI 读数据期间，然后再来判断 SPI 读读数据是否完成。源程序 2 第 10 行启动 SPI 读是为一屏显示最开始预读第 1 行第 1 个数据(与第 11 行至第 24 行的循环体配合)。为避免出现显示拖尾在第 25 行至第 29 行换行时关闭显示。

基于 51 系列单片机的小型 LED 显示屏控制系统

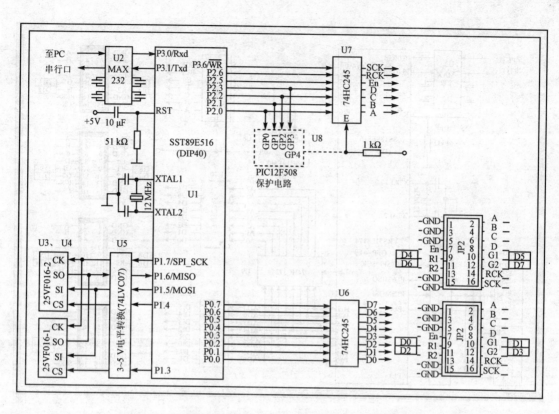

图 6-4 8 线外扩 Flash 双色 LED 显示屏控制系统电路原理图

```
行                   源程序 1
01  void Display(long Start_Address, int Screen_Length)
02  {                           // | SCK | RCK | EN | CE |
03    unsigned int i;           // | P3.6| P2.6|P2.5|P1.4|
04    unsigned char Line;
05    CE=0;                                //串行Flash片选有效
06    Spi_Write_Read(0x03);//向串行FLASH发读命令, 0x03为读控制字
07    Spi_Write_Read(((start_address & 0xffffff) >> 16));//3字节24位地址
08    Spi_Write_Read(((start_address & 0xffff) >> 8));
09    Spi_Write_Read(Start_Address& 0xff);
10    for (Line=0;Line<=15;Line++)         //扫描0行至15行
11    {
12      for(i=0;i<Screen_Length;i++)       //列扫描
13      {
14        P0=Spi_Write_Read(0x00);         //从串行Flash中读一个字节
15        SCK=1;                           //发74HC595串行移位脉冲
16        SCK=0;
17      }
18      EN=1;                              //换行时暂时关显示
19      P2=((P2&0xf0)|Line);               //选择显示的行
20      RCK=1;                             //产生74HC959输出锁存信号
21      RCK=0;
22      EN=0;                              //开显示
23    }
24    CE=1;                                //串行Flash片选无效
25  }
26  unsigned char Spi_Write_Read (unsigned char Wr_Rd_Data)
27  {
28    unsigned char Temp_Flag;
29    SPDR = Wr_Rd_Data;                   //启动SPI发送或接收
30    do                                   //判断发送或接收是否完成
31    {
32      Temp_Flag = SPSR & 0x80;
33    }while (Temp_Flag!=0x80);
34    SPSR = SPSR & 0x7F;                  //清SPI发送或接收完成标志
35    return SPDR;                         //返回SPI接收到的数据
36  }
```

```
行                   源程序 2
01  void Display(long Start_Address, int Screen_Length)
02  {                           // | SCK | RCK | EN | CE |
03    unsigned int i;           // | P3.6| P2.6|P2.5|P1.4|
04    unsigned char Line,Temp_Flag;
05    CE=0;
06    Spi_Write_Read(0x03);//向串行Flash发读命令, 0x03为读控制字
07    Spi_Write_Read(((start_address & 0xffffff) >> 16));
08    Spi_Write_Read(((start_address & 0xffff) >> 8));
09    Spi_Write_Read(Start_Address& 0xff);   //3字节24位地址
10    SPDR = 0x00;                         //启动第1个字节的读
11    for (Line=0;Line<=15;Line++)         //扫描0行至15行
12    {
13      for(i=0;i<Screen_Length;i++)       //列扫描
14      {
15        do                               //判断发送或接收是否完成
16        {
17          Temp_Flag = SPSR & 0x80;
18        }while (Temp_Flag!=0x80);
19        P0=SPDR;                         //从串行Flash中读一个字节
20        SPDR = 0x00;                     //启动下一个字节的读
21        SPSR = SPSR & 0x7F;              //清SPI接收完成标志
22        SCK=1;                           //发74HC595串行移位脉冲
23        SCK=0;
24      }
25      EN=1;                              //换行时暂时关显示
26      P2=((P2&0xf0)|Line);               //选择显示的行
27      RCK=1;                             //产生74HC959输出锁存信号
28      RCK=0;
29      EN=0;                              //开显示
30    }
31    CE=1;                                //串行Flash片选无效
32  }
33  unsigned char Spi_Write_Read (unsigned char Wr_Rd_Data)
34  {
35    //代码与源程序1相同
36  }
```

图 6-5 SPI 读写源程序

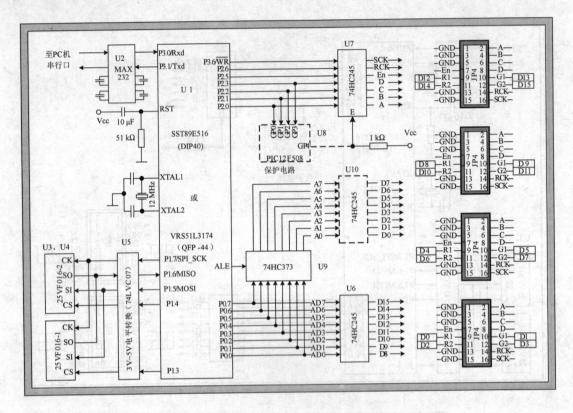

图 6-6　16 线外扩 Flash 双色 LED 显示屏控制系统电路原理图

上述两个源程序并非最优,仍有非常大的优化空间。下面结合图 6-6 所示的 16 线外扩 Flash 双色 LED 显示屏控制系统电路进行说明。图 6-6 所示电路是在图 6-4 所示电路的基础上增加了 U9(低 8 位地址锁存器 74HC373)、U10(74HC245)驱动器组成的。由于 U9(74HC373)本身有驱动能力,故 U10(74HC245)可省略。图 6-6 所示电路与图 6-4 所示电路相比,最重要的是增加了一个 8 位的输出口,即它可以驱动高度为 128 点的双色 LED 屏。晶振提高为 18 MHz。如果使用单周期的 VRS51L3174 可使用内部自带的 40 MHz 晶振,同时复位改为低电平有效(对调复位电路电阻和电容的位置),由于 VRS51L3174 为 3.3 V 供电,不需要 U5(74LVC07)做电平转换。U6、U7、U8、U9 采用 5 V 供电(VRS51L3174 可直接驱动 5 V)。

图 6-6 所示电路在理念上是将需要输出的 16 位显示数据分成高低 8 位,高 8 位显示数据由 P0 作为数据输出,而低 8 位显示数据作为外部数据存储器寻址时的低位地址输出。16 位显示数据在 Flash 中存储时,偶数地址单元存低 8 位显示数据,奇数地址单元存高 8 位显示数据。取两次数据依次存入 R0 和 A 中,再执行"MOVX @R0,A"指令后即可用 WR 写脉冲作为 SCK 脉冲一次输出 16 位显示数据。图 6-7 中源程序 3 为显示一行的程序部分,它与源程序 2 相比做了以下几点小的但对速度影响非常巨大的改进:

➢ 不再检测 SPI 传送是否结束的标志;
➢ 在送当前显示数据前启动下一次第一个字节的传送;
➢ 由于扫描线的长度是单元板的整数倍,所以在一块单元板的范围内用指令堆积而不使用循环；
> 在一次启动和读指令间的振荡周期数刚好大于一个字节 SPI 数据传送时间。

```
源程序3
unit_board_num=Screen_Length/64;        //计算单元板数量
for (Line=0;Line<=15;Line++)            //扫描0行至15行
{
    SPDR = ACC;                         //启动第1个字节的读
    for (i=0;i<unit_board_num;i++)      //列扫描
    {
        data_l=SPDR;                    //读初始第1个字节
        SPDR=ACC;data_h=SPDR;           //启动和读第2个字节
        SPDR=ACC;                       //启动读下一个数第1个字节
        PBYTE[data_l]=data_h;           //输出2个字节

        data_l=SPDR;                    //读第1个字节
        SPDR=ACC;data_h=SPDR;           //启动和读第2个字节
        SPDR=ACC;                       //启动读下一个数第1个字节
        PBYTE[data_l]=data_h;           //输出2个字节
        ...
        //     上述过程共重复64次
    }
    EN =1;                              //换行时暂时关显示
    P2=((P2&0xf0)|Line);                //选择显示的行
    RCK=1;                              //产生74HC959输出锁存信号
    RCK=0;
    EN =0;                              //开显示
}
CE=1;                                   //串行Flash片选无效
```

图 6-7 SPI 方式程序优化

通过上述的分析可知，利用 VRS51L3174 这样一类多 I/O 口 1 T 高速单片机同时输出 3 个字节可以增加扫描线的宽度，将有 3 个显示数据的 8 位字节分别对应于 16 位地址线的高低 8 位及输出的数据，使用 "MOVX @DPTR,A" 指令一次完成 3 个字节的显示数据输出。例如，采用 $\phi 5.0$ 的双色单元板组成的 LED 显示屏高度可达 1.5 m（6 块单元板），而水平方向宽度不小于 3.0 m（6 块单元板）。

6.1.2 显示数据存储在扩展的外部并行数据存储器中

如果显示数据存放在并行数据存储器中，一般地说显然其读速度大于从串行 Flash 读速度，但经过简单地分析后会有不同的结论。SST89E516 的 SPI 速度为时钟的 1/4，VRS51L3174 的 SPI 速度高达时钟的 1/2，现以 SPI 速度为时钟 1/4 倍频后 6 T 的 SST89E516 进行一下估计：执行 "INC DPTR"、"MOVX A,@DPTR" 及 MOV 输出端口，A 指令，其中前 2 条指令为双机器周期指令，最后一条为单周期。完成这 3 条指令共需 32 T 时间，而 SPI 每 4 T 时间传送一位，8 位也只需 32 T 时间。如果将输出指令安排在 SPI 传送期间二者几乎没有差别。因此要体现并行输出的优势必须对输出电路进行优化。在 6.2 节将就此问题进行深入的探讨。在这里需要特别指出的是单片机 SPI 时钟是单片机可程控 8 整数倍中最快的脉冲。这一点将在后面的设计中会反复用到。

6.2 利用单片机外部读写信号驱动 LED 显示屏

6.2.1 单片机外部数据存储器扩展

利用单片机外部读写信号驱动 LED 显示屏的基本电路如图 6-8 所示。与前面所讨论的电路大体上一致，只是扩展了一个 64 KB 的外部数据存储器。对于外部数据存储器的基本读写与一般单片机扩展系统完全相同，唯一的区别是，读外部数据存储器的读信号作为 LED 显示屏单元板的移位信号 SCK，这一点是整个控制电路的关键所在。它的设计理念是从外部数据存储器中读出的显示数据不经过 CPU 直接输出。单片机的读信号 RD 为低电平有效，单元板的移位信号上升沿有效，根据外部数据存储器的读时序可知：关断外部数据存储器的数据输出是需要时间的，当 RD 上升沿同时到达外部数据存储器 RD 端和移位寄存器组时钟端时，移位寄存器组会将外部数据存储器输出的数据移入移位寄存器组。因而达到不经过 CPU 而直接输出外部数据存储器中显示数据的目的。

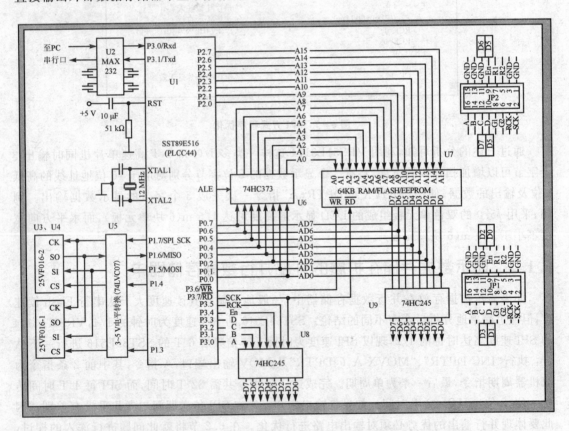

图 6-8 利用单片机外部读写信号驱动 LED 显示屏的基本电路示意图

图 6-8 中 U3、U4、U5 完成字库和显示数据的存储。如果外部数据存储器使用的是并行 Flash 或 EEPROM，则此时用外部数据存储器直接存储由 PC 经串行口传送的显示数据，可去掉 U3、U4、U5 进一步简化控制电路。输出一行显示数据的汇编例程如下：

```
        MOV DPTR,#行显示数据首地址
        MOV R0,#单元板数量
COL_LOOP:
        MOVX A,@DPTR
        INC DPTR

        MOVX A,@DPTR
        INC DPTR
        …

        ;共重复单元板长度64次
        DJZN R0,COL_LOOP

        ;…
```

从例程中可以计算输出一个8位显示数据只需要4个机器周期。既然采用12 MHz的非倍频标准51单片机所需时间为4 μs,设一场扫描时间为18 ms且忽略行间处理时间时,那么可显示LED屏水平方向的点阵数＝16 000 μs÷16行÷4 μs＝281点。如果采用6 T的SST89E516工作在20 MHz倍频下水平方向的点阵数可达833点。如采用的CPU为VRS51L3074,实测表明执行"MOVX A,@DPTR"和"INC DPTR"两条指令的时间为150 ns,水平方向的点阵数＝16 000 μs÷16行÷0.15 μs＝6 667点。可见高性能单片机的选用对系统性能的影响是巨大的。

6.2.2 多个外部数据存储器扩展

在实际应用中解决垂直方向扫描线不够的方法主要有3种:① 增加同时输出的I/O口数量。此时所有I/O口共用一个SCK和RCK信号。② 多个SCK信号共用1个I/O口。③ 使用1个I/O口、1个SCK信号,将多组扫描线串行级连。图6-9为这3种方法的工作原理示意图。

图6-9(a)为同时使用多RAM扩展I/O口,各RAM间的245用于RAM数据输出时数据间的隔离。特别是可以在同一地址线的控制下,完成多RAM同地址同时输出。图中未标明RAM和245的控制线,可根据需要需要自行设计。另外图6-9(a)中RAM3和RAM4块应重叠放置在RAM2块的位置以减少数据传输中的延迟。图6-9(a)的画法可更清楚地表明多RAM同时输出的情况。图6-9(b)是对应于一个端口有SCK1和SCK2两个移位信号。可按书上第5章奇偶地址存储不同扫描线组显示数据的方法加以实现。图6-9(c)为一个端口、一个SCK信号用单元板串行级连的方法扩展LED屏水平方向的高度。这种方法最大的优点是简单,最大的缺点是显示信息的水平移动和垂直移动时数据组织困难,很难保证显示数据的连续排列。如果显示信息不需要移动时这种扩展LED屏垂直方向高度的方法是最常用的。

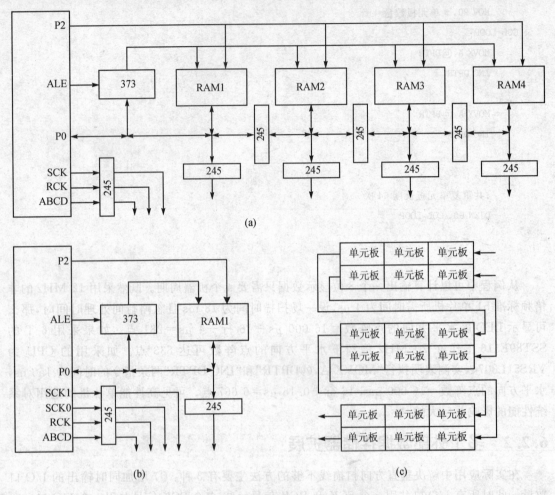

图 6-9　多 RAM 扩展 I/O 口连接示意图

图 6-10 为一个正在使用中的完整的多外部数据存储器扩展系统。其主要特点是：

- 39SF040 为 512 KB 的 Flash 存储器，用于存储显示数据，628128 为 128 KB 的 RAM。39SF040 的 512 KB 分成 4 块与 628128 的 128 KB 对应；
- 控制 U5(74HC245) 及 39SF040、628128 的片选分别对两者进行读写操作；
- 输出前将 39SF040 中 1/4 块复制至 628128 中；
- 输出时将 U5(74HC245) 关断，以 39SF040 显示数据所在的起始位置为起始地址。利用 "MOVX A,@DPTR" 和 "INC DPTR" 指令连续与 628128 同步输出 16 位数据；
- 输出时对 RD 读信号适当延迟，RD 上沿将输出数据先锁入 74HC273，延迟后的 RD 作为 SCK 将 74HC273 上锁存的数据移入单元板的移位寄存器组；
- 12C508A 为独立的单元板保护电路；
- DS1302 为实时时钟；
- 用串行口 RTS 控制整个系统的复位，同时为 IAP 电路提供上电时的同步。

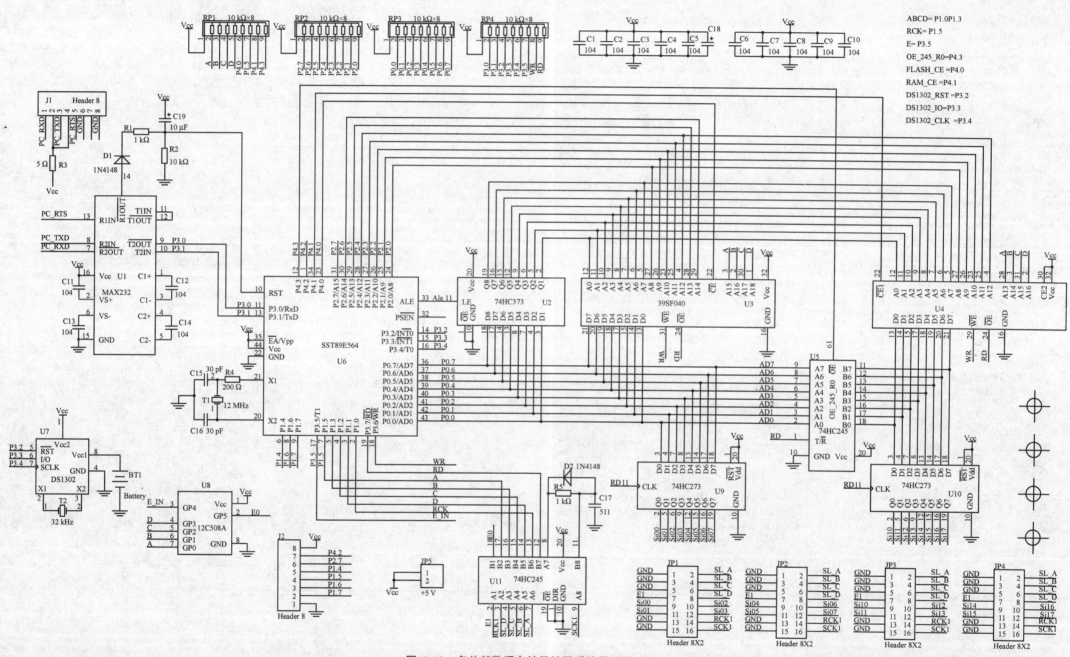

图 6-10 多外部数据存储器扩展系统原理图

图6-11为8位单片机扩展16位外部数据存储器的原理框图。其工作原理是利用P1.0对ALE信号进行控制,可将P0、P2口上的数据作为16位地址锁存,同时16位数据的读写也是通过P0、P2口完成的。这样在处理显示数据时直接以16位方式进行,而不是分成两个8位进行,可加速显示数据的处理。图中的16位地址锁存可用两片74HC373实现。ALE通过一个与门由P1.0控制。有一些单片机如SST89E516通过软件可直接控制ALE信号的有无,此时与门和P1.0都可以不用。

通过本节的分析与讨论可以得到这样一些有用的设计理念,单片机的读信号、写信号、ALE信号以及其他控制信号都是可以用于LED显示屏控制系统的设计的。至于具体如何使用,取决于所选用的单片机型号。在本节中用写信号直接输出显示数据;用读信号不经过CPU直接输出RAM中的显示数据;用ALE实现16位地址的锁存。单片机还有很多控制信号可用于LED显示屏的控制。在6.3节将介绍用SPI接口控制LED显示屏。

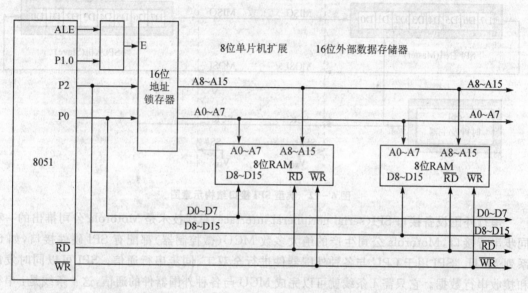

图6-11 8位单片机扩展16位外部数据存储器的原理框图

6.3 利用单片机 SPI 接口驱动 LED 显示屏

6.3.1 SPI 接口的特点

目前很多单片机都配置有 SPI、I²C 或 UART 等串行接口。SPI、I²C 及 UART 三种串行接口一般情况下速度最快的是 SPI。I²C 接口由于是二线协议速度很难超过 1 MHz/Bit，而 UART 工作在方式 0(8 位移位寄存器)时时钟速度为系统时钟的十二分之一($f_{osc}/12$)，而 SPI 接口时钟速度一般为系统时钟的四分之一($f_{osc}/4$)。典型的 SPI 接口结构如图 6-12 所示。

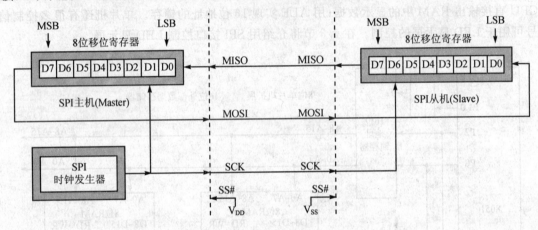

图 6-12 典型 SPI 接口结构示意图

串行外围设备接口 SPI(serial peripheral interface)总线技术是 Motorola 公司推出的一种同步串行接口，Motorola 公司生产的绝大多数 MCU(微控制器)都配有 SPI 硬件接口，如 68 系列 MCU。SPI 用于 CPU 与各种外围器件进行全双工、同步串行通信。SPI 可以同时发出和接收串行数据。它只需 4 条线就可以完成 MCU 与各种外围器件的通信，这 4 条线是：串行时钟线 CSK、主机输入/从机输出数据线 MISO、主机输出/从机输入数据线 MOSI、低电平有效从机选择线 CS。这些外围器件可以是简单的 TTL 移位寄存器，复杂的 LCD 显示驱动器，A/D、D/A 转换子系统或其他的 MCU。当 SPI 工作时，在移位寄存器中的数据逐位从输出引脚(MOSI)输出(高位在前)，同时从输入引脚(MISO)接收的数据逐位移到移位寄存器(高位在前)。发送一个字节后，从另一个外围器件接收的字节数据进入移位寄存器中。主 SPI 的时钟信号(SCK)使传输同步。

SPI 的主要特点有：
- 可以同时发出和接收串行数据；
- 可以当作主机或从机工作；
- 提供频率可编程时钟；
- 发送结束中断标志；
- 写冲突保护；
- 总线竞争保护等。

图 6-13 中还给出了 SPI 总线工作的 4 种方式及 SPI 总线接口的时序。SPI 模块为了和

外设进行数据交换,根据外设工作要求,其输出串行同步时钟极性和相位可以进行配置,时钟极性(CPOL)对传输协议没有重大的影响。如果 CPOL=0,串行同步时钟的空闲状态为低电平;如果 CPOL=1,串行同步时钟的空闲状态为高电平。时钟相位(CPHA)能够配置用于选择两种不同的传输协议之一进行数据传输。如果 CPHA=0,则在串行同步时钟的第一个跳变沿(上升或下降)数据被采样;如果 CPHA=1,则在串行同步时钟的第二个跳变沿(上升或下降)数据被采样。SPI 主模块和与之通信的外设的时钟相位和极性应该一致。

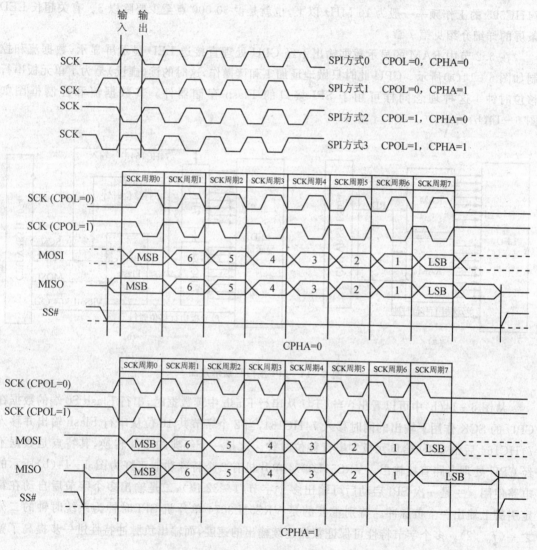

图 6-13 SPI 总线工作的 4 种方式及总线接口时序图

6.3.2 利用 SPI 接口驱动 LED 显示屏

从图 6-12 可以看出,SPI 接口的核心部分是 8 位串行移位寄存器,而 LED 单元板的最基本元件 74HC595 也是 8 位串行移位寄存器,因此适当地设计单片机 SPI 和 LED 单元板的连接可以高速地将显示数据传送到 LED 显示屏。显然将一个 SPI 器件对应于单元板的一条扫描线可最大限度发挥 SPI 器件的速度优势。对应于一个扫描线不多而每条扫描线又很长的情况下（超长 LED 条屏），使用一个 SPI 器件对应于单元板的一条扫描线可使输出速度高达系统时钟的四分之一（$f_{osc}/4$）或更高。而 SPI 接口的 Flash 存储器件工作速度更可达 50 MHz/Bit 以上，如只以 SPI 接口的 Flash 存储器件工作速度来计算：设一场扫描时间为 16 ms，在扫描模式为 16 时（1/16 扫描），输出一行的时间为 1 ms，则 LED 屏水平方向点数＝1 000 μs/(1/50 MHz)＝50 000 点。可以说是一个"超超"长的 LED 条屏，但这是不可能的，因为单元板中 74HC595 的工作频率一般为 16 MHz 以下，也就是说 50 000 点至少要除以 3。有关超长 LED 条屏的详细介绍见第 7 章。

在 6.2 节中 RAM 的显示数据输出不经 CPU 处理直接送 LED 显示屏显示，数据流和控制如图 6-14(a)所示。CPU 此时只做地址加 1 和读操作，这时的读（虚读）是为了单元板串行移位时钟。这种理念同样可用于 SPI 接口的 Flash 存储器件。其数据流和控制框图如图 6-14(b)所示。

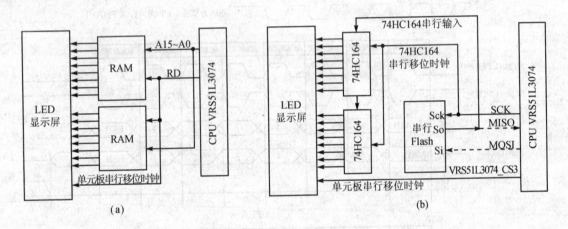

图 6-14 SPI 接口驱动示意图

从图 6-14(b)中可以看出：当 CPU 从串行 Flash 中读数据时，串行 Flash So 端的数据在 CPU 的 SCK 作用下输出的同时移入 74HC164，当 2 个字节共 16 位从串行 Flash 输出并移入 74HC164 后由 CPU 给单元板发串行移位时钟。这是一个经典的串并转换，其特点是数据不经 CPU 处理旁路直接输出。VRS51L3074 单片机有 2 个特殊功能正好为图 6-14(b)所示的电路使用。一是一次 SPI 启动后可输出多个字节（1～32 位），二是输出多个字节后自动在特定引脚上输出一个负脉冲。特别重要的是 VRS51L3074 单片机 SPI 时钟为系统时钟的二分之一（$f_{osc}/2$）。多个字节特性可保证数据连续输出的速度，而输出负脉冲特性进一步提高了整体程序处理的速度。

图 6-14(b)中串行移位寄存器使用的是 74HC164 而不是 74HC595 做串并转换，是因为 74HC595 多了向锁存器输出控制信号的步骤。可以选用其他带 SPI 接口的单片机作为控制芯片，但需要软件实现单元板串行移位时钟。不论控制电路为图 6-14(a)或图 6-14(b)中的哪一种，其前提是一行显示数据在存储器中连续排列。众所周知计算机中为加速数据传送一般采用 DMA 方式，而图 6-14(a)、(b)正是基于这样的理念设计的，让显示数据从存储器直接"DMA"到 LED 显示屏输入口。简单地说一切影响速度的环节

都应该想办法用硬件或软件的手段"DMA",软件手段"DMA"只有一个基本点就是在硬件允许的前提下,尽最大努力减少完成同一功能模块的指令执行时间。下面通过图6-15所示的电路加以说明。

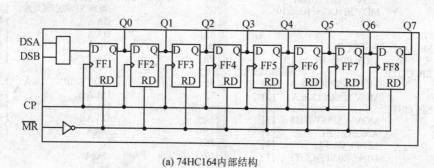

(a) 74HC164内部结构

(b) LED显示屏控制系统

图 6-15 74HC164 内部结构图

图 6-15(a)为 74HC164 内部结构图。图 6-15(b)为基于 SPI 串行 Flash 存储器旁路输出的 LED 显示屏控制系统。CPU 可选用 SST89E516 或 VRS51L3074。SST89E516 在倍频使用 18 MHz 晶振时 SPI 的 SCK 移位脉冲可达 9 MHz。而 VRS51L3074 在使用内部 40 MHz晶振时 SPI 的 SCK 移位脉冲可高达 20 MHz。对于 VRS51L3074 来说 P1.0 和 P1.1 为 SPI 的片选信号,P1.3 在传送 8 位后可自动产生一个负脉冲。所以使用 VRS51L3074 时只需对 SPI 接口配置后直接连续启动 SPI 输出即可。如果使用的是 SST89E516 只能以手动方式片选 Flash 存储器,输出一个字节后用软件产生 SCK 移位信号,此时 CPU 端 SPI 输出只是用于启动 SPI 传送,如果启动 SPI 传送的数据固定使用 0x80,在 MOSI 端将每隔 8 位输出一位高电平,这个信号可用于产生 SCK 移位脉冲。从图 6-12 可以看出启动数据 0x80 产生的脉冲发生在 SPI 传送的开始,故最后要启动一次 SPI 传送以保证最后一个字节被移入 LED 显示屏。有关 VRS51L3074 和 SST89E516 的 SPI 配置请查阅相关器件数据手册。图 6-16 是 VRS51L3074 连续传送一块单元板长度数据的程序模块。

```
01:        ;初始化VRS51L3074的SPI配置    (a)      01:        ;初始化VRS51L3074的SPI配置    (b)
02:        INIT:                                  02:        INIT:
03:              MOV SPICTRL,0x01                 03:              ;同左
04:              MOV SPISIZE,0x07                 04:              RET
05:              MOV SPICONFIG,0x10               SPI_OUT ;快速模式              [振荡周期]
06:              RET                              05:              MOV SPIRXTX 0,A        [3]
07:                                               06:              DA A                   [4]
08:        SPI_OUT: ;标准模式                     07:              DA A                   [4]
09:              MOV R0,#64H                      08:              DA A                   [4]
10:        SPI_OUT1:      ;      [振荡周期]       09:              DA A                   [4]
11:              MOV A,SPIRXTX 0        [3]       10:
12:              MOV SPIRXTX 0,A        [3]       11:              MOV SPIRXTX 0,A        [3]
13:        SPI_OUT2:                              12:              DA A                   [4]
14:              MOV A,SPISTATUS        [3]       13:              DA A                   [4]
15:              ANL A,#02H             [2]       14:              DA A                   [4]
16:              JZ SPI_OUT2            [4]       15:              DA A                   [4]
17:              DJNZ R0,SPI_OUT1       [5]       16:              ;...
18:              RET                              17:              ;共64次
                                                  18:              RET
```

图 6-16 VRS51L3074 连续传送一块单元板长度数据的程序模块

程序(a)中 SPI 的输出为标准循环查询模式。由于 VRS51L3074 的 SPI 输出速度设定为 20 MHz,在使用内部晶振 40 MHz 时一位的传送时间为 2 个振荡周期,8 位共需用 16 个振荡周期。程序(a)中第 12 行启动 SPI 传送后 14 行开始读 SPI 传送是否完成的状态。此时 SPI 传送显然没有完成,经 14、15、16 后再回到 14 行读 SPI 完成状态时最多经过了 12 个振荡周期,此时 SPI 传送还没有完成。只有第 3 次到 14 行读 SPI 状态时 SPI 传送肯定完成了。这时一个字节的传送时间 $=3+3+3\times(3+2+4)+5=38$ 个振荡周期,而 38 个振荡周期在程序 (b)中可以传送 2 个字节。程序(b)的"DA A"指令为延时指令,4 个"DA A"指令用时 16 个振荡周期,而且没有必要检测 SPI 状态,只要保证正确的 SPI 时序。程序(b)比程序(a)速度快一倍。图 6-16(b)中 CPU 采用内部晶振 40 MHz 的 VRS51L3074 水平方向的 LED 单元板,点数为 2 048(一场 16 ms),垂直方向的单色 128 双色 64 点。如果用 2 片 74HC164 级连,在垂直方向可以支持单色 256、双色 128 点,但水平方向支持的点数减为 1 024。

如果图 6-15(b)中 CPU 采用外部晶振 20 MHz 倍频的 SST89E516 其 SPI 输出速度只能到 10 MHz,再加上 SST89E516 为 6 T 单片机而 VRS51L3074 为 1 T 单片机,其综合输出性能最多到 VRS51L3074 综合输出性能的 40%。

6.4 单片机直接驱动 LED 显示屏应用实例

本节以单片机直接驱动 LED 显示屏为例,对前面章节所提到的数据组织、程序优化做小结。

如图 6-17 所示,硬件电路部分采用最简单的"单片机最小系统+08 接口+LED 显示屏"组成。其中单片机采用 SST89C58,工作频率为 12 MHz,LED 显示屏为一块通用室内双基色单元板。该电路为最简 LED 显示屏工作系统,适用于小型 LED 显示系统,具有显示效果丰富、成本低廉、易于控制等优点,该系统现已在实际应用项目中通过测试。

如图 6-17 所示,设定显示区域 4 倍于显示屏,即 $D_w=2\times L_w$,$D_h=2\times L_h$,其余参数定义见程序(LED 屏和显示区域参数与第 4 章中符号定义相同)。下面例 1 中给出的程序可以完成 LED 显示屏(图 6-18 中灰色区域)在显示区域 ACIG 中垂直、水平、对角移动这些功能,已在 Keil μVision3 的 3.03 版本中编译通过。其中最重要的函数是 void display( ),它包括了对

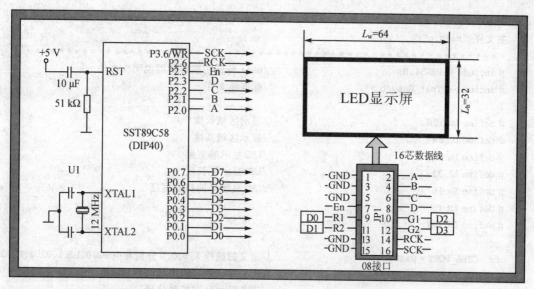

图6-17 单片机直接驱动LED显示屏连接示意图

存储器的访问、数据输出、显示控制这3大功能。对于存储器的方法完全根据第5章数据组织中的公式而来,因此数据查找详细分析见第5章。该函数的执行效率直接关系到显示屏的显示效果,所以必须对它进行最大程度的优化。若读者需要详细的优化分析过程,请将例1编译后反汇编,再参照本章第1节即可明白。

整个LED显示屏组成仅用一块双基色单元板,所以如图6-17所示,数据口P0仅用P0.0～P0.3四条I/O线对应输出D0～D3,因此实际生成数据只有低4位有效。为便于读者理解、修改和测试数据,故设置显示区域所有文字为黄色,例如当上半屏某像素点点亮为黄色时,该点绿色和黄色LED必然同时点亮才能混合显示黄色,所以R1和G1数据线上对应的数据必须同时

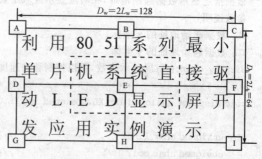

图6-18 显示区域示意图

置1,存储器中数据为"0xF3"。如果读者希望验证某点或整个数据显示区域显示内容是否正确,只需要按照第5章中数据组织方法找出对应字节,修改对应红、绿扫描线的数据位即可实现所希望显示的效果。

由于显示区域数据较多,因此对例1中数组Dispaly_Font进行压缩。如图6-17所示,该系统只使用D0～D3,四条数据线,所以显示区域数据高4位为无效数据,可以用任意数据替换,按照一般编程习惯,可以采用"F"替换高4位。数据扩展方法为:每个十六进制数对应扩展为原数据低4位,例如"5",扩展后应该为"0xF5,"。注意编译前必须去掉最后一个数据后面的逗号。建议使用UltraEdit软件的列操作功能进行修改。

【例1】:

```
//******************************************************************
以下为工程主文件和数据文件,注意测试时请包含数据文件<Test_Data.c>
*******************************************************************//
```

```c
//****************************************************************
主文件<main.c>
****************************************************************//
#include <REG51.H>                       //8051特殊功能寄存器说明头文件
#include <Test_Data.c>                   //标准库文件

#define Dw 128                           //显示区域长度
#define Dh 64                            //显示区域高度
#define Lw 64                            //LED显示屏宽度
#define Lh 32                            //LED显示屏长度
#define Sw 16                            //LED显示屏的扫描宽度
#define EN_ON    1
#define EN_OFF   0

sfr  CTRL_PORT = 0xa0;                   //定义扫描线A、B、C、D分别对应P2.0、P2.1、P2.2、P2.3
sfr  DATA_PORT0 = 0x80;                  //定义并行数据输出端口为P0口
sbit E = P2^5;                           //定义显示允许控制信号
sbit RCK = P2^6;                         //定义74HC595锁存信号
sbit SCK = P2^7;                         //定义74HC595移位信号
//****************************************************************
显示核心程序
功能：
根据指定显示数据起始地址，在对应显示区域中查找数据，并完成一屏数据输出显示
参数说明：
XL：数据起始地址的x坐标
YL：数据起始地址的y坐标
display_count：每屏显示次数，可以控制移动速度，数值越大单屏显示时间越长，移动速度越慢
****************************************************************//
void display( unsigned int XL,unsigned int YL,unsigned int display_count)
{
    unsigned char line;                  //扫描线循环选择变量
    unsigned char col;                   //控制横向移动长度变量
    unsigned char code * ram_point;      //显示数据访问指针
    unsigned int k,ram_begin_addr;       //数据起始地址
    for(k = 0;k<display_count;k++)       //单屏循环次数控制
    {
        for( line = 0;line<Sw;line++ )   //扫描行循环控制
        {
            ram_begin_addr = Dispaly_Font;
            ram_point = ram_begin_addr + YL * Dw + XL + line * Dw;   //数据查找
            E = EN_ON;                   //开显示
            for(col = Lw;col>0;col-- )   //每次循环完毕即送出完整一行数据到
                                         //74HC595移位寄存器
            {
                DATA_PORT0 = * ram_point;
                ram_point++;
                SCK = 0;SCK = 1;         //74HC595移位寄存器信号
            }
```

```c
            E = EN_OFF;
            RCK = 0;RCK = 1;              //74HC595 锁存信号
            CTRL_PORT = CTRL_PORT&0xe0;
            CTRL_PORT = CTRL_PORT|line;   //选择扫描行线
        }
    }
}
void main(void)
{
    unsigned int XL,YL,count = 80;
    display(0,0,3000);
    while(1)
    {
        for (XL = 0;XL<Dw/2;XL ++ )        //水平右移,从 ABED 区域,向 BCFE 区域移动
            display(XL,0,count);
        for (XL = Dw/2;XL>0;XL -- )        //水平左移,从 BCFE 区域,向 ABED 区域移动
            display(XL,0,count);
        for (YL = 0;YL<Dh/2;YL ++ )        //垂直移动,从 ABED 区域,向 DEHG 区域移动
            display(0,YL,count);
        for (YL = Dh/2;YL>0;YL -- )        //垂直移动,从 DEHG 区域,向 ABED 区域移动
            display(0,YL,count);
        for (XL = 0;XL<Lh;XL ++ )          //对角线移动,从 ABED 区域,向 EFIH 区域移动
            display(XL * 2,XL,count);
        for (XL = Lh;XL>0;XL -- )          //对角线移动,从 EFIH 区域,向 ABED 区域移动
            display(XL * 2,XL,count);
        for (XL = Lh;XL>0;XL -- )          //对角线移动,从 BCFE 区域,向 DEHG 区域移动
            display(XL * 2,Lh - XL,count);
        for (XL = 0;XL<32;XL ++ )          //对角线移动,从 DEHG 区域,向 BCFE 区域移动
            display(XL * 2,Lh - XL,count);
    }
}
//*************************************************************
数据文件<Test_Data.c>
//*************************************************************
//*************************************************************
显示区域数据,共计 6144 个十六进制数据
数据替换方法:
将"F"、"A"、"5"、"0",分别依次替换为"0xFF,"、"0xFA,"、"0xF5,"、"0xF0,",去掉最后一个数据后面的逗号即可编译
//*************************************************************
unsigned    char code Dispaly_Font[128][48] = {
FFF5FFFAFFF5FAFFFFFFFFFFF5FFFAFFFFFF5FFFFFFFFFFFFFFFFFFFFFF555FFF
FFF5FFFF5FAAAFFFFFFFFFF0FFFFFAFFFFF0AAAA0AAAFFFFFFFF5FFAFFFFF5FF
FFFF5AAAAF5FFAFFFF0AAAAA0AAAAAFFFFF5FFFFFFF5FFFFF555555555FFFFFF
FAA0AAAAA0FFFFFFFAAAAAA0AFFF5AFFFFF0FFFFF5FA5FFF555555F05555555F
FAAAA0FFF5FF5AFFFF0FFFFA5FFFAFFFFAA0AAF555000FFFAAAAA0AFFFFAAFFF
FF5FFAFFF5FF5FFFF5505555550550FFFFF0A000000055FFFFFF5FF0FFFFFFFF
```

```
FF555055550550FFFF0FFFFA5FFFFAFFFAAF5FAA5FAA5AAFFAAFFF5FFFFA0AFFF
FF5FF055555055FFFFFAFFF5FFAFFAFFFFF0FFFFFFFAFFFFF5FF5FF0F5FFF5FF
FF5FFAF5FFAF5AFFFF0FFFFA5FFFA5FF005550A5AAF5FAAFAAFF5FFFFA0AAFFF
F5FF0FFF5FAFFFFFFFAAAA0FFA5FAFF555000A0AAA0FFFFF5FF5FF0F5FFF5FF
FF5FFAF0FFAF5AFFFF0000000000055FAAF5FAA5AAF5FAAFAA55555555FAAFFF
55000AA0AAF5FFFFFFA5555055055AFFFFF5FFFF5F5FFAFFF5FF5AF0FA5F5FFF
AA00000005055AFFFF0FFFFAFFFFAFFFFA00AAF5AAF0FAAFAAAAAF5FFFAAFFF
FFF5FF5AFFFF5FFFFFA5FFFAFFA5FAFFAAA0A000000000AFF5FF5AF0FF0F5FFF
FF5FAAF5FFAF5AFFFF0FFFFAFFFFAFFFAA555AA5AAF0FAAFFFFFFA0FFF5AAFFF
FF5FF505550555FFFAF055055505FAFFFFA55FAF5FFFFFFFF5FF0FF0FFF0FFFF
FF5FAAA5FFAF5AFFFF05555055FFAFFFA0F5F0A5AAF5FAAFFFFFF0AFFFF0AFFF
F5FFFAF5FF5AF5FFAFF5AFAFFFA5FAFFFF00AAAA0AAAA0FFF55505F0FFF5AFFF
FF50505005055AFFFF0AAAAAA0AAAFFFA0F5FAA5AAF5FAAFFF55500555500FFF
55000AA0AA0AFFFFFFF550555505FAFF55A555050555505FFFFAF5F0FF5F5AFF
FF5AFAF5AFAFFAFFFF0FFFFAF5FFAFFF0AF5FAA5FAA5AAFFAAFFFAA5FFFA0FFF
F5FFFFF0FF5FAFFFFFF5FAFFFFA5FAFFFFA0AAAF0FF5AFFFFFAFF5F0FF5F5AFF
FFAFFAF5FFAFF0FFFF0FFFFAF5FFAFFFFAA0AAF5FFA0AFFFFAAA0AF5FA0AAAAF
FFFFAFF0FF0FFFFFFFF505555505FAFFFFA5FFA5FAF0FFFFFAF555F0F5FFF5FF
50555055555505FFF0FFFFAF5FFAFFFFFF5FFF5FFF5FF5FFFFF5FF5FFF5FFFF
FFF50F5AFF5AFF5FFFF0FFFFFFF5FAFFFFA0AAAF5F0FFFFF555FF5F05FFFF5FF
FFFFFAF5FFFFFAFFFA5FFFFAF5FFAFFFFFF5FF5FFFF5FF5FFFF5FFF5FFFF5FFF
555AFF5AFF5FAF5FFFA5FFFFFFF5F0FFAAA5FFAFF05AAFFFF5FFF5F0FFFFFFFF
FFFFFAF5FFFAFAFFF0FFFFFAF5AFAFFFFFF5F5FFFFFF555FFF5FF5F5FFFF5FFF
F5AFF0FAFFF5055F505555555550505FF5F5FFAF0FF50AAFFFF5F0F05555555F
FFFFFAF5FFFFAFFF0FFFFFFFF5FAFFFFFFF55FFFFFFFFFFFFFFFFF5FFFFFFFFF
FFFF5AFFFFFFFFFFFFFFFFAFFFFF5FFF00FFFF5AFFFFFF5FAFFFFFFFFF
FFFAFFFFF5AFFFFFFFFFFFFAFFFFFFFFFAFFFFFFFFFFFFF5FFFFFFAAAFFF
FFF0FFFFAFFFFFFFFFFFF5FFAFFFFFFFFFFFA5FFFAFFFFFF5FFFFAFFFFFFFFAFF
FFFF0FFFF5AFFFFFFAFFFFAFFFFFFFFFAFFFFFFF0555550000AAAAA555555
55505FFFFA555555555555FAF5550555555055FFFAF5AFF5AA0AAAFAAAAAAAF
F55550FFF0FFAFFF5505FFFF0555555F55505FFAAAA0AFFFFFF5FAFFFFFFFFF
FFAFFFFFFA5FAFFFFAAA0AAAAAA0AFFFF5AFAAAAAA0AAF5FFF5AFFAFFFFFFFF
FFAAAAAAA0AAA0FFF50FFFFFA55FF55FF55A55FAFFF0FFFFFFF5FAFFFFFAFFFF
FFAFFAAAAA0AAAFFFFFF5FFAFFFF5FFFFF5AFFFFF5FFFF5FAFFA5FAFAFFFAFF
FFAFF5F05555055FF50FFFFFA55FFA5FA00AA05AFFF055555555AFFFFFAFFFFF
FAFFAFFAF55555555555FFAFFFA5FFFAA0AAAFAF55055550055AFAFFFAFF
5505555AF5FFA5FFF50AAAAAA00A0AAFF55AF55AFFF0FFFFFFA0AAAAAAFFFFFF
AAAAA5FAFF5AFF5FFF5AAAAAAAAA0FFFFF5AFFFFAFAFFF5FFAFFAFFAFFAFAFFF
FFA0AAAAA0AAA5FFF50FFFFFF5555FFFF50AF55AFFF0FFFFFFF5FFFA55555555
5550550FFF5AFF5F5FA5FFFFFFA5FFFFF5AF0AAAAAAA5FFAFFAFFAFFAFAFFF
FFA5FFFAF5FFA5FFF50FFFFFF55F5FFFF50AA55AFFF055555555FFAFFFAFFFF5
FFAFFAAAAA0A0055555000AA000055555550055FAFFFF5555055AFFAFFFAFFFF
FF0FFFFAF5FFA5FFF50AAAAAA05FFFFFF05AF05AFFF0F5FFF5F5FAFFFFFAFFF5
FAFFFFFFAFF0FFA5FFF5AFFFFFFFA5FFFFF0AFFFFAFFFF05FFAA0AAFAFFFAFFFF
FF0AA0AAA0AAA5FFF50FFF5FF05FFF5FF05AF55AF5FAF5FFF5AAA0AAAAAA0FF5
AA0AAFFAFF0FFF5FFF5AA0AAAAA5FFFAA5AAAAAAAAA0A0FFF5FAFAFFAFAFFF
F5AFFF5A5FFFF5FFF50FF55FF05FF55FA55A55FAFF50F5FFF5FF55FAFFFF50FF5
FAF55FFAFF0555555550555FFFFA5FFFFF5AFFFFAFFA5FF5F5FFFAFAFFAFAFFF
```

```
5555555A5FFFF0FF5505555F5055555F55505FFAFFF0F5FFF5F5AFFAFF0FFFF5
FFFF55FAFF0FFF5FFF5AAAAAAAAA5FFFFF5AFFFAFFF0FFFF5FFAAAFAFAFFFAFF
A0AAAAA0AAAAA0AFFFAFFFFFFAFFFFFFFFFAFFFAFFFAF5AFF5FFAFFAF5FAFFF5
FFFAA5AFFF0FFF0FFF5AFFFFFFF0FFFFFF5AFFFFAF0FFFF5A0AFFAFAAFFFFAFF
FFFFFFF0FFFFF5FFFFAFFFFFFAFFFFFFFFFAFFAFFFFAF5AFF5FAF5FAFFFFAFF5
AAAFFFAFF5AFFF0FFF5AFFFFFFF0FAFFFF5AFFFFF0AFFF5FFA55FAFAFFFFFFFF
FFFFFF5AFF5F5FFFFAFFFFFFFAFFFFFFFFFAFAFF5555000555505505AFFFFA5F5
FAFFFAFF5FFAA0AFAA0AAAAAAA0AAAAFFA5AFFFF0FFA05FFFFFA505AAAAAAAF
FFFFF5FAFFF5FFFFAFFFFFFFFAFFFFFFFFFAAFFFFFFFFFFFFFFFFFAFFFFFFF5F
FFFFAFFFFFFF5FFFFF5FFFFFF5FFFFFFFF0FFFAAFF55AFFFFFFFA5FFFFFFFFF
FFFFFFF5FAFFFFFFFFFFFFFFFFF5FFFFFFFFF5FFFFFFFFFFF0FFFFFFFFF5FF
F5FAFFFF5FFFFFFFFFFAFFFFFF5FFFFFFFFAFFFFFFFFFFAFFFFFFFFFFFFFFF
FFFFAFFF5AFFF5FFFF555555555555FFFFFFFFF5FFFAAAAAAAAA0AFFFF5AAA0AA
AA0AAFFFF5AAAAAAAA0000550000AAAAAAAAAFFFFAFFFAFFAFFFFFFFFFFFF
FA000055505555 5FAA0AFFF5AAAA0AAFA000055555550555FFFF05555555FF5FF
FF5F5555505555FFFFFAFFFFFFFAFFFFFAFFFFFFFFFAFFFAFFFAFFFFFFFFFFF
FF5FFFFFFAFFFAFFFA0FFFF5FAAF5AAFF0AF0AFFFFFAFF5FFF5AFF5FFFFFF5FF
FFFF5FFFFFAFFF5FFFFFAFFFFFFFAFFFFFAFFFFFFFAFFFFAFFFFFAFFFFFFFFF
FF5FFAF0AAAAA0AFFA0FFFF5FAAF5FAF5AAFF00F5FFAA0AAAA0AFF5FFFF5F5FF
5FF5FFFFFFAAA0AAAAAAAFFFFFFFAFFFFFAFFFFFFFAAAAAAAAAAAAAAFFFFFFFF
AA0A0AAF5AFFF0FFFA05555550050FFFFAAFFA0F5FFAFFFFF55AF55555F5F5FF
F55FF055550555AFFFAFFFFFFFFFFA5FFFFAFFFFFFFFFFFFAFFFFFFFFFFFFFFF
FF5AF5FF5AFFF0FFFA0FFFF5FAAA0FFFFAA5FAAF5FFAFFFF5F5AF5FFA0A0A0AA
AA0AAAAFF5AFFFFA505505555555055FFFAFFAFFFFFFFFAFFFFFFFFFFFFFFF
FF5AF5FFF0FF5AFFFA0FFFF5FAAF0FFFFAAF50AF5FFAAAAAAA0A5FFFF5F5F5FA
FFFF555555050 0AAAAAAAAF5AAAAAAAAAAAAAAAAFFFFFFAAAAAAAFFFFFFFFFFF
FF0FFF5FF0FF5AFFFA0FFFF5FAAF5FFFFAAFF0AF5FFAF0FFFA50F5FF5FF5F5FA
FFF5F5FFF5AFF5AFFFAFFFF5FFFFAFFFFFAFFFFFFFFFFFAAFFFFAFFFFFFFFFFF
FF0FFA5FF0FF5AFFFA0555055005 5FAF5005500550555 05FFA5FFA5F5FF5A5FA
FF0FF555550555AFFFAF5AF5FF5FAFFFFFAFFFFFFFFFAFAFFFAFFFFFFFFFFFF
FA5FFF0FAFF5FAFFFA0FFAA5FAAF5AAFFAAFAAF5FFAAFAFFFA5FAAF5FFF0A5FA
555AA5FFF5AAA0AAAAA00AA5FFF50FFFFFAFFFFFFFFFFAFFAFAFFFFFFFFFFFFF
AA0AAA0FAFF5FAFFAA0AAAA5AAAA0AAFAAAAAFF5F5FAFAFFFA5AFF5FFFAFF5FA
FF5FA055550555AFFF0FFFF5FFFF05FFFFAFFFFFFFFFAFFFFAFFFFFFFFFFFFFF
F0FFFFFAFF5FFAFFFF5FFFF5FFFF5FFFFFFFFF5FFF5FFAFFFA5FF5FFFAFFF5FA
FF5FFAFFFFAFFFAFF5AFFFF5FFFAF5FFFFAFFFFFFFFAFFFFAFAFFFFFFFFFFFFF
F5FFFFFAF5FFF0FFF5FFFFF5FFFF5FFFFFFFFF5FFFFF5FAFFFA5F5AFFFFFFF5FA
FF5FFFF5FAF5FFAFFFAFFFF5FFFAFFFFFFFAFFFFFFFAFFFFAFFFAAFFFFFFFFFFFF
5FF555055505055FF5FFFFF5FF5F5FFFFFF55FFFAAAA00AAAA0AAAAFFFF5F0FA
FF5FFF55AFFF50FFFFAFF5F5FFAFFFFFFFFAFFFFFAFFFAAFFFFFFFAAAFFFFFFFFF
FFFFFAFFFFFAFFFF5FFFFFFFFFF5FFFFF55FFFFFFFFFF5FFFF5FFFFFFFFFF5FAF
FF5FF5FFFFFFA5FFFFAFFF5FFAFFFFFFFFFAFFFFFFFFAAFFFFFFFFFFAFFFFFFFFFF
}
```

第 7 章

单片机扩展外部地址计数器驱动大型 LED 显示屏

7.1 单片机访问外部数据存储器时间上的限制

前面曾经利用单片机外部数据存储器数据不经 CPU 直接输出到 LED 显示屏上的方法，使显示数据输出的速度大幅度提高。但是使用 RD 信号直接替代单元板移位信号 SCK，并同时从软件上取消循环，也必须执行下列 2 条最基本的指令：

```
INC DPTR
MOVX A,@DPTR
```

而这 2 条指令都是 2 个机器周期的指令，共需要 4 个机器周期的执行时间。即使采用目前最快的 1 T 单片机 VRS51L3074 也只能达到在 150 ns 内完成上述 2 条指令。而 SST89E516 这样的 6 T 单片机在 18 MHz 倍频的情况下要完成上述 2 条指令需要 1.33 μs。为了今后便于讨论问题，以 1 μs 处理一个字节所能达到的扫描线长度进行一下估算：扫描线长度＝18 ms(一场时间)÷16(行)÷1 μs (一个字节处理时间)＝1 125 点。为了方便今后的计算取 1 024 点。此时对应的刷新频率为 61 场/秒。如果想达到 120 场/秒，则每个字节的输出时间必须限定在 0.5 μs 以内。这 2 条指令是利用单片机提供的访问外部数据存储器功能必不可少的指令，解决的办法只有一个，不用单片机提供的访问外部数据存储器功能和指令，添加适当的硬件完成这 2 条指令的功能。这个适当的硬件只能是外部地址计数器。首先地址计数器是具有地址"INC DPTR"加 1 的功能；其次在完成 RAM 读数据"MOVX A,@DPTR"时，必须充分考虑 RAM 读信号与地址计数器加 1 计数脉冲间严格的时序关系。由于地址计数器工作的频率很高，必须考虑计数器的延迟问题。因此解决的办法是：

① 地址计数器输出端与 RAM 地址线直接连接。
② RAM 的片选和读信号始终有效。
③ 在计数脉冲的上升沿使地址计数器加 1。
④ 在计数脉冲的上升沿和计数脉冲的下降沿间等待地址稳定及 RAM 输出稳定。
⑤ 以计数脉冲的下降沿为 SCK 移位脉冲将 RAM 输出的显示数据移入 LED 单元板。

基于上述 5 点，地址计数器驱动方式原理框图如图 7-1 所示。如果此时的计数脉冲使用某个引脚用 SETB 位和 CLR 位实现，则只需 2 个机器周期的执行时间就可以完成，比执行"INC DPTR"和"MOVX A,@DPTR"2 条指令速度提高了一倍。单片机中有没有更快的可用于计数的脉冲呢？在 51 单片机中有以下几个引脚可以产生脉冲：ALE,RD,WR,PSEN,I/O

单片机扩展外部地址计数器驱动大型LED显示屏

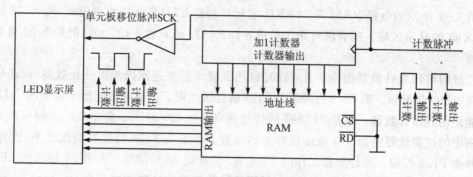

图 7-1 地址计数器驱动方式原理框图

引脚,串行口,I^2C,SPI,PWM。

一般情况下,SPI 时钟速度最快,可达 $f_{osc}/4$。SPI 时钟的特点是一次发 8 个脉冲,由于单元板中移位寄存器组使用的基本单元是 74HC595,因此一个单元板水平方向的点数是 8 的整数倍。故 SPI 时钟信号用于硬件地址计数器的计数脉冲正合适。图 7-2 所示是一个完整的由硬件地址计数器为核心的 LED 显示屏控制电路。RAM 大小的选择取决于 LED 显示屏显示区域的长度。在只考虑水平移动的前提下有:

$$RAM 的容量 = 显示区域的长度 \times 16(扫描行数)$$

即:

$$显示区域的长度 = RAM 的容量 \div 16(扫描行数)$$

$$显示区域的高度 = 8(RAM 的位数) \times 16(扫描行数)$$

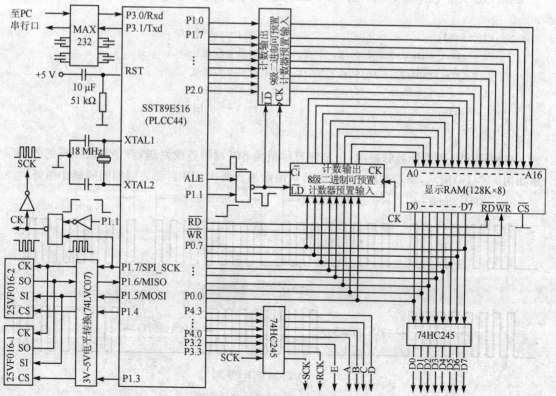

图 7-2 SPI 工作模式连接示意图

图 7-2 所示的电路 RAM 为 128 KB,它可控制的 LED 显示屏为单色 8 192×128 或双色 8 192×64 的显示区域。或者说可用于单色 8 192×128 或双色 8 192×64 的静态 LED 显示屏的控制。

二进制可预置计数器组由 5 片 74F193(可预置 4 位二进制同步可逆计数器)级连构成二进制同步加法计数器。图 7-3 为两级 74F193 级连接线图。由于速度问题不能使用 74HC193,更不能使用异步计数器。单片 74F193 的计数频率可达 120 MHz。低 8 级二进制可预置计数器在图中的位置恰好是原 373 地址锁存器的位置。由于 74F193 的置数端低电平,故将 ALE 取反并由 P1.1 控制。当计数器工作时 P1.1 置"0"封锁 ALE 信号。由 P1.7 输出的 SPI 时钟信号也受 P1.1 控制,反向后作为二进制可预置计数器组的计数脉冲。当 P1.1=1 时,低 8 级二进制可预置计数器作为低 8 位地址锁存器 373 使用,此时高 9 级二进制可预置计数器在 ALE 的作用下成为高 9 位地址锁存器。锁存 17 位起始地址的 C51 函数如下:

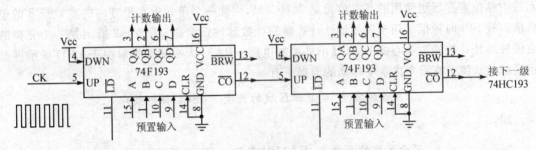

图 7-3 两级 74F193 级连接线图

```
Void XRAM_Addr_Out(unsigned long start_addr32)//计数器预置 17 位地址(A16~A0)
{
    P1| = 0x02;                              //P1.1 = 1 开放 ALE
    P0 = start_addr32&0x000000ff;            //送低 8 位地址
    P2 = (start_addr32>>8)&0x000000ff;       //送高 8 位地址
    P1| = (start_addr32>>16)&0x00000001;     //送 A16 到 P1.0
    P1& = 0xfe;                              //P1.1 = 0 关闭 ALE
}
```

在使用 SPI 作为计数脉冲时,一定注意尽量使 SPI 时钟连续发送,程序需要实现的效果应是如图 7-4(a)所示,而不是图 7-4(b)所示的结果。两次 SPI 启动之间的间隔越小越好。

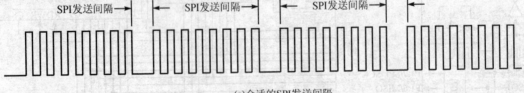

(a)合适的SPI发送间隔

(b)过大的SPI发送间隔

图 7-4 SPI 启动之间的间隔

下面是基于一块单元板利用 SPI 时钟作为计数脉冲的完整显示程序实例:

```c
void display(unsigned long display_data_begin_addr)    //显示程序
{
    unsigned char data temp_line;
    unsigned int data k;
        unsigned char data i,unit_board_num;
        unit_board_num = Lw>>6;                         //计算单元板数量
        for( temp_line = 0;temp_line<Sw;temp_line ++ )
        {
          E = 1;                                         //开显示
            for(k = 0;k<display_speed;k ++ )             //行间延时
            {
                _nop_();
            }
            XRAM_Addr_Out(display_data_begin_addr);
RAM_MODE = 0;                                            //P1.1 = 0
P0 = 0xff;
RAM_RD = 0;                                              //P3.7 = 0;
        for( i = 0;i<unit_board_num;i ++ )//按单元板数循环送显示数据
        {
                SPDR = 0;P0 = 0xff;          //对应的汇编代码为"mov SPDR,#0"和"mov P0,#0ffH"
                SPDR = 0;P0 = 0xff;          //"mov SPDR,#0"和"mov P0,#0ffH"均为 2 个机器周期指令
                SPDR = 0;P0 = 0xff;          //P0 送 0xff 是为了保证 RAM 输出时不被拉成低电平
                SPDR = 0;P0 = 0xff;
                SPDR = 0;P0 = 0xff;
                SPDR = 0;P0 = 0xff;
                SPDR = 0;P0 = 0xff;
                SPDR = 0;P0 = 0xff;
        }
        RAM_RD = 1;RAM_MODE = 1;
        E = 0;                                           //关显示
        LED_RCK = 0;                                     //输出锁存
        LED_RCK = 1;
        CTRL_PORT = temp_line;                           //扫描行选择送 LED 显示屏
        display_data_begin_addr = display_data_begin_addr + (unsigned long)(Dw);
                                                         //加显示数据行间偏移量
if(recv_end = = 1)                                       //如果有串行口接收数据时退出显示
        return ;
        }
}
```

在循环中共启动了 8 次 SPI 传送,每次 4 个机器周期。但却向 LED 显示屏发送了 8 个字节的显示数据,比不加硬件地址计数器时使用"inc DPTR"和"movx A,@DPTR"时输出速度提高了 8 倍。在使用 SST89E516 倍频 18 MHz 时,SPI 时钟速度为 9 MHz,图 7-4 所示电路在上述显示程序的驱动下水平方向扫描线长度可高达 6 400 点以上而刷新速度不低于 60 MHz。

提高 SPI 时钟速度可进一步加长 LED 显示屏的水平长度,但 RAM 的容量也要同步增大。换一个说法,图 7-4 所示电路可驱动水平方向 100 块单元板、垂直方向双色 2 块单色 4 块即由 200 块双色单元板或 400 块单色单元板构成的 LED 显示屏。对于 $\phi 5.0$ 的单元板,大概 8 块/m²,即使按 200 块双色单元板计算也有 25 m²。74F193 的成本不到 2 元,加硬件地址计数器后图 7-4 所示电路总成本在 80 元左右,因此单片机加少量的硬件构成的 LED 显示屏控制系统具有广泛的应用前景。

7.2 利用单片机多 RAM 技术驱动大型 LED 显示屏

7.2.1 并行 RAM 方式

在 7.1 节中使用单 RAM 加硬件地址计数器的方法使扫描线的长度达到 6 400 点,但垂直方向即使是单色也最多只有 $8 \times 16 = 128$ 点,要想增加垂直方向的点数,可采用多个 RAM 在一个硬件地址计数器的作用下,同步输出的方法加以解决。

1. 并行 RAM 方式硬件设计

并行 RAM 方式可以增加 LED 显示屏垂直方向的点数。采用 8 位数据口 RAM,在不考虑 LED 屏连接数据线折回和分时送 SCK 信号的情况下,每块 RAM 只能支持双色屏垂直方向 64 个点。每增加一块 RAM,就可以在垂直方向增加 64 个点。采用并行 RAM 方式硬件设计如图 7-5 所示。

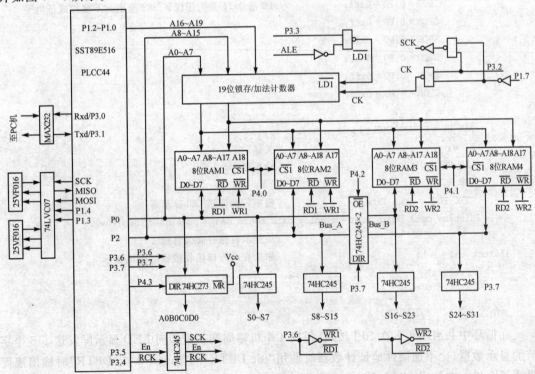

图 7-5 并行 RAM 方式硬件电路示意图

图 7-5 为一个完整的基于硬件地址计数器的多 RAM 同步输出 LED 显示屏控制系统。此控制系统现控制一个 φ3.7 双色大小为 3 840×256 点实际 LED 显示屏,单元板数达到 60×8＝480 块。由于该 LED 显示屏用于铁道信号实时显示,在显示的同时还要接收、处理和更新显示。在每输出一行显示数据并显示后,还有 40% 左右的空闲时间用于接收、处理和更新显示数据。下面就这个控制系统设计上的一些考虑进行简要的说明。

- 首先由于需要位控制的引脚太多,采用了 PLCC44 封装的 SST89E516 作为控制单片机;
- 将系统设计成 16 位总线以减少 74HC245 隔离总线开关;
- 由于有 4 块 RAM,所以将读写信号设计为高低电平有效,将行选择线设计为由 74HC273 锁存输出,用 P4.3 控制行选择线 ABCD 的锁存;
- RAM 设计为 512K×8 的 35 ns 高速静态 RAM,但考虑兼容 128K×8 和 256K×8 的小容量 RAM,RAM1 和 RAM3、RAM2 和 RAM4 的最高两位地址交换后可作为小容量 RAM 的片选线。

如果使用单片机为控制核心,多 RAM 加硬件地址计数器是单片机驱动大型 LED 显示屏的唯一选择,计数脉冲由 SPI 时钟提供基本上也接近 LED 单元板中 74HC595 的工作频率上限。图 7-5 所示 LED 屏控制电路在实际应用中虽然在每输出一行显示数据并显示后还有 40% 左右的空闲时间,但由于单片机的处理能力和速度有限,处理大量的数据还是很吃力的。作者认为由单片机加硬件地址计数器只做显示数据的输出已经可以满足大型 LED 显示屏对显示效果的要求。因为 9 MB/秒的传送即使对 DSP 来说也是一个不慢的速度,更何况还有 LED 单元板中 74HC595 对移位速率的限制。因此用单片机做显示数据的输出控制结合 ARM、DSP 或高速单片机进行数据处理应该是一个不错的选择。

图 7-5 中 RAM 部分可包装成如图 7-6 所示的独立模块,其功能为数据总线的隔离、各控制线的驱动、LED 显示屏输出接口等。然后基于 RAM 模块用单片机进行控制。这样可根据 LED 显示屏的的高度确定需要 RAM 模块的多少。形式上可参照计算机主板的设计形式,将单片机和控制部分做成主板,而将 RAM 模块制成插卡式方便系统的扩展。系统如图 7-7 所示,单片机可选用如 VRS51L3074 这样的多 I/O 线的高速单片机。

表 7-1 为并行 RAM 方式信号功能表。

表 7-1 DMA 方式读写信号表

DMA 方式											
RAM1,2	RAM3,4	P4.0	P4.1	P4.2	P4.3	P3.6	P3.7	P1.0	P1.1	P1.2	P0	P2
输入(写)	输入(写)	0	0	0	1	1	1	A16	1	1	DL	DH
输入(写)	输出(读)	0	0	0	1	1	0	A16	1	1	F	F
输出(读)	输入(写)	0	0	0	1	0	1	A16	1	1	F	F
输出(读)	输出(读)	0	0	0	1	0	0	A16	1	1	F	F

在对并行 RAM 方式控制卡进行软件设计时,一方面要紧密结合硬件电路设计;另一方面要优化程序,尽可能节省 CPU 执行模块时间。

2. 地址锁存模块设计

单片机一次只能对一块 RAM 输出地址,在多 RAM 方式下,就要借助辅助芯片(比如

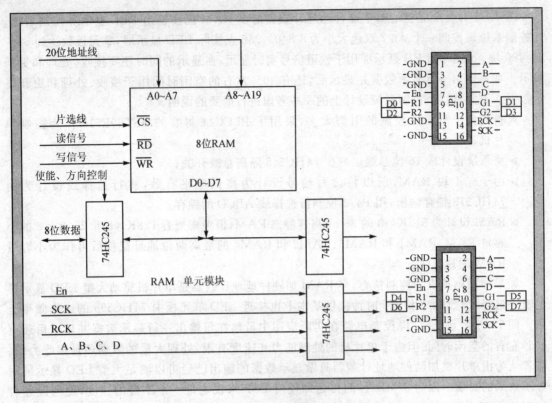

图 7-6　RAM 模块

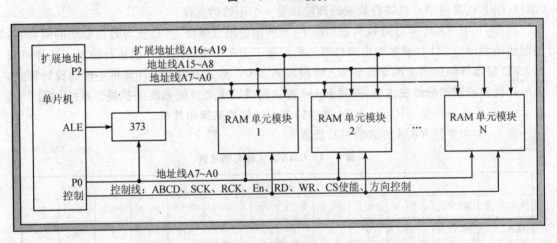

图 7-7　由单片机控制的 RAM 模块 LED 显示屏控制系统

74HC373，74F193 等）。读写 RAM 前要将地址锁存到 RAM 的地址线上，根据硬件电路的设计，对 RAM 地址锁存信号如表 7-2 所列。

表 7-2　地址锁存信号表

	P4.0	P4.1	P4.2	P4.3	P3.3	ALE	P1.0	P1.1	P1.2	P0	P2
RAM1、2 地址	1	1	1	1	1	101	A16	1	1	AL	AH
RAM3、4 地址	1	1	1	1	0	101	A16	1	1	AL	AH

根据硬件电路连接,单片机引脚定义如下:

```
sbit RAM_A16 = P1^0;                              //RAM 最高位地址线
sbit RAM_A17 = P1^1;    sbit RAM_A18 = P1^2;      //RAM1~RAM4 选择线
sbit LED_SCK = P1^7;        //当 ONE_SCK = 1 时,P1.7 可以输出显示屏 SCK 信号
sbit ONE_SCK = P3^2;        //当 P1.7 = 0 时,ONE_SCK 可以点动方式输出显示屏 SCK 信号
sbit LD_ADDR = P3^3;        //当 LD_ADDR = 1 时,锁存输出第一组 RAM 地址;当 LD_ADDR = 0 时,锁存输
                              出第二组 RAM 地址
sbit LED_RCK = P3^4;        //显示屏数据的 LOAD 信号
sbit E = P3^5;              //显示屏选通信号
sbit RAM0_WR = P3^6;        //RAM1,RAM2 读写信号
sbit RAM1_WR = P3^7;        //RAM3,RAM4 读写信号
sfr  DATA_PORT0 = 0x80;     //数据端口定义 P0
sfr  CTRL_PORT = 0xA5;      //控制端口定义 P4
```

地址锁存子程序代码如下,其中 CS_RAM 为 RAM 的片选参数,XRAM_addr 为需锁存的存储器地址。

```
void XRAM_Addr_Out(unsigned char CS_RAM,unsigned long data XRAM_addr)
{
    data union long_data_type addr;
    addr.long_4byte = XRAM_addr;
    if((addr.char_1byte[1]&0x01) = = 1)            //RAM 最高位地址线
        RAM_A16 = 1;
    else
        RAM_A16 = 0;
    P4 = 0xff;
    P2 = addr.char_1byte[2];                       //在 ALE 的作用下地址低 16 位锁入 74F193
    P0 = addr.char_1byte[3];
    if(CS_RAM = = 0)                               //8 位模式片选 ram0
        {RAM_A17 = 0;RAM_A18 = 1;LD_ADDR = 1;AUXR = 0;}
    if(CS_RAM = = 1)                               //8 位模式片选 ram1
        {RAM_A17 = 1;RAM_A18 = 0;LD_ADDR = 1;AUXR = 0;}
    if(CS_RAM = = 2)                               //8 位模式片选 ram2
        {RAM_A17 = 0;RAM_A18 = 1;LD_ADDR = 0;AUXR = 0;}
    if(CS_RAM = = 3)                               //8 位模式片选 ram3
        {RAM_A17 = 1;RAM_A18 = 0;LD_ADDR = 0;AUXR = 0;}
    if(CS_RAM = = 4)                               //16 位模式片选 ram0,ram1
        {RAM_A17 = 1;RAM_A18 = 1;LD_ADDR = 1;AUXR = 0;}
    if(CS_RAM = = 5)                               //16 位模式片选 ram2,ram3
        {RAM_A17 = 1;RAM_A18 = 1;LD_ADDR = 0;AUXR = 0;}
    if(CS_RAM = = 6)                               //32 位模式片选 ram0,ram1,ram2,ram3
        {RAM_A17 = 1;RAM_A18 = 1;LD_ADDR = 1;AUXR = 0;AUXR = 1;LD_ADDR = 0;AUXR = 0;}
        AUXR = 1;
}
```

3. 字节读写数据模块设计

读写数据时,先将要读写的地址和读写信号输出到 RAM 的相应控制线上,再选通 RAM 就可以读写数据了。

读写数据的方式可以按 8 位方式,控制信号如表 7-3 所列;也可以按 16 位方式,控制信号如表 7-4 所列。

表 7-3 8 位方式读写信号表

	P4.0	P4.1	P4.2	P4.3	P3.6	P3.7	P1.0	P1.1	P1.2	P0	P2
RAM1 片选	101	1	1	1	W/! R	X	A16	0	1	DL	X
RAM2 片选	101	1	1	1	W/! R	X	A16	1	0	X	DH
RAM3 片选	1	101	0	1	X	W/! R	A16	0	1	DL	X
RAM4 片选	1	101	0	1	X	W/! R	A16	1	0	X	DH

表 7-4 16 位方式读写信号表

	P4.0	P4.1	P4.2	P4.3	P3.6	P3.7	P1.0	P1.1	P1.2	P0	P2
RAM1、2 片选	101	1	1	1	W/! R	X	A16	1	1	DL	DH
RAM3、4 片选	1	101	0	1	X	W/! R	A16	1	1	DL	DH

读写数据子程序调用了地址锁存子程序,程序代码如下,其中 CS_RAM 为 RAM 的片选参数,xram_addr 为存储器需要的读写地址,temp_data 为写存储器的数据。

```
/********************* 对外部 RAM 写数据子程序 *********************/
void XRAM_Byte_write(unsigned char CS_RAM,unsigned long xram_addr,unsigned char temp_data)
    {
        XRAM_Addr_Out(CS_RAM,xram_addr);
        if (CS_RAM % 2 == 0)
        P0 = temp_data;
        else
        P2 = temp_data;
        XRAM_Write_Open(CS_RAM);
        XRAM_Close();
    }
/********************* 对外部 RAM 读数据子程序 *********************/
unsigned char XRAM_Byte_read(unsigned char CS_RAM,unsigned long xram_addr)
    {
        unsigned char temp_data;
        XRAM_Addr_Out(CS_RAM,xram_addr);
        XRAM_Read_Open(CS_RAM);
        if (CS_RAM % 2 == 0)
        temp_data = P0;
        else
        temp_data = P2;
```

```c
        XRAM_Close();
        return    temp_data;
    }
/******************** 开放 RAM 读信号 ******************************/
    void XRAM_Read_Open(unsigned char CS_RAM)
    {
        if(CS_RAM == 0)                    //8 位模式片选 ram0
            { RAM0_WR = 0;P0 = 0xff;P2 = 0xff;P4 = 0x0e;}
        if(CS_RAM == 1)                    //8 位模式片选 ram1
            { RAM0_WR = 0;P0 = 0xff;P2 = 0xff;P4 = 0x0e;}
        if(CS_RAM == 2)                    //8 位模式片选 ram2
            { RAM1_WR = 0;P0 = 0xff;P2 = 0xff;P4 = 0x09;}
        if(CS_RAM == 3)                    //8 位模式片选 ram3
            { RAM1_WR = 0;P0 = 0xff;P2 = 0xff;P4 = 0x09;}
        if(CS_RAM == 4)                    //16 位模式片选 ram0,ram1
            { RAM0_WR = 0;P0 = 0xff;P2 = 0xff;P4 = 0x0e;}
        if(CS_RAM == 5)                    //16 位模式片选 ram2,ram3
            { RAM1_WR = 0;P0 = 0xff;P2 = 0xff;P4 = 0x09;}
        if(CS_RAM == 6)                    //32 位模式片选 ram0,ram1,ram2,ram3
            { RAM0_WR = 0;RAM1_WR = 0;P0 = 0xff;P2 = 0xff;P4 = 0x0c;}
    }
/*********************** 开放 RAM 写信号 ****************************/
    void XRAM_Write_Open(unsigned char CS_RAM)
    {
        if(CS_RAM == 0)                    //8 位模式片选 ram0
            { RAM0_WR = 1;P4 = 0x0e;}
        if(CS_RAM == 1)                    //8 位模式片选 ram1
            { RAM0_WR = 1;P4 = 0x0e;}
        if(CS_RAM == 2)                    //8 位模式片选 ram2
            {RAM1_WR = 1;P4 = 0x09;}
        if(CS_RAM == 3)                    //8 位模式片选 ram3
            {RAM1_WR = 1;P4 = 0x09;}
        if(CS_RAM == 4)                    //16 位模式片选 ram0,ram1
            {RAM0_WR = 1;P4 = 0x0e;}
        if(CS_RAM == 5)                    //16 位模式片选 ram2,ram3
            {RAM1_WR = 1;P4 = 0x09;}
        if(CS_RAM == 6)                    //16 位模式片选 ram2,ram3
            {RAM0_WR = 1;RAM1_WR = 1;P4 = 0x08;}
    }
/******************** 关闭 RAM 的写信号 ****************************/
    void XRAM_Close()
    {
        RAM_A17 = 1; RAM_A18 = 1;P4 = 0xff;
    }
```

7.2.2 串行存储器方式

串行存储器一般具有容量大、引脚少特别是具有地址可自动加1的特性,在对扫描线长度要求不是很高的情况下,可将串行输出转换成并行输出后增加扫描线数量,其电路原理框图如图7-8所示。

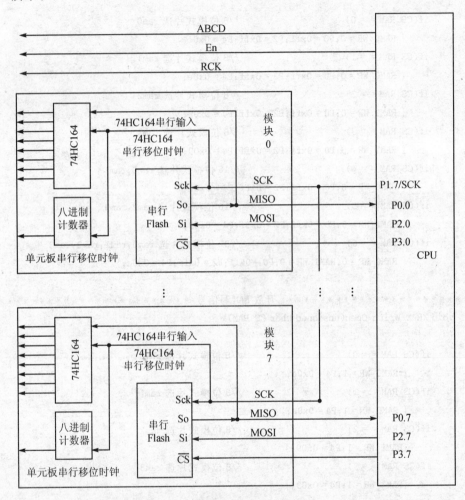

图7-8 串行存储器电路原理框图

在图7-8中将SPI接口的串行Flash、串并转换74HC164及用于产生单元板串行移位脉冲的八进制计数器包装成一个具有8条扫描线的独立模块。除SCK为了保证高速8个模块共用一个以外,其余所有模块的MISO、MOSI、CS分别对应3个端口的8个引脚。对串行Flash操作时以并行方式同时或独立地对串行Flash进行读写。输出时共用一个SPI时钟。使用时根据实际需要的扫描线数确定模块的数量。这种串行存储器扩展方式结构简单,但受串并转换的影响,水平方向扫描线长度一般是并行RAM扩展方式的1/8。如果能充分发挥串行Flash的50 MHz速度,水平方向扫描线长度也可达4 096点,影响速度的关键因素是SPI时钟速度。

7.3 利用LED显示屏单元板排列方式驱动超长LED显示屏

7.3.1 超长LED显示屏面临的问题

所谓超长LED显示屏目前没有明确的定义。作者认为将超长LED显示屏水平方向的扫描线长度定义为大于或等于2 048比较合适。在这个定义下,以双色64×32点阵 $\phi 5.0$ 的标准将LED单元板从各个方面进行一下估计:

(1) 物理长度

一块单元板水平方向长0.5 m(0.484 m),水平方向单元板数=2 048÷64=32块,LED显示屏水平方向长度=32块×0.5 m=16 m。

(2) 存储器的占用

如果高度为64点即2块双色单元板的高度,此时一屏信息对应的显示存储器大小的字节数=2(双色)×2 048(长度)×64(高度)÷8(一个字节的位数)=32 768字节。

(3) 延迟时间

如以16 m计算,16 m长导线的延迟时间=16 m/(30×10^5 km/s)=53.3 ns;

如以74HC595单个芯片的延迟时间为20 ns,信号在整个LED显示屏单元板中沿水平方向的延迟时间=8(一块单元板中串接595数量)×32块×20 ns=5 120 ns=5.12 μs。

图7-9所示的是将LED显示屏1和LED显示屏2拼接成一个32 m长的超长LED显示屏时,两个控制卡和同步控制卡放置的最佳相对位置。从图7-9中可看出,同步控制卡离控制卡至少有8 m的距离。在频率大于1 MHz时8 m距离线间电容对信号的衰减已经不可忽视,如果需要的超长LED显示屏长度为64 m、宽度为128 m时,则图7-9所示控制卡放置的对同步控制卡和连接线的要求实在是太高了。

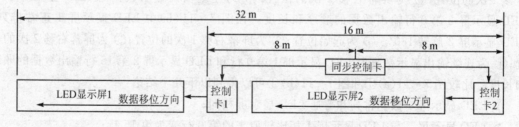

图7-9 两块LED显示屏拼接示意图

7.3.2 LED显示屏的双向排列方式

在充分考虑LED显示屏外观特点的基础上,应首先将图7-9中LED显示屏2和控制卡2作为一个整体。以中心为原点旋转180°,得到如图7-10(a)所示的结果,然后将控制卡1、控制卡2及同步控制卡合并为一个控制卡。结果如图7-10(b)所示。图7-10中"LED显示屏2"均为倒置,是为了强调"LED显示屏2"被旋转180°。现在控制卡的位置与LED显示屏1和LED显示屏2的连接距离均为"0"。而剩下的问题是如何组织显示数据和显示数据的输出方式。

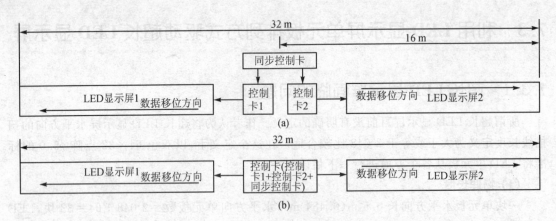

图 7-10 LED 显示屏双向排列方式

由于控制卡在 LED 显示屏的中间,正常情况下控制卡放置在 LED 显示屏的右侧,数据的移位方向为从右至左。现在的结果是,LED 显示屏 1 的数据移位方向为正常方向——从右至左,而 LED 显示屏 2 的数据移位方向为反方向——从左至右。对于超长 LED 显示屏来说最重要的显示效果是水平的移动显示,而垂直方向的移动显示由于显示屏幕超长,不可能看到全部显示内容,一般说意义不大。静态显示又是移动显示的一个特例,因此对于超长 LED 显示屏主要是研究水平移动时的数据组织和数据输出问题。

7.3.3 超长 LED 显示屏的数据组织与硬件实现

首先通过图 7-11 来分析一下显示数据排列、扫描线以及水平移动时输出显示数据的变化规律。

在图 7-11(a) 中 LED 显示屏 1 和 LED 显示屏 2 均正常排列。① 为起始位置;② 为屏幕右移 1 次的位置;③ 为屏幕右移 2 次的位置;④ 为连续输出显示数据时 LED 显示屏 1 和 LED 显示屏 2 第 0 行输出数据的顺序和长度。在图 7-11(b) 中 LED 显示屏 1 正常排列,LED 显示屏 2 旋转 180°。① 为起始位置;② 为屏幕右移 1 次的位置;③ 为屏幕右移 2 次的位置;④ 为连续输出显示数据时 LED 显示屏 1 第 0 行和 LED 显示屏 2 第 15 行输出数据的顺序和长度。比较图 7-11(a)④ 和图 7-11(b)④ 可以得到以下几个结论:

➢ LED 显示屏 1 数据排列和普通 LED 显示屏相同;
➢ LED 显示屏 2 与 LED 显示屏 1 相比较原来的第 0 行变为第 15 行;
➢ LED 显示屏 2 数据排列与 LED 显示屏 1 数据排列相比,除数据输出的先后顺序相反外其余相同。

根据上述几个结论,在设计硬件、数据组织及编程时做以下几点微调即可实现 LED 显示屏的双向驱动:

① 硬件上保证扫描时 LED 显示屏 1 的第 0 行与 LED 显示屏 2 的第 15 行同时进行。即当 LED 显示屏 1 行选择为 D1C1B1A1 时,LED 显示屏 2 行选择 D2C2B2A2 = (15 + D1C1B1A1)对 16 取模。

② 当 LED 显示屏 1 对应的存储器硬件地址计数器加 1 时,LED 显示屏 2 对应的存储器硬件地址计数器减 1。即 LED 显示屏 1 对应的存储器硬件地址计数器为二进制加 1 计数器,

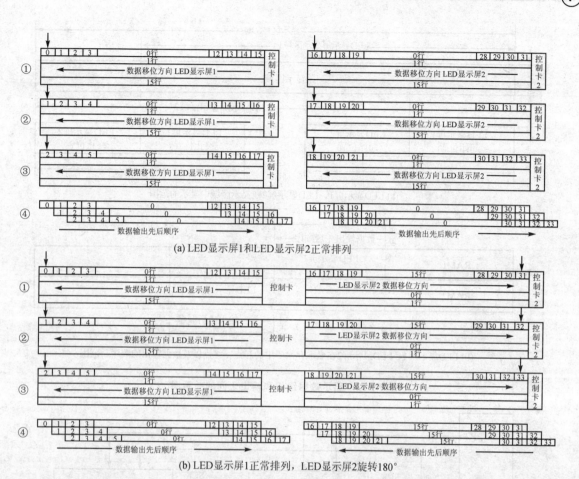

图 7-11 超长 LED 显示屏的数据排列、扫描线及水平移动示意图

LED 显示屏 2 对应的存储器硬件地址计数器为二进制减 1 计数器。

③ 组织显示数据时 LED 显示屏 1 和 LED 显示屏 2 各独立对应于一个存储器,并按整个显示区域组织显示数据。

④ 输出时 LED 显示屏 1 和 LED 显示屏 2 按整个 LED 显示屏扫描线长度的一半扫描输出。

为了更清楚地表明显示数据的组织和显示数据的输出之间的关系,通过图 7-12 加以说明。在显示区域如图 7-12(a)确定的情况下,如图所示 LED 显示屏 1 相对应的显示区域 = 显示区域 − LED 显示屏 2,LED 显示屏 2 相对应的显示区域 = 显示区域 − LED 显示屏 1。但实际组织显示数据时是对整个显示区域组织显示数据,并以相同的地址同时存入 RAM1 和 RAM2 中,LED 显示屏 1 以 RAM1 中①的位置为起点,以②为终点,输出长度为 $L_W/2$ 显示时,LED 显示屏 2 以 RAM1 中④的位置为起点,以③为终点,输出长度为 $L_W/2$ 进行显示。一般地说对于一个双向驱动的 LED 显示屏当以 X 为起点显示长度为 L_W 的一屏信息时,LED 显示屏 1 应从 RAM 对应的 X 开始至 $X+(L_W/2-1)$ 结束加 1 连续输出数据,而同时 LED 显示屏 2 应从 RAM 对应的 $X+L_W$ 开始至 $X+L_W/2$ 结束减 1 连续输出数据。

图 7-13 和图 7-14 分别为 2 块 RAM 和 4 块 RAM 为实现双向驱动的电路原理框图。

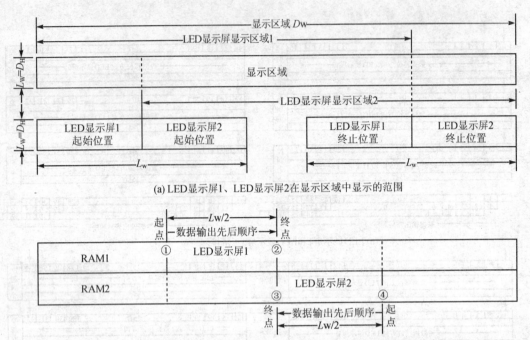

图 7-12 显示数据组织和输出之间的关系图

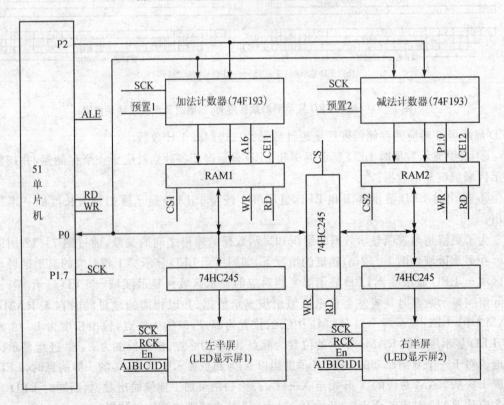

图 7-13 双 RAM 实现双向驱动的电路原理框图

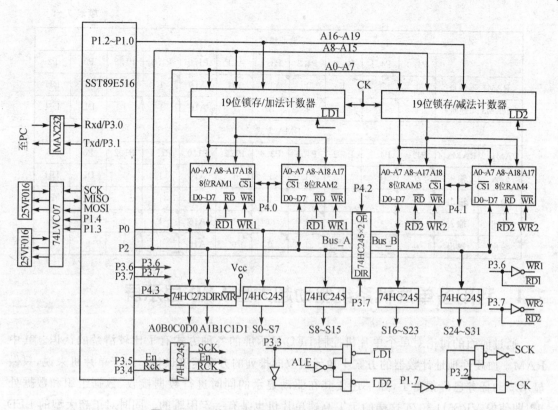

图 7-14 4 块 RAM 实现双向驱动的电路原理框图

表 7-5 为图 7-14 所示电路的操作功能表，表中的 101 表示负脉冲，"!"表示逻辑非，DH、DL 表示数据的高低 8 位，AH、AL 表示地址的高低 8 位，F 表示全为"1"，X 表示任意。图 7-14 所示电路为一实际电路，在 18 MHz 晶振倍频条件下可驱动双色 14 336×128 超长 LED 显示屏（单边为 7 168 点）。

表 7-5 4 块 RAM 实现双向驱动方式的操作功能表

	P4.0	P4.1	P4.2	P4.3	P3.6	P3.7	P1.0	P1.1	P1.2	P0	P2
8位方式											
RAM1 片选	101	1	1	1	W/!R	X	A16	0	1	DL	X
RAM2 片选	101	1	1	1	W/!R	X	A16	1	0	X	DH
RAM3 片选	1	101	0	1	X	W/!R	A16	0	1	DL	X
RAM4 片选	1	101	0	1	X	W/!R	A16	1	0	X	DH
16位方式											
RAM1、2 片选	101	1	1	1	W/!R	X	A16	1	1	DL	DH
RAM3、4 片选	1	101	0	1	X	W/!R	A16	1	1	DL	DH

续表 7-5

地址锁存											
	P4.0	P4.1	P4.2	P4.3	P3.3	ALE	P1.0	P1.1	P1.2	P0	P2
RAM1、2 地址	1	1	1	1	1	101	A16	1	1	AL	DH
RAM3、4 地址	1	1	1	1	10	1	A16	1	1	DL	DH
DMA 方式											
RAM1、2	RAM3、4	P4.0	P4.1	P4.2	P3.6	P3.7	P1.0	P1.1	P1.2	P0	P2
输入	输入	0	0	0	1	1	A16	1	1	DL	DH
输入	输出	0	0	0	1	1	A16	1	1	F	F
输出	输入	0	0	1	1	0	A16	1	1	F	F
输出	输出	0	0	1	1	0	A16	1	1	F	F

7.4 利用多单片机系统驱动超大型 LED 显示屏

通过前面的讨论对单个单片机控制 LED 显示屏的各种方式有了比较清楚的认识。其中 RAM＋加硬件地址计数器的方案＋单元板双向排列的方案速度最快。对于单片机来说,只做显示驱动任务已经很重了,如果还要其在驱动显示的同时进行数据接收、数据组织和数据处理,即使像 VRS51L3074 这样的 1 T 高速单片机也是有一定困难的。同时对于超大型的 LED 显示屏其超大的尺寸可能是长度,也可能是宽度,或者是长度和宽度。因此在设计超大型 LED 显示屏时只能采用模块化设计,应用时根据需要确定使用模块的数量。

图 7-15 为使用 VRS51L3074 控制的实际 LED 显示屏控制电路。其中的 2 个 RAM 模块除了没有硬件地址计数器外其余的部分是完整的。模块的主要特点是将 RAM 的地址线、读写线及片选线全部引出,用 2 片 74HC245 隔离 16 位数据线并由 74LVC139 选择开通或关断,再用 74LVC4245 做电平转换及输出驱动。同时该控制系统自带 2 个大容量串行 Flash 存储器和 2 个用于通信的 RS232 接口。它支持 4 096×512 单色或 4 096×256 双色 LED 显示屏。

如果将该控制板作为一个模块单元,用一个 VRS51L3074 做中央控制单元控制两个以上的模块单元,可控制 4 096×512 单色或 4 096×256 双色整数倍的超大型 LED 显示屏。图 7-16 为使用 2 个模块单元时可构成 LED 超大型显示屏的示例。

当需要使用 N 级灰度显示时,由于对一幅画面显示 N 次,与单色或双色相比扫描线长度减为 1/N,同时存储器容量增大 N 倍。所以当需要灰度显示时,应采用"RAM＋硬件地址计数器＋单元板双向排列"作为模块单元方案,使 LED 显示屏在 8 级灰度显示的情况下水平方向达到 2 048 点。垂直方向的点数原则上与并行使用模块的数量有关。本节讨论问题的前提是模块单元与中央控制单元之间不用长距离通信方式,例如网络、无线或光纤等,同时所有的显示数据均在本地存储。

还有一种超大型 LED 显示屏驱动的方案就是用一个串行 Flash 器件对应于一条扫描线(不经串并转换),充分发挥串行 Flash 器件 50 MHz 以上的高速输出特性,同时使用双向驱动

单片机扩展外部地址计数器驱动大型 LED 显示屏

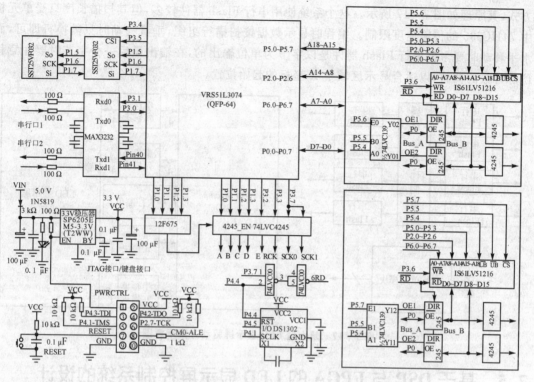

图 7-15　大型 LED 显示屏 VRS51L3074 控制板原理框图

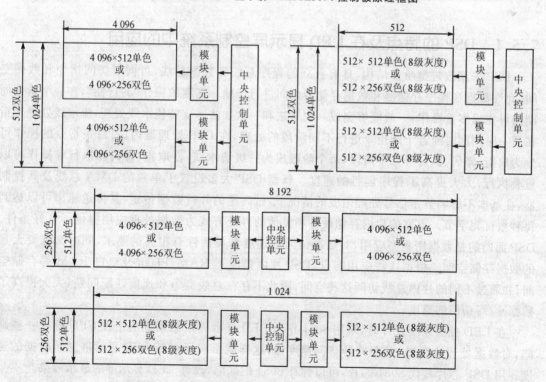

图 7-16　双模块单元时构成的 LED 超大型显示屏

方式,其原理如图 7-17 所示。这个系统使用串行 Flash 器件较多,但其扫描长度只受单元板中 74HC595 的传输速度限制。编程时显示数据按扫描行组织,垂直移动时只需换行即可,而水平移动时要考虑串行 Flash 器件是以字节为单位输出的,在输出最后一个字节时要注意移位脉冲数的调整,以适合显示区域中 X 坐标的起始位置。

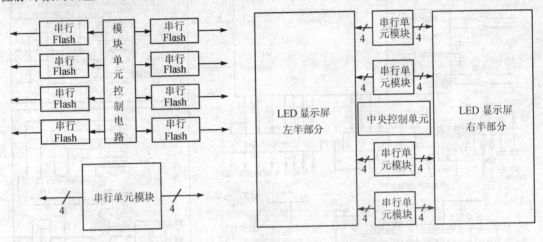

图 7-17 超大型 LED 显示屏驱动方案示意图

7.5 基于 DSP 与 FPGA 的 LED 显示屏控制系统的设计

7.5.1 DSP 的特点及在 LED 显示屏控制系统中的应用

DSP 采用改进型哈佛结构,具有独立的程序总线和数据总线,可同时访问指令和数据空间,允许数据在程序存储器和数据存储器之间进行传输。高度的操作"并行性",在一个指令周期内可完成多重操作,一般能够完成一次乘法和一次加法。支持流水线处理,流水线处理是指在某一时刻同时随若干条指令进行不同阶段的处理,在 DSP 处理器内,对每条指令的操作可分为取指、译码、执行等几个阶段,每个阶段成为一级流水线,使取指、译码和执行等操作可以重叠执行,大大提高了程序运行的速度。新型 DSP 大多设置了单独的 DMA 总线及其控制器,在基本不影响数字信号处理速度的情况下,做高速的并行数据传送,其传送速率可以达到每秒数百兆字节。丰富的片内存储硬件和灵活的寻址方式为数据处理应用提供了良好条件。DSP 面向的是数据密集型应用,对数据访问的速度和灵活性有很高的要求,同时又需要大量的数据存储空间。根据这些应用特点,DSP 片内集成了 RAM、Flash 及双口 RAM 等存储空间,并通过不同的片内总线访问这些空间,因此不存在总线竞争和速度匹配问题,大大提高了数据读/写访问的速度。

在 LED 控制系统设计时,采用 8051 作为 LED 显示屏控制系统的主控 CPU 存在一些缺陷,对数据处理速度慢,对存储器访问速度慢,这样就影响了更新 LED 显示屏显示数据的速度。用 DSP 芯片替代 8051 芯片,可以弥补 8051 的缺陷,改善 LED 显示屏的显示效果。

基于 DSP 的系统硬件设计包括:

① 电源模块的设计,针对不同的要求需设计不同幅值的电源电压:2.5 V,3.3 V 和 5 V。

② 串行通信模块设计,设计 RS232 异步串行通信方式。
③ 信息存储模块设计,采用串行 Flash,其容量可以扩展而电路不变。
④ 汉字库模块设计,设计可存储各类点阵字库的存储芯片和软件模块。
⑤ 外部存储器扩展电路,设计外部数据存储器,主要用于显示数据的保存。

设计电路图参照基于 8051 的硬件设计即可。在对 LED 显示屏显示硬件电路设计时,选用 PLD 器件,随着芯片技术的不断提高,PLD 器件的种类也越来越多,目前应用较为广泛的 PLD 主要有 CPLD 和 FPGA 两大类。CPLD(Complex PLD)是复杂可编程逻辑器件,FPGA (Field Programmable Gate Array)是现场可编程门阵列。CPLD 的结构与 SPLD(Simple PLD)类似,只不过单个芯片上集成的门数要远远大于 SPLD,因此能够实现更大规模的逻辑功能。

7.5.2　基于 FPGA 的系统时序电路设计

基于整个系统的考虑,该控制系统时序的原理框图如图 7-18 所示。在图中,DSP 芯片提供 16 位数据线、16 位地址线、通用的 I/O 口信号作为控制信号。写地址产生器产生写显示存储器的写入地址,读地址产生器产生显示存储器的读出地址。静态显示存储器组的读写状态由读写控制电路、读地址发生电路、写地址发生电路来控制。同时读地址发生电路及时钟发生电路还将产生 LED 显示屏驱动电路所需的移位时钟信号(SCLK)、行锁存信号(LATCH)及行地址信号(H3~H0)。根据读写转换开关中的地址选择器、读写信号产生器、读写选择器来决定是把写数据及写地址同存储器连接还是把读数据及读地址同存储器连接,同时产生相应的扫描控制信号。

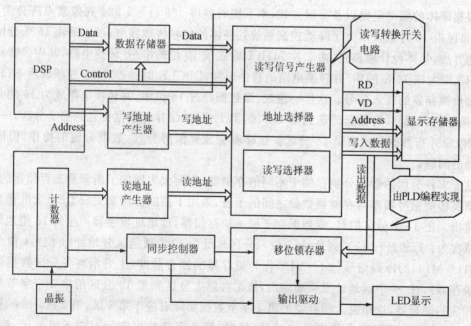

图 7-18　系统时序电路设计框图

7.5.3 显示存储器模块设计

系统采用 2 组 SRAM，2 组 SRAM 交替读写，在选择显示存储器的大小时，应考虑到控制系统最大能驱动 LED 显示屏为 256 行×1 024 列，红绿双色，所以一帧数据量最大为 64 KB，为方便系统的升级，可选用 128 KB 静态存储器。根据驱动电路及电路分区的要求，为保证显示的数据与 LED 屏驱动电路传输的数据同步，在系统中采用快页切换方式，用 2 组静态存储器组来存储数据，通过控制 2 组存储器组的读写来完成显示信息向 LED 显示屏驱动电路显示信号的转换。2 组 SRAM 交替处于读写状态，设某一场时，SRAM1 处于写状态，将要显示信息的数据存入存储器 1，则 SRAM2 处于读状态，将前一帧写入的数据按一定时序读出，用于驱动 LED 模块显示。到下一场时，正好相反，SRAM1 处于读状态，SRAM2 处于写状态，如此交替进行。数据分别存入静态存储器 1 或静态存储器 2，两个静态存储器组工作在交替读写状态。其数据流向如图 7-19 所示，其中具体对哪个显示存储器操作，可以通过读写选择器、地址选择器一起控制。

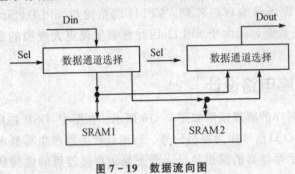

图 7-19 数据流向图

7.5.4 LED 显示屏分区

根据屏体的驱动电路以及分区方式，本系统将整屏 256 行×1 024 列像素点阵分为 16 个分区（每区由 16 行组成），为了降低控制系统到屏体的信号传输频率，可以采用 16 个分区同时传输的方法。具体设计思路是，由 2 片 74HC595 连成 16 位的串/并转换电路，其中像素移位时钟 DBCLK 为该 16 位的串/并转换电路的移位时钟，DBCLK 时钟经过 16 分频以后 STB 为该电路输出锁存器的打入信号。这样一位红、绿数据经过 16 位串/并转换电路成为 16 的并行数据，把第 0 位红、绿并行数据传送到第 1 分区，第 1 位红、绿并行数据传送到第 2 分区，……，第 15 位红、绿并行数据传送到第 16 分区。这样就完成显示屏分区，数据分流的操作，但同时也带来新的问题。

这要求各分区的数据分别存储于不同的存储器，从而大大增加了所需静态存储器的数量。为了解决传输信号频率与存储器数量之间的矛盾，采用下面的方法来完成 LED 大屏幕显示数据的读出。把 16 个分区的红、绿数据存于同一块存储器，读地址发生器产生的 16 位地址从高到低依次为：行地址（4 位）、列地址（7 位）、分区地址（4 位），颜色区分地址（1 位），4 位分区地址（M11～M14）的译码信号（Y1～Y16）作为锁存器的锁存脉冲（上升沿将各分区数据锁入相应的锁存器），在 16 个读地址发生周期内，依次将第 1 分区到第 16 分区的第 1 个字节数据锁存入相应的锁存器，这里进入锁存器的第 1 字节数据实际对应于第 1 区，第 2 区，……，第 8 区的第 1 个（注：所谓第 1 个像素是相对的）像素；第 2 字节数据实际对应于第 8 区，第 9 区，……，第 16 区的第 2 个像素，依此类推，第 15 字节数据实际对应于第 1 区，第 2 区，……，第 8 区的第 7 个像素；第 16 字节数据实际对应于第 8 区，第 9 区，……，第 16 区的第 8 个像素。这样在显示程序编写时，就存在大量位与以及移位操作，在这里为了方便程序的编写以及提高程序的执行速度,对锁存器输出数据进行重新组合:即将第 1 字节的第 1 位,第 3 字节的第 1 位,……,第 15 字节的第 1 位重新组合成新的第 1 字节数据;将第 2 字节的第 1 位,第 4 字节的第 1 位,……,第 16 字节的第 1 位重新组合成新的第 2 字节数据,依此类推,将第 1 字节的第 8 位,第 3 字节的第 8 位,……,第 15 字节的第 8 位重新组合成新的第 15 字节数据;将第 2 字节的第 8 位,第 4 字节的第 8 位,……,第 16 字节的第 8 位重新组合成新的第 16 字节数据。然后在移位锁存信号 SHIFTEN 的上升沿将该 16 字节数据同时锁入 16 个 8 位并转串移位寄存器,在下 1 个 16 读地址发生时钟周期,一方面,并转串移位寄存器将 8 位数据移位串行输出(16 个读地址发生时钟周期移位输出 8 位数据,因此,移位时钟 DBCLK 为读地址发生时钟 CLK 的二分频),同时依次将 16 个分区的第 2 字节数据锁入相应的锁存器,按照这种规律将所有分区的第 1 行数据依次全部读出后,在数据有效脉冲信号 LATCH 的上升沿将移位进入的数据输出,驱动 LED 显示。接下来,移位输出第 2 行的数据,在此期间,第 1 行保持显示,第 2 行全部移入后,驱动第 2 行显示,同时移入第 3 行……按照这种各分区分行扫描的方式,完成整个 LED 大屏幕的扫描显示。

7.5.5 显示存储器扫描时序控制电路

显示存储器扫描时序控制电路是整个系统中很重要的电路,它的部分功能在前面的章节做了详细介绍,主要包括以下几方面:

① 协调两套帧存储器的读写控制:即当一组用于接收前一级传过来的一帧完整的数据时,另一组用于为后一级读提供数据。这样两组显示存储器轮流交替被读写,从而保证系统不用停下来等数据而连续工作。

② 包括数据 I/O 口、地址总线接口和读写使能信号等,它们都要受场同步以及像素时钟的协调控制。

③ 其实现的功能主要是:产生读存储器的地址和写存储器的地址、控制数据口数据的双向流动以及产生读写控制信号。地址发生器的输入信号是前一级送过来的像素时钟(CLK)。输入信号为一套写地址 A[15..0],一套读地址 Q[15..0],输出信号为 2 套 16 位地址的读写地址 XA[15..0],XB[15..0];输入信号为 2 套 8 位数据入口,为 1 套 8 位数据出口。LED 大屏幕 16 个分区同时刷新,要求由显示数据到 16 个分区的信号必须同时传送,这样才能保证各分区数据的同步更新。而且每个分区的数据传输与 LED 大屏的点阵扫描(每次点亮一行)同步进行,即在传输第 I 行($I<16$)时,第 $I-1$ 行被点亮,在 $I-1$ 行灭时,驱动板上的 74HC595 才将第 I 行的数据锁存起来,再将第 I 行点亮,同时驱动板上的 74HC595 移位锁存组接收第 $I+1$ 行的数据。当点亮到第 16 行时,此时 74HC595 接收的是第 0 行的数据,如此循环往复。

第 8 章

LED 显示屏的系统软件编程

LED 显示屏系统是 LED 显示屏正常工作所需要的软硬件结合的有机整体。它能使 LED 显示屏进行各种效果的显示,也能采用各种接口和通信模式对其控制。LED 显示屏系统的软件包括两个独立运行的软件,一个是控制卡软件,另一个是运行在 PC 上的编辑软件。控制卡软件的编写与控制卡硬件驱动及采用的单片机有关,本章介绍的控制卡软件是基于 7.1 节介绍的控制卡和 SST89E516 单片机。PC 上的软件编写采用可视化语言 VB6.0,可完成 LED 显示屏硬件设置、显示屏编辑以及数据下载等功能。LED 显示屏的软件系统如图 8-1 所示。

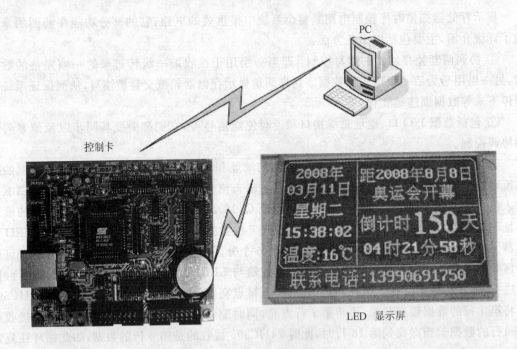

图 8-1 LED 显示屏的软件系统

在针对 LED 显示屏的系统软件编程时,一般把它分为两种类型和多个功能模块。这两种类型就是文字屏和图文屏。文字屏是在 PC 上编辑文本信息和格式,将文本信息和显示格式下传到 LED 显示屏控制卡,由控制卡上的应用程序结合点阵字库文件获取相应的汉字字模,将字模数据整理后在 LED 屏上显示出来。图文屏是先在 PC 上对图片和文字信息进行预处理,将处理的显示数据和格式信息传送到 LED 显示屏控制卡,使其在 LED 屏上直接显示出来。这两种类型的数据处理方式各有优缺点。文字屏的信息是以文本形式保存的,它占用控制卡的存储空间小,写屏时 PC 与控制卡之间的数据传输量也小;但是它的显示数据的处理由控制卡实现,这就需要控制卡上提供字库,并且要带有足够容量的内存保存显示数据,由于字库的单一性,所显示出来的字体也比较单一。图文屏是在 PC 上对文字和图片进行预处理,由于 PC 机带有丰富的矢量字库,所显示出来的字体也比较丰富;但是在 PC 机上处理后的图文信息量比较大,写屏时影响了 PC 机与控制卡之间的传输速度。

在 LED 显示屏系统开发过程中,将各种功能模块化,是满足 LED 显示屏正常工作和加速控制系统开发速度的必要过程。通过这些模块的有机组合,可以实现灵活的 LED 显示系统。这些模块包括:

- 汉字字库的生成与使用;
- 汉字字形的提取及图片的嵌入;
- 单片机与 PC 机通信的协议制定;
- PC 机对下载数据的预处理;
- LED 显示程序;
- 字符控制及处理程序设计;
- 串行口通信模块设计;
- 基于 SPI 的 Flash 存储器读写;
- 基于 DS1302 的时钟模块程序设计;
- 基于 DS18B20 的温度传感器模块设计。

LED 显示系统的软件模块有的独立运行在 PC 机上;有的独立运行在控制卡上;有的模块用于通信,当 PC 机和控制卡上同时运行时才起作用。各个模块之间的关系如图 8-2 所示。

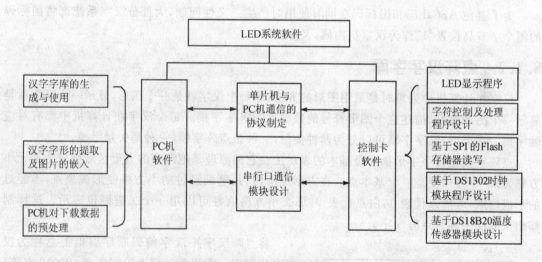

图 8-2 LED 显示系统软件模块关系

LED 系统的软件系统是这些模块有机组合的整体,下面就针对每个软件模块的设计思路和设计内容进行介绍。

8.1 汉字字库的生成与使用

在国内,LED 显示屏涉及多种文字的显示,其中汉字又有大小,字体等属性。建立单片机汉字字库的传统方法有使用硬件字库或者使用 UCDOS 的点阵字库。这些字库均非矢量字库，大小固定，字体单一，有较大的局限性，且使用起来需要进行换算，比较麻烦。而 Windows 环境下提供了大量矢量字库，不但字的大小可任意改变，而且字体多种多样，非常丰富，添加新的字库也比较容易。目前，越来越多的显示屏需要显示美观多样的文字，因而利用好 Windows 环境下丰富的矢量字库资源具有很高的实用价值。但矢量字库不同于点阵字库，且 Windows 操作系统本身很复杂，对利用其矢量字库带来一些困难。而对于控制卡来说，使用点阵字库比使用矢量字库方便，并且易于运算。下面就介绍在 Windows 环境下的点阵汉字字模程序。

8.1.1 汉字编码简介

在计算机中汉字也是字符，英文字母和一些符号在计算机的内存中占一个字节，而汉字则占两个字节，为了适应计算机处理汉字的需要，我国于 1981 年颁布了《信息交换用汉字编码字符集·基本集》，即 GB2312—80，该标准所收集的字符及其编码称为国标码，又叫做国标交换码。GB2312—80 国标字符集构成一个二维平面，分成 94 行 94 列，行号称为区号，列号称为位号。每个字符在码表中都有各自的位置，因此各有一个唯一的位置编码，该编码就是字符的区号和行号的二进制代码（共 14 位），称作该汉字的区位码。区位码的第一个字节表示区号，第二个字节表示位号，因此知道了区位码，就可以知道该汉字在字库中的地址。每个汉字在字库中是以点阵字模形式存储的，占用一定大小的存储单元，比如 16×16 点阵，当存储字模信息时，将需要 32 字节的存储单元。

为了避免 ASCII 码和国标码在同时使用时产生二义性问题，大部分汉字系统都将国标码的每个字节高位置"1"作为汉字机内码，又称内码。

8.1.2 点阵汉字字库

汉字在计算机中处理时是采用图形的方法，即每个汉字就是一个图形，显示一个汉字就是显示一个图形符号，描述这个图形符号的数据称为汉字字模。每个汉字在计算机中都有对应的字模。按类型，汉字字模可以分为两种类型，一种是点阵字模，一种是矢量字模。

点阵字模是汉字字形描述最基本的表示法。它的原理是把汉字的方形区域细分为若干小方格，每个小方格便是一个基本点。在方形范围内，凡笔画经过的小方格便形成黑点，不经过的形成白点，若黑点代表 1，白点代表 0，那么小方格恰好可以用一个二进制位表示。这样制作出来的汉字称为点阵汉字。

高位 低位	高位 低位
第1字节	第2字节
第3字节	第4字节
⋮	⋮
第31字节	第32字节

图 8-3 16×16 汉字的字模点阵排列顺序图

将点阵汉字按汉字编码顺序编辑汇总称为汉字点阵字库。常用的汉字点阵字库有 12×12 点阵、14×14 点阵、16×16 点阵、24×24 点阵和 32×32 点阵。以 16×16 点阵为例，每个汉字需要 256 个点来描述。汉字存储时，每行 16 个点，存为 2 字节，一共存储 16 行，所以每个汉字需要 32 字节用于保存。这 32 字节中的每个点表示一个点的属性（1：黑点；0：白点），如图 8-3 所示。

汉字字模的存储方式是与点阵大小有关，那么应该按照一种什么样的顺序保存点阵字库呢？在国标中，对汉字库做了统一规定，将汉字库分为多个区，每个区有 94 个汉字，每个汉字均有一个固定的区码和位码。根据区位码就可以知道汉字字模在字库中的位置。因此查找汉字字模的顺序是：内码→区位码→字库中的位置。

假设某汉字的机内码为 0xABCD，根据以下公式可以计算出该汉字在字库文件中的存储的地址：

$$汉字存储地址 = ((AB - 0xA1) \times 94 + (CD - 0xA1)) \times M。$$

其中，94 表示每个区有 94 个汉字，M 表示每个汉字字模所占用的字节数，(AB−0xA1) 就是该汉字在字库文件中的区码，(CD−0xA1) 是位码。在 16×16 点阵字库文件中，$M=32$；14×14 点阵字库中，$M=28$。

相同道理，在不同大小的字库文件中，只要知道一个汉字占用多少个字节，就可以计算出汉字在该字库中的位置。

对于 ASC 码字库来说，它的计算就相对简单，ASC 码存储地址 = ASC 码 $\times M$。其中 M 表示在 ASC16 文件中，描述一个 ASC 码的字形所占用的字节数。

8.1.3　在 Windows 环境下提取字模的工作原理

以 VB6.0 为例，说明如何在 Windows 环境下提取字符字模。取出字模数据原理是先将汉字或英文字符以图片的方式显示出来，再用取点法去读取字符的字模。在软件设计时，取出某个字符字模按下面几个步骤进行：

① 根据要生成字库的点阵大小，按像素显示设置相应的图片框大小，比如 16×16，24×24，32×16 等。

② 选择字体类型。字体类型涵盖 Windows 字库所带有的所有矢量字库，也可按照其他字库，比如方正字库。

③ 调整汉字在图片框中的位置、大小。

④ 按照汉字机内码的顺序，依次将汉字显示在图片框上，读取汉字的点阵信息，将该信息存入字库文件。

⑤ 重复第④步，直至提取完所有的汉字。

在读取字模数据时，有的像素点不能组合成完整的字节。由于点阵大小不能被 8 整除，先按能被 8 整除的方式提取像素点数据，剩余部分的像素点单独保存为一个字节。比如在对 20×20 点阵提取时，每一行需要 3 字节保存，最后一个字节只保存了 4 个像素点的信息。

8.1.4　提取字模的程序设计

在 VB6.0 中，有 2 个字符函数用于内码和字符之间的对应：

ASC：返回字符串中首字母的字符代码。

CHR：返回指定的字符代码相关的字符。

比如调用函数 ASC("网")，则返回汉字"网"的机内码 0xCDF8。调用函数 CHR(&HD5BE)，则返回"站"这个字符。

在描述中文的 GB 字库中，汉字内码的高 8 位(0xA1～0xF7)确定了区码的范围，汉字的低 8 位(0xA1～0xFE)确定了位码的范围，基于这个范围，可以按顺序依次提取每个汉字的字模。

在设计读取字模的程序时,应首先定义一个存放字模数据的数组 ZK(),每处理完一个字符,就将数据存入文件 sFile 中。读取字模数据程序流程图如图 8-4 所示。

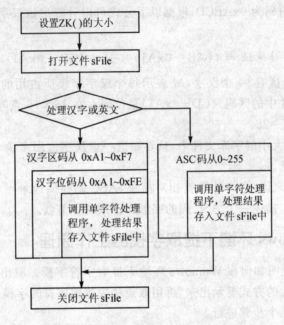

图 8-4 读取字模数据程序流程图

用 VB6.0 设计读取字模的程序代码如下:

```
zk_num = ((dot_Width + 7) \ 8) * dot_Height        '计算一个字符需占用的字节数
ReDim zk(0 To zk_num - 1)                          '设置数组的大小,以便于存放字模
Open sFile For Binary As #handle                   '打开文件,以便存放字库文件
Select Case Combo1.Text
    Case "简体中文 GB2312"                          '汉字处理
        For i = &HA1& To &HF7&                     '汉字区码范围
            For j = &HA1& To &HFE&                 '汉字位码范围
                preview_str = Chr(i * 256 + j)     '取出机内码对应的字符
''''''调用字符处理程序,输出参数为该汉字的字模数据 zk()''''''
                creat_one_font (preview_str)
                Put #handle, , zk()                '将字模数据 zk()输出到文件
                DoEvents
            Next
        Next
    Case "英文 ASCII"                               '英文处理
        For i = 0 To 255
            preview_str = Chr(i)                   '取出 ASC 码对应的字符
''''''调用字符处理程序,输出参数为该汉字的字模数据 zk()''''''
            creat_one_font (preview_str)
```

```
            Put #handle, , zk()              '将字模数据 zk()输出到文件
            DoEvents
        Next
    Case Else
End Selec
Close #handle
```

读取一个字符字模数据的子程序代码如下：

```
Private Function creat_one_font(one_font As String)
    Dim i, j, x, y As Integer
    Dim out_data As Byte
    Dim z_color As Long
    Dim zk_index As Integer
    Picture1.Cls                             '图片清空
    Picture1.Print one_font                  '将字符显示在图片上
    zk_index = 0
    ''''根据图片的大小,生成字模数据,并将数据存入到 zk()数组中。''''
    For y = 0 To dot_Height - 1
        For x = 0 To dot_Width - 1
            z_color = Picture1.Point(x - adj_left_right + 1, y - adj_up_down + 1)
                                             '读像素点
            i = x Mod 8                      '计算像素点应在字节的哪一位
            If z_color > 1000 Then           '如果像素点有值,则记录
                out_data = out_data + 2 ^ (7 - i)
            End If
            If i = 7 Or x = dot_Width - 1 Then   '记录完毕,保存
                zk(zk_index) = out_data
                out_data = 0
                zk_index = zk_index + 1
            End If
        Next
    Next
End Function
```

汉字字模数据提取后,要将字模数据下载到控制卡字库存储芯片中。在存储时应考虑到有多种类型不同的字库,每个类型字库存储的首地址不一样。所以某类型字库的字模数据还需要转换为带地址信息的 INTER 格式文件。INTER 格式文件在 8.4.3 小节有详细介绍。

8.2 控制卡与 PC 的协议制定

为了保障 PC 机与 LED 显示屏控制卡之间传输数据时数据的正确性和完整性,需要对 LED 显示屏与 PC 机通信时的同步字符、命令字符和校验字符进行定义,对数据传输格式进行约定。为了使控制卡既能接收图文屏信息,也能接收文字屏信息,本书采用了两套不同的数据格式。一种是 PC 将带有 LED 屏配置的文本文件传送给控制卡,控制卡接收到文本文件后按

照配置要求将数据重新组织,这样既减少了控制卡存储数据,又减小了通信信息量,但控制卡 CPU 需要文本文件进行处理,从点阵字库芯片中提取字模数据,消耗了控制卡 CPU 执行指令的时间。另一种格式是先由 PC 机对显示数据进行预处理,处理后数据格式是最利于控制卡显示的格式,处理后的数据量很大,这就需要控制卡有一块容量较大的存储器,并且数据传输的时间也较长,不利于数据的实时更新。

8.2.1 控制命令字约定

当 LED 显示屏正常工作时,可以通过发送命令字使 LED 控制卡单片机进入不同的程序模块或实现不同的功能,PC 机和 LED 控制卡之间约定的不同命令字,如表 8-1 所列。

表 8-1 控制命令字定义

命令字	值	含义	命令字	值	含义
CMD0	'0'	下载配置文件	CMD5	'5'	波特率 38 400
CMD1	'1'	读配置文件	CMD6	'6'	波特率 9 600
CMD2	'2'	运行显示程序	CMD7	'7'	串行 Flash 操作
CMD3	'3'	开/关显示配置	CMD8	'8'	帮助信息
CMD4	'4'	检测存储器	CMD10	'='	同步测试

针对 LED 控制卡上的单片机进行 C51 编程时,如何定义和使用这些命令。首先要对命令字进行常量说明。说明的程序代码如下:

```
#define  CMD0    '0'         //下载配置文件
#define  CMD1    '1'         //读配置文件
#define  CMD2    '2'         //运行显示程序
#define  CMD3    '3'         //开/关显示配置
#define  CMD4    '4'         //检测存储器
#define  CMD5    '5'         //波特率 38 400
#define  CMD6    '6'         //波特率 9 600
#define  CMD7    '7'         //串行 Flash 操作
#define  CMD8    '8'         //帮助信息
#define  CMD9
#define  CMD10   '='         //同步测试
```

CMD0 命令为调用下载配置文件程序,该程序的功能是将 LED 显示屏的硬件配置信息和显示文本信息以文本形式下载到控制卡存储器对应地址。CMD1 命令为调用读配置文件程序,目的是读取当前 LED 显示屏配置信息和文本信息,并将文本信息返回到 PC 机。CMD2 为运行显示程序,根据配置好的硬件信息,从存储器相应位置读取显示数据,并驱动 LED 显示屏显示。CMD4 为检测 LED 控制卡上存储器芯片,读出其 ID 号和容量。CMD5、CMD6 为 LED 控制卡的波特率转换,以便于在各类环境下选择合适的波特率。CMD7 是调用串行 Flash 存储器操作,串行 Flash 存储器是 LED 显示控制卡上的主要存储器,存储内容包括配置文本信息、显示文本信息、硬件信息、各页的显示数据等,对 Flash 存储器操作是对 LED 显示配置和显示数据修改最直接的方式,在第 9 章第一节会详细介绍对 Flash 存储器的操作。

CMD10 为同步测试，检测 PC 机与 LED 控制卡之间的通信是否正常。

从 PC 机接收到一个字符后，接收字符将保存在变量 recv_cmd 中，利用多分支选择语句选择进入相应的处理程序。程序代码如下：

```
switch (recv_cmd)
{
    case CMD0 :
        download_config_file_operation();      break;    //下载配置文件程序
    case CMD1 :
        read_config_txt_file_operation();      break;    //读配置文件程序
    case CMD2 :
        exec_display_instruction_operation();  break;    //运行显示程序
    case CMD3 :
        off_display_operation();               break;    //开/关显示配置
    case CMD4 :
        test_flash_ID_operation();             break;    //检测存储器程序
    case CMD5 :
        Init_Serial_Port38400();               break;    //设置波特率 38 400
    case CMD6 :
        Init_Serial_Port9600();                break;    //设置波特率 9 600
    case CMD7 :
        main_HEX();                            break;    //串行 Flash 操作
    case CMD8 :
        help_operation();                      break;    //帮助信息
    case CMD9 :                                break;    //预留
    case CMD10 :
        serial_out('=');                       break;    //同步测试
    default:
        break;
}
```

8.2.2 配置文本编辑

在描述 LED 屏显示信息时，一方面希望使用户容易理解、易编辑，另一方面又能使控制卡单片机较易提取控制信息和数据。采用文本编辑方式，用户可以用文本编辑软件直接编写信息，然后使用串行口下载软件将文本数据下载到控制卡即可。由于文本带有控制符和格式，控制卡单片机能很容易识别。

下面是一个控制文本信息，它包含 LED 屏的硬件信息，包括高度、宽度、数据线与引脚对应关系。同时也包括了两屏显示数据，并给出显示数据的进入飞出模式、字体大小、颜色和显示信息停留时间。

［配置信息］
［LED 屏宽］= 64

[LED屏高] = 64
[扫描线数] = 16
[数据宽度] = 4
[红色映射] = 0246
[绿色映射] = 1357

[文本信息]
[显示模式] = 左飞入,上飞出
[字符点阵] = 16
[字符颜色] = 黄
[字符背景] = 黑
[字符旋转] = 0
[字符镜像] = 正常
[显示时间] = 200
[显示速度] = 100
[显示内容] =
黄先生´CR´GG　您好

[文本信息]
[显示模式] = 下飞入,右上飞出
[字符点阵] = 16
[字符颜色] = 黄
[字符背景] = 黑
[字符旋转] = 0
[字符镜像] = 正常
[显示时间] = 200
[显示速度] = 100
[显示内容] =
黄先生 1´CR´GG　您好

控制文本信息包括配置信息和文本信息两个部分。配置信息描述 LED 屏的硬件属性,文本信息描述显示屏显示数据的内容和方式。

为了使单片机按照控制文本要求有条不紊的工作,格式约定为:
➢ 控制类型用"[ ]"框住;
➢ 每一条控制信息后用回车和换行符;
➢ 在[配置信息]前有个空格;
➢ 在[配置信息]和[文本信息],以及[文本信息]和[文本信息]之间间隔一行空行;
➢ 在最后一条[文本信息]结束后,有 3 个空行;

> 为了使显示信息的内容更加丰富,在文本之间加入了转意控制符号,转意控制符号选用最不常用的符号"`",通过使用转意字符,可以对字体大小、文本颜色、文本背景颜色进行定义,对文本进行重编辑,转意字符指令如表8-2所列。

表8-2 转意字符指令表

控制内容	控制字符	控制命令	参数1	参数2	参数3	参数4	参数5	参数6
配置信息	`	L	LED屏宽(4 BYTE)	LED屏高(4 BYTE)	扫描线数(2 BYTE)	数据宽度(2 BYTE)	红色映射(4 BYTE)	绿色映射(4 BYTE)
字符点阵	`	F	点阵大小((2 BYTE))					
显示模式	`	M	静态/水平移动/垂直移动(S/H/V)					
字符颜色	`	C	红/绿/黄/黑(R/G/Y/B)					
字符背景	`	G	红/绿/黄/黑(R/G/Y/B)					
字符旋转	`	R	0/90/180/270(000/090/180/270)					
字符镜像	`	I	正常/水平/垂直(N/H/V)					
显示时间	`	T	秒数(3 BYTE)					
显示速度	`	S	速度0~100(3 BYTE)					
显示内容	`							
设备编号	`	D	屏选择(1 BYTE)					
回车	`	n						
换行	`	a						
X坐标	`	X	(4 BYTE)					
Y坐标	`	Y	(4 BYTE)					
密码	`	P	(6 BYTE)					

比如上面的文本信息:

[文本信息]
[显示模式]=左飞入,上飞出
[字符点阵]=16
[字符颜色]=黄
[字符背景]=黑
[字符旋转]=0
[字符镜像]=正常
[显示时间]=200
[显示速度]=100
[显示内容]=
　　黄先生`CR`GG　您好

字符串"黄先生"的字体颜色是黄色,字符背景是黑色,通过`CR`GG的转意指令后,字符串"您好"的字体颜色是红色,字符背景是绿色。

8.2.3 直接数据格式定义

　　LED 显示屏显示的控制和显示信息修改有 2 种方式。一种方式是用文本文件编辑 LED 显示屏硬件信息、显示方式和显示内容,要实现这种方式,控制卡上需要带有可存储字库文件的芯片。另一种方式是在 PC 机上编辑好 LED 显示屏控制和显示内容,根据 LED 控制卡的硬件电路转换数据,并将数据处理后下载到控制卡的存储器相应地址。在这里,控制卡的存储器是串行 Flash,所以在控制命令字中,只要选择 CMD7 就可以进入串行 Flash 操作。为了保障数据在传输时的同步性和正确性,需要对传送直接数据的数据格式进行定义。在这里,本书选用存储器编程数据格式 INTER 格式,该格式定义了同步字符、地址、数据格式以及校验,可以很好地保障数据传输的同步性和可靠性。INTER 格式的文件后缀是 *.hex,所以常称 IN-TER 格式的文件为 HEX 文件。

　　HEX 文件格式是 Intel 公司提出的按地址排列的数据信息,数据宽度为字节,所有数据使用十六进制数字表示,常用来保存单片机或其他处理器的目标程序代码。它保存物理程序存储区中的目标代码映像。一般的编译软件产生的用于写入芯片的文件都是 Intel HEX 格式的文件,Intel HEX 文件属于文本文件,可以用记事本查看,一个 Intel HEX 文件的一行称为一个记录,每个记录都是由十六进制字符组成的,2 个字符表示 1 个字节的值。

　　下面是一个数据文件用记事本打开后看到的内容:

```
:020000040000FA
:10800000C0ECA86420FDB97531004000201002 00CA
:020000040000FA
:10801000CC000200000040002001F700050800C865
:020000040002F8
:10001000FFFFFFFFFFFFFFFF3F3F3FFF3F3F3F344
:10002000F3F3F3FFF3F3FFF3FFFFFFFFFFFFFFFF28
:10005000FFFFFFFFFFFFFFFF3F3F3F3F3F3FFFFF8
:10006000FFFFFF3F3F3FFF3FFFFFFFFFFFFFFFD0
:10009000FFFFFFFFFFFFFFFFF3F3F3F3F3F3C4
:1000A000FFFFF3F3FFFFF3F3FFFFFFFFFFFFFFFF90
      ……
:00000001FF
```

　　显示数据 HEX 文件是文本行的 ASCII 文本文件,文件内容全部由可打印的 ASCII 字符组成,可以用记事本打开。

　　显示数据 HEX 由一条或多条记录组成,每行一条记录,每条记录都以冒号":"开始,以回车(0DH)和换行(0AH)结束。

　　除":"外,每条记录有 5 个域,每一域由 $2N(N{\geqslant}1)$ 个 HEX 字符组成,格式如下:

　　　　:[LL][ZZZZ][TT][SS....SS][RR]

其中:
　　[LL]　　　:表示该记录的实际数据长度;
　　[ZZZZ]　　:表示该记录所包含的数据在实际的存储区中的起始地址;

[TT]　　：为该记录的类型；

[SS....SS]：为该记录的实际数据，由 2N(N≥1)个 HEX 字符组成，该域的长度应当与[LL]域所指出长度一致；

[RR]　　：为该记录的数据校验和。

例如，对上面例子中的第 1 行进行说明：

```
:020000040000FA
```

用"["和"]"分开后如下：

:[02][0000][04][0000][FA]

[02]　　：该记录的实际数据长度[LL]为 2 字节(4 个 HEX 字符)；

[0000]　：该记录所包含的数据在实际存储区中的起始地址[ZZZZ]为 0000H；

[04]　　：该记录的类型[TT]为 04——扩展线性地址；

[0000]　：该记录的实际数据[SS...SS]；

[FA]　　：该记录的数据校验和[RR]。

对上面例子中的倒数第 3 行进行说明：

```
:1000A000FFFFF3F3FFFFF3F3FFFFFFFFFFFFFFFF90
```

用"["和"]"分开后如下：

:[10][00A0][00][FFFFF3F3FFFFF3F3FFFFFFFFFFFFFFFF][90]

[10]　　　：该记录的实际数据长度[LL]为 16D(10H)个字节(20H 个 HEX 字符)；

[00A0]　　：该记录所包含的数据在实际存储区中的起始地址[ZZZZ]为 3030H；

[00]　　　：该记录的类型[TT]为 00——数据(实际要烧写到存储器中的数据)；

[FFFF...]：该记录的实际数据[SS...SS]；

[90]　　　：该记录的数据校验和[RR]。

1. 常见的记录类型

00：数据记录，表示该记录所包含的数据为实际要烧写到存储器中的数据；

01：文件结束记录，表示该记录为本文件的最后一个记录；

02：扩展段地址记录，表示该记录所包含的数据为段地址；

04：扩展线性地址记录，表示该记录所包含的数据为线性地址。

2. 校验和的计算规则

以字节(2 个 HEX 字符)为单位，除":"以外，当前行所有数据的和为 00H。注意对"和"只取低 8 位。

例如对上面例子中的第 1 行进行说明：

```
:020000040000FA
02 00 00 04 00 00 FA
02H + 00H + 00H + 00H + 04H + 00H + 00H + 00H + FAH = 100H
```

对上面例子中的倒数第 3 行进行说明：

```
:1000A000FFFFF3F3FFFFF3F3FFFFFFFFFFFFFFFF90
10 00 A0 00 FF FF F3 F3 FF FF F3 F3 FF FF FF FF FF FF FF FF 90
```

$$10 + 00 + A0 + 00 + FF + FF + F3 + F3 + FF + FF + F3 + F3 + FF + FF + FF + FF + FF + FF + FF + FF + 90 = 1100H$$

3. 扩展线性地址

当一个扩展线性地址记录被读到后,扩展线性地址将被保存并应用到后面从 Intel HEX 文件中读出的记录,这个扩展线性一直有效,直到读到下一个扩展线性地址记录。

绝对地址与扩展线性地址的关系如下:

$$绝对地址 = 数据记录中的地址[ZZZZ] + 移位后的扩展线性地址$$

4. 扩展段地址记录

当一个扩展段地址记录被读到后,扩展段地址将被保存并应用到后面从 Intel HEX 文件中读出的记录,这个扩展段地址一直有效,直到读到下一个扩展段地址记录。

绝对地址与扩展段地址的关系如下:

$$绝对地址 = 数据记录中的地址[ZZZZ] + 移位后的扩展段地址。$$

8.2.4 存储器地址位置

对控制卡存储器进行划分,不同的地址单元有不同的用途,一方面有利于对控制卡存储器分区管理,便于程序设计;另一方面也可以由 PC 机根据预先设置地址对下载数据预处理。控制卡存储器地址位置的划分如表 8-3 所列。

表 8-3 存储器地址位置对应表

描述	符号	地址
文本起始地址	TXT_INFO_BEGIN_ADDR	0
硬件信息起始地址	HARDWAVE_INFO_BEGIN_ADDR	0x8000
命令表起始地址	INSTRUCTION_TABS_BEGIN_ADDR	0x8010
文本控制起始地址	STRINGS_CTRL_INFO_BEGIN_ADDR	0x10000
文本起始地址	STRINGS_CTRL_HARDWAVE_INFO_BEGIN_ADDR	0x18000
文本起始地址	STRINGS_CTRL_INSTRUCTION_TABS_BEGIN_ADDR	0x18010
显示数据起始地址	DISPLAY_BEGIN_ADDR As Long	0x20000
字符控制起始地址	STRINGS_CTRL_DISPLAY_BEGIN_ADDR	0xA0000

8.2.5 PC 端串行口通信模块

PC 机端的程序采用 VB6.0 语言设计,VB6.0 语言提供了一个控件 MSComm。MSComm 控件通过串行端口传输和接收数据,为应用程序提供串行通信功能。MSComm 控件提供下列 2 种处理通信的方式:① 事件驱动法;② 查询法。

① 事件驱动法

在使用事件驱动法设计程序时,每当有新字符到达或端口状态改变,或发生错误时,MSComm 控件将触发 OnComm 事件,而应用程序在捕获该事件后,通过检查 MSComm 控件的 CommEvent 属性可以获知所发生的事件或错误,从而采取相应的操作。这种方法的优点是程序响应及时,可靠性高。

② 查询法

查询法适合于较小的应用程序,在这种情况下,每当应用程序执行完某一串行口操作后将不断检查 MSComm 控件 CommEvent 属性,以检查执行结果或检查某一事件是否发生。

1. 函数 1:串行口初始化

定义了全局结构体变量 init_config,其中 init_config.com 是选用的串行口,init_config.com_bps 是波特率,init_config.com_jy 是校验方式,init_config.com_data_bit 是数据位,init_config.com_stop_bit 是停止位。串行口初始化过程如下:

```
Private Sub Ini_Com()
    On Error Resume Next
        If MSComm1.PortOpen = True Then
            MSComm1.PortOpen = False                '关闭通信口
        End If
        MSComm1.CommPort = init_config.com          '选用 com 串行口
        MSComm1.Settings = Trim(init_config.com_bps) + "," + init_config.com_jy + _
            Str(init_config.com_data_bit) + "," + Str(init_config.com_stop_bit)
        '波特率 38 400,无奇偶校验位,8 位数据位 1 位停止位
        MSComm1.InputLen = 0                        'input 将读取接收缓冲区的全部内容
        MSComm1.InBufferSize = 1024                 '设置接收缓冲区的字节长度
        MSComm1.InBufferCount = 0                   '清除接收缓冲区数据
        MSComm1.OutBufferCount = 0                  '清除发送缓冲区数据
        MSComm1.PortOpen = True
        If MSComm1.PortOpen = False Then
            MsgBox ("串行口" & Trim(Str(MSComm1.CommPort)) & "已被占用,请另选串行口")
        End If
End Sub
```

2. 函数 2:接收等待的字符

功能:在规定时间(DT)内,返回的数据中是否含有字符串(RS)。如有,则返回完整字符串,否则返回值是空字符串。RS 是等待返回字符串,Comm 是通信控件名称,RS 是欲等待的字符,DT 是最长的等待时间。

```
Function WaitRS(Comm As MSComm, RS As String, DT As Long) As String
    Dim Buf $ , TT As Long
    Buf = ""
    TT = GetTickCount
    Do   '如果没有接收到指定字符串或时间没溢出(大于 TT)则不断读取串口数据
        Buf = Buf & Comm.Input   '读取接收缓冲区数据,将数据添加到变量 Buf
    Loop Until InStr(1, Buf, RS) > 0 Or GetTickCount - TT > = DT
    '如果接收到的字符串 Buf 包含指定字符串 RS 则返回字符串 Buf,否则返回空字符串
    If InStr(1, Buf, RS) > 0 Then
        WaitRS = Buf
    Else
```

```
            WaitRS = ""
        End If
End Function
```

3. 函数3：发送字符串

功能：发送字符串 t_string，发送字符串 t_string 中每个字符之间的时间间隔由 send_delay 决定。

```
Public Function send_str(t_string As String, send_delay As Integer)    '字符发送
    Dim len_str As Integer
    Dim i As Integer
    Dim t_one As String
    If send_delay = 0 Then                                '发送字符间隔时间为0
        If frm_main.MSComm1.PortOpen = True Then
            If t_string <> "" Then                        '如果发送字符串为空,则退出;不为空,则发送
                frm_main.MSComm1.Output = t_string
            End If
            send_data_num = send_data_num + Len(t_string)
                                                          '发送字符串计数值加上字符串 t_string 的长度
        End If
    Else                                                  '发送字符间隔时间为 send_delay
        If frm_main.MSComm1.PortOpen = True Then
            If t_string <> "" Then
                len_str = Len(t_string)                   '计算字符串的字符个数
                For i = 1 To len_str
                    t_one = Mid(t_string, i, 1)           '取出一个字符
                    frm_main.MSComm1.Output = t_one       '发送该字符
                    send_data_num = send_data_num + 1     '发送字符串计数值加1
                    TimeDelay (send_delay)                '插入延时时间
                Next i
            End If
        End If
    End If
End Function
```

8.3 汉字字形的提取及图片的嵌入

  LED 显示屏无论是显示图形还是文字,它都是由像素点构成的。只要控制组成这些图形和文字像素点所对应的 LED 器件发光,就能显示出图形和文字。对汉字和图片字形的提取,就是要先在 PC 机上编辑图形和文字,根据显示控制的要求,生成相应的显示数据。

  为了吸引观众,增强效果,LED 显示可以有多种显示模式。最简单的模式是静态显示,它是指人主观所观察显示的图文效果是静止不动的。对静态显示数据的提取与屏长、屏宽和LED 显示控制卡硬件设计结构有关,提取数据相对简单。与静态显示对应,就有各种动态显示模式,它们显示的图文是可以运动的。为了使图文运动,对显示数据的刷新并不意味着一定

要重新编写或组织显示数据。可以通过一定算法由静态显示数据直接生成。例如,按顺序调整行号,使图文上下平移;按顺序调整列号,使图文左右平移;同时调整行列顺序,使图文沿对角线平移。因此在这里,只介绍静态显示的图文屏的汉字提取和图片嵌入。动态显示屏的数据可以由静态显示屏的数据转换得到。

在软件设计时按以下步骤进行:
① 设置一个和 LED 屏的大小相同的图片框,作为显示屏背景。
② 添加一个或多个可移动的图片框,并在图片框显示出图形或文字,并根据图形或文字的大小确定图片框的大小。
③ 调节图片框的起始点坐标。
④ 生成 LED 静态屏显示数据。

如果要在 LED 屏上显示图片,只需要把图片的大小,颜色处理一下就可以了,而对于汉字字形的提取相对复杂,要考虑到使用点阵字库还是矢量字库,同时要考虑字体大小、形状、颜色、是否旋转和镜像。

8.3.1 汉字字形提取

提取汉字字形,根据显示汉字字形点阵大小选择相应的字库。在 PC 机中,汉字图形形状的数据保存在点阵和矢量两种字库中。点阵字库是把每一个汉字都分成 16×16 或 24×24 个点或其他类型点阵,然后用每个点的虚实来表示汉字的轮廓。点阵字库在显示汉字时,可以精确到一个点,显示精度很高,但随着汉字点阵大小的增加,每个汉字所占的存储空间呈平方增长。比如一个 16×16 点阵汉字只需用 32 字节存储,而 32×32 点阵汉字需要用 128 字节存储。如果对小点阵字库进行放大来显示大点阵汉字,一旦放大后就会发现文字边缘的锯齿,所以点阵字库一般不用于显示大点阵汉字。矢量字库保存的是对每一个汉字的描述信息,比如一个笔划的起始、终止坐标,半径、弧度等。在显示、打印这一类字库时,要经过一系列的数学运算才能输出结果,但是这一类字库保存的汉字,理论上可以被无限地放大,笔画轮廓仍然能保持圆滑,打印时使用的字库均为此类字库。在显示大点阵字符时,一方面为了突出汉字的笔锋、弧度;另一方面可以节省显示大点阵汉字时的存储空间,一般采用矢量字库。但是矢量字库在显示小点阵汉字时,由于其汉字字形是通过运算得到的,所显示汉字的形状不能很精确的描述。通常,在软件设计时,如果显示的字符不大于 16 点阵,则采用点阵字库;在显示大于 16 点阵字符时,采用矢量字库。另外,在汉字字形提取时还要考虑字体大小、类型。

提取汉字字形的程序设计,首先,要根据汉字设置的字体大小、类型提取汉字字模;然后,在汉字字形显示时要考虑字体颜色、背景颜色、是否旋转和镜像;最后,保存数据。因此可以把字形提取和显示分为读取字模、字体旋转、字体镜像、颜色处理几个部分来处理。

读取字模程序设计,要考虑汉字字形点阵大小,根据显示汉字字形点阵大小选择相应的字库。当显示汉字点阵小于或等于 16 时,从点阵字库中读取字模数据,常用字库文件 asc12、hzk12、asc14、hzk14、asc16 和 hzk16。当显示汉字点阵大于 16 时,参照在 Windows 下提取字模程序的方法提取字模数据,在提取数据的同时考虑汉字的字形。读取字模后的数据放置在一个二维数组中。

字体旋转程序设计主要是对一个保存字模数据的二维数据进行行列变换。根据旋转的角度,对存入二维数组字模数据进行旋转矩阵变换,重新组织数据。为了不增加数据组织的复杂性,角度的旋转通常不要使二维数组的行列大小发生变化。

镜像模块程序设计是通过水平镜像或垂直镜像的方法对存入二维数组字模数据进行旋转矩阵变换,重新组织数据。

颜色处理程序设计是根据字体颜色和背景颜色的不同,对 LED 显示屏上像素点对应的数据进行修改。

以下是读取一个汉字的点阵字模数据子程序,读取后的数据存放在全局数组变量 hz_bit_buf()中。子程序的入口参数包括处理的汉字、点阵大小、旋转角度和镜像方式。当读取小于 17 点阵的汉字字模数据时,要先找到字库文件,根据汉字的内码,计算出该汉字字模在字库文件中的位置,按顺序依次取出。当读取大于 16 点阵的汉字字模数据时,首先根据字形、字体大小、粗体和斜体等设置参数,将汉字显示在图片框上,然后根据读取字模数据大小的要求,按比例读取字模数据。图 8-5 为读取一个汉字的点阵字模数据子程序的程序流程图,其中 Src_hz 为要读取字模的汉字,Dot_Matrix 为点阵大小,revolve 是旋转角度,mirro 是镜像方式。

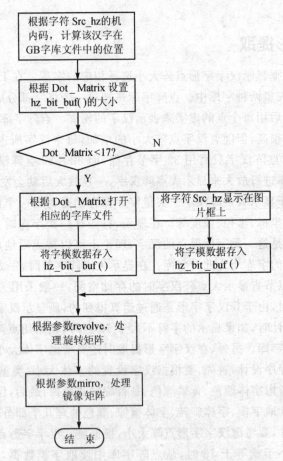

图 8-5 读取一个汉字的点阵字模数据子程序流程图

读取一个汉字的点阵字模数据子程序的程序代码如下:

```
Private Sub get_hz_dot_matrix(Src_hz As String, Dot_Matrix As Byte, revolve As String, mirro As String)
    Dim hz_temp As String
```

```
Dim i, j, k, c1, c2, rec As Integer
Dim p1, p2 As Byte
Dim Location As Long          '汉字在字库中的位置
Dim handle As Integer
Dim hz_bit_buf_temp() As Byte
Dim start_x As Single         '开始坐标 X
Dim start_y As Single         '开始坐标 y
Dim micro_xy As Single        '基本单元距离
Dim read_x As Single          '开始坐标 X
Dim read_y As Single          '开始坐标 y
Dim end_x As Integer          'X 的长度(单元距离)
Dim end_y As Integer          'Y 的长度(单元距离)
handle = FreeFile
hz_temp = Src_hz
k = Asc(hz_temp)
p1 = CByte((65536 + k) \ 256)
p2 = CByte((65536 + k) Mod 256)
c1 = CStr(p1) - &HA1          '区内码
c2 = CStr(p2) - &HA1          '位内码
rec = c1 * 94 + c2
Location = CLng(rec) * Dot_Matrix * 2 + 1 '该汉字在点阵字库中字模第一个字节的位置
ReDim hz_buf(0 To 2 * Dot_Matrix - 1)
ReDim hz_bit_buf(0 To Dot_Matrix - 1, 0 To Dot_Matrix - 1)        '定义汉字点阵的大小
ReDim hz_bit_buf_temp(0 To Dot_Matrix - 1, 0 To Dot_Matrix - 1)   '定义汉字点阵的大小
If Dot_Matrix < 17 Then
    Select Case Dot_Matrix
        Case 12
            zk_file = App.Path + "\" + "Hzk12"
            Open zk_file For Binary Access Read As #handle
                                        '读取该汉字在12点阵字库中的原始字模
            Get #handle, Location, hz_buf
            Close #handle
        Case 14
            zk_file = App.Path + "\" + "Hzk14"
            Open zk_file For Binary Access Read As #handle
                                        '读取该汉字在14点阵字库中的原始字模
            Get #handle, Location, hz_buf
            Close #handle
        Case 16
            zk_file = App.Path + "\" + "hzk16"
            Open zk_file For Binary Access Read As #handle
                                        '读取该汉字在16点阵字库中的原始字模
            Get #handle, Location, hz_buf
```

```
                Close #handle
            End Select
'············ start 取出位点阵到 hz_bit_buf_temp() 中 ············
            For i = 0 To Dot_Matrix - 1
                k = 8
                    '字模从由点来描述的信息,一个字节 8 位,处理 0~7 列。
                For j = 0 To 7
                    hz_bit_buf_temp(i, j) = ((hz_buf(2 * i) Mod 2 ^ k) \ (2 ^ (k - 1)))
                    k = k - 1
                Next
                k = 8
                For j = 8 To Dot_Matrix - 1                '处理 8~Dot_Matrix - 1 列
                    hz_bit_buf_temp(i, j) = ((hz_buf(2 * i + 1) Mod 2 ^ k) \ (2 ^ (k - 1)))
                    k = k - 1
                Next
            Next
        Else                                                '大点阵
            Call out_font_to_pic(Src_hz)                    '在图片上显示汉字
            font_widch = frm_main.Picture1.TextWidth(Src_hz)    '计算字宽
            font_Height = frm_main.Picture1.TextHeight(Src_hz)  '计算字高
            cent_xy = font_Height / Dot_Matrix              '每个像素点包含的长宽
            start_x = font_Height / (Dot_Matrix * 2)        '开始读取的像素点 x 坐标
            start_y = start_x                               '开始读取的像素点 y 坐标
            For j = 0 To Dot_Matrix - 1                     '行
                For i = 0 To Dot_Matrix - 1                 '列
                    read_x = start_x + i * cent_xy          '读取当前像素点 x 坐标
                    read_y = start_y + j * cent_xy          '读取当前像素点 y 坐标
                    hz_bit_buf_temp(j, i) = dot_decide(read_x, read_y, Dot_Matrix)
                        '将当前像素点的信息值保存在数组 hz_bit_buf_temp() 中
                Next
            Next
        End If
'············ end 取出位点阵到 hz_bit_buf_temp() 中 ············
'············ start 旋转矩阵 ············
    Select Case revolve
        Case "0 度"                                         '不旋转,不变换坐标,保存结果
            For i = 0 To Dot_Matrix - 1
                For j = 0 To Dot_Matrix - 1
                    hz_bit_buf(i, j) = hz_bit_buf_temp(i, j)
                Next
            Next
        Case "90 度"                                        '旋转 90 度,坐标变换,保存结果
            For i = 0 To Dot_Matrix - 1
```

```
                    For j = 0 To Dot_Matrix - 1
                        hz_bit_buf(i, j) = hz_bit_buf_temp(Dot_Matrix - j - 1, i)
                    Next
                Next
            Case "180 度"                                   '旋转 180 度,坐标变换,保存结果
                For i = 0 To Dot_Matrix - 1
                    For j = 0 To Dot_Matrix - 1
                        hz_bit_buf(i, j) = hz_bit_buf_temp(Dot_Matrix - i - 1, Dot_Matrix-j-1)
                    Next
                Next
            Case "270 度"                                   '旋转 270°,坐标变换,保存结果
                For i = 0 To Dot_Matrix - 1
                    For j = 0 To Dot_Matrix - 1
                        hz_bit_buf(i, j) = hz_bit_buf_temp(j, Dot_Matrix - i - 1)
                    Next
                Next
        End Select
'''''''''''''''''''''''''''''''' end 旋转矩阵''''''''''''''''''''''''''''''''''''
'''''''''''''''''''''''''''''''' start 镜像处理''''''''''''''''''''''''''''''''''
        For i = 0 To Dot_Matrix - 1                        '复制
            For j = 0 To Dot_Matrix - 1
                hz_bit_buf_temp(i, j) = hz_bit_buf(i, j)
            Next
        Next
        Select Case mirro                                  '镜像
            Case "正常"                                     '正常则不处理
            Case "水平"                                     '水平镜像,x 坐标不变,交换 y 坐标
                For i = 0 To Dot_Matrix - 1
                    For j = 0 To Dot_Matrix - 1
                        hz_bit_buf(i, j) = hz_bit_buf_temp(i, Dot_Matrix - 1 - j)
                    Next
                Next
            Case "垂直"                                     '垂直镜像,y 坐标不变,交换 x 坐标
                For i = 0 To Dot_Matrix - 1
                    For j = 0 To Dot_Matrix - 1
                        hz_bit_buf(i, j) = hz_bit_buf_temp(Dot_Matrix - 1 - i, j)
                    Next
                Next
        End Select
'''''''''''''''''''''''''''''''' end 镜像处理''''''''''''''''''''''''''''''''''''
    End Sub
```

按类似的工作方式也可以提取英文字符的字模数据。英文字符字模数据的存放是按 ASCII 编码顺序存放的,但在存放 12×12 点阵的 asc12 文件中,英文字符字模数据的存放是

从 ASCII 码的 0x20 地址开始存放的。由于英文字符显示时宽度和高度比是 1:2,所以每个英文字符所占存储空间也相对较小。

通常,一个英文字符在点阵大小为 Dot_Matrix 的字库中第一个字节的位置可描述为:

$$Location = Asc(Src\_asc) \times Dot\_Matrix + 1。$$

而在 12×12 点阵的 asc12 文件中,一个英文字符在点阵大小为 Dot_Matrix 的字库中第一个字节的位置为:

$$Location = Asc(Src\_asc - 0x20) \times Dot\_Matrix + 1。$$

8.3.2 图片的嵌入

图片的嵌入可参照大点阵汉字的提取方式。先根据图片在 LED 显示区域的大小设置图片框大小,然后用图片框控件的 LOAD 方式将图片显示在图片框上,就可以提取图片上行列位置上的像素点信息,再根据 LED 显示屏高、宽的信息和图片框在整个显示屏的相对位置生成显示数据。提取流程如图 8-6 所示。

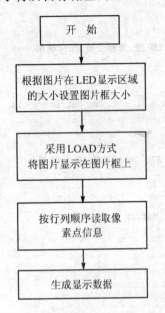

图 8-6 提取图片程序流程图

8.4 PC 对下载数据的预处理

根据控制卡设计硬件电路的特点和 LED 显示屏的显示原理,由 PC 机对显示数据进行预处理,可以大大减少控制卡在图像显示时对数据的处理时间。PC 机处理后的数据转化为 INTER 格式,每输出 16 字节数据都带有同步字符、存储器地址和校验字;这样可以保证数据传输的可靠性。按数据处理和传输的顺序,PC 机预处理数据按照以下步骤进行。

① 按 LED 显示屏显示数据区域的大小,定义一个二维数组,为了描述双色屏及彩色屏的每个像素点的颜色,二维数组的元素是长整型,一一对应到显示屏上的像素点。定义二维数组时,需要考虑 LED 显示屏的类型,是垂直移动屏、水平移动屏,还是静态显示屏。每种类型显示屏组织数据区域的大小是根据显示区域来定的。

② 在 PC 机上,LED 显示屏编辑器上编辑好图形和文字。编辑完成后的像素点行列信息和二维数组行列信息一一对应,采样像素点的数据保存到二维数组中。如果是带灰度的彩色屏,则采样数据按照灰度显示的特点,由多幅页面组成。

③ 根据 LED 显示数据扫描输出的特点和时间先后顺序,同一时间点输出的数据放置在一个字节变量或一个长整型变量中。定义一个一维数组,数组元素的位数数量不小于 LED 显示屏数据线的条数,按照"时间"和"存储器地址"的对应关系,及存储器地址递增或递减的顺序,将数据依次存放在数组中。

④ 按照"INTER 格式"要求和给定的显示数据起始地址,将一维数组数据转换为 INTER 格式数据,转换后的数据将按该起始地址依次存放,同时生成相应的控制指令。

8.4.1 LED 屏显示信息编辑及提取

LED 屏显示信息的编辑分为图文屏、静态字和动态字 3 个部分。图文屏可以编辑文字、图片以及生成带灰度的图片。静态字仅是文字的编辑，便于用户保存、修改。动态字也仅限于文字编辑，配合控制卡工作，生成的数据可以实现垂直移动、水平移动以及超长水平移动。

不论是图文屏编辑、静态字编辑或是动态编辑，都要设置一个数据显示区域，数据显示区域的大小可以不等于 LED 显示屏的大小。在不考虑显示屏信息飞入和飞出效果的情况下，图文屏和静态字编辑中数据显示区域的宽度 D_w 与 LED 显示屏的宽度 L_w 相等；数据显示区域的高度 D_h 与 LED 显示屏的高度 L_h 相等。动态屏编辑时，如果是垂直移动，则 $D_h=L_h$；如果是水平移动，则 $D_w=L_w$。

LED 屏显示信息编辑可以按以下步骤进行。

① 首先定义一个和显示区域一样大的二维数组 screen_group()，数组元素为长整型，可描述彩色显示屏。

② 根据不同的显示要求，确定二维数组的大小，使二维数组的每个元素对应到显示数据区域上的每个点。数组的行数为 L，列数为 C。如果图文屏编辑、静态字编辑考虑飞入和飞出效果，则可以将数据显示区域扩大，使 $L=3\times L_w$，$C=3\times L_h$（图文屏编辑框设计、静态字和动态字编辑框的设计略）。

③ 按第 5 章介绍的数据组织方式，将显示数据放置在对应的位置上。在图文屏编辑中，读取不同图片框上相对坐标的像素点，将该像素点的颜色值保存在二维数组 screen_group() 中。在静态字编辑和动态字编辑中，提取字符串中的每一个字符，计算出该字符在显示区域的起始坐标；然后从点阵字库中读取每个点的点信息（相对坐标和颜色值）。读取一个字符的点阵信息后，对字符的字体颜色值、背景颜色值、是否旋转和是否镜像进行处理，处理完后将点阵信息结果保存在二维数组 screen_group() 中。

8.4.2 LED 显示数据生成

LED 显示数据提取后，得到了一个完全和数据显示区域一一对应的二维数组 screen_group()。这个二维数组 screen_group() 中的数据并没有考虑到 LED 屏的显示原理和控制卡单片机的工作特点，还需要将数据进一步处理和组织。在处理和组织时，要考虑几个因素：

① LED 显示屏的数据引脚数目，单色或是双色屏，与红色数据和绿色数据的对应关系。

② LED 控制卡扫描线的条数 S_w。

③ LED 控制卡数据线的宽度 B_w。

④ 显示灰度级，如果是单色或是双色，灰度级为 1。

⑤ 在动态屏设计时，对点进行修复。

根据 LED 显示数据扫描输出的特点和时间先后顺序，将同一时间点输出的数据放置在一个字节变量或一个长整型变量中。定义一个一维数组 output_data()，数组元素的位数数量不小于 LED 显示屏数据线的条数，按照"时间"对应"存储器地址"的关系，及存储器地址递增的顺序，将数据依次存放在数组 output_data() 中。output_data() 的大小与 LED 显示所需要的数据量有关，如果将 output_data() 中的所有数据依次输出到 LED 屏的数据线上，就完成了一场 LED 显示。

output_data()元素中的每一位,对应到 LED 控制卡上的每一条数据线,数据线可以是红色或者绿色。数据线在数组元素的第 n 位,其值为 2^n。为了便于编辑和修改数据线与数组元素之间的对应关系,这里定义了 2 个数组,red_to_bits() 和 green_to_bits()。在程序启动时,对这 2 个数组重新赋值,也可以在程序运行过程中修改。

```
red_to_bits = Array(0, 2, 4, 6, 8, 10, 12, 14)
green_to_bits = Array(1, 3, 5, 7, 9, 11, 13, 15)
```

赋值后就表示 LED 屏上由上到下的数据线与数组元数位数的对应关系,红色数据线分别对应数组元数的 0,2,4,6,8,10,12,14 位;绿色数据线分别对应数组元数的 1,3,5,7,9,11,13,15 位。

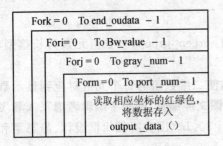

图 8-7 数据生成 N-S 流程图

根据控制卡使用多块 RAM,以及 RAM 的数据端口位数为 8 位的特点,本书定义的一维数组 output_data() 的数组元素也为 8 位。如使用几块 RAM,就将 output_data() 的大小增大几倍。生成数据的大小和 LED 屏高度、宽度以及显示灰度有关。数据生成的原理参照第 5 章的相关介绍。

数据生成 N-S 流程图,如图 8-7 所示,图中 end_oudata 是每个 8 位口生成数据的字节数,Bw_value 是数据线条数,gray_num 是显示灰度级,port_num 是 8 位口的数量。

数据生成的子程序如下:

```
Public Function creat_output_data(gray_num As Byte, Amend_value As Byte)
    Dim k As Long
    Dim x, y As Integer
    Dim i As Integer
    Dim j As Byte
    Dim m As Byte
    Dim Bw_value As Byte
    Dim red_color_dot, green_color_dot As Byte
    Dim end_oudata As Long
    If Bw > 4 Then
        Bw_value = 4
        Else
        Bw_value = Bw
    End If
    end_oudata = sceem_byte_num \ port_num
    For k = 0 To end_oudata  1                  '每一个 8 位口产生一组数据
        For i = 0 To Bw_value - 1               '线宽
            For j = 0 To gray_num - 1           '每级灰度产生的数据
                For m = 0 To port_num - 1       '8 位口数目
    x = k Mod Dw
    y = (k \ Dw) + m * Bw_value * Sw
    ''''''''''''从数组 screen_group()分别取出红色和绿色数据''''''''''''
    red_color_dot = screen_group(i * Sw + y, ((x + Dw - Amend_value * i) Mod Dw)) Mod 256
    green_color_dot = screen_group(i * Sw + y, ((x + Dw - Amend_value * i) Mod Dw)) \ 256
```

................将数组数据按显示特点组织一维数组 utput_data()中................
```
output_data(j * sceem_byte_num + k * port_num + m) = output_data(j *
sceem_byte_num + k * port_num + m) + (2 ^ red_to_bits(i)) * ((red_color_dot Mod (2 ^
(8 - j))) \ (2 ^ (7 - j))) + (2 ^ green_to_bits(i)) * ((green_color_dot Mod (2 ^
(8 - j))) \ (2 ^ (7 - j)))
                    Next m
                Next j
            Next i
        DoEvents
    Next k
End Function
```

8.4.3 INTER 格式数据转换

一维数组 output_data() 所保存的数据就是 LED 显示屏显示完一幅页面的数据。这部分数据是要下载到控制卡的存储器上的，要按照给定起始地址依次存放，就要进行 INTER 格式转换。在进行 INTER 格式数据转换时，要考虑以下因素：

➢ 存储器地址的确定；
➢ 以 64 KB 为一数据区，当所写数据的地址跨过这一区域时，如何处理；
➢ 按 INTER 格式要求，求出地址、数据、校验字节。如果数据字符数不足 2 个或 4 个 ASCII 码，如何补足。

定义数据存储器指针 memery_data_point，根据控制卡单片机运行程序约定，第一屏显示数据将放置在以 0x20000 地址开始的存储器单元，memery_data_point 的初值等于 0x20000。将 memery_data_point 分为高 16 位和低 16 位，当高 16 位变化时，就意味着当前数据的地址跨过了一个 64 KB 区域，就要写一条扩展地址，比如当 memery_data_point 的高 16 位变为 0x0001 时，就要写一条 INTER 格式的扩展地址到 HEX 文件中，表示数据将存放在下一个区域。例如，

:020000040001F9

由于 INTER 格式要求严格，当在处理较小的地址或数据时，需要补足要求的位数，比如要在存储器地址 0x15 的开始存储数据，不能只写字符串"15"，而应该写"0015"。下列程序中调用的函数 remak_2bit() 和 remak_4bit() 就是将不足位数的数据补足的函数。

进行 INTER 格式数据转换，是将一维数组 output_data() 所保存的数据转换为 INTER 格式的 HEX 文件。转换时考虑到 LED 显示屏的特点，其生成数据大小必定是 16 的倍数，所以在转换时，可以将每 16 个数据保存为一行。转换流程如图 8-8 所示。

INTER 格式文件转换子程序如下：

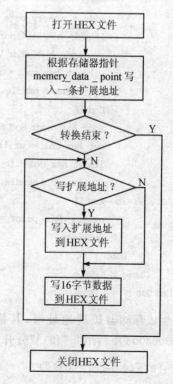

图 8-8 INTER 格式数据转换流程图

```vb
Public Sub creat_hex(gray_num As Byte)
    Dim handle    As Integer                    '文件号
    Dim i As Integer
    Dim temp_data As Byte
    Dim checksum As Integer
    Dim out_hex_col As String
    Dim k As Long
    Dim addr As Long
    Dim addr_h As Long
    Dim addr_l As Long
    k = 0
    handle = FreeFile
    Open dest_file For Append As #handle         '以追加方式打开文件
        addr = memery_data_point
        addr_h = addr \ 65536
        addr_l = addr Mod 65536
        out_hex_col = write_first_addr(addr_h)   '组织高 16 位地址数据
        Print #handle, out_hex_col               '将地址的高 16 位写入 hex 文件
        Do Until k >= sceem_byte_num * gray_num
            For i = 0 To 15                      '从数组 output_data()中取出 16 字节数据
                temp_data = output_data(k): write_byte(i) = temp_data Xor 255: k = k + 1
            Next
            addr = memery_data_point
            If addr_h <> (addr \ 65536) Then     '如果高 16 位地址变化,则需再写入一遍地址
                addr_h = addr \ 65536
                out_hex_col = write_first_addr(addr_h)
                Print #handle, out_hex_col
            End If
            addr_l = addr Mod 65536
            out_hex_col = write_data(addr_l)     '将 16 字节数据添加到字符串 out_hex_col 中
            If out_hex_col <> "" Then
                Print #handle, out_hex_col       '将字符串 out_hex_col 写入文件
            End If
            memery_data_point = memery_data_point + 16
            DoEvents
        Loop
    Close #handle
End Sub
```

生成存储器扩展地址时,其格式相对固定,比如扩展地址是 0030,则写入的数据为: 020000040030F7,用"["和"]"分开后表示如下:

:[02][0000][04][0030][F7]

而生成其他扩展地址时,只是将地址"[0030]"和校验字"[F7]"改变一下就可以了。以下是生成扩展地址的子程序。

```
Public Function write_first_addr(addr As Long) As String
    Dim checksum As Byte
    Dim one_line As String
    checksum = 2 + 4 + (addr \ 256) + (addr Mod 256)    '2 为数据数量,4 为扩展地址
    checksum = (256 - (checksum Mod 256)) Mod 256        '计算校验字节
    one_line = ":" + remak_2bit(2) + remak_4bit(0) + remak_2bit(4) + remak_4bit(addr) + remak_2bit(checksum)
                                                         '组织扩展地址数据
    write_first_addr = one_line
End Function
```

每一次数据处理都是 16 字节,这 16 个字节保存在数组 write_byte()中,addr 是处理后存储的首地址,生成结果数据保存在函数字符串变量 write_data 中。生成的数据为 INTER 格式,如果数据太小,不符合字符处理要求,则可调用函数 remak_2bit()和 remak_4bit()进行调整。以下是 16 字节数据处理函数。

```
Public Function write_data(addr As Long) As String
    Dim checksum As Integer
    Dim one_line As String
    Dim sum As Integer
    Dim i As Byte
    checksum = 0
    sum = 0
    one_line = ""
    checksum = &H10 + addr \ 256 + (addr Mod 256)        '计算统计数据前的校验和
    one_line = ":10" + remak_4bit(addr) + remak_2bit(0)  '生成统计数据前的 INTER 格式字符串
    For i = 0 To 15                                      '继续计算校验和,生成 INTER 格式字符串
        sum = sum + write_byte(i)
        checksum = checksum + write_byte(i)
        one_line = one_line + remak_2bit(write_byte(i))
    Next
    checksum = (256 - (checksum Mod 256)) Mod 256        '最终校验和
    one_line = one_line + remak_2bit(CByte(checksum))    '最终字符串
    If sum <> 4080 Then                                  '如果所有字节数据均为 0xff,则不用生
                                                         ' 成 INTER 格式字符串
        write_data = one_line
    Else
        write_data = ""
    End If
End Function
```

LED 显示屏的硬件配置和每屏信息显示控制信息也保存在 HEX 文件中,根据指针变量 memery_cmd_point 所指的命令表起始地址和显示程序命令表,生成 INTER 格式命令字符串。以下是处理向 HEX 文件写入一条命令字符串的子程序。子程序的入口参数是保存了 16 个字节命令字的数组 cmd_pattern()。

```
Public Sub write_cmd()
```

```
Dim handle As Integer                      '文件号
Dim cmd_addr As Long
Dim checksum, i As Integer
Dim out_hex_col As String
handle = FreeFile
out_hex_col = write_first_addr(memery_cmd_point \ 65536)    '写入命令所处的高16地址
Open dest_file For Append As #handle
    Print #handle, out_hex_col
Close #handle
cmd_addr = memery_cmd_point Mod 65536                        '取出命令所处的低16地址
checksum = &H10 + cmd_addr \ 256 + (cmd_addr Mod 256) + &H0  '计算校验和
out_hex_col = ":10" + remak_4bit(cmd_addr) + "00"            '生成统计数据前的INTER格
                                                              式字符串
For i = 0 To 15                                              '继续计算校验和,生成INTER
                                                              格式字符串
    checksum = checksum + cmd_pattern(i)
    out_hex_col = out_hex_col + remak_2bit(cmd_pattern(i))
Next i
memery_cmd_point = memery_cmd_point + 16
checksum = (256 - (checksum Mod 256)) Mod 256                '最终校验和
out_hex_col = out_hex_col + remak_2bit(CByte(checksum))      '最终字符串
Open dest_file For Append As #handle                         '以追加方式打开文件
    Print #handle, out_hex_col
Close #handle
End Sub
```

第 9 章

LED 显示屏单片机控制系统编程

9.1 基于 SPI 的 Flash 存储器读写

SPI 接口的全称是"Serial Peripheral Interface",意为串行外围接口,是 Motorola 首先在其 MC68HCXX 系列处理器上定义的。SPI 接口主要应用在 EEPROM、Flash、实时时钟、A/D 转换器,还有数字信号处理器和数字信号解码器之间。

SPI 接口是在 CPU 和外围低速器件之间进行同步串行数据传输,在主器件的移位脉冲下,数据按位传输,高位在前,低位在后,为全双工通信,数据传输速度总体来说比 I^2C 总线要快,速度可达几十 Mbps。采用 SPI 接口访问存储器,一方面读取速度快,另一方面可以扩展存储器的容量。

9.1.1 SST25 系列串行 Flash 存储器

串行 Flash 存储器采用串行接口进行连续数据存取,它具有尺寸小、功耗低、存储容量大、操作频率高、字节编程快等优点。SST25 系列串行 Flash 存储器带有工业标准的 SPI 接口,它的容量范围是 512 KB~16 MB 且引脚兼容。以下就以 SST25VF040 为例,介绍 SST25 系列串行 Flash 存储器。

SST25VF040 有 8 个引脚,2 种封装(SOIC 和 WSON),其引脚描述如图 9-1 所示。

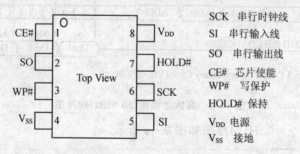

图 9-1 SST25VF040 引脚描述

SST25VF040 在芯片擦除时可以按 4 KB、32 KB、64 KB 进行块擦除,也可整块芯片擦除。SST25VF040 的操作是通过 SPI 总线兼容协议来使用的。SPI 总线由 4 条控制线组成,由选择芯片的 CE、串行数据输入线(SI)、串行数据输出线(SO)以及串行时钟(SCK)组成。

SST25VF040 支持 SPI 操作的模式 0 和模式 3。这 2 种模式的区别如图 9-2 所示,也就是当总线主机处于等待模式 SCK 信号的状态并且没有数据被传输。对于两种模式,SI 在 SCK 的上升沿使用,SO 在 SCK 的下降沿使用。

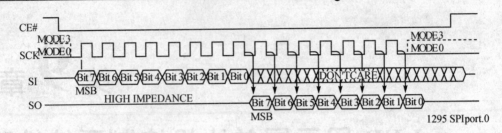

图 9-2　SST25VF040/SPI 协议

对 SST25VF040 进行 SPI 操作的指令及时序图如下：

① 读操作（25 MHz），指令＝03H，时序图如图 9-3 所示。

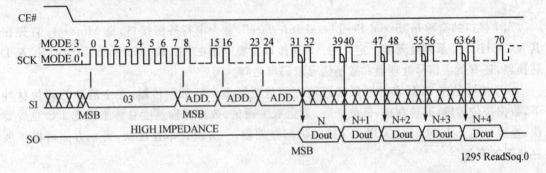

图 9-3　读操作（25 MHz）时序图

② 高速读操作（50 MHz），指令＝0BH，时序图如图 9-4 所示。

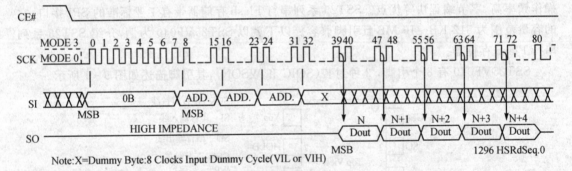

图 9-4　高速读操作（50 MHz）时序图

③ 字节编程，指令＝02H，时序图如图 9-5 所示。

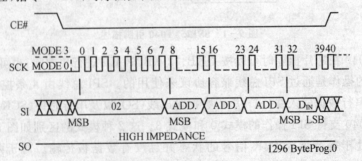

图 9-5　字节编程时序图

④ 自动地址加1字编程（AAI）模式，时序图如图9-6至图9-8所示。

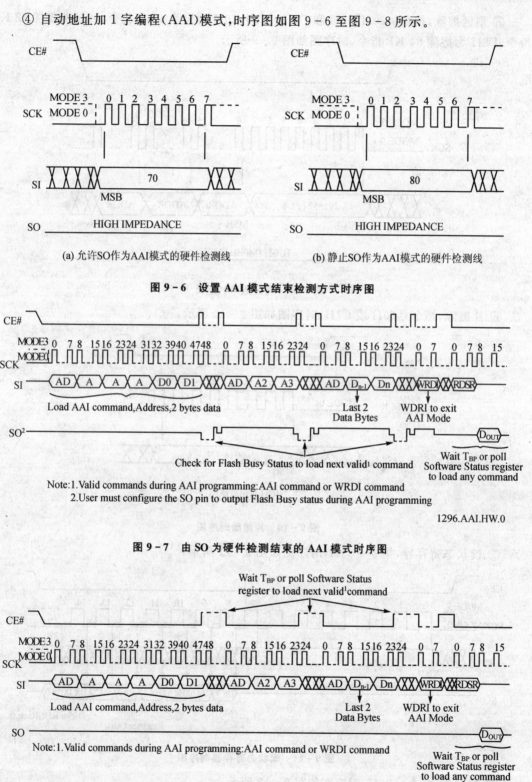

图9-6 设置AAI模式结束检测方式时序图

图9-7 由SO为硬件检测结束的AAI模式时序图

图9-8 由软件检测结束的AAI模式时序图

⑤ 扇区擦除,指令＝20H、52H 和 D8H。其中 20H 为擦除 4 KB 指令,52H 为擦除 32 KB 指令,D8H 为擦除 64 KB 指令,时序图如图 9-9 所示。

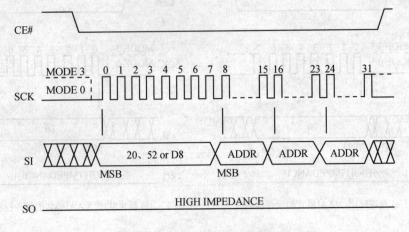

图 9-9 扇区擦除时序图

⑥ 片擦除,指令＝60H 或 C7H,时序图如图 9-10 所示。

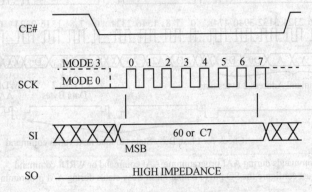

图 9-10 片擦除时序图

⑦ 读状态寄存器,指令＝05H,时序图如图 9-11 所示。

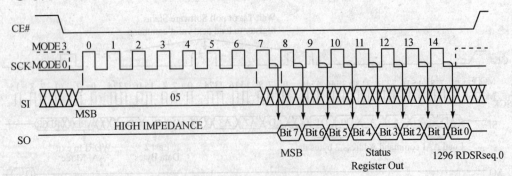

图 9-11 读状态寄存器时序图

⑧ 写允许,指令＝06H,时序图如图 9-12 所示。
⑨ 写状态寄存器,指令＝50H 或 60H,时序图如图 9-13 所示。

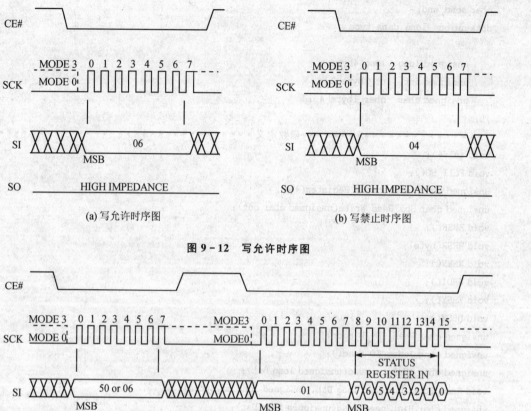

(a) 写允许时序图　　(b) 写禁止时序图

图 9-12　写允许时序图

图 9-13　写状态寄存器时序图

9.1.2　基于 51 单片机 SPI 接口的串行 Flash 驱动程序

以下是基于 51 单片机 SPI 接口的串行 Flash 驱动程序：

```
/*********************头文件**********************/
# include <REG52.H>        //8052 特殊功能寄存器说明头文件
# include <stdio.h>
# include <intrins.h>
/*********************端口定义**********************/
sbit SO = P1^6;
sbit SI = P1^5;
sbit SCK = P1^7;
sbit CE = P1^3;
/*********************SFR 说明**********************/
sfr SPDR = 0x86;
sfr SPSR = 0xAA;
sfr SPCR = 0xD5;
/*********************变量定义**********************/
char send_enable;
```

```c
char send_end;
data union   long_data_type
{
    unsigned long   long_4byte;
    unsigned int    int_2byte[2];
    unsigned char   char_1byte[4];
}L;
/*********************函数定义*********************************/
void init();
void Poll_SO();
unsigned char Read_Status_Register();
unsigned char Spi_Read_Write(unsigned char out);
void EWSR();
void WRSR(byte);
void WREN();
void WRDI();
void EBSY();
void DBSY();
unsigned char Read_ID(ID_addr);
unsigned long Jedec_ID_Read();
unsigned char SF_Byte_read(unsigned long Dst);
void Read_Cont(unsigned long Dst, unsigned long no_bytes);
unsigned char HighSpeed_Read(unsigned long Dst);
void HighSpeed_Read_Cont(unsigned long Dst, unsigned long no_bytes);
void SF_Byte_Program(unsigned long Dst, unsigned char byte);
void Auto_Add_IncA(unsigned long Dst, unsigned char byte1, unsigned char byte2);
void Auto_Add_IncB(unsigned char byte1, unsigned char byte2);
void Auto_Add_IncA_EBSY(unsigned long Dst, unsigned char byte1, unsigned char byte2);
void Auto_Add_IncB_EBSY(unsigned char byte1, unsigned char byte2);
void Chip_Erase();
void Sector_Erase(unsigned long Dst);
void Block_Erase_32K(unsigned long Dst);
void Block_Erase_64K(unsigned long Dst);
void Wait_Busy();
void Wait_Busy_AAI();
void WREN_Check();
void WREN_AAI_Check();
void Verify(unsigned char byte, unsigned char cor_byte);
unsigned char idata upper_128[128];
/*********************初始化*********************************/
void init()
{
    P1 = 0xff;                                  /*设置时钟速率*/
    SPCR = 0x53;
}
```

```c
/************************AAI模式下等待SO线闲***********************/
void Poll_SO()
{
    unsigned char temp = 0;
    CE = 0;
    while (temp == 0x00)                    /* waste time until not busy */
        temp = SO;
    CE = 1;
}
/************************读状态寄存器***************************/
unsigned char Read_Status_Register()
{
    unsigned char byte = 0;
    CE = 0;                                 /* enable device */
    Spi_Read_Write(0x05);                   /* send RDSR command */
    byte = Spi_Read_Write(0x00);            /* receive byte */
    CE = 1;                                 /* disable device */
    return byte;
}
/************************允许写状态寄存器*************************/
void EWSR()
{
    CE = 0;                                 /* enable device */
    Spi_Read_Write(0x50);                   /* enable writing to the status register */
    CE = 1;                                 /* disable device */
}
/*************************写状态寄存器***************************/
void WRSR(byte)
{
    CE = 0;                                 /* enable device */
    Spi_Read_Write(0x01);                   /* select write to status register */
    Spi_Read_Write(byte);
    CE = 1;                                 /* disable the device */
}
/****************************写允许******************************/
void WREN()
{
    CE = 0;                                 /* enable device */
    Spi_Read_Write(0x06);                   /* send WREN command */
    CE = 1;                                 /* disable device */
}
/****************************写禁止******************************/
void WRDI()
{
    CE = 0;                                 /* enable device */
```

```c
    Spi_Read_Write(0x04);                    /* send WRDI command */
    CE = 1;                                  /* disable device */
}
/*******************AAI 模式下允许 SO 作为忙闲线**************/
void EBSY()
{
    CE = 0;                                  /* enable device */
    Spi_Read_Write(0x70);                    /* send EBSY command */
    CE = 1;                                  /* disable device */
}
/*******************AAI 模式下禁止 SO 作为忙闲线****************/
void DBSY()
{
    CE = 0;                                  /* enable device */
    Spi_Read_Write(0x80);                    /* send DBSY command */
    CE = 1;                                  /* disable device */
}
/*********************读串行 Flash ID 号**********************/
unsigned char Read_ID(ID_addr)
{
    unsigned char byte;
    CE = 0;                                  /* enable device */
    Spi_Read_Write(0x90);                    /* send read ID command (90h or ABh) */
    Spi_Read_Write(0x00);                    /* send address */
    Spi_Read_Write(0x00);                    /* send address */
    Spi_Read_Write(ID_addr);                 /* send address - either 00H or 01H */
    byte = Spi_Read_Write(0x00);             /* receive byte */
    CE = 1;                                  /* disable device */
    return byte;
}
/******************Jedec 方式读串行 Flash ID 号***************/
unsigned long Jedec_ID_Read()
{
    unsigned long temp;
    temp = 0;
    CE = 0;                                  /* enable device */
    Spi_Read_Write(0x9F);                    /* send JEDEC ID command (9Fh) */
    temp = (temp | Spi_Read_Write(0x00)) << 8;   /* receive byte */
    temp = (temp | Spi_Read_Write(0x00)) << 8;
    temp = (temp | Spi_Read_Write(0x00));    /* temp value = 0xBF258D */
    CE = 1;                                  /* disable device */
    return temp;
}
/*********************读单字节数据***************************/
unsigned char SF_Byte_read(unsigned long Dst)
```

```c
{
    unsigned char byte = 0;
    L.long_4byte = Dst;
    CE = 0;                                         /* enable device */
    Spi_Read_Write(0x03);                           /* read command */
    Spi_Read_Write(L.char_1byte[1]);                /* 输出地址的高 8 位 */
    Spi_Read_Write(L.char_1byte[2]);                /* 输出地址的中 8 位 */
    Spi_Read_Write(L.char_1byte[3]);                /* 输出地址的低 8 位 */
    byte = Spi_Read_Write(0x00);
    CE = 1;                                         /* disable device */
    return byte;                                    /* return one byte read */
}
/*********************读双字节数据***************************/
unsigned int SF_2Byte_read(unsigned char CS,unsigned long Dst)
{
    union long_data_type temp;
    temp.char_1byte[2] = SF_Byte_read(CS,Dst);      /* 读字节高 8 位 */
    Dst ++ ;
    temp.char_1byte[3] = SF_Byte_read(CS,Dst);      /* 读字节低 8 位 */
    return temp.int_2byte[1];
}
/*********************读 4 字节数据***************************/
unsigned long SF_4Byte_read(unsigned char CS,unsigned long Dst)
{
    union long_data_type temp;
    temp.char_1byte[0] = SF_Byte_read(CS,Dst);      /* 读字节高 8 位 */
    Dst ++ ;
    temp.char_1byte[1] = SF_Byte_read(CS,Dst);
    Dst ++ ;
    temp.char_1byte[2] = SF_Byte_read(CS,Dst);
    Dst ++ ;
    temp.char_1byte[3] = SF_Byte_read(CS,Dst);      /* 读字节低 8 位 */
    return temp.long_4byte;
}
/*********************连续读数据***************************/
void Read_Cont(unsigned long Dst, unsigned long no_bytes)
{
    unsigned long i = 0;
    L.long_4byte = Dst;
    CE = 0;                                         /* enable device */
    Spi_Read_Write(0x03);                           /* read command */
    Spi_Read_Write(L.char_1byte[1]);                /* 输出地址的高 8 位 */
    Spi_Read_Write(L.char_1byte[2]);                /* 输出地址的中 8 位 */
    Spi_Read_Write(L.char_1byte[3]);                /* 输出地址的低 8 位 */
    for (i = 0; i < no_bytes; i ++)                 /* read until no_bytes is reached */
```

```c
    {
        upper_128[i] = Spi_Read_Write(0x00);        /* 接收数据并存储 */
    }
    CE = 1;                                          /* disable device */
}
/*********************高速读数据***************************/
unsigned char HighSpeed_Read(unsigned long Dst)
{
    unsigned char byte = 0;
    L.long_4byte = Dst;
    CE = 0;                                          /* enable device */
    Spi_Read_Write(0x0B);                            /* read command */
    Spi_Read_Write(L.char_1byte[1]);                 /* 输出地址的高8位 */
    Spi_Read_Write(L.char_1byte[2]);                 /* 输出地址的中8位 */
    Spi_Read_Write(L.char_1byte[3]);                 /* 输出地址的低8位 */
    Spi_Read_Write(0xFF);                            /* dummy byte */
    byte = Spi_Read_Write(0x00);
    CE = 1;                                          /* disable device */
    return byte;                                     /* return one byte read */
}
/*********************高速连续读数据***************************/
void HighSpeed_Read_Cont(unsigned long Dst, unsigned long no_bytes)
{
    unsigned long i = 0;
    L.long_4byte = Dst;
    CE = 0;                                          /* enable device */
    Spi_Read_Write(0x0B);                            /* read command */
    Spi_Read_Write(L.char_1byte[1]);                 /* 输出地址的高8位 */
    Spi_Read_Write(L.char_1byte[2]);                 /* 输出地址的中8位 */
    Spi_Read_Write(L.char_1byte[3]);                 /* 输出地址的低8位 */
    Spi_Read_Write(0xFF);                            /* dummy byte */
    for (i = 0; i < no_bytes; i++)                   /* read until no_bytes is reached */
    {
        upper_128[i] = Spi_Read_Write(0x00);         /* 接收数据并存储 */
    }
    CE = 1;                                          /* disable device */
}
/*********************写单字节数据***************************/
void SF_Byte_Program(unsigned long Dst, unsigned char byte)
{
    L.long_4byte = Dst;
    CE = 0;                                          /* enable device */
    Spi_Read_Write(0x02);                            /* send Byte Program command */
    Spi_Read_Write(L.char_1byte[1]);                 /* 输出地址的高8位 */
```

```c
        Spi_Read_Write(L.char_1byte[2]);              /* 输出地址的中 8 位 */
        Spi_Read_Write(L.char_1byte[3]);              /* 输出地址的低 8 位 */
        Spi_Read_Write(byte);                         /* send byte to be programmed */
        CE = 1;                                       /* disable device */
}
/************************写双字节数据***************************/
void SF_2Byte_Program(unsigned char CS,unsigned long Dst,unsigned int int_byte)
{
    union long_data_type temp;
    temp.int_2byte[1] = int_byte;
    SF_Byte_Program(CS,Dst,temp.char_1byte[2]);    /* 写字节高 8 位 */
    Dst ++ ;
    SF_Byte_Program(CS,Dst,temp.char_1byte[3]);    /* 写字节低 8 位 */
}
/************************写 4 字节数据***************************/
void SF_4Byte_Program(unsigned char CS,unsigned long Dst,unsigned long long_byte)
{
    union long_data_type temp;
    temp.long_4byte = long_byte;
    SF_Byte_Program(CS,Dst,temp.char_1byte[0]);    /* 写字节高 8 位 */
    Dst ++ ;
    SF_Byte_Program(CS,Dst,temp.char_1byte[1]);
    Dst ++ ;
    SF_Byte_Program(CS,Dst,temp.char_1byte[2]);
    Dst ++ ;
    SF_Byte_Program(CS,Dst,temp.char_1byte[3]);    /* 写字节低 8 位 */
}
/********************AAI 模式送地址和数据*****************/
void Auto_Add_IncA(unsigned long Dst, unsigned char byte1, unsigned char byte2)
{
L.long_4byte = Dst;
    CE = 0;                                       /* enable device */
    Spi_Read_Write(0xAD);                         /* send AAI command */
    Spi_Read_Write(L.char_1byte[1]);              /* 输出地址的高 8 位 */
    Spi_Read_Write(L.char_1byte[2]);              /* 输出地址的中 8 位 */
    Spi_Read_Write(L.char_1byte[3]);              /* 输出地址的低 8 位 */
    Spi_Read_Write(byte1);                        /* send 1st byte to be programmed */
    Spi_Read_Write(byte2);                        /* send 2nd byte to be programmed */
    CE = 1;                                       /* disable device */
}
/*********************AAI 模式送数据****************/
void Auto_Add_IncB(unsigned char byte1, unsigned char byte2)
{
    CE = 0;                                       /* enable device */
    Spi_Read_Write(0xAD);                         /* send AAI command */
```

```c
    Spi_Read_Write(byte1);                      /* send 1st byte to be programmed */
    Spi_Read_Write(byte2);                      /* send 2nd byte to be programmed */
    CE = 1;                                     /* disable device */
}
/*******************以 SO 作为忙闲线的 AAI 模式送地址和数据*****/
void Auto_Add_IncA_EBSY(unsigned long Dst, unsigned char byte1, unsigned char byte2)
{
    EBSY();                                     /* enable RY/BY# status for SO in AAI */
    L.long_4byte = Dst;
    CE = 0;                                     /* enable device */
    Spi_Read_Write(0xAD);                       /* send AAI command */
    Spi_Read_Write(L.char_1byte[1]);            /*输出地址的高 8 位 */
    Spi_Read_Write(L.char_1byte[2]);            /*输出地址的中 8 位 */
    Spi_Read_Write(L.char_1byte[3]);            /*输出地址的低 8 位 */
    Spi_Read_Write(byte1);                      /* send 1st byte to be programmed */
    Spi_Read_Write(byte2);                      /* send 2nd byte to be programmed */
    CE = 1;                                     /* disable device */
    Poll_SO();                                  /* polls RY/BY# using SO line */
}
/*******************以 SO 作为忙闲线的 AAI 模式送数据*****/
void Auto_Add_IncB_EBSY(unsigned char byte1, unsigned char byte2)
{
    CE = 0;                                     /* enable device */
    Spi_Read_Write(0xAD);                       /* send AAI command */
    Spi_Read_Write(byte1);                      /* send 1st byte to be programmed */
    Spi_Read_Write(byte2);                      /* send 2nd byte to be programmed */
    CE = 1;                                     /* disable device */
    Poll_SO();                                  /* polls RY/BY# using SO line */
    WRDI();                                     /* Exit AAI before executing DBSY */
    DBSY();                                     /* disable SO as RY/BY# output if in AAI */
}
/***********************片擦除*****************************/
void Chip_Erase()
{
    CE = 0;                                     /* enable device */
    Spi_Read_Write(0x60);                       /* send Chip Erase command (60h or C7h) */
    CE = 1;                                     /* disable device */
}
/***********************4 KB 扇区擦除***********************/
void Sector_Erase(unsigned long Dst)
{
    L.long_4byte = Dst;
    CE = 0;                                     /* enable device */
    Spi_Read_Write(0x20);                       /* send Sector Erase command */
    Spi_Read_Write(L.char_1byte[1]);            /*输出地址的高 8 位 */
```

```c
        Spi_Read_Write(L.char_1byte[2]);           /* 输出地址的中 8 位 */
        Spi_Read_Write(L.char_1byte[3]);           /* 输出地址的低 8 位 */
        CE = 1;                                    /* disable device */
}
/*********************32 KB 扇区擦除**************************/
void Block_Erase_32K(unsigned long Dst)
{
        L.long_4byte = Dst;
        CE = 0;                                    /* enable device */
        Spi_Read_Write(0x52);                      /* send 32 KB Block Erase command */
        Spi_Read_Write(L.char_1byte[1]);           /* 输出地址的高 8 位 */
        Spi_Read_Write(L.char_1byte[2]);           /* 输出地址的中 8 位 */
        Spi_Read_Write(L.char_1byte[3]);           /* 输出地址的低 8 位 */
        CE = 1;                                    /* disable device */
}
/*********************64 KB 扇区擦除**************************/
void Block_Erase_64K(unsigned long Dst)
{
        L.long_4byte = Dst;
        CE = 0;                                    /* enable device */
        Spi_Read_Write(0xD8);                      /* send 64 KB Block Erase command */
        Spi_Read_Write(L.char_1byte[1]);           /* 输出地址的高 8 位 */
        Spi_Read_Write(L.char_1byte[2]);           /* 输出地址的中 8 位 */
        Spi_Read_Write(L.char_1byte[3]);           /* 输出地址的低 8 位 */
        CE = 1;                                    /* disable device */
}
/*********************忙等待**************************/
void Wait_Busy()
{
        while (Read_Status_Register() == 0x03)     /* waste time until not busy */
                Read_Status_Register();
}
/*********************AAI 模式下的忙等待**************************/
void Wait_Busy_AAI()
{
        while (Read_Status_Register() == 0x43)     /* waste time until not busy */
                Read_Status_Register();
}
/*********************检查可写否**************************/
void WREN_Check()
{
        unsigned char byte;
        byte = Read_Status_Register();             /* read the status register */
        if (byte != 0x02)                          /* verify that WEL bit is set */
        {
```

```c
            while(1)
                ;
    }
}
/*******************AAI 模式下检查可写否*******************/
void WREN_AAI_Check()
{
    unsigned char byte;
    byte = Read_Status_Register();              /* read the status register */
    if (byte != 0x42)                           /* verify that AAI and WEL bit is set */
    {
        while(1)
            ;
    }
}
/************************校验*******************************/
void Verify(unsigned char byte, unsigned char cor_byte)
{
    if (byte != cor_byte)
    {
        while(1)
            ;
    }
}
/*********************SPI 模式读写*************************/
unsigned char Spi_Read_Write(unsigned char spi_data)
{
    unsigned char temp;
    SPDR = spi_data;                            /*需发送的 SPI 数据*/
    do
    {
        temp = SPSR&0x80;
    }while(temp!=0x80);                         /*判断数据是否发送完成*/
    SPSR = SPSR&0x7f;                           /*清除发送结束标志*/
    return SPDR;
}
```

9.2 字符控制及处理程序设计

在控制命令字约定中，CMD0 为下载配置文件，下载的配置文件保存在存储器地址 0x10000 开始的单元中。LED 屏在显示单纯的文字屏时，控制卡可以解释文本文件中的控制信息和显示信息，控制文本的配置格式和信息在 8.2 节中介绍过。在程序设计中要严格按照配置文本约定，读取信息。

在信息处理时要注意：

- 控制字符的识别;
- 控制信息的设置和存储;
- 无序控制信息的处理。

9.2.1 字符控制处理程序设计

为了使显示信息的内容更加丰富,在文本之间加入了转意控制符号,转意控制符号选用最不常用的符号"`",通过使用转意字符,可以对字体大小、文本颜色、文本背景颜色进行定义,对文本进行重编辑。

控制文本文件是保存在存储器地址 0 开始的单元,当单片机在处理文本时,如果读入的字符是转意字符"`",则调用控制字符处理程序。考虑到今后扩展的需要和程序阅读方便,控制字符处理程序分为 3 个函数,分别是控制字符处理子程序、小写字母 a~z 处理子程序和大写字母 A~Z 处理子程序。

(1) 函数 1: 控制字符处理子程序

```
unsigned long ctrl_char_process(unsigned long temp_txt_point,unsigned char ascii_char)
{
    unsigned char next_char;
    while (ascii_char == ESCAPED_CHAR)
    {
        temp_txt_point ++ ;
        next_char = SF_Byte_read(Chip1_Sel,temp_txt_point);
        if (next_char == ESCAPED_CHAR)          /*转意字符处理*/
            return temp_txt_point;
        if (islower(next_char))                 /*小写字母 a~z 处理*/
            temp_txt_point = lower_char_ctrl_process(temp_txt_point,next_char);
        if (isupper(next_char))                 /*大写字母 A~Z 处理*/
            temp_txt_point = upper_char_ctrl_process(temp_txt_point,next_char);
        if (isdigit(next_char))                 /*数字 0~9 处理*/
            temp_txt_point = digit_char_ctrl_process(temp_txt_point,next_char);
        if (ispunct(next_char))                 /*标点符号处理!"#$%&´()*+,-./等*/
            temp_txt_point = punct_char_ctrl_process(temp_txt_point,next_char);
        ascii_char = SF_Byte_read(Chip1_Sel,temp_txt_point);  /*再读取数据*/
        if(ascii_char! = ESCAPED_CHAR)
            break;
    }
    return temp_txt_point;
}
```

(2) 函数 2: 小写字母 a~z 处理子程序

```
unsigned long lower_char_ctrl_process(unsigned long temp_txt_point,unsigned char next_char)
{
    if (next_char == ´n´)                       /*如果接收到换行处理符*/
    {
        y = y + line_spacing + m;      x = 0;
```

```
            temp_txt_point ++ ;
    }
    return temp_txt_point;
}
```

当控制参数为"R"、"G"、"S"、"M"等参数时,按转意字符表的意思进行参数提起,并重新设置全局变量参数。

(3) 函数3: 大写字母A~Z处理子程序

```
unsigned long upper_char_ctrl_process(unsigned long temp_txt_point,unsigned char next_char)
{
    while(1)
    {
        if (next_char == 'C')                    /* 如果接收到字符颜色转换符,则进入颜色判断 */
        {
            temp_txt_point ++ ;
            next_char = SF_Byte_read(Chip1_Sel,temp_txt_point);    /* 读取转换颜色 */
            if (next_char == 'R')                /* 判断是否为红色转换字符 */
                char_color = RED;
            if (next_char == 'G')                /* 判断是否为绿色转换字符 */
                char_color = GREEN;
            if (next_char == 'Y')                /* 判断是否为黄色转换字符 */
                char_color = YELLOW;
            if (next_char == 'B')                /* 判断是否为黑色转换字符 */
                char_color = BLACK;
            temp_txt_point ++ ;
            break;
        }
        if (next_char == 'F')                    /* 判断是否字体大小转换 */
        {
            temp_txt_point ++ ;                  /* 读数据十位 */
            next_char = toint(SF_Byte_read(Chip1_Sel,temp_txt_point));
            temp_txt_point ++ ;                  /* 读数据个位 */
            next_char = next_char * 10 + toint(SF_Byte_read(Chip1_Sel,temp_txt_point));
            char_dot_matrix = next_char;
            temp_txt_point ++ ;
            break;
        }
        if (next_char == 'G')                    /* 判断是否为字符背景转换 */
        {
            temp_txt_point ++ ;
            next_char = SF_Byte_read(Chip1_Sel,temp_txt_point);    /* 读需转换颜色 */
            if (next_char == 'R')                /* 判断是否为红色转换字符 */
                background = RED;
```

```
        if (next_char == 'G')              /*判断是否为绿色转换字符*/
            background = GREEN;
        if (next_char == 'Y')              /*判断是否为黄色转换字符*/
            background = YELLOW;
        if (next_char == 'B')              /*判断是否为黑色转换字符*/
            background = BLACK;
        temp_txt_point ++ ;
        break;
    }


    if (next_char == 'I')                  /*判断是否为字符镜像*/
    {
        temp_txt_point ++ ;
        next_char = SF_Byte_read(Chip1_Sel,temp_txt_point);
        if (next_char == 'N')              /*不镜像*/
            char_mirror_image = NORMAL;
        if (next_char == 'H')              /*水平镜像*/
            char_mirror_image = H_MIRROR_IMAGE;
        if (next_char == 'V')              /*垂直镜像*/
            char_mirror_image = V_MIRROR_IMAGE;
        temp_txt_point ++ ;
        break;
    }


    if (next_char == 'M')                  /*判断是否为显示模式*/
    {
        temp_txt_point ++ ;                /*读取显示模式参数*/
        next_char = SF_Byte_read(Chip1_Sel,temp_txt_point);
        if (next_char == 'S')              /*判断是否为静态显示*/
            display_mode = STATIC;
        if (next_char == 'H')              /*判断是否为水平动态显示*/
            display_mode = H_MOVE;
        if (next_char == 'V')              /*判断是否为垂直动态显示*/
            display_mode = V_MOVE;
        temp_txt_point ++ ;
        break;
    }


    if (next_char == 'R')                  /*判断是否为字符旋转*/
    {
        temp_txt_point ++ ;                /*读取旋转角度*/
        next_char = SF_Byte_read(Chip1_Sel,temp_txt_point);
        if (next_char == '0')              /*判断旋转角度是否为0°*/
            char_route = CHAR_ROUTE_0;
        if (next_char == '9')              /*判断旋转角度是否为90°*/
```

```c
        {
            temp_txt_point ++ ;
            next_char = SF_Byte_read(Chip1_Sel,temp_txt_point);
            if (next_char == '0')
            {
                char_route = CHAR_ROUTE_90;
            }
        }
        if (next_char == '1')                 /* 判断旋转角度是否为 180° */
        {
            temp_txt_point ++ ;
            next_char = SF_Byte_read(Chip1_Sel,temp_txt_point);
            if (next_char == '8')
            {
                temp_txt_point ++ ;
                next_char = SF_Byte_read(Chip1_Sel,temp_txt_point);
                if (next_char == '0')
                {
                    char_route = CHAR_ROUTE_180;
                }
            }
        }
        if (next_char == '2')                 /* 判断旋转角度是否为 270° */
        {
            temp_txt_point ++ ;
            next_char = SF_Byte_read(Chip1_Sel,temp_txt_point);
            if (next_char == '7')
            {
                temp_txt_point ++ ;
                next_char = SF_Byte_read(Chip1_Sel,temp_txt_point);
                if (next_char == '0')
                {
                    char_route = CHAR_ROUTE_270;
                }
            }
        }
        temp_txt_point ++ ;
        break;
    }

    if (next_char == 'T')                    /* 判断是否为显示时间控制,顺序读取并组织 */
    {
        display_time = 0;
        temp_txt_point ++ ;
        next_char = SF_Byte_read(Chip1_Sel,temp_txt_point);
```

```
        display_time = display_time * 10 + toint(next_char);
        temp_txt_point ++ ;
        next_char = SF_Byte_read(Chip1_Sel,temp_txt_point);
        display_time = display_time * 10 + toint(next_char);
        temp_txt_point ++ ;
        next_char = SF_Byte_read(Chip1_Sel,temp_txt_point);
        display_time = display_time * 10 + toint(next_char);
        temp_txt_point ++ ;
        break;
    }

    if (next_char == 'S')                      /* 判断是否为显示速度控制,顺序读取并组织 */
    {
        display_speed = 0;
        temp_txt_point ++ ;
        next_char = SF_Byte_read(Chip1_Sel,temp_txt_point);
        display_speed = display_speed * 10 + toint(next_char);
        temp_txt_point ++ ;
        next_char = SF_Byte_read(Chip1_Sel,temp_txt_point);
        display_speed = display_speed * 10 + toint(next_char);
        temp_txt_point ++ ;
        next_char = SF_Byte_read(Chip1_Sel,temp_txt_point);
        display_speed = display_speed * 10 + toint(next_char);
        temp_txt_point ++ ;
        break;
    }

    if (next_char == 'L')                      /* 判断是否为配置信息,顺序读取并组织 */
    {
        /* 计算出显示数据宽度 Dw 的值 */
        Dw = 0;
        temp_txt_point ++ ;
        next_char = SF_Byte_read(Chip1_Sel,temp_txt_point);
        Dw = Dw * 10 + toint(next_char);
        temp_txt_point ++ ;
        next_char = SF_Byte_read(Chip1_Sel,temp_txt_point);
        Dw = Dw * 10 + toint(next_char);
        temp_txt_point ++ ;
        next_char = SF_Byte_read(Chip1_Sel,temp_txt_point);
        Dw = Dw * 10 + toint(next_char);
        temp_txt_point ++ ;
        next_char = SF_Byte_read(Chip1_Sel,temp_txt_point);
        Dw = Dw * 10 + toint(next_char);
        /* 计算出显示数据宽度 Dh 的值 */
        Dh = 0;
```

```
temp_txt_point ++ ;
next_char = SF_Byte_read(Chip1_Sel,temp_txt_point);
Dh = Dh * 10 + toint(next_char);
temp_txt_point ++ ;
next_char = SF_Byte_read(Chip1_Sel,temp_txt_point);
Dh = Dh * 10 + toint(next_char);
temp_txt_point ++ ;
next_char = SF_Byte_read(Chip1_Sel,temp_txt_point);
Dh = Dh * 10 + toint(next_char);
temp_txt_point ++ ;
next_char = SF_Byte_read(Chip1_Sel,temp_txt_point);
Dh = Dh * 10 + toint(next_char);
/* 计算出显示扫描线宽度 Sw 的值 */
Sw = 0;
temp_txt_point ++ ;
next_char = SF_Byte_read(Chip1_Sel,temp_txt_point);
Sw = Sw * 10 + toint(next_char);
temp_txt_point ++ ;
next_char = SF_Byte_read(Chip1_Sel,temp_txt_point);
Sw = Sw * 10 + toint(next_char);
/* 计算出线宽 Bw 的值 */
Bw = 0;
temp_txt_point ++ ;
next_char = SF_Byte_read(Chip1_Sel,temp_txt_point);
Bw = Bw * 10 + toint(next_char);
temp_txt_point ++ ;
next_char = SF_Byte_read(Chip1_Sel,temp_txt_point);
Bw = Bw * 10 + toint(next_char);
/* 读出红色数据引脚信息 */
temp_txt_point ++ ;
red_to_bits[0] = SF_Byte_read(Chip1_Sel,temp_txt_point);
temp_txt_point ++ ;
red_to_bits[1] = SF_Byte_read(Chip1_Sel,temp_txt_point);
temp_txt_point ++ ;
red_to_bits[2] = SF_Byte_read(Chip1_Sel,temp_txt_point);
temp_txt_point ++ ;
red_to_bits[3] = SF_Byte_read(Chip1_Sel,temp_txt_point);
/* 读出绿色数据引脚信息 */
temp_txt_point ++ ;
green_to_bits[0] = SF_Byte_read(Chip1_Sel,temp_txt_point);
temp_txt_point ++ ;
green_to_bits[1] = SF_Byte_read(Chip1_Sel,temp_txt_point);
temp_txt_point ++ ;
green_to_bits[2] = SF_Byte_read(Chip1_Sel,temp_txt_point);
temp_txt_point ++ ;
```

```
            green_to_bits[3] = SF_Byte_read(Chip1_Sel,temp_txt_point);

            temp_txt_point ++ ;
            break ;
    }

    if (next_char == 'X')              /* 判断是否为显示的 X 坐标 */
    {
        /* 读取显示的 X 坐标,并计算出动态模式下的 X 坐标修正值 */
        x = 0;
        temp_txt_point ++ ;
        next_char = SF_Byte_read(Chip1_Sel,temp_txt_point);
        x = x * 10 + toint(next_char);
        temp_txt_point ++ ;
        next_char = SF_Byte_read(Chip1_Sel,temp_txt_point);
        x = x * 10 + toint(next_char);
        temp_txt_point ++ ;
        next_char = SF_Byte_read(Chip1_Sel,temp_txt_point);
        x = x * 10 + toint(next_char);
        temp_txt_point ++ ;
        next_char = SF_Byte_read(Chip1_Sel,temp_txt_point);
        x = x * 10 + toint(next_char);
        if ((display_mode> = LFI)&&(display_mode< = RDFI))//飞入飞出
            x = x + Lw;
        temp_txt_point ++ ;
        break;
    }

    if (next_char == 'Y')              /* 判断是否为显示的 Y 坐标 */
    {
        /* 读取显示的 Y 坐标,并计算出动态模式下的 Y 坐标修正值 */
        y = 0;
        temp_txt_point ++ ;
        next_char = SF_Byte_read(Chip1_Sel,temp_txt_point);
        y = y * 10 + toint(next_char);
        temp_txt_point ++ ;
        next_char = SF_Byte_read(Chip1_Sel,temp_txt_point);
        y = y * 10 + toint(next_char);
        temp_txt_point ++ ;
        next_char = SF_Byte_read(Chip1_Sel,temp_txt_point);
        y = y * 10 + toint(next_char);
        temp_txt_point ++ ;
        next_char = SF_Byte_read(Chip1_Sel,temp_txt_point);
        y = y * 10 + toint(next_char);
        if ((display_mode> = LFI)&&(display_mode< = RDFI))//飞入飞出
```

```
                        y = y + Lh;
                    temp_txt_point ++ ;
                    break;
            }
        }
        return temp_txt_point;
}
```

9.2.2 字符点阵字模提取程序设计

要提取点阵字模,首先需要有点阵字库。一般来说,控制卡上有一块保存字库的字库芯片,字库的保存格式与 UCDOS 一样。常用的字库有 $12\times12,14\times14,16\times16,24\times24,32\times32$ 几种。设计字符点阵字模提取程序分为以下几步:

① 定义一个可以保存字模的内存空间,一个处理字模的临时内存空间(比如旋转、镜像等)。

```
#define HZ_BUF_MAX_SIZE    72
unsigned char pdata hz_buf[HZ_BUF_MAX_SIZE];
unsigned char xdata temp_hz_buf[HZ_BUF_MAX_SIZE];
```

② 根据需要提取字模的字符机内码以及点阵字库大小所对应的存储器位置,按字模保存顺序依次提取数据,提取的数据保存在预先定义的内存 hz_buf[]中。

③ 对字符的字模数据进行旋转、镜像处理,处理完的结果保存在 hz_buf[]中。

④ 根据字符在显示屏上显示的位置、颜色信息,对保存在 hz_buf[]中每个点的信息进行计算,计算出它在显示屏映射内存中的地址和数据。

下面就按照步骤顺序介绍字符点阵字模提取思路和程序。

1. 设置字模参数

字模的参数包括保存字模数据大小、m 行、n 列、线宽(font_scale)、起始地址(根据点阵类型确定在存储器中的位置)。保存字模数据量的大小与字模的点阵大小,以及与类型相关的(汉字字模数据 $m=n$;英文字模数据 $m=2n$)。

```
void cal_font_m_n(unsigned char hzk_font_mode)
{
    switch (hzk_font_mode)    /*根据给定的汉字字体模式确定 m,n 和 font_scale 的参数*/
    {
        case asc12x8:
            m = 12;n = 8;font_scale = 1;              break;
        case hzk12x12:
            m = 12;n = 12;font_scale = 1;             break;
        case asc16x8:
            m = 12;n = 8;font_scale = 1;              break;
        case hzk16x16:
            m = 16;n = 16;font_scale = 1;             break;
        case asc24x12:
            m = 24;n = 12;font_scale = 1;             break;
        case hzk24x24:
```

```
            m = 24;n = 24;font_scale = 1;                break;
        case asc32x16：
            m = 32;n = 16;font_scale = 1;                break;
        case hzk32x32：
            m = 32;n = 32;font_scale = 1;                break;
        case asc48x24：
            m = 48;n = 24;font_scale = 2;                break;
        case hzk48x48：
            m = 48;n = 48;font_scale = 2;                break;
        case asc64x32：
            m = 64;n = 32;font_scale = 2;                break;
        case hzk64x64：
            m = 64;n = 64;font_scale = 2;                break;
        default：
            m = 16;n = 16;                               break;
    }
    /*如果需要旋转,则参数还需要进行修改*/
    if ((char_route == CHAR_ROUTE_90)||(char_route == CHAR_ROUTE_270))
        if (m>n)        n = m;
        else            m = n;
}
```

求点阵字库在存储器中的起始地址,需要预先定义该类型点阵字库在存储器中的位置,然后查表得出该点阵信息保存的起始地址。

首先,预定义各种类型的点阵字库。

```
#define asc12x8_begin_addr        0x000000
#define hzk12x12_begin_addr       0x002000
#define asc16x8_begin_addr        0x000000
#define hzk16x16_begin_addr       0x002000
#define asc24x12_begin_addr       0x044000
#define hzk24x24_begin_addr       0x048000
#define asc32x16_begin_addr       0x0d8000
#define hzk32x32_begin_addr       0x0dd000
#define asc48x24_begin_addr       0x044000
#define hzk48x48_begin_addr       0x048000
#define asc64x32_begin_addr       0x0d8000
#define hzk64x64_begin_addr       0x0dd000
```

然后,采用选择语句,求出点阵字库在存储器中的起始地址以及参数设置。

```
unsigned long cal_font_begin_addr(unsigned char temp_hzk_font_mode)
{
    unsigned long temp_font_begin_addr;
    /*根据给定的汉字字体模式确定 m、n 和 font_scale 的参数以及字库文件的起始地址*/
    switch (temp_hzk_font_mode)
```

```
        case asc12x8:
            temp_font_begin_addr = asc12x8_begin_addr;m = 12;n = 8;       break;
        case hzk12x12:
            temp_font_begin_addr = hzk12x12_begin_addr;    m = 12;n = 12;break;
        case asc16x8:
            temp_font_begin_addr = asc16x8_begin_addr;m = 16;n = 8;break;
        case hzk16x16:
            temp_font_begin_addr = hzk16x16_begin_addr;    m = 16;n = 16;break;
        case asc24x12:
            temp_font_begin_addr = asc24x12_begin_addr;m = 24;n = 12;break;
        case hzk24x24:
            temp_font_begin_addr = hzk24x24_begin_addr;m = 24;n = 24;break;
        case asc32x16:
            temp_font_begin_addr = asc32x16_begin_addr;m = 32;n = 16;break;
        case hzk32x32:
            temp_font_begin_addr = hzk32x32_begin_addr;m = 32;n = 32;break;
        case asc48x24:
            temp_font_begin_addr = asc24x12_begin_addr;m = 48;n = 24;break;
        case hzk48x48:
            temp_font_begin_addr = hzk24x24_begin_addr;m = 48;n = 48;break;
        case asc64x32:
            temp_font_begin_addr = asc32x16_begin_addr;m = 64;n = 32;break;
        case hzk64x64:
            temp_font_begin_addr = hzk32x32_begin_addr;m = 64;n = 64;break;
        default:
            temp_font_begin_addr = hzk16x16_begin_addr;m = 16;n = 16;break;
    }
    return temp_font_begin_addr;
}
```

2. 读取并处理字模数据

读取字模数据，根据字符的编码，求出该字符在存储器中的相对位置，计算的方法在第 8 章做了介绍。然后从串行 Flash 字库中读取该字符的字模数据。读取后的字模数据再经过旋转或镜像处理，就是最后需要的字模数据。读取并处理字模数据的子程序参数字符类型 hzk_font_mode,字符编码的高字节 h_byte,字符编码的低字节 l_byte,其程序结构如下：

```
void read_font(char hzk_font_mode, char h_byte, char l_byte)
{
    ① 求出该字符在存储器中的相对位置；
    ② 从串行 Flash 字库中读取该字符的字模数据；
    ③ 旋转或镜像处理字模数据；
}
```

求该字符在存储器中的相对位置，需要知道字符的点阵类型，汉字或英文以及字符编码。在这里要注意 12×12 点阵的 asc 字模中没有 0x20 以下的字模数据。程序代码如下：

LED 显示屏单片机控制系统编程

```
    hz_buf_length = m*((n+7)/8);          /*计算字符缓冲区长度,其中 m 为高度,n 为宽度*/
    if((h_byte>=0x80)&&(l_byte>=0x80))    /*如果是中文字符*/
    {
        qh = h_byte - 0xa0;
        wh = l_byte - 0xa0;
    font_data_begin_point = font_begin_addr + ((94*(qh-1)+(wh-1))*(unsigned long)(hz_buf_
    length));                             /*计算字符在存储器中的起始地址*/
    }
    if((h_byte<0x80)&&(l_byte<0x80))      /*如果是英文字符*/
        {
        if((m==12)&&(n==8))               /*是否为 12×12 点阵*/
            {
            font_data_begin_point = font_begin_addr + (unsigned long)((h_byte - 0x20)*hz_buf_
            length);                      /*计算字符在存储器中的起始地址*/
            }
        else
            {
            font_data_begin_point = font_begin_addr + (unsigned long)((h_byte)*hz_buf_length);
                                          /*计算字符在存储器中的起始地址*/
            }
        }
```

字模数据读取以后,就可以对字符进行旋转或镜像处理。以下是字模数据旋转 180°的处理程序。

```
void hz_buf_route_180(void)
{
    unsigned char x0,y0,x1,y1;
    unsigned char i,i0,j0,i1,j1;
    unsigned int hz_buf_length;
    unsigned char row_byte_num;
    row_byte_num = (n+7)/8;               /*列字节数*/
    hz_buf_length = m*((n+7)/8);          /*计算长度,其中 m 为高度,n 为宽度*/
    for(i1 = 0;i1<hz_buf_length;i1++)
        temp_hz_buf[i1] = 0;              /*字符缓冲区清 0*/
    for(x0 = 0;x0<n;x0++)                 /*旋转 180°处理过程*/
    {
        for(y0 = 0;y0<m;y0++)
            {
            i0 = y0*row_byte_num + x0/8;j0 = 7 - x0%8;
            x1 = n - 1 - x0;y1 = m - 1 - y0;
            i1 = y1*row_byte_num + x1/8;j1 = 7 - x1%8;
            temp_hz_buf[i1] = temp_hz_buf[i1] + ((((hz_buf[i0] >> j0)&0x01) << j1);
            }
    }
    for(i = 0;i<hz_buf_length;i++)        /*保存处理结果*/
```

```
        hz_buf[i] = temp_hz_buf[i];
}
```

字模数据镜像处理分为水平镜像和垂直镜像两种类型,以下是字模数据水平镜像处理程序。

```
void hz_buf_x_mirror_image(void)
{
    unsigned char x0,y0,x1,y1;
    int i,i0,j0,i1,j1;
    unsigned char hz_buf_length;
    unsigned char row_byte_num;
    row_byte_num = (n + 7)/8;              /* 列字节数 */
    hz_buf_length = m * ((n + 7)/8);       /* 计算长度,其中m为高度,n为宽度 */
    for(i1 = 0;i1<hz_buf_length;i1 ++ )
        temp_hz_buf[i1] = 0;               /* 字符缓冲区清0 */
    for(x0 = 0;x0<n;x0 ++ )                /* 水平镜像处理过程 */
    {
        for(y0 = 0;y0<m;y0 ++ )
        {
            i0 = y0 * row_byte_num + x0/8;j0 = 7 - x0 % 8;
            x1 = x0;y1 = m - 1 - y0;
            i1 = y1 * row_byte_num + x1/8;j1 = 7 - x1 % 8;
            temp_hz_buf[i1] = temp_hz_buf[i1] + (((hz_buf[i0] >> j0)&0x01) << j1);
        }
    }
    for(i = 0;i<hz_buf_length;i ++ )       /* 保存处理结果 */
        hz_buf[i] = temp_hz_buf[i];
}
```

3. 转换字模数据到显示缓冲区

转换后的字模数据要显示在 LED 屏上,还要考虑该字符在显示屏上的坐标、颜色。根据前面介绍的显示原理,对要显示在 LED 屏上的字模数据的每一个点的坐标、颜色进行运算,求出该点是显示缓冲区的哪一个地址的哪一位,并对这位进行修改。修改后的显示缓冲区可以直接映射到 LED 屏上显示。数组 double_bits[] 为 2 的 n 次方结果,定义为:

```
unsigned char double_bits[8] = {1,2,4,8,16,32,64,128};
```

以下是字模数据转换到显示缓冲区的子程序。

```
void hz_buf_to_ram_color_char(unsigned int temp_x,unsigned int temp_y)
{
    unsigned int data x0,y0;
    unsigned char data font_i,font_j;
    unsigned char data row_byte_num;
    unsigned char data hz_buf_length;
```

```
    unsigned char temp_char;
    row_byte_num = (n+7)/8;                                /*列字节数*/
    hz_buf_length = m * row_byte_num;                      /*字符缓冲区长度*/
    for(font_i = 0;font_i<hz_buf_length;font_i++)          /*按字节取出*/
    {
        for(font_j = 0;font_j<8;font_j++)                  /*按字节中的位取出*/
        {
            x0 = (font_i%row_byte_num)*8+7-font_j+temp_x;  /*计算某字节的某位的x坐标*/
            y0 = (font_i/row_byte_num)+temp_y;             /*计算某字节的某位的y坐标*/
            temp_char = hz_buf[font_i]&double_bits[font_j];/*取出某字节的某位的值*/
            if (temp_char! = 0)                            /*如果值不等于0,则写颜色点*/
                Set_Point(x0,y0,char_color);
            Else                                           /*如果值不等于0,则清颜色点*/
                Set_Point(x0,y0,background);
        }
    }
}
```

9.3 显示程序

LED 显示屏在显示时要实现静态、动态和飞出等多种效果,多幅不同的屏幕轮流显示,每幅屏幕显示停留时间、亮度、刷新率等效果。由于控制参数不多,同类型的显示屏要求参数一样,可以先设计一个命令表,命令表的每一条命令完成独立的功能,然后再设计显示程序。

9.3.1 显示程序指令表

为了使 LED 显示屏按照规定要求运行,如屏幕切换,屏幕显示特性的功能等,最好的方法是通过制定指令表,指定每条指令的定义、属性和功能。为了便于指令的执行和存储,在这里规定了每条指令的长度为 16 字节,起始字节为命令字。设计的命令如表 9-1 所列。

其中:

① 空操作:命令字为 0。

② 硬件信息:命令字为 192。R[7,0]描述红色数据线对应的引脚;G[7,0]描述绿色数据线对应的引脚;L_w 和 L_h 分别描述 LED 屏的宽度和高度(用点计算);S_w 表示扫描线的条数;B_w 表示线宽,即使用的数据线宽度。

③ 静态显示:命令字为 193。addr 表示静态屏的数据在存储器存放的起始地址;D_w 和 D_h 分别描述静态屏数据的宽度和高度(用点计算)。一般来说,在静态屏中,$D_w = L_w$,$D_h = L_h$;TIME 表示静态屏数据的停留时间;SPEED 表示数据显示时行扫描的速度,可以通过调节 SPEED 的值调整显示屏的刷新率;字符亮度用于调节显示屏的亮度。

④ 垂直移动:命令字为 194。addr 表示垂直移动屏的数据在存储器存放的起始地址;D_w 和 D_h 分别描述显示数据的宽度和高度(用点计算)。一般来说,在垂直移动屏中,$D_w = L_w$;TIME,字符亮度的描述如静态屏;SPEED 表示显示屏数据垂直移动的速度。

⑤ 水平移动：命令字为 195。addr 表示水平移动屏的数据在存储器存放的起始地址；D_w 和 D_h 分别描述显示数据的宽度和高度（用点计算）。一般来说，在水平移动屏中，$D_h = L_h$；TIME 和字符亮度的描述如静态屏；SPEED 表示显示屏数据水平移动的速度。

⑥ 左飞入、右飞入、上飞入、下飞入、左上飞入、左下飞入、右上飞入、右下飞入：命令字为 196～203 addr、D_w、D_h、TIME、字符亮度的描述如静态屏。飞出方式，表示屏体数据在退出时的方式，其退出方式的命令字与飞入时的命令字一样。

⑦ 图片：命令字为 204。在显示有灰度时采用。Addr、D_w、D_h、TIME 和 SPEED 的描述如静态屏。灰度表示在彩色屏显示时使用的灰度级；场数表示在组成一幅彩色页面时各个页面显示的场数之和。

⑧ 循环指令：命令字为 205。表示显示数据时，循环体执行指令的次数；偏移量表示执行完一条指令以后，指令指针跳转的指令条数。

⑨ 定时开关屏命令字为 206。表示显示屏何时开，何时关。

⑩ 延时命令字为 207。表示显示屏开始显示到关屏的时间值。

命令表的生成可以由控制卡单片机翻译控制文本信息生成，也可以由 PC 进行数据预处理后得到，生成的命令表放置在存储器 0x8000 开始的地址单元，每条命令为 16 字节。

表 9-1 显示程序命令表

指令	字节 0	字节 1	字节 2	字节 3	字节 4	字节 5	字节 6	字节 7	字节 8	字节 9	字节 10	字节 11	字节 12	字节 13	字节 14	字节 15
空操作	0x00															
硬件信息	192		R[7,0]			G[7,0]			L_w		L_h		S_w		B_w	保留
静态显示	193		addr			D_w		D_h		TIME		SPEED		字符亮度	保留	保留
垂直移动	194		addr			D_w		D_h		TIME		SPEED		字符亮度	保留	
水平移动	195		addr			D_w		D_h		TIME		SPEED		字符亮度	保留	
左飞入	196		addr			D_w		D_h		TIME		SPEED		字符亮度	飞出方式	保留
右飞入	197		addr			D_w		D_h		TIME		SPEED		字符亮度	飞出方式	保留
上飞入	198		addr			D_w		D_h		TIME		SPEED		字符亮度	飞出方式	保留
下飞入	199		addr			D_w		D_h		TIME		SPEED		字符亮度	飞出方式	保留
左上飞入	200		addr			D_w		D_h		TIME		SPEED		字符亮度	飞出方式	保留
左下飞入	201		addr			D_w		D_h		TIME		SPEED		字符亮度	飞出方式	保留
右上飞入	202		addr			D_w		D_h		TIME		SPEED		字符亮度	飞出方式	保留
右下飞入	203		addr			D_w		D_h		TIME		SPEED		字符亮度	飞出方式	保留
图片	204		addr			D_w		D_h		TIME		SPEED		灰度	场数	
循环指令	205													循环体次数	偏移量	
定时开关屏	206	年	月	日	时	分	秒	开/关	年	月	日	时	分	秒	开/关	
延时	207				时	分	秒									

控制卡单片机翻译控制文本信息子程序如下：

```
/****************读显示文本控制信息**********************/
unsigned long read_display_config_info(unsigned long txt_point)
{
    data union long_data_type F;
    txt_point = jump_line_end_char(txt_point);
    txt_point = format_txt_line(txt_point);
    if(strcmp("[文本信息]",argc) == 0)                   /*如果读入字符串是文本信息*/
    {
        if (txt_display_on)
            string_out_LF_CR(argc);
        while (1)
        {
            txt_point = jump_line_end_char(txt_point);
            txt_point = format_txt_line(txt_point);
            if(strncmp("[字符点阵] = ",argc,11) == 0)     /*读取字符点阵大小*/
            {
                if (txt_display_on)
                    string_out_LF_CR(argc);
                F.int_2byte[1] = format_num(10);
                char_dot_matrix = F.char_1byte[3];
                m = F.char_1byte[3];
                n = F.char_1byte[3];
                continue;
            }
            if(strncmp("[显示模式] = ",argc,11) == 0)     /*读取显示模式*/
            {
                if (txt_display_on)
                    string_out_LF_CR(argc);
                format_char();
                display_mode = STATIC;
                if (strcmp("静态",argc) == 0)             /*设置为静态显示模式*/
                    if (string_cmp("静态") == 1)
                        display_mode = STATIC;
                if (strcmp("水平移动",argc) == 0)          /*设置为水平移动显示模式*/
                    display_mode = H_MOVE;
                if (strcmp("垂直移动",argc) == 0)          /*设置为垂直移动显示模式*/
                    display_mode = V_MOVE;

                if (string_cmp("左飞入") == 1)            /*设置为左飞入显示模式*/
                    display_mode = LFI;
                if (string_cmp("右飞入") == 1)            /*设置为右飞入显示模式*/
                    display_mode = RFI;
                if (string_cmp("上飞入") == 1)            /*设置为上飞入显示模式*/
                    display_mode = UFI;
```

```c
        if (string_cmp("下飞入") == 1)          /*设置为下飞入显示模式*/
            display_mode = DFI;
        if (string_cmp("左上飞入") == 1)        /*设置为左上飞入显示模式*/
            display_mode = LUFI;
        if (string_cmp("左下飞入") == 1)        /*设置为左下飞入显示模式*/
            display_mode = RDFI;
        if (string_cmp("右上飞入") == 1)        /*设置为右上飞入显示模式*/
            display_mode = RUFI;
        if (string_cmp("右下飞入") == 1)        /*设置为右下飞入显示模式*/
            display_mode = RDFI;

        display_mode1 = display_mode;           /*默认飞出方式与飞入方式相同*/
        if (string_cmp("左飞出") == 1)          /*设置为左飞出显示模式*/
            display_mode1 = LFO;
        if (string_cmp("右飞出") == 1)          /*设置为右飞出显示模式*/
            display_mode1 = RFO;
        if (string_cmp("上飞出") == 1)          /*设置为上飞出显示模式*/
            display_mode1 = UFO;
        if (string_cmp("下飞出") == 1)          /*设置为下飞出显示模式*/
            display_mode1 = DFO;
        if (string_cmp("左上飞出") == 1)        /*设置为左上飞出显示模式*/
            display_mode1 = LUFO;
        if (string_cmp("左下飞出") == 1)        /*设置为左下飞出显示模式*/
            display_mode1 = LDFO;
        if (string_cmp("右上飞出") == 1)        /*设置为右上飞出显示模式*/
            display_mode1 = RUFO;
        if (string_cmp("右下飞出") == 1)        /*设置为右下飞出显示模式*/
            display_mode1 = RDFO;

        if (string_cmp("图片") == 1)            /*设置图片显示模式*/
            display_mode = PICTURE;
        continue;
    }

    if(strncmp("[图片灰度级] = ",argc,13) == 0)   /*设置图片灰度级*/
    {
        if (txt_display_on)
            string_out_LF_CR(argc);
        F.int_2byte[1] = format_num(10);
        bright_gray = F.char_1byte[3];
        continue;
    }

    if(strncmp("[字符亮度] = ",argc,11) == 0)     /*设置字符亮度*/
    {
```

```
    if (txt_display_on)
        string_out_LF_CR(argc);
    F.int_2byte[1] = format_num(10);
    bright_gray = F.char_1byte[3];
    continue;
}

if(strncmp("[字符颜色] = ",argc,11) == 0)        /*设置字符颜色*/
{
    if (txt_display_on)
        string_out_LF_CR(argc);
    format_char();
    char_color = YELLOW;
    if (strcmp("黑",argc) == 0)
        char_color = BLACK;
    if (strcmp("红",argc) == 0)
        char_color = RED;
    if (strcmp("绿",argc) == 0)
        char_color = GREEN;
    if (strcmp("黄",argc) == 0)
        char_color = YELLOW;
    continue;
}

if(strncmp("[字符背景] = ",argc,11) == 0)        /*设置字符背景颜色*/
{
    if (txt_display_on)
        string_out_LF_CR(argc);
    format_char();
    background = BLACK;
    if (strcmp("黑",argc) == 0)
        background = BLACK;
    if (strcmp("红",argc) == 0)
        background = RED;
    if (strcmp("绿",argc) == 0)
        background = GREEN;
    if (strcmp("黄",argc) == 0)
        background = YELLOW;
    continue;
}

if(strncmp("[字符旋转] = ",argc,11) == 0)        /*设置字符是否旋转*/
{
    if (txt_display_on)
        string_out_LF_CR(argc);
```

```
                F.long_4byte = 0;

                F.int_2byte[1] = format_num(10);
                char_route = CHAR_ROUTE_0;
                if (F.int_2byte[1] == 0)
                    char_route = CHAR_ROUTE_0;
                if (F.int_2byte[1] == 90)
                    char_route = CHAR_ROUTE_90;
                if (F.int_2byte[1] == 180)
                    char_route = CHAR_ROUTE_180;
                if (F.int_2byte[1] == 270)
                    char_route = CHAR_ROUTE_270;
                continue;
            }
            if(strncmp("[字符镜像] = ",argc,11) == 0)          /*设置字符镜像*/
            {
                if (txt_display_on)
                    string_out_LF_CR(argc);
                format_char();
                if (strcmp("正常",argc) == 0)
                    char_mirror_image = NORMAL;
                if (strcmp("水平",argc) == 0)
                    char_mirror_image = H_MIRROR_IMAGE;
                if (strcmp("垂直",argc) == 0)
                    char_mirror_image = V_MIRROR_IMAGE;
                continue;
            }
            if(strncmp("[显示时间] = ",argc,11) == 0)          /*设置显示时间*/
            {
                if (txt_display_on)
                    string_out_LF_CR(argc);
                F.long_4byte = 0;
                F.int_2byte[1] = format_num(10);

                display_time = F.int_2byte[1];
                continue;
            }
            if(strncmp("[显示速度] = ",argc,11) == 0)          /*设置显示速度*/
            {
                if (txt_display_on)
                    string_out_LF_CR(argc);
                F.long_4byte = 0;
                F.int_2byte[1] = format_num(10);

                display_speed = F.int_2byte[1];
```

```
                continue;
            }
            if(strncmp("[显示内容]=",argc,11)==0)      /*设置显示内容*/
            {
                if (txt_display_on)
                    string_out_LF_CR(argc);
                break;
            }
        }
        txt_point = jump_line_end_char(txt_point);
        return txt_point;                              /*指针指向文本内容行的第一个字符*/
    }
    txt_point = jump_line_end_char(txt_point);
    return txt_point;                                  /*指针指向文本内容行的第一个字符*/
}
/*************跳过当前行尾的 0x0d 和 0x0a******************/
unsigned long jump_line_end_char(unsigned long txt_point)
{
    unsigned char temp_data;
    while (1)
    {
        temp_data = SF_Byte_read(Chip1_Sel,txt_point);
        if ((temp_data == 0x0d)||(temp_data == 0x0a))
        {
            txt_point ++ ;
        }
        else
            break;
    }
    return txt_point;                                  /*指针指向下一行开始的第一个字符*/
}
```

9.3.2 读显示程序指令表

根据协议给定的地址,按指令表格式设计读指令表程序。读取指令表时,应先读取指令表的第一个字节(命令字),然后根据命令字读取参数,放入预先定义好的全局变量中。以下是读取指令表的子程序。

```
/************************读指令表********************************/
unsigned char read_instructions_tab(unsigned long cmd_point)
{
    union long_data_type F;
    unsigned char temp_cmd;
    F.long_4byte = cmd_point;
    temp_cmd = SF_Byte_read(Chip1_Sel,cmd_point);
```

```c
        display_mode = temp_cmd;
        if (temp_cmd == NOP_OPERATION)                                  //空操作
        {
            return temp_cmd;
        }
        if (temp_cmd == HARDWAVE_INFO)                                  //读硬件信息
        {
            F.char_1byte[3] = SF_Byte_read(Chip1_Sel,cmd_point + 3);    //读红色映射关系
            red_to_bits[3] = F.char_1byte[3] >> 4;
            red_to_bits[2] = F.char_1byte[3]&0x0f;
            F.char_1byte[3] = SF_Byte_read(Chip1_Sel,cmd_point + 4);
            red_to_bits[1] = F.char_1byte[3] >> 4;
            red_to_bits[0] = F.char_1byte[3]&0x0f;
            F.char_1byte[3] = SF_Byte_read(Chip1_Sel,cmd_point + 7);    //读绿色映射关系
            green_to_bits[3] = F.char_1byte[3] >> 4;
            green_to_bits[2] = F.char_1byte[3]&0x0f;
            F.char_1byte[3] = SF_Byte_read(Chip1_Sel,cmd_point + 8);
            green_to_bits[1] = F.char_1byte[3] >> 4;
            green_to_bits[0] = F.char_1byte[3]&0x0f;
            Lw = SF_2Byte_read(Chip1_Sel,cmd_point + 9);                //读 LED 屏宽
            Lh = SF_2Byte_read(Chip1_Sel,cmd_point + 11);               //读 LED 屏高
            Sw = SF_Byte_read(Chip1_Sel,cmd_point + 13);                //读扫描模式
            Bw = SF_Byte_read(Chip1_Sel,cmd_point + 14);                //读扫描线数
            return temp_cmd;
        }
        if (temp_cmd == STATIC)                                         //静态显示
        {
            display_data_begin_addr = SF_4Byte_read(Chip1_Sel,cmd_point + 1);
                                                                        //读显示数据起始地址
            Dw = SF_2Byte_read(Chip1_Sel,cmd_point + 5);                //读显示区域宽度
            Dh = SF_2Byte_read(Chip1_Sel,cmd_point + 7);                //读显示区域高度
            display_time = SF_2Byte_read(Chip1_Sel,cmd_point + 9);      //读显示时间
            display_speed = SF_2Byte_read(Chip1_Sel,cmd_point + 11);    //读显示速度
            bright_gray = SF_Byte_read(Chip1_Sel,cmd_point + 13);       //字符亮度
            return temp_cmd;
        }
        if (temp_cmd == V_MOVE)                                         //垂直移动
        {
            display_data_begin_addr = SF_4Byte_read(Chip1_Sel,cmd_point + 1);
                                                                        //读显示数据起始地址
            Dw = SF_2Byte_read(Chip1_Sel,cmd_point + 5);                //读显示区域宽度
            Dh = SF_2Byte_read(Chip1_Sel,cmd_point + 7);                //读显示区域高度
            display_time = SF_2Byte_read(Chip1_Sel,cmd_point + 9);      //读显示时间
            display_speed = SF_2Byte_read(Chip1_Sel,cmd_point + 11);    //读显示速度
            bright_gray = SF_Byte_read(Chip1_Sel,cmd_point + 13);       //字符亮度
```

```c
        return temp_cmd;
    }
    if (temp_cmd == H_MOVE)                                              //水平移动
    {
        display_data_begin_addr = SF_4Byte_read(Chip1_Sel,cmd_point + 1);
                                                                         //读显示数据起始地址
        Dw = SF_2Byte_read(Chip1_Sel,cmd_point + 5);                     //读显示区域宽度
        Dh = SF_2Byte_read(Chip1_Sel,cmd_point + 7);                     //读显示区域高度
        display_time = SF_2Byte_read(Chip1_Sel,cmd_point + 9);           //读显示时间
        display_speed = SF_2Byte_read(Chip1_Sel,cmd_point + 11);         //读显示速度
        bright_gray = SF_Byte_read(Chip1_Sel,cmd_point + 13);            //字符亮度
        return temp_cmd;
    }
    if (temp_cmd == L_H_MOVE)                                            //超长水平移动
    {
        display_data_begin_addr = SF_4Byte_read(Chip1_Sel,cmd_point + 1);
                                                                         //读显示数据起始地址
        Dw = SF_2Byte_read(Chip1_Sel,cmd_point + 5);                     //读显示区域宽度
        Dh = SF_2Byte_read(Chip1_Sel,cmd_point + 7);                     //读显示区域高度
        display_time = SF_2Byte_read(Chip1_Sel,cmd_point + 9);           //读显示时间
        display_speed = SF_2Byte_read(Chip1_Sel,cmd_point + 11);         //读显示速度
        bright_gray = SF_Byte_read(Chip1_Sel,cmd_point + 13);            //字符亮度
        return temp_cmd;
    }
    if (temp_cmd == END_OPERATION)                                       //结束命令
    {
        cmd_point = INSTRUCTION_TABS_BEGIN_ADDR;                         //指向显示指令第一条
        return temp_cmd;
    }
    if ((temp_cmd >= LFI)&&(temp_cmd <= RDFI))                           //飞入飞出
    {
        display_mode = temp_cmd;
        display_data_begin_addr = SF_4Byte_read(Chip1_Sel,cmd_point + 1);
                                                                         //读显示数据起始地址
        Dw = SF_2Byte_read(Chip1_Sel,cmd_point + 5);                     //读显示区域宽度
        Dh = SF_2Byte_read(Chip1_Sel,cmd_point + 7);                     //读显示区域高度
        display_time = SF_2Byte_read(Chip1_Sel,cmd_point + 9);           //读显示时间
        display_speed = SF_2Byte_read(Chip1_Sel,cmd_point + 11);         //读显示速度
        bright_gray = SF_Byte_read(Chip1_Sel,cmd_point + 13);            //字符亮度
        display_mode1 = SF_Byte_read(Chip1_Sel,cmd_point + 14);          //读飞出方式
        return temp_cmd;
    }

    if (temp_cmd == PICTURE)                                             //图片
    {
```

```
        display_data_begin_addr = SF_4Byte_read(Chip1_Sel,cmd_point + 1);
                                                                //读显示数据起始地址
        Dw = SF_2Byte_read(Chip1_Sel,cmd_point + 5);            //读显示区域宽度
        Dh = SF_2Byte_read(Chip1_Sel,cmd_point + 7);            //读显示区域高度
        display_time = SF_2Byte_read(Chip1_Sel,cmd_point + 9);  //读显示时间
        display_speed = SF_2Byte_read(Chip1_Sel,cmd_point + 11); //读显示速度
        display_mode1 = SF_Byte_read(Chip1_Sel,cmd_point + 13); //灰度级
        bright_gray = SF_Byte_read(Chip1_Sel,cmd_point + 14);   //亮度(场数)
        return temp_cmd;
    }
    cmd_point = HARDWAVE_INFO_BEGIN_ADDR;                       //指向硬件信息指令
    return temp_cmd;
}
```

9.3.3 执行显示程序指令表

执行指令表,命令字放置在 temp_point 变量中,根据全局变量参数,在串口无接收信息的情况下,执行指令表子程序。

```
void exec_instruction(unsigned long temp_point)                 //执行指令
{
    unsigned char temp_cmd;
    cmd_point = temp_point;                                     //指令地址指针
    while(recv_end == 0)                                        //当串行口无接收命令时执行显示操作
    {
        temp_cmd = read_instructions_tab(cmd_point);
        display_mode = temp_cmd;
        if (temp_cmd == HARDWAVE_INFO)                          //硬件信息
        {
            cmd_point = INSTRUCTION_TABS_BEGIN_ADDR;            //转显示指令第一条
            continue;
        }
        if (temp_cmd == NOP_OPERATION)                          //空操作
        {
            cmd_point = cmd_point + 0x10;                       //转下一条指令
            continue;
        }
        if (temp_cmd == END_OPERATION)
        {
            cmd_point = INSTRUCTION_TABS_BEGIN_ADDR;            //转显示指令第一条
            continue;
        }
        if (temp_cmd == STATIC)                                 //静态显示
        {
            static_display(display_data_begin_addr);            //静态显示
            cmd_point = cmd_point + 0x10;                       //转下一条指令
```

```c
            continue;
        }
        if (temp_cmd == H_MOVE)                                    //水平移动
        {
            horizontally_move_display(display_data_begin_addr);    //水平移动显示
            cmd_point = cmd_point + 0x10;                          //转下一条指令
            continue;
        }
        if (temp_cmd == L_H_MOVE)                                  //水平移动
        {
            long_horizontally_move_display(display_data_begin_addr); //水平移动显示
            cmd_point = cmd_point + 0x10;                          //转下一条指令
            continue;
        }
        if (temp_cmd == V_MOVE)                                    //垂直移动
        {
            vertically_move_display(display_data_begin_addr);      //垂直移动显示
            cmd_point = cmd_point + 0x10;                          //转下一条指令
            continue;
        }
        if ((temp_cmd >= LFI)&&(temp_cmd <= RDFI))                 //飞入飞出
        {
            fly_in_fly_out_display(display_data_begin_addr);
            cmd_point = cmd_point + 0x10;                          //转下一条指令
            continue;
        }
        if (temp_cmd == PICTURE)                                   //图片
        {
            picture_display(display_data_begin_addr);
            cmd_point = cmd_point + 0x10;                          //转下一条指令
            continue;
        }
        cmd_point = HARDWAVE_INFO_BEGIN_ADDR;                      //转硬件指令
    }
}
```

命令表读取以后，根据指令以及参数执行显示程序。显示程序包括静态显示、垂直移动显示、水平移动显示以及飞入飞出等模式的显示。下面就以静态显示为例，将存储器信息显示在 LED 屏上。

设计静态屏显示程序时，由参数 addr 计算出该屏信息数据，保存在存储器的首地址，由参数 TIME 计算出显示屏的停留时间，由参数 SPEED 计算出显示屏的单场显示的时间。根据这些参数控制，设计的静态显示程序如下：

```c
/**************将数据由串行 Flash 中读取,送入外部 RAM ********************/
void SF_to_XRAM(unsigned char CS,unsigned long XRAM_Addr)
{
    unsigned long data XRAM_end,temp_SF_addr;
    data union long_data_type F,addr;
    temp_SF_addr = SPI_begin_addr;
    XRAM_end = XRAM_Addr + SPI_data_length;
WDTC = 0;
    CS_Low(CS);                                      // enable device
    Spi_Read_Write(0x03);                            // send Byte Program command
    F.long_4byte = SPI_begin_addr;
    Spi_Read_Write(F.char_1byte[1]);                 // send 3 address bytes
    Spi_Read_Write(F.char_1byte[2]);
    Spi_Read_Write(F.char_1byte[3]);
    for(addr.long_4byte = XRAM_Addr;addr.long_4byte<XRAM_end;addr.long_4byte++ )
        {
            P4 ++ ;
            E = EN_OFF;
            SPDR = ACC;
            RAM_MODE = 1;
            if ((addr.char_1byte[1]&0x01) == 1)      //确定 A16
                RAM_A16 = 1;
            else
                RAM_A16 = 0;
            P2 = addr.char_1byte[2];                 //在 ALE 的作用下地址低 16 位锁入 74F193
            P0 = addr.char_1byte[3];

            RAM_MODE = 0;                            //关闭 ALE(74F193 锁存信号)
            P0 = SPDR;                               //送数据
            WR = 0;
            WR = 1;
            RAM_MODE = 1;                            //开放 ALE(74F193 锁存信号)
        }
    CS_High(CS);                                     //disable device
    WDTC = WDTC|0x1f;
}
/***************静态显示 *************************/
void static_display(unsigned long display_data_begin_addr)    //静态显示
{
    unsigned int data display_count;
    unsigned int data k;
        display_count = display_time;                //计算显示屏停留时间
        SPI_begin_addr = display_data_begin_addr;
        SPI_data_length = (Dh - 1 - (Bw - 1) * Sw) * (unsigned long)(Dw) + Dw;
        SF_to_XRAM(Chip1_Sel,RAM_ADDR_BEGIN + 1);
```

```
for(k = 0;k<display_count;k ++)
{
display(RAM_ADDR_BEGIN);
    if(recv_end == 1)
        return ;
}
```

9.3.4 单场显示程序设计

在 LED 控制卡上,单片机要将存储器上的数据依次传送到 LED 显示屏上,在设计显示程序时,要严格按照 LED 单片板硬件连接电路所确定的时序。

在这里控制卡选用 7.1 节介绍的单片机扩展外部地址计数器驱动大型 LED 显示屏控制卡。结合控制卡硬件电路,在程序设计时要注意考虑:

➢ 控制卡发送数据的时序;
➢ 确定存储器地址;
➢ 控制行扫描频率;
➢ 换行时关闭显示,以免在上一行留下余亮。

控制卡发送数据的时序要严格按照单元板所能接收的时序,为了加快数据的输出速度,单元板上的 SCK 信号是由控制卡单片机的 SPI 接口时钟信号提供的。对于 51 单片机来说,SPI 接口时钟信号的频率一般不大于 $f_{osc}/4$。在软件设计上,就要有效地控制 SPI 接口时钟信号,什么时候输出,输出多少个脉冲,脉冲输出完成后,再给出哪些信号,最终完成数据的显示。

提供 SPI 时钟信号指令,先要对 SPI 初始化,初始化指令是 SPCR=0x50,使 SPI 接口时钟信号的频率等于 $f_{osc}/4$。接下来是发出可控的 SCK 信号,每启动一次 SPI,就发出 8 个 SCK 信号。由于常用单元板的宽度为 64 点,所以要完成一块单元板的数据输出,只需启动 8 次 SPI。启动一次 SPI 的指令是"SPDR=0;P0=0xff;"。可以计算一下,完成一次 SPI 操作的时间是 4/12×8=2.67(机器周期);指令"SPDR=0;P0=0xff;"转换为汇编指令后为:"MOV SPDR,A MOV P0,#0FFH",所以完成指令的时间为 3 个机器周期时间。这样连续地发送指令"SPDR=0;P0=0xff;"就可以得到连续的 SCK 信号。该信号一方面使存储器地址递增,另一方面输出到 LED 单元板的 SCK 信号处。图 9-14 为完成一块单元板的时钟信号时序。

图 9-14 时钟信号时序

存储器地址由两种方式确定,一是采用地址锁存法,将计数器 74F193 作为锁存器使用,先将地址数据输出到计数器的输入端,控制计数器预置数信号,将数据锁存到计数器的输出端口。根据硬件电路设计,计数器预置数信号是由 ALE 提供,因此,只需先开放 ALE 信号,将地址数据送至计数器输入端,再关闭 ALE 信号,就可以确定存储器地址。锁存 17 位起始地址的 C51 函数如下:

```
Void XRAM_Addr_Out (unsigned long start_addr32)        //计数器预置 17 位地址(A16 至 A0)
{
```

```
    P1| = 0x02;                                    //P1.1 = 1 开放 ALE
    P0 = start_addr32&0x000000ff;                  //送低 8 位的地址
    P2 = (start_addr32 >> 8)&0x000000ff;           //送高 8 位的地址
    P1| = (start_addr32 >> 16) &0x00000001;        //送 A16 到 P1.0
    P1& = 0xfe;                                    //P1.1 = 0 关闭 ALE
}
```

确定存储器地址的另一种方式主要用于连续地址的输出，因为存储器的地址线是连接在级连的计数器的输出线上的。在确定完存储器的起始地址后，就可以控制计数器的计数引脚，实现地址的递增或递减。控制计数器的计数引脚就是 SPI 时钟线。

显示程序控制所针对的 LED 屏有长有短，长可达 4 096 点，短则只有 64 点，为了使显示的刷新率保持在一个恒定的值，需要对行与行之间的时间间隔进行控制。控制的时间长短可以由程序任意调节。插入在行与行之间的程序如下：

```
for(k = 0;k<display_speed;k ++ )    //行间延时
{
    _nop_();
}
```

在更换行扫描显示时，由于 LED 单元板上的行数据锁存器上依然是上一行的数据，因此在换行时要注意关闭显示屏。图 9-15 为数据输出流程图。

单场显示子程序见 7.1 节。

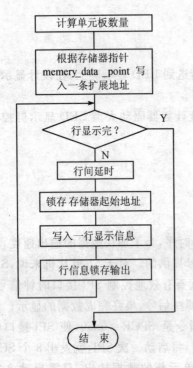

图 9-15 数据输出流程图

9.4 串行口通信模块设计

串行口通信程序的设计涉及 PC 机和控制卡上的单片机，要根据 LED 控制和数据传送的特点，设计一套可靠的通信协议和程序。下面从 PC 机和控制卡上的单片机两方的串行口进行介绍。

9.4.1 51 单片机端串行口收发模块

51 单片机的发送和接收缓冲区只有一个字节，LED 控制卡单片机在运行显示程序时，其 CPU 运行繁忙。当连续多字节的收发时，可能会遗漏一些来不及处理的字节。所以在 PC 机和 LED 控制卡之间通信时，要考虑下面几个因素：

➢ 如何定义可以循环存储的接收和发送缓冲区；
➢ 设置中断优先级，及时可靠地接收和发送缓冲区中的数据；
➢ 接收 ASC 码和 HEX 之间的转换；
➢ 处理器在接收或发送数据时，由于各种因素的影响可能进入死循环。

在片内 RAM 中定义两个循环存储区，一个用于接收，一个用于发送。循环存储区的大小可以设置，根据 LED 控制信息特点，大部分数据是接收数据，所以接收缓冲区的字节数要多一点。对每个缓冲区设置两个指针，一个用于取出数据，一个用于放置数据。

下面以接收缓冲区为例，RECV_BUF_LEN 是接收缓冲器长度；数组 recv_buf [ ] 是环形接收数据缓冲区，其大小为 RECV_BUF_LEN；recv_in_point 是环形接收缓冲区输入指针，recv_out_point 是环形接收缓冲区输出指针。以接收数据为例，设置 RECV_BUF_LEN=16。其环形接收数据示意图如图 9-16 所示。

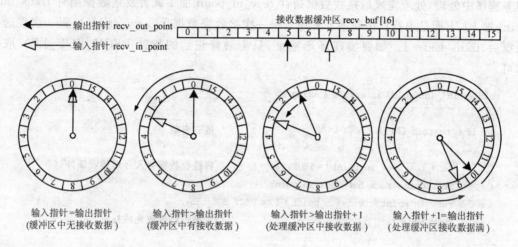

图 9-16 环形接收数据示意图

接收缓冲区的大小和数组定义如下。

```
#define RECV_BUF_LEN      128              //设置接收缓冲器长度
unsigned char xdata recv_buf[RECV_BUF_LEN];  //环形接收数据缓冲区
unsigned char data recv_in_point,recv_out_point;  //环形接收缓冲区输入、输出指针。
```

对串行口初始化，须设置串行口的工作方式、波特率、是否中断以及各种指针回到初始位置。在 C51 中对串行口初始化程序如下。

```
/*********************串行口初始化*****************************
void Init_Serial_Port(void)
{
    PCON = 0x80;              //SMOD = 1
    RCAP2L = XL;              //设置波特率低8位
    RCAP2H = XH;              //设置波特率高8位
    T2CON = 0x34;             //定时器2的工作方式
    SCON = 0x42;              //串行口工作方式
    TR2 = 1;                  //启动定时器2
    REN = 1;                  //串行口允许接收
    TI = 0;
    RI = 0;
    EA = 1;                   //开放中断
    ES = 1;
    trans_end = 1;
```

```c
        recv_end = 0;
        recv_in_point = 0;                        //接收缓冲区输入/输出指针
        recv_out_point = recv_in_point;
        trans_in_point = 0;                       //发送缓冲区输入/输出指针
        trans_in_point = trans_out_point;
    }
```

为了及时响应对接收数据的保存和发送数据,接收数据的保存和发送数据在串行口中断服务程序中处理,处理完成后接收数据指针 recv_in_point 加 1 或者发送数据指针 trans_out_point 加 1。下面是串行口中断服务程序。每一次接收完数据后,recv_end=1;每一次发送完数据后,trans_end=1。如要实现环形地址,只需对修正后的指针 RECV_BUF_LEN 取模即可。

```c
    void serial_int(void) interrupt 4 using 1
    {
        if (_testbit_(RI))                        //接收中断
        {
            recv_buf[recv_in_point] = SBUF;       //将接收数据存入环形接收缓冲区
            recv_data = recv_buf[recv_in_point];
            recv_in_point = (recv_in_point + 1) % RECV_BUF_LEN;
            recv_end = 1;                         //置串行口接收完成标志
        }
        if (_testbit_(TI))                        //发送中断
        {
            trans_out_point = (trans_out_point + 1) % TRANS_BUF_LEN;
            if (trans_in_point == trans_out_point)  //发送缓冲区中没有数据
            {
                trans_end = 1;                    //置串行口发送完成标志
            }
            else                                  //发送缓冲区中有数据
            {
                SBUF = trans_buf[trans_out_point]; //发送缓冲区中的数据
                trans_end = 0;                    //清串行口发送完成标志
            }
        }
    }
```

在处理接收数据时,首先判断 recv_end,如果 recv_end=1,则表示接收缓冲区还有未处理的数据,就可以从 recv_out_point 指针所指的地址取出数据来处理,处理后将 recv_out_point 指向下一个存储单元,如果 recv_out_point 不等于 recv_in_point,则继续处理,直到 recv_out_point 等于 recv_in_point 为止,完成处理后,将 recv_end 清"0"。下面为接收一个字符函数。

```c
    unsigned char serial_in(void)
    {
        unsigned char temp_data;
        while (recv_end == 0){}                   //没有数据等待
```

```c
    temp_data = recv_buf[recv_out_point];              //从接收缓冲区中取数据
    recv_out_point = (recv_out_point + 1) % RECV_BUF_LEN;
    if (recv_out_point == recv_in_point)
        {
            recv_end = 0;
        }
    return temp_data;                                   //返回接收数据
}
```

在处理发送数据时,首先判断 trans_end,如果 trans_end=1,则表示单片机已将缓冲区数据发送,可以发送新的字符。当数据送入 SBUF 后,将 trans_end 清"0",当数据发送完成后,通过单片机中断服务程序,将 trans_end 置"1",以便下一个数据发送。下面为发送一个字符的函数。

```c
void serial_out(unsigned char serial_out_data)
{
    while (((trans_in_point + 1) % TRANS_BUF_LEN) == trans_out_point){}
    if (trans_end == 1)                                //trans_end = 1,可以发送下一个数据
    {
        SBUF = serial_out_data;
        trans_buf[trans_in_point] = serial_out_data;
        trans_in_point = (trans_in_point + 1) % TRANS_BUF_LEN;
        trans_end = 0;
    }
    else
    {
        trans_buf[trans_in_point] = serial_out_data;
        trans_in_point = (trans_in_point + 1) % TRANS_BUF_LEN;
    }
}
```

9.4.2 51 单片机端串行口扩展程序模块

在程序控制时,需要从串口接收 2 个或多个 ASCII 码,接收到以后组合为一个或几个字节。或者将一个或几个字节转换成多个个 ASCII 码,高位在前,低位在后,从串行口输出。在对串口输出字符时,通常是根据该字符串的首地址开始向串口发送,直到有"\0"才停止,发完字符串以后,还可以发送回车换行符。51 单片机端串行口扩展子程序模块如下。

```c
/********************ASCII 转换程序********************/
unsigned char hex_to_ascii(unsigned char hex_data)//ok
    {
        unsigned char ascii_code;
        if (hex_data <= 9)
        {
            ascii_code = hex_data + 0x30;
        }
```

```c
        else
        {
            ascii_code = hex_data + 0x37;
        }
        return ascii_code;
    }
/*********将1个字节转换成2个ASCII码,高位在前,低位在后,从串行口输出*********/
    void send_2byte(unsigned char temp_send_data)//ok
    {
        unsigned char temp_data;
        temp_data = temp_send_data >> 4;
        temp_data = hex_to_ascii(temp_data);
        serial_out(temp_data);
        temp_data = temp_send_data&0x0f;
        temp_data = hex_to_ascii(temp_data);
        serial_out(temp_data);
    }
/*********将2个字节转换成4个ASCII码,高位在前,低位在后,从串行口输出*********/
    void send_4byte(unsigned int temp_send_data16)
    {
        data union long_data_type F;
        F.long_4byte = temp_send_data16;
        send_2byte(F.char_1byte[2]);
        send_2byte(F.char_1byte[3]);
    }
/*********将3个字节转换成6个ASCII码,高位在前,低位在后,从串行口输出*********/
    void send_6byte(unsigned long temp_send_data32)
    {
        data union long_data_type F;
        F.long_4byte = temp_send_data32;
        send_2byte(F.char_1byte[1]);
        send_2byte(F.char_1byte[2]);
        send_2byte(F.char_1byte[3]);
    }
/*********将4个字节转换成8个ASCII码,高位在前,低位在后,从串行口输出*********/
    void send_8byte(unsigned long temp_send_data32)
    {
        data union long_data_type F;
        F.long_4byte = temp_send_data32;
        send_2byte(F.char_1byte[0]);
        send_2byte(F.char_1byte[1]);
        send_2byte(F.char_1byte[2]);
        send_2byte(F.char_1byte[3]);
    }
/***********将指针指向的字符串从串行口输出***********/
```

```c
void string_out(unsigned char * strings_point)
    {
        while (1)
        {
            if ( * strings_point! = 0x00)
            {
                serial_out( * strings_point);
                strings_point ++ ;
            }
            else
            {
                break;
            }
        }
    }
/ ***********将指针指向的字符串从串行口输出,最后发出回车换行符***********/
void string_out_LF_CR(unsigned char * strings_point)
    {
        while (1)
        {
            if ( * strings_point! = 0x00)
            {
                serial_out( * strings_point);
                strings_point ++ ;
            }
            else
            {
                break;
            }
        }
        serial_out(0x0d);
        serial_out(0x0a);
    }
/ ***********从串行口接收 2 个 ASCII,并组合为 1 个字节***********/
unsigned char recv_2byte(void)
    {
    unsigned char temp_recv_data,temp_data_h,temp_data_l;

    temp_recv_data = serial_in();
    temp_data_h = toint(temp_recv_data);
    temp_data_h = temp_data_h << 4;

    temp_recv_data = serial_in();
    temp_data_l = toint(temp_recv_data);
    temp_recv_data = temp_data_h|temp_data_l;
```

```
    return temp_recv_data;
}
/***********从串行口接收 4 个 ASCII,并组合为 2 个字节***********/
unsigned int recv_4byte(void)//ok
{
    data_union   int_data_type temp;
    temp.char_1byte[0] = recv_2byte();
    temp.char_1byte[1] = recv_2byte();
    return temp.int_2byte;
}
```

9.5 基于 DS1302 时钟模块程序设计

在 LED 屏上,需要显示时钟信息,有时需要对显示屏进行按时间控制,比如定时开关屏,具有在某个时间点显示某条信息等功能。若采用单片机计,则一方面需要采用计数器,占用硬件资源;另一方面需要设置中断、查询等,同样耗费单片机的资源,而且在 LED 显示系统中是不允许的。采用 DS1302 则能很好地解决这个问题。

9.5.1 DS1302 的结构及工作原理

DS1302 是美国 DALLAS 公司推出的一款高性能、低功耗、带 RAM 的实时时钟芯片,计时信息有年、月、日、周、时、分、秒,且具有闰年补偿功能,工作电压宽达 2.5～5.5 V。采用三线接口与 CPU 进行同步通信,并可采用突发方式一次传送多个字节的时钟信号或 RAM 数据。DS1302 内部有一个 31×8 的用于临时性存放数据的 RAM 寄存器。DS1302 是 DS1202 的升级产品,与 DS1202 兼容,但增加了主电源/后背电源的双电源引脚,同时具备了对后背电源进行涓细电流充电的能力。DS1302 采用 8 条引脚,其引脚排列如图 9-17 所示,各引脚功能如下:

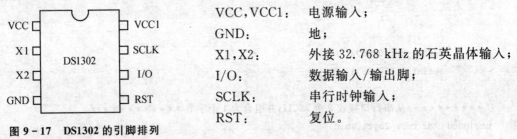

图 9-17 DS1302 的引脚排列

VCC,VCC1: 电源输入;
GND: 地;
X1,X2: 外接 32.768 kHz 的石英晶体输入;
I/O: 数据输入/输出脚;
SCLK: 串行时钟输入;
RST: 复位。

9.5.2 DS1302 的控制字节说明

数据传送是以单片机为主控芯片进行的,每次传送时由单片机向 DS1302 写入一个命令字开始。命令字节的最高有效位(位 7)必须是逻辑 1,RAM/CK 位是片内 RAM 和时钟选择位,如果为 RAM/CK=0,则表示存取日历时钟数据;如果 RAM/CK=1,则表示存取 RAM 数据。位 5~1 指示操作单元的地址;最低位 R/W 为读/写控制位:R/W=0,表示 DS1302 接收完指令后要进行写操作;R/W=1,表示 DS1302 接收完指令后执行读操作,命令字总是从最低位开始输出,其格式如图 9-18 所示。

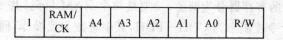

图 9-18 命令字节的格式

9.5.3 复 位

当 RST 为高电平时,所有的数据传送被初始化,允许对 DS1302 进行操作。如果在传送过程中置 RST 为低电平,则会终止此次数据传送,并且 I/O 引脚变为高阻态。芯片上电运行时,也就是在 Vcc≥2.5 V 之前,VCC1 必须保持低电平。只有在 SCLK 为低电平时,才能将 RST 置为高电平。

9.5.4 数据输入/输出

在控制指令字写入 DS1302 后的下一个 SCLK 时钟的上升沿,数据被写入 DS1302,数据输入从位 0 开始。同样,在紧跟 8 位的控制指令字后的下一个 SCLK 脉冲的下降沿读出 DS1302 的数据,读出数据时从低位 0 位至高位 7 位,数据读写时序如图 9-19 所示。

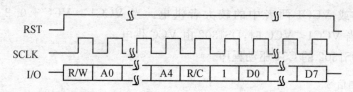

图 9-19 数据单字节读写时序图

9.5.5 DS1302 的寄存器

DS1302 共有 12 个寄存器,其中有 7 个寄存器与日历、时钟相关,存放的数据位为 BCD 码形式。其日历、时钟寄存器及其控制字如表 9-2 所列。

表 9-2 DS1302 的日历、时钟寄存器及其控制字

寄存器名	命令字		取值范围	各位内容							
	写操作	读操作		7	6	5	4	3	2	1	0
秒寄存器	80H	81H	00~59	CH	10SEC			SEC			
分钟寄存器	82H	83H	00~59	0	10MIN			MIN			
小时寄存器	84H	85H	01~12 或 00~23	12/24	0		10HR	HR			
日期寄存器	86H	87H	01~28,2,9	0	0		10DATA	DATA			
月份寄存器	88H	89H	01~12	0	0	0	10M	MONTH			
周日寄存器	8AH	8BH	01~07	0	0	0	0	0	DAY		
年份寄存器	8CH	8DH	00~99	10YEAR				YEAR			

此外,DS1302 还有年份寄存器、控制寄存器、充电寄存器、时钟突发寄存器及与 RAM 相关的寄存器等。时钟突发寄存器可一次性顺序读写除充电寄存器外的所有寄存器内容。

DS1302与RAM相关的寄存器分为两类,一类是单个RAM单元,共31个,每个单元组成为一个8位的字节,其命令控制字为C0H~FDH,其中奇数为读操作,偶数为写操作;再一类为突发方式下的RAM寄存器,在此方式下可一次性读写所有RAM的31个字节,命令控制字为FEH(写)、FFH(读)。

9.5.6 DS1302在LED控制卡上的硬件电路及软件设计

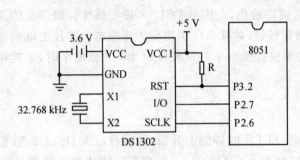

图9-20 DS1302与单片机连接示意图

DS1302与CPU的连接仅需要3条线,即SCLK(7)、I/O(6)、RST(5)。DS1302与CPU连接的电路原理图如图9-20所示。VCC1在单电源与电池供电的系统中提供低电源并提供低功率的电池备份。VCC在双电源系统中提供主电源,在这种运用方式下,VCC连接到备份电源,以便在没有主电源的情况下能保存时间信息以及数据。

DS1302由VCC或VCC1两者中的较大者供电。当VCC1>VCC+0.2 V时,VCC1给DS1302供电。当VCC1<VCC时,DS1302由VCC供电。

下面给出DS1302的C51驱动程序。

```
//DS1302控制信号
sbit T_CLK = P2^6;
sbit T_IO = P2^7;
sbit T_RST = P3^2;
sbit BIT7 = ACC^7;
sbit BIT0 = ACC^0;
/*********向I/O线写一个字节数据***********/
void Input(unsigned char ucDa)
{
    unsigned char i;
    ACC = ucDa;
    for(i = 8; i>0; i--)
    {
        T_IO = BIT0;                        //相当于汇编中的RRC
        T_CLK = 1;
        _nop_();_nop_();_nop_();
        T_CLK = 0;
        ACC = ACC >> 1;
    }
}
/*********从I/O线读取一个字节数据***********/
unsigned char Output(void)
{
    unsigned char i;
```

```c
    for(i = 8; i>0; i--)
    {
        ACC = ACC >> 1;                    //相当于汇编中的 RRC
        BIT7 = T_IO;
        T_CLK = 1;
        _nop_();_nop_();_nop_();
        T_CLK = 0;
    }
    return(ACC);
}
/*********向 DS1302 写一个字节数据 ***********/
void wr_1302(unsigned char add,unsigned char ucda)
{T_RST = 0;
 T_CLK = 0;
 T_RST = 1;
 Input(add);
 Input(ucda);
 T_CLK = 1;
 T_RST = 0;
}
/*********从 DS1302 读取一个字节数据 ***********/
unsigned char re_1302(unsigned char add)    //读出对应寄存器内容
{unsigned char ucda;
 T_RST = 0;
 T_CLK = 0;
 T_RST = 1;
 Input(add);
 ucda = Output();
 T_CLK = 1;
 T_RST = 0;
 return(ucda);
}
/*********设置 DS1302 的初始时间,初值为 pda[8] ***********/
void set1302(unsigned char * pda)           //设置时间初值
{
    unsigned char i;
    unsigned char add = 0x80;
    wr_1302(0x8e,0x00);                    //将控制寄存器值设为零,最高位 WP = 0 允许写
    //wr_1302(0x80,0x00);
    for(i = 7;i>0;i--)                     //将两个时间初值写入对应寄存器
    {
        wr_1302(add, * pda);               //写对应时钟寄存器的值
        pda ++ ;
        add += 2;
    }
```

```
        wr_1302(0x8e,0x80);                //写保护,防止干扰影响时间值
}
/********读取 DS1302 的时间,值放在 q[8]中***********/
void get_1302(unsigned char * q)           //读取当前时间值
{
    unsigned char i;
    unsigned char add = 0x81;
    for(i = 0;i<7;i++)
    {
        q[i] = re_1302(add);               //读对应时钟寄存器的值
        add += 2;
    }
}
```

9.6 基于 DS18B20 温度传感器的模块设计

DS18B20 是 DALLAS 公司生产的一款"单总线"温度传感器,它采用独特的单总线接口方式,仅需一个端口发送和接收数据。用 DS18B20 采样温度,将温度显示在 LED 屏上,是一种很好的显示方式,同时也节省了单片机的资源。

DS18B20 的性能特点:
➢ 单线总线传输方式,只需 1 根端口线与主机通信;
➢ 每只 DS18B20 内部都有一个唯一的 64 位编码;
➢ 每个主机 I/O 口可并联多个 DS18B20,简化了多点测温系统的设计;
➢ 不需外围硬件电路支持;
➢ 当工作在寄生供电模式时,数据线可兼作电源线使用,即每个传感器仅需 2 条线连接,工作电压为 3.0~5.0 V;
➢ 测温范围为 −55~+125℃,其中在 −10~+85℃ 范围内精度为 ±0.5℃;
➢ 可通过软件设定 9~12 位温度分辨率,分别对应 0.5℃、0.25℃、0.125℃、0.062 5℃ 的温度分辨率;
➢ 转换速度会随着设置分辨率增高而降低,当设置成 12 位分辨率时,数字温度转换值可在 750 ms 内完成;
➢ 可通过软件自行设定非易失性报警上、下限值,且通过发送报警搜索命令识别具体温度超限 DS18B20 的编号。其引脚排列如图 9-21 所示。

DS18B20 内部有 3 个主要数字部件:64 位光刻 ROM、温度传感器、非易失温度报警触发器 TH 和 TL。DS18B20 可以采用寄生电源方式工作,从单总线吸取能力,在信号处于高电平期间把电量存储在内部电容里,在信号线处于低电平期间消耗电容上的电能工作,直到高电平到来再给寄生电源

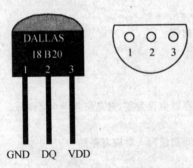

图 9-21 DS18B20 外观及引脚排列图

(电容)充电。DS18B20 也可以用外部 3～5.5 V 电源供电,这两种供电方式的电路如图 9-22 所示。采用寄生电源供电方式时,VDD 必须接地。另外为了得到足够的工作电流,应给 I/O 口提供一个强上拉,一般可以使用一个场效应管将 I/O 口直接拉到电源上。采用外部供电方式时可以不用强上拉,但只要外部电源处于工作状态,GND 引脚不得悬空。温度高于 100℃ 时,不得使用寄生电源,应采用外部电源供电。

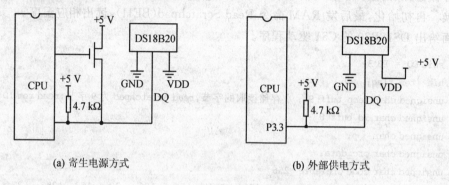

图 9-22 DS18B20 的供电方式

9.6.1 DS18B20 的工作时序

DS18B20 简单的硬件接口是以相对复杂的软件编程为代价的。DS18B20 与 AT89C2051 单片机的接口协议是通过严格的时序来实现的,每次进行传送数据或命令都是由一系列的时序信号组成的。单总线上一共有 3 种时序信号:① 初始化信号;② 写 0、1 信号;③ 读 0、1 信号。与之对应的时序如图 9-23 所示。设计中必须保证指令的执行时间符合时序信号的要求。

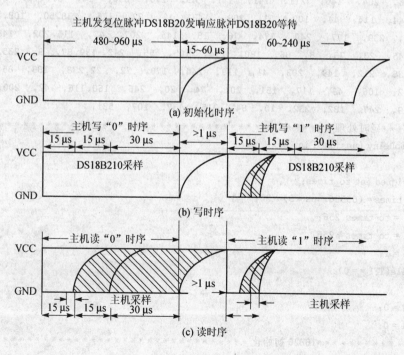

图 9-23 DS18B20 的工作时序

9.6.2 DS18B20 的程序设计

单片机控制 DS18B20 完成温度转换必须按照 DS18B20 的命令流程。首先初始化,然后发 skip 命令(CCH),在单点温度检测系统中,通过此命令允许总线主机不提供 64 位 ROM 编码访问存储器,从而达到节省时间。接着发 RAM 命令 Convert T (44H),启动 DS18B20 进行温度转换。再初始化,最后发 RAM 命令 Read Scratchpad(BEH),读出相应温度。

下面给出 DS18B20 的 C51 驱动程序。

```c
sbit DQ = P3^3;
bit  tem_flag;
unsigned char temp_buff[9]; //存储读取的字节,read scratchpad 为 9 字节,read rom ID 为 8 字节
unsigned char id_buff[8];
unsigned char * p;
unsigned char crc_data;
unsigned char code CrcTable [256] = {
0,   94,  188, 226, 97,  63,  221, 131, 194, 156, 126, 32,  163, 253, 31,  65, 157,
195, 33,  127, 252, 162, 64,  30,  95,  1,   227, 189, 62,  96,  130, 220, 35,
125, 159, 193, 66,  28,  254, 160, 225, 191, 93,  3,   128, 222, 60,  98,  190,
224, 2,   92,  223, 129, 99,  61,  124, 34,  192, 158, 29,  67,  161, 255, 70,  24,
250, 164, 39,  121, 155, 197, 132, 218, 56,  102, 229, 187, 89,  7,   219, 133,
103, 57,  186, 228, 6,   88,  25,  71,  165, 251, 120, 38,  196, 154, 101, 59,  217,
135, 4,   90,  184, 230, 167, 249, 27,  69,  198, 152, 122, 36,  248, 166, 68,  26,
153, 199, 37,  123, 58,  100, 134, 216, 91,  5,   231, 185, 140, 210, 48,  110,
237, 179, 81,  15,  78,  16,  242, 172, 47,  113, 147, 205, 17,  79,  173, 243,
112, 46,  204, 146, 211, 141, 111, 49,  178, 236, 14,  80,  175, 241, 19,  77,
206, 144, 114, 44,  109, 51,  209, 143, 12,  82,  176, 238, 50,  108, 142, 208,
83,  13,  239, 177, 240, 174, 76,  18,  145, 207, 45,  115, 202, 148, 118, 40,
171, 245, 23,  73,  8,   86,  180, 234, 105, 55,  213, 139, 87,  9,   235, 181, 54,
104, 138, 212, 149, 203, 41,  119, 244, 170, 72,  22,  233, 183, 85,  11,  136,
214, 52,  106, 43,  117, 151, 201, 74,  20,  246, 168, 116, 42,  200, 150, 21,
75,  169, 247, 182, 232, 10,  84,  215, 137, 107, 53};
/******延时处理***************************************/
void TempDelay (unsigned int us)
{
    unsigned int to_times;
    to_times = (65536 - us * 3) - 20;
    TH1 = to_times/256;
    TL1 = to_times % 256;
    TR1 = 1;
    while(TF1 == 0)
        ;
    TF1 = 0;
    TR1 = 0;
}/*************18B20 初始化********************************/
void Init18b20 (void)
```

```c
{
    DQ = 1;    _nop_();
    DQ = 0; TempDelay(530);           //delay 530 μs//80
    _nop_(); DQ = 1;
    TempDelay(100);                   //delay 100 μs//14
    _nop_();   _nop_();   _nop_();
    if(DQ == 0)    tem_flag = 1;      //detect 1820 success!
    else       tem_flag = 0;          //detect 1820 fail!
    TempDelay(180);                   //20
    _nop_();   _nop_();
    DQ = 1;
}
/**********向18B20写入一个字节*******************************/
void WriteByte (unsigned char wr)     //单字节写入
{
 unsigned char i;
    for (i = 0;i<8;i++)
    {
        DQ = 0;       _nop_();
        DQ = wr&0x01;
        TempDelay(45);                //delay 45 μs //5
        _nop_(); _nop_();
        DQ = 1;
        wr >> = 1;
    }
}
/**********读18B20的一个字节*******************************/
unsigned char ReadByte (void)         //读取单字节
{
 unsigned char i,u = 0;
    for(i = 0;i<8;i++)
    {
        DQ = 0;   u >> = 1;   DQ = 1;
        if(DQ == 1)
        u | = 0x80;
        TempDelay (36); _nop_();
    }
    return(u);
}
/**************读18B20*******************************************/
void read_bytes (unsigned char j)
{
  unsigned char i;
  for(i = 0;i<j;i++)
  {
```

```c
        *p = ReadByte();
        p++;
    }
}
/********CRC校验******************************************************/
unsigned char CRC (unsigned char j)
{
    unsigned char i,crc_data = 0;
    for(i = 0;i<j;i++)                    //查表校验
      crc_data = CrcTable[crc_data^temp_buff[i]];
    return (crc_data);
}
/************读取温度*************************************************/
void GemTemp (void)
{
    read_bytes (9);
    if (CRC(9) == 0)                      //校验正确
    {
        Temperature = temp_buff[1] * 0x100 + temp_buff[0];
        Temperature /= 16;
        TempDelay(21);
    }
}
/*************内部配置***********************************************/
void Config18b20 (void)                   //重新配置报警限定值和分辨率
{
    Init18b20();
    WriteByte(0xcc);                      //skip rom
    WriteByte(0x4e);                      //write scratchpad
    WriteByte(0x19);                      //上限
    WriteByte(0x1a);                      //下限
    WriteByte(0x7f);                      //set 11 bit (0.125)
    Init18b20();
    WriteByte(0xcc);                      //skip rom
    WriteByte(0x48);                      //保存设定值
    Init18b20();
    WriteByte(0xcc);                      //skip rom
    WriteByte(0xb8);                      //回调设定值
}
/**************读18B20ID*********************************************/
void ReadID (void)                        //读取器件ID
{
    Init18b20();
    WriteByte(0x33);                      //read rom
    read_bytes(8);
```

}
/******18B20ID 全处理***/
void TemperatuerResult(void)
{
    p = id_buff;
    ReadID();
    Config18b20();
    Init18b20 ();
    WriteByte(0xcc);   //skip rom
    WriteByte(0x44);   //Temperature convert
    Init18b20 ();
    WriteByte(0xcc);   //skip rom
    WriteByte(0xbe);   //read Temperature
    p = temp_buff;
    GemTemp();
}

第10章

VRS51L3074 在 LED 显示屏控制系统中的应用

10.1 VRS51L3074 与标准 51 单片机的比较

VRS51L3074 虽然是 51 系列单片机,但其特殊功能寄存器有两个区,这一点很像 PIC 单片机,而其内部的增强型算术运算单元又与 DSP 有相似之处。VRS51L3074 的 RAM 扩展有总线复用和非复用两种方式,SPI 接口可多字节传送,定时器溢出时可由引脚输出脉冲或输出取反等,具备众多一般 51 系列单片机所不具备的功能。那么哪些功能可用于 LED 显示屏的控制系统呢? 下面就 VRS51L3074 的特性在 LED 显示屏控制系统中的应用逐一进行简要说明。

10.1.1 VRS51L3074 运行速度

图 10-1 为标准 51 系列单片机和 VRS51L3074 单片机外接 RAM 原理示意图。当 RAM 中的显示数据利用读信号 RD 作为 LED 显示屏单元板 74HC595 移位脉冲时,不经单片机以 "DMA"方式直接输出到 LED 显示屏,在输出一行(8 条扫描线)数据时只重复地使用 2 条指令:"MOVX A,@DPTR"和"INC DPTR"。对于标准 51 系列单片机,2 条指令所需的振荡周

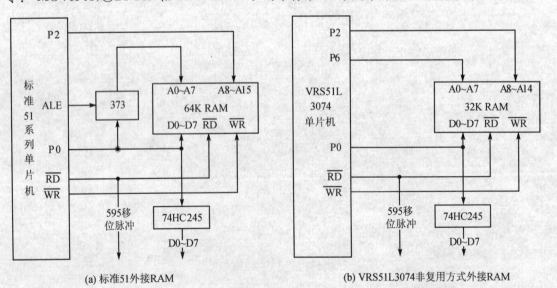

(a) 标准51外接RAM (b) VRS51L3074非复用方式外接RAM

图 10-1 标准 51 系列单片机和 VRS51L3074 单片机外接 RAM 原理图

期均为 24,即执行 2 条指令共需 48 个振荡周期。而对于 VRS51L3074 单片机 2 条指令所需用的振荡周期均为 3,即执行 2 条指令共需 6 个振荡周期。所以在使用频率相同晶振的条件下,VRS51L3074 单片机比标准 51 系列单片机的运行速度快 8 倍!实测表明,以图 10-1(b)中 RAM 的连接方式为基本输出模块,在使用 VRS51L3074 内部 40 MHz 振荡器的条件下,可驱动高 64 点长 6 144 点的双色 LED 显示屏。若使用的双色单元板为 φ5.0 (244 mm× 488 mm,32×64 点),LED 显示屏的物理尺寸为 0.488 m×46.848 m。

10.1.2　VRS51L3074 的高速增强型 SPI 接口

VRS51L3074 的高速增强型 SPI 接口速度为系统时钟的 1/2,而且具有多字节传送、手动片选和输出下载脉冲的功能。这几个功能对于直接从 SPI 接口的串行 Flash 中读取显示数据而同时送 LED 显示屏至关重要。

在主模式下,VRS51L3074 可通过 CS3 引脚在一次 SPI 传送过程中发送一个下载脉冲,这个 CS3 引脚上的下载脉冲可直接作为 LED 显示屏单元板 595 的移位信号。在 40 MHz 工作时下载脉冲的宽度为 25 ns。当控制卡与 LED 显示屏连线距离较短时,可直接使用;较长时,可由程序在 SPI 传送期间通过指令产生。VRS51L3074 的高速增强型 SPI 接口的多字节和 SPI 传送过程中发送一个帧选择脉冲或一个下载脉冲的功能是一般 51 系列单片机所不具备的,其实质是可实现指定长度的高速串并转换。图 10-2 为主模式下 VRS51L3074 在 16 位传送 CS3 输出下载脉冲的时序图。

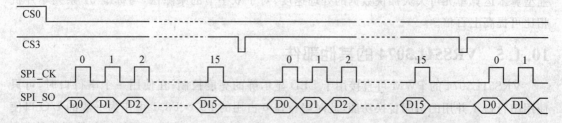

图 10-2　主模式下 VRS51L3074 在 16 位传送 CS3 输出下载脉冲的时序图

10.1.3　VRS51L3074 的定时/计数器

VRS51L3074 的定时/计数器具有计数器的级连、减法计数和计数溢出时引脚输出这 3 个标准 51 系列单片机定时/计数器所没有的功能。特别是计数溢出时引脚输出脉冲或取反功能使 VRS51L3074 可作为一个指定频率、指定输出脉冲个数的"脉冲信号发生器"。电路连接如图 10-3 所示。T1 的输出由非门取反后作为 T0 的门控信号,脉冲频率由 T0 的溢出率确定,最高可达 40 MHz。而脉冲的个数由 T1 的预分频器和 T1 的预置值确定,由 TR0 控制电路的启动。这一电路可用于硬件地址计数器的计数脉冲发生器或其他需要指定频率、指定输出脉冲个数的"脉冲信号发生器"的应用场合。

10.1.4　VRS51L3074 的增强型算术运算单元

LED 显示屏数据组织时对内存地址经常要做 16 位以上的整型运算。此时可使用增强型算术运算单元一次完成 32 位加法或 16 位的乘除法,也可用桶式移位器完成多 RAM 或双 RAM 并行输出工作方式时的数据组织(多字节左移或右移指定位)。使用 VRS51L3074 的增

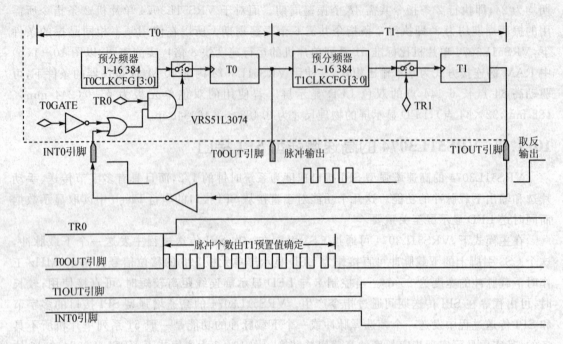

图 10-3　VRS51L3074 定时/计数器的级联应用

强型算术运算单元可大大加快数据的处理速度,对于双字节的乘除法,与标准 51 系列单片机相比可提高上百倍。

10.1.5　VRS51L3074 的其他部件

VRS51L3074 的 PWM 可直接用于 LED 显示屏的亮度控制;在使用一个串行口时,可只使用串行口 1 并用的引脚替换功能,此时串行口 0 占用的 P3.0、P3.1 可作为一般的 I/O 口使用,同时串行口的波特率发生器不占用 T1 或 T2;VRS51L3074 非常重要的一点是可直接与 5V 的 LED 显示屏单元板连接(除 P4.6 和 P4.7 外);内部的 40 MHz 时钟使外接晶振电路成为一个选项而不是必需的。

VRS51L3074 单片机具有很多的优点,以下通过几个例子就 VRS51L3074 单片机在 LED 显示屏控制系统中的应用加以说明。

10.2　VRS51L3074 的基本应用

VRS51L3074 的基本应用电路框图如图 10-4 所示。在这个电路中,除 VRS51L3074 和 SST25VF032 串行 Flash 存储器使用 3.3 V 电源外,其他芯片均使用 5V 电源。74HC245 与 12F675 组成 LED 显示屏单元板保护和驱动电路,当 A、B、C、D 行选择在规定的时间内没有 0000~1111 的变化时,12F675 输出高电平,禁止 74HC245 输出,达到保护 LED 显示屏单元板的目的。DS1302 为实时时钟,DS18B20 为温度传感器。

2 片 SST25VF032 分别用于存储字库和显示数据。当输出端口只有一个(如 P0)时,显示数据按行按列连续排列。输出一个字节的数据后,通过 P3.7 产生一个 SCK(595 的移位信号)。

VRS51L3074 在 LED 显示屏控制系统中的应用

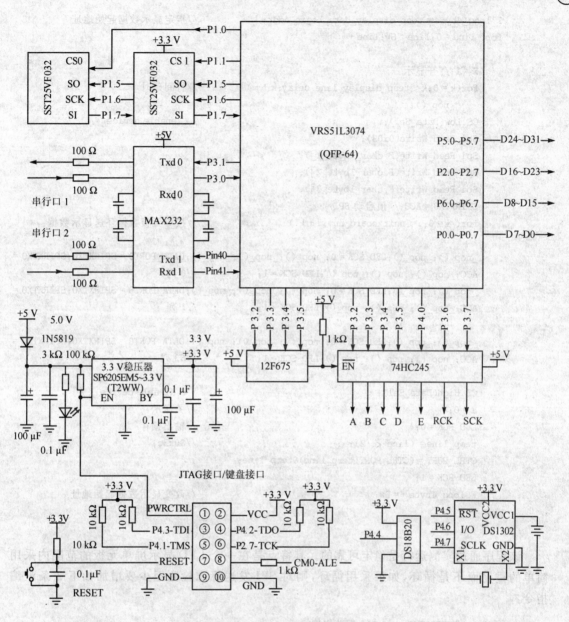

图 10-4 VRS51L3074 的基本应用

JTAG 接口所占用的 I/O 口在正常使用时可作为键盘接口。实际显示程序清单如例程 10.1。

【例程 1】：

```
void display(unsigned long temp_display_data_begin_addr,unsigned int temp_display_line_delay)
                                                          //显示主程序
{
    unsigned char data line,temp_line;
    unsigned int data k;
    union long_data_type F;
    unsigned char data i,unit_board_num;
    unit_board_num = Lw >> 6;                             //计算单元板数量
```

```
F.long_4byte = temp_display_data_begin_addr;          //指定显示数据起始地址
for( line = 0;line<Sw;line ++ )
{
    E = 1;//开显示
    for(k = 0;k<temp_display_line_delay;k ++ )         //行间延时
        _nop_();
    CS_Low(Data_Sel);                                   /* enable device */
    Spi_Read_Write(0x03);
    Spi_Read_Write(F.char_1byte[1]);
    Spi_Read_Write(F.char_1byte[2]);
    Spi_Read_Write(F.char_1byte[3]);
    SPIRXTX0 = ACC;//预启动 SPI
    for( i = 0;i<unit_board_num;i ++ )                  //按单元板数循环送显示数据
    {
        _nop_();_nop_();LED_SCK = 0;_nop_();_nop_();_nop_();DATA_PORT0 = SPIRXTX0;SPIRXTX0 =
        ACC;_nop_();_nop_();_nop_();LED_SCK = 1;        //0 列
        _nop_();_nop_();LED_SCK = 0;_nop_();_nop_();_nop_();DATA_PORT0 = SPIRXTX0;SPIRXTX0 =
        ACC;_nop_();_nop_();_nop_();LED_SCK = 1;        //1 列
            ……
        _nop_();_nop_();LED_SCK = 0;_nop_();_nop_();_nop_();DATA_PORT0 = SPIRXTX0;SPIRXTX0 =
        ACC;_nop_();_nop_();_nop_();LED_SCK = 1;        //63 列
    }
    CS_High(Data_Sel);                                  /* disable device */
    E = 0;                                              //关显示
    LED_RCK = 0;                                        //输出锁存
    temp_line = (line << 2);                            //&0x3c;
    CTRL_PORT = (CTRL_PORT|temp_line)&temp_line;
    LED_RCK = 1;
    F.long_4byte += Dw;                                 //改变显示数据起始地址
}
```

该程序通过实测运行是稳定可靠的。其特点是在一个 LED 显示屏单元板的范围内采用简单的重复而不是循环,如果采用循环,则对 SPI 发送标志检测至少要增加如下 2 条汇编指令:

```
L1: MOV A , SPISTATUS      ;3 个振荡周期
    JNB ACC.7 , L1         ;3/4 个振荡周期
```

每送一个字节的显示数据在最不利的情况下额外增加 7 个振荡周期。因此有时简单的重复比循环可大幅度提高运行速度。在上面例程 10.1 中一个字节的传送所需的振荡周期为: $1\times2+3+1\times3+3+3+1\times3+3=20$。当使用内部 40 MHz 时,一个振荡周期为 25 ns,故一个字节的传送时间为 500 ns。如果 LED 显示屏长为 2 048 点(高:双色 64 点,单色 128 点),则送一场显示数据所需的时间(忽略行间处理)$=(500 \text{ ns}\times2\ 048\ \text{点})\times16\ \text{行}=16.384\ \text{ms}$。实测表明,当长为 2 048 点时一场显示数据所需的时间小于 18 ms,满足 LED 屏显示时不闪烁的要求。

在使用 4 个端口(P0、P6、P2、P5)同时输出时,显示数据只需按 4 个端口(P0、P6、P2、P5)

顺序排列,将 VRS51L3074 的 SPI 接口设置为 4 个字节传送方式。将例程 10.1 中输出一块单元板的代码:

```
for( i = 0;i<unit_board_num;i++ )        //按单元板数循环送显示数据
{
_nop_();_nop_();LED_SCK = 0;_nop_();_nop_();_nop_();DATA_PORT0 = SPIRXTX0;SPIRXTX0 = ACC;_nop_();_nop_();_nop_();LED_SCK = 1;                //0 列
_nop_();_nop_();LED_SCK = 0;_nop_();_nop_();_nop_();DATA_PORT0 = SPIRXTX0;SPIRXTX0 = ACC;_nop_();_nop_();_nop_();LED_SCK = 1;                //1 列
……
_nop_();_nop_();LED_SCK = 0;_nop_();_nop_();_nop_();DATA_PORT0 = SPIRXTX0;SPIRXTX0 = ACC;_nop_();_nop_();_nop_();LED_SCK = 1;                //63 列
}
```

改为:

```
for( i = 0;i<unit_board_num;i++ )        //按单元板数循环送显示数据
{
j = 0;
do
    {
    _nop_();_nop_();_nop_();
    while((SPISTATUS & BIT1) == 0);       //等待发送(接收)完成
    SPIRXTX0 = ACC;                        //预启动 SPI
    DATA_PORT3 = SPIRXTX0;
    DATA_PORT2 = SPIRXTX1;
    DATA_PORT1 = SPIRXTX2;
    DATA_PORT0 = SPIRXTX3;
    LED_SCK = 0; j++ ;_nop_(); LED_SCK = 1;
    }while(j<64);
}
```

当输出 4 个字节时,可直接驱动的 LED 显示屏长为 512 点(高:双色 256 点,单色 512 点),而一场的显示时间小于 18 ms。在实际应用中,可根据需要使用 1 个、2 个、3 个或 4 个端口。使用的端口数与 LED 显示屏的长(点)、高(点)的关系如表 10-1 所列。

表 10-1 端口数与 LED 显示屏的长(点)、高(点)的关系

端口数	高度/点		长度/点
	单 色	双 色	单/双色
1	128	64	2 048
2	256	128	1 024
3	384	192	640
4	512	256	512

注:一场显示时间小于 18 ms。

10.3 VRS51L3074 的 RAM 扩展应用

在 10.2 节中一个端口可驱动的长度为 2 048 点,显示数据从 SPI 接口的 Flash 存储器中高速串并转换后直接输出到 LED 显示屏。但如果是 8 级灰度显示,则长度将缩小 8 倍,即只有 256 点,对于一个稍微大一点的需要灰度显示的 LED 屏来说高速串并转换后直接输出到 LED 显示屏,显示数据的传输速度还是不够的。此时必须采用如图 10-5 所示的并行 RAM 旁路"DMA"直接输出的电路形式。在图 10-5 中,除输出驱动的 2 片 74LVC4245 外,所有芯片均采用 3.3 V 供电。IS61LV51216 为 512 KB×16 位速度为 10 ns 的静态 RAM。由于 VRS51L3074 外部数据总线为 8 位,故通过 74LVC139 由 P5.6 和 P5.4,P5.6 和 P5.5 为低电平分别选通 IS61LV51216 的低 8 位、高 8 位和相应的总线隔离开关 245,由 VRS51L3074 以总线非复用方式访问 IS61LV51216。显示输出时,P5.6、P5.4、P5.5 同时为低电平,此时 74LVC139 的 2 个输出端 Y01、Y02 均为高电平。连续使用指令"MOVX A,@DPTR"和"INC DPTR"就可实现一行显示数据的输出。

"MOVX A,@DPTR"和"INC DPTR"2 条指令的振荡周期均为 3,故当使用内部 40 MHz 时钟时,同步输出 2 个字节所需的振荡周期均为 6,即 150 ns。理论上可驱动 LED 显示屏水平方向的点数=18 ms(一场不闪烁的最小时间)÷16÷150 ns=7 500 点,实际上要考虑行间的计算时间,通过实测表明至少可驱动 6 400 点。如果以双色 8 级灰度显示该电路,则可驱动 LED 显示屏的大小为 128 点×800 点。例程 10.2 为 RAM 读写数据模块。

【例程 2】:

```
unsigned char Read_low_8bit_ram(unsigned long ram_address)
{
    unsigned char read_data;
    unsigned int temp_addr;
    temp_addr = (ram_address&0x7fff);
    P5 = (ram_address&0x07ffff) >> 15;
    P5 |= 0x20;
    Read_Data = XBYTE[temp_addr];
    return Read_Data;
}
unsigned char Read_high_8bit_ram(unsigned long ram_address)
{
    unsigned char read_data;
    unsigned int temp_addr;

    temp_addr = (ram_address&0x7fff);
    P5 = (ram_address&0x07ffff) >> 15;
    P5 |= 0x10;
    Read_Data = XBYTE[temp_addr];
    return Read_Data;
}
void write_low_8bit_ram(unsigned long ram_address,unsigned char write_data)
```

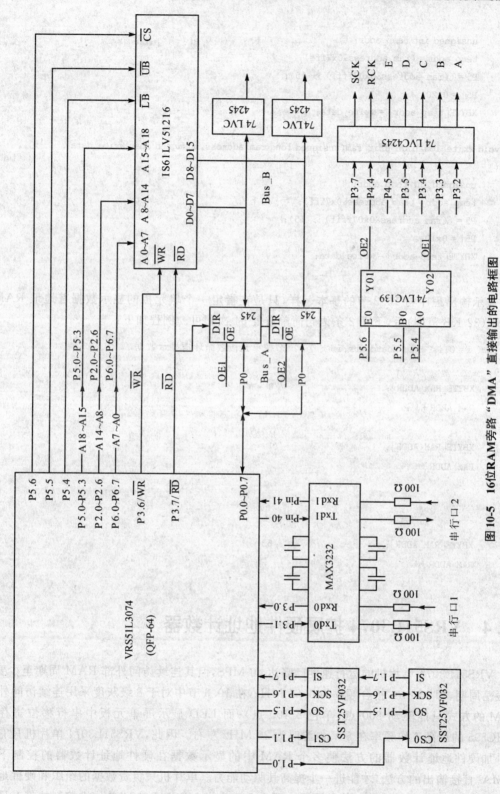

图10-5 16位RAM旁路"DMA"直接输出的电路框图

```
    {
        unsigned int temp_addr;
        temp_addr = (ram_address&0x7fff);
        P5 = ((ram_address&0x07ffff) >> 15);
        P5 | = 0x20;
        XBYTE[temp_addr] = write_data;
    }
    void write_low_high_8bit_ram(unsigned long ram_address,unsigned char write_data)
    {
        unsigned int temp_addr;
        temp_addr = (ram_address&0x7fff);
        P5 = ((ram_address&0x07ffff) >> 15);
        P5 | = 0x10;
        XBYTE[temp_addr] = write_data;
    }
```

显示输出程序与10.2节的基本一样，只是在指定一个单元板的显示数据首地址 RAM_ADDR(32 KB 范围)后，下面2条语句简单重复64次即可。例程如下：

```
    for( i = 0;i<unit_board_num;i ++ )      //按单元板数循环送显示数据
    {
        XBYTE[RAM_ADDR];                    //0
        RAM_ADDR ++ ;

        XBYTE[RAM_ADDR];                    //1
        RAM_ADDR ++ ;

        ……

        XBYTE[RAM_ADDR];                    //63
        RAM_ADDR ++ ;
    }
```

10.4　VRS51L3074 扩展硬件地址计数器

VRS51L3074 单片机的运行速度已高达 40 MPS，但其连续访问外部 RAM 周期至少要 6 个振荡周期，即 150 ns，折合频率为 6.67 MHz，在 10.3 节中对于 8 级灰度采用连续访问外部 RAM 的方式只能驱动 800 点(单色 6 400 点)；而 LED 显示屏单元板中串行移位寄存器 74HC595 的最高工作频率在 5 V 电源时为 20 MHz 左右。因此，VRS51L3074 单片机只有通过外加硬件地址计数器的方法使多个 RAM 中的显示数据在硬件地址计数器的控制下以"DMA"直接输出的方法，才能进一步提高其驱动能力。单片机只负责数据的组织和硬件地址计数器的启动、停止及地址初值的预置。图 10-6 为由 VRS51L3074 单片机控制的带有硬件地址计数器的 LED 显示屏控制电路框图。

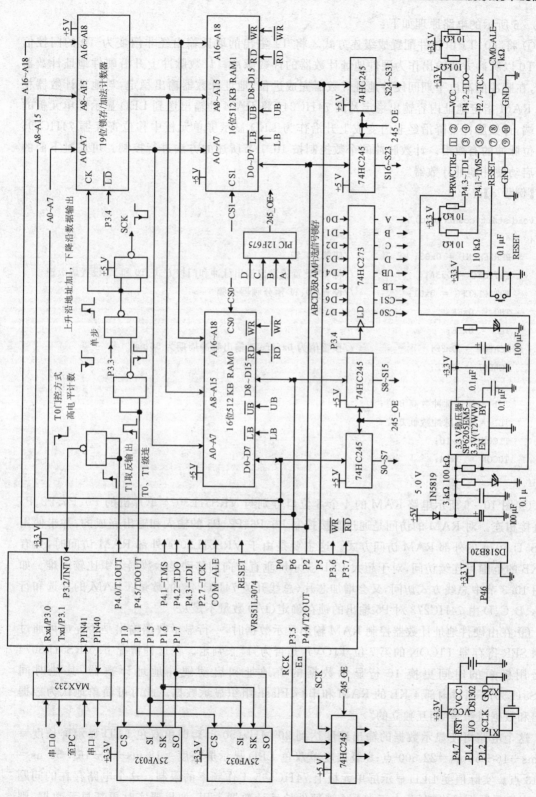

图 10-6 带有硬件地址计数器的LED显示屏控制电路框图

图10-6所示的电路原理如下：

① 将T0、T1由软件配置成级连方式。将T1溢出的取反输出经非门变为T0的门控信号。T0以脉冲方式输出作为硬件地址计数器的计数脉冲。计数脉冲上升沿硬件地址计数器计数，在脉冲的高电平期间硬件地址计数器完成进位，地址计数器输出稳定，与地址计数器相连的RAM指定地址内容输出稳定及由74HC245将RAM的输出送到LED显示屏单元板的输入端；计数脉冲下降沿经非门变成上升沿作为LED显示屏单元板中移位寄存器74HC595的移位脉冲的有效沿。计数脉冲的个数控制按10.1节所述的方法进行控制。可通过下面的例程启动硬件地址计数器。

【例程3】：

```
void start_count(void)
{
    PERIPHEN1 = 0x03;           //使能T0、T1
    T0T1CFG = 0x3A;             //将T0设置成溢出输出脉冲和门控方式、T0和T1设置成级连
    T0T1CLKCFG = 0x01;          //设置T0、T1预分频器分频
    TH0 = 0xFF;
    TL0 = 0xFE;
    RCAP0H = 0xFF;              //预置值为0xfffe时输出脉冲周期为50 ns
    RCAP0L = 0xFE;

    TH1 = 预置脉冲数高8位;
    TL1 = 预置脉冲数低8位;
    T1CON = 0x16;
    T0CON = 0x04;
}
```

② 图10-6所示电路RAM的4个8位口分别与VRS51L3074单片机的P0、P6、P2、P5口直接相连。对RAM的访问是通过直接控制P0、P6、P2、P5的输入和输出完成的，并未使用VRS51L3074的外部RAM访问方式。这主要是由于VRS51L3074外部RAM访问时，只有32 KB的范围可连续访问，对于超大LED显示屏垂直方向的移动显示数据组织比较困难。如采用10.3节中总线方式访问，又会增加芯片（总线开关74HC245）的数量。RAM的片选和行线A、B、C、D由74HC273对P5输出的锁存确定(I/O数量不足)。

③ 在由硬件地址计数器控制RAM输出显示数据时，一行显示数据输出是否完成可通过检测SFR寄存器T1CON的第7位T1OVF是否为"1"来判定。在这种情况下，VRS51L3074只需用极短的时间更换16行显示数据的首地址和启动硬件地址计数器，其他时间VRS51L3074通过内部4 KB的RAM和串行Flash组织显示数据。此时可简单地认为数据输出和数据组织是"相互独立的"。

这个电路可使显示数据的输出速度达到20 MHz(50 ns)，即单双色LED显示屏长度=18 ms÷16÷50 ns=22 500点；8级灰度单双色LED显示屏长度=18 ms÷8÷16÷50 ns=2 813点。实际值受LED显示屏单元板上74HC595工作频率的限制。这个电路存在的问题是：在显示数据输出期间，由于RAM被硬件地址计数器占用，如果要实时更新显示数据，则必须对RAM中的数据进行处理，因此对动态显示数据的处理所使用的时间将减少LED显示

屏的长度。并行大容量双端口 RAM 的使用将大幅度提高系统的造价。在 10.5 节中将介绍一种基于 FRAM 存储器的"串行双端口 RAM"LED 显示屏控制系统。

10.5 VRS51L3074 的扩展"双端口"串行 FRAM

FRAM 技术是 Ramtron 公司融合了 RAM 和 ROM 的特性,开发出具有 RAM 的读写速度、又能掉电保持的存储器件。FRAM 系列存储芯片具有写数据无延时,抗干扰能力强,在 3.3 V 环境下 FRAM 读写次数没有限制,数据保存时间可达 10～45 年等众多优点。FRAM 产品提供了多种接口(I^2C、SPI、并行)、多种容量(4 Kbit、16 Kbit、64 Kbit、256 Kbit、1 Mbit、4 Kbit)及多种电压级别的产品。FM25L256B 是 $32K \times 8$ 具有 SPI 接口的 FRAM。由于 SPI 总线为四线制,具有 SPI 接口的 FRAM 构成"双端口 RAM"时数据和控制线切换非常方便,所以使用 FRAM 成为构成大容量"双端口 RAM"的最佳选择。

首先对 VRS51L3074 控制的 3 个 FRAM 组成的数据处理系统与 FRAM 的连接关系进行一下分析。图 10-7(a)为由 VRS51L3074 和 3 个 FRAM 组成的数据处理系统,当进行显示数据处理时,SPI 总线为标准连接形式,即所有 SPI 接口芯片的 SI、SO、SCK 分别连接在一起,只有片选线分别与 VRS51L3074 连接,对每一个存储器的数据分别进行读写操作。而数据显示时只需同步给定三个串行存储器相同的起始地址,然后在 SCK 脉冲的作用下由串行存储器的 SO 送入 74HC164 经串并转换后直接输出到 LED 显示屏。由于显示直接由 74HC164 旁路"DMA"至 LED 显示屏,作为数据显示控制的 VRS51L3074 不需要处理串行存储器的输出数据,也就是说对三个串行存储器只需进行开环控制,具体电路框图如图 10-7(b)所示。

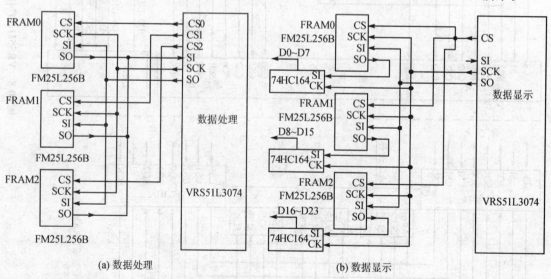

图 10-7 存储器连接形式与数据处理和显示的关系

图 10-8(a)所示的串行双端口 RAM 模块是根据图 10-7 中数据处理和数据显示 SPI 的连接关系外加总线开关 74HC245 构成的。图 10-8(b)为由两个串行双端口 RAM 模块构成的 LED 显示屏控制系统。工作时,数据处理单片机与数据显示单片机通过两条控制线进行同步工作。数据处理单片机为主机,数据显示单片机为从机。在实际应用中,可通过增加串行双

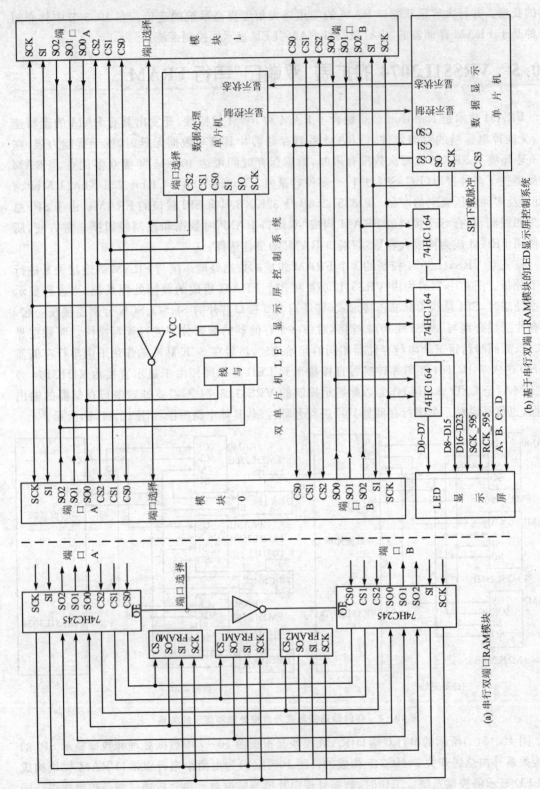

图 10-8　VRS51L3074的扩展"双端口"串行FRAM

端口 RAM 模块的数量或增加 74HC164 的级数来增加 LED 显示屏的高度。如果需要增加水平方向的长度,则可采用如第 7 章所述的双向驱动模式。在双向驱动模式下,LED 显示屏的高度由串行双端口 RAM 模块的数量确定,而水平方向的长度在 40 MHz 时无灰度可达 4 096 点,在 8 级灰度情况下可达 512 点。

　　FM25L256B 串行 FRAM 的读写与串行 Flash 基本一致。最大的特点是,写一个字节后不需要像串行 Flash 那样查询写操作是否完成,而是像顺序读作操一样连续写。既不需要先擦除再写入,也没有读写次数的限制,完全可像 RAM 一样使用。VRS51L3074 的 SPI 接口速度为系统时钟的 1/2,一般 51 单片机的 SPI 接口速度为系统时钟的 1/4(没有下载脉冲)。因此 VRS51L3074 的 SPI 接口的某些特性在 LED 显示屏控制系统中有极为重要的作用,同样串行 FRAM 和 VRS51L3074 共同构成"双端口 RAM"控制系统可利用 VRS51L3074 的 SPI 接口非常方便地完成多字节读写。

第 11 章

LED 条形显示屏(门头屏)

LED 条型显示屏俗称门头屏是当前 LED 显示屏应用最为广泛的一种形式。走在大街上各个银行和许多商铺的门头上大多有一个用于显示各类广告信息的长条形 LED 屏,这可能就是"门头屏"俗称的来历。在本书再版之际特增加此章节以满足读者的需求。

门头屏最大的特点就是长条形,从物理上来说门头屏其长度从 2 m 至几十 m 不等,而高度一般不超过 80 cm,从技术上来说门头屏其水平方向点数从 256 点至数千点而高度一般不超过 64 点。再从应用环境上来说绝大多数量在户外或半户外的条件下使用,要求至少在 10 m 以外可以看清所显示的信息,因此 LED 发光管的点距在 5 mm 以上。所以现在用于门头屏单元板的点距一般为 5.0、6.0、7.62、10、16 甚至 20 mm 或更大。室内 LED 显示屏一般用 Φ3.75(点距 4.75 mm)、Φ5(点距 7.62 mm)来描述 LED 显示屏单元板,而户外或半户外一般用 P6、P10、P16 和 P20 来描述点距为 6.0、10、16 和 20 mm 的 LED 显示屏单元板。总体结构如图 11-1 所示。由于门头屏单元板 PCB 面积较大,PCB 布线、单元板拼接、显示亮度及生产

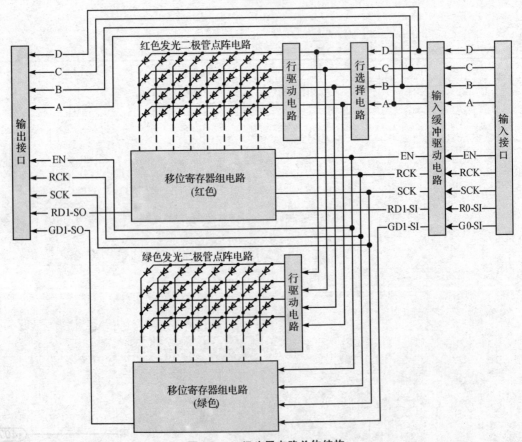

图 11-1 门头屏电路总体结构

成本多种因素的影响从单元电路结构、扫描方式以及对控制卡的要求都与室内LED显示系统有较大的差异。以下就门头屏从单元板电路结构到控制系统进行说明和探讨。

11.1 门头屏单元板电路结构

11.1.1 单元电路

常见门头屏从颜色上一般可分为单色、双色(红、绿)和全彩(红、绿、蓝)3种,从扫描方式上可分为:静态、1/2、1/4、1/8和1/16扫描,其中1/16扫描为室内LED显示屏常用的扫描方式。为了提高门头屏的显示亮度、延长发光二极管的使用寿命和兼顾制造成本,常见的门头屏多为1/4或1/8扫描。如果为了追求显示亮度可选用静态或1/2扫描方式的单元板。下面以双色门头屏单元板为例剖析一下如图11-1所示的头屏单元板电路总体结构。门头屏单元板与室内都可分为以下几个部分:

1) 发光二极管点阵电路

发光二极管点阵电路由红色和绿色两个部分组成,在物理上是重叠在一起的,显示屏单元板上的每一个像素由一个红色(高亮)发光二极管和一个绿色(高亮)发光二极管组成,有时将红色发光管芯和绿色发光管芯封装在一起作为一个独立的元件。

2) 输入缓冲驱动电路

输入缓冲驱动电路与室内LED显示屏单元板相同,一般采用74HC245缓冲驱动来自控制卡或上一级单元板输出的控制信号和显示数据。

3) 行选择电路

行选择电路一般采用3-8译码器74HC138来实现。当控制的扫描行为16行时,可通过两片74HC138级连实现;当控制的扫描行为4行时,可将74HC138的"C"端接地来实现。

4) 行驱动电路

行驱动电路一般采用双P沟道增强型场效应管芯片4953或其兼容芯片来实现。

5) 移位寄存器组电路

移位寄存器组电路一般由多片8位串行移位寄存器74HC595组成,而现阶段更多的是采用16位LED恒流驱动专用芯片如MBI5026、东芝TB62726、点晶DM13A或其兼容芯片来实现。74HC595原为74HC系列中一通用8位串行移位寄存器,其输出驱动能力有限,当驱动对象为用于门头屏的大电流高亮LED发光管时显得勉为其难。以MBI5026为例对该类LED恒流驱动芯片进行简要的介绍。图11-2为MBI5026的电路框图和引脚图。

MBI5026与74HC595的电路结构和控制信号可以说是"完全一致",两个芯片者细微的差异有3点:① MBI5026的移位寄存器长度为16位;而74HC595的移位寄存器长度为8位。② MBI5026输出为通过外接电阻可控制的恒流源(5～90 mA),即通过调整外接电阻R的大小改变输出电流,以满足各种LED发光管的驱动需求;而74HC595输出为驱动能力有限的漏极开路的CMOS输出。③ MBI5026输出为数据"1"为有效,即输出锁存中数据为"1"时输出为低电平;而74HC595输出为数据"0"为有效,即输出锁存中数据为"0"时输出为低电平。这一点在数据组织时需加以注意。MBI5026的引脚功能说明及主要功能如表11-1所列。

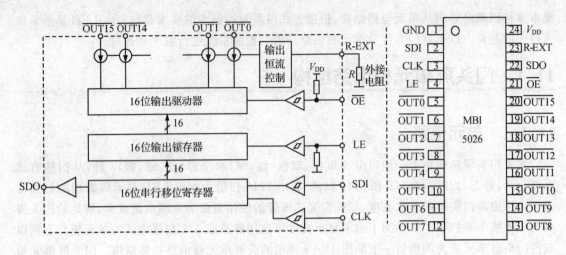

图 11-2　MBI5026 电路框图和引脚图

表 11-1　MBI5026 引脚功能描述及主要参数

引脚	名称	功能描述
1	GND	芯片接地端
2	SDI	串行移位寄存器数据输入端
3	CLK	串行移位寄存器移位时钟,上升沿有效
4	LE	数据锁存输入端,高电平有效
5～20	$\overline{OUT0}$～$\overline{OUT15}$	恒流驱动输出端
21	$\overline{OE}$	恒流驱动输出使能控制端,低电平有效
22	SDO	串行移位寄存器数据输出端
23	R-EXT	调节恒流值的电阻输入端(电阻另一端接地)
24	V_{DD}	5 V 电源端

- 16 个恒流输出通道
- 恒流输出值不受输出端负载电压影响
- 极为精确的电流输出值
  通道间最大差异值:＜±3%
  芯片间最大差异值:＜±6%
- 利用一个外接电阻可调整电流输出值
- 恒流输出值范围:5～90 mA
- 快速输出电流响应,$\overline{OE}$(最小值):200 ns
- 25 MHz 的工作频率
- 输入为施密特触发器

由于 MBI5026 和 74HC595 的控制信号、串行数据的输入输出完全一致,因此可简单地将一片 MBI5026 看成是由两片 74HC595 级构成的,这一点在后面的 LED 单元板电路分析中会经常用到。图 11-3 为一片 MBI5026 和两片 74HC595 之间的等效关系。

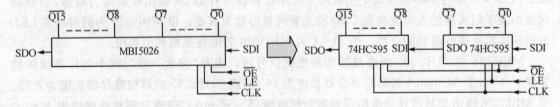

图 11-3　一片 MBI5026 等效为两片 74HC595 示意图

6) 输入、输出接口

输入、输出接口由于 LED 单元板生产厂家众多,接口标准达上百种之多,两个厂家生产的 LED 单元板即使接口标准相同但对同一信号引脚的标注也存在差异。例如输出使能的"OE"也常常被标注成"EN",就是都标注成"EN"也有高电平有效和低电平有效之分。图 11-4 为常用于门头屏的几种接口。

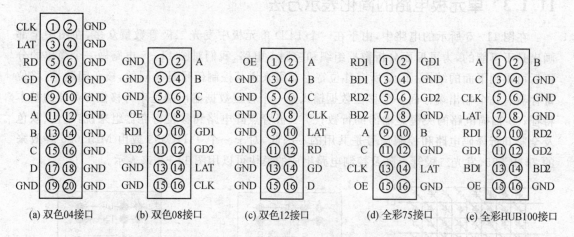

(a) 双色04接口　　(b) 双色08接口　　(c) 双色12接口　　(d) 全彩75接口　　(e) 全彩HUB100接口

图11-4　04、08、12、75和HUB100接口引脚图

11.1.2　总体结构及电路工作原理

为了更好地说明门头屏LED单元板总体电路结构，在图11-5中给出了一个相对完整的双基色12接口1/4扫描的门头屏LED单元板电路。这个电路除发光二极管点阵和移位寄存器组电路被简化成两个74HC595外，其余部分都是完整的。来自12接口的信号首先通过74HC245缓冲驱动后供本级电路和下一级单元板使用。其中行选信号A、B经74HC138译码后的"低电平"送给双P沟道增强型场效应管芯片4953，此时相应行驱动的输出高电平（行选通），而红色显示数据从RD端在控制信号CLK、LAT、OE的控制下串行移位送至74HC595的输出端（列选通），依次交替显示L0、L1、L2和L3行可显示需要显示的红色显示数据；按上述过程可同时显示需要显示的绿色显示数据。当在一个像素点上同时显示红色和绿色时，显示效果为黄色。当LED单元板为全彩时再增加与红色显示电路、绿色显示电路相同的蓝色显示电路，蓝色显示电路与红色显示电路、绿色显示电路共用输入缓冲驱动、行选择电路。此时由于控制信号和数据线增多，需增加一片74HC245用于控制信号和数据输入缓冲驱动。

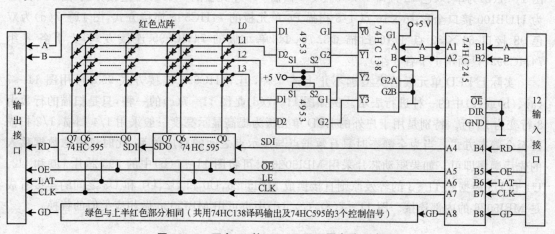

图11-5　双色12接口LED显示屏电路示意图

11.1.3 单元板电路的简化表示方法

在图 11-5 所示的电路中,由于在一个 LED 单元板中发光二极管数量众多,在图中全部画出是不可能的,为了后面分析数据组织和控制卡电路,我们对图 11-5 电路做一个简单的分析后可得到下面的结论:① 对所有移位寄存器组来说其控制信号是共同的,核心问题是:移位寄存器有几个输出端? 而一个移位数据输入及一个移位数据输出端是串行移位寄存器的基本特征;② 扫描电路的关键是输出的行数;③ 二极管点阵电路和移位寄存器组来说,单色、双色及全彩其行译码电路和控制信号是共用的。因此,对于一个 74HC595 或由 MBI5026 等效来的 74HC595、发光二极管点阵及控制电路组成的模块可以用图 11-6 来表示。

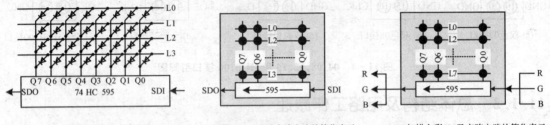

(a) 1/4扫描74HC595及点阵电路　　(b) 1/4扫描74HC595及点阵电路的简化表示　　(c) 1/8扫描全彩595及点阵电路的简化表示

图 11-6　74HC595、二极管点阵和控制电路的简化表示

在图 11-6 简化表示时将所有的发光二极管简化成一个点,用箭头表明 595 中串行数据的移位方向,用 Q7、Q6、…、Q0 标明 595 输出与二极管点阵列的关系,用 L0、L1、…、L3(L0、L1、…、L7)标明扫描的行数及与二极管点阵行的关系,当双色或全彩(三色)时仅在输入和输出端进行标注,同时省略所有的输入缓冲驱动、行选择电路和行驱动电路,原来可通过扫描的行数再次输入缓冲驱动、行选择电路和行驱动电路。

11.1.4　几种常用的门头屏 LED 单元板电路

图 11-7 给出了 4 种最常用门头屏 LED 单元板内部串行移位寄存器组的连接方式,其中,图 11-7(a)为单、双色 12 接口 32×16 点 1/4 扫描 P10 单元板的 74HC595 连接方式,图 11-7(b)为单、双色 12 接口 16×8 点 1/4 扫描 P16 单元板的 74HC595 连接方式,图 11-7(c)为 HUB100 接口全彩 16×16 点 1/8 扫描 P6 单元板的 74HC595 连接方式,图 11-7(d)为双色 08 接口 64×32 点 1/16 扫描 Φ3.75、Φ5 单元板的 74HC595 连接方式,上下各 8 组 74HC595(只画出上下各 4 组)。

实际上 LED 单元板的类型远不止上述 4 种,但 74HC595 连接方式 95%可用图 11-7 (a)、(b)或(c)中的一种进行表示。例如图 11-7(d)是图 11-7(c)的一种,只是扫描的行数由 8 行变为 16 行。特别是用于户外的 LED 单元板为提高显示亮度一般采用 1/4 扫描、1/2 扫描甚至全静态方式。当为全静态时只有数据点与显示点之间的对应关系,此时仅考虑数据移入的先后顺序即可。如果驱动芯片采用 MBI5026 时可将图 11-7(b)中的 595 芯片 U0 和 U2、U1 和 U3 根据图 11-3 的等效原则直接换成 MBI5026,U0 和 U2、U1 和 U3 之间的连接看成是 MBI5026 的内部连接。图 11-7(a)、(c)、(d)中也可用 MBI5026 做相应类似的替换。

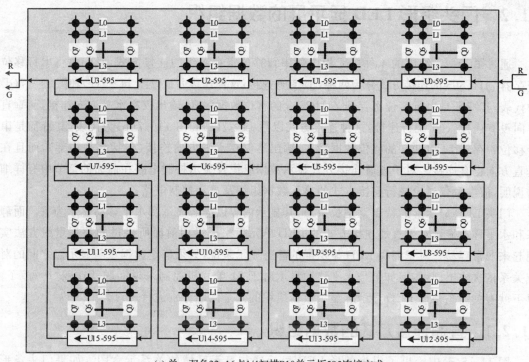

(a) 单、双色32×16点1/4扫描P10单元板595连接方式

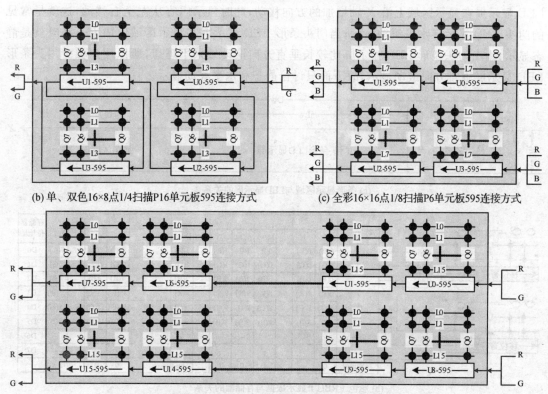

(b) 单、双色16×8点1/4扫描P16单元板595连接方式　　(c) 全彩16×16点1/8扫描P6单元板595连接方式

(d) 单、双色64×32点1/16扫描Φ3.75、Φ5单元板595连接方式

图 11-7　4 种常见单元板 74HC595 连接方式

11.2 门头条形 LED 显示屏的数据组织

通过图 11-7 给出的 4 种单元板内部串行移位寄存器组的连接方式,我们可将串行移位寄存器 74HC595 的连接方式分为两种:① 直通连接:这种连接方式以图 11-7(c)和图 11-7(d)为代表,其特征是串行移位寄存器 74HC595 的移位数据输入、输出仅在水平方向连接,而垂直方向没有连接。② 绕行连接:这种连接方式以图 11-7(a)和图 11-7(b)为代表,其特征是串行移位寄存器 74HC595 的移位数据输入、输出不仅在水平方向连接(包括芯片内部),而且在垂直方向也有连接。对于直通连接方式显示数据组织及显示控制电路在前面的章节中有详细的说明,故本章仅讨论绕行连接方式的显示数据组织及显示控制电路。

门头 LED 显示屏的特点就是长条形,其显示内容以静态显示和水平移动显示为主。而静态和水平移动显示对于直通连接方式的 LED 单元板来说采用前面所讲过的数据组织方法实现起来非常容易。对于门头 LED 显示屏的静态显示来说,只须确定数据点与显示点之间的对应关系依次输出即可,但如果是水平移动显示对于 51 单片机控制来说问题就比较"严重"了。以下就有关门头条形 LED 显示屏显示数据组织的几个问题分别进行探讨。

11.2.1 直通连接方式的数据组织

图 11-8(a)中给出了门头条形 LED 显示屏与显示区域的关系示意图。如果门头条形 LED 显示屏在显示区域上沿 X 轴增加的方向移动,此时显示内容从左至右移动,这就是常见的门头 LED 显示屏水平滚动显示;当门头条形 LED 显示屏在显示区域上固定不动时就是静态显示;由于门头条形 LED 显示屏比较长垂直方向滚动效果不理想,所以用户极少用头条形 LED 显示屏垂直方向滚动显示,故下面只讨论静态和水平移动显示。

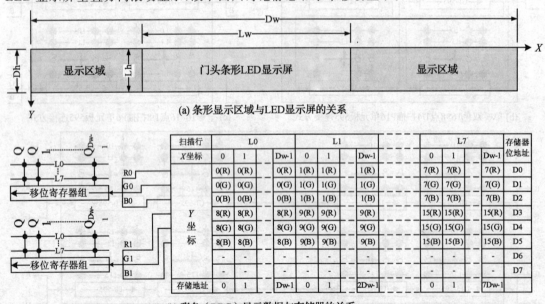

图 11-8 直通连接方式的数据组织

图 11-8(b)给出了基于图 11-7(c)全彩 16×16 点 1/8 扫描 P6 单元板级连构成的门头全彩屏显示数据与存储器中存储字节地址和位地址的关系。首先将存储器的 D0、D1、D2 和 D3、D4、D5 位对应于全彩单元板上下两组串行移位寄存器组的 R、G、B 显示数据,再按行长度 Dw 的直通连接方式的移位寄存器组按行和移位输出的先后顺序在存储器中连续排列显示数据。

经组织后的显示数据可按图 11-9 所示的硬件和显示子程序输出。通过显示子程序清单可以看出单片机输出显示数据时正如图 11-8 中数据组织一样在输出以 X0 为起始点行显示数据时是连续的,按"输出数据→送移位脉冲→地址加 1"的顺序重复进行。显示子程序同样适用于采用于直通连接方式的 LED 单元板组成的门头屏,只是将扫描的行数、各基色显示数据对应的位重新定义即可。例如对于由图 11-7(d)所示双色单元板组成的门头屏(高度为两块单元板高)只需将 D0、D1、D2、D3、D4、D5、D6、D7 位对应于 R1、G1、R2、G2、R3、G3、R4、G4 即可;如果图 11-7(d)所示的为单色单元板只需将 D0、D1、D2、D3、D4、D5、D6、D7 对应于 R1、R2、R3、R4、R5、R6、R7、R8 即可,此时门头屏的高度为 4 块单元板高。关于程序的进一步优化可参见第 5 章有关章节。

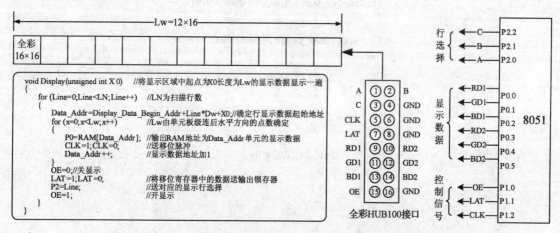

图 11-9 由 HUB100 接口全彩 16×16 点 1/8 扫描 P6 单元板组成的
门头 LED 屏与单片机的连接及显示子程序

直通连接方式的数据组织程序如下,程序(1)中 Sw 为扫描线的宽度,在直通连接方式下 Sw 等于扫描行数 LN,而在绕行连接方式下如图 11-7(a)、(b)中虽然扫描行数 LN 都等于 4,但 Sw 分别为 16 和 8。Display_Buf[Dw][Dh]数组与显示区域对应。Id 与实际存储单元字节地址对应。Jd 与地址为 Id 实际存储单元的位地址对应。

```
//程序 1
#define Static_Mode0
#define Move_Mode1
//红色:Cn=0,绿色:Cn=1,蓝色:Cn=2。CN 为基色数
void Display_Buf_To_Ram(unsigned char Char_Color,unsigned char Char_Background)
{
    unsigned int X,Yk;
    unsigned long Id;
```

```
unsigned char Cn,k,Jd;
Sw = LN;
Bw = Lh/Sw;
for (Cn = 0;Cn<CN;Cn++)
{
    for(Yk = 0;Yk<= Dh-1;Yk++)
    {
        for(X = 0;X<= Dw-1;X++)
        {
            for(k = 0;k<= Bw-1;k++)
            {
                if(((k*Sw<= Yk))&&(((Yk+(Bw-1-k)*Sw)<= (Dh-1))))
                {
                    Id = (Yk-k*Sw)*Dw+X+Display_Mode*k;//
                    Jd = k*CN+Cn;
                    if(Display_Buf[X][Yk] == CHAR_POINT)
                    {
                        if(((Char_Color>>Cn)&0x01)!= 0)
                        {
                            Ram[Id][Jd] = 1;
                        }
                        else
                        {
                            Ram[Id][Jd] = 0;
                        }
                    }
                    else
                    {
                        if(((Char_Background>>Cn)&0x01)!= 0)
                        {
                            Ram[Id][Jd] = 1;
                        }
                        else
                        {
                            Ram[Id][Jd] = 0;
                        }
                    }
                }
            }
        }
    }
}
```

下面介绍水平移动的错位问题。

当向左水平移动显示时,行扫描存在时间差,原本应按图11-10静态显示的结果向左水平移动显示时会产生如图11-10(b)错位显示的实际结果。图11-10中4个点连线中的数字为显示的列编号。要修正错位显示有3种办法:① 增加一条扫描线对应的行数。最好一块单元板只有一条扫描线,但会以降低亮度为代价。② 在X0为起点的一屏静态显示N场(图11-10中1场为4行)再以X0+1为起点的下一屏静态再显示N场,重复上述过程直至所有水平移动显示内容全部显示完。这是目前使用最多的一种方式,由于多场显示会使一个显示点在水平移动和行扫描的共同作用下显示点被"拉宽",这样模糊了两条扫描线(图11-10中为上一条扫描线的L3和下一条扫描线的L0)间列没有对齐的错位现象,但显示的点不清晰。有时这种不清晰显示点被"拉宽"的显示效果被用于16点阵的门头屏显示,这样可使显示字符"竖"的点被"拉宽"。③ 采用如图11-10(c)所示的"预错位"的方法加以解决。既然水平移动显示会产生错位,那么可以在组织数据时"预错位",使其在显示时不产生错位。具体做法是:对第0条扫描线对应的显示数据正常排列;对第1条扫描线对应的显示数据存储地址加1;对第2条扫描线对应的显示数据存储地址加2;…;对第k条扫描线对应的显示数据存储地址加k。具体算法如程序(1)中"Id = (Yk - k * Sw) * Dw + X+Display_Mode * k; //错位修正"语句。显示时在X0为起点的一屏静态只显示1场,以X0+1为起点的下一屏静态再显示1场,直至所有水平移动显示内容全部显示完。按这种方式显示的点非常清晰,但显示字符"竖"的点被"倾斜"。显示效果如图11-10(c)所示。

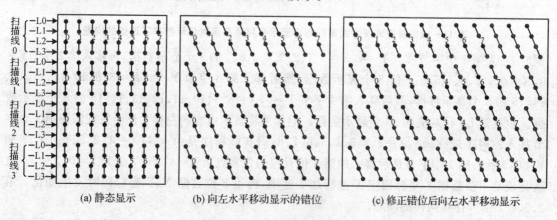

(a) 静态显示　　　　(b) 向左水平移动显示的错位　　　　(c) 修正错位后向左水平移动显示

图11-10　水平移动的错位问题

11.2.2　绕行连接方式的数据组织

1. 绕行连接方式数据组织存在的问题

图11-11为图11-17(b)所示绕行连接方式1/4扫描16×8点P16单元板串行移位寄存器与X、Y坐标之间的关系。其中屏下半部分的X坐标加了下划线,Y坐标在图的左侧。对照图11-11和图11-12可以看到绕行连接方式给数据组织和单片机控制带来的困难,最主要的问题是显示数据不能向直通连接方式那样按行连续排列。

图11-12可以看成是将图11-11拉开后把8位串行移位寄存器直接构成一个长度为32位的串行移位寄存器。从图11-12中可以看出:当以$X=0$、$Y=0$为起点输出第0行显示数

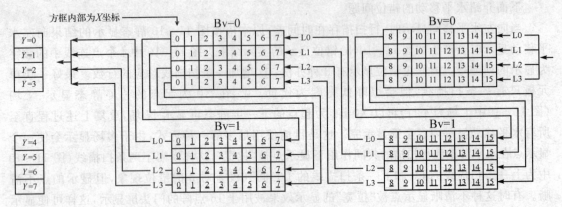

图 11-11 绕行连接方式串行寄存器与 X、Y 坐标的关系

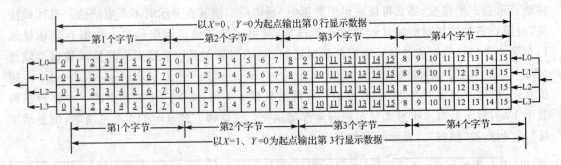

图 11-12 绕行连接方式串行寄存器水平移动显示时显示数据不连续的问题

据时,首先第 1 个字节移入 $Y=4$,$X=0、1、2、3、4、5、6、7$ 的 8 个显示数据,再移入第 2 字节 $Y=0$,$X=0、1、2、3、4、5、6、7$ 的 8 个显示数据,然后移入第 3 字节 $Y=4$,$X=8、9、10、11、12、13、14、15$ 的 8 个显示数据,最后移入第 4 字节 $Y=0$,$X=8、9、10、11、12、13、14、15$ 的 8 个显示数据。也就是 L0 行对应的 32 个显示数据。但如果将显示内容向左移 1 位会发现需要第 1 个字节移入的顺序是:$Y=4$,$X=1、2、3、4、5、6、7、8$;而实际顺序是:$Y=4$,$X=1、2、3、4、5、6、7$ 和 $Y=0$,$X=0$;第 1 个字节最后移入的第 8 位对应的像素点从 $Y=4$,$X=7$ 变为 $Y=0$,$X=0$。也就是说前 7 位数据 Y 坐标固定 X 坐标加 1 递增,而第 8 位数据 X、Y 坐标同时发生变化。第 2、3、4 个字节存在同样的问题。

由于绕行连接方式每水平方向移动 1 位时,每个字节最后移入的 1 位 X、Y 坐标会同时发生变化。因此,数据组织时不论是按 X 或 Y 方向连续组织数据都不可能使显示数据连续排列。如显示数据按直通连接方式沿 X 轴方向连续组织数据,则在输出显示数据时每输出 8 位(移位寄存器长度)就必须改变一次显示数据的起始地址,然后再输出 8 位再改变地址直至显示数据全部输出。以 4 m 长 1/4 扫描 P16 单元板组成的门头屏为例,输出一场需要改变地址的次数 $=4000(mm)/16(mm)/8(移位寄存器长度)×2(绕行连接)×4(行数)=250$ 次,在 18 ms 一场不闪烁时间的限定下,改变地址的时间 $=18 ms/250$ 次 $=72 \mu s$,$72 \mu s$ 对 51 单片机来说不要谈输出数据只是改变地址都比较紧张。而直通连接方式每输出一行只需改变一次起始地址。所以目前市场上基于 51 单片机的门头屏控制卡大多只能控制长度为 384 点以下的门头屏。

那么如何用 51 单片机控制门头屏呢?方法只有两种:① 缩短改变地址的时间。② 以空间换时间,按输出顺序排列显示数据。

2. 建立适用于直通和绕行两种连接方式的通用数据组织模型

为了说明问题方便首先将图 11-7 的"74HC595 模型"进一步简化为如图 11-13 所示。简化的 74HC595 模型用连线箭头表示移位方向并直接标明点阵的扫描行数，方框的的 Q7、Q6、…、Q0 表示数据在移位寄存器中的位置。

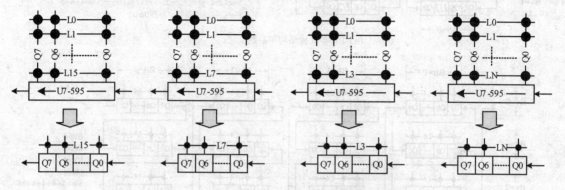

图 11-13　简化 8 位移位寄存器 74HC595 模型

图 11-14(a)是将图 11-7(b)P16 单元板按 74HC595 绕行在水平、垂直方向的特点进行描述。在水平方向由 U1、U3 和 U0、U2 构成了编号为 Bh=0 和 Bh=1 两个水平方向移位寄存器组，通俗地说就是从水平方向看 74HC595 排列成 2 列。在垂直方向由 U1、U0 和 U3、U2 构成了编号为 Bv=0 和 Bv=1 两个垂直方向移位寄存器组，通俗的说就是从垂直方向看 74HC595 排列成 2 行。RS 为水平方向不绕行单个移位寄存器组的最大长度。LN 为显示时的扫描行数。而 Sw 为由一个连续移位寄存器组所对应的点阵行数，被称为扫描线的宽度。Bw 为扫描线数，Bw 与单元板是单色、双色还是全彩无关，只与 LED 显示屏垂直方向单元板数和单元板自身的结构有关。在图 11-14(b)(c)(d)中给出了图 11-7 中其他几种单元板的结构和参数描述。

Bv 仅对一条扫描线对应的移位寄存器组进行描述，对另一条扫描线需要重新进行编号。特别需要说明的是直通连接方式是绕行连接方式的一个特例。如图 11-14(c)(d)中 BH 和 BV 都是等于 1。水平、垂直方向移位寄存器组都是 1 组，且同为一组串行移位寄存器组。很显然将图 11-14(a)中的 4 个 74HC595"拉直"将变成一个 RS=32，LN=4，BH 和 BV 都是等于 1 的直通连接方式；将图 11-14(b)16 个 74HC595"拉直"将变成一个 RS=16×8=128，LN=4，BH 和 BV 都是等于 1 的直通连接方式。同样可将图 11-14(c)、(d)"压缩"成绕行连接方式。

(1) 方法 1——缩短改变地址的计算时间

按前面第 5 章显示数据组织和本章程序的数据组织方法，对于一个长 Dw、宽 Dh、基色数为 CN 的显示区域，若按扫描线宽度 Sw、扫描线数 Bw 组织显示数据，设显示数据存储器的地址为 Id，位地址为 Jd，则(Id,Jd)和显示区域中坐标(X,Y)点对于第 k 条扫描线的关系为：

$Id=(Y-k\times Sw)\times Dw+X$　其中 $k=0,1,\cdots,Bw-1$　并满足 $k\times Sw\leqslant Yk\leqslant Dh-1-(Bw-1-k)\times Sw$

(式 11-1)

$Jd=k\times CN+Cn$　其中 CN 为基色数，Cn 为颜色编码，$Cn=0,1,\cdots,CN-1$　（式 11-2）

上式表明存储器地址仅与(X,Y)点的坐标和扫描线宽度 Sw 有关，而显示数据的色彩信

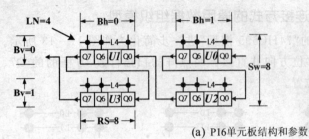

(a) P16单元板结构和参数

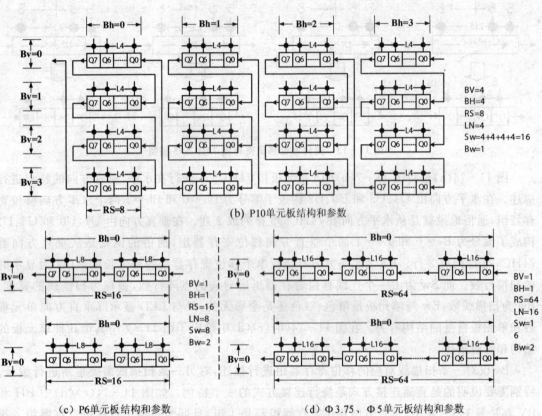

(b) P10单元板结构和参数

(c) P6单元板结构和参数　　　　(d) Φ3.75、Φ5单元板结构和参数

图 11-14　按水平、垂直方向串行移位寄存器绕行方式确定单元板的参数

息仅与存储器的位地址有关。如果将显示屏左上角在显示区域中的坐标用 $(X0,Y0)$ 表示,由于 $(X0,Y0)$ 点一定对应于第 0 条扫描线则有：

$$Id = Y0 \times Dw + X0 \quad 并满足 \quad Y0 \leqslant Dh - 1 - (Bw-1) \times Sw \quad (式\ 11-3)$$

程序 2 给出了基于上述数据数据组织方法的显示子程序模块。通过显示子程序可以看出：在每输出长度为 RS 的显示数据就要重新计算一次数据的起始地址。在第 Ln 行内要计算 $BH \times BV$ 次。

```
//程序 2
void display(unsigned int X0,unsigned int Y0)    //按串行移位寄存器组连接顺序输出显示数据
{
    for(Ln = 0;Ln<L;Ln++)                        //LN 扫描行数
    {
```

```
    for(Bh = 0;Bh<BH;Bh++)          //BH = Lw/RS 水平方向串行移位寄存器组数
    {
      for(Bv = BV-1;Bv>=0;Bv--)     //BV = Sw/LN 垂直方向串行移位寄存器组数
      {
        X = X0 + Bh * RS;            //根据 X0、Bh 和 RS 确定串行移位寄存器第一个数据的 X 坐标
        Y = Y0 + LN * Bv + Ln;       //根据 Bv、BV、Ln、LN 和 Y0 确定串行移位寄存器第一个数据的 Y 坐标
        Id = Y * Dw + X;             //根据 X 和 Y 坐标确定存储器地址
        for(Rs = 0;Rs<RS;Rs++)       //串行移位寄存器长度,对于直通连接方式 RS 等于屏长 Lw
        {
          Output_RAM(Id + Rs);       //连续输出 RS 个显示数据(含移位信号)
        }
      }
    }
    Output_Line[Ln];                 //输出行选择(含输出锁存信号)
  }
}
```

注意程序 2 中关于 (X,Y) 点坐标的计算，在计算 X 时 Bh×RS 为变量且增量为 RS，而在输出显示数据时地址的增量也为 RS；在计算 Y 时仅 LN×Bv 为变量。再结合图 11-14(a)、(b)对于显示数据而言其行地址(对于 Dw)只变化了 BV 次。可以在程序 2 中使用 Bv 个数据地址指针根据 Bv 的不同选用相应的指针只做加 1 运算，当 Bv-1 时选用 Bv-1 对应的数据地址指针并保持 Bv 数据地址指针不变。改进后的子程序模块如程序 3 所示。在程序 3 中首先根据 Ln 计算 BV 个数据地址指针，循环仍对 Bh、Bv 和 Rs，但输出时只换地址和数据地址指针加 1，与程序 2 相比大大提高了显示数据的输出速度。但对于如图 11-14(b)绕行较多的连接方式，因此 BH×BV×RS 次的循环仍然限制显示数据的输出速度。要想从根本上解决问题就必须去掉 BH×BV×RS 次的循环，也就是以空间换时间，按输出顺序排列显示数据。

```
//程序 3
void Display(unsigned int X0,unsigned int Y0)   //按串行移位寄存器组连接顺序输出显示数据
{
  for(Ln = 0;Ln<LN;Ln++)            //LN 扫描行数
  {
    Outout_Bv_Star_Addr[0] = (Y0 + LN * 0 + Ln) * Dw + X0;
    Outout_Bv_Star_Addr[1] = (Y0 + LN * 1 + Ln) * Dw + X0;
    ……
    Outout_Bv_Star_Addr[BV-1] = (Y0 + LN * (BV-1) + Ln) * Dw + X0;
    for(Bh = 0;Bh<BH;Bh++)          //BH = Lw/RS 水平方向串行移位寄存器组数
    {
      for(Bv = BV-1;Bv>=0;Bv--)     //BV = Sw/LN 垂直方向串行移位寄存器组数
      {
        for(Rs = 0;Rs<RS;Rs++)      //串行移位寄存器长度
        {
```

```
                Output_RAM(Outout_Bv_Star_Addr[Bv]);    //连续输出 RS 个显示数据(含移位信号)
                Outout_Bv_Star_Addr[Bv]++;
            }
        }
    }
    Output_Line(Ln);             //输出行选择(含输出锁存信号)
    }
}
```

(2) 方法 2——按输出顺序排列显示数据

在图 11-14(b)中(也可参见图 11-12)对第 1 行 Bv＝0、Bh＝0 移位寄存器组而言,595 中正常的显示数据顺序为 Q7、Q6、…、Q1、Q0。起始点向右移动一位我们希望 595 中的顺序为 Bv＝0 和 Bh＝0 对应的 Q6、Q5、…、Q0 及 Bv＝0 和 Bh＝1 对应的 Q7,而实际的 Q7 却对应于 Bv＝3 和 Bh＝1。再向右移动一位我们希望 595 中的顺序为 Bv＝0 和 Bh＝0 对应的 Q5、Q4、…、Q0 及 Bv＝0 和 Bh＝1 对应的 Q7、Q6,实际的 Q7、Q6 却对应于 Bv＝3 和 Bh＝1。……当移动 RS－1 位时,只有 Bv＝0 和 Bh＝0 对应的 Q0 是我们所希望的,其余 Q7、Q6、…、Q1 都对应于 Bv＝3 和 Bh＝1,而不是对应于 Bv＝0 和 Bh＝1。但当起始点向右移动第 8 位 (第 RS 位)我们希望 595 中的顺序为 Bv＝0 和 Bh＝1 对应的 Q7、Q6、…、Q1、Q0,而结果正如我们所希望的。

因此本着空间换时间和按输出顺序排列显示数据的原则,可按显示数据输出的顺序在 RAM 中组织 RS 场显示数据,供显示起始点 X 任意位置时输出使用。现有绕行连接方式的 LED 显示屏单元板 RS 都等于 8,简单地说在这种基于行显示数据连续排列的代价是使用 8 倍的存储空间。如以 Fn 表示场的则可以由程序 4 来生成基于 RS 场的显示数据。Id 和程序 1 中的定义相同,与实际存储单元字节地址对应,而 Jd 与地址为 Id 实际存储单元的位地址对应。程序 4 是按下列步骤来组织显示数据的:

① 根据单元板的绕行方式和垂直方向个数确定扫描线的条数即:Bw＝Lh/Sw。

② 根据显示区域 Dw 宽度、RS 的长度和相应的场 Fn 确定水平方向移位寄存器的总列数即:BH＝(Dw－Fn)/RS。

③ 按输出数据 Bh、Bv、Rs 依次组织显示区域 Display_Buf[Dw][Dh]中的显示数据,存储单元地址 Id 加 1。

④ 根据显示内容的颜色确定位地址 Jd。

```
//程序 4
void Display_Buf_To_Ram(unsigned char Char_Color,unsigned char Char_Background)
{
    Bw = Lh/Sw;
    Id = 0;
    for(Fn = 0;Fn<RS;Fn++)
    {
        for(Ln = 0;Ln<LN;Ln++)
        {
```

```
BH = (Dw - Fn)/RS;
for(Bh = 0;Bh<BH;Bh++)
{
    for(Bv = BV - 1;Bv> = 0;Bv--)
    {
        for(Rs = 0;Rs<RS;Rs++)
        {
            for(Jd = 0;Jd<Bw*CN;Jd++)
            {
                X = Fn + Bh * RS + Rs;
                Y = (Jd/CN) * BV * LN + Bv * LN + Ln;
                Cn = (Jd%CN);
                if(Display_Buf[X][Y] == CHAR_POINT)
                {
                    if(((Char_Color>>Cn)&0x01)! = 0)
                    {
                        Ram[Id][Jd] = 1;
                    }
                    else
                    {
                        Ram[Id][Jd] = 0;
                    }
                }
                else
                {
                    if(((Char_Background>>Cn)&0x01! = 0)
                    {
                    Ram[Id][Jd] = 1;
                    }
                    else
                    {
                    Ram[Id][Jd] = 0;
                    }
                }
            }
            Id++;
        }
    }
}
```

按上述的基于场的数据组织,第 Fn 场显示数据的长度用数组可表示为:
Field_Data_Length[Fn]=((Dw−Fn)/RS)×RS×BV×LN 其中"/"为整除

(式 11-4)

式 11-4 中尾部去掉 LN 就是第 Fn 场行的长度。在输出显示时也关心每一场显示数据的起始地址,因为起始地址+Ln×行的长度+显示起点 X 产生的行内偏移量就是显示数据的起始地址。式 11-4 还说明了另外一个问题,当显示屏为直通连接方式时有 RS=Dw 和 BV=1,除 Fn=0 时 Field_Data_Length[Fn]=Dw×LN 外,其余场(Fn≠0)的数据长度均为 0,这一点正是前面直通连接方式当 Dh=Lh 时的数据组织结果。若第 0 场数据的起始为 0,则第 Fn 场显示数据的起始地址用数组 Field_Begin_Addr[Fn]来表示。则 Field_Begin_Addr[Fn]可由下面的程序 5 计算获得:

```
//程序 5
void Cal_Field_Begin_Addr(void)
{
    for(Fn = 0;Fn<FN;Fn++)
    {
        Field_Data_Length[Fn] = ((Dw - Fn)/RS) * RS * BV * LN;
    }
    Field_Begin_Addr[0] = 0;
    for(Fn = 1,Fn<FN;Fn++)
    {
        Field_Begin_Addr[Fn] = Field_Begin_Addr[Fn - 1] + Field_Data_Length[Fn - 1];
    }
}
```

下面讨论一下显示数据的输出问题,对于一个长度为 Lw 的条形 LED 显示屏不论其是直通还是绕行连接,在输出第 Ln 行显示数据时它的长度都是"Lw×BV",程序 6 给出了以(X0,Y0=0)为条形显示屏在显示区域中左上角坐标的输出模块子程序。在程序 6 中场的起始地址可预先计算好,输出每一行显示数据时只须计算一次起始地址,然后连续输出"Lw×BV"个显示数据,从而使输出速度达到最快。

```
//程序 6
void Display(unsigned int X0)//按串行移位寄存器组连接顺序输出显示数据
{
    Fn = X0 % RS;          //计算 X0 对应的场
    Bh = X0/RS;            //计算 X0 对应 Bh
    for(Ln = 0;Ln<LN;Ln++)    //LN 扫描行数
    {
        //行输出起始地址   = 场起始地址    +   行起始地址    +X0 行内偏移量
        Ln_Outout_Star_Addr = Field_Begin_Addr[Fn] + Ln * ((Dw - Fn)/RS) × RS × BV × Bh * BV * RS;
        //计算显示数据的起始地址
        for(i = 0;i<Lw×BV;i++)    //基于显示数据长度循环
        {
```

```
        Output_RAM(Ln_Outout_Star_Addr);    //连续输出显示数据(含移位信号)
    }
    Output_Line(Ln);           //输出行选择(含输出锁在信号)
}
```

11.3 门头条形 LED 显示屏的显示控制系统

11.3.1 门头屏的接口电路特点

门头屏的特点是条形,并主要显示文字。因此门头屏垂直方向的点数一般不超过32点,以24点和16点居多。表11-2给出16、24、32点对应于不同点距单元板的物理尺寸。

表11-2 单、双色单元板物理尺寸及参数

单元板规格	点距	像素点	长度	高度	16点屏高	24点屏高	32点屏高	Sw	BV	扫描
Φ3.75	4.75	64×32	304	152	76*	**	304	16	1	1/16
Φ5	7.62	64×32	488	244	122	**	244	16	1	1/16
P10	10	32×16	320	160	160	**	320	16	1	1/4
P16	16	16×8	256	128	256	384	512	8	2	1/4
P20	20	16×8	320	160	320	480	640	8	2	1/4

注:表中的点距、长度、高度、屏高单位均为 mm *:1/2标准单元板(可定制) **:由标准单元板不能组成

由于门头屏垂直方向的点数不多,因此对于单、双色的门头屏使用一个8位端口甚至4位端口可以满足绝大多应用场合的需求。一个8位端口根据前面的数据组织方法可使用8条单色扫描线或4条双色扫描线。而全彩屏本身就不是单片机控制的强项,但也可以有2条(浪费2位)扫描线供使用。原则上本书前面讲过的所有控制系统均可以用于门头屏的控制。下面介绍几个专门适用于门头屏的显示控制电路。

11.3.2 单片机直接驱动门头条形 LED 显示屏

图11-15给出了一个基于单片机直接控制的简易控制系统。系统中有一个08接口和4个12接口。其控制对象主要是由单色P10和P16构成的门头屏,同时兼顾部分双色门头屏的需求。也可根据需要采用12接口标准P20、P26等物理尺寸更大的单元板,接口不一致时可按相应的接口标准自制转换卡。

由于51单片机的内部程序存储器最大为64 KB,假如有56 KB可用于存储显示数据,此时要求单片机必须具有IAP或ISP功能。56 KB存储器按8场来分每场只有7 KB,如1/4扫描只剩1.75 KB,如果使用的是P10单元板,它的BV=4,此时显示区域只有448点。一般对于滚动显示来说显示区域至少应为LED显示屏的3倍屏长。因此,图11-15所示的电路只用4位输出,而这4位是一个字节8位高低4位交替输出使56的存储器当112 KB存储器用,将显示区域扩展为896点。如果有效地组织显示内容能满足P10滚动显示的基本要求。当使用的是P16单元板时由于它的BV=2,显示区域可达896×2=1 792点。使用Φ3.75和Φ5

单元板由于 BV=1 其显示区域的长度可达 112K÷16=7 168 点,而显示屏长度受到单片机指令速度的限制。

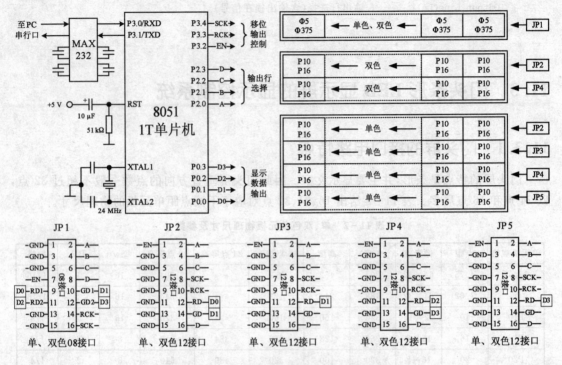

图 11-15 单片机直接驱动门头 LED 显示屏

为了提高单片机指令速度,图 11-15 控制系统采用 1T 的 8051 单片机,晶振为 24 MHz。显示数据使用 P0 的低 4 位,而高 4 位为了提高输出速度不使用,这样送显示数据时可不考虑字节传输对高 4 位的影响。程序 7 是图 11-15 控制系统的显示子程序。经 Keil C51 调试通过,为模拟 1T 的 8051 单片机调试时,将 Keil 中＜Target＞中的＜Xtal＞选项设定为"120MHz",用以模拟 1T8051 单片机的 24 MHz 晶振。模拟测试结果显示:Display 显示模块在 P10 单元板长度为 512 点时执行时间为 12.5 ms,远低于无闪烁 18 ms 的要求。

从图 11-15 和程序 7 可以看出用单片机直接驱动门头 LED 显示屏的瓶颈在于单片机的内部程序存储器太小,虽然可以通过数据组织的进一步优化,如将 8 场显示数据按移位相邻改为一场(长度为 8 场显示数据的两场,从 16 位数据中选 8 位,输出速度降低 1 倍)、在单片机内部利用 RAM 实时组织显示数据等措施,但都是以牺牲显示数据速度为代价的。为使门头 LED 显示屏显示效果更加丰富、显示内容更多,只有通过增加单片机系统外部扩展存储器的方法加以解决。

```
//程序 7
#include<reg52.h>
#include<absacc.h>

#define Data_Port P0
#define Line_output_Port P2
    sbit EN    = P3^2;
```

```
sbit RCK = P3^3;
sbit CSK = P3^4;

unsigned int data Field_Begin_Addr[8],Dw = 768,Lw = 512;
unsigned char data RS = 8,BV = 4,LN = 4;

void Display(unsigned int X0)//按串行移位寄存器组连接顺序输出显示数据
{
  unsigned int data Ln_Outout_Star_Addr,i,Data_Length;
  unsigned char data Fn,Ln,Bh;
  Fn = X0 % RS;                         //计算 X0 对应的场
  Bh = X0/RS;                           //计算 X0 对应 Bh
  for(Ln = 0;Ln<LN;Ln ++ )              //LN 扫描行数
  {
    Ln_Outout_Star_Addr = Field_Begin_Addr[Fn] + Ln * ((Dw - Fn)/RS) * RS * BV + Bh * BV * RS;
    //计算起始地址
    Data_Length = Lw * BV/2;
    for(i = 0;i<Data_Length;i ++ )      //基于显示数据长度循环
    {
      ACC = CBYTE[Ln_Outout_Star_Addr]; //读显示数据
      Data_Port = ACC;                  //输出低 4 位显示数据
      SCK = 0;SCK = 1;                  //移位信号
      Data_Port = ACC>>4;               //输出高 4 位显示数据
      SCK = 0;SCK = 1;                  //移位信号
      Ln_Outout_Star_Addr ++ ;          //显示数据地址加 1
    }
    EN = 0;                             //关显示
    Line_Output_Port = Ln;              //输出行选择
    RCK = 0;RCK = 1;                    //输出锁在信号
    EN = 1;                             //开显示
  }
}
Main()
{
  while(1)
  {
    Display(0);//测试
  }
}
```

11.3.3 单片机外部扩展 SPI 接口 Flash 存储器

图 11 - 16 的电路与图 11 - 15 相比只多的一个 2 MB 大容量的串行 Flash 存储器

25VF016(若不够可换 4 MB 的 25VF032),显示数据的从单片机的 P2 输出,没有如图 11-16 中虚线所示像前面所用的电路用 74HC164 或 74HC595 由 SPI 接口旁路输出,关于这一点我们会结合显示驱动程序详细说明。由于 FLASH 存储器 25VF016 的工作电压为 3 V,除用一片 LM1117 为其供电外,与 5 V 单片机的接口采用电阻分压实现。单片机采用较为常用廉价 STC 的 1T 单片机 AD12C5628。晶振为了计算输出速度方便选用 25 MHz,而实际应用于最好选用与串行口波特率相匹配的 20 MHz 以上的晶振。

首先进行简单的估算:AD12C5628 单片机 SPI 接口的最大速度为晶振的 1/4 即 6.25 MHz,若不计扫描显示时行间的地址的计算、传送和 SPI 数据字节的间隔,最大读显示数据的速度就是 6.25 MHz/位,换算成时间就是 160 ns。如综合考虑最多也就是 200 ns 左右。对图 11-7(a)所示的 1/4 扫描 P10 单元板共有 32×16 点,故一块 P10 单元板传送数据的时间=32×16×8 位×200 ns=819 200 ns≈0.82 ms,其中 8 位是考虑多扫描线按字节输出。以不闪烁 18 ms 为显示屏的一场扫描时间,最多可驱动 18 ms÷0.82 ms≈22 块 P10 单元板,换

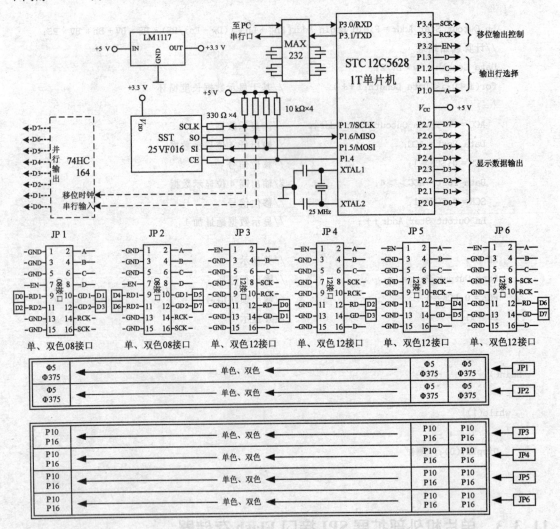

图 11-16 单片机外部扩展 SPI 接口 Flash 存储器

算成屏长的点数和长度就是 $22\times 32=704$(点、厘米)。而一块 P10 单元板即使按双色计算其所需的存储器为 $32\times 16\times 2=1\ 024$ 也就是 1K,25VF016 的 2 MB 可存储 2 000 块 P10 单元板显示的信息。因此,图 11-16 所示的用于满足一般的门头屏显示是没有问题的。在接口上设置了 2 个 08 和 4 个 12 接口。如使用的是单色屏时仍按双色屏组织显示数据即可。

由74HC164输出显示数据时,单片机SPI时钟端波形

由P2口输出显示数据时,单片机SPI时钟端波形

```
//由P2口输出显示数据
   ORG  0000H
MAIN:
   MOV  P2,SPDR    //将SPDR中数据送P2口
   MOV  SPSR,#80H  //清SPI完成标志
   MOV  SPDR,A     //启动SPI
   SETB SCK        //移位信号上升沿,P2口数据送单元板
   CLR  SCK        //移位信号下降沿
   LJMP MAIN
   END
```

```
//由74HC164输出显示数据
   ORG  0000H
MAIN:
   SETB SCK        //移位信号上升沿,74HC164数据送单元板
   MOV  SPSR,#80H  //清SPI完成标志
   MOV  SPDR,A     //启动SPI
   CLR  SCK        //移位信号下降沿
   LJMP MAIN
   END
```

图 11-17 74HC164 和 P2 口输出显示数据波形及程序比较

图 11-16 所示电路与图 11-15 所示电路的显示驱动程序基本一致,差异有两点:一是显示数据按字节使用,不需拆分成高低 4 位;二是显示数据存放在串行 FLASH 中而不单片机片内程序存储器。读取显示数据(除传送读命令字和地址外)会按图 11-17 中的两个测试程序模块进行 SPI 读操作,一个是显示数据由 P2 口输出,另一个是由 74HC164 旁路输出。测试的结果是由 74HC164 旁路输出比从 P2 口输出 SPI 字节发送间隔短一倍。而两程序相比较由 P2 口输出(6 条指令)比从 74HC164 旁路输出(5 条指令)多一条指令:"MOV P2,SPDR",因此间隔会大一点。两个电路输出速度大概相差 10% 左右。如果希望速度更快可选用 40M 的 VRS51L3074(1T)单片机控制,VRS51L3074 的 SPI 速率为晶振的 1/2,用它可使屏长达到 2 048 点。

为了使 SPI 输出的速度达到最快,一般采用不判断 SPI 操作的完成标志,如果判断 SPI 操作的完成标志至少还需要 3 条指令:SPI 标志寄存器送 A;屏蔽 A 中多余的位;判断 A。因此,采用加"适当数量的 NOP"以确保 SPI 操作完成。各单片机厂家生产的 51 单片机同是标准的 SPI 接口但还是有差异的。例如在做图 11-17 测试时使用了 STC 和 SST 两个厂家的单片机,SST 的 SST89E516 的 SPI 接口重新启动 SPI 时不需清 SPI 完成标志,而 STC 单片机则必须清 SPI 完成标志才能再次启动 SPI。

11.3.4 基于串行 Flash 存储器的超长门头屏控制系统

用 51 单片机控制超长门头屏原本并不合适,因为单片机片内资源和运行速度都十分有限。应采用 ARM、DSP 或 FPAG 等高性能芯片为控制核心。如果必须用单片机的话就要仔细研究一下单片机哪些部件可以产生可控制的高速脉冲序列。40M 的 1T 单片机执行"SETB Bit"和"CLR Bit"指令需要 8T 时间,而好一点的单元板支持 20M(2T)的传输速度。只有 SPI 接口当晶振为 40M 时其 1/4 可以达到 10M(4T),如果是晶振的 1/2 速度可以达到 20M(2T),当然要达到 20M 速度显示数据绝对不能经过单片机处理或中转,例如图 11-16 中 FLASH 中的数据要经单片机由 P2 口输出。

图 11-18 是一个基于多 SPI 接口串行存储器构成的超长门头屏控制系统,图中的 SPI 接口串行存储器可根据显示的需要替换为串行 FLASH、RAMTRON 的 SPI 接口串行 FRAM 或 MICROCHIP 的 SPI 接口串行 RAM,使用串行 FRAM 或串行 RAM 可实时修改显示数据。而其中串行 FRAM 又具有串行 FLASH 和串行 RAM 双重特性,不过价格略高一点。该控制系统最大的特点是对 8 个 SPI 接口串行存储器可单独进行读写操作,又可同步 8 个串行存储器并行输出,从而在输出时其显示数据输出速度与 SPI 一致。通常的 SPI 接口串行存储器都可达到 20、40 甚至 80 MHz/位以上的传输速率,而 20 MHz/位的传输速率几乎是所有 LED 显示屏单元板的上限。

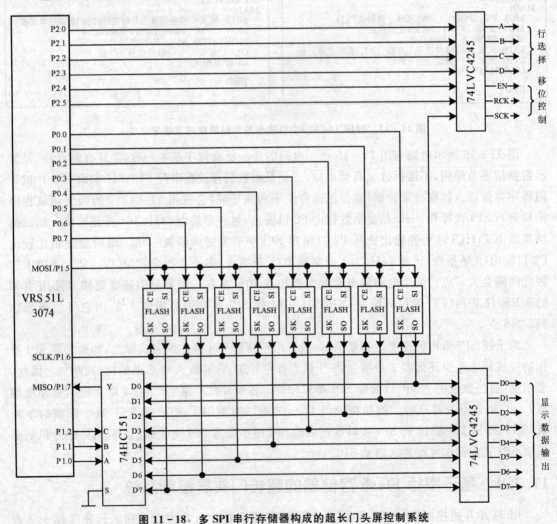

图 11-18 多 SPI 串行存储器构成的超长门头屏控制系统

如果对单个的SPI串行存储器读/写操作时首先通过P0口片选相应的SPI串行存储器,再由P1口低3位(P1.2、P1.1、P1.0)通过74HC151(8选1数据选择器)选择SPI串行存储器输出端,由于所有SPI串行存储器的SI端是连在一起的,此时可对选定的SPI串行存储器单独进行读/写操作。当显示输出时,通过P0口片选所有的SPI串行存储器,然后发送读命令和起始地址(组织数据时8个串行存储器地址一致),再循环启动8位SPI时钟使串行存储器在SPI时钟作用下连续输出显示数据并同步移入单元板的串行移位寄存器组,最后送锁存RCK信号和行选择。74LVC4245为3~5 V的电平转换芯片,图11-18省略了串行口等一些常规外围电路。图11-18电路的原型电路使用4片串行FLASH,经测试在使用STC5628晶振为22.118条件下,驱动4000点的P10、Φ3.75或Φ5.0超长LED显示屏,一场时间为13.1 ms;5 000点时为16.3 ms;6 000点时为19.5 ms,如果驱动P16屏长分别为8 000、10 000和12 000点,其成本不超过50元。如果屏长还不够可采用前面讲过的双向驱动使屏长加倍。

读者一定会考虑为什么在图11-18电路中不用前面读过的"并行RAM+硬件地址计数器"的方案?原因有两个:一是"并行RAM+硬件地址计数器"电路相对复杂;二是"并行RAM"的容量会限制门头屏的长度。组织数据为了高速我们对绕行连接单元板采用8场数据,以前面讲过的P10单元板为例,当屏长为5 000点、显示区域为15 000点时其占用的存储空间=15 000点×8场×4行×4绕行次数=960 000=960K。960K的8位并行SRAM应不多见,并且价格不低。而如按图11-18中采用串行存储器一是960K以上容量串行FLASH极为常见,二是只需要容量为=960K/8=120K的串行FLASH就够用了,因为并行RAM是按"字节"组织显示数据,而串行存储器是按"位"组织显示数据。SPI串行存储器8位移位输出方式与单元板内基本单元串行移位寄存器595的8位串行移位输入方式完全一致,特别是采用8场显示时串行存储器中的每一个字节与串行移位寄存器74HC595中的每一个字节一一对应,输出时是将串行存储器中一个连续的数据块传送到单元板中由74HC595组成的串行移位寄存器组中。因此输出时只需串行存储器的输出端和串行移位寄存器组的输入端、串行存储器和串行移位寄存器组时钟连在一起,此时控制系统中单片机唯一的作用是给串行存储器送起始地址和产生指定数量的移位脉冲。

附录 A

ASCII 码表

表 A-1 ASCII 码表

十进制码	十六进制码	字符	十进制码	十六进制码	字符	十进制码	十六进制码	字符	十进制码	十六进制码	字符
0	0	NUL	32	20	(space)	64	40	@	96	60	`
1	1	SOH	33	21	!	65	41	A	97	61	a
2	2	STX	34	22	"	66	42	B	98	62	b
3	3	ETX	35	23	#	67	43	C	99	63	c
4	4	EOT	36	24	$	68	44	D	100	64	d
5	5	END	37	25	%	69	45	E	101	65	e
6	6	ACK	38	26	&	70	46	F	102	66	f
7	7	BEL	39	27	'	71	47	G	103	67	g
8	8	BS	40	28	(	72	48	H	104	68	h
9	9	HT	41	29	)	73	49	I	105	69	i
10	0A	LF	42	2A	*	74	4A	J	106	6A	j
11	0B	VT	43	2B	+	75	4B	K	107	6B	k
12	0C	FF	44	2C	,	76	4C	L	108	6C	l
13	0D	CR	45	2D	-	77	4D	M	109	6D	m
14	0E	SO	46	2E	.	78	4E	N	110	6E	n
15	0F	SI	47	2F	/	79	4F	O	111	6F	o
16	10	DLE	48	30	0	80	50	P	112	70	p
17	11	DC1	49	31	1	81	51	Q	113	71	q
18	12	DC2	50	32	2	82	52	R	114	72	r
19	13	DC3	51	33	3	83	53	S	115	73	s
20	14	DC4	52	34	4	84	54	T	116	74	t
21	15	NAK	53	35	5	85	55	U	117	75	u
22	16	SYN	54	36	6	86	56	V	118	76	v
23	17	ETB	55	37	7	87	57	W	119	77	w
24	18	CAN	56	38	8	88	58	X	120	78	x
25	19	EM	57	39	9	89	59	Y	121	79	y
26	1A	SUB	58	3A	:	90	5A	Z	122	7A	z
27	1B	ESC	59	3B	;	91	5B	[	123	7B	{
28	1C	FS	60	3C	<	92	5C	\	124	7C	|
29	1D	GS	61	3D	=	93	5D	]	125	7D	}
30	1E	RS	62	3E	>	94	5E	^	126	7E	~
31	1F	US	63	3F	?	95	5F	_	127	7F	Del

附录 B

MCS-51 单片机常用资料

表 B-1 MCS-51 系列单片机指令表

指令代码	助记符		功能说明	P	OV	AC	CY	字节数	标准 8015 振荡周期	VRS3074 振荡周期
			数据传送类指令							
E8~EF	MOV	A,Rn	寄存器内容送入累加器	√	×	×	×	1	12	2
E5 direct	MOV	A,direct	直接地址单元中的数据送入累加器	√	×	×	×	2	12	3
E6~E7	MOV	A,@Ri	间接 RAM 中的数据送入累加器	√	×	×	×	1	12	3
74 data	MOV	A,#data8	8 位立即数送入累加器	√	×	×	×	2	12	2
F8~FF	MOV	Rn,A	累加器内容送入寄存器	×	×	×	×	1	12	1
A8~AF direct	MOV	Rn,direct	直接地址单元中的数据送入寄存器	×	×	×	×	2	24	3
78~7F data	MOV	Rn,#data8	8 位立即数送入寄存器	×	×	×	×	2	12	2
F5 direct	MOV	direct,A	累加器内容送入直接地址单元	×	×	×	×	2	12	3
88~8F direct	MOV	direct,Rn	寄存器内容送入直接地址单元	×	×	×	×	2	24	3
85 direct1 direct2	MOV	direct2,direct1	直接地址单元 1 中的数据送入直接地址单元 2	×	×	×	×	3	24	3
86~87 direct	MOV	direct,@Ri	间接 RAM 中的数据送入直接地址单元	×	×	×	×	2	24	3
75 direct data	MOV	direct,#data8	8 位立即数送入直接地址单元	×	×	×	×	3	24	3
F6~F7	MOV	@Ri,A	累加器内容送入间接 RAM 单元	×	×	×	×	1	12	2
A6~A7 direct	MOV	@Ri,direct	直接地址单元中的数据送入间接 RAM 单元	×	×	×	×	2	24	3
76~77 data	MOV	@Ri,#data8	8 位立即数送入间接 RAM 单元	×	×	×	×	2	12	2
90 dataH dataL	MOV	DPTR,#data16	16 位立即数地址送入地址寄存器	×	×	×	×	3	24	3
93	MOVC	A,@A+DPTR	以 DPTR+A 为地址寻址数据送入累加器	√	×	×	×	1	24	3+1
83	MOVC	A,@A+PC	以 PC+A 为地址寻址数据送入累加器	√	×	×	×	1	24	3+1
E2~E3	MOVX	A,@Ri	外部 RAM(8 位地址)送入累加器	√	×	×	×	1	24	3*
E0	MOVX	A,@DPTR	外部 RAM(16 位地址)送入累加器	√	×	×	×	1	24	2*

续表 B-1

指令代码	助记符		功能说明	P	OV	AC	CY	字节数	标准8015 振荡周期	VRS3074 振荡周期
F2~F3	MOVX	@Ri,A	累加器送入外部RAM(8位地址)	×	×	×	×	1	24	2*
F0	MOVX	@DPTR,A	累加器送入外部RAM(16位地址)	×	×	×	×	1	24	1*
C0 direct	PUSH	direct	直接地址单元中的数据压入堆栈	×	×	×	×	2	24	3
D0 direct	POP	direct	堆栈中的数据弹出到直接地址单元	×	×	×	×	2	24	2
C8~CF	XCH	A,Rn	寄存器与累加器交换	√	×	×	×	1	12	3
C5 direct	XCH	A,direct	直接地址单元与累加器交换	√	×	×	×	1	12	4
C6~C7	XCH	A,@Ri	间接RAM与累加器交换	√	×	×	×	1	12	4
D6~D7	XCHD	A,@Ri	间接RAM与累加器进行低半字节交换	√	×	×	×	1	12	4
C4	SWAP	A	累加器内高低半字节交换	×	×	×	×	1	12	1
算术操作类指令										
28~2F	ADD	A,Rn	寄存器内容加到累加器	√	√	√	√	1	12	2
25 direct	ADD	A,direct	直接地址单元加到累加器	√	√	√	√	2	12	3
26~27	ADD	A,@Ri	间接RAM内容加到累加器	√	√	√	√	1	12	3
24 data	ADD	A,#data8	8位立即数加到累加器	√	√	√	√	2	12	2
38~3F	ADDC	A,Rn	寄存器内容带进位加到累加器	√	√	√	√	1	12	2
35 direct	ADDC	A,dirct	直接地址单元带进位加到累加器	√	√	√	√	2	12	3
36~37	ADDC	A,@Ri	间接RAM内容带进位加到累加器	√	√	√	√	1	12	3
34 data	ADDC	A,#data8	8位立即数带进位加到累加器	√	√	√	√	2	12	2
98~9F	SUBB	A,Rn	累加器带借位减寄存器内容	√	√	√	√	1	12	2
95 direct	SUBB	A,dirct	累加器带借位减直接地址单元	√	√	√	√	2	12	3
96~97	SUBB	A,@Ri	累加器带借位减间接RAM内容	√	√	√	√	1	12	3
94 data	SUBB	A,#data8	累加器带借位减8位立即数	√	√	√	√	2	12	2
04	INC	A	累加器加1	√	×	×	×	1	12	2
08~0F	INC	Rn	寄存器加1	×	×	×	×	1	12	2
05 direct	INC	direct	直接地址单元内容加1	×	×	×	×	2	12	3
06~07	INC	@Ri	间接RAM内容加1	×	×	×	×	1	12	3
A3	INC	DPTR	DPTR加1	×	×	×	×	1	24	2
14	DEC	A	累加器减1	√	×	×	×	1	12	2
18~1F	DEC	Rn	寄存器减1	×	×	×	×	1	12	2
15 direct	DEC	direct	直接地址单元内容减1	×	×	×	×	2	12	3
16~17	DEC	@Ri	间接RAM内容减1	×	×	×	×	1	12	3

续表 B-1

指令代码	助记符		功能说明	P	OV	AC	CY	字节数	标准8015振荡周期	VRS3074振荡周期
A4	MUL	A,B	A乘以B	√	√	×	0	1	48	2
84	DIV	A,B	A除以B	√	√	×	0	1	48	2
D4	DA	A	累加器进行十进制转换	√	×	√	√	1	12	4
逻辑操作类指令										
58~5F	ANL	A,Rn	累加器与寄存器相"与"	√	×	×	×	1	12	2
55 direct	ANL	A,direct	累加器与直接地址单元相"与"	√	×	×	×	2	12	3
56~57	ANL	A,@Ri	累加器与间接RAM内容相"与"	√	×	×	×	1	12	3
54 data	ANL	A,#data8	累加器与8位立即数相"与"	√	×	×	×	2	12	2
52 direct	ANL	direct,A	直接地址单元与累加器相"与"	×	×	×	×	2	12	3
53 direct data	ANL	direct,#data8	直接地址单元与8位立即数相"与"	×	×	×	×	3	24	3
48~4F	ORL	A,Rn	累加器与寄存器相"或"	√	×	×	×	1	12	2
45 direct	ORL	A,direct	累加器与直接地址单元相"或"	√	×	×	×	2	12	3
46~47	ORL	A,@Ri	累加器与间接RAM内容相"或"	√	×	×	×	1	12	3
44 data	ORL	A,#data8	累加器与8位立即数相"或"	√	×	×	×	2	12	2
42 direct	ORL	direct,A	直接地址单元与累加器相"或"	×	×	×	×	2	12	3
43 direct data	ORL	direct,#data8	直接地址单元与8位立即数相"或"	×	×	×	×	3	24	3
68~6F	XRL	A,Rn	累加器与寄存器相"异或"	√	×	×	×	1	12	2
65 direct	XRL	A,direct	累加器与直接地址单元相"异或"	√	×	×	×	2	12	3
66~67	XRL	A,@Ri	累加器与间接RAM内容相"异或"	√	×	×	×	1	12	3
64 data	XRL	A,#data8	累加器与8位立即数相"异或"	√	×	×	×	2	12	2
62 direct	XRL	direct,A	直接地址单元与累加器相"异或"	×	×	×	×	2	12	3
63 direct data	XRL	direct,#data8	直接地址单元与8位立即数相"异或"	×	×	×	×	3	24	3
E4	CLR	A	累加器清"0"	√	×	×	×	1	12	1
F4	CPL	A	累加器求反	×	×	×	×	1	12	1
23	RL	A	累加器循环左移	×	×	×	×	1	12	1
33	RLC	A	累加器带进位循环左移	√	×	×	√	1	12	1
03	RR	A	累加器循环右移	×	×	×	×	1	12	1
13	RRC	A	累加器带进位循环右移	√	×	×	√	1	12	1
C4	SWAP	A	累加器内高低半字节交换	×	×	×	×	1	12	1
控制转移类指令										
*0 a7~a0	ACALL	addr11	绝对短调用子程序	×	×	×	×	2	24	4+1

续表 B-1

指令代码	助记符		功能说明	P	OV	AC	CY	字节数	标准 8015 振荡周期	VRS3074 振荡周期
12 a15~8 a7~a0	LACLL	addr16	长调用子程序	×	×	×	×	3	24	5+1
22	RET		子程序返回	×	×	×	×	1	24	3+1
32	RETI		中断返回	×	×	×	×	1	24	3+1
*1 a7~a0	AJMP	addr11	绝对短转移	×	×	×	×	2	24	2+1
02 a15~8 a7~a0	LJMP	addr16	长转移	×	×	×	×	3	24	3+1
80 rel	SJMP	rel	相对转移	×	×	×	×	2	24	3+1
73	JMP	@A+DPTR	相对于 A+DPTR 的间接转移	×	×	×	×	1	24	2+1
60 rel	JZ	rel	累加器为零转移	×	×	×	×	2	24	3+1
70 rel	JNZ	rel	累加器非零转移	×	×	×	×	2	24	3+1
B5 direct rel	CJNE	A,direct,rel	累加器与直接地址单元比较,不等则转移	×	×	×	√	3	24	4/5+1
B4 data rel	CJNE	A,#data8,rel	累加器与8位立即数比较,不等则转移	×	×	×	√	3	24	3/4+1
B8~BF data rel	CJNE	Rn,#data8,rel	寄存器与8位立即数比较,不等则转移	×	×	×	√	3	24	3/4+1
B6~B7 data rel	CJNE	@Ri,#data8,rel	间接 RAM 单元,不等则转移	×	×	×	√	3	24	4/5+1
D8~DF rel	DJNZ	Rn,rel	寄存器减1,非零转移	×	×	×	×	2	24	3/4+1
D5 direct rel	DJNZ	direct,rel	直接地址单元减1,非零转移	×	×	×	×	3	24	3/4+1
00	NOP		空操作	×	×	×	×	1	12	1
			布尔变量操作类指令							
C3	CLR	C	清进位位	×	×	×	√	1	12	1
C2 bit	CLR	bit.	清直接地址位	×	×	×	×	2	12	4
D3	SETB	C	置进位位	×	×	×	√	1	12	1
D2 bit	SETB	bit	置直接地址位	×	×	×	×	2	12	4
B3	CPL	C	进位位求反	×	×	×	√	1	12	1
B2 bit	CPL	bit	直接地址位求反	×	×	×	×	2	12	4
82 bit	ANL	C,bit	进位位和直接地址位相"与"	×	×	×	√	2	24	4
B0 bit	ANL	C,bit	进位位和直接地址位的反码相"与"	×	×	×	√	2	24	4
72 bit	ORL	C,bit	进位位和直接地址位相"或"	×	×	×	√	2	24	4
A0 bit	ORL	C,bit	进位位和直接地址位的反码相"或"	×	×	×	√	2	24	4
A2 bit	MOV	C,bit	直接地址位送入进位位	×	×	×	√	2	12	4
92 bit	MOV	bit,C	进位位送入直接地址位	×	×	×	×	2	24	3
40 rel	JC	rel	进位位为1则转移	×	×	×	×	2	24	3+1

续表 B-1

指令代码	助记符	功能说明	P	OV	AC	CY	字节数	标准 8015 振荡周期	VRS3074 振荡周期
50 rel	JNC rel	进位位为 0 则转移	×	×	×	×	2	24	3+1
20 bit rel	JB bit,rel	直接地址位为 1 则转移	×	×	×	×	3	24	3/4+1
30 bit rel	JNB bit,rel	直接地址位为 0 则转移	×	×	×	×	3	24	3/4+1
10 bit rel	JBC bit,rel	直接地址位为 1 则转移,该位清零	×	×	×	×	3	24	3/4+1

VRS51L3074 独有指令

指令代码	助记符	功能说明	P	OV	AC	CY	字节数	振荡周期
A5	NOP	当 PCON.4=0 时为空操作	×	×	×	×	1	1
A5	MOV @RamPtr,A	当 PCON.4=1 和 RamPtr 的最高位=0 时,将 A 的内容以 (0x80+RamPtr) 为指针送 SFR	×	×	×	×	2	3
A5	MOV A,@RamPtr	当 PCON.4=1 和 RamPtr 最高位=1 时,以 RamPtr 为指针指向的 SFR 内容送 A	×	×	×	×	3	4

表 B-2　VRS51L3074 特殊功能寄存器一览表

名称	地址	特殊功能寄存器第 0、1 页（通过 SFR Page 0、1 均可访问）								复位后初值
		Bit7	Bit6	Bit5	Bit4	Bit3	Bit2	Bit1	Bit0	
P0	80h	—	—	—	—	—	—	—	—	1111 1111b
SP	81h									0000 0111b
DPL0	82h									0000 0000b
DPH0	83h									0000 0000b
DPL1	84h									0000 0000b
DPH1	85h									0000 0000b
DPS	86h									DPSEL	0000 0000b
PCON	87h	OSCSTOP	INTMODEN	DEVCFGEN	SFRINDADR	GF1	GF0	PDOWN	IDLE	0110 0000b
INTEN1	88h	T1IEN	U1IEN	U0IEN	PCHGIEN0	T0IEN	SPIRXOVIEN	SPITXEIEN	—	0000 0000b
T0T1CFG	89h	—	T1GATE	T0GATE	T1CLKSRC	T1OUTEN	T1MODE8	T0OUTEN	T0MODE8	0000 0000b
TL0	8Ah									0000 0000b
TH0	8Bh									0000 0000b
TL1	8Ch									0000 0000b
TH1	8Dh									0000 0000b
TL2	8Eh									0000 0000b
TH2	8Fh									0000 0000b

续表 B-2

名称	地址	Bit7	Bit6	Bit5	Bit4	Bit3	Bit2	Bit1	Bit0	复位后初值
P1	90h	—	—	—	—	—	—	—	—	1111 1111b
WDTCFG	91h	WDTPERIOD3	WDTPERIOD2	WDTPERIOD1	WDTPERIOD0	WTIMERF	ASTIMER	WDTF	WDTRESET	0000 0000b
RCAP0L	92h									0000 0000b
RCAP0H	93h									0000 0000b
RCAP1L	94h									0000 0000b
RCAP1H	95h									0000 0000b
RCAP2L	96h									0000 0000b
RCAP2H	97h									0000 0000b
P5	98h									1111 1111b
T0T1CLKCFG	99h	T1CLKCFG3	T1CLKCFG2	T1CLKCFG1	T1CLKCFG0	T0CLKCFG3	T0CLKCFG2	T0CLKCFG1	T0CLKCFG0	0000 0000b
T0CON	9Ah	T0OVF	T0EXF	T0DOWNEN	T0TOGOUT	T0EXTEN	TR0	T0COUNTEN	T0RLCAP	0000 0000b
T1CON	9Bh	T1OVF	T1EXF	T1DOWNEN	T1TOGOUT	T1EXTEN	TR1	T1COUNTEN	T1RLCAP	0000 0000b
T2CON	9Ch	T2OVF	T2EXF	T2DOWNEN	T2TOGOUT	T2EXTEN	TR2	T2COUNTEN	T2RLCAP	0000 0000b
T2CLKCFG	9Dh	—	—	T2CLKSRC	T2OUTEN	T2CLKCFG3	T2CLKCFG2	T2CLKCFG1	T2CLKCFG0	0000 0000b
P2	A0h	—	—	—	—	—	—	—	—	1111 1111b
INTEN2	A8h	PCHGIEN1	AUWDTIEN	PWMT47IEN	PWMT03IEN	PWCIEN	I2CUARTCI	I2CIEN	T2IEN	0000 0000b
P3	B0h	—	—	—	—	—	—	—	—	1111 1011b
IPINFLAG1	B8h	P37IF	P36IF	P35IF	P34IF	P31IF	P30IF	INT1IF	INT0IF	0000 0000b
PORTCHG	B9h	PMONFLAG1	PCHGMSK1	PCHGSEL1	PCHGSEL0	PMONFLAG0	PCHGMSK0	PCHGSEL1	PCHGSEL0	0000 0000b
P4	C0h									1111 1111b
P6	C8h									1111 1111b
PSW	D0h	CY	AC	F0	RS1	RS0	OV	F1	P	0000 0000b
IPININV1	D6h	P37IINV	P36IINV	P35IINV	P34IINV	P33IINV	P32IINV	INT1IINV	INT0IINV	0000 0000b
IPININV2	D7h	P07IINV	P06IINV	P05IINV	P04IINV	P03IINV	P02IINV	P01IINV	P00IINV	0000 0000b
IPINFLAG2	D8h	P07IF	P06IF	P05IF	P04IF	P03IF	P02IF	P01IF	P00IF	0000 0000b
XMEMCTRL	D9h	EXTBUSCFG	EXTBUSCS	—	—	STRECH3	STRECH2	STRECH1	STRECH0	0000 0000b
ACC	E0h									0000 0000b
DEVIOMAP	E1h	Reserved	PWMALTMAP	I2CALTMAP	U1ALTMAP	U0ALTMAP	T2ALTMAP	T1ALTMAP	T0ALTMAP	0000 0000b
INTPRI1	E2h	T1P37PRI	U1P36PRI	U0P35PRI	PC0P34PRI	T0P31PRI	SRP30PRI	STP33PRI	INT0P32PRI	0000 0000b
INTPRI2	E3h	PC1P00PRI	AUP06PRI	PTHP05PRI	PTLP04PRI	PWCP23PRI	I1OP02PRI	I2CP01PRI	T2P00PRI	0000 0000b
INTSRC1	E4h	INTSRC1.7	INTSRC1.6	INTSRC1.5	INTSRC1.4	INTSRC1.3	INTSRC1.2	INTSRC1.1	INTSRC1.0	0000 0000b
INTSRC2	E5h	INTSRC2.7	INTSRC2.6	INTSRC2.5	INTSRC2.4	INTSRC2.3	INTSRC2.2	INTSRC2.1	INTSRC2.0	0000 0000b
IPINSENS1	E6h	P37ISENS	P36ISENS	P35ISENS	P34ISENS	P33ISENS	P32ISENS	INT1ISENS	INT0ISENS	0000 0000b

续表 B-2

名称	地址	Bit7	Bit6	Bit5	Bit4	Bit3	Bit2	Bit1	Bit0	复位后初值
IPINSENS2	E7h	P07ISENS	P06ISENS	P05ISENS	P04ISENS	P03ISENS	P02ISENS	P01ISENS	P00ISENS	0000 0000b
GENINTEN	E8h	—	—	—	—	—	—	CLRPININT	GENINTEN	0000 0000b
FPICONFIG	E9h	FPILOCK1	FPILOCK0	FPIIDLE	FPIRDY	0	FPI8BIT	FPITASK1	FPITASK0	0000 0100b
FPIADDRL	EAh									0000 0000b
FPIADDRH	EBh									0000 0000b
FPIDATAL	ECh									0000 0000b
FPIDATAH	EDh									0000 0000b
FPICLKSPD	EEh					FPICLKSPD3	FPICLKSPD2	FPICLKSPD1	FPICLKSPD0	0000 0000b
B	F0h									0000 0000b
MPAGE	F1h									0000 0000b
DEVCLKCFG1	F2h	SOFTRESET	OSCSELECT	CLKDIVEN	FULLSPDINT	CLKDIV3	CLKDIV2	CLKDIV1	CLKDIV0	0110 0000b
DEVCLKCGF2	F3h	CYOSCEN	INTOSCEN	—	—	CYRANGE1	CYRANGE0	0	—	0100 1001b
PERIPHEN1	F4h	SPICSEN	SPIEN	I2CEN	U1EN	U0EN	T2EN	T1EN	T0EN	0000 0000b
PERIPHEN2	F5h	PWC1EN	PWC0EN	AUEN	XRAM2CODE	IOPORTEN	WDTEN	PWMSFREN	FPIEN	0000 1000b
DEVMEMCFG	F6h	EXTBUSEN	FRAMEN	—	—	—	—	—	SFRPAGE	0000 0000b
PORTINEN	F7h	Reserved(0)	P6INPUTEN	P5INPUTEN	P4INPUTEN	P3INPUTEN	P2INPUTEN	P1INPUTEN	P0INPUTEN	0111 1111b
USERFLAGS	F8h									0000 0000b
P0PINCFG	F9h	P07IN1OUT0	P06IN1OUT0	P05IN1OUT0	P04IN1OUT0	P03IN1OUT0	P02IN1OUT0	P01IN1OUT0	P00IN1OUT0	1111 1111b
P1PINCFG	FAh	P17IN1OUT0	P16IN1OUT0	P15IN1OUT0	P14IN1OUT0	P13IN1OUT0	P12IN1OUT0	P11IN1OUT0	P10IN1OUT0	1111 1111b
P2PINCFG	FBh	P27IN1OUT0	P26IN1OUT0	P25IN1OUT0	P24IN1OUT0	P23IN1OUT0	P22IN1OUT0	P21IN1OUT0	P20IN1OUT0	1111 1111b
P3PINCFG	FCh	P37IN1OUT0	P36IN1OUT0	P35IN1OUT0	P34IN1OUT0	P33IN1OUT0	P32IN1OUT0	P31IN1OUT0	P30IN1OUT0	1111 1111b
P4PINCFG	FDh	P47IN1OUT0	P46IN1OUT0	P45IN1OUT0	P44IN1OUT0	P43IN1OUT0	P42IN1OUT0	P41IN1OUT0	P40IN1OUT0	1111 1111b
P5PINCFG	FEh	P57IN1OUT0	P56IN1OUT0	P55IN1OUT0	P54IN1OUT0	P53IN1OUT0	P52IN1OUT0	P51IN1OUT0	P50IN1OUT0	1111 1111b
P6PINCFG	FFh	P67IN1OUT0	P66IN1OUT0	P65IN1OUT0	P64IN1OUT0	P63IN1OUT0	P62IN1OUT0	P61IN1OUT0	P60IN1OUT0	1111 1111b

特殊功能寄存器第 0 页（只能通过 SFR Page 0 访问）

名称	地址	Bit7	Bit6	Bit5	Bit4	Bit3	Bit2	Bit1	Bit0	复位后初值
PWC0CFG	9Eh	PWC0IF	PWC0RST	PWC0END	PWC0START	PWC0ENDSRC1	PWC0ENDSRC0	PWC0STSRC1	PWC0STSRC0	0000 0000b
PWC1CFG	9Fh	PWC1IF	PWC1RST	PWC1END	PWC1START	PWC1ENDSRC1	PWC1ENDSRC0	PWC1STSRC1	PWC1STSRC0	0000 0000b
UART0INT	A1h	COLEN	RXOVEN	RXAVAILEN	TXEMPTYEN	COLENF	RXOVF	RXAVENF	TXEMPTYF	0000 0001b
UART0CFG	A2h	BRADJ3	BRADJ2	BRADJ1	BRADJ0	BRCLKSRC	B9RXTX	B9EN	STOP2EN	1110 0000b
UART0BUF	A3h									0000 0000b
UART0BRL	A4h									0000 0000b
UART0BRH	A5h									0000 0000b

续表 B-2

名称	地址	Bit7	Bit6	Bit5	Bit4	Bit3	Bit2	Bit1	Bit0	复位后初值
UART0EXT	A6h	U0TIMERF	U0TIMEREN	U0RXSTATE	MULTIPROC	J1708PRI3	J1708PRI2	J1708PRI1	J1708PRI0	0010 0000b
PWMCFG	A9h		PWMWAIT	PWMCLRALL	PWMLSBMSB	PWMMIDEND	PWMCH2	PWMCH1	PWMCH0	0000 0000b
PWMEN	AAh	PWM7EN	PWM6EN	PWM5EN	PWM4EN	PWM3EN	PWM2EN	PWM1EN	PWM0EN	0000 0000b
PWMLDPOL	ABh	PWM7LDPOL	PWM6LDPOL	PWM5LDPOL	PWM4LDPOL	PWM3LDPOL	PWM2LDPOL	PWM1LDPOL	PWM0LDPOL	0000 0000b
PWMDATA	ACh									0000 0000b
PWMTMREN	ADh	PWM7TMREN	PWM6TMREN	PWM5TMREN	PWM4TMREN	PWM3TMREN	PWM2TMREN	PWM1TMREN	PWM0TMREN	0000 0000b
PWMTMRF	AEh	PWM7TMRF	PWM6TMRF	PWM5TMRF	PWM4TMRF	PWM3TMRF	PWM2TMRF	PWM1TMRF	PWM0TMRF	0000 0000b
PWMCLKCFG	AFh	U4PWMCLK3	U4PWMCLK2	U4PWMCLK1	U4PWMCLK0	L4PWMCLK3	L4PWMDCLK2	L4PWMCLK1	L4PWMCLK0	0000 0000b
UART1INT	B1h	COLEN	RXOVEN	RXAVAILEN	TXEMPTYEN	COLENF	RXOVF	RXAVENF	TXEMPTYF	0000 0001b
UART1CFG	B2h	BRADJ3	BRADJ2	BRADJ1	BRADJ0	BRCLKSRC	B9RXTX	B9EN	STOP2EN	1110 0000b
UART1BUF	B3h									0000 0000b
UART1BRL	B4h									0000 0000b
UART1BRH	B5h									0000 0000b
UART1EXT	B6h	U1TIMERF	U1TIMEREN	U1RXSTATE	MULTIPROC	J1708PRI3	J1708PRI2	J1708PRI1	J1708PRI0	0010 0000b
SPICTRL	C1h	SPICLK2	SPICLK1	SPICLK0	SPICS1	SPICS0	SPICLKPH	SPICLKPOL	SPIMASTER	0000 0000b
SPICONFIG	C2h	SPIMANCS	SPIUNDERC	FSONCS3	SPILOADCS3	SPISLOW	SPIRXOVEN	SPIRXAVEN	SPITXEEN	0000 0000b
SPISIZE	C3h									0000 0111b
SPIRXTX0	C4h									
SPIRXTX1	C5h									0000 0000b
SPIRXTX2	C6h									0000 0000b
SPIRXTX3	C7h									0000 0000b
SPISTATUS	C9h	SPIREVERSE	—	SPIUNDERF	SSPINVAL	SPINOCS	SPIRXOVF	SPIRXAVF	SPITXEMPF	0011 1001b
I2CCONFIG	D1h	MASTRARB	I2CRXOVEN	I2CRXAVEN	I2CTXEEN	I2CMASTART	I2CSCLLOW	I2CRXSTOP	I2CMODE	0000 0100b
I2CTIMING	D2h									0000 1100b
I2CIDCFG	D3h	I2CID6	I2CID5	I2CID4	I2CID3	I2CID2	I2CID1	I2CID0	I2CADVCFG	0000 0000b
I2CSTATUS	D4h	I2CERROR	I2CNOACK	I2CSDASYNC	I2CACKPH	I2CIDLEF	I2CRXOVF	I2CRXAVF	I2CTXEMPF	0010 1001b
I2CRXTX	D5h									0000 0000b
FRAMCFG1	DCh	FREADIDLE	0	FRAMCLK1	FRAMCLK0	BURSTEN	FRAMOP1	FRAMOP0	RUNFRAMOP	1000 0000b
FRAMCFG2	DDH	0	0	0	0	FRAMBP1	FRAMBP0	FRAMWEL		0000 0000b

特殊功能寄存器第 1 页（只能通过 SFR Page 1 访问）

名称	地址	Bit7	Bit6	Bit5	Bit4	Bit3	Bit2	Bit1	Bit0	复位后初值
AUA0	A2h									0010 0000b
AUA1	A3h									0010 0000b

续表 B-2

名称	地址	Bit7	Bit6	Bit5	Bit4	Bit3	Bit2	Bit1	Bit0	复位后初值
AUC0	A4h									0010 0000b
AUC1	A5h									0010 0000b
AUC2	A6h									0010 0000b
AUC3	A7h									0010 0000b
AUB0DIV	B1h									0010 0000b
AUB0	B2h									0010 0000b
AUB1	B3h									0010 0000b
AURES0	B4h									0010 0000b
AURES1	B5h									0010 0000b
AURES2	B6h									0010 0000b
AURES3	B7h									0010 0000b
AUSHIFTCFG	C1h	SHIFTMODE	ARITHSHIFT	SHIFT5	SHIFT4	SHIFT3	SHIFT2	SHIFT1	SHIFT0	0010 0000b
AUCONFIG1	C2h	CAPPREV	CAPMODE	OVCAPEN	READCAP	ADDSRC1	ADDSRC0	MULCMD1	MULCMD0	0000 0000b
AUCONFIG2	C3h	AUREGCLR2	AUREGCLR1	AUREGCLR0	AUINTEN	#NAME?	AUOV16	AUOV32	0	0000 0000b
AUPREV0	C4h									0000 0000b
AUPREV1	C5h									0000 0000b
AUPREV2	C6h									0000 0000b
AUPREV3	C7h									0000 0000b

附录 C

C51 中的关键字和常用函数

1. C51 中的关键字

表 C-1 C51 中的关键字

关键字	用途	说明
auto	存储种类说明	用以说明局部变量,缺省值为此
break	程序语句	退出最内层循环
case	程序语句	Switch 语句中的选择项
char	数据类型说明	单字节整型数或字符型数据
const	存储类型说明	在程序执行过程中不可更改的常量值
continue	程序语句	转向下一次循环
default	程序语句	Switch 语句中的失败选择项
do	程序语句	构成 do...while 循环结构
double	数据类型说明	双精度浮点数
else	程序语句	构成 if...else 选择结构
enum	数据类型说明	枚举
extern	存储种类说明	在其他程序模块中说明了的全局变量
flost	数据类型说明	单精度浮点数
for	程序语句	构成 for 循环结构
goto	程序语句	构成 goto 转移结构
if	程序语句	构成 if..else 选择结构
int	数据类型说明	基本整型数
long	数据类型说明	长整型数
register	存储种类说明	使用 CPU 内部寄存的变量
return	程序语句	函数返回
short	数据类型说明	短整型数
signed	数据类型说明	有符号数,二进制数据的最高位为符号位
sizeof	运算符	计算表达式或数据类型的字节数
static	存储种类说明	静态变量

续表 C-1

关键字	用 途	说 明
struct	数据类型说明	结构类型数据
switch	程序语句	构成 switch 选择结构
typedef	数据类型说明	重新进行数据类型定义
union	数据类型说明	联合类型数据
unsigned	数据类型说明	无符号数数据
void	数据类型说明	无类型数据
volatile	数据类型说明	该变量在程序执行中可被隐含地改变
while	程序语句	构成 while 和 do...while 循环结构
bit	位标量声明	声明一个位标量或位类型的函数
sbit	位标量声明	声明一个可位寻址变量
Sfr	特殊功能寄存器声明	声明一个特殊功能寄存器
Sfr16	特殊功能寄存器声明	声明一个 16 位的特殊功能寄存器
data	存储器类型说明	直接寻址的内部数据存储器
bdata	存储器类型说明	可位寻址的内部数据存储器
idata	存储器类型说明	间接寻址的内部数据存储器
pdata	存储器类型说明	分页寻址的外部数据存储器
xdata	存储器类型说明	外部数据存储器
code	存储器类型说明	程序存储器
interrupt	中断函数说明	定义一个中断函数
reentrant	再入函数说明	定义一个再入函数
using	寄存器组定义	定义芯片的工作寄存器

  C51 提供了许多标准库函数。对于单片机初学者只要了解和会使用其中部分常用的库函数就可以完成绝大多数编程开发工作。本附录就一些常用的标准库函数进行简单分类介绍。更详细的库函数说明请参阅有关 C51 书籍或访问 www.keil.com 网站。

2. 数学函数

表 C-2 数学函数

函数形式	库文件	说 明
float acos (float x)	math.h	计算 x 反余弦
float asin (float x)	math.h	计算 x 反正弦
float atan (float x)	math.h	计算 x 反正切
float atan2 (float y, float x)	math.h	计算 x/y 分数的反正切
float ceil (float x)	math.h	计算大于或等于 x 的最小整数值
float cos (float x)	math.h	计算 x 余弦

续表 C-2

函数形式	库文件	说　　明
float cosh (float x)	math.h	计算 x 双曲余弦
float exp (float x)	math.h	计算 e^x 指数函数值
float fabs (float x)	math.h	取 x 绝对值
float floor (float x)	math.h	计算小于或等于 x 的最大整数值
float fmod (float x, float y)	math.h	计算 x 以 y 为模 (x/y) 的浮点数余数
float log (float x)	math.h	计算 In(x) 自然对数
float log10 (float x)	math.h	计算 $Log_{10}(x)$ 常用对数
float modf (float x, float $*ip$)	math.h	取出 x 的整数和小数部分。整数部分放入 $*ip$，小数部分作为函数返回值
float pow (float x, float y)	math.h	计算指数 x^y 的值
int rand (void)	math.h	返回一个 0～32 767 的伪随机数
float sin (float x)	math.h	计算 x 正弦函数
float sinh (float x)	math.h	计算 x 的双曲正弦值
void srand (int n)	math.h	初始化伪随机数发生器 (n 为期望值)
float sqrt (float x)	math.h	计算 x 平方根
float tan (float x)	math.h	计算 x 正切函数
float tanh (float x)	math.h	计算 x 双曲正切值
unsigned char _chkfloat_ (float x)	intrins.h	检查浮点数 x 的状态
unsigned char _crol_ (unsigned char c, unsigned char n)	intrins.h	将字符型变量 c 循环左移 n 位
unsigned char _cror_ (unsigned char c, unsigned char n)	intrins.h	将字符型变量 c 循环右移 n 位
unsigned int _irol_ (unsigned int i, unsigned char n)	intrins.h	将整型变量 i 循环左移 n 位
unsigned int _iror_ (unsigned int i, unsigned char n)	intrins.h	将整型变量 i 循环右移 n 位
unsigned long _lrol_ (unsigned long l, unsigned char n)	intrins.h	将长整型变量 l 循环左移 n 位
unsigned long _lror_ (unsigned long l, unsigned char n)	intrins.h	将长整型变量 l 循环右移 n 位
bit _testbit_ (bit b);	intrins.h	测试位 b 值并返回 b 值，同时将 b 清 0。其功能与 8051 汇编指令 jbc bit, rel 相同
void _nop_ (void)	intrins.h	插入一个 8051 空操作指令 nop。多用于延时

3. 伪本征函数

表 C-3 伪本征函数

函数形式	库文件	说明
unsigned char _chkfloat_(float x)	intrins.h	检查浮点数 x 的状态
unsigned char _crol_(unsigned char c, unsigned char n)	intrins.h	将字符型变量 c 循环左移 n 位
unsigned char _cror_(unsigned char c, unsigned char n)	intrins.h	将字符型变量 c 循环右移 n 位
unsigned int _irol_(unsigned int i, unsigned char n)	intrins.h	将整型变量 i 循环左移 n 位
unsigned int _iror_(insigned int i, unsigned char n)	intrins.h	将整型变量 i 循环右移 n 位
unsigned long _lrol_(unsigned long l, unsigned char n)	intrins.h	将长整型变量 l 循环左移 n 位
unsigned long _lror_(unsigned long l, unsigned char n)	intrins.h	将长整型变量 l 循环右移 n 位
bit _testbit_(bit b);	intrins.h	测试位 b 值并返回 b 值,同时将 b 清"0"。其功能与 8051 汇编指令 jbc bit,rel 相同
void _nop_(void)	intrins.h	插入一个 8051 空操作指令 nop。多用于延时

4. 字符函数

表 C-4 字符函数

函数形式	库文件	说明
bit isalnum (char c)	ctype.h	判断字符'c'是否是一个字母或数字。成立返回'1',否则返回'0'
bit isalpha (char c)	ctype.h	判断字符'c'是否是一个字母。成立返回'1',否则返回'0'
bit iscntrl (char c)	ctype.h	判断字符'c'是否是一个控制字符。成立返回'1',否则返回'0'
bit isdigit (char c)	ctype.h	判断字符'c'是否是一个 0~9 十进制数字字符。成立返回'1',否则返回'0'
bit isgraph (char c)	ctype.h	判断字符'c'是否是一个除空格以外的可打印字符。成立返回'1',否则返回'0'
bit islower (char c)	ctype.h	判断字符'c'是否是一个小写字母字符。成立返回'1',否则返回'0'
bit isprint (char c)	ctype.h	判断字符'c'是否是一个可打印字符。成立返回'1',否则返回'0'
bit ispunct (char c)	ctype.h	判断字符'c'是否是一个标点字符。成立返回'1',否则返回'0'
bit isspace (char c)	ctype.h	判断字符 c 是否是一个空格。成立返回'1',否则返回'0'
bit isupper (char c)	ctype.h	判断字符'c'是否是一个大写字母字符。成立返回'1',否则返回'0'
bit isxdigit (char c)	ctype.h	判断字符'c'是否是一个十六进制数字字符。成立返回'1',否则返回'0'
char toascii (char c)	ctype.h	转换字符'c'为一个 ASCII 码。返回值 = c & 0x7f
char toint (char c)	ctype.h	将十六进制数字字符'c'转换成一个十六进制数。'0'~'9'转换为 0H~9H,'a'~'f'或'A'~'F'转换为 0AH~0FH
char tolower (char c)	ctype.h	测试字符'c',如果'c'为小写字符则转换成大写字符返回
char _tolower (char c)	ctype.h	将字符'c'转换成一个小写字符
char toupper (char c)	ctype.h	测试字符'c',如果'c'为大写字符则转换成小写字符返回
char _toupper (char c)	ctype.h	将字符'c'转换成一个大写字符

5. 字符串操作函数

表 C-5 字符串操作函数

函数形式	库文件	说　明
Char * strcat(char * dest, 　　　　　　char * src)	string.h	将字符串 src 添加到字符串 dest 的尾部，并用一个 NULL 字符结束。返回字符 dest 第 1 个字符的指针
char * strchr 　(const char * string, 　　　char c)	string.h	返回字符串 string 中指定字符 'c' 第一次出现位置的指针。如在 string 中没有发现字符 'c'，则返回一个 NULL
char strcmp 　(char * string1, 　　Char * string2)	string.h	比较两个字符串。当： string1 = string2 时返回值等于 0 string1 < string2 时返回值小于 0 string1 > string2 时返回值大于 0
char * strcpy 　(char * dest, 　　　char * src)	string.h	复制一个字符串到另一个字符串。复制字符串 src 到字符串 dest 的尾部，并用 NULL 字符结束字符串 dest。返回字符串 dest 第 1 个字符的指针
int strcspn 　(char * src, 　　　char * set)	string.h	判断第一个字符串 src 中是否包含第二个字符串 set 中的任何字符。如果包含返回指向第一个匹配字符的指针；如果不包含则返回一个 NULL
int strlen (char * src)	string.h	strlen 函数返回字符串 src 的长度
char * strncat 　(char * dest, 　　char * src, 　　　int n)	string.h	将字符串 src 从开始位置的 n 个字符复制到字符串 dest 的尾部。并以 NULL 结束。如果字符串 src 的长度小于 n，则将字符串 src 包括 NULL 全部复制到字符串 dest 的尾部。返回字符串 dest 第 1 个字符的指针
char strncmp 　(char * string1, 　　char * string2, int n)	string.h	比较第一个字符串 string1 和第二个字符串 (string2 前 n 字符)。当： string1 = (string2 前 n 字符) 时返回值等于 0 string1 < (string2 前 n 字符) 时返回值小于 0 string1 > (string2 前 n 字符) 时返回值大于 0
char * strncpy 　(char * dest, 　　char * src, int n)	string.h	复制字符串 src 前 n 字符到字符串 dest 的尾部，并用 NULL 字符结束字符串 dest。返回字符串 dest 第 1 个字符的指针。如字符串 src 长度小于 n，则字符串 dest 以 '0' 补齐到长度 n
char * strpbrk 　(char * string, 　　char * set);	string.h	返回第一个字符串 string 中包含第二个字符串 set 的任何字符匹配的第一个字符的指针
int strpos 　(const char * string, char c)	string.h	返回指定字符 'c' 在字符串 string 中第一次出现的位置。字符串 string 首字符的位置值为 "0"
Char * strrchr 　(const char * string, 　　　char c)	string.h	返回指定字符 'c' 在字符串 string 中最后一次出现的位置指针
char * strrpbrk 　(char * string, 　　char * set)	string.h	返回第一个字符串 string 中包含第二个字符串 set 的任何字符匹配的最后一个字符的指针

续表 C-5

函数形式	库文件	说 明
int strrpos 　(const char * *string*, 　　　char *c*)	string.h	返回指定字符'c'在字符串 *string* 中最后一次出现的位置。字符串 *string* 首字符的位置值为"0"
int strspn 　(char * *string*, 　　char * *set*)	string.h	返回值为在第一个字符串 *string* 中包含第二个字符串 *set* 中的字符的个数
char * strstr 　(const char * *src*, 　　char * *sub*)	string.h	返回在第一个字符串 *src* 中包含第二个子字符串 *sub* 起始的位置指针

6. 数据转换

表 C-6 数据转换

函数形式	库文件	说 明
int abs (int *val*)	math.h	返回整型变量 *val* 的绝对值
float atof (void * *string*)	stdlib.h	将字符串 *string* 转换为浮点数
int atoi (void * *string*)	stdlib.h	将字符串 *string* 转换为整型数
long atol (void * *string*)	stdlib.h	将字符串 *string* 转换为长整型数
char cabs (char *val*)	math.h	返回字符型变量 *val* 的绝对值
long labs (long *val*)	math.h	返回长整型变量 *val* 的绝对值
unsigned long strtod (const char * *string*, 　char * * *ptr*)	stdlib.h	一个字符串转换成一个 float
long strtol 　(const char * *string*, 　　　char * * *ptr*, 　unsigned char *base*)	stdlib.h	将字符串 *string* 从指针 *ptr* 指向的位置开始,以 *base* 进制转换成一个长整型数
Unsigned long strtoul (const char * *string*, 　　　char * * *ptr*, 　unsigned char *base*)	stdlib.h	将字符串 *string* 从指针 *ptr* 指向的位置开始,以 *base* 进制转换成一个无符号长整型数

7. 输入/输出函数

在使用输入和输出函数前,首先应初始化8051串口,因为所有的输入/输出函数都是通过串行口完成的。如果串行口没有正确地初始化,则缺省的输入/输出函数不起作用或失效。初始化串口要求操作8051的特殊功能寄存器SFR包含文件REG51.H所需的SFR的定义。表C-7为输入/输出函数。

下面的程序代码必须在输入/输出函数调用前运行,最好是在启动后立即执行,以保证输入/输出函数的正常调用。

```
#include <reg51.h>
...
SCON = 0x50;              /*设置串行口控制寄存器*/
                          /*方式1：8位波特率可变*/
                          /*REN：允许接收*/
PCON &= 0x7F;             /*SMOD = 1*/
TMOD &= 0xCF;             /*设置TMOD*/
TMOD |= 0x20;             /*设置定时器1为方式2(自动装入初值)*/
TH1 = 0xFD;               /*设置定时器1初值*/
                          /*波特率为9 600,fosc = 11.0592 MHz*/
TR1 = 1;                  /*启动定时器1*/
TI = 1;                   /*设置发送结束标志*/
...
```

表 C-7 输入/输出函数

函数形式	库文件	说 明
char getchar (void)	stdio.h	getchar 函数用 _getkey 函数串行口读一个字符,所读的字符用 putchar 函数从串行口输出
char _getkey (void)	stdio.h	从串行口输入一个字符,然后_getkey 函数等待字符输入
char * gets (char * string, int len)	stdio.h	gets 函数调用 getchar 函数从串行口读入一个长度为 *len* 的字符串。并存入由 * string 指向的数组。输入时一旦检测到换行符'\n'或长度超过 *len* 时结束。输入成功时返回字符串指针 *string*,失败时返回 NULL

int printf (
     const char * format,
     arg_list)
	stdio.h	将参数列表 *arg_list*[注1] 按 *format*[注2] 参数格式指定的格式输出到串行口

char putchar (char c)	stdio.h	从8051串行口输出字符'c'
int puts (const char * string)	stdio.h	用 putchar 函数输出一个字符串和换行符('\n')
int scanf (const char * format [,arg_list]...)	stdio.h	将参数列表 *arg_list*[注1] 按 *forma*[注2] 参数格式用 getchar 函数从串行口读数据
int sprintf (char * buffer, const char * format, [,arg_list]...)	stdio.h	将参数列表 *arg_list*[注1] 按 *format*[注2] 指定的格式写入字符串 *buffer* 中
int sscanf (char * buffer, const char * format, [,arg_list]...)	stdio.h	将参数列表 *arg_list*[注1] 按 *format*[注2] 参数格式从字符串 *buffer* 中读入数据
char ungetchar (char c)	stdio.h	把字符'c'放回到 getchar 输入缓冲区

续表 C-7

函数形式	库文件	说明
void vprintf (const char * *format*, char * *argptr*)	stdio.h	该函数作用同 printf 函数，区别是参数表由一个字符串指针 *argptr* 代替
void vsprintf (char * *buffer*, const char * *format*, char * *argptr*)	stdio.h	该函数作用同 sprintf 函数，区别是参数表由一个字符串指针 *argptr* 代替

注：

(1) [ ]表示该格式参数为可选，并且为 type 的修饰符，进一步说明由 type 参数所定义的格式。

(2) type——含义如下：

d　　有符号十进制整数；

i　　有符号十进制整数；

o　　有符号八进制整数；

u　　无符号十进制整数；

x　　有符号十六进制整数，在 scanf 中表示无符号十六进制整数；

f　　浮点数；

e　　用科学表示格式的浮点数；

g　　使用%f 和%e 表示中的较精确者来表示浮点数；

E　　同 e 格式，但表示为指数；

G　　同 g 格式，但表示为指数；

c　　单个字符；

s　　字符串；

%　　显示百分号(%)本身；

p　　显示一个指针，near 指针表示为：XXXX；far 指针表示为：XXXX：YYYY；

n　　相连接的参量应是一个指针，其中存放已写字符的个数。

(3) flags——该参数规定了对齐等输出方式，取值和含义如下：

无　　　　　右对齐，左边填充 0 和空格；

＋　　　　　左对齐，右边填充空格；

－　　　　　在数字前增加符号"＋"或者"－"；

(一个空格)　只对负数显示符号；

#　　　　　当 type=c,s,d,i,u 时，没有影响；

　　　　　　当 type=o,x,X 时，在数值前增加'0'字符；

　　　　　　当 type=e,E,f 时，总是使用小数点；

　　　　　　当 type=g,G 时，除了数值为 0 外，总是显示小数点。

(4) width——用于控制显示数值的宽度，取值和含义如下：

n(n=1,2,3…)　宽度至少为 n 位，不够以空格填充；

0n(n=1,2,3…)	宽度至少为 n 位,不够左边以'0'填充;
*	格式列表中下一个参数还是 width。

(5).prec——用于控制数值的显示精度,也就是小数点后面的位数,取值和含义如下:

无	按缺省精度显示;
.0	当 type=d,i,o,u,x 时,没有影响;
	当 type=e,E,f 时,不显示小数点;
.n(n=1,2,3…)	当 type=e,E,f 时,表示最大小数位数;
	当 type=其他时,表示显示的最大宽度;
.*	格式列表中下一个参数还是 width。

① arg_list:要显示的参数变量列表,多个变量以逗号分隔。
② format:参数的格式,定义格式为:%[flags][width][.perc] type

可以将一个和或者多个格式字符加入到一个字符串的任意位置,例如:

```
float fx = 10.1; int a = 123;
printf("a = %d,fx = %f",a,fx);
```

8. 绝对存储区访问宏

C51 标准库包含许多允许访问直接存储地址的宏定义,这些宏定义在 absacc.h 中,每个宏的用法和数组一样。

(1) 8051 程序存储区读

CBYTE 宏允许访问 8051 程序存储区的每个字节。可以在程序中这样使用宏:

```
rval = CBYTE[0x0002];
```

读程序存储区地址 0002h 字节的内容。

CWORD 宏允许访问 8051 程序存储区的每个字节。可以在程序中这样使用宏:

```
rval = CWORD[0x0002];
```

读程序存储区地址 0004h(2×sizeof(unsigned int)=4)字的内容。

(2) 8051 内部数据存储区读写

DBYTE 宏允许访问 8051 内部数据存储区的单个字节。可以在程序中这样使用宏:

```
rval = DBYTE[0x0002];
DBYTE[0x0002] = 5;
```

读或写内部数据区地址字节的内容。

DWORD 宏允许访问 8051 内部数据存储区的单个字节。可以在程序中这样使用宏:

```
rval = DWORD[0x0002];
DWORD[0x0002] = 57;
```

读或写内部数据区地址 0004h(2×sizeof(unsigned int)=4)字的内容。

(3) 8051 外部页数据区读写

PBYTE 宏允许访问 8051 外部页数据区的单个字节。可以如下使用:

```
rval = PBYTE[0x0002];
PBYTE[0x002] = 38;
```

读或写 pdata 存储区地址 0002h 的字节内容。

PWORD 宏允许访问 8051 外部页数据区的单个字。可以如下使用：

```
rval = PWORD[0x0002];
PWORD[0x002] = 57;
```

读或写 pdata 存储区地址 0004h($2 \times sizeof(unsigned\ int) = 4$)的字内容。

(4) 8051 外部数据区读写

XBYTE 宏允许访问 8051 外部数据区的单个字节。可以如下使用：

```
rval = XBYTE[0x0002];
XBYTE[0x002] = 57;
```

读或写外部数据存储区地址 0002h 的字节内容。

XWORD 宏允许访问 8051 外部数据区的单个字。可以如下使用：

```
rval = XWORD[0x0002];
XWORD[0x002] = 57;
```

读或写外部数据存储区地址 0004h($2 \times sizeof(unsigned\ int) = 4$)的字内容。

9. 8051 特殊功能寄存器头文件

Cx51 编译器具有许多包含文件，可定义许多 8051 派生系的特殊功能寄存器的明显常数。这些文件在目录 KEIL\C51\INC 和子目录下。例如，PHILIPS 80C554 的特殊功能寄存器(SFR)定义在文件 KEIL\C51\INC\PHILIPS\REG554.H 中。可以从 www.keil.com 下载各种 51 系列单片机 SFR 定义的头文件，网站的器件数据库包含了几乎所有 51 系列单片机特殊功能寄存器定义的头文件，也可以自行编写特殊功能寄存器定义的头文件。以下为 Winbond 公司 51 系列单片机特殊功能寄存器定义头文件的 W77C32.H 的源代码清单。读者可根据 KEIL\C51\INC\REG51.H 的格式来编写所使用器件特殊功能寄存器定义头文件。

附录 D

Keil μVision3 中高性能铁电单片机（VRS51L2xxx/3xxx）的相关配置简介

1. 建立工程项目

首先打开 Keil μVision3，进入菜单"Project→New Project"，如图 D-1 所示。

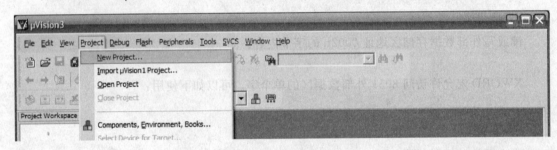

图 D-1　新建工程

然后会出现一个对话框，输入相应的工程名称，并选择保存路径，如图 D-2 所示。

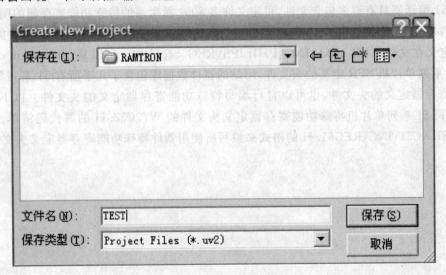

图 D-2　保存新建工程

当工程名称输入并保存后，如图 D-3 所示，需要选择工程中所使用的器件型号。VRS51L2xxx/3xxx 型号的芯片可以选择"Generic→8052 as the Target CPU"作为替代。若使用较高版本 Keil μVision3，例如 V3.6，则可以在 RAMTRON 公司下直接找到相对应的芯片型号，选取即可。

Keil μVision3 中高性能铁电单片机(VRS51L2xxx/3xxx)的相关配置简介

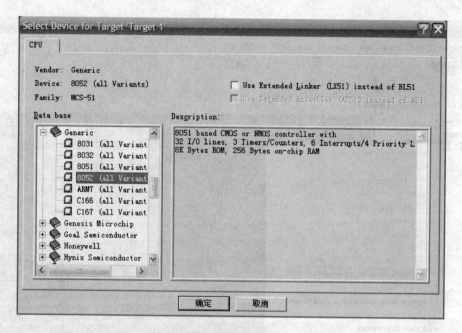

图 D-3 单片机型号选择

选定型号后单击"确定"按钮,编译器将会询问用户是否需要复制"Standard 8051 Startup Code"到工程文件夹,如图 D-4 所示。此选项不会影响到后续编译和调试,可根据用户需要进行选择。

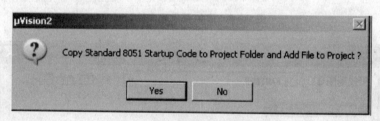

图 D-4 8051 启动代码文件选择

工程建立完毕,进入主窗口后就需要添加源代码文件到工程中。如图 D-5 所示,单击"Project WorkSpace"工作区中"+",进入"Target 1",再单击"+",进入下一级的"Source Group",并在其上右击,选择"Add Files to Group Source Group 1"。

在添加对话框中选择用户所需要编译或修改的源代码文件,最后单击"Add"按钮就完成了工程项目的建立,如图 D-6 所示。

2. 配置 Keil μVision3 及器件相关的编译选项

如图 D-7 所示,选择"Project→Options for Target 'Target1'",然后进入"Option for Target1"配置页面。

如图 D-8 所示,按照所使用器件参数选择相应的晶振值、存储器类型和程序存储器大小。

继续进入"Output"配置页面,单击"Debug Information"、"Browse Information"和"Create HEX File"选项,如图 D-9 所示。Keil μVision3 还支持第三方程序,填入相应程序路径后,第

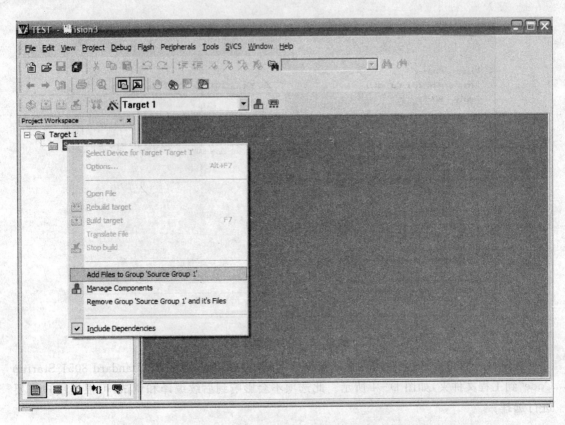

图 D-5 添加源代码文件(一)

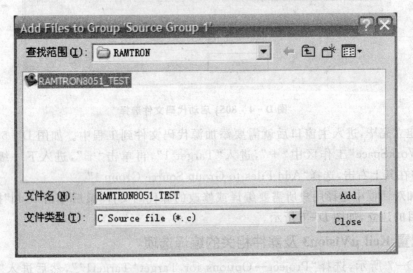

图 D-6 添加源代码文件(二)

三方程序将在编译后自动启动。该功能常被用于下载所生成的十六进制文件到 VRS51L2xxx/3xxx 芯片中。但 RAMTRON 公司建议使用 Versa JTAG Ware 软件,因为该软件能为用户提供更友好、更便于用户使用的界面。

注意:VWJTAG.exe 并不支持 ICD(in - circuit debugging),如果需要进行 ICD 操作,请

Keil μVision3 中高性能铁电单片机(VRS51L2xxx/3xxx)的相关配置简介

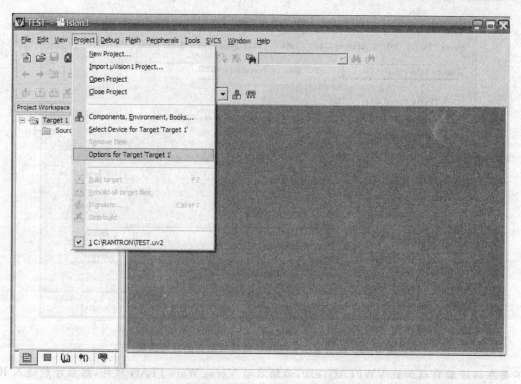

图 D-7 配置 Keil μVision3 及器件相关的编译选项(一)

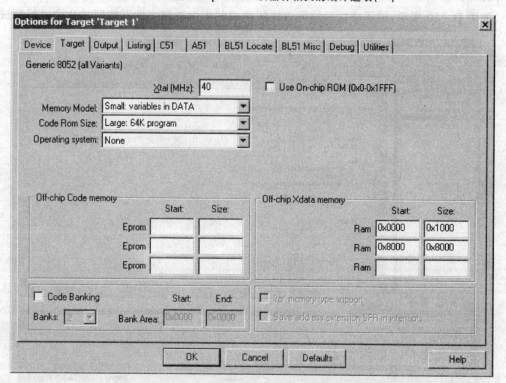

图 D-8 配置 Keil μVision3 及器件相关的编译选项(二)

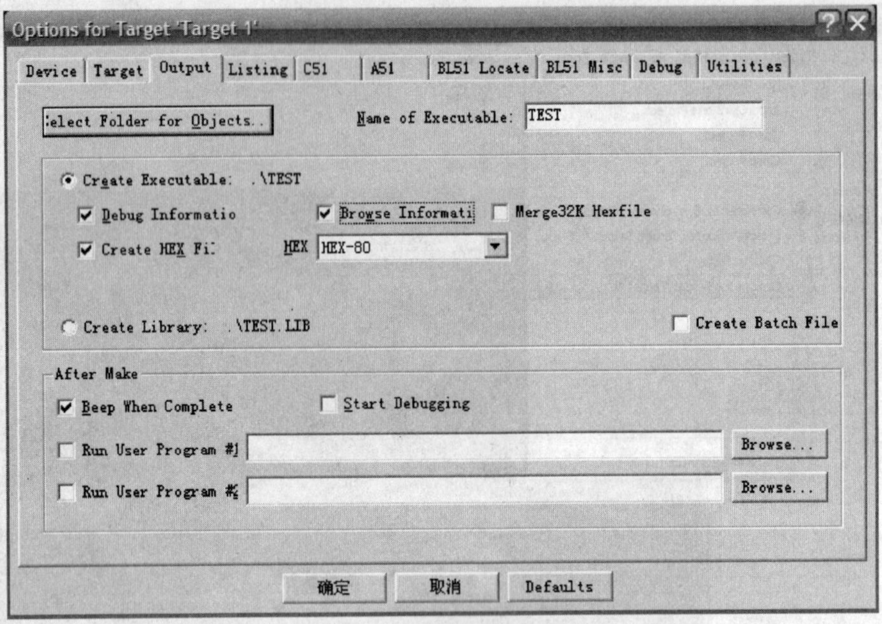

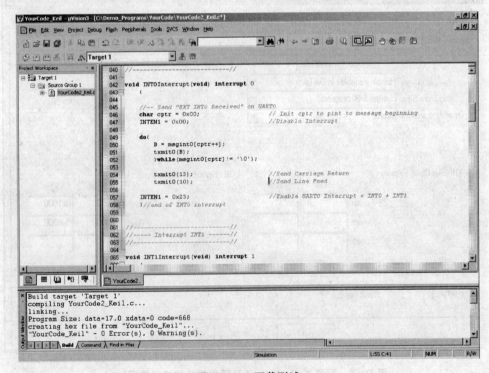

图 D-9　配置 Keil μVision3 及器件相关的编译选项（三）

不要在编译后自动加载 VWJTAG.exe，必须启动 Versa Ware JTAG 软件，然后才能进入 ICD 操作环境。

如图 D-10 所示，编译成功后就可以将所生成的十六进制文件下载到芯片中进行测试。

图 D-10　下载测试

附录 E

常用芯片引脚图

1. 8051 系列单片机和铁电单片机 VRS51L3074（见图 E-1 和图 E-2）

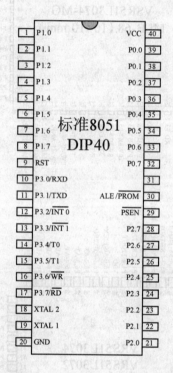
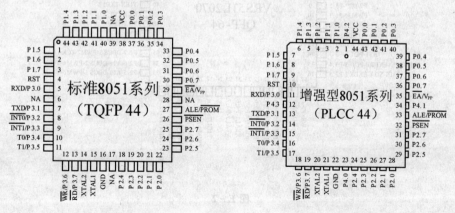

图 E-1

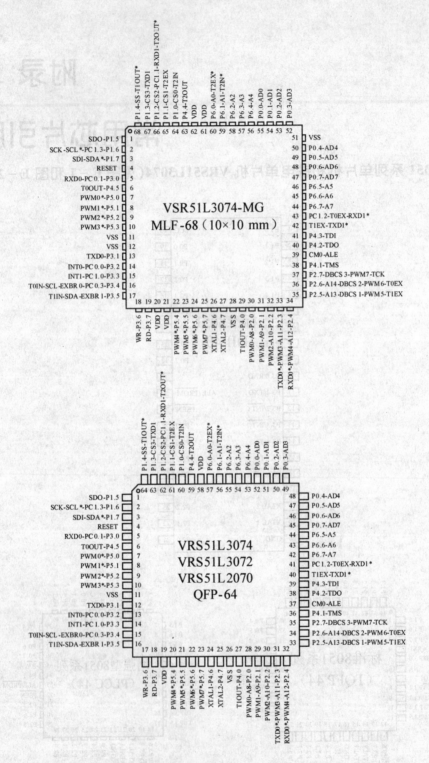

图 E-2

2. PIC12F508/675 单片机和 4953 双路增强型 P 沟道 MOSFET(见图 E-3)

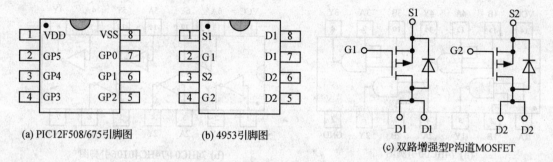

(a) PIC12F508/675引脚图　　(b) 4953引脚图　　(c) 双路增强型P沟道MOSFET

图 E-3

3. 集成稳压器(见图 E-4)

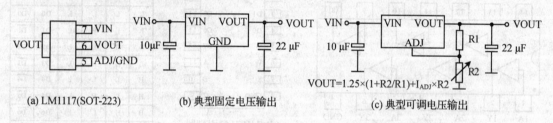

(a) LM1117(SOT-223)　　(b) 典型固定电压输出　　(c) 典型可调电压输出

$V_{OUT}=1.25\times(1+R2/R1)+I_{ADJ}\times R2$

图 E-4

4. 74HC245 和 74LVC4245(见图 E-5)

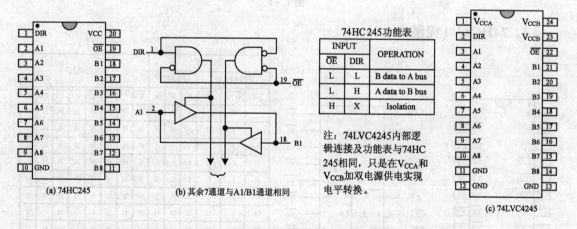

(a) 74HC245　　(b) 其余7通道与A1/B1通道相同　　(c) 74LVC4245

74HC245功能表

INPUT		OPERATION
$\overline{OE}$	DIR	
L	L	B data to A bus
L	H	A data to B bus
H	X	Isolation

注：74LVC4245内部逻辑连接及功能表与74HC245相同，只是在V_{CCA}和V_{CCB}加双电源供电实现电平转换。

图 E-5

5. 74HC00、74HC04、74LVC07 和 74HC151(见图 E-6)

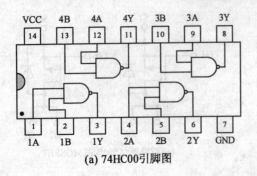

(a) 74HC00引脚图

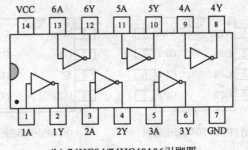

(b) 74HC04/74HC40106引脚图

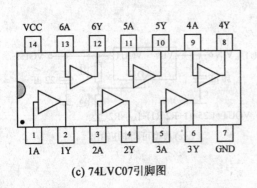

(c) 74LVC07引脚图

(d) 74HC151引脚图

INPUT				OUTPUT	
C	B	A	S	Y	W
×	×	×	H	L	H
L	L	L	L	D0	$\overline{D0}$
L	L	H	L	D1	$\overline{D1}$
L	H	L	L	D2	$\overline{D2}$
L	H	H	L	D3	$\overline{D3}$
H	L	L	L	D4	$\overline{D4}$
H	L	H	L	D5	$\overline{D5}$
H	H	L	L	D6	$\overline{D6}$
H	H	H	L	D7	$\overline{D7}$

(e) 74HC151真值表

图 E-6

6. 74HC138(见图 E-7)

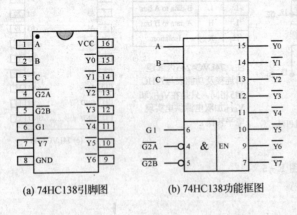

(a) 74HC138引脚图   (b) 74HC138功能框图

INPUT						OUTPUT							
ENABLE			SELECT										
G1	$\overline{G2A}$	$\overline{G2B}$	C	B	A	$\overline{Y0}$	$\overline{Y1}$	$\overline{Y2}$	$\overline{Y3}$	$\overline{Y4}$	$\overline{Y5}$	$\overline{Y6}$	$\overline{Y7}$
×	H	×	×	×	×	H	H	H	H	H	H	H	H
×	×	H	×	×	×	H	H	H	H	H	H	H	H
L	×	×	×	×	×	H	H	H	H	H	H	H	H
H	L	L	L	L	L	L	H	H	H	H	H	H	H
H	L	L	L	L	H	H	L	H	H	H	H	H	H
H	L	L	L	H	L	H	H	L	H	H	H	H	H
H	L	L	L	H	H	H	H	H	L	H	H	H	H
H	L	L	H	L	L	H	H	H	H	L	H	H	H
H	L	L	H	L	H	H	H	H	H	H	L	H	H
H	L	L	H	H	L	H	H	H	H	H	H	L	H
H	L	L	H	H	H	H	H	H	H	H	H	H	L

(c) 74HC138真值表

图 E-7

7. 74HC595(见图 E-8)

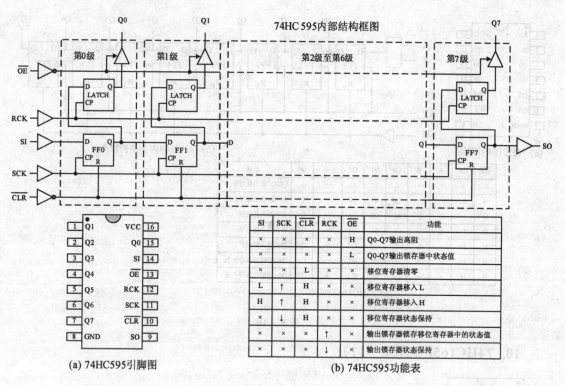

图 E-8

8. DS1302 和 DS18B20(见图 E-9)

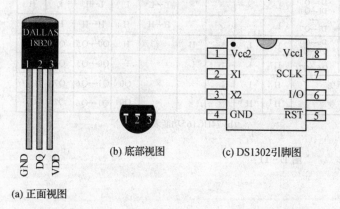

图 E-9

9. 74HC164(见图 E-10)

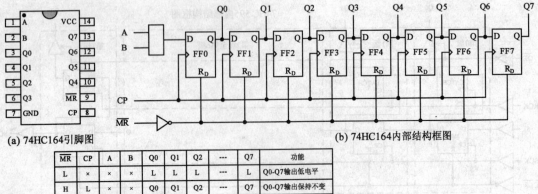

$\overline{MR}$	CP	A	B	Q0	Q1	Q2	---	Q7	功能
L	×	×	×	L	L	L	---	L	Q0-Q7输出低电平
H	L	×	×	Q0	Q1	Q2	---	Q7	Q0-Q7输出保持不变
H	↑	H	H	H	Q0	Q1	---	Q6	移位输入高电平
H	↑	L	×	L	Q0	Q1	---	Q6	移位输入低电平
H	↑	×	L	L	Q0	Q1	---	Q6	移位输入低电平
H	↓	×	×	Q0	Q1	Q2	---	Q7	Q0-Q7输出保持不变
H	H	×	×	Q0	Q1	Q2	---	Q7	Q0-Q7输出保持不变

(c) 74HC164功能表

图 E-10

10. 74HC165(见图 E-11)

(a) 74HC165引脚图

功能		输入端				内部寄存器		输出端	
		$\overline{PL}$	$\overline{CE}$	CP	Ds	D0---D7	Q0	Q1---Q6	Q7	$\overline{Q7}$
并行置数	D0→Q0 D1→Q1 --- D7→Q7	L	×	×	×	L---L	L	L---L	L	H
		L	×	×	×	H---H	H	H---H	H	L
串行移位	Ds→Q0 Q0→Q1 --- Q6→Q7	H	L	↑	H	×	H	Q0---Q5	Q6	$\overline{Q6}$
		H	L	↑	L	×	L	Q0---Q5	Q6	$\overline{Q6}$
输出保持不变		H	H	↓	×	×	Q0	Q1---Q6	Q7	$\overline{Q7}$
输出保持不变		H	H	×	×	×	Q0	Q1---Q6	Q7	$\overline{Q7}$

(b) 74HC165功能表

图 E-11

11. 74F/HC193(见图 E-12)

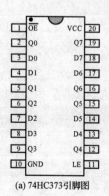

(a) 74F/HC193引脚图

功能	输入端								输出端					
	MR	$\overline{PL}$	CPU	$\overline{CPD}$	D0	D1	D2	D3	Q0	Q1	Q2	Q3	$\overline{TCU}$	$\overline{TCD}$
复位（清零）	H	×	×	L	×	×	×	×	L	L	L	L	H	L
	H	×	×	H	×	×	×	×	L	L	L	L	L	H
并行置数	L	L	×	L	L	L	L	L	L	L	L	L	H	L
	L	L	×	H	L	L	L	L	L	L	L	L	L	H
	L	L	×	L	H	H	H	H	H	H	H	H	L	H
	L	L	×	H	H	H	H	H	H	H	H	H	H	L
加法计数	L	H	↑	H	×	×	×	×	加法计数				H[2]	H
减法计数	L	H	H	↑	×	×	×	×	减法计数				H	H[3]

备注：[2]当加法计数到HHHH时产生进位。[3]当减法计数到LLLL时产生借位。

(b) 74F/HC193功能表

图 E-12

12. MAX232 和 MAX485(见图 E-13)

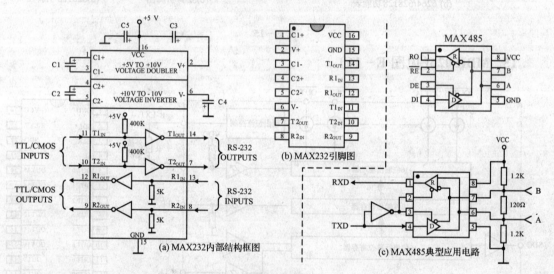

(a) MAX232内部结构框图 (b) MAX232引脚图 (c) MAX485典型应用电路

图 E-13

13. 74HC373 和 SST25VF016/032(见图 E-14)

(a) 74HC373引脚图

功能	控制		输入	输出
	$\overline{OE}$	LE	Dn	Qn
输出锁存	L	H	L	L
	L	H	H	H
输出保持	L	L	×	Qn
禁止输出	H	×	×	高阻

(b) 74HC373功能表

(c) SST25VF016/032

引脚	功能
$\overline{CS}$	片选
$\overline{WP}$	写保护
$\overline{HOLD}$	保持
SCK	串行时钟
SI	串行数据输入
SO	串行数据输出
VCC	电源
GND	地

(d) SST25VF016/032引脚说明

图 E-14

14. 6264 和 628128（见图 E-15）

引脚	功能
$\overline{CS2}$	片选2，高电平有效
$\overline{CS1}$	片选1，低电平有效
$\overline{OE}$	读信号，低电平有效
$\overline{WE}$	写信号，低电平有效
A12-A0(A16-A0)*	地址线
D7-D0	双向数据线

()*对应628128，下同

(a) 6264/628128 引脚说明

功能	控制				输入	输入/输出
	CS2	$\overline{CS1}$	$\overline{WE}$	$\overline{OE}$	A12-A0(A16-A0)*	D7-D0
片选无效	L	×	×	×	×	高阻态
	×	H	×	×	×	高阻态
读写无效	H	L	H	H	×	高阻态
读操作	H	L	H	L	数据地址	读出数据
写操作	H	L	L	H	数据地址	写入数据
写操作	H	L	L	L	数据地址	写入数据

(b) 6264/628128 功能表

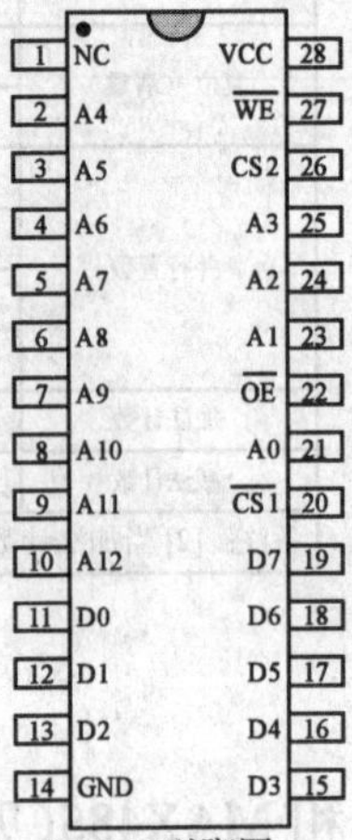

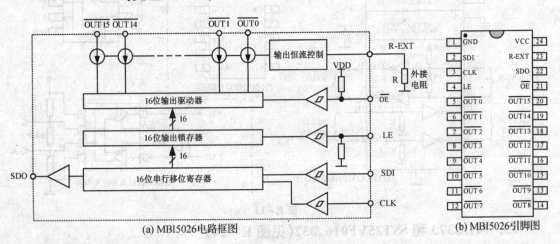

(c) 6264 引脚图 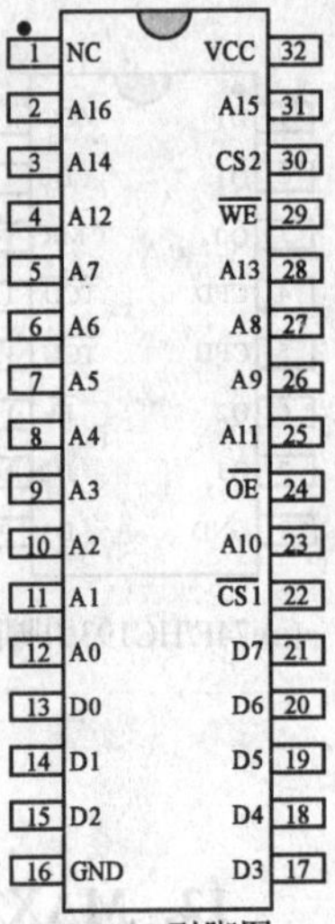　　(d) 628128 引脚图

图 E-15

15. MBI5026（见图 E-16）

(a) MBI5026 电路框图　　(b) MBI5026 引脚图

图 E-16

附录 F

异步室内双基色 LED 显示屏故障排查简明手册

序 号	故障现象	检修步骤	备 注
1	整个显示屏黑屏	① 检查 220V 交流电源是否供电正常，空气开关是否工作良好； ② 检查 +5V 直流电源、数据线与控制卡是否连接，通过专用软件检测控制卡是否工作； ③ 检查 74HC245 有无虚焊短路，芯片上对应的使能（EN）信号输入输出脚是否虚焊或短路到其他线路	主要检查电源和使能信号（EN）电路是否正常
2	局部单元板显示不稳定	① 检查对应电源接线是否可靠； ② 检查对应电源是否超负荷工作	主要检查开关电源
3	整屏局部单元板不亮	① 连续几块单元板横向不亮，检查正常单元板与异常单元板之间的排线连接是否接通，或者 74HC245 是否工作正常； ② 连续几单元块板纵向不亮，检查此列电源供电是否正常	
4	单元板单个模块不亮	① 检查与之相对应的 74HC595 芯片 OE 端是否连接正常； ② 检查与之相对应的 74HC595 芯片电源和地线是否连接正常	主要检查与之对应的 74HC595 芯片
5	单元板某行模块不亮	① 检查输入接口的 74HC245 芯片 R.G 引脚上是否有数据输出； ② 检查该行 74HC595 电源和地线连接是否有效； ③ 检查该行 74HC595 芯片 OE 端是否连接正常； ④ 检查 74HC595 输入输出脚上数据是否正常	主要检查与之对应的 74HC595
6	单元板上行不亮	① 检查行线引脚与对应的 4953 芯片输出脚是否可靠连接； ② 检查 4953 芯片是否有高电平输入； ③ 检查 4953 芯片是否发烫或者烧毁，表面是否有破损、开裂现象； ④ 检查 74HC138 芯片是否正常； ⑤ 检查 74HC138 芯片与 4953 芯片控制脚是否可靠连接	主要检查与行线对应的 4953 芯片

续表

序号	故障现象	检修步骤	备注
7	单元板缺色	① 检查输入接口的 74HC245 芯片 R、G 引脚上是否有数据输出； ② 检查缺色对应的 74HC595 芯片输入引脚上数据是否正常； ③ 检查正常的 74HC595 输出脚与异常的 74HC595 输入脚是否有短路现象； ④ 检测该颜色的驱动 IC 之间的级连数据口是否有断路或短路、虚焊	可用电压检测法较容易找到问题，检测数据口的电压与正常的是否不同，确定故障区域
8	在点斜扫描时，规律性的隔行不亮显示画面重叠	① 检查 A、B、C、D 信号输入口到 74HC245 芯片之间是否有断线或虚焊、短路； ② 检测 74HC245 对应的 A、B、C、D 输出端与 74HC138 之间是否断路或虚焊、短路； ③ 检测 A、B、C、D 各信号之间是否短路或对地短路	主要检测 ABCD 行扫描信号
9	全亮时有一行或几行不亮	检测 74HC138 到 4953 芯片之间的线路是否断路、虚焊或短路	
10	在行扫描时，两行或几行（一般是 2 的倍数，有规律性的）同时点亮、弱亮或不亮	① 检测 A、B、C、D 各信号之间是否短路； ② 检测 4953 输出端是否与其他输出端短路； ③ 检查 4953 对应行引脚是否脱落或低效工作	主要检查对应行的 4953 芯片
11	全亮时有一列或几列不亮	在模块上找到控制该列的引脚，检测是否与对应驱动 74HC595 输出端连接	
12	有单点或单列高亮，或整行高亮或不亮，并且不受控制	① 检查该列是否与电源地短路； ② 检测该行是否与电源正极短路； ③ 更换其驱动 IC； ④ 检测 LED 模块上对应点之间电阻，判断二极管是否击穿	
13	全亮时有单点或多点（无规律的）不亮	① 检测该模块对应的 74HC595 芯片控制脚是否与本行短路； ② 更换模块或单灯	
14	显示混乱，但输出到下一块板的信号正常	检测 74HC245 芯片对应的 STB 锁存输出端与驱动 IC 的锁存端是否连接或信号被短路到其他线路	
15	显示混乱，输出不正常	① 检测时钟 CLK 锁存 STB 信号是否短路； ② 检测 74HC245 的时钟 CLK 是否有输入输出； ③ 检测时钟信号是否短路到其他线路； ④ 检查数据线是否可靠	主要检测时钟、锁存信号和数据线
16	输出有问题	① 检测输出接口到信号输出 IC 的线路是否连接或短路； ② 检测单元板输出口的时钟锁存信号是否正常； ③ 检测最后一个驱动 IC 之间的级连输出数据口是否与输出接口的数据口连接或是否短路； ④ 输出的信号是否有相互短路的或对地短路； ⑤ 检查输出的排线是否良好	

附录 G

LED 双基色单元板原理图

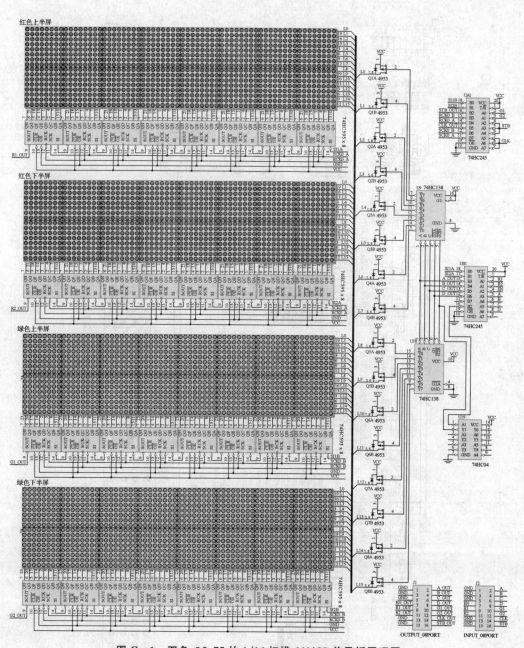

图 G-1 双色 Φ3.75 的 1/16 扫描 64×32 单元板原理图

附录 H

P16 - 全彩 LED 屏单元板原理图

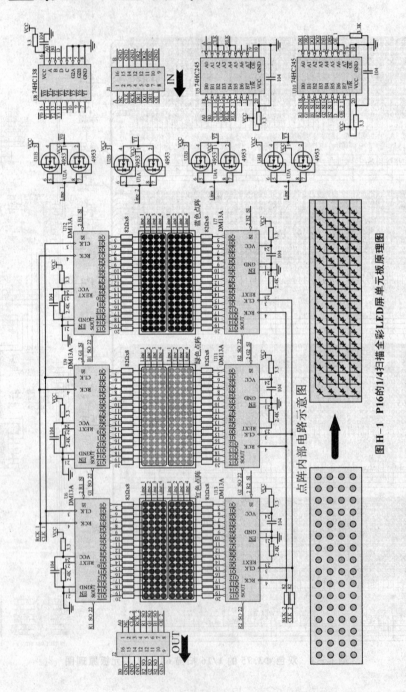

图 H-1 P16 的 1/4 扫描全彩 LED 屏单元板原理图

附录 I

PH16-单色条屏(门头屏)单元板原理图

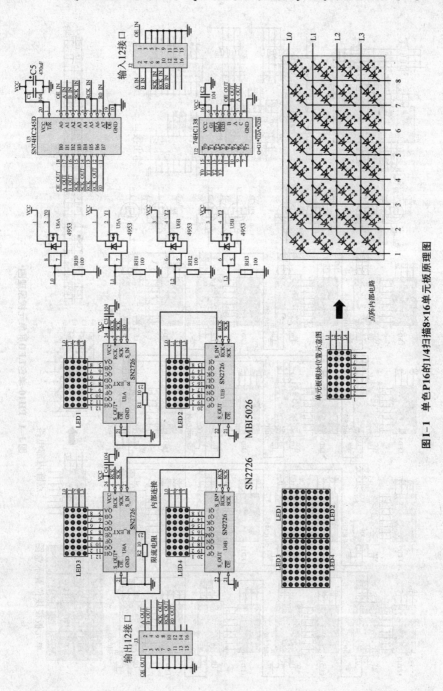

图I-1 单色P16的1/4扫描8×16单元板原理图

附录 J

PH10 单色条屏(门头屏)单元板原理图

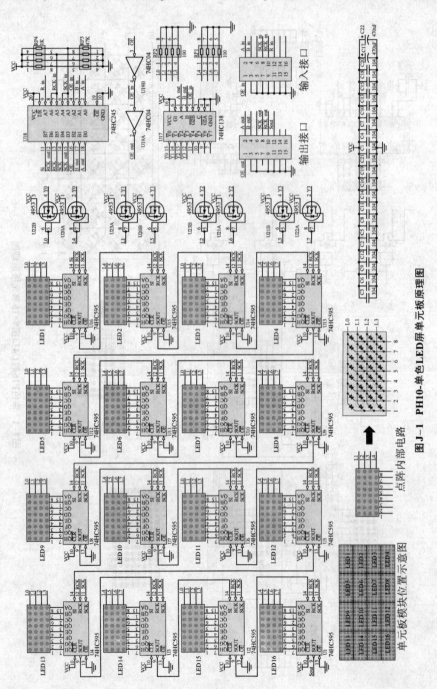

图 J-1 PH10-单色LED屏单元板原理图

参考文献

[1] 诸昌铃. LED 显示屏系统原理及工程技术[M]. 成都：电子科技大学出版社，2000.
[2] 何立民. MCS-51 系列单片机应用设计系统[M]. 北京：北京航空航天大学出版社，2000.
[3] 靳桅,潘育山,邬芝权. 单片机原理及应用[M]. 成都：西南交通大学出版社，2003.
[4] 靳桅,邬芝权,肖波. 利用 USB-UART 桥接器实现单片机在线编程[J]. 单片机与嵌入式系统应用，2005，5：33～35.
[5] 靳桅,邬芝权,李骐. 串行 Flash 存储器在小型 LED 显示系统中的应用[J]. 现代电子技术，2007，30(19)：190～193.
[6] 王飞,靳桅,邬芝权. LED 大屏幕输出电路的优化设计[J]. 液晶与显示，2008，23(1)：102～105.
[7] 赖麒文. 8051 单片机 C 语言彻底应用[M]. 北京：科学出版社，2002.
[8] 谭浩强. C 程序设计[M]. 北京：清华大学出版社，1991.
[9] 徐爱钧,彭秀华. Keil Cx51 V70 单片机高级语言编程与 μVision2 应用实践[M]. 北京：电子工业出版社，2004.
[10] 唐剑兵等. 光电技术基础[M]. 成都：西南交通大学出版社，2006.
[11] 王振营,李满,杨君等. Protel DXP 2004 电路设计与制版实用教程[M]. 北京：中国铁道出版社，2006.
[12] 刘乐善,叶济中,叶永坚. 微型计算机接口技术原理及应用[M]. 第二版. 武汉：华中理工大学出版社，2000.
[13] 邹逢兴. 计算机硬件技术及应用[M]. 北京：国防科技大学出版社，1996.
[14] 窦振中. PIC 系列单片机应用设计与实例[M]. 北京：北京航空航天大学出版社，1999.
[15] 陈粤初. 单片机应用系统设计和实践[M]. 北京：北京航空航天大学出版社，1993.
[16] 沈雷. CMOS 集成电路原理与应用[M]. 北京：电子工业出版社，1994.
[17] 杨清德,康娅. LED 及其工程应用[M]. 北京：人民邮电出版社，2007.
[18] 苏涛,蔺丽华,卢光跃. DSP 实用技术[M]. 西安：西安电子科技大学出版社，2002.
[19] LED 显示屏通用规范. 中华人民共和国电子工业部，1998.
[20] http://www.po-star.com/
[21] http://www.huazhoucn.com/
[22] http://www.ledjc.com
[23] http://www.ramtron.com
[24] http://www.sst.com
[25] VRS51L3074 数据手册.
[26] Silicon Storage Technology, Inc. Design considerations for the SST FlashFlex51 family microcontroller [EB/OL].